普通高等教育"十一五"国家级规划教材

全国高等学校自动化专业系列教材
教育部高等学校自动化专业教学指导分委员会牵头规划

国家级精品教材
国家精品课程教材

Computer Aided Control Systems Design
Using MATLAB Language (Third Edition)

控制系统计算机辅助设计
——MATLAB语言与应用
（第3版）

薛定宇 著
Xue Dingyu

清华大学出版社
北京

内 容 简 介

本书系统地介绍了国际控制界应用最广的 MATLAB 语言及其在控制教学与研究中的应用，侧重于介绍 MATLAB 语言编程基础与技巧、科学运算问题的 MATLAB 求解、线性系统的建模和计算机辅助分析、非线性系统的仿真分析、控制系统的计算机辅助设计方法等，包括串联控制器、状态反馈控制器、多变量系统频域设计、PID 控制器设计、QFT 控制器、最优控制器设计、多变量频域设计与解耦、LQG/LTR 控制器设计、H_2/H_∞ 最优控制、分数阶控制、自适应控制、模糊控制、神经网络控制、遗传算法优化控制等。本书还介绍了基于 dSPACE 和 Quanser 的实时控制系统实验方法。

本书可作为自动化专业高年级本科生和研究生"控制系统仿真与 CAD"或"控制系统计算机辅助设计"课程的教材，也可供相关专业的研究人员与研究生参考。

MATLAB, Simulink, Symbolic Toolbox, Optimization Toolbox, Control Systems Toolbox, Robust Control Toolbox, System Identification Toolbox, Genetic Algorithm and Direct Search Toolbox, Fuzzy Logic Toolbox, Neural Network Toolbox 等为 MathWorks 公司的注册商标

图书在版编目（CIP）数据

控制系统计算机辅助设计——MATLAB 语言与应用/薛定宇著. —3 版. —北京：清华大学出版社，2012.12（2022.3重印）

（全国高等学校自动化专业系列教材）

ISBN 978-7-302-30128-8

Ⅰ. ①控… Ⅱ. ①薛… Ⅲ. ①自动控制系统－计算机辅助设计－MATLAB 软件 Ⅳ. ①TP273

中国版本图书馆 CIP 数据核字（2012）第 222525 号

责任编辑：王一玲
封面设计：傅瑞学
责任校对：白　蕾
责任印制：朱雨萌

出版发行：清华大学出版社
　　　网　　　址：http://www.tup.com.cn，http://www.wqbook.com
　　　地　　　址：北京清华大学学研大厦 A 座　　　邮　　编：100084
　　　社 总 机：010-83470000　　　邮　　购：010-83470235
　　　投稿与读者服务：010-62776969，c-service@tup.tsinghua.edu.cn
　　　质 量 反 馈：010-62772015，zhiliang@tup.tsinghua.edu.cn
印 装 者：三河市铭诚印务有限公司
经　　销：全国新华书店
开　　本：175mm×245mm　　　印　张：33.75　　　字　数：718 千字
版　　次：1996 年 4 月第 1 版　2012 年 12 月第 3 版　　印　次：2022 年 3 月第 11 次印刷
定　　价：79.00 元

产品编号：045958-02

出版说明

为适应我国对高等学校自动化专业人才培养的需要,配合各高校教学改革的进程,创建一套符合自动化专业培养目标和教学改革要求的新型自动化专业系列教材,"教育部高等学校自动化专业教学指导分委员会"(简称"教指委")联合了"中国自动化学会教育工作委员会"、"中国电工技术学会高校工业自动化教育专业委员会"、"中国系统仿真学会教育工作委员会"和"中国机械工业教育协会电气工程及自动化学科委员会"四个委员会,以教学创新为指导思想,以教材带动教学改革为方针,设立专项资助基金,采用全国公开招标方式,组织编写出版了一套自动化专业系列教材——《全国高等学校自动化专业系列教材》。

本系列教材主要面向本科生,同时兼顾研究生;覆盖面包括专业基础课、专业核心课、专业选修课、实践环节课和专业综合训练课;重点突出自动化专业基础理论和前沿技术;以文字教材为主,适当包括多媒体教材;以主教材为主,适当包括习题集、实验指导书、教师参考书、多媒体课件、网络课程脚本等辅助教材;力求做到符合自动化专业培养目标、反映自动化专业教育改革方向、满足自动化专业教学需要;努力创造使之成为具有先进性、创新性、适用性和系统性的特色品牌教材。

本系列教材在"教指委"的领导下,从 2004 年起,通过招标机制,计划用 3~4 年时间出版 50 本左右教材,2006 年开始陆续出版问世。为满足多层面、多类型的教学需求,同类教材可能出版多种版本。

本系列教材的主要读者群是自动化专业及相关专业的大学生和研究生,以及相关领域和部门的科学工作者和工程技术人员。我们希望本系列教材既能为在校大学生和研究生的学习提供内容先进、论述系统和适于教学的教材或参考书,也能为广大科学工作者和工程技术人员的知识更新与继续学习提供适合的参考资料。感谢使用本系列教材的广大教师、学生和科技工作者的热情支持,并欢迎提出批评和意见。

《全国高等学校自动化专业系列教材》编审委员会

2005 年 10 月于北京

自动化学科有着光荣的历史和重要的地位,20世纪50年代我国政府就十分重视自动化学科的发展和自动化专业人才的培养。五十多年来,自动化科学技术在众多领域发挥了重大作用,如航空、航天等,两弹一星的伟大工程就包含了许多自动化科学技术的成果。自动化科学技术也改变了我国工业整体的面貌,不论是石油化工、电力、钢铁,还是轻工、建材、医药等领域都要用到自动化手段,在国防工业中自动化的作用更是巨大的。现在,世界上有很多非常活跃的领域都离不开自动化技术,比如机器人、月球车等。另外,自动化学科对一些交叉学科的发展同样起到了积极的促进作用,例如网络控制、量子控制、流媒体控制、生物信息学、系统生物学等学科就是在系统论、控制论、信息论的影响下得到不断的发展。在整个世界已经进入信息时代的背景下,中国要完成工业化的任务还很重,或者说我们正处在后工业化的阶段。因此,国家提出走新型工业化的道路和"信息化带动工业化,工业化促进信息化"的科学发展观,这对自动化科学技术的发展是一个前所未有的战略机遇。

机遇难得,人才更难得。要发展自动化学科,人才是基础、是关键。高等学校是人才培养的基地,或者说人才培养是高等学校的根本。作为高等学校的领导和教师始终要把人才培养放在第一位,具体对自动化系或自动化学院的领导和教师来说,要时刻想着为国家关键行业和战线培养和输送优秀的自动化技术人才。

影响人才培养的因素很多,涉及教学改革的方方面面,包括如何拓宽专业口径、优化教学计划、增强教学柔性、强化通识教育、提高知识起点、降低专业重心、加强基础知识、强调专业实践等,其中构建融会贯通、紧密配合、有机联系的课程体系,编写有利于促进学生个性发展、培养学生创新能力的教材尤为重要。清华大学吴澄院士领导的《全国高等学校自动化专业系列教材》编审委员会,根据自动化学科对自动化技术人才素质与能力的需求,充分吸取国外自动化教材的优势与特点,在全国范围内,以招标方式,组织编写了这套自动化专业系列教材,这对推动高等学校自动化专业发展与人才培养具有重要的意义。这套系列教材的建设有新思路、新机制,适应了高等学校教学改革与发展的新形势,立足创建精品教材,重视实践性环节在人才培养中的作用,采用了竞争机制,以激励和推动教材建设。在此,我谨向参与本系列教材规划、组织、编写的老师致以诚挚的感谢,并希望该系列教材在全国高等学校自动化专业人才培养中发挥应有的作用。

吴启迪 教授

2005 年 10 月于教育部

　　《全国高等学校自动化专业系列教材》编审委员会在对国内外部分大学有关自动化专业的教材做深入调研的基础上,广泛听取了各方面的意见,以招标方式,组织编写了一套面向全国本科生(兼顾研究生)、体现自动化专业教材整体规划和课程体系、强调专业基础和理论联系实际的系列教材,自 2006 年起将陆续面世。全套系列教材共 50 多本,涵盖了自动化学科的主要知识领域,大部分教材都配置了包括电子教案、多媒体课件、习题辅导、课程实验指导书等立体化教材配件。此外,为强调落实"加强实践教育,培养创新人才"的教学改革思想,还特别规划了一组专业实验教程,包括《自动控制原理实验教程》、《运动控制实验教程》、《过程控制实验教程》、《检测技术实验教程》和《计算机控制系统实验教程》等。

　　自动化科学技术是一门应用性很强的学科,面对的是各种各样错综复杂的系统,控制对象可能是确定性的,也可能是随机性的;控制方法可能是常规控制,也可能需要优化控制。这样的学科专业人才应该具有什么样的知识结构,又应该如何通过专业教材来体现,这正是"系列教材编审委员会"规划系列教材时所面临的问题。为此,设立了《自动化专业课程体系结构研究》专项研究课题,成立了由清华大学萧德云教授负责,包括清华大学、上海交通大学、西安交通大学和东北大学等多所院校参与的联合研究小组,对自动化专业课程体系结构进行深入的研究,提出了按"控制理论与工程、控制系统与技术、系统理论与工程、信息处理与分析、计算机与网络、软件基础与工程、专业课程实验"等知识板块构建的课程体系结构。以此为基础,组织规划了一套涵盖几十门自动化专业基础课程和专业课程的系列教材。从基础理论到控制技术,从系统理论到工程实践,从计算机技术到信号处理,从设计分析到课程实验,涉及的知识单元多达数百个、知识点几千个,介入的学校 50 多所,参与的教授 120 多人,是一项庞大的系统工程。从编制招标要求、公布招标公告,到组织投标和评审,最后商定教材大纲,凝聚着全国百余名教授的心血,为的是编写出版一套具有一定规模、富有特色的、既考虑研究型大学又考虑应用型大学的自动化专业创新型系列教材。

　　然而,如何进一步构建完善的自动化专业教材体系结构? 如何建设基础知识与最新知识有机融合的教材? 如何充分利用现代技术,适应现代大学生的接受习惯,改变教材单一形态,建设数字化、电子化、网络化等多元形态、开放性的"广义教材"? 等等,这些都还有待我们进行更深入的研究。

　　本套系列教材的出版,对更新自动化专业的知识体系、改善教学条件、创造个性化的教学环境,一定会起到积极的作用。但是由于受各方面条件所限,本套教材从整体结构到每本书的知识组成都可能存在许多不当甚至谬误之处,还望使用本套教材的广大教师、学生及各界人士不吝批评指正。

吴 澄　院士

2005 年 10 月于清华大学

本书第 1 版曾是国内最早系统介绍 MATLAB 语言并和控制理论有机结合的教材,在海内外中文读者中曾有很大影响且被控制界学生与学者广泛参考与引用。本书的风格、内容与课程设置得到国内外同行专家的肯定,2008 年本书第 2 版获批国家级精品教材,同年,以本书为主要教材的"控制系统仿真与 CAD"课程获批国家级精品课程。另外,2007 年在美国 SIAM 出版社出版了英文简写版,美国学者在 IEEE 控制系统杂志上刊出了对该书评价较高的书评,相关教学成果被国内专家组成的鉴定委员会认定为达到国际先进水平。

本书第 2 版出版 6 年多来,无论在 MATLAB 与 Simulink 的功能与控制科学与方法上都有了很大的发展,所以需要对原有的内容进行必要的更新,以适应日益增长的需求。

第 2 章增加了图形用户界面设计方面的内容。如果读者掌握了图形用户界面程序设计技术,将能够更好地理解本书新编的几个程序界面,并能为自己擅长的或独特的研究成果开发出通用程序,提高程序的可重用性,并为其他研究者提供宝贵的借鉴经验。本版将与控制相关的科学运算问题求解独立成新的第 3 章,充实了和控制问题密切相关的数学问题求解内容,增加了代数方程求解一节,尤其是提出并编写了非线性矩阵方程全部根的求解函数,此外,将原附录 A 的 Laplace、z 变换内容移入本章,使得科学运算的知识结构更加完整。

第 4～6 章侧重于控制系统的建模与分析方法,增加了复杂框图模型的代数化简方法、内部延迟的状态方程模型、模型辨识阶次选定、直接积分的解析解求解、基于 Laplace、z 变换的时域响应解析解方法、非零初值的仿真方法等,并给出了基于 Simulink 的各种控制系统仿真方法,为下一步的控制系统设计奠定了必要的基础。

控制系统计算机辅助设计是本版改动幅度最大的部分,本版对原有的控制系统设计专题进行了整合,并把 PID 控制器设计与分数阶控制器设计两个部分单独成章,扩充了很多新的内容,如在 PID 控制器整定一章中系统介绍了 PID 类控制器的整定方法,并开发了最优 PID 控制器设计程序界面,在分数阶控制器设计一章建立了全新的分数阶系统建模、分析与设计的框架。在其他相关章节中也融入了全新的内容,如多变量系统的解耦控制、定量反馈理论(QFT)设计方法、线性矩阵不等式方法(LMI)、基于粒子群优化的(PSO)全局最优控制器等。

本书增加的部分内容可能在理论上较深,用这样短的篇幅全面介绍相关内容是不可能的,所以读者若遇到不熟悉的深奥理论,如果想再深入研究的话可以参阅其他参考文献。对一般读者来说,不一定非得把所涉及的理论研究得特别透彻,只需了解这些理论是解决什么问题的,然后侧重于学习本书介绍的相应函数的调用方法,直接获得原问题的解。

本书尽量介绍目前最新的 MATLAB 8.0 版(即 R2012b),但相应的内容对 MATLAB 及相关工具箱的版本依赖程度不高,所以这里介绍的算法函数绝大多数均可以在 MATLAB 7.x 甚至更早期版本下正常运行。

本书相关教学成果鉴定中得到系统仿真界权威李伯虎院士、王子才院士与自动化教育界著名学者清华大学王雄教授、北京航空航天大学申功璋教授、上海交通大学田作华教授等老师的关怀和具体指导,本书新内容酝酿与写作过程中,感谢美国加州大学的陈阳泉教授、英国 Sussex 大学的 Derek Atherton 教授、斯洛伐克 Kosice 技术大学的 Igor Podlubny 教授、哈尔滨工业大学张晓华教授、马广富教授、清华大学孙增圻教授、北京航空航天大学刘金琨教授、华中科技大学王永骥教授、上海大学李常品教授、山东大学李岩博士、西班牙 Extremadura 大学的 Blas Vinagre 教授、Concepción Monje 博士等,作者在与他们的交流与合作中受益匪浅,有些内容已经为本版增色不少。清华大学出版社王一玲编辑为本书的出版事宜及安排给了作者很大帮助。在教材与课程建设方面与东北大学潘峰博士、陈大力博士、崔建江博士、佟国峰博士等的深入讨论催生了本版许多新的内容,博士生孟丽、关驰、白鹭,硕士生董雯彬、马红林、郭晓静、李萧彤、黄敏、王伟楠、刘禄、李艳慧、安哲、梁婷婷等为本书的代码验证、课件开发与教学视频制作等做出了很多贡献,分数阶系统部分内容的写作还受到国家自然科学基金资助(基金号:61174145),在此一并表示感谢。

在国家级精品课程项目资助下,本书全部教学课件都已经改写,并录制了全程教学录像,可供同行教师和同学参考。另外,在全国高校教师网络培训中心组织的精品课程教师培训班上还录制了本课程面向教师讲座的录像,可供授课教师参考。

多年来,我的妻子杨军和女儿薛杨在生活和事业上给予了我莫大的帮助与鼓励,没有她们的鼓励和一如既往的支持,本书和前几部著作均不能顺利面世,谨以此书献给她们。

薛定宇

2012 年 10 月 18 日于沈阳东北大学

教学网站:http://www.matlab-edu.com/
作者邮箱:xuedingyu@mail.neu.edu.cn

第二版前言

美国 The MathWorks 公司推出的 MATLAB®语言一直是国际科学界应用和影响最广泛的三大计算机数学语言之一。从某种意义上讲，在纯数学以外的领域中，MATLAB 语言有着其他两种计算机数学语言 Mathematica 和 Maple 无法比拟的优势和适用面。在控制类学科中，MATLAB 语言更是科学研究者首选的计算机语言。

近十年来，随着 MATLAB 语言和 Simulink®仿真环境在控制系统研究与教学中日益广泛的应用，在系统仿真、自动控制等领域，国外很多高校在教学与研究中都将 MATLAB/Simulink 语言作为首选的计算机工具。我国的科学工作者和教育工作者也逐渐认识到 MATLAB 语言的重要性。MATLAB 语言是一种十分有效的工具，能轻松地解决在系统仿真及控制系统计算机辅助设计领域的教学与研究中遇到的问题，它可以将使用者从繁琐的底层编程中解放出来，把有限的宝贵时间更多地花在解决科学问题中。MATLAB 语言虽然是计算数学专家倡导并开发的，但其普及和发展离不开自动控制领域学者的贡献。在 MATLAB 语言的发展进程中，许多有代表性的成就是和控制界的要求与贡献分不开的。MATLAB 具有强大的数学运算能力、方便实用的绘图功能及语言的高度集成性，它在其他科学与工程领域也有着广阔的应用前景和无穷的潜能。因此，以 MATLAB/Simulink 作为主线，为我国高校自动化专业的一门很重要课程——"控制系统仿真与计算机辅助设计"或"计算机仿真"编写一本实用的教材就显得非常迫切。

十年前，作者的著作《控制系统计算机辅助设计——MATLAB 语言与应用》由清华大学出版社出版。该书受到很多专家学者的关注，并被公认为国内关于 MATLAB 语言方面书籍中出版最早、影响最广的著作。该书被国内期刊文章和著作引用数千次，被数万篇硕士、博士论文引用，为我国高校师生和研究人员认识和掌握 MATLAB 语言，并用其解决自己学习、教学科研中遇到的问题起到了积极的作用。

多年来，作者一直在试图以最实用的方式将 MATLAB 语言介绍给国内的读者，并在清华大学出版社、机械工业出版社出版了 6 部有关 MATLAB 语言及其应用方面的著作，受到了国内外广大中文读者的普遍欢迎。作者的著作总共有三个大的方向: MATLAB 语言与数学运算问题求解、MATLAB 语言在控制系统中的应用与 MATLAB 语言及其在系统仿真中的应用。本书继承了作者早期几部控制领域著作的优点,从使用者的角度出发,并结合作者十数年的实际编程经验和丰富的教学经验,系统地介绍 MATLAB 语言的编程技术及其在控制系统仿真与计算机辅助设计中的应用。本书先介绍 MATLAB 语言的基础内容,并以其为主线,系统介绍控制系统的计算机辅助分析与计算机辅助设计的方法。本书覆盖面较广,除了经典控制的内容外,还较深入地探讨了 MATLAB 语言在状态反馈控制器、多变量系统频域设计、PID 控制器设计、最优控制器设计、LQG/LTR 控制器设计、$\mathcal{H}_\infty$ 最优控制、自适应控制、模糊控制、神经网络控制、遗传算法优化控制等方面的应用。本书还将介绍基于 dSPACE 和 Quanser 的实时控制系统实验方法。本书尽量避免过于深奥理论的介绍,着重介绍用计算机求解理论问题的方法,提供了大量的 MATLAB 程序、Simulink 封装模块及仿真系统框图,可以用于实现书中介绍的全部内容,所有的程序语句都是可重复的,可以供读者参考和直接使用。书中融合了作者的许多编程思想和第一手材料,内容精心剪裁,相信仍然会受到读者的欢迎。

作者从 1988 年开始系统地使用 MATLAB 语言进行程序设计与科学研究,积累了丰富的第一手经验,也了解 MATLAB 语言的最新动态。作者用 MATLAB 语言编写的程序曾作为英国 Rapid Data 软件公司的商品在国际范围内发行,新近编写的几个通用程序在 The MathWorks 公司的网站上可以下载,其中反馈系统分析与设计程序 CtrlLAB 长期高居控制类软件的榜首,已经用于国际上很多高校的实际教学。

本书的大部分内容在东北大学自动化专业本科生课程“控制系统仿真与 CAD”与研究生课程“控制系统计算机辅助设计”中讲授过,受到普遍欢迎。本书配有全套的、适用于计算机辅助教学的 CAI 课件材料及其他相关材料。书中除简单介绍 MATLAB 的基础知识外,其余内容均围绕其在控制系统中的应用展开介绍。所以本书还可以作为“自动控制原理”等课程的计算机实践材料。

本书主要介绍目前最新的 MATLAB 7.1 版,即 MATLAB Release 14 Service Pack 3,但相应的内容对 MATLAB 及相关工具箱的版本依赖程度不高,所以这里介绍的算法函数绝大多数均可以在 MATLAB 6.x 甚至更早期版本下正常运行。

在本书编写过程中,作者的一些师长、同事和朋友也先后给予作者许多建议和支持,包括英国 Sussex 大学 Derek P. Atherton 教授、东北大学任兴权教授和徐心和教授、美国 Utah 州立大学陈阳泉教授、东北大学信息学院院长刘建昌教授、北京交通大学朱衡君教授、英国 Sussex 大学杨泰澄博士、中科院系统科学研究院韩京清研究员、南开大学王治宝教授、中科院科学与工程计算国家重点实验室张林波研究员、中科院上海应用物理研究所陈之初先生等,还有在互联网上进行过交流的众多知名的和不知名的同行与朋友。本书部分内容及仿真模型由博士生潘峰、陈大力、高道祥、李殿起共同编写，教学文件由哈尔滨工程大学张望舒同学、东北大学研究生解志斌、鄂大志同学协助开发，在此表示深深的谢意。

　　本书由哈尔滨工业大学张晓华教授主审，承蒙张老师的仔细审读并得到许多建设性建议。本书编写过程中一直得到本系列教材编委会副主任、清华大学萧德云教授的关注与帮助，本书从初版开始就得到清华大学出版社蔡鸿程主编的帮助与关怀，本书的出版还得到了美国 The MathWorks 公司图书计划的支持，在此表示谢意，并特别感谢 Noami Fernandez 女士、Courtney Esposito 女士为作者提供的帮助。

　　由于作者水平所限，书中的缺点和错误在所难免，欢迎读者批评指教。

　　谨以此书献给数十年来一直全心全意培养我支持我的父母。

薛定宇

2005 年 10 月 1 日

于沈阳东北大学

控制系统计算机辅助设计 (CACSD) 从成为一门单独的学科以来至今已经有二十多年的历史,在其发展过程中出现了各种各样的实用工具和理论成果。CACSD 课程是高校自动控制类专业研究生的一门重要课程,可选用的教材也很多,但由于其中大部分教材出现得较早,已经不能反映当代 CACSD 领域的最新成果。

MATLAB 语言的出现不但对 CACSD 算法的研究,也对其他 CACSD 软件环境的开发起到了巨大的推动作用,它已经成为国际控制界应用最广的语言和工具了。该软件早期版本 80 年代末传入我国以来,在高校中已经有了一些应用,但大部分用户苦于没有该软件相应的资料,难于系统地掌握该语言,有效地解决自己遇到的实际问题。

作者从 1988 年开始接触 MATLAB,使用过早期和现代的各个版本,曾用 MATLAB 为基础开发过几个商品软件,并在研究中一直使用 MATLAB 作为主要工具,所以熟悉 MATLAB 的特点及编程。

1995 年作者受辽宁省系统仿真学会邀请,在 '95 中国自动化教育学术年会后于秦皇岛举办“MATLAB 语言与控制系统计算机辅助设计新技术”讨论班,并为该讨论班编写了试用讲义,这就是本书的雏形。在该讲义的编写和整理过程中作者还在东北大学自动控制系研究生的“控制系统计算机辅助设计”课程中试用过其中的大部分章节,并在自控系本科生“系统仿真”课程中也试用过其中部分的内容,得到了较好的反映。

本书大致分为两个部分,前一个部分系统地介绍了 MATLAB 语言编程与应用,侧重于介绍 MATLAB 语言编程基础与技巧、数值分析算法及 MATLAB 实现、动态系统的数学模型及仿真工具 Simulink 等,最后还以作者开发的一个控制系统计算机辅助教学软件 Control Kit 为例,介绍利用 MATLAB 进行 Windows 图形界面设计的方法,其中既包含了 MATLAB 软件的入门知识,也介绍了其应用的高级技术,融合了作者多年来的实际编程经验和体会。第二个部分以 MATLAB 语言及其相应工具箱为主要手段介绍并探讨了经典的和当前最新的控制系统计算机辅助设计方法,包括多变量系统的频域设计、自整定 PID 控制方法、定量反馈理论、经典设计方法、状态空间 LQ 及 LQG/LTR 设计、$\mathcal{H}_\infty$ 最优控制等。

　　本书可作为自动控制类专业的研究人员参考, 也可作为高校该类专业的研究生与高年级本科生控制系统计算机辅助设计课程的教材和参考书,还可供其他专业的学生和科技工作者、教师作为自动控制原理、系统仿真等课程的实验辅助教材,以及科学计算与图形绘制等方向的工具和参考书。

　　本书由东北大学研究生院副院长徐心和教授主审。本书从酝酿到整个写作过程始终得到徐老师的鼓励和支持,他仔细地阅读了全书原稿,并提出了许多建设性的宝贵意见。作者还感谢他的导师,原 IEEE 控制系统委员会主席,英国 Sussex 大学 Derek Atherton 教授,是他将作者引入 MATLAB 编程的乐园,并指导作者涉足先进的 CACSD 方法。几年来和他们的合作与学术交流使作者受益匪浅,他们严谨的学风与敬业精神亦对作者有很深的影响。

　　作者在国外学习工作期间的一些同事和朋友也给予作者许多建议和鼓励,使作者获得许多有益的信息与材料,在这当中包括现英国威尔士 Swansea 大学的庄敏霞博士、上海同济大学的赵之凡副研究员、英国 Sussex 大学的姚莉华博士等。本书试印本完成以来还得到很多国内外同行的建议和意见,在此一并表示最诚挚的谢意。

　　本书写作过程中承蒙东北大学控制仿真研究中心主任李彦平博士等同事的大力支持和鼓励,在此作者表示衷心的感谢。

　　本书承蒙清华大学自动化系主任、中国自动化学会教育委员会主任胡东成教授的大力推荐,在出版过程中又得到清华大学出版社蔡鸿程副社长的关怀和帮助,在此作者深表谢意。

　　本书写作与出版部分得到国家教委留学回国人员基金和辽宁省博士启动基金资助。

　　几年来,作者的妻子杨军在生活和事业上给予了作者莫大的帮助与鼓励,作者谨以此书献给她和女儿薛杨。

　　由于作者水平有限,书中的缺点错误在所难免,欢迎读者批评指教。

薛定宇

1996 年 3 月于东北大学

目 录

CONTENTS ⟫⟫⟫

第 1 章

控制系统计算机辅助设计概述

　　自动化科学作为一门学科起源于 20 世纪初,自动化科学与技术的基础理论来自于物理学等自然科学和数学、系统科学、社会科学等基础科学[1],在现代科学技术的发展中有着重要的地位,起着重要的作用。在第 40 届 IEEE 决策与控制年会(CDC)全会开篇报告中美国学者 John Doyle 教授引用国际著名学者、哈佛大学的何毓琦(Larry Yu-Chi Ho)教授的一个振奋人心的新观点:"控制将是 21 世纪的物理学(Control will be the physics of the 21st century)"[2]。

　　自动化科学的进展是与控制理论的发展和完善分不开的。控制理论发展初期,为控制系统设计控制器一般采用简单的试凑方法,随着控制理论的发展和计算机技术的进步,控制系统的计算机辅助设计技术作为一门学科也发展起来了。本章首先介绍控制系统计算机辅助设计领域的形成与发展情况,然后介绍与之密切相关的计算机软件和语言,特别是 MATLAB 语言的发展概况,还将对本书的基本框架做一个简要的概述,以便读者更好地学习本书的内容。

1.1　控制系统计算机辅助设计技术的发展综述

　　早期的控制系统设计可以由纸笔等工具容易地计算出来,如 Ziegler 与 Nichols 于 1942 年提出的 PID 经验公式[3]就可以十分容易地设计出来。随着控制理论的迅速发展,控制的效果要求越来越高,控制算法越来越复杂,控制器的设计也越来越困难,这样光利用纸笔以及计算器等简单的运算工具难以达到预期的效果,加之计算机技术的迅速发展,于是很自然地出现了控制系统的计算机辅助设计(computer-aided control systems design,CACSD)技术。

　　控制系统的计算机辅助设计技术的发展目前已达到了相当高的水平,并一直受到控制界的普遍重视。早在 1982 年 12 月和 1984 年 12 月,控制系统领域在国际上最权威的 IEEE 控制系统学会(Control

Systems Society，CSS）的控制系统杂志（Control Systems Magazine）和 IEEE 学会的科研报告集（Proceedings of IEEE）分别第一次出版了关于 CACSD 的专刊[4,5]，美国著名学者 Jamshidi 与 Herget 分别于 1985 年和 1992 年出版了两本著作来展示 CACSD 领域的最新进展[6,7]。在如国际自动控制联合会世界大会（IFAC World Congress）、美国控制会议（American Control Conference，ACC）及 IEEE 的决策与控制会议（Conference on Decision and Control，CDC）等各种国际控制界的重要学术会议上都有有关 CACSD 的专题会议及各种研讨会，可见该领域的发展是异常迅速的。控制系统计算机辅助设计又常常称做计算机辅助控制系统工程（computer-aided control systems engineering，CACSE）。

近三十年来，随着计算机技术的飞速发展，出现了很多优秀的计算机应用软件，在控制系统的计算机辅助设计领域更是如此，各类 CACSD 软件频繁出现且种类繁多，有的是用 Fortran 语言编写的软件包，有的是人机交互式软件系统，还有专用的仿真语言，在国际控制界广泛使用的这类软件就有几十种之多。MATLAB 语言出现以来，就深受控制领域学生和研究者的欢迎，已经成为控制界最流行、最有影响的通用计算机语言，成为控制界学者的首选。

国内外在介绍控制系统计算机辅助设计的早期教材中，都采用通用的计算机语言如 BASIC 语言[6,8]、Fortran 语言[9]或 C 语言作为辅助的计算机语言。随着计算机语言的发展和日益普及，特别是代表科学运算领域最新成果的 MATLAB 语言的出现，较新的著作中，很多都采用 MATLAB 作为主要程序设计语言来介绍控制系统计算机辅助设计的算法[10~17]，在新型的自动控制理论教材中也有这样的趋势[18~20]。采用新型的计算机语言为主线介绍控制系统计算机辅助设计的理论与方法，可以使读者将主要精力集中在控制系统理论和方法上，而不是将主要精力花费在没有太大价值的底层重复性机械性劳动上，这样可以对控制系统计算机辅助设计技术有较好的整体了解，避免"只见树木，不见森林"的认识偏差，提高控制器设计的效率和可靠性。

子曰："工欲善其事，必先利其器"。跟踪国际最先进的 CACSD 软件环境及发展，以当前国际上最流行的 CACSD 软件环境 MATLAB 为基本出发点来系统地介绍控制系统计算机辅助设计技术及软件实现，从而大大提高 CACSD 算法研究与实际应用的水平和可靠性，这是本书的一个主要目的。

1.2　控制系统计算机辅助设计语言环境综述

1973 年美国学者 Melsa 教授和 Jones 博士出版了一本专著[9]，书中给出了许多当时流行的控制系统计算机辅助分析与设计的源程序，包括求取系统的根轨迹、频域响应、时域响应以及各种控制系统设计的子程序如 Luenberger 观测器、Kalman 滤波等。瑞典 Lund 工学院 Karl Åström 教授主持开发的一套交互式 CACSD 软件 INTRAC（IDPAC、MODPAC、SYNPAC、POLPAC 等，以及仿真语言 SIMNON)[21]，其中的 SIMNON 仿真语言要求用户依照它所提供的语句编写一个描述系统的程序，然后才可以对控制系统进行仿真。日本的古田胜久(Katsuhisa Furuta) 教授主持开发的 DPACS-F 软件[22]，在处理多变量系统的分析和设计上还是很有特色的。在国际上流行的仿真语言 ACSL、CSMP、TSIM、ESL 等也同样要求用户编写模型程序，并提供了大量的模型模块。在这一阶段还出现了很多的专用程序，如英国剑桥大学推出的线性系统分析与设计软件 CLADP (Cambridge linear analysis and design programs)[23,24]与美国 NASA Langley 研究中心的 Armstrong 开发的线性二次型最优控制器设计的 ORACLS(optimal regulator algorithms for the control of linear systems)[25]等。

1980 年美国学者 Cleve Moler 等人推出的交互式 MATLAB 语言逐渐受到了控制界研究者的普遍重视，从而陆续出现了许多专门用于控制理论及其 CAD 的工具箱，为控制系统的分析与设计提供了极大的方便，也为研究者开发测试新的方法提供了强有力的工具。图形交互式的模型输入计算机仿真环境 Simulink 的出现为 MATLAB 应用的进一步推广起到了积极性的推动作用。现在，MATLAB 已经风靡全世界，成为控制系统仿真与计算机辅助设计领域最普及也是最受欢迎的首选计算机语言。

在 MATLAB 迅速发展的同时，很多软件开发者针对控制系统领域的实际问题开发了专用的 CACSD 计算机辅助设计软件，如美国系统控制技术公司(Systems Control Technology Inc.) 的 Jack Little 等人研制的 CTRL-C[26]，Boeing 公司的 EASY 5 及 EASY5x，Integrated Systems 公司的 Matrix-X 及 Xmath，Systems Technology Incorporated 公司的 CC 程序，Visual Simulation 公司的 VisSim、O-Matrix，韩国汉城国立大学权旭铉教授主持开发的 CemTool 以及现在仍作为免费软件的 Octave[27]、Scilab[28]等，虽然其中很多软件是并行于 MATLAB 而独立开发的，但或多或少都会从这些软件的语句结构或使用方法中看出明显受到 MATLAB 影响的痕迹，所以说，从国际上最流行的 MATLAB 出发来介绍控制系统的计算机辅助设计技术是再合适不过的了。这就是本书在众多 CACSD 软件中挑选 MATLAB 作为基本语言的一个最主要的原因。

国际上控制系统计算机辅助设计软件的发展大致分为几个阶段：软件包阶段、交互式语言阶段及当前的面向对象的程序环境阶段[29]。

在早期的工作中，CACSD 主要集中在软件包的编写上，如前面提及的 Melsa 和 Jones 的著作。从数值算法的角度上也出现了一些著名的软件包，如美国的基于特征值的软件包 EISPACK[30,31]和线性代数软件包 LINPACK[32]，英国牛津数值算法研究组(Numerical Algorithm Group) 开发的 NAG 软件包[33]及文献[34]中给出的声誉颇高的数值算法程序集等，在 CACSD 领域的经典软件包作品有英国 Kingston Polytechnic 控制系统研究组开发的 SLICE (subroutine library in control engineering) 软件包[35]，前面提及的 DPACS-F、ORACLS 等。这些软件包大都是用 Fortran 语言编写的源程序组成的,给使用者提供了较好的接口,但和 MATLAB 相比,调用方法和使用明显显得麻烦、不便。

以著名的 EISPACK 软件包为例,若想求出 N 阶实矩阵 $\boldsymbol{A}$ 的全部特征值(用 $\boldsymbol{W}_{\mathrm{R}}$、$\boldsymbol{W}_{\mathrm{I}}$ 数组分别表示其实虚部)和对应的特征向量矩阵 $\boldsymbol{Z}$,则 EISPACK 软件包给出的子程序建议调用路径为[30]:

```
CALL BALANC(NM,N,A,IS1,IS2,FV1)
CALL ELMHES(NM,N,IS1,IS2,A,IV1)
CALL ELTRAN(NM,N,IS1,IS2,A,IV1,Z)
CALL HQR2(NM,N,IS1,IS2,A,WR,WI,Z,IERR)
IF (IERR.EQ.0) GOTO 99999
CALL BALBAK(NM,N,IS1,IS2,FV1,N,Z)
```

由上面的叙述可以看出,要求取矩阵的特征值和特征向量,首先要给一些数组和变量依据 EISPACK 的格式作出定义和赋值并编写出主程序,再经过编译和连接过程形成可执行文件,最后才能得出所需的结果。用软件包的形式来编写程序有如下的缺点:

① **使用不方便**。对不是很精通 EISPACK 的用户来说,直接利用软件包来编写程序是相当困难的,也是相当容易出错的,其中一个子程序调用格式发生微小的错误将可能导致最终得出错误的结果。

② **调用过程繁琐**。首先需要编写主程序,确定对软件包的调用过程,再经过必要的编译和连接过程,有时还要花大量的时间去调试程序以保证其正确性,而不是想得出什么马上就可以得出的。

③ **执行程序过多**。想求解一个特定的问题就需要编写一个专门的程序,并形成一个可执行文件,如果需要求解的问题很多,就需要在计算机硬盘上同时保留很多这样的可执行文件,这样计算机磁盘空间的利用不是很经济。

④ **不利于传递数据**。通过软件包调用方式针对每个具体问题就能形成一个孤立的可执行文件,在一个程序中产生的数据无法传入另一个程序,更无法使几个程序同时执行来解决所关心的问题。

⑤ **维数指定困难**。在 CACSD 中最重要的变量是矩阵,如果要求解的问题维数较低,则形成的程序就不能用于求解高阶问题,例如文献 [9] 中的程序均定为 10 阶。所以有时为使得程序通用,往往将维数设置得很大,这样在解小规模问题时会出现空间的浪费,而大规模问题仍然求解不了。在优秀的软件中往往需要动态地进行矩阵定维。

此外,这里介绍的大多数早期软件包都是用 Fortran 语言编写的,由于众所周知的原因,以前 Fortran 语言绘图并不是轻而易举的事情,这就需要再调用相应的软件包来做进一步处理,在绘图方面比较实用和流行的软件包是 GINO-F[36],但这种软件包只给出绘图的基本子程序,所以要绘制较满意的图形需要用户自己用这些低级命令去编写出合适的绘图子程序来。

英国剑桥大学学者 John Edmunds 和 Jan Maciejowski 等人开发的 CLADP
在控制界享有盛誉,它包括了多变量系统分析与设计的多种方法,其中有 Nyquist
类以及特征轨迹等多变量频域设计方法,也有线性二次型 Gauss 控制器(LQG)
与 Kalman 滤波等时域设计方法,还可以处理时间延迟及分布系统等非有理问题。
日本东京工学院的古田胜久教授主持开发的 DPACS-F 软件是用 Fortran 语言
编写的,它可以由状态空间和频域方法来分析多变量线性系统,并可以由极点配
置和 LQG 等方法来设计控制器,此外还可以进行多变量系统辨识等工作。NASA
的 Armstrong 教授编写的 ORACLS 则是一个十分专用的软件,它可以用于多变
量系统的 LQG 设计,该软件也是用 Fortran 语言编写的。

20 世纪 70 年代末期和 80 年代初期出现了很多实用的具有良好人机交互功
能的软件,MATLAB 就是其中的一个成功的范例,此外前面提及的 INTRAC 和
CTRL-C 等也是优秀的人机交互式软件。

正因为存在多种多样的 CACSD 软件,而它们之间又各有所长,所以在
CACSD 技术的发展过程中曾有过几次将若干常用软件集成在一起的尝试,例
如 1984 年前后美国学者 Spang III 教授曾将当时流行的 SIMNON、CLADP、
IDPAC 及他自己研制的 SSDP(state space design program)集成在一起,形成
了一个强大的软件[37],各个组成软件之间是靠读写文件的方式来传递数据的,这
多少可以解决前面提及的程序之间不能传递数据的弊病。1986 年前后由英国科
学与工程委员会(SERC)资助,Howard H Rosenbrock 教授和 Neil Munro 教授
主持的、英国多所大学和研究机构参与的 ECSTASY(environment for control
system theory and synthesis)软件环境的开发项目[38],在该软件中试图将流行
的新一代软件如 MATLAB、ACSL、TSIM 甚至当时刚出现的 Mathematica[39]等
集成到一个框架之下,该软件还可以同时自动采用 LᴬTᴇX[40]和 FrameMaker 等来
输出专业的排版结果,并取得了一些成效。各个软件之间的数据传递是通过数据库
来实现的,ECSTASY 定义了方便实用的 CACSD 新命令,比当时的 MATLAB 更
为简洁。ECSTASY 这样的软件是一个有益的尝试,但该软件当时只可以在 SUN
工作站上运行,并没有考虑 PC 的兼容性。

依作者之见,这些单纯集成出来的软件并不是很成功的,因为它们并没有达到
预期的效果。事实上,从那以后每个软件的功能都有了明显的改善,MATLAB 语言
有了自己的仿真功能,其仿真工具 Simulink 从某种意义上来讲功能和接口远远优
于 ACSL,MATLAB 和 Mathematica 之间也有了较好的接口,MATLAB 的符号
运算工具箱也可以进行解析推导,它们的优势可以得到充分地互补。

我国较有影响的控制系统仿真与计算机辅助设计成果是中科院系统科学研究
所韩京清研究员等主持的国家自然科学基金重大项目开发的 CADCSC 软件[41]、
清华大学孙增圻、袁曾任教授的著作和程序[8]与北京化工学院吴重光、沈承林教
授的著作和程序[42]等。

1.3 仿真软件的发展概况

从前面提及的软件包的局限性看,直接调用它们进行系统仿真将有较大的困难,因为要掌握这些函数的接口是一件相当复杂的事,准确调用它们将更难;此外,有的软件包函数调用直接得出的结果可信度也不是很高,因为软件包的质量和水平参差不齐。

抛弃成型的软件包另起炉灶自己编写程序也不是很现实,毕竟在成型软件包中包含有很多同行专家的心血,有时自己从头编写程序很难达到这样的效果,所以必须采用经过验证且信誉著称的高水平软件包或计算机语言来进行仿真研究。

仿真技术引起该领域各国学者、专家们的重视,建立起国际的仿真委员会(Simulation Councils Inc., SCi),该委员会于 1967 年通过了仿真语言规范。仿真语言 CSMP(computer simulation modelling program)应该属于建立在该标准上的最早的专用仿真语言。中科院沈阳自动化研究所马纪虎研究员等在 1988 年推出了该语言的推广版本——CSMP-C。

20 世纪 80 年代初期,美国 Mitchell and Gauthier Associates 公司推出了符合该标准的著名连续系统仿真语言 ACSL(advanced continuous simulation language)[43],该语言出现后,由于其功能较强大,并有一些系统分析的功能,很快就在仿真领域占据了主导地位。

和 ACSL 大致同时产生的还有瑞典 Lund 工学院 Karl Åström 教授主持开发的 SIMNON,英国 Salford 大学的 ESL[44]等,这些语言的编程语句结构也是很类似的,因为它们所依据的标准都是相同的。

计算机代数系统是在本领域中又一个吸引人的主题,而解决数学问题解析计算又是 C 语言直接应用的难点。于是国际上很多学者在研究、开发高质量的计算机代数系统。早期 IBM 公司开发的 muMATH[45]和 REDUCE[46]等软件为解决这样的问题提出了新的思路。后来出现的 Maple 和 Mathematica 逐渐占领了计算机代数系统的市场,成为比较成功的实用工具。

早期的 Mathematica 可以和 MATLAB 语言交互信息,比如通过一个称为 MathLink 的软件接口就可以很容易地完成这样的任务。为了解决计算机代数问题,MATLAB 语言的开发者——美国 MathWorks 公司也研制开发了符号运算工具箱(Symbolic Math Toolbox),该工具箱将 Maple 语言的内核作为 MATLAB 符号运算的引擎,使得二者能更好地结合起来。

这些软件和语言还是很昂贵的,所以有人更倾向于采用免费的,但编程结构类似于 MATLAB 的计算机语言,如 Octave[27]和 Scilab 等,Scilab 配套的 Scicos 也支持基于框图的建模与仿真方法,这些软件的全部源程序也是公开的,有较高的透明度,但目前它们的功能已经无法与越来越强大的 MATLAB 语言相比。

系统仿真领域有很多自己的特性,如果能选择一种能反映当今系统仿真领域最高水平,也是最实用的软件或语言介绍仿真技术,使得读者能直接采用该语言解决自己的问题,将是很有意义的。实践证明,MATLAB 就是这样的仿真软件,由于它本身卓越的功能,已经使得它成为自动控制、航空航天、汽车设计等诸多领域仿真的首选语言。所以在本书中将介绍基于 MATLAB/Simulink 的控制系统仿真与设计方法及其应用。

1.4　MATLAB/Simulink 与 CACSD 工具箱

MATLAB 语言的首创者 Cleve Moler 教授在数值分析,特别是在数值线性代数的领域中很有影响[30~32,47~49]。他曾在密西根大学、斯坦福大学和新墨西哥大学任数学与计算机科学教授。1980 年前后,时任新墨西哥大学计算机系主任的 Moler 教授在讲授线性代数课程时,发现了用其他高级语言编程极为不便,便构思并开发了 MATLAB(MATrix LABoratory,即矩阵实验室)[50],这一软件利用了他参与研制的、在国际上颇有影响的 EISPACK[31](基于特征值计算的软件包)和 LINPACK[32](线性代数软件包)两大软件包中可靠的子程序,用 Fortran 语言编写了集命令翻译、科学计算于一身的一套交互式软件系统。

所谓交互式语言,是指用户给出一条命令,立即就可以得出该命令的结果。该语言无须像 C 和 Fortran 语言那样,首先要求使用者去编写源程序,然后对之进行编译、连接,最终形成可执行文件。这无疑会给使用者带来极大的方便。在 MATLAB 下,矩阵的运算变得异常容易,所以它一出现就广受欢迎,这一系统逐渐发展、完善,逐步走向成熟,形成了今天的模样。

早期的 MATLAB 只能作矩阵运算;绘图也只能用极其原始的方法,即用星号描点的形式画图;内部函数也只提供了几十个。但即使其当时的功能十分简单,当它作为免费软件出现以来,还是吸引了大批的使用者。

Cleve Moler 和 Jack Little 等人于 1984 年成立了一个名为 The MathWorks 的公司,Cleve Moler 任该公司的首席科学家。当时的 MATLAB 版本已经用 C 语言作了完全的改写,其后又增添了丰富多彩的图形图像处理、多媒体功能、符号运算和它与其他流行软件的接口功能,使得 MATLAB 的功能越来越强大。

最早的 PC 版又称为 PC-MATLAB,其工作站版本又称为 Pro MATLAB。1990 年推出的 MATLAB 3.5i 版是第一个可以运行于 Microsoft Windows 下的版本,它可以在两个窗口上分别显示命令行计算结果和图形结果。稍后推出的 SimuLAB 环境首次引入了基于框图的建模与仿真功能,其模型输入的方式令人耳目一新,该环境就是现在所知的 Simulink 的前身。The MathWorks 公司于 1992 年推出了具有划时代意义的 MATLAB 4.0 版本,并于 1993 年推出了其 PC 版,充分支持在 Microsoft Windows 进行界面编程。1994 年推出的 4.2 版本扩充了 4.0 版本的功能,尤其在图形界面设计方面更提供了新的方法。1996 年 12 月推出的 MATLAB 5.0 版支持了更多的数据结构,如单元数据、数据结构体、多维数组、对象与类等,使其成为一种更方便、完美的编程语言。1999 年初推出的 MATLAB 5.3

版在很多方面又进一步改进了 MATLAB 语言的功能,随之推出的全新版本的最优化工具箱和 Simulink 3.0 版达到了很高的档次。2000 年 9 月,MATLAB 6.0 问世,在操作界面上有了很大改观,同时还给出了程序发布窗口、历史信息窗口和变量管理窗口等,为用户的使用提供了很大的方便;在计算内核上抛弃了其一直使用的 LINPACK 和 EISPACK,而采用了更具优势的 LAPACK 软件包和 FFTW 系统,速度变得更快,数值性能也更好;在用户图形界面设计上也更趋合理;与 C 语言接口及转换的兼容性也更强;与之配套的 Simulink 4.0 版的新功能也特别引人注目。2004 年 6 月推出的 MATLAB 7.0 版引入的多领域物理建模仿真策略为控制系统仿真技术提供了全新的仿真理念和平台。2012 年 9 月推出的 MATLAB 8.0 版提供了全新的操作界面,如图 1-1 所示。另外,该版本还提供了更强大的工具、全新的 Simulink 编辑器与更强大的仿真功能。

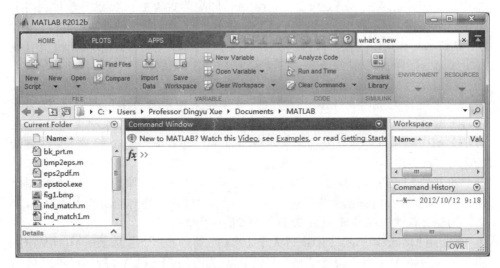

图 1-1   MATLAB 8.0 程序界面

MathWorks 公司每年在 3 月和 9 月分别推出 a 版和 b 版,当前最新的版本是 MATLAB R2012b(8.0 版),其功能越来越强大,然而其符号运算功能由于引擎的更换有所减弱。在使用符号运算功能时建议使用 MATLAB R2008a 或以前的版本,其他内容可以尽量采用新的版本。如果有条件的话建议同时安装两个版本,兼顾各方面的应用需求。本书以 MATLAB R2012b 为主介绍 MATLAB/Simulink 及其应用,其中绝大部分内容同样适用于 MATLAB 的早期版本。

目前,MATLAB 已经成为国际上最流行的科学与工程计算的软件工具,现在的 MATLAB 已经不仅仅是一个"矩阵实验室"了,它已经成为一种具有广泛应用前景的、全新的计算机高级编程语言了,有人称它为"第四代"计算机语言,它在国内外高校和研究部门正扮演着重要的角色。MATLAB 语言的功能也越来越强大,不断适应新的要求提出新的解决方法。另外,很多长期以来对 MATLAB 有一定竞争能力的软件（如 Matrix-X）已经被 MathWorks 公司吞并，所以可以预见，在科学运算与系统仿真领域 MATLAB 语言将长期保持其独一无二的地位。

MATLAB 目前已经成为控制界国际上最流行的软件，它除了传统的交互式编程之外，还提供了丰富可靠的矩阵运算、图形绘制、数据处理、图像处理、方便的 Microsoft Windows 编程等便利工具。此外，控制界很多学者将自己擅长的 CAD 方法用 MATLAB 加以实现，出现了大量的 MATLAB 配套工具箱，如控制界最流行的控制系统工具箱（Control System Toolbox）、系统辨识工具箱（System Identification Toolbox）、鲁棒控制工具箱（Robust Control Toolbox）、多变量频域设计工具箱（Multivariable Frequency Design Toolbox）、μ 分析与综合工具箱（μ-Analysis and Synthesis Toolbox）、神经网络工具箱（Neural Network Toolbox）、最优化工具箱（Optimization Toolbox）、信号处理工具箱（Signal Processing Toolbox）以及仿真环境 Simulink。参与编写这些工具箱的设计者包括国际控制界的名流，如 Alan Laub、Michael Sofanov、Leonard Ljung、Jan Maciejowski 等这些在相应领域的著名专家，这当然地提高了 MATLAB 的声誉与可信度，使得 MATLAB 风靡国际控制界，成为最重要也是最流行的语言。

下面列出一些有价值的网站供读者参考

`http://www.mathworks.cn` MathWorks 官网，MATLAB 及工具箱手册

`http://www.mathworks.cn/matlabcentral/fileexchange` 共享资源

`http://www.matlabsky.com` 国内比较好的 MATLAB 用户论坛

`http://www.matlab-edu.com` 本书作者维护的 MATLAB 教学网站

1.5　控制系统计算机辅助设计领域方法概述

在自动控制理论作为一门单独学科刚刚起步的时候，控制系统的设计是相当简单的，比如可以用 Ziegler-Nichols 经验公式[3] 利用纸和笔等简单的工具来设计较实用的 PID 控制器，这种现象持续了很长的时间。

随着计算机技术的发展，特别是像 MATLAB 这样方便可行的 CACSD 工具的出现，控制系统的计算机辅助设计在理论上也有了引人注目的进展，人们已经不满足于由纸和笔这样的简单工具设计出来的控制器了，而是期望越来越高。例如人们往往期望获得某种意义下的"最优"控制效果，而这样的控制效果确实是原来依赖纸和笔这样简单工具所实现不了的，而必须借助于计算机这样的高级工具，从而控制系统计算机辅助设计技术也就应运而生了。

早期的 CACSD 研究侧重于对控制系统的计算机辅助分析上，开始时人们利用计算机的强大功能把系统的频率响应曲线绘制出来，并根据频率响应的曲线及自己的控制系统设计经验用试凑的方法设计一个控制器，然后利用仿真的方法去观察设计的效果，比较成功的试凑设计方法有超前滞后校正方法等，当然这样的方法更适合于单变量系统的设计，前面提及以 Rosenbrock 教授和 MacFarlane 教

授为代表的英国学派多变量频域设计方法就是这种设计风格的范例。以色列裔美国学者 Issac Horowitz 教授在频域设计方法中独辟蹊径,创立了比较完善的设计方法——定量反馈理论(quantitative feedback theory,QFT)[51],在反馈的效果上大作文章,在频域设计领域发展过程中,这些学者往往依赖于他们自己编写的 CACSD 工具来进行研究,并出现了很多值得提及的软件(如 CLADP),后来随着 MATLAB 的发展,也出现了各种各样的 MATLAB 工具箱,如 Jan Maciejowski 等学者开发的多变量系统频域设计工具箱[52]和美国学者 Craig Borghesani 和 Yossi Chait 等编写的 QFT 设计工具箱[53] 等。

除了经典的多变量频域方法之外,还出现了一些基于最优化技术的控制方法,其中比较著名的是英国学者 John Edmunds 提出的多变量参数最优化控制方法和英国学者 Zakian 提出的不等式控制方法(method of inequalities)[54]等,这些方法都是行之有效的实用设计方法。

与此同时,美国学者似乎更倾向于状态空间的表示与设计方法(往往又称为时域方法,time-domain),首先在线性二次型指标下引入了最优控制的概念,并在用户的干预下(如人工选择加权矩阵)得出某种最优控制的效果,这样的控制又往往需要引入状态反馈或状态观测器等新的控制概念。此后为了考虑随机扰动的情况引入了 LQG 最优控制的设计方法,后来随着 LQG 控制固有的弊病提出了回路传输恢复(loop transfer recovery,LTR)等新技术,但直到这类状态空间方法找到了合适的频域解释之后才开始有了应用。此外在状态空间的设计方法中比较成型的方法有极点配置方法、多变量系统解耦控制设计等,这些状态空间方法在计算方法和理论证明上取得了很多成果。

从控制系统的鲁棒性(robustness)角度也出现了各种各样的控制方法。首先由美国学者 Zames 提出的最小灵敏度控制策略引起了各国研究者的瞩目,并对之加以改进,出现了各种 $\mathcal{H}_\infty$ 最优控制的方案。所谓 $\mathcal{H}_\infty$ 实际上是物理可实现的稳定系统集合的一种数学描述(因满足 Hardy 空间而得名),$\mathcal{H}_\infty$ 控制的一个关键问题是 Youla 参数化方法,该方法可以给出所有满足要求的控制器的通式。$\mathcal{H}_\infty$ 的解法也是多种多样的,首先人们考虑通过 Youla 参数化方法构造出全部镇定控制器,并将原始问题转化成模型匹配(如 Hankel 近似)的一般问题,然后再对该问题求解,后来多采用状态空间的解法,因为这样的解法更直观、容易,也更简洁。后来随着控制器的阶次越来越高,还出现了很多的控制器降阶方法来实现设计出的控制器。线性矩阵不等式(linear matrix inequalities,LMI)及 μ 分析与综合等控制系统设计方法也在控制界有较大的影响,而这些方法不通过计算机这样的现代化工具是不能完成的。

瑞典学者 Karl Åström 教授的研究更加切合于过程控制的实际应用,在他的研究成果中经常可以发现独创性的内容,例如他和合作者对传统的,也是工业中应用最广泛的 PID 控制器进行了改进,提出了自整定 PID 控制器[55]的思想,使得原来需要离线调节的 PID 控制器参数能够容易地在线自动调节,并在研究中取得了丰硕的成果,还推出了自整定 PID 控制器的硬件产品。在自整定 PID 控制器的领域也出现了很多比较显著的进展,这类研究的基本思想是使得复杂问题简单化,并易于实际应用。

分数阶控制是近年蓬勃发展起来的较新的研究方向[56],领域也出现了很多新的研究成果,是控制理论的一个较新的研究领域。

国际上也出版了关于 MATLAB 及 CACSD 的专著和教材[10~12],但它们大都是 MATLAB 的入门教材,并没有真正深入、系统地探讨 CACSD 技术及 MATLAB 实现,将 MATLAB 的强大功能与控制领域成果有机结合是本书力图解决的主要问题。本书第一版是国内第一部将 MATLAB 语言和控制系统设计技术有机结合的著作,曾在控制系统及相关学科的教学与研究中有较大的影响,本版进一步充实相关内容,大大提高了所涉及问题的深度与广度。

1.6　本书的基本结构和内容

对控制系统进行仿真与计算机辅助设计的工作可以认为是三个阶段的有机结合,即所谓的 MAD(modelling、analysis、design,即系统建模、分析与设计)过程,首先需要给系统建立起数学模型,然后根据数学模型进行仿真分析。在系统分析时如果发现与实际系统不符,则可能是系统的数学模型有问题,需要重新建模再进行分析。建立起准确的数学模型,并分析了系统的性质后,就可以根据要求给系统设计控制器。设计后可以对系统在控制器作用下的性质进行分析,如果不理想则应该重新设计控制器,再返回分析过程,直至得到满意的控制效果。当然,在系统分析与设计的过程中有时还需要对系统模型进行修正。

围绕控制系统仿真与计算机辅助设计的几个阶段,本书各章内容安排如下:

本章对国际上最流行的一些 CACSD 专用软件,如 ACSL、MATLAB、Mathematica 等做简要的介绍,然后对 CACSD 领域的新策略和新成果做一个概略的叙述,阐述了为什么在控制系统仿真与计算机辅助设计领域应该采用 MATLAB 作为主要计算机语言的原因。

第 2 章系统地介绍 MATLAB 编程的基础,包括对赋值语句、控制结构和绘图语句等程序设计问题,还介绍了 MATLAB 主流的程序设计方法,即函数编写方法与技巧。该章介绍了 MATLAB 语言二维、三维图形显示方法,并介绍了图形用户界面设计方面的基础知识与设计技巧。

第 3 章叙述了和控制系统仿真与设计领域密切相关的科学运算问题求解方法。介绍了 MATLAB 语言在线性代数、代数方程、微分方程、最优化及 Laplace 和 z 变换等几个与控制系统密切相关的科学运算问题上的应用。

第 4 章介绍在 MATLAB 环境中如何表示各种各样的线性系统数学模型。这里介绍的方法适用于连续与离散模型、单变量与多变量模型,为本书的理论基础。

该章还对方框图模型的连接与化简、各种数学模型之间的相互转换等给出较详细的叙述,还介绍了高阶模型的各种降阶方法和离散模型的辨识方法,探讨了辨识用激励信号问题。

第 5 章介绍线性控制系统的基本分析方法。首先介绍了控制系统的定性分析方法,如稳定性、可控性与可观测性等,还给出了线性系统的范数测度等概念与求解方法。该章讨论了线性系统的时域解析解方法与仿真方法,介绍了单变量与多变量系统的频域分析方法与根轨迹分析方法,侧重于如何用 MATLAB 语言解决相关问题的方法。学习这些方法将有助于控制系统的控制器设计。

第 6 章介绍基于 Simulink 的非线性系统建模方法与技巧。先介绍了各个常用的 Simulink 模块组,然后介绍了利用 Simulink 模块搭建仿真系统的方法,并介绍了仿真参数的设置方法、仿真中的子系统与模块封装技术以及 S-函数的编写方法。掌握了这些方法,理论上可以搭建起任意复杂系统的仿真模型。

第 7 章介绍各种经典的控制系统设计方法,包括系统的串联控制器的设计方法,基于二次型最优控制和极点配置的状态反馈控制方法,观测器的设计与基于观测器的控制器设计方法,最优控制器的设计方法与设计程序,多变量系统的频域设计方法和多变量控制系统的解耦方法等。

第 8 章侧重于工业上最常用的 PID 类控制器设计方法,包括各种 PID 控制器的结构、过程模型的一阶延迟近似、常规 PID 控制器整定方法、一般模型的 PID 控制器整定方法,并着重介绍作者编写的 OptimPID 用户界面,设计出性能最优的 PID 控制器。

第 9 章介绍各类系统的鲁棒控制器设计方法,包括基于 LQG/LTR 的鲁棒控制器设计方法、$\mathcal{H}_\infty$ 鲁棒控制问题及求解方法等,并介绍基于定量反馈理论的鲁棒控制器设计方法与工具。

第 10 章介绍自适应控制与智能控制系统的建模、仿真与设计问题,包括模型参考自适应系统、自校正控制与广义预测控制的仿真,模糊逻辑与模糊逻辑控制器设计、仿真研究,神经网络与基于各种神经网络结构的 PID 控制器设计与仿真,遗传算法、粒子群算法在最优化问题求解中的应用及最优控制器设计等。

第 11 章介绍分数阶系统的控制问题,包括分数阶微积分的定义,分数阶微分方程的框图解法等基础内容,也将以分数阶传递函数为例,介绍 MATLAB 的类与对象编程方法,介绍基于面向对象技术的分数阶系统建模、分析与设计技术。

第 12 章搭建起控制系统设计软件与硬件实现之间的桥梁,系统地介绍了基于 dSPACE、Quanser 等软硬件系统的控制系统半实物仿真及实时控制方法,为控制理论及方法的工程应用打下一定的基础。

本书附录介绍几个用于控制系统计算机辅助设计软件测试用的基准问题与控制应用问题,用户可以从这些典型的受控对象模型出发,测试各种自己设计出来的控制器,得到公平的比较结果。

1.7 习 题

(1) MathWorks 公司网站(`http://www.mathworks.cn`)上提供了 MATLAB 及所有工具箱手册的电子版,如果需要,可以将感兴趣的工具箱手册下载阅读。由于工具箱规模过于庞大,不可能在一本书中全盘介绍,所以本书的作用只是作为读者学习和使用 MATLAB 语言解决控制中问题的入门指导性材料。

(2) MATLAB 语言是控制系统研究的首选语言,本书以该语言为主线介绍课程的内容。请在机器上安装 MATLAB 程序,在提示符下输入 demo 命令,运行演示程序,领略 MATLAB 语言的基本功能。

(3) 学会利用 MATLAB 语言提供的联机帮助功能,更好地学习 MATLAB 语言,熟练掌握查找需要了解内容的方法和技巧。联机帮助可以由 help 命令或 Help 菜单来实现,还可以用 doc 命令获得帮助。

(4) MATLAB 语言中求取两个矩阵的乘积用 $C = A * B$ 即可,再试用 C 或其他计算机语言编写一个通用的子程序,计算两个矩阵 A 和 B 的乘积,体验一下通用程序编写和 MATLAB 现成功能调用的区别。

(5) 矩阵运算是 MATLAB 最传统的特色,用 $B = \mathrm{inv}(A)$ 命令即可以求出 A 的逆矩阵,感受 MATLAB 在求解逆矩阵时的运算效率。想求一个 n 阶随机矩阵的逆,分别取 $n = 550$ 和 $n = 1550$,测试矩阵求逆所需的时间及结果的正确性。具体语句:

```
>> tic, A = rand(550); B = inv(A); toc
>> norm(A*B-eye(size(A))), norm(B*A-eye(size(A)))
```

(注:由矩阵的性质可知,$AB = BA = I$,故用 $||AB - I||$ 即可以得出误差)

(6) 在求解数学问题时,不同的算法在求解精度与速度上是不同的。考虑求取矩阵行列式的代数余子式方法,可以将 n 阶矩阵的行列式问题转化成 n 个 $n-1$ 阶矩阵的行列式问题,$n-1$ 阶矩阵又可以转化成 $n-2$ 阶。因而可以得出结论:任意阶矩阵行列式均可以由代数余子式方法求出解析解。然而,这样的结论忽略了计算量的问题,用这样的方法,n 阶矩阵行列式求解的计算量为 $(n-1)(n+1)! + n$,$n = 20$ 的计算量相当于每秒百亿次的巨型计算机求解 3000 多年,所以用该方法不可能真正用于大型矩阵的行列式求解。

由矩阵运算可知,可以将矩阵进行 LU 分解,计算出矩阵的行列式,MATLAB 的解析解运算也实现了这样的算法,可以在短时间内求解出矩阵的行列式。试用 MATLAB 语言求解 20 阶矩阵的行列式解析解,需要使用多少时间。具体参考语句

```
tic, A = sym(hilb(20)); det(A); toc
```

(7) 试用不同的计算机数学语言如 Mathematica、Maple、MATLAB 及 MATLAB 的符号运算工具箱分别求解代数方程 $(x+1)^{20} = 0$,比较得出结果,并说明解决这样的问题应该注意什么(注:求解前应该先将方程左侧展开成一般的多项式)。

(8) MATLAB 语言的 Simulink 仿真程序允许用户用直观的方法搭建控制系统的框图,试利用 Simulink 提供的模块搭建起一个如图 1-2 所示的模型,请研究 $\delta = 0.3$ 时不同输入信号激励下系统的响应曲线,另外请研究不同的 δ 值对系统的阶跃响应有何影响,通过这个例子可以领略利用仿真工具的优势及方便程度。

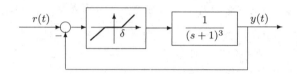

图 1-2　某非线性反馈系统框图

参考文献

1　戴先中. 自动化科学与技术学科的内容、地位与体系. 北京: 高等教育出版社, 2003

2　Doyle J C. A new physics? 40th IEEE Conference on Decision and Control 全会开篇大会报告. Orlando: IEEE Publisher, 2000

3　Ziegler J G, Nichols N B. Optimum settings for automatic controllers. Transaction of ASME, 1944, 64:759~768

4　Herget C J, Laub A J (eds.). Special issue on computer-aided control system design. IEEE Control Systems Magazine, 1982, 2(4):2~37

5　Herget C J, Laub A J (eds.). Special issue on computer-aided control system design. Proceedings of IEEE, 1984, 72:1714~1805

6　Jamshidi M, Herget C J. (eds.). Computer-aided control systems engineering. Amsterdam: Elsevier Science Publishers B V, 1985

7　Jamshidi M, Herget C J. (eds.). Recent advances in computer-aided control systems engineering. Amsterdam: Elsevier Science Publishers B V, 1992

8　孙增圻,袁曾任. 控制系统的计算机辅助设计. 北京: 清华大学出版社, 1988

9　Melsa J L, Jones S K. Computer programs for computational assistance in the study of linear control theory. New York: McGraw-Hill, 1973

10　Shahian B, Hassul M. Computer-aided control system design using MATLAB. Englewood Cliffs: Prentice-Hall, 1993

11　Leonard N E, Levine W S. Using MATLAB to analyze and design control systems. Redwood City: Benjamin Cummings, 1993

12　Ogata K. Solving control engineering problems with MATLAB. Englewood Cliffs: Prentice Hall, 1994

13　Mościński J, Ogonowski Z. Advanced control with MATLAB and Simulink. London: Ellis Horwood, 1995

14　薛定宇. 控制系统计算机辅助设计 ——MATLAB 语言与应用. 北京: 清华大学出版社, 1996

15　张晓华. 控制系统计算机仿真与 CAD. 北京: 机械工业出版社, 1999

16 薛定宇. 反馈控制系统的设计与分析——MATLAB 语言应用. 北京: 清华大学出版社, 2000

17 薛定宇. 控制系统仿真与计算机辅助设计. 北京: 机械工业出版社, 2005

18 Kuo B C. Automatic control systems. Wiley, 8th edition, 2003

19 D'Azzo J J, Houpis C H. Linear control system analysis and design: conventional and modern. New York: McGraw-Hill, 4th edition, 1995

20 Ogata K. Modern control engineering. Englewood Cliffs: Prentice Hall, 4th edition, 2001

21 Åström K J. Computer aided tools for control system design, In: Jamshidi M, Herget C J. Computer-aided control systems engineering. Amsterdam: Elsevier Science Publishers B V, 1985, 3~40

22 Furuta K. Computer-aided design program for linear control systems. Proceedings of IFAC Symposium on CACSD, 1979, 267~272. Zurich, Switzerland

23 Edmunds J M. Cambridge linear analysis and design programs. Proceedings IFAC Symposium on CACSD, 1979, 253~258. Zurich, Switzerland

24 Maciejowski J M, MacFarlane A G J. CLADP: the Cambridge linear analysis and design programs, In: Jamshidi M, Herget C J. Computer-aided control systems engineering. Amsterdam: Elsevier Science Publishers B V, 1985, 125~138

25 Armstrong E S. ORACLS — a design system for linear multivariable control. New York: Marcel Dekker Inc., 1980

26 Little J N, Emami-Naeini A, Bangert S N. CTRL-C and matrix environments for the computer-aided design of control systems, In: Jamshidi M, Herget C J. Computer-aided control systems engineering. Amsterdam: Elsevier Science Publishers B V, 1985, 191~205

27 Octave 语言主页. http://www.octave.org

28 SciLAB 语言主页. http://scilabsoft.inria.fr

29 Jobling C P, Grant P W, Barker H A, Townsend P. Object-oriented programming in control system design: a survey. Automatica, 1994, 30:1221~1261

30 Smith B T, Boyle J M, Dongarra J J. Matrix eigensystem routines — EISPACK guide, *Lecture Notes in Computer Sciences*, volume 6. New York: Springer-Verlag, 2nd edition, 1976

31 Garbow B S, Boyle J M, Dongarra J J, Moler C B. Matrix eigensystem routines — EISPACK guide extension, *Lecture Notes in Computer Sciences*, volume 51. New York: Springer-Verlag, 1977

32 Dongarra J J, Bunch J R, Moler C B, Stewart G W. LINPACK user's guide. Philadelphia: Society of Industrial and Applied Mathematics (SIAM), 1979

33 Numerical Algorithm Group. NAG FORTRAN library manual, 1982

34 Press W H, Flannery B P, Teukolsky S A, Vitterling W T. Numerical recipes, the art of scientific computing. Cambridge: Cambridge University Press, 1986

35 Atherton D P. Control systems computed. Physics in Technology, 1985, 16:139~140

36 CAD Center. GINO-F Users' manual, 1976

37 Spang III H A. The federated computer-aided design system, In: Jamshidi M, Herget C J. Computer-aided control systems engineering. Amsterdam: Elsevier Science Publishers B V, 1985, 209~228

38 Munro N. ECSTASY — a control system CAD environment. Proceedings IEE Conference on Control 88, 1988, 76~80. Oxford

39 Wolfram S. Mathematica: a system for doing mathematics by computer. Redwood City, California: Addison-Wesley Publishing Company, 1988

40 Lamport L. LATEX: a document preparation system — user's guide and reference manual. Reading MA: Addision-Wesley Publishing Company, 2nd edition, 1994

41 王治宝, 韩京清. CADCSC 软件系统——控制系统计算机辅助设计. 北京: 科学出版社, 1997

42 吴重光, 沈承林. 控制系统计算机辅助设计. 北京: 机械工业出版社, 1988

43 Mitchell E E L, Gauthier J S. Advanced continuous simulation language (ACSL) — user's manual. Mitchell & Gauthier Associates, 1987

44 Hay J L, Pearce J G, Turnbull L, Crosble R E. ESL software user manual. Salford: ISIM Simulation, 1988

45 Wooff C, Hodgkinson D. muMATH: A microcomputer algebra system. London: Academic Press, 1987

46 Rayna G. REDUCE software for algebraic computation. New York: Springer-Verlag, 1987

47 Forsythe G E, Malcolm M A, Moler C B. Computer methods for mathematical computations. Englewood Cliffs: Prentice-Hall, 1977

48 Forsythe G E, Moler C B. Computer solution of linear algebraic systems. Englewood Cliffs: Prentice-Hall, 1967

49 Molor C B. Numerical computing with MATLAB. MathWorks Inc, 2004

50 Moler C B. MATLAB — An interactive matrix laboratory. Technical Report 369, Department of Mathematics and Statistics, University of New Mexico, 1980

51 Horowitz I. Quantitative feedback theory (QFT). Proceedings IEE, Part D, 1982, 129:215~226

52 Boyel J M, Ford M P, Maciejowski J M. A multivariable toolbox for use with MATLAB. IEEE Control Systems Magazine, 1989, 9:59~65

53 Borghesani C, Chait Y, Yaniv O. The QFT frequency domain control design toolbox for use with MATLAB. Terasoft Inc, 2003

54 Zakian V, Al-Naib U. Design of dynamical and control systems by the method of inequalities. Proceedings of IEE, Part D, 1973, 120:1421~1427

55 Åström K J, Hägglund T. Automatic tuning of simple regulators with specification on phase and amplitude margins. Automatica, 1984, 20:645~651

56 Monje C A, Chen Y Q, Vinagre B M, Xue D, Feliu V. Fractional-order systems and controls — fundamentals and applications. London: Springer, 2010

第 2 章
MATLAB 语言程序设计基础

MATLAB 语言是当前国际上自动控制领域的首选计算机语言，也是很多理工科专业最适合的计算机数学语言。本书以 MATLAB 语言为主要计算机语言，系统、全面地介绍其在控制系统建模、分析与计算机辅助设计中的应用。掌握该语言不但有助于更深入理解和掌握控制理论中的概念与算法，提高分析与设计控制系统的能力，而且还可以充分利用该语言，在其他专业课程的学习中得到积极的帮助。

和其他程序设计语言相比，MATLAB 语言有如下的优势：

① **简洁高效性**。MATLAB 程序设计语言集成度高，语句简洁，往往用 C/C++ 等程序设计语言编写的数百条语句，用 MATLAB 语言一条语句就能解决问题，其程序可靠性高、易于维护，可以大大提高解决问题的效率和水平。

② **科学运算功能**。MATLAB 语言以矩阵为基本单元，可以直接用于矩阵运算。另外，最优化问题、数值微积分问题、微分方程数值解问题、数据处理问题等都能直接用 MATLAB 语言求解。

③ **绘图功能**。MATLAB 语言可以用最直观的语句将实验数据或计算结果用图形的方式显示出来，并可以将以往难以显示出来的隐函数直接用曲线绘制出来。MATLAB 语言还允许用户用可视的方式编写图形用户界面，其难易程度和 Visual Basic 相仿，这使得用户可以容易地利用该语言编写通用程序。

④ **庞大的工具箱与模块集**。MATLAB 是被控制界的学者"捧红"的，是控制界通用的计算机语言，在应用数学及控制领域几乎所有的研究方向均有自己的工具箱，而且由领域内知名专家编写，可信度比较高。随着 MATLAB 的日益普及，在其他工程领域也出现了工具箱，这也大大促进了 MATLAB 语言在各个领域的应用。

⑤ **强大的动态系统仿真功能**。Simulink 提供的面向框图的仿真及多领域物理仿真功能，使得用户能容易地建立复杂系统模型，准确地对其进行仿真分析。Simulink 的多领域物理仿真模块集允许用户在一个

统一的框架下对含有控制环节、机械环节和电子、电机环节的机电一体化系统进行建模与仿真,这是目前其他计算机语言无法做到的。

本章中的内容安排如下:2.1 节介绍 MATLAB 语言编程的最基本内容,包括数据结构、基本语句结构和重要的冒号表达式与子矩阵提取方法。2.2 节介绍 MATLAB 语言中矩阵的基本数学运算,包括代数运算、逻辑运算、比较运算及简单的数论运算函数。2.3 节介绍 MATLAB 语言的基本编程结构,如循环语句结构、条件转移语句结构、开关结构和试探结构,介绍各种结构在程序设计中的应用。2.4 节介绍 MATLAB 语言编程中主流结构——M-函数的结构与程序编写技巧。2.5 节介绍基于 MATLAB 语言的二维图形绘制的方法,如各种二维曲线绘制、隐函数的曲线绘制等,并将介绍图形修饰方法等。2.6 节介绍三维图形的绘制方法、三维图形旋转与视角设置等。2.7 节介绍图形用户界面的设计方法与技巧。

2.1　MATLAB 程序设计语言基础

2.1.1　MATLAB 语言的变量与常量

MATLAB 语言变量名应该由一个字母引导,后面可以跟字母、数字、下划线等。例如,MYvar12、MY_Var12 和 MyVar12_ 均为有效的变量名,而 12MyVar 和 _MyVar12 为无效的变量名。在 MATLAB 中变量名是区分大小写的,也就是说,Abc 和 ABc 两个变量名表达的是不同的变量,在使用 MATLAB 语言编程时一定要注意。

在 MATLAB 语言中还为特定常数保留了一些名称,虽然这些常量都可以重新赋值,但建议在编程时应尽量避免对这些量重新赋值。

① eps,机器的浮点运算误差限。PC 上 eps 的默认值为 2.2204×10^{-16},若某个量的绝对值小于 eps,则可以认为这个量为 0。

② i 和 j。若 i 或 j 量不被改写,则它们表示纯虚数量 j。但在 MATLAB 程序编写过程中经常事先改写这两个变量的值,如在循环过程中常用这两个变量来表示循环变量,所以应该确认使用这两个变量时没有被改写。如果想恢复该变量,则可以用语句 $i = \text{sqrt}(-1)$ 设置,即对 -1 求平方根。

③ Inf,无穷大量 $+\infty$ 的 MATLAB 表示,也可以写成 inf。同样地,$-\infty$ 可以表示为 -Inf。在 MATLAB 程序执行时,即使遇到了以 0 为除数的运算,也不会终止程序的运行,而只给出一个"除 0"警告,并将结果赋成 Inf,这样的定义方式符合 IEEE 的标准。从数值运算编程角度看,这样的实现形式明显优于 C 语言这类的非专业的计算机语言。

④ NaN,不定式(not a number,NaN),通常由 0/0 运算、Inf/Inf 及其他可能的运算得出。NaN 是一个很奇特的量,如 NaN 与 Inf 的乘积仍为 NaN。

⑤ pi,圆周率 π 的双精度浮点表示。

2.1.2 数据结构

1. 数值型数据

强大方便的数值运算功能是 MATLAB 语言的最显著特色。为保证较高的计算精度,MATLAB 语言中最常用的数值量为双精度浮点数,占 8 个字节(64 位),遵从 IEEE 记数法,有 11 个指数位、53 位尾数及一个符号位,值域的近似范围为 -1.7×10^{308} 至 1.7×10^{308},其 MATLAB 表示为 double()。考虑到一些特殊的应用,比如图像处理,MATLAB 语言还引入了无符号的 8 位整型数据类型,其 MATLAB 表示为 uint8(),其值域为 $0 \sim 255$,这样可以大大地节省 MATLAB 的存储空间,提高处理速度。此外,在 MATLAB 中还可以使用其他的数据类型,如 int8()、int16()、int32()、uint16()、uint32() 等,每一个类型后面的数字表示其位数,其含义不难理解。

2. 符号型

MATLAB 还定义了"符号"型变量,以区别于常规的数值型变量,可以用于公式推导和数学问题的解析解法。进行解析运算前需要首先将采用的变量申明为符号变量,这需要用 syms 命令来实现。该语句具体的用法为 syms vars props,其中,vars 给出需要申明的变量列表,可以同时申明多个变量,中间用空格分隔,而不是用逗号等分隔。如果需要,还可以进一步申明变量的类型 props,可以使用的类型为 real、positive 等。如果需要将 a、b 均定义为符号变量,则可以用 syms a b 语句声明,该命令还支持对符号变量具体形式的设定,如 syms a real。

符号型数值可以通过变精度算法函数 vpa() 以任意指定的精度显示出来。该函数的调用格式为 vpa(A),或 vpa(A,n),其中,A 为需要显示的数值或矩阵,n 为指定的有效数字位数,前者以默认的十进制位数(32 位)显示结果。

例 2-1　自然对数底 e 的前 300 位有效数字可以由下面的语句直接显示出来。

```
>> vpa(exp(sym(1)),300)    % 需要首先将1转换成符号量
```

显示的结果为 2.71828182845904523536028747135266249775724709369995957496696762772407663035354759457138217852516642742746639193200305992181741359662904357290033429526059563073813232862794349076323382988075319525101901157383418793070215408914993488416750924476146066808226480016847741185374234544243710753907774499207。若不指定位数则显示为 2.7182818284590452353602874713527。

3. 其他数据结构

除了用于数学运算的数值数据结构外,MATLAB 还支持下面的数据结构:

① **字符串型数据**。MATLAB 支持字符串变量,可以用它来存储相关的信息。和 C 语言等程序设计语言不同,MATLAB 字符串是用单引号括起来的。

② **多维数组**。三维数组是一般矩阵的直接拓展。在控制系统的分析中也可以直接用于多变量系统的表示上。在实际编程中还可以使用维数更高的数组。

③ **单元数组**。单元数组是矩阵的直接扩展,其存储格式类似于普通的矩阵,而

矩阵的每个元素不是数值,可以认为能存储任意类型的信息,这样每个元素称为"单元"(cell),例如,$A\{i,j\}$ 可以表示单元数组 A 的第 i 行,第 j 列的内容。

④ **类与对象**。MATLAB 允许用户自己编写包含各种复杂信息的变量,称为类,而对象是类的一个实例。类变量可以包含各种下级的信息,还可以重新对类定义其计算,这在控制系统描述中特别有用。例如,在 MATLAB 的控制系统工具箱中定义了传递函数类,可以用一个变量来表示整个传递函数,还重新定义了该类的运算,如加法运算可以直接求取多个模块的并联连接,乘法运算可以求取若干模块的串联。这些内容将在后面的章节中详细介绍。

2.1.3　MATLAB 的基本语句结构

MATLAB 的语句有两种结构。

1. 直接赋值语句

直接赋值语句的基本结构为 赋值变量 = 赋值表达式 ,这一过程把等号右边的表达式直接赋给左边的赋值变量,并返回到 MATLAB 的工作空间。如果赋值表达式后面没有分号,则将在 MATLAB 命令窗口中显示表达式的运算结果。若不想显示运算结果,则应该在赋值语句的末尾加一个分号。如果省略了赋值变量和等号,则表达式运算的结果将赋给保留变量 ans。所以说,保留变量 ans 将永远存放最近一次无赋值变量语句的运算结果。

例 2-2 矩阵的输入在 MATLAB 下是非常简单、直观的,考虑矩阵 $\boldsymbol{A} = \begin{bmatrix} 1 & 2 & 3 \\ 4 & 5 & 6 \\ 7 & 8 & 0 \end{bmatrix}$,由下面的 MATLAB 语句将该矩阵直接输入到工作空间中。

```
>> A=[1,2,3; 4 5,6; 7,8 0] % 逗号、空格分隔元素,分号换行
```

其中,>> 为 MATLAB 的提示符,由机器自动给出,用户在提示符下可以输入各种各样的 MATLAB 命令。矩阵的内容由方括号括起来的部分表示,在方括号中的分号表示矩阵的换行,逗号或空格表示同一行矩阵元素间的分隔。百分号(%)引导注释语句。给出了上面的命令,就可以在 MATLAB 的工作空间中建立一个 $\boldsymbol{A}$ 变量并在 MATLAB 命令窗口中显示出来。在本书后续正文中为便于理解,将采用数学形式显示得出的结果。如果不想显示中间结果,则应该在语句末尾加一个分号,如

```
>> A=[1,2,3; 4 5,6; 7,8 0];        % 不显示结果,但进行赋值
   A=[[A; [1 2 3]], [1;2;3;4]]; % 矩阵维数动态变化
```

例 2-3 复数矩阵在 MATLAB 下也可以很直观地输入,考虑下面的复数矩阵

$$\boldsymbol{B} = \begin{bmatrix} 1+9j & 2+8j & 3+7j \\ 4+6j & 5+5j & 6+4j \\ 7+3j & 8+2j & 0+j \end{bmatrix}$$

利用 MATLAB 语言定义的两个记号 i 和 j,可以直接输入复数矩阵,该复数矩阵可以由下面的语句直接输入

```
>> B=[1+9i,2+8i,3+7j; 4+6j 5+5i,6+4i; 7+3i,8+2j 1i]
```

2. 函数调用语句

函数调用语句的基本结构为 [返回变量列表] = 函数名(输入变量列表)，其中，函数名的要求和变量名的要求是一致的，一般函数名应该对应在 MATLAB 路径下的一个文件。例如，函数名 my_fun 应该对应于 my_fun.m 文件。当然，还有一些函数名需对应于 MATLAB 的内核函数（built-in function），如 inv() 函数等。

返回变量列表和输入变量列表均可以由若干个变量名组成，它们之间应该分别用逗号。返回变量还允许用空格分隔，例如 $[U\ S\ V]$=svd(X)，该函数对给定的 X 矩阵进行奇异值分解，所得的结果由 U、S、V 这 3 个变量返回。如果不想返回某个变量，则可以用 ∼ 符号占位。

2.1.4　冒号表达式与子矩阵提取

冒号表达式是 MATLAB 中很有用的表达式，在向量生成、子矩阵提取等很多方面都是特别重要的。冒号表达式的原型为 $v = s_1:s_2:s_3$，该函数将生成一个行向量 v，其中 s_1 为向量的起始值，s_2 为步距，该向量将从 s_1 出发，每隔步距 s_2 取一个点，直至不超过 s_3 的最大值就可以构成一个向量。若省略 s_2，则步距取默认值 1。下面通过例子演示冒号表达式的应用。

例 2-4 选择不同的步距，则可以用下面语句在 $t \in [0, \pi]$ 区间取出一些点构成向量。

```
>> v1=0: 0.3: pi   % 注意，最终取值为 3 而不是 π
```

这样得出的向量为 $v_1 = [0, 0.3, 0.6, 0.9, 1.2, 1.5, 1.8, 2.1, 2.4, 2.7, 3]$。

下面还将尝试冒号表达式不同的写法

```
>> v2=0: -0.1: pi   % 步距为负，显然不能生成向量，故得出空矩阵
   v3=0:pi          % 取默认步距 1
   v4=pi:-1:0       % 逆序排列构成新向量
```

前面的语句将生成 1×0 的空矩阵 v_2，且 $v_3 = [0, 1, 2, 3]$ 和 $v_4 = [3.14, 2.14, 1.14, 0.14]$。

提取子矩阵在 MATLAB 编程中是经常需要处理的事。提取子矩阵的具体方法是 $B = A(v_1, v_2)$，其中，v_1 向量表示子矩阵要包含的行号构成的向量，v_2 表示要包含的列号构成的向量，这样从 A 矩阵中提取有关的行和列，就可以构成子矩阵 B 了。若 v_1 为 :，则表示要提取所有的行，v_2 亦有相应的处理结果。关键词 end 表示最后一行（或列，取决于其位置）。

例 2-5 下面将列出若干命令，并加以解释，但不列出结果，读者可以自己用一个矩阵测试这些语句，体会子矩阵提取的方法。

```
>> B1=A(1:2:end,:)        % 提取 A 矩阵全部奇数行、所有列
   B2=A([3,2,1],[2,3,4])  % 提取 A 矩阵 3,2,1 行、2,3,4 列构成子矩阵
   B3=A(:,end:-1:1)       % 将 A 矩阵左右翻转，即最后一列排在最前面
```

2.2　基本数学运算

2.2.1　矩阵的代数运算

如果一个矩阵 A 有 n 行、m 列元素,则称 A 矩阵为 $n \times m$ 矩阵; 若 $n = m$, 则矩阵 A 又称为方阵。MATLAB 语言中定义了下面各种矩阵的基本代数运算:

1. 矩阵转置

在数学公式中一般把一个矩阵的转置记作 $B = A^{\mathrm{T}}$, 其元素定义为 $b_{ji} = a_{ij}, i = 1, 2, \cdots, n, j = 1, 2, \cdots, m$, 故 B 为 $m \times n$ 矩阵。如果 A 矩阵含有复数元素,则对之进行转置时,其转置矩阵 B 的元素定义为 $b_{ji} = a_{ij}^*, i = 1, 2, \cdots, n, j = 1, 2, \cdots, m$, 亦即首先对各个元素进行转置,然后再逐项求取其共轭复数值。这种转置方式又称为 Hermit 转置,其数学记号为 $B = A^*$。MATLAB 中用 A' 可以求出 A 矩阵的 Hermit 转置,矩阵的转置则可以由 $A.$' 求出。

2. 加减法运算

假设在 MATLAB 工作环境下有两个矩阵 A 和 B,则可以由 $C = A + B$ 和 $C = A - B$ 命令执行矩阵加减法。若 A 和 B 矩阵的维数相同,它会自动地将 A 和 B 矩阵的相应元素相加减,从而得出正确的结果,并赋给 C 变量。若二者之一为标量,则应该将其遍加(减)于另一个矩阵。在其他情况下,MATLAB 将自动地给出错误信息,提示用户两个矩阵的维数不匹配。

3. 矩阵乘法

假设有矩阵 A 和 B,其中 A 的列数与 B 的行数相等,或其一为标量,则称 A、B 矩阵是可乘的,或称 A 和 B 矩阵的维数是相容的。MATLAB 语言中两个矩阵的乘法由 $C = A*B$ 直接求出,且这里并不需要指定 A 和 B 矩阵的维数。如果 A 和 B 矩阵的维数相容,则可以准确无误地获得乘积矩阵 C; 如果二者的维数不相容,则将给出错误信息,通知用户两个矩阵是不可乘的。

4. 矩阵的左、右除

MATLAB 中用“\”和“/”运算符号表示两个矩阵的左除和右除,$A \backslash B$ 为方程 $AX = B$ 的解 X, $X = B/A$ 为方程 $XA = B$ 的解。若 A 为非奇异方阵,则左除和右除分别为 $X = A^{-1}B$ 和 BA^{-1}。如果 A 矩阵不是方阵,则左、右除得出的是方程的最小二乘解。

5. 矩阵翻转

MATLAB 提供了一些矩阵翻转处理的特殊命令,如矩阵 A 进行左右翻转再赋给 B 可以由 $B = \mathtt{fliplr}(A)$ 实现,亦即 $b_{ij} = a_{i,n+1-j}$, 而 $C = \mathtt{flipud}(A)$ 命令将 A 矩阵进行上下翻转并赋给 C, 亦即 $c_{ij} = a_{m+1-i,j}$。$D = \mathtt{rot90}(A)$ 将 A 矩阵逆时针旋转 $90°$ 后赋给 D, 亦即 $d_{ij} = a_{j,n+1-i}$。

6. 矩阵乘方运算

一个矩阵的乘方运算可以在数学上表述成 A^x, 而其前提条件要求 A 矩阵为方阵。在 MATLAB 中 $\boldsymbol{A}^x$ 统一表示成 $\boldsymbol{F = A\hat{\ }x}$，其中 x 可以为整数、分数、无理数和复数。

7. 点运算

MATLAB 中定义了一种特殊的运算，即所谓的点运算。两个矩阵之间的点运算是它们对应元素的直接运算。例如，$\boldsymbol{C = A.*B}$ 表示 $\boldsymbol{A}$ 和 $\boldsymbol{B}$ 矩阵的相应元素之间直接进行乘法运算，然后将结果赋给 $\boldsymbol{C}$ 矩阵，即，$c_{ij} = a_{ij}b_{ij}$。这种点乘积运算又称为 Hadamard 乘积。注意，点乘积运算要求 $\boldsymbol{A}$ 和 $\boldsymbol{B}$ 矩阵的维数相同或其一为标量。可以看出，这种运算和普通乘法运算是不同的。

点运算在 MATLAB 中起着很重要的作用。例如，当 $\boldsymbol{x}$ 是一个向量时，则求取数值 $[x_i^5]$ 时不能直接写成 `x^5`，而必须写成 `x.^5`。在进行矩阵的点运算时，同样要求运算的两个矩阵的维数一致，或其中一个变量为标量。其实一些特殊的函数，如 `sin()` 也是由以运算的形式进行的，因为它要对矩阵的每个元素求取正弦值。

矩阵点运算不仅可以用于点乘积运算，还可以用于其他运算的场合。例如对前面给出的 $\boldsymbol{A}$ 矩阵作 $\boldsymbol{A.\hat{\ }A}$ 运算，则新矩阵的第 (i, j) 元素为 $a_{ij}^{a_{ij}}$，则 $\boldsymbol{A.\hat{\ }A}$ 为

$$\begin{bmatrix} 1 & 4 & 27 \\ 256 & 3125 & 46656 \\ 823543 & 16777216 & 1 \end{bmatrix}, 即 \begin{bmatrix} 1^1 & 2^2 & 3^3 \\ 4^4 & 5^5 & 6^6 \\ 7^7 & 8^9 & 0^0 \end{bmatrix}$$

2.2.2　矩阵的逻辑运算

早期版本的 MATLAB 语言并没有定义专门的逻辑变量。在 MATLAB 语言中，如果一个数的值为 0，则可以认为它为逻辑 0，否则为逻辑 1。新版本支持逻辑变量，且上面的定义仍有效。

假设矩阵 $\boldsymbol{A}$ 和 $\boldsymbol{B}$ 均为 $n \times m$ 矩阵，则 MATLAB 下逻辑运算定义为：

① **矩阵的与运算**。在 MATLAB 下用 & 号表示矩阵的与运算。例如，$\boldsymbol{A\&B}$ 表示两个矩阵 $\boldsymbol{A}$ 和 $\boldsymbol{B}$ 的与运算。如果两个矩阵相应元素均非 0 则该结果元素的值为 1。否则，该元素为 0。

② **矩阵的或运算**。在 MATLAB 下用 | 号表示矩阵的或运算，如果两个矩阵相应元素均非 0，则该结果元素的值为 1。否则，该元素为 0。

③ **矩阵的非运算**。在 MATLAB 下用 $\sim$ 号表示矩阵的非运算。若矩阵相应元素为 0，则结果为 1，否则为 0。

④ **矩阵的异或运算**。MATLAB 下矩阵 $\boldsymbol{A}$ 和 $\boldsymbol{B}$ 的异或运算可由 `xor(A,B)` 函数直接求出。若相应的两个数一个为 0，一个非 0，则结果为 0，否则为 1。

2.2.3　矩阵的比较运算

MATLAB 语言定义了各种比较关系，如 $\boldsymbol{C = A > B}$，当 $\boldsymbol{A}$ 和 $\boldsymbol{B}$ 矩阵满足 $a_{ij} > b_{ij}$ 时，$c_{ij} = 1$，否则 $c_{ij} = 0$。MATLAB 语言还支持等于关系，用 == 表示，

大于等于关系,用 >= 关系,还支持不等于 ~= 关系,其意义是很明显的。

MATLAB 还提供了一些特殊的函数,在编程中也是很实用的。其中,find() 函数可以查询出满足某关系的数组下标。例如,若想查出矩阵 C 中数值等于 1 的元素下标,则可以给出 find(C==1) 命令如下,得出 $v = [3, 5, 6, 8]$。

```
>> A=[1,2,3; 4 5,6; 7,8 0]; % 输入实数矩阵
   v=find(A>=5)'                % 找出矩阵元素大于等于5的下标并转置
```

可以看出,该函数相当于先将 A 矩阵按列构成列向量,然后再判断哪些元素大于或等于 5,返回其下标。而 find(isnan(A)) 函数将查出 A 变量中为 NaN 的各元素下标。还可以用下面的格式同时返回行和列坐标,$i = [3, 2, 3, 2]$,$j = [1, 2, 2, 3]$。

```
>> [i,j]=find(A>=5)
```

此外,all() 和 any() 函数也是很实用的查询函数。

```
>> a=all(A>=5), b=any(A>=5)
```

得出 $a = [0, 0, 0]$,$b = [1, 1, 1, 1]$。前一个命令当 A 矩阵的某列元素全等于 5 时,相应元素为 1,否则为 0。而后者在某列中含有大于或等于 5 时,相应元素为 1,否则为 0。例如若想判定一个矩阵 A 是否元素均大于或等于 5,则可以简单地写成 all(A(:)>=5)。

2.2.4　解析结果的化简与变换

符号运算工具箱可以用于推导数学公式,但其结果有时不是最简形式,或不是用户期望的格式,所以需要对结果进行化简处理。MATLAB 中最常用的化简函数是 simple() 函数,该函数尝试各种化简函数,最终得出计算机认为最简的结果。该函数的调用格式很简单,如下:

$$s_1 = \text{simple}(s) \qquad \text{\% 从各种方法中自动选择最简格式}$$
$$[s_1, \text{how}] = \text{simple}(s) \qquad \text{\% 化简并返回实际采用的化简方法}$$

其中,s 为原始表达式,s_1 为化简后表达式,how 为实际采用的化简方式,为字符串变量。除了 simple() 函数外,还有其他专门的化简函数,如 collect() 函数可以合并同类项,expand() 可以展开多项式,factor() 可以进行因式分解,numden() 可以提取多项式的分子和分母,sincos() 可以进行三角函数的化简等。这些函数的信息与调用格式可以由 help 命令得出。

例 2-6 假设已知含有因式的多项式 $P(s) = (s+3)^2(s^2+3s+2)(s^3+12s^2+48s+64)$,试用各种化简函数对之进行处理,并理解得出的变换结果。

首先应该定义符号变量 s,这样就可以表示该多项式了。有了多项式,则可以得到 MATLAB 的最简形式为 $P_1 = (s+3)^2(s+2)(s+1)(s+4)^3$。

```
>> syms s; P=(s+3)^2*(s^2+3*s+2)*(s^3+12*s^2+48*s+64)   % P 保持原状
   P2=simple(P)                % 经过一系列化简尝试,得出计算机认为的最简形式
```

下面的命令将得出化简式 P_2，并返回化简算法 $m = \text{factor}$。函数 expand() 将对原多项式直接展开，得出 $P_3 = s^7 + 21s^6 + 185s^5 + 883s^4 + 2454s^3 + 3944s^2 + 3360s + 1152$。

```
>> [P2,m]=simple(P)    %  返回化简方法为因式分解方法
   P3=expand(P)         %  多项式展开方法
```

符号运算工具箱中有一个很有用的变量替换函数 subs()，其格式为

$$f_1 = \text{subs}(f, x_1, x_1^*) \qquad\qquad\qquad \text{\%单个变量替换}$$
$$f_1 = \text{subs}(f, \{x_1, x_2, \cdots, x_n\}, \{x_1^*, x_2^*, \cdots, x_n^*\}) \qquad \text{\%多个变量同时替换}$$

其中，f 为原表达式。该函数的目的是将其中的 x_1 替换成 x_1^*，生成新的表达式 f_1。后一种格式表示可以一次性替换多个变量。

例 2-7 考虑例 2-6 中定义 $P(s)$ 多项式，由 subs() 函数可以很容易地将其进行双线性变换，即由表达式 $s = (z+1)/(z-1)$ 替换多项式中的 s 算子。具体实现命令为

```
>> syms z s; P=(s+3)^2*(s^2+3*s+2)*(s^3+12*s^2+48*s+64);
   simple(subs(P,s,(z+1)/(z-1)))  %  变量替换并化简
```

该语句将得出替换的结果为 $\dfrac{8(2z-1)^2 z(3z-1)(5z-3)^3}{(z-1)^7}$。

2.2.5 基本数论运算

MATLAB 语言还提供了一组简单的数据变换和基本数论函数，如表 2-1 所示。下面将演示其中若干函数的应用。读者还可以自己选定矩阵对其他函数实际调用，观察得出的结果，以便更好地体会这些函数。

表 2-1 基本数据变换和数论函数表

函数名	调用格式	函数说明
floor()	$n = \text{floor}(x)$	将 x 中元素按 $-\infty$ 方向取整，即取不足整数，得出 n，数学上记作 $n = [x]$
ceil()	$n = \text{ceil}(x)$	将 x 中元素按 $+\infty$ 方向取整，即取过剩整数，得出 n
round()	$n = \text{round}(x)$	将 x 中元素按最近的整数取整，亦即四舍五入，得出 n
fix()	$n = \text{fix}(x)$	将 x 中元素按离 0 近的方向取整，得出 n
rat()	$[n, d] = \text{rat}(x)$	将 x 中元素变换成最简有理数，n 和 d 分别为分子和分母矩阵
rem()	$B = \text{rem}(A, C)$	A 中元素对 C 中元素求模得出的余数
gcd()	$k = \text{gcd}(n, m)$	求取两个整数 n 和 m 的最大公约数
lcm()	$k = \text{lcm}(n, m)$	求取两个整数 n 和 m 的最小公倍数
factor()	$\text{factor}(n)$	对 n 进行质因数分解
isprime()	$v_1 = \text{isprime}(v)$	判定向量 v 中的各个整数值是否为质数，若是则 v_1 向量相应的值置 1，否则为 0

例 2-8 考虑一组数据 $-0.2765, 0.5772, 1.4597, 2.1091, 1.191, -1.6187$。可以用下面的语句将给出的数据用向量表示，调用取整函数则得出的结果为

$$\boldsymbol{v}_1 = [-1, 0, 1, 2, 1, -2], \quad \boldsymbol{v}_2 = [0, 1, 2, 3, 2, -1], \quad \boldsymbol{v}_3 = [0, 0, 1, 2, 1, -1]$$

```
>> A=[-0.2765,0.5772,1.4597,2.1091,1.191,-1.6187];
   v1=floor(A), v2=ceil(A), v3=fix(A)
```

例 2-9 假设 3×3 的 Hilbert 矩阵可以由 $\boldsymbol{A} = \text{hilb}(3)$ 定义，则可以通过下面的语句将得出的结果转换成有理式。

$$\boldsymbol{n} = \begin{bmatrix} 1 & 1 & 1 \\ 1 & 1 & 1 \\ 1 & 1 & 1 \end{bmatrix}, \quad \boldsymbol{d} = \begin{bmatrix} 1 & 2 & 3 \\ 2 & 3 & 4 \\ 3 & 4 & 5 \end{bmatrix}$$

```
>> A=hilb(3); [n,d]=rat(A)
```

若使用 $\boldsymbol{B} = \text{sym}(\boldsymbol{A})$ 函数，可以将该矩阵转换成符号矩阵，矩阵 $\boldsymbol{B}$ 为有理式表示。

例 2-10 考虑两个多项式 $P(s) = s^6 + 10s^5 + 42s^4 + 96s^3 + 125s^2 + 86s + 24$ 和 $Q(s) = s^5 + 5s^4 + 12s^3 + 28s^2 + 35s + 15$，由 lcm() 函数和 gcd() 函数可以分别推导出这两个多项式的最小公倍数和最大公约数。

求解这样的问题，应该首先定义符号变量 s，并由该变量建立起两个多项式，这样就可以通过 lcm() 和 gcd() 函数求取所需的最小公倍数和最大公约数了，得出的结果还可以用 factor() 进行处理，得出结果的因式形式。用 expand() 函数还可以对得出的结果进行展开。

```
>> syms s;              % 先定义符号变量
   P=s^6+10*s^5+42*s^4+96*s^3+125*s^2+86*s+24;
   Q=s^5+5*s^4+12*s^3+28*s^2+35*s+15; factor(lcm(P,Q))
```

可以得出最小公倍数为 $(s+2)(s^2+3s+4)(s+1)^2(s^2+5)(s+3)$。最小公倍数可以由 expand(ans) 展开，得 $s^8 + 10s^7 + 47s^6 + 146s^5 + 335s^4 + 566s^3 + 649s^2 + 430s + 120$。类似地，还可以由 factor(gcd($P,Q$)) 语句求出两个多项式的最大公约数为 $(s+3)(s+1)^2$。

2.3　MATLAB 语言的流程结构

作为一种程序设计语言，MATLAB 提供了循环语句结构、条件语句结构、开关语句结构以及全新的试探语句。本节将介绍这些语句结构，并通过例子演示循环语句的应用，其他语句应用的例子将在后面章节中通过实际算法进行介绍。

2.3.1　循环结构

循环结构可以由 for 或 while 语句引导，用 end 语句结束，在这两个语句之间的部分称为循环体。这两种语句结构的示意图分别如图 2-1（a）、（b）所示。

1. for 语句的一般结构：for $i = \boldsymbol{v}$，循环结构体，end。

在 for 循环结构中, v 为一个向量,循环变量 i 每次从 v 向量中取一个数值, 执行一次循环体的内容,如此下去,直至执行完 v 向量中所有的分量,将自动结束 循环体的执行。由此可见,这样的格式比 C 语言的相应格式灵活得多。

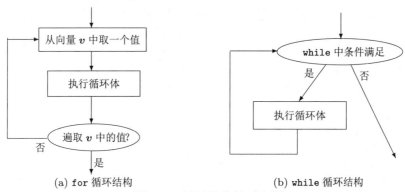

(a) for 循环结构   (b) while 循环结构

图 2-1   循环结构的示意图

2. while 循环的基本结构: while （条件式）, 循环结构体, end。

while 循环中的"条件式"是一个逻辑表达式,若其值为真(非零)则将自动执 行循环体的结构,执行完后再判定"条件式"的真伪,为真则仍然执行结构体,否则 将退出循环结构。

while 与 for 循环各有不同,下面将通过例子演示它们的区别及适用场合。

例 2-11 用循环结构求解 $\sum\limits_{i=1}^{100} i$ 。

和 C 语言一样,这类问题可以采用循环结构求解,采用 for 结构和 while 结构,则 可以按下面的语句分别编程,并得出相同的结果。

```
>> s=0; for i=1:100, s=s+i; end, s
   s=0; i=1; while (i<=100), s=s+i; i=i+1; end, s
```

其中,for 结构稍简单些。事实上,前面的求和用 sum(1:100) 即可得出所需结果,这样 做借助了 MATLAB 的 sum() 函数对整个向量进行直接操作,故程序更简单了。

循环语句在 MATLAB 语言中是可以嵌套使用的,也可以在 for 下使用 while,或相反使用。另外,在循环语句中如果使用 break 语句,则可以结束上一层 的循环结构。

在 MATLAB 程序中,循环结构的执行速度较慢。所以在实际编程时,如果能 对整个矩阵进行运算时,尽量不要采用循环结构,这样可以提高代码的效率。下面 将通过例子演示循环与向量化编程的区别。

例 2-12 求解级数求和问题 $S = \sum\limits_{i=1}^{100000} \left(\dfrac{1}{2^i} + \dfrac{1}{3^i} \right)$ 。

用循环语句和向量化方式的执行时间分别可以用 tic, toc 命令测出,前者所需时间为 0.095 s,后者为 0.061 s。可见对这个问题来说,向量化所需的时间相当于循环结构的 64.36%,故用向量化的方法可以节省时间。

```
>> tic, s=0; for i=1:100000, s=s+1/2^i+1/3^i; end; toc
   tic, i=1:100000; s=sum(1./2.^i+1./3.^i); toc
```

例 2-13 现在考虑上述问题的一个变形: 求出满足 $\sum_{i=1}^{m} i > 10000$ 的最小 m 值。

由于 m 未知,所以这样的问题不能用 for 循环结构来求解,而应该用 while 结构来求出所需的 m 值。下面的语句可以得出 $s = 10011, m = 141$。

```
>> s=0; m=0;
   while (s<=10000), m=m+1; s=s+m; end, s, m   % 求出的 m 即是所求
```

2.3.2　条件转移结构

转移结构是一般程序设计语言都支持的结构。MATLAB 下的最基本的转移结构是 if ⋯ end 型的,也可以和 else 语句和 elseif 语句扩展转移语句。该语句的示意图如图 2-2 所示,其一般结构为:

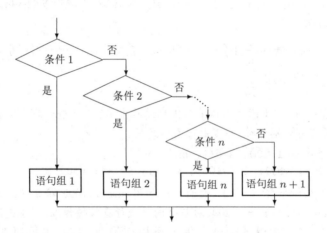

图 2-2　转移结构的示意图

```
if (条件 1)        % 如果条件 1 满足,则执行下面的段落 1
   语句组 1         % 这里也可以嵌套下级的 if 结构
elseif (条件 2)     % 否则如果满足条件 2,则执行下面的段落 2
   语句组 2
      ⋮            % 可以按照这样的结构设置多种转移条件
else               % 上面的条件均不满足时,执行下面的段落
```

```
    语句组 n + 1
end
```

例 2-14 例 2-13 中的问题可以用 for 循环和 if 语句相结合的形式来求解,可以给出下面的语句来求解该问题。

```
>> s=0; for i=1:10000, s=s+i; if s>10000, break; end, end
```

可见,这样的结构较烦琐,不如直接使用 while 结构直观、方便。

2.3.3 开关结构

开关语句的示意图如图 2-3 所示。该语句的基本结构为:

```
switch 开关表达式
case  表达式 1
    语句段 1
case {表达式 2,表达式 3,···, 表达式 m}
    语句段 2
        ⋮
otherwise
    语句段 n
end
```

其中,开关语句的关键是对"开关表达式"值的判断,当开关表达式的值等于某个case 语句后面的条件时,程序将转移到该组语句中执行,执行完成后程序转出开关体继续向下执行。

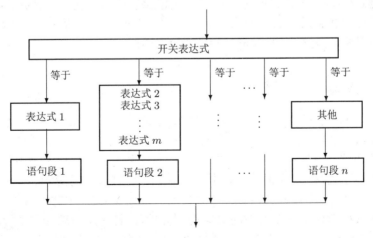

图 2-3 开关结构的示意图

在使用开关语句结构时应该注意下面几点:

① 当开关表达式的值等于表达式 1 时,将执行语句段 1,执行完语句段 1 后将转出开关体,而无须像 C 语言那样在下一个 case 语句前加 break 语句。所以本结构在这点上和 C 语言是不同的。

② 当需要在开关表达式满足若干个表达式之一时执行某一程序段,则应该把这样的一些表达式用大括号括起来,中间用逗号分隔。事实上,这样的结构是 MATLAB 语言定义的单元结构。

③ 当前面枚举的各个表达式均不满足时,则将执行 otherwise 语句后面的语句段,此语句等价于 C 语言中的 default 语句。

④ 程序的执行结果和各个 case 语句的次序是无关的。当然这也不是绝对的,当两个 case 语句中包含同样的条件,执行结果则和这两个语句的顺序有关。

⑤ 在 case 语句引导的各个表达式中,不要用重复的表达式,否则列在后面的开关通路将永远不能执行。

2.3.4　试探结构

MATLAB 语言提供了一种新的试探式语句结构,其调用格式如下:

```
try,    语句段 1,
catch,   语句段 2,
end
```

本语句结构首先试探性地执行语句段 1,如果在此段语句执行过程中出现错误,则将错误信息赋给保留的 lasterr 变量,并终止这段语句的执行,转而执行语句段 2 中的语句。这种新的语句结构是 C 等语言中所没有的。试探性结构在实际编程中还是很实用的,例如可以将一段不保险但速度快的算法放到 try 段落中,而将一个保险的程序放到 catch 段落中,这样就能保证原始问题的求解更加可靠,且可能使程序高速执行。该结构的另外一种应用是,在编写通用程序时,某算法可能出现失效的现象,这时在 catch 语句段说明错误的原因。

2.4　函数编写与调试

MATLAB 下提供了两种源程序文件格式。其中一种是普通的 ASCII 码构成的文件,在这样的文件中包含一组由 MATLAB 语言所支持的语句,它类似于 DOS 下的批处理文件,这种文件称作 M-脚本文件(M-script,本书中将其简称为 M-文件),它的执行方式很简单,用户只需在 MATLAB 的提示符 >> 下输入该 M-文件的文件名,这样 MATLAB 就会自动执行该 M-文件中的各条语句。M-文件只能对 MATLAB 工作空间中的数据进行处理,文件中所有语句的执行结果也完全返回到工作空间中。M-文件格式适用于用户所需要立即得到结果的小规模运算。

例 2-15 考虑一个实际的例子。在例 2-13 中编写一个简单的程序,可以求出和式大于 10000 的最小 m,所以若想分别求出大于 20000、30000 的 m_i 值,分别改变程序的限制值 10000,将其设置成 20000、30000 就可以满足要求,但这样做还是很繁杂的。如果能建立一种机制,或建立一个程序模块,在调用程序时给它输入 20000 这样的值就能返回满足它的 m_i 值,无疑这样的要求是很合理的。

在实际的 MATLAB 程序设计中,前面的一种修改程序本身的方法为 M-文件的方法,而后一种方法为 M-函数的基本功能。后面将继续介绍函数的编写与应用。

M-函数格式是 MATLAB 程序设计的主流,在实际编程中,不建议使用 M-脚本文件格式编程。本节着重介绍 MATLAB 函数的编写方法与技巧。

2.4.1 MATLAB 语言函数的基本结构

MATLAB 的 M-函数是由 function 语句引导的,其基本结构如下:

> function [返回变量列表] = 函数名 (输入变量列表)
>
>   注释说明语句段,由 % 引导
>
>   输入、返回变量格式的检测
>
>   函数体语句

这里输入和返回变量的实际个数分别由 nargin 和 nargout 两个 MATLAB 保留变量来给出,只要进入该函数,MATLAB 就将自动生成这两个变量。

返回变量如果多于 1 个,则应该用方括号将它们括起来,否则可以省去方括号。输入变量之间用逗号来分隔,返回变量用逗号或空格分隔。注释语句段的每行语句都应该由百分号(%)引导,百分号后面的内容不执行,只起注释作用。用户采用 help 命令则可以显示出来注释语句段的内容。此外,正规的变量个数检测也是必要的。如果输入或返回变量格式不正确,则应该给出相应的提示。

从系统的角度来说,MATLAB 函数是一个变量处理单元,它从主调函数接收输入变量,对之进行处理后,将结果作为输出变量返回到主调函数中,除了输入和输出变量外,其他在函数内部产生的所有变量都是局部变量,在函数调用结束后这些变量均将消失。这里将通过下面的例子来演示函数编程的格式与方法。

例 2-16 先考虑例 2-15 中要求的 M-函数实现。根据要求,可以选择实际的输入变量为 k,返回的变量为 m 和 s,其中 s 为前 m 项的和,这样就可以编写出该函数为

```
function [m,s]=findsum(k)
s=0; m=0; while (s<=k), m=m+1; s=s+m; end
```

编写了函数,就可以将其存为 findsum.m 文件,这样就可以在 MATLAB 环境中对不同的 k 值调用该函数了。例如,若想求出大于 145323 的最小 m 值,则可以给出如下命令,得出 $m_1 = 539, s_1 = 145530$。

```
>> [m1,s1]=findsum(145323)
```

　　可见,这样的调用格式很灵活,无须修改程序本身就可以很容易地调用函数,得出所需的结果,所以建议采用这样的方法进行编程。

例 2-17 假设想编写一个函数生成 $n \times m$ 阶的 Hilbert 矩阵[❶],它的第 i 行第 j 列的元素值为 $h_{i,j} = 1/(i+j-1)$。在编写的函数中须实现以下几点要求。

　　① 如果只给出一个输入参数,则会自动生成一个方阵,即令 $m = n$;

　　② 在函数中给出合适的帮助信息,包括基本功能、调用方式和参数说明;

　　③ 检测输入和返回变量的个数,如果有错误则给出错误信息。

　　其实在编写程序时详细给出注释语句,养成一个好的习惯,无论对程序设计者还是对程序的维护者、使用者都是大有裨益的。根据上面的要求,可以编写一个 MATLAB 函数 myhilb(),文件名为 myhilb.m,并应该放到 MATLAB 的路径下。

```
function A=myhilb(n, m)
%MYHILB   本函数用来演示 MATLAB 语言的函数编写方法。
%    A=MYHILB(N, M) 将产生一个 N 行 M 列的 Hilbert 矩阵 A;
%    A=MYHILB(N) 将产生一个 NxN 的方 Hilbert 阵 A;
%
%See also: HILB.

%  Designed by Professor Dingyu XUE, Northeastern University, PRC
%      5 April, 1995, Last modified by DYX at 30 July, 2001
if nargout>1, error('Too many output arguments.'); end
if nargin==1, m=n;   % 若给出一个输入,则生成方阵
elseif nargin==0 | nargin>2
    error('Wrong number of input arguments.');
end
for i=1:n, for j=1:m, A(i,j)=1/(i+j-1); end, end
```

　　在这段程序中,由 % 引导的部分是注释语句,通常用来给出一段说明性的文字来解释程序段落的功能和变量含义等。由前面的第①点要求,首先测试输入的参数个数,如果个数为 1(即 nargin 的值为 1),则将矩阵的列数 m 赋成 n 的值,从而产生一个方阵。如果输入或返回变量个数不正确,则函数前面的语句将自动检测,并显示出错误信息。后面的双重 for 循环语句依据前面给出算法来生成一个 Hilbert 矩阵。

　　此函数的联机帮助信息可以由 help myhilb 命令获得。在显示帮助信息时只显示了程序及调用方法,而没有把该函数中有关作者的信息显示出来。对照前面的函数可以立即发现,因为在作者信息的前面给出了一个空行,所以可以容易地得出结论,如果想使一段信息可以用 help 命令显示出来,则在它前面不应该加空行,即使想在 help 中显示一个空行,这个空行也应该由 % 来引导。

---

❶ MATLAB 中提供了生成 Hilbert 矩阵的函数 hilb(),这里只是演示函数的编写方法,而在实际使用时还是应该采用 hilb() 函数。事实上,hilb() 函数并不能生成长方 Hilbert 矩阵。

有了函数之后,可以采用下面的各种方法来调用它可以生成两个不同的矩阵。

$$A = \begin{bmatrix} 1 & 0.5 & 0.3333 & 0.25 \\ 0.5 & 0.3333 & 0.25 & 0.2 \\ 0.3333 & 0.25 & 0.2 & 0.1667 \end{bmatrix}, \quad B = \begin{bmatrix} 1 & 0.5 & 0.3333 & 0.25 \\ 0.5 & 0.3333 & 0.25 & 0.2 \\ 0.3333 & 0.25 & 0.2 & 0.1667 \\ 0.25 & 0.2 & 0.1667 & 0.1429 \end{bmatrix}$$

```
>> A=myhilb(3,4)    %  两个输入参数,返回长方形矩阵
   B=myhilb(4)      %  一个输入参数,输出方阵
```

例 2-18 MATLAB 函数是可以递归调用的,亦即在函数的内部可以调用函数自身。试用递归调用的方式编写一个求阶乘 $n!$ 的函数。

考虑求阶乘 $n!$ 的例子。由阶乘定义可见 $n! = n(n-1)!$,这样,n 的阶乘可以由 $n-1$ 的阶乘求出,而 $n-1$ 的阶乘可以由 $n-2$ 的阶乘求出,依此类推,直到计算到已知的 $1! = 0! = 1$,从而能建立起递归调用的关系。为了节省篇幅起见,略去了注释段落。

```
function k=my_fact(n)
if nargin~=1, error('输入变量个数错误,只能有一个输入变量');  end
if nargout>1, error('输出变量个数过多'); end
if abs(n-floor(n))>eps | n<0 %  判定 n 是否为非负整数
  error('n 应该为非负整数');
end
if n>1, k=n*my_fact(n-1);  %  如果 n>1, 进行递归调用
elseif any([0 1]==n), k=1; %  0!=1!=1 为已知,为本函数出口
end
```

可以看出,该函数首先判定 n 是否为非负整数,如果不是则给出错误信息,如果是,则在 $n>1$ 时递归调用该程序自身,若 $n=1$ 或 0 时则直接返回 1。my_fact(11) 调用语句将直接得出 $11! = 39916800$。

其实,MATLAB 提供了求取阶乘的函数 factorial(),其核心算法为 prod(1:n),从结构上更简单、直观,速度也更快。

例 2-19 递归算法无疑是解决一类问题的有效算法,但不宜滥用。现在给出一个反例:考虑 Fibonacci 数列,$a_1 = a_2 = 1$,第 k 项 $(k=3,4,\cdots)$ 可以写成 $a_k = a_{k-1} + a_{k-2}$,这样很自然想到使用递归调用算法编写相应的函数,该函数设置 $k=1,2$ 时出口为 1,这样函数清单如下:

```
function a=my_fibo(k)
if k==1 | k==2, a=1; else, a=my_fibo(k-1)+my_fibo(k-2); end
```

该函数中略去了检测 k 是否为正整数的语句。如果想得到第 29 项,则需要给出如下的语句得出其值为 75025,同时测出运行该函数所运行的时间为 7.6 s。

```
>> tic, my_fibo(29), toc    %  获得第 29 项并获取执行时间
```

如果用递归方法求 $k = 35$ 的时间将达到数小时。现在用循环语句结构求解 $k = 100$ 时的项,所需的时间为 0.02 s。

```
>> tic, a=[1,1];
   for k=3:100, a(k)=a(k-1)+a(k-2); end, toc
```

可见, 用一般循环方法所需的时间极短, 就能算出来递归调用不可能的问题, 所以在实际应用时应该注意不能滥用递归调用格式。此外, 由于双精度数据的局限性, 这样得出的结果可能不精确, 应该将第一个语句后添加 $a = \text{sym}(a)$ 语句。

2.4.2   可变输入输出个数的处理

下面将介绍单元变量的一个重要应用——如何建立起无限个输入、返回变量的函数。应该指出的是, 当前很多 MATLAB 语言函数均采用本方法编写。

例 2-20 MATLAB 提供的 conv() 函数可以用来求两个多项式的乘积。对于多个多项式的连乘, 则不能直接使用此函数, 而需要用该函数嵌套使用, 这样在表示很多多项式连乘时相当麻烦。试编写一个 MATLAB 函数, 使得它能直接处理任意多个多项式的乘积问题。

可以用单元数组形式编写一个函数 convs(), 专门解决多个多项式连乘的问题。

```
function a=convs(varargin)
a=1; for i=1:length(varargin), a=conv(a,varargin{i}); end
```

这时, 所有的输入变量列表由单元变量 varargin 表示。相应地, 如有需要, 也可以将返回变量列表用一个单元变量 varargout 表示。在这样的表示下, 理论上就可以处理任意多个多项式的连乘问题了。例如可以用下面的格式调用该函数。

```
>> P=[1 2 4 0 5]; Q=[1 2]; F=[1 2 3]; D=convs(P,Q,F)
   E=conv(conv(P,Q),F)   % 若采用 conv() 函数,则需要嵌套调用
   G=convs(P,Q,F,[1,1],[1,3],[1,1])
```

这样可以得出 $\boldsymbol{D} = [1, 6, 19, 36, 45, 44, 35, 30]$, $\boldsymbol{E} = [1, 6, 19, 36, 45, 44, 35, 30]$, $\boldsymbol{G} = [1, 11, 56, 176, 376, 578, 678, 648, 527, 315, 90]$。

2.4.3   匿名函数与 inline 函数

匿名函数是 MATLAB 7.0 版提出的一种全新的函数描述形式。匿名函数的基本格式为 **f = @(变量列表)函数内容**, 例如, $f = @(x,y)\sin(x.\hat{}2+y.\hat{}2)$ 可以直接表示二元函数 $f(x,y) = \sin(x^2 + y^2)$。该函数允许直接使用 MATLAB 工作空间中的变量。例如, 若在 MATLAB 工作空间内已经定义了 a 和 b 变量, 则数学关系式 $f(x,y) = ax^2 + by^2$ 可以用匿名函数 $f = @(x,y)a*x.\hat{}2+b*y.\hat{}2$ 的格式直接定义, 这样无须将 a、b 作为附加参数在输入变量里表示出来, 所以使得数学函数的定义更加方便。注意, 在匿名函数定义时, a、b 的值以当前 MATLAB 工作空间中的数值为主, 在定义了匿名函数后, a、b 的值再发生变化, 则在函数中的值将不随着改变。

早期版本还可以用 inline() 函数来直接表示某函数关系。inline() 函数的具体调用格式为 fun = inline(func,vars)，其中，func 需要填写函数的具体语句，其内容应该与 function 格式的编写内容完全一致。变元 vars 为自变量列表。这样就可以动态定义出 inline() 函数，而无须给每个求解的内容再编写一个 MATLAB 程序了。例如，$f(x,y) = \sin(x^2 + y^2)$ 函数可以用 $f =$ inline('sin(x.^2+y.^2)','x','y') 直接定义。

和匿名函数相比，inline() 函数的功能弱很多，且速度也很慢，所以如果不使用早期 MATLAB 版本，没有必要使用 inline() 函数，而应尽量使用匿名函数。

2.5 二维图形绘制

图形绘制与可视化是 MATLAB 语言的一大特色。MATLAB 中提供了一系列直观、简单的二维图形和三维图形绘制命令与函数，可以将实验结果和仿真结果用可视的形式显示出来。本节将介绍各种各样的图形绘制方法。

2.5.1 二维图形绘制基本语句

假设用户已经获得了一些实验数据。例如，已知各个时刻 $t = t_1, t_2, \cdots, t_n$ 和在这些时刻处的函数值 $y = y_1, y_2, \cdots, y_n$，则可以将这些数据输入到 MATLAB 环境中，构成向量 $\boldsymbol{t} = [t_1, t_2, \cdots, t_n]$ 和 $\boldsymbol{y} = [y_1, y_2, \cdots, y_n]$，如果用户想用图形的方式表示二者之间的关系，则给出 plot(t,y) 即可绘制二维图形。可以看出，该函数的调用是相当直观的。这样绘制出的"曲线"实际上是给出各个数值点间的折线，如果这些点足够密，则看起来就是曲线了，故以后将称之为曲线。在实际应用中，plot() 函数的调用格式还可以进一步扩展：

① t 仍为向量，而 y 为矩阵，亦即

$$
\boldsymbol{y} = \begin{bmatrix} y_{11} & y_{12} & \cdots & y_{1n} \\ y_{21} & y_{22} & \cdots & y_{2n} \\ \vdots & \vdots & \ddots & \vdots \\ y_{m1} & y_{m2} & \cdots & y_{mn} \end{bmatrix}
$$

则将在同一坐标系下绘制 m 条曲线，每一行和 t 之间的关系将绘制出一条曲线。注意，这时要求 y 矩阵的列数应该等于 t 的长度。

② t 和 y 均为矩阵，且假设 t 和 y 矩阵的行和列数均相同，则将绘制出 t 矩阵每行和 y 矩阵对应行之间关系的曲线。

③ 假设有多对这样的向量或矩阵，$(t_1, y_1), (t_2, y_2), \cdots, (t_m, y_m)$，则可以用语句 plot($t_1,y_1,t_2,y_2,\cdots,t_m,y_m$) 直接绘制出各自对应的曲线。

④ 曲线的性质，如线型、粗细、颜色等，还可以使用下面的命令进行指定。

plot(t_1,y_1,选项 1,t_2,y_2,选项 2,$\cdots,t_m,y_m$,选项 m)

其中,"选项"可以按表 2-2 中说明的形式给出,其中的选项可以进行组合。例如,若想绘制红色的点划线,且每个转折点上用五角星表示,则选项可以使用下面的组合形式 'r-.pentagram'。

表 2-2 MATLAB 绘图命令的各种选项

曲线线型		曲 线 颜 色				标 记 符 号			
选 项	意 义	选 项	意 义	选 项	意 义	选 项	意 义	选 项	意 义
'-'	实线	'b'	蓝色	'c'	蓝绿色	'*'	星号	'pentagram'	五角星
'--'	虚线	'g'	绿色	'k'	黑色	'.'	点号	'o'	圆圈
':'	点线	'm'	红紫色	'r'	红色	'x'	叉号	'square'	□
'-.'	点划线	'w'	白色	'y'	黄色	'v'	▽	'diamond'	◇
'none'	无线					'^'	△	'hexagram'	六角星
						'>'	▷	'<'	◁

绘制完二维图形后,还可以用 grid on 命令在图形上添加网格线,用 grid off 命令取消网格线;另外用 hold on 命令可以保护当前的坐标系,使得以后再使用 plot() 函数时将新的曲线叠印在原来的图上,用 hold off 则可以取消保护状态;用户可以使用 title() 函数在绘制的图形上添加标题,还可以用 xlabel() 和 ylabel() 函数给 x 和 y 坐标轴添加标注。绘制曲线还可以采用底层命令 line() 来实现,其调用格式与 plot() 函数的基本格式完全一致,不同的是它不更新现有的坐标系,可以在当前的图形上直接叠印曲线。

例 2-21 试绘制出显函数方程 $y = \sin(\tan x) - \tan(\sin x)$ 在 $x \in [-\pi, \pi]$ 区间内的曲线。解决这样问题的最直接方法可以采用下面的语句直接绘制。

```
>> x=[-pi : 0.05: pi];           % 以 0.05 为步距构造自变量向量
   y=sin(tan(x))-tan(sin(x)); % 求出各个点上的函数值
   plot(x,y)                     % 绘制曲线
```

这些语句可以绘制出该函数的曲线,如图 2-4(a)所示。可以看出,在 $t = \pm\pi/2$ 附近曲线变化趋势看起来有问题。所以应该采用更小的时间步长,或采用下面的变步长方法重新绘制曲线,得出如图 2-4(b)所示的结果。

```
>> x=[-pi:0.05:-1.8,-1.801:.001:-1.2, -1.2:0.05:1.2,...
      1.201:0.001:1.8, 1.81:0.05:pi]; % 以变步距方式构造自变量向量
   y=sin(tan(x))-tan(sin(x));          % 求出各个点上的函数值
   plot(x,y)                           % 绘制曲线
```

从这个例子还可以看出,不能过分信赖 MATLAB 绘制出的图形,一般情况下,得到的曲线应该检验。例如,采用不同的计算步长,看看能否得到完全一致的结果。

例 2-22 绘制出饱和非线性特性方程 $y = \begin{cases} 1.1\mathrm{sign}(x), & |x| > 1.1 \\ x, & |x| \leqslant 1.1 \end{cases}$ 的曲线。

当然用 if 语句可以很容易求出各个 x 点上的 y 值。但这里将考虑另外一种有效的实现方法。如果构造了 x 向量,则关系表达式 $x>1.1$ 将生成一个和 x 一样长的向量,

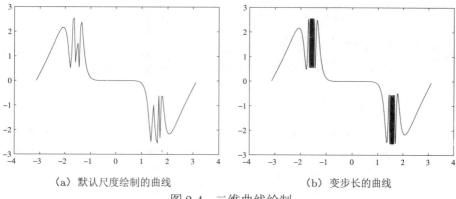

(a) 默认尺度绘制的曲线　　　　　　　　(b) 变步长的曲线

图 2-4　二维曲线绘制

在满足 $x_i > 1.1$ 的点上,生成向量的对应值为 1,否则为 0,根据这样的想法,则可以用下面的语句绘制出分段函数的曲线,如图 2-5 所示。

```
>> x=[-2:0.02:2]; % 生成自变量向量
   y=1.1*sign(x).*(abs(x)>1.1) + x.*(abs(x)<=1.1); plot(x,y)
```

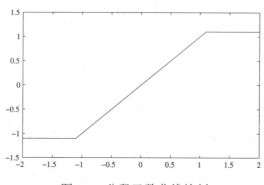

图 2-5　分段函数曲线绘制

在这样的分段模型描述中,注意不要将某个区间重复表示。例如,不能将给出的语句中最后一个条件表示成 1.1*(x>=1.1),否则因为第 2 项中也有 $x_i = 1.1$ 的选项,将使得 $x_i = 1.1$ 点函数求取重复,得出错误的结果。

另外,由于 plot() 函数只将给定点用直线连接起来,分段线性的非线性曲线可以由有限的几个转折点来表示,即能得出和图 2-5 完全一致的结果。

```
>> plot([-2,-1.1,1.1,2],[-1.1,-1.1,1.1,1.1])
```

在 MATLAB 绘制的图形中,每条曲线是一个对象,坐标轴是一个对象,而图形窗口还是一个对象,每个对象都有不同的属性,用户可以通过 get() 和 set() 函数读取和设置对象的属性,这两个语句的语句结构为

> set(句柄,'属性名 1','属性值 1','属性名 2','属性值 2,···')
> $v = $ get(句柄,'属性名')

这两个语句在图形用户界面编程中特别有用,后面将详细介绍。

2.5.2 其他二维图形绘制语句

除了标准的二维曲线绘制之外,MATLAB 还提供了具有各种特殊意义的图形绘制函数,其常用调用格式如表 2-3 所示。其中,参数 x、y 分别表示横、纵坐标绘图数据,c 表示颜色选项,y_m、y_M 表示误差图的上下限向量。当然,随着输入参数个数及类型的不同,各个函数的绘图形式也有所区别。下面将通过例子来演示各个绘图函数的效果。

表 2-3   MATLAB 提供的特殊二维曲线绘制函数

函数名	意 义	常用调用格式	函数名	意 义	常用调用格式
bar()	二维条形图	bar(x,y)	comet()	彗星状轨迹图	comet(x,y)
compass()	罗盘图	compass(x,y)	errorbar()	误差限图形	errorbar(x,y,y_m,y_M)
feather()	羽毛状图	feather(x,y)	fill()	二维填充函数	fill(x,y,c)
hist()	直方图	hist(y,n)	loglog()	对数图	loglog(x,y)
polar()	极坐标图	polar(x,y)	quiver()	磁力线图	quiver(x,y)
stairs()	阶梯图形	stairs(x,y)	stem()	火柴杆图	stem(x,y)
semilogx()	x-半对数图	semilogx(x,y)	semilogy()	y-半对数图	semilogy(x,y)

例 2-23 试用极坐标绘制函数 polar() 绘制出 $\rho = \dfrac{\sin(8\theta/3)}{2 - \cos^2(3\theta/2)}$ 的极坐标曲线。选择 θ 变量的范围 $(0, 4\pi)$ 就可以给出方程的极坐标曲线,如图 2-6(a)所示。

```
>> t=0:0.01:4*pi; r=sin(8*t/3)./(2-cos(3*t/2).^2);
   polar(t,r); axis('square')   % 绘制极坐标并调整坐标系
```

事实上,这样得出的曲线看起来并不完整,所以应该试凑地增大 θ 的范围,例如选择 $(0, 6\pi)$ 区间则将得出完整的极坐标曲线,如图 2-6(b)所示。

```
>> t=0:0.01:6*pi; r=sin(8*t/3)./(2-cos(3*t/2).^2); polar(t,r)
```

MATLAB 语言可以将一个图形窗口分割成若干个小的区域,在每个区域内独立绘制不同的图形,这使得图形显示更具多样性,该功能可以由 subplot() 函数实现,其调用格式为 subplot(m,n,k),其中将图形窗口分割成 $m \times n$ 个区域,而 k 为需要绘制图形区域的编号。如果 m、n、k 均为一位数,则它们之间的逗号可以省略。还可以由图形窗口的 Insert → Axes 菜单任意添加坐标系。

例 2-24 以正弦数据为例,由下面的语句可以将图形窗口分割成 2 行,2 列的区域,在不同的区域绘制正弦信号的不同表示,如图 2-7 所示。

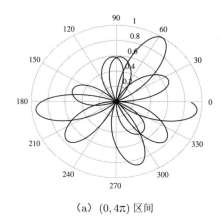 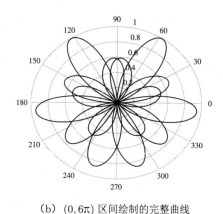

（a）$(0, 4\pi)$ 区间　　　　（b）$(0, 6\pi)$ 区间绘制的完整曲线

图 2-6　极坐标曲线

```
>> t=0:.2:2*pi; y=sin(t);          % 生成绘图用数据
   subplot(2,2,1), stairs(t,y)     % 分割窗口,在左上角绘制阶梯曲线
   subplot(2,2,2), stem(t,y)       % 火柴杆曲线绘制
   subplot(2,2,3), bar(t,y)        % 直方图绘制
   subplot(2,2,4), semilogx(t,y)   % 横坐标为对数的曲线
```

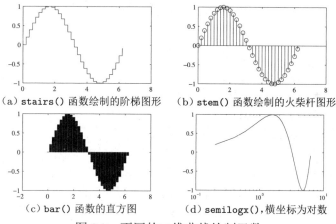

（a）stairs() 函数绘制的阶梯图形　　（b）stem() 函数绘制的火柴杆图形

（c）bar() 函数的直方图　　（d）semilogx(),横坐标为对数

图 2-7　不同的二维曲线绘制函数

2.5.3　隐函数绘制及应用

隐函数即满足 $f(x, y) = 0$ 方程的 x、y 之间的关系式。用前面介绍的曲线绘制方法显然会有问题。例如,很多隐函数无法求出 x、y 之间的显式关系,所以无法先定义一个 x 向量再求出相应的 y 向量,从而不能采用 plot() 函数来绘制曲线。另外,即使能求出 x、y 之间的显式关系,但不是单值绘制,则绘制起来也是很麻烦的。MATLAB 下提供的 ezplot() 函数可以直接绘隐函数曲线,该函数的调用格

式为 ezplot(Fun,[x_m,x_M]),其中 Fun 为隐函数的表达式,x_m、x_M 为用户选择的自变量范围,若省略这两个参数,则取默认区间为 $(-2\pi,2\pi)$。下面将通过例子来演示该函数的使用方法。

例 2-25 试绘制出隐函数 $f(x,y) = xy\sin(x^2+y^2) + (x+y)^2\mathrm{e}^{-(x+y)} = 0$ 的曲线。

从给出的函数可见,无法用解析的方法写出该函数的显式表达式,所以不能用前面给出的 plot() 函数绘制出该函数的曲线。对这样的隐函数,如果采用如下的 MATLAB 命令,则将得出如图 2-8 所示的隐函数曲线。

```
>> ezplot('x*y*sin(x^2+y^2)+(x+y)^2*exp(-(x+y))')
```

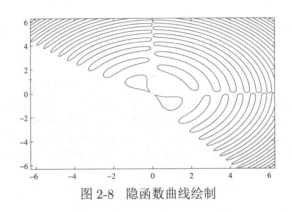

图 2-8   隐函数曲线绘制

2.5.4   图形修饰

MATLAB 的图形窗口工具栏中提供了各种图形修饰的功能,如在图形上添加箭头、文字及直线等,对图形的局部放大,三维图形的旋转等。典型的图形窗口如图 2-9 所示。

图形编辑主要有三方面的内容,图形窗口左侧的部分对应于 View 菜单下的 Figure Palette,用户可以选择这里的工具在图形上添加箭头、各类文字及椭圆等修饰,还可以添加二维、三维坐标系。图形窗口下面的窗口对应于该菜单的 Property Editor,允许修改选中对象的颜色、线型、字体等属性。右侧的窗口对应于 View 菜单的 Plot Browser(或单击 ▣ 按钮),允许用户从图上选择图形元素进行编辑,还允许用户添加新的数据,在现有的图形上叠印新的图形。

图形窗口的新工具栏提供了用鼠标选择图形上点坐标的功能(按钮 ⌖),可以用其代替早期版本的 ginput() 函数,读出曲线上点坐标的信息,该功能更适合于数学问题图解方法的实现。单击工具栏的图形旋转按钮 ↻,则可以将二维图形用三维图形表示,如图 2-10 所示。

如果单击左侧的 Text Box(添加文字)选项,则用鼠标在图形上单击则可以确定文字添加的位置,然后直接输入字符串即可。字符串可以用普通的字母和文字表示,也可以用 LaTeX 的格式描述数学公式。

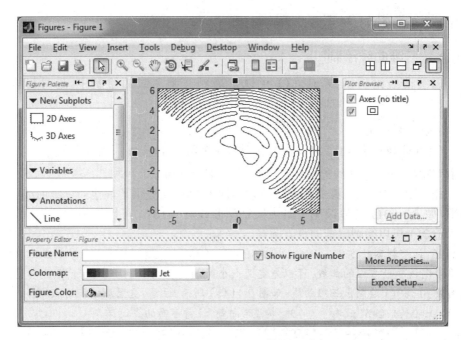

图 2-9　MATLAB R2012b 的图形编辑界面

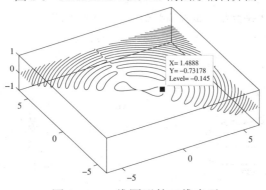

图 2-10　二维图形的三维表示

LᴬTEX 是一个著名的科学文档排版系统，MATLAB 下支持的只是其中一个子集，这里简单介绍在 MATLAB 图形窗口中添加 LᴬTEX 描述的数学公式的方法：

① 特殊符号是由 \ 引导的命令定义的，MATLAB 支持的特殊符号见文献 [1]。

② 上下标分别用 ^ 和 _ 表示，例如 $a\_2\hat{}2+b\_2\hat{}2 = c\_2\hat{}2$ 表示 $a_2^2 + b_2^2 = c_2^2$。如果需要表示多个上标，则需要用大括号括起，表示段落，例如 $a\hat{}Abc$ 命令表示 a^Abc，其中 A 为上标。如果想将 Abc 均表示成 a 的上标，则需要给出命令 $a\hat{}\{Abc\}$。

LᴬTEX 科技文献排版系统是当今学术界最广泛使用的排版系统，具有 Word 类排版系统无可比拟的优越性，感兴趣的读者可以进一步阅读文献 [1] 等。

2.6 三维图形表示

2.6.1 三维曲线绘制

二维曲线绘制函数 plot() 可以扩展到三维曲线的绘制中。这时可以用 plot3() 函数绘制三维曲线。该函数的调用格式为

plot3(x,y,z)

plot3(x_1,y_1,z_1,选项 1,x_2,y_2,z_2,选项 2,$\cdots$,x_m,y_m,z_m,选项 m)

其中"选项"和二维曲线绘制的完全一致,如表 2-2 所示。

相应地,类似于二维曲线绘制函数,MATLAB 还提供了其他的三维曲线绘制函数,如 stem3() 可以绘制三维火柴杆型曲线,fill3() 可以绘制三维的填充图形,bar3() 可以绘制三维的直方图等。

例 2-26 试绘制参数方程 $x(t) = t^3 \sin(3t) \mathrm{e}^{-t}$,$y(t) = t^3 \cos(3t) \mathrm{e}^{-t}$,$z = t^2$ 的三维曲线。若想绘制该参数方程的曲线,可以先定义一个时间向量 t,由其计算出 x,y,z 向量,并用函数 plot3() 绘制出三维曲线,如图 2-11(a)所示。注意,这里应该采用点运算。

```
>> t=0:.1:2*pi;          % 构造 t 向量,注意下面的点运算
   x=t.^3.*sin(3*t).*exp(-t); y=t.^3.*cos(3*t).*exp(-t); z=t.^2;
   plot3(x,y,z), grid     % 三维曲线绘制
```

如果用 stem3() 函数绘制出火柴杆形曲线,如图 2-11(b)所示。

```
>> stem3(x,y,z); hold on; plot3(x,y,z), grid
```

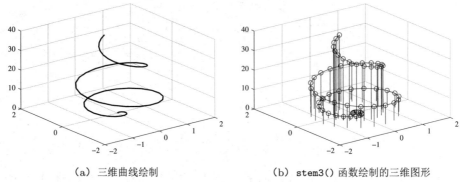

(a) 三维曲线绘制　　　　　　　(b) stem3() 函数绘制的三维图形

图 2-11 三维曲线的绘制

2.6.2 三维曲面绘制

如果已知二元函数 $z = f(x,y)$,则可以绘制出该函数的三维曲面图。在绘制三维图之前,应该先调用 meshgrid() 函数生成网格矩阵数据 x 和 y,这样就可以按函数公式用点运算的方式计算出 z 矩阵,之后就可以用 mesh() 或 surf() 等函数进行三维图形绘制了。具体的函数调用格式为

$$[\boldsymbol{x},\boldsymbol{y}]=\text{meshgrid}(\boldsymbol{v}_1,\boldsymbol{v}_2) \qquad \% \text{ 生成网格数据}$$
$$\boldsymbol{z}=\cdots,\text{如 } \boldsymbol{z}=\boldsymbol{x}.*\boldsymbol{y} \qquad \% \text{ 计算二元函数的 } \boldsymbol{z} \text{ 矩阵}$$
$$\text{surf}(\boldsymbol{x},\boldsymbol{y},\boldsymbol{z}) \text{ 或 mesh}(\boldsymbol{x},\boldsymbol{y},\boldsymbol{z}) \qquad \% \text{ mesh() 绘制网格图,surf() 绘制表面图}$$

其中,$\boldsymbol{v}_1$ 和 $\boldsymbol{v}_2$ 向量为 $\boldsymbol{x}$ 和 $\boldsymbol{y}$ 轴的网格分隔方式。三维曲面还可以由其他函数绘制如 surfc() 函数和 surfl() 函数可以分别绘制带有等高线和光照下的三维曲面,waterfall() 函数可以绘制瀑布形三维图形。在 MATLAB 下还提供了等高线绘制的函数,如 contour() 函数和三维等高线函数 contour3(),这里将通过例子介绍三维曲面绘制方法与技巧。

例 2-27 考虑下面给出的二元函数 $z=f(x,y)=(x^2-2x)\mathrm{e}^{-x^2-y^2-xy}$,在 xoy 平面内选择一个区域,然后绘制出三维表面图形。

首先可以调用 meshgrid() 函数生成 xoy 平面的网格表示。该函数的调用意义十分明显,即可以产生一个横坐标起始于 -3,中止于 3,步距为 0.1,纵坐标起始于 -2,中止于 2,步距为 0.1 的网格分割。其次由上面的公式计算出曲面的 z 矩阵。最后调用 mesh() 函数来绘制曲面的三维表面网格图形,如图 2-12 (a) 所示。

```
>> [x,y]=meshgrid(-3:0.1:3,-2:0.1:2);    % 生成网格数据
   z=(x.^2-2*x).*exp(-x.^2-y.^2-x.*y); mesh(x,y,z)
```

若用 surf() 函数取代 mesh() 函数,则可以得出如图 2-12 (b) 所示的表面图。

```
>> surf(x,y,z)    % 绘制三维表面图
```

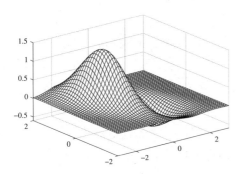 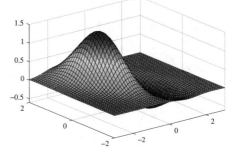

(a) mesh() 函数绘制的网格图   (b) surf() 函数绘制的表面图

图 2-12　Butterworth 低通滤波器的三维图表示

三维表面图可以用 shading 命令修饰其显示形式,该命令可以带三种不同的选项,flat(每个网格块用同样颜色着色的没有网格线的表面图,效果如图 2-13 (a) 所示)、interp(插值的光滑表面图,效果见图 2-13 (b) 所示)和 faceted(不同于 flat,有网格线的,本选项是默认的,效果如图 2-12 (b) 所示)。

MATLAB 还提供了其他的三维图形绘制函数。如 waterfall($\boldsymbol{x},\boldsymbol{y},\boldsymbol{z}$) 命令可以绘制出瀑布形图形,如图 2-14 (a) 所示,而 contour3($\boldsymbol{x},\boldsymbol{y},\boldsymbol{z},30$) 命令可以绘制出三维

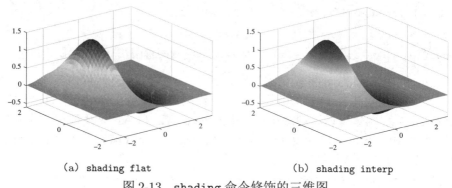

　　(a) shading flat　　　　　　　　(b) shading interp

图 2-13　shading 命令修饰的三维图

的等高线图形如图 2-14(b)所示。其中的 30 为用户选定的等高线条数,当然可以不给出该参数,那样将默认地设置等高线条数,对这个例子来说显得过于稀疏。

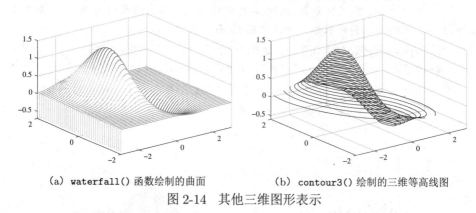

　(a) waterfall() 函数绘制的曲面　　　(b) contour3() 绘制的三维等高线图

图 2-14　其他三维图形表示

例 2-28 假设某概率密度函数由下面分段函数表示[2]

$$p(x_1, x_2) = \begin{cases} 0.5457 \exp(-0.75x_2^2 - 3.75x_1^2 - 1.5x_1), & x_1 + x_2 > 1 \\ 0.7575 \exp(-x_2^2 - 6x_1^2), & -1 < x_1 + x_2 \leqslant 1 \\ 0.5457 \exp(-0.75x_2^2 - 3.75x_1^2 + 1.5x_1), & x_1 + x_2 \leqslant -1 \end{cases}$$

若想得到该分段函数描述曲面的三维图形表示,选择 x_1、x_2 为 x、y 轴,构造出 xoy 平面的网格数据,根据公式计算出各个网格点的坐标值。这样的函数求值当然可以用 if 结构语句实现,但结构将很烦琐,所以可以利用类似于前面介绍的分段函数求取方法来求此二维函数的值。

```
>> [x1,x2]=meshgrid(-1.5:.1:1.5,-2:.1:2);
   z=0.5457*exp(-0.75*x2.^2-3.75*x1.^2-1.5*x1).*(x1+x2>1)+...
     0.7575*exp(-x2.^2-6*x1.^2).*((x1+x2>-1)&(x1+x2<=1))+...
     0.5457*exp(-0.75*x2.^2-3.75*x1.^2+1.5*x1).*(x1+x2<=-1);
   surf(x1,x2,z), xlim([-1.5 1.5]); shading flat
```

这样将得出如图 2-15 所示的三维表面图。

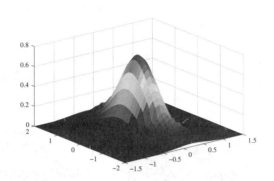

图 2-15 分段二维函数曲线绘制

2.6.3 三维图形视角设置

MATLAB 三维图形显示中提供了修改视角的功能,允许用户从任意的角度观察三维图形。实现视角转换有两种方法,其一是使用图形窗口工具栏中提供的三维图形转换按钮来可视地对图形进行旋转,其二是用 view() 函数有目的旋转。

MATLAB 三维图形视角的定义如图 2-16(a)所示。其中有两个角度就可以唯一地确定视角,方位角 α 定义为视点在 xoy 平面投影点与 y 轴负方向之间的夹角,默认值为 $\alpha = -37.5°$,仰角 β 定义为视点和 xoy 平面的夹角,默认值为 $\beta = 30°$。

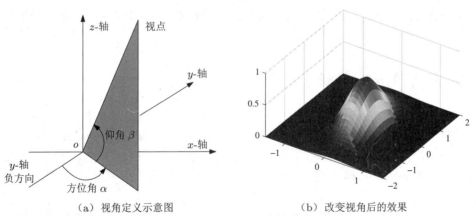

(a)视角定义示意图　　　　　(b)改变视角后的效果

图 2-16 三维图形的视角及设置

如果想改变视角来观察曲面,则可以给出 view(α, β) 命令。例如,俯视图可以由 view(0,90) 设置,正视图由 view(0,0) 设置,右视图由 view(90,0) 来设定。

例如,对图 2-15 中给出的三维网格图进行处理,设方位角为 $\alpha = 80°$,仰角为 $\beta = 10°$,则下面的 MATLAB 语句将得出如图 2-16(b)所示的三维曲面。

```
>> view(80,10), xlim([-1.5 1.5])
```

例 2-29 试在同一图形窗口上绘制例 2-27 中函数曲面的三视图。

用下面的语句可以容易地绘制出三维图,并用相应的语句设置不同的视角,则可以最终得出如图 2-17 所示的各个视图。

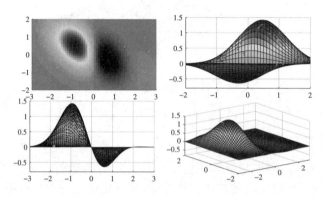

图 2-17　二元函数的三视图

```
>> [x,y] = meshgrid(-3:0.1:3,-2:0.1:2);
   z=(x.^2-2*x).*exp(-x.^2-y.^2-x.*y);
   subplot(221), surf(x,y,z), view(0,90); axis([-3 3 -2 2 -0.8 1.5]);
   subplot(222), surf(x,y,z), view(90,0); axis([-3 3 -2 2 -0.8 1.5]);
   subplot(223), surf(x,y,z), view(0,0); axis([-3 3 -2 2 -0.8 1.5]);
   subplot(224), surf(x,y,z), axis([-3 3 -2 2 -0.8 1.5]); % 三维图
```

2.7　MATLAB 图形用户界面设计技术

对于一个成功的软件来说,其内容和基本功能当然应是第一位的。但除此之外,图形界面的优劣往往也决定着该软件的档次,因为用户界面会对软件本身起到包装作用,而这又像产品的包装一样,所以能掌握 MATLAB 的图形用户界面(graphical user interface,GUI)设计技术对设计出良好的通用软件来说是十分重要的。

MATLAB 提供了可以实现界面编程的强大工具 Guide,完全支持可视化界面编程,将它提供的方法和用户的 MATLAB 编程经验结合起来,可以很容易地写出高水平的用户界面程序。本节将先介绍 Guide 的使用方法,然后将举例说明用 MATLAB 语言如何轻松地实现图形用户界面的设计及其应用。

2.7.1   图形界面设计工具 Guide

在 MATLAB 命令窗口中输入 guide 命令，则将打开如图 2-18 所示的窗口，提示用户选择合适的用户界面形式，从列出的 GUI 模板可见，用户可以建立一个默认的空白界面（Blank GUI）、带有一些控件的界面（GUI with Uicontrols）、带有坐标轴和菜单的界面（GUI with Axes and Menu）和基本模态对话框（Modal Question Dialog），还允许用户打开现有的 GUI（Open Existing GUI）。

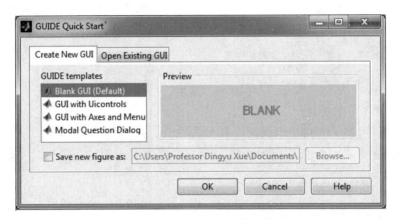

图 2-18　Guide 程序主界面

这里我们只探讨建立空白图形用户界面的方法。选择 Blank GUI 模板，再单击 OK 按钮，则可以打开如图 2-19 所示的设计窗口，其中右侧的区域就是要设计窗口的原型（prototype）。

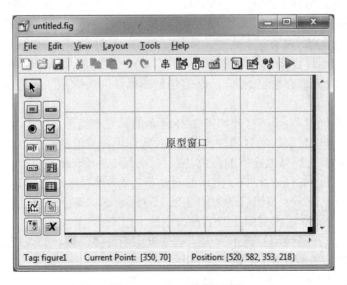

图 2-19　GUI 编辑界面

在该界面的左侧控件栏中,提供了各种各样的控件,如图 2-20 所示,用户可以通过左击的方式选中其中一个控件,这样就可以在右侧的原型窗口中绘制出这个控件。可以通过这样的方法在原型窗口上绘制出各种控件,实现所需图形用户界面的设计。下面首先介绍句柄图形学的基本知识,然后通过简单例子来演示图形用户界面的设计方法。

图 2-20　Guide 控件

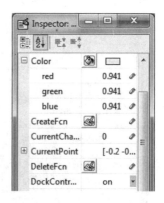

图 2-21　属性设置对话框

2.7.2　句柄图形学及句柄对象属性

图形用户界面编程主要是对各个对象属性读取和修改的技术,各个对象的操作主要靠对象的句柄实现,在 MATLAB 下这样的技术称为句柄图形学,该技术是 MathWorks 公司于 1990 年前后引入的。这里将简要介绍相关技术,更详细的内容可以参见参考文献 [3]。

在 MATLAB 图形用户界面编程中,窗口是一个对象,其上面的每个控件也都是对象,每个对象都有自己的属性,学习句柄图形学的关键是了解句柄对象和属性的操作。

双击该原型窗口,则将打开如图 2-21 所示的属性浏览器(Property Inspector),其中,列出了窗口对象的所有属性及属性值,允许用户修改其中的内容来改变该窗口的属性。例如,若想修改窗口的颜色,则可以在其中的 Color 栏目下单击其右侧的方框,这样将打开如图 2-22(a)所示的对话框,用户可以直接选择其中的颜色,也可以单击 More Colors 按钮启动如图 2-22(b)所示的标准颜色对话框获得更多的颜色。颜色修改完成后将立即在原型窗口中显示出来。

可以看出,在属性浏览器中列出了有关窗口的许多属性,通常没有必要改变所有的属性,下面仅介绍常用的窗口属性。

- **MenuBar 属性**: 设置图形窗口菜单条形式,可选择 figure(图形窗口标准菜单)

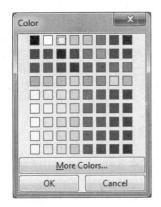
（a）颜色设置对话框

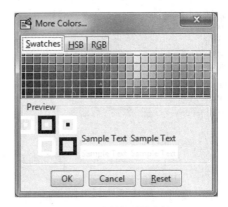
（b）更多颜色设置选择

图 2-22　界面属性修改

或 none（不加菜单条）选项。如果选中了 none 属性值，则当前窗口没有菜单条。如果需要，这时用户可以根据后面将介绍的菜单编辑器来设计自己的菜单条。如果选择了 figure 选项值，则该窗口将保持图形窗口默认的菜单项。选择了 figure 选项后，还可以用菜单编辑器修改标准菜单，或者添加新的菜单项。

- **Name 属性**：设置图形窗口标题栏中的标题内容，它的属性值应该是一个字符串，在图形窗口的标题栏中将把该字符串内容填写上去。

- **NumberTitle 属性**：决定是否设置图形窗口标题栏的图形标号，它相应的属性值可设为 on（加图形标号）或 off（不加标号）。若选择了 on 选项，则会自动地给每一个图形窗口标题栏内加一个"Figure No *:"字样的编号，即使该图形窗口有自己的标题，也同样要在前面冠一个编号，这是 MATLAB 的默认选项；若选择 off 选项，则不再给窗口标题进行编号显示。

- **Units 属性**：除了默认的像素点单位 pixels 之外，还允许用户使用一些其他的单位，如 inches（英寸）、centimeters（厘米）、normalized（归一值，即 0 和 1 之间的小数）等，这种设定将影响到一切定义大小的属性项（如后面将介绍的 Position 属性）。Units 属性也可以通过属性编辑程序界面来设定，例如，选择 Units 属性时，在属性值处将出现一个列表框，如图 2-23（a）所示，用户可以从中选择想要的属性值。

- **Position 属性**：该属性的内容如图 2-23（b）所示，用来设定该图形窗口的位置和大小。其属性值是由 4 个元素构成的 1×4 向量，其中前面两个值分别为窗口左下角的横纵坐标值，后面两个值分别为窗口的宽度和高度，其单位由 Units 属性设定。设置 Position 属性值的最好方法是直接用鼠标拖动的方法对该窗口进行放大或缩小，这样在 Position 一栏中就自动地填写上用户设置的值。

- **Resize 属性**：用来确定是否可以改变图形窗口的大小。它有两个参数可以使用，即 on（可以调整）和 off（不能调整），其中，on 选项为默认的选项。

（a）单位制设置　　　　　　　　　　　（b）窗口位置设置

图 2-23　单位制和窗口位置设置

- **Toolbar 属性**: 表示是否给图形窗口添加可视编辑工具条，其选项为 none（无工具条）、figure（标准图形窗口编辑工具条）和 auto（自动）。
- **Visible 属性**: 用来决定建立的窗口是否处于可见的状态，对应的属性值为 on 和 off，其中 on 为默认属性值。
- **Pointer 属性**: 用来设置在该窗口下指示鼠标位置的光标的显示形式，用户还可以用 PointerShapeCData 属性自定义光标的形状。

句柄图形学对象属性的读取与修改主要由两个函数完成，即 set() 函数和 get() 函数，它们的调用方式分别为

> v = get(h,属性名)　%如 v = get(gcf,'Color')
> set(h,属性名 1,属性值 1,属性名 2,属性值 2,…)

其中，h 为对象句柄。gcf 可以获取当前窗口句柄，gco 可以获得当前对象的句柄。

下面用简单例子来演示图形用户界面的设计方法。

例 2-30 考虑在一个空白窗口上添加一个按钮控件和一个用于字符显示的文本控件，并在按下该按钮时，在文本控件上显示"Hello World!"字样。具体的设计步骤如下。

① 绘制原型窗口。打开空白原型窗口并在该窗口中绘制出这两个控件——按钮和文本控件，如图 2-24（a）所示。

② 控件属性修改。因为需要修改文本控件的属性，所以双击其图标打开其属性对话框，将 String 属性设置为空字符串，表示在按下按钮前不显示任何信息。另外，应该给该控件设置一个标签，即设置其 Tag 属性，以便在后面编程时能容易地找到其句柄，在这里可以将其设置为 txtHello，如图 2-24（b）所示。注意，在设置标签时应该将其设置为独一无二的字符串，以使程序能容易地找到它，而不是同时找到其他控件。同时为方便起见，可以将按钮控件的标签设置为 btnOK。

③ 自动生成框架文件。建立了窗口之后，可以将其存成 .fig 文件，如将其存为文件 c2eggui1.fig，这时还将自动生成一个 c2eggui1.m 文件，其主要部分内容如下：

```
function varargout = c2eggui1(varargin)
gui_Singleton = 1;
gui_State = struct('gui_Name', mfilename, ...
```

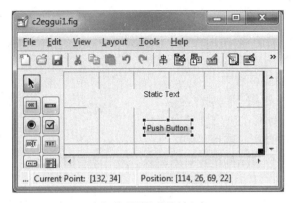
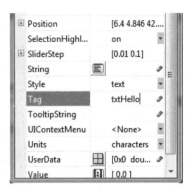

（a）将所需控件绘制出来   （b）修改控件属性

图 2-24 界面设计及修改

```
                    'gui_Singleton',  gui_Singleton, ...
                    'gui_OpeningFcn', @c2eggui1_OpeningFcn, ...
                    'gui_OutputFcn',  @c2eggui1_OutputFcn, ...
                    'gui_LayoutFcn',  [] , ...
                    'gui_Callback',   []);
if nargin && ischar(varargin{1})
    gui_State.gui_Callback = str2func(varargin{1});
end
if nargout
    [varargout{1:nargout}] = gui_mainfcn(gui_State, varargin{:});
else
    gui_mainfcn(gui_State, varargin{:});
end
% 到此语句为止,用户尽量不要修改前面的框架语句。后面为其他函数框架
function c2eggui1_OpeningFcn(hObject, eventdata, handles, varargin)
handles.output = hObject; guidata(hObject, handles);
function varargout = c2eggui1_OutputFcn(hObject,eventdata,handles)
varargout{1} = handles.output;   % 此函数为程序启动时自动执行的函数
% --- 这里给出了按钮控件回调函数的空白框架:btn
function btnOK_Callback(hObject, eventdata, handles)
```

④ **编写回调函数**。分析原来的要求,可以看出,实际上需要编写的响应函数是在按钮按下时,将文本控件的 String 属性值设置成所需的值,即"Hello World!"字符串,这就需要给按钮编写一个回调函数(callback function)。由于文本框的标签为 txtHello,所以其句柄为 handles.txtHello,用户可以编写出如下的回调函数,完成整个程序:

```
function varargout = btnOK_Callback(hObject, eventdata, handles)
set(handles.txtHello,'String','Hello World!');
```

MATLAB 图形用户界面设计的另一个值得注意的问题是它所支持的各种

回调函数,前面已经演示过,所谓的回调函数就是,在对象的某一个事件发生时,MATLAB 内部机制允许自动调用的函数,常用的回调函数如下。

- CloseRequestFcn: 关闭窗口时响应函数。
- KeyPressFcn: 键盘键按下时响应函数。
- WindowButtonDownFcn: 鼠标键按下时响应函数。
- WindowButtonMotionFcn: 鼠标移动时响应函数。
- WindowButtonUpFcn: 鼠标键释放时响应函数。
- CreateFcn 和 DeleteFcn: 建立和删除对象时响应函数。
- CallBack: 对象被选中时自动执行的回调函数。

这些回调函数有的是针对窗口而言的,还有的是针对具体控件而言的,学会了回调函数的编写将有助于提高编写 MATLAB 图形用户界面程序的效率。

前面给出了窗口的常用属性,其实每个控件也有各种各样的属性,下面介绍各个控件通用的常用属性。

- Units 与 Position 属性: 其定义与窗口定义是一致的,这里不再赘述,但应该注意一点,这里的位置是针对该窗口左下角的,而不是针对屏幕的。

- String 属性: 用来标注在该控件上的字符串,一般起说明或提示作用。

- CallBack 属性: 此属性是图形界面设计中最重要的属性,它是连接程序界面整个程序系统的实质性功能的纽带。该属性值应该为一个可以直接求值的字符串,在该对象被选中和改变时,系统将自动地对字符串进行求值。一般地,在该对象被处理时,经常调用一个函数,即回调函数。

- Enable 属性: 表示此控件的使能状态,如果设置为 on,则表示此控件可以选择,为 off 则表示不可选,与此类似的还有 Visible 属性。

- CData 属性: 真色彩位图,为三维数组型,用于将真色彩图形标注到控件上,使得界面看起来更加形象和丰富多彩。

- TooltipString 属性: 提示信息显示,为字符串型。当鼠标指针位于此控件上时,不管是否按下鼠标键,都将显示提示信息。

- UserData 属性: 用于界面及不同控件之间数据交换与暂存的重要属性。

- Interruptable 属性: 可选择的值为 on 和 off,表示当前的回调函数在执行时是否允许中断,去执行其他的回调函数。

- 有关字体的属性: 如 FontAngle、FontName 等。

函数 gco 和 gcbo 可以获得当前对象的句柄,可以由 `set(gco)` 命令列出该对象所有的属性,由 Guide 主窗口的 View→ Object Browser(对象浏览器)命令也可以显示出全部对象及属性,用户可以交互地编辑这些属性。

2.7.3　菜单系统设计

利用 Guide 提供的强大功能,不但能设计一般的对话框界面,还可以设计更复杂的带有菜单的窗口,菜单系统的设置可以由 Guide 的菜单编辑器来完成。Guide 程序的 Tools 菜单如图 2-25(a)所示,该菜单允许用 Align Objects 命令对齐对象控件、用 Grid and Ruler 命令设置界面编辑标尺、用 Menu Editor 命令编辑菜单系统,还可以实现其他设置内容,如设置工具栏等。

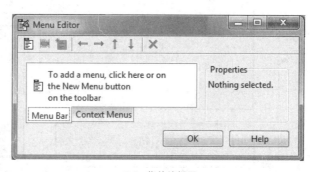

（a）Tools 菜单　　　　　　　　　（b）菜单编辑器

图 2-25　工具菜单和菜单编辑器

选择 Tools→ Menu Editor 命令,将打开如图 2-25(b)所示的菜单编辑器。使用菜单编辑器可以很容易地按图 2-26(a)所示的格式编辑菜单,从而得出如图 2-26(b)所示的结果。该程序可以存为 c2eggui2.m。

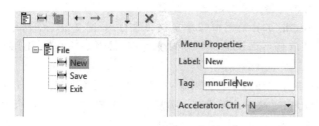

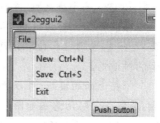

（a）菜单编辑器编辑结果　　　　　　　　（b）程序菜单

图 2-26　界面设计及修改

2.7.4　界面设计举例与技巧

本节将通过例子来演示 MATLAB 下图形用户界面设计的方法与思想,并介绍一些有关的编程技巧。

例 2-31 MATLAB 的图形界面设计实际上是一种面向对象的设计方法。假设想建立一个图形界面来显示和处理三维图形,最终图形界面的设想如图 2-27 所示。要求其基本功能是:

① 建立一个主坐标系,以备后来绘制三维图形。

② 建立一个函数编辑框,接受用户输入的绘图数据。

③ 建立两个按钮,一个用于启动绘图功能,另一个用于启动演示功能。

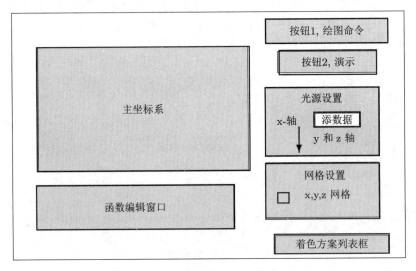

图 2-27　要建立的图形界面示意图

④ 建立一组 3 个编辑框,用来设置光源在 3 个坐标轴的坐标值。

⑤ 建立一组 3 个复选框,决定各个轴上是否需要网格。

⑥ 建立一个列表框,允许用户选择不同的着色方法。

　　可以根据上面的设想,用 Guide 工具绘制出程序窗口的原型,如图 2-28(a)所示。其中,一些编辑框和检取框还可以利用串工具进一步对齐处理,得出如图 2-28(b)所示的对话框。

　　根据上面的设想,可以把任务分配给各个控件对象,这就是面向对象的程序设计特点。其任务分配示意图如图 2-29 所示。从示意图中可以看出,A 和 B 两个部分并不承担任何的实际工作,它们只是给最终的绘图与数据编辑提供场所,所以它们的句柄是很有用的量。为了方便获得它们的句柄,分别将它们的标签(Tag 属性)设置为 axMain 和 edtCode,同时为了使 edtCode 能接受多行的字符串输入,需要将其 Max 属性设置为大于 1 的数值,如取 100。

　　还可以将其他可能用到的控件标签分别设置为:

● C、D 区按钮的标签分别设置为 btnDraw、btnDemo。

● E 区 3 个光照点坐标编辑框的标签分别为 edtX、edtY 和 edtZ。

● F 区 3 个网格检取框的标签分别为 chkX、chkY 和 chkZ。

● G 区着色方案列表框的标签设置为 lstFill。另外,单击 lstFill 的 String 属性右端的编辑按钮▣,则可以在其中加上选项 Flat ↵ Interpolation ↵ Faceted 等,↵ 表示回车。

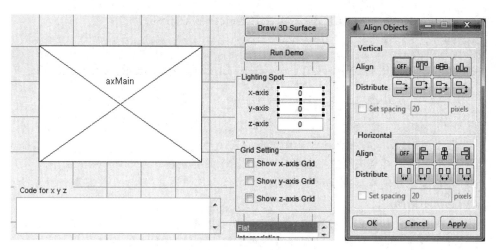

　　(a) 图形界面编辑窗口　　　　　　　　　　　(b) 对齐工具

图 2-28　用 Guide 绘制出的图形界面

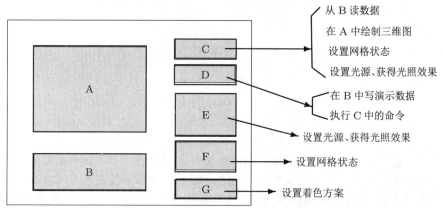

图 2-29　控件任务分配示意图

　　根据这里给出的任务分配图,可以创建出主程序界面,对应的函数名为c2fgui3(),该函数的清单如下:

```
function varargout = c2eggui3(varargin)
gui_Singleton = 1;
gui_State = struct('gui_Name',        mfilename, ...
                   'gui_Singleton',  gui_Singleton, ...
                   'gui_OpeningFcn', @c2eggui3_OpeningFcn, ...
                   'gui_OutputFcn',  @c2eggui3_OutputFcn, ...
                   'gui_LayoutFcn',  [] , ...
                   'gui_Callback',   []);
if nargin && ischar(varargin{1})
```

```
    gui_State.gui_Callback = str2func(varargin{1});
end
if nargout
    [varargout{1:nargout}] = gui_mainfcn(gui_State, varargin{:});
else
    gui_mainfcn(gui_State, varargin{:});
end
```

可见,这样生成的主程序和前面生成的完全一致。那么对于两个不同的问题,界面描述上的差异在哪里呢? MATLAB 中描述界面的部分在 .fig 文件中完全表示出来了,主程序框架应该没有区别。另外,由于控件动作响应的不同,所以在编写事件响应子函数时也是不同的。

根据任务分配中 C 区的要求,可以编写 btnOK 按钮的回调函数,该函数从 edtCode 中读取字符串,然后在 axMain 坐标系下将三维表面图绘制出来。这样就可以写出该按钮的回调函数为:

```
function btnDraw_Callback(hObject, eventdata, handles)
try
    str=get(handles.edtCode,'String'); str0=[];
    for i=1:size(str,1) % 将所有输入的字符串串接起来
        str0=[str0, deblank(str(i,:))];
    end
    eval(str0); axes(handles.axMain); surf(x,y,z);
catch, errordlg('Error in code'); end
```

注意,在该子函数中,使用了 try ⋯ catch 试探式结构,这是为了防止在函数编辑框中输入错误数据,如果有不可识别的数据或字符,将弹出一个错误信息对话框。

现在再编写 D 区 btnDemo 按钮的回调函数,从其分配的任务来看,需要在 edtCode 编辑框中设置演示程序的数据赋值语句,然后再调用 btnDraw 的回调函数,所以可以写出如下的回调函数:

```
function btnDemo_Callback(hObject, eventdata, handles)
str1='[x,y]=meshgrid(-3:0.1:3, -2:0.1:2);';
str2='z=(x.^2-2*x).*exp(-x.^2-y.^2-x.*y);';       % 写字符串的两行
set(handles.edtCode,'String',str2mat(str1,str2)); % 赋值
btnDraw_Callback(hObject, eventdata, handles)     % 调用 btnDraw
```

下面看 E 区控件的回调函数如何编写,E 区有 3 个编辑框,分别放置光源点坐标的 3 个坐标轴位置,可以统一考虑这 3 个回调函数,分别从 edtX、edtY 和 edtZ 这 3 个编辑框中读取数值,然后将 axMain 坐标系下的图形进行光源设定,所以可以写出下面的回调函数:

```
function edtX_Callback(hObject, eventdata, handles)
try
    xx=str2num(get(handles.edtX,'String'));                % 读光源位置
```

```
yy=str2num(get(handles.edtY,'String'));
zz=str2num(get(handles.edtZ,'String'));
axes(handles.axMain); light('Position',[xx,yy,zz]); % 设置光源
catch, errordlg('Wrong data in Lighting Spot Positions'); end
```

为简单起见,没有必要同时编写 3 个回调函数,只需将原来 edtX 的回调函数改写成如下形式,即直接调用edtX 的回调函数即可,同理需要修改 edtZ 的回调函数:

```
function edtY_Callback(hObject, eventdata, handles)
edtX_Callback(hObject, eventdata, handles)
```

类似地,可以编写 F 区的回调函数如下:

```
function chkX_Callback(hObject, eventdata, handles)
xx=get(handles.chkX,'Value'); yy=get(handles.chkY,'Value');
zz=get(handles.chkZ,'Value'); % 读取三个检取框,设置网格状态
set(handles.axMain,'XGrid',onoff(xx),'YGrid',onoff(yy),...
    'ZGrid',onoff(zz))
% --- 下面是自定义的子函数
function out=onoff(in) % 将0、1转换成'off'、'on'
out='off'; if in==1, out='on'; end
```

该函数读取 chkX 等复选框的状态,并根据其结果设置网格的情况。因为这里不存在用户的字符串输入错误,故没有使用 try ⋯ catch 结构。在这里还编写了一个将0、1 转换成字符串的 'off' 和 'on' 的子函数 onoff()。要想正确执行这个程序,还需要用上面的 chkY_Callback() 回调函数,让其直接调用 chkX_Callback。

最后应该编写 G 区 lstFill 列表框对象的回调函数,该区要求从 lstFill 列表框中取出适当的选项,然后根据要求处理图形的着色。这样就能编写出如下的回调函数:

```
function lstFill_Callback(hObject, eventdata, handles)
v=get(handles.lstFill,'Value'); axes(handles.axMain);
switch v
    case 1, shading flat;     % 每块用同样颜色表示,无边界线
    case 2, shading interp;   % 插值平滑着色,无边界线
    case 3, shading faceted;  % 带有黑色边界线
end
```

运行这样编写的程序 c2eggui3.m,可以得出如图 2-30 所示的界面。

2.7.5　工具栏设计

MATLAB 还可以给程序设置工具栏,用户可以选择 Guide 主窗口的 **Tools** → **Toolbar Editor**(工具栏编辑器)命令打开工具栏编辑器,如图 2-31 所示。工具栏上的图标可以采用标准图标,也可以采用自定义的图标。

在工具栏编辑器中,**P** 按钮允许用户自定义工具栏按钮,**T** 按钮允许用户自定义双态按钮。自定义的图标应该由其 **CData** 数据描述或由现成图标表示。

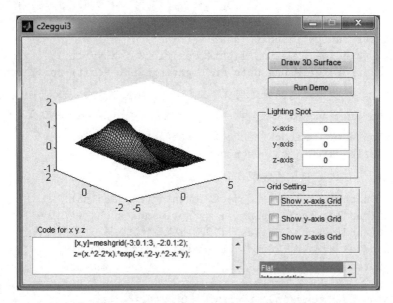

图 2-30　单击 Run Demo 按钮的效果

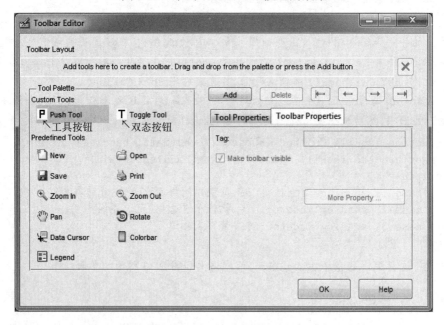

图 2-31　工具栏编辑器

例 2-32　考虑建立一个新程序界面,该界面自动绘制正弦曲线。另外,该界面自带工具栏,上面可以放置若干标准按钮,也可以添加一些其他工具栏按钮,包括 x 轴局部放大图标🔍、y 轴局部放大图标🔍等。

建立一个新的程序界面原型窗口,在上面添加一个坐标系,并设置其标签为 axPlot,将该程序框架设置为 c2eggui4.fig。打开工具栏编辑器,将一些标准图标直接复制到编辑器中,可以首先选择标准图标,然后单击 Add 按钮,就可以将一系列标准按钮添加到工具栏(Toolbar Layout)中。如果想将⊘按钮添加到工具栏,可以单击 P 图标,然后单击 Add 按钮,添加完成后,可以为其设置 Tag 属性,例如,将此按钮的标签设置为 tolXZoom。单击 Edit 按钮,可以在打开的对话框中选择现有的位图文件或 CData 型数据,这样会自动将该图标赋给此自定义对象。这样设置的工具栏和编辑对话框的相关部分如图 2-32 所示。用同样的方法将 ⊘ 按钮、🔍 按钮、🔍 按钮的标签分别设置为 tolYZoom、tolZoom 和 tolZOff。

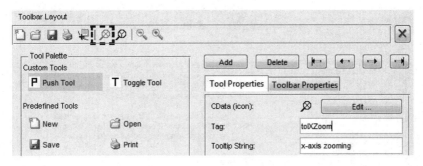

图 2-32　自定义工具栏设计

Guide 自动生成的主程序 c2eggui4.m 和前面的完全一致,这里不再给出。如果想在程序启动时,自动在 axPlot 坐标系上绘制正弦曲线,则需要编写主程序的 OutputFcn 函数,该函数在程序启动时自动执行:

```
function varargout=c2eggui4_OutputFcn(hObject, eventdata, handles)
varargout1 = handles.output; % 这句是原有的,下句是用户添加的
t=0:0.01:2*pi; y=sin(t); axes(handles.axPlot); plot(t,y)
```

这样编辑程序后,复制到工具栏的标准工具可以继承母按钮的功能,例如,🔲 按钮能在绘制的曲线上自动读曲线上点的坐标,无须为其专门编程。对这两个自定义按钮,用户可以编写下面的两个回调函数:

```
function tolXZoom_ClickedCallback(hObject, eventdata, handles)
zoom xon
function tolYZoom_ClickedCallback(hObject, eventdata, handles)
zoom yon
```

更简单地,可以不编写回调函数,而只打开⊘按钮的属性编辑界面,在该界面的 ClickedCallback 栏目下直接输入 'zoom xon' 字符串即可。

2.7.6 ActiveX 控件的应用简介

ActiveX 是软件提供商开发的可重用的成型控件,使得用户在自己的程序界面中直接使用这些控件,使得自己开发的界面功能更强大。MATLAB 图形用户界面设计中允许直接使用 ActiveX 控件。Microsoft 及其他软件提供商开发了大量的 ActiveX 控件,如多媒体播放控件、表盘显示控件、数据库控件等,这些控件都可以通过图形用户界面编辑程序 guide 导入设计的界面。单击 图 按钮,则可以在界面中加入 Active 控件。这时可以打开一个如图 2-33 所示的对话框,允许用户从中选择所需的控件加入界面,加入界面后则可以对其进行相应的编程。掌握了 ActiveX 控件的编程技术,可以大大提高 MATLAB 通用程序开发的能力。

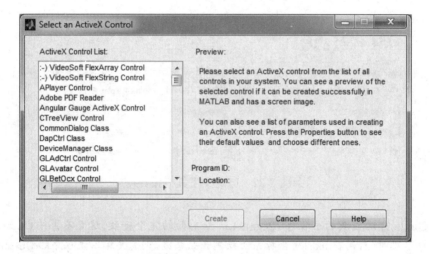

图 2-33 ActiveX 控件选择对话框

例 2-33 用 guide 命令打开一个空白的 GUI 窗口,在该窗口上画一个 AcriveX 控件,从弹出对话框的 ActiveX 控件选择列表中选择 Windows Media Player 控件,如图 2-34 (a) 所示,单击对话框的 Create 按钮,则在空白窗口上出现一个 Windows Media Player 控件,其标签名为 activex3,如图 2-34 (b) 所示。再在该控件右边画一个按钮,将其 Tag 属性命名为 btnFile,并清空其 String 属性。截取一个打开文件的图标 图 图像,存入文件 btnFile.bmp。用 $W = \text{imread}('\text{btnFile.bmp}')$ 读入工作空间,并将 W 填入该按钮的 CData 属性,就可以完全建立起如图 2-34 (b) 所示的原型窗口了。

若想让该程序很好地运行,只需编写下面的回调函数(参阅文件 c2mmplay.m)

```
function btnLoad_Callback(hObject, eventdata, handles)
[f,p]=uigetfile('*.*','Select a media file');
if f~=0, set(handles.activex3,'URL',[p,f]); end
```

从给出的例子可见,只需简单的操作和编程就可以赋给 MATLAB 程序强大的功能,由此可以看出 MATLAB 巨大的编程潜能。

（a）Windows Media Player 控件插入　　　　（b）原型窗口

图 2-34　多媒体播放器界面开发

2.8　本章要点简介

- 本章首先介绍了变量名的命名规则,接下来介绍了常用常量、基本语句结构、基本数据结构、矩阵输入、冒号表达式及子矩阵提取等方面的问题,还介绍了 MATLAB 语言的编程基础。

- 介绍了矩阵的各种基本运算方法及 MATLAB 语言实现,包括矩阵的代数运算、逻辑运算和比较运算,还包括基本数论运算和符号运算表达式的定义与化简等内容。

- 介绍了 MATLAB 语言编程的一个很重要的环节,即 MATLAB 语言的基本流程控制语句,如两种循环结构、条件转移结构、开关语句和新型的试探语句等,掌握了这些结构就可以初步编写出基本的 MATLAB 程序。

- MATLAB 语言的最基本程序结构是 MATLAB 的函数结构,本章介绍了函数编写的基本方法及函数编写技巧,如函数的递归调用方法、任意输入输出变量编程方法等,为初步的 MATLAB 语言程序设计打下基础。

- MATLAB 中图形绘制是其一大特色,本章介绍了二维图形和三维图形的绘制方法,可以由已知数据绘制出所需的图形,利用本章介绍的方法就可以直接绘制出各种各样的二维曲线、三维曲线甚至三维曲面与等高线等,还介绍了三维图形的旋转与视角变换等内容。

- 介绍了图形用户界面的编程和句柄图形学的概念,通过例子演示了界面设计与编程技巧,并介绍了菜单设计与图像按钮等设计方法。

2.9　习　题

(1) 用 MATLAB 语句输入矩阵 $\boldsymbol{A}$ 和 $\boldsymbol{B}$

$$\boldsymbol{A} = \begin{bmatrix} 1 & 2 & 3 & 4 \\ 4 & 3 & 2 & 1 \\ 2 & 3 & 4 & 1 \\ 3 & 2 & 4 & 1 \end{bmatrix}, \quad \boldsymbol{B} = \begin{bmatrix} 1+4j & 2+3j & 3+2j & 4+1j \\ 4+1j & 3+2j & 2+3j & 1+4j \\ 2+3j & 3+2j & 4+1j & 1+4j \\ 3+2j & 2+3j & 4+1j & 1+4j \end{bmatrix}$$

前面给出的是 4×4 矩阵,如果给出 $\boldsymbol{A}(5,6) = 5$ 命令将得出什么结果?

(2) 试列出 1000 以内的除 13 余 2 的所有整数。

(3) 假设已知矩阵 $\boldsymbol{A}$，试给出相应的 MATLAB 命令，将其全部偶数行提取出来，赋给 $\boldsymbol{B}$ 矩阵，用 $\boldsymbol{A} = \text{magic}(8)$ 命令生成 $\boldsymbol{A}$ 矩阵，用上述的命令检验结果是否正确。

(4) 试用符号元素工具箱支持的方式表达多项式 $f(x) = x^5 + 3x^4 + 4x^3 + 2x^2 + 3x + 6$，并令 $x = \dfrac{s-1}{s+1}$，将 $f(x)$ 替换成 s 的函数（注：subs() 函数可进行变量替换）。

(5) 已知数学函数 $f(x) = \dfrac{x \sin x}{\sqrt{x^2 + 2}(x+5)}$，$g(x) = \tan x$，试求出 $f(g(x))$ 和 $g(f(x))$。

(6) 由于双精度数据结构有一定的精度限制，大数的阶乘很难保留足够的精度。试用数值方法和符号运算的方法计算并比较 C_{50}^{10}，其中 $\text{C}_m^n = \dfrac{m!}{n!(m-n)!}$。

(7) 用数值方法可以求出 $S = \displaystyle\sum_{i=0}^{63} 2^i = 1 + 2 + 4 + 8 + \cdots + 2^{62} + 2^{63}$，试不采用循环的形式求出和式的数值解。由于数值方法是采用 double 形式进行计算的，难以保证有效位数字，所以结果不一定精确。试采用符号运算的方法求该和式的精确值。

(8) Fibonacci 数列定义为 $a_1 = a_2 = 1$，$a_n = a_{n-1} + a_{n-2}$，$n = 3, 4, \cdots$ 为一个数值增长很快的数列，其第 120 项的值为 5358359254990966640871840，这样的数值精度显然超出了数值型数据的范围，而必须采用符号类型，试编写小程序列出 Fibonacci 数列的前 120 项。

(9) 已知某迭代序列 $x_{n+1} = \dfrac{x_n}{2} + \dfrac{3}{2x_n}$，$x_1 = 1$，并已知该序列当 n 足够大时将趋于某个固定的常数，试选择合适的 n 值，找出该序列的稳态值（达到精度要求 10^{-14}），并找出其精确的数学表示。

(10) 试用循环结构找出 1000 以下所有的质数。

(11) 试求 $S = \displaystyle\prod_{n=1}^{\infty} \left(1 + \dfrac{2}{n^2}\right)$，使计算精度达到 $\epsilon = 10^{-12}$ 级。

(12) 已知 $\arctan(x) = x - \dfrac{x^3}{3} + \dfrac{x^5}{5} - \dfrac{x^7}{7} + \cdots$。取 $x = 1$，则立即得出下面的计算式

$$\pi \approx 4\left(1 - \frac{1}{3} + \frac{1}{5} - \frac{1}{7} + \frac{1}{9} - \frac{1}{11} + \cdots\right)$$

试利用循环累加方法计算出 π 的近似值，要求精度达到 10^{-6}。

(13) 试用下面两种方法求解代数方程 $f(x) = x^2 \sin(0.1x + 2) - 3 = 0$。

① **二分法**。若在某个区间 (a, b) 内，$f(a)f(b) < 0$，则该区间内存在方程的根。取中点 $x_1 = (b-a)/2$，则可以根据 $f(x_1)$ 和 $f(a)$、$f(b)$ 的关系确定根的范围，用这样的方法可以将区间的长度减半。重复这样的过程，直至区间长度小于预先指定的 ϵ，则可以认为得出的区间端点是方程的解。令 $\epsilon = 10^{-10}$，试用二分法求区间 $(-4, 0)$ 内方程的解。

② **梯度法**。假设该方程解的某个初始猜测点为 x_n，则由梯度法可以得出下一个近似点 $x_{n+1} = x_n + f(x_n)/f'(x_n)$。若两个点足够近，即 $|x_{n+1} - x_n| < \epsilon$，其中 ϵ 为预

先指定的误差限,则认为 x_{n+1} 是方程的解,否则将 x_{n+1} 设置为初值继续搜索,直至得出方程的解。令 $x_0 = -4, \epsilon = 10^{-12}$,试用梯度法求解上面的方程。

(14) 用 MATLAB 语言实现下面的分段函数 $y = f(x) = \begin{cases} h, & x > D \\ h/Dx, & |x| \leqslant D \\ -h, & x < -D \end{cases}$。

(15) 编写一个矩阵相加函数 mat_add(),使得该函数能够接受任意多个矩阵,且其调用格式为 $\boldsymbol{A} = \text{mat\_add}(\boldsymbol{A}_1, \boldsymbol{A}_2, \boldsymbol{A}_3, \cdots)$。

(16) 自己编写一个 MATLAB 函数,使它能自动生成一个 $m \times m$ 的 Hankel 矩阵,并使其调用格式为 $\boldsymbol{v} = [h_1, h_2, \cdots, h_m, h_{m+1}, \cdots, h_{2m-1}]$; $\boldsymbol{H} = \text{myhankel}(\boldsymbol{v})$。

(17) 已知 Fibonacci 数列由式 $a_k = a_{k-1} + a_{k-2}, k = 3, 4, \cdots$ 可以生成,其中初值为 $a_1 = a_2 = 1$,试编写出生成某项 Fibonacci 数值的 MATLAB 函数,要求:
① 函数格式为 $\boldsymbol{y} = \text{fib}(k)$,给出 k 即能求出第 k 项 a_k 并赋给 $\boldsymbol{y}$ 向量;
② 编写适当语句,对输入输出变量进行检验,确保函数能正确调用;
③ 利用递归调用的方式编写此函数。

(18) 由矩阵理论可知,如果一个矩阵 $\boldsymbol{M}$ 可以写成 $\boldsymbol{M} = \boldsymbol{A} + \boldsymbol{BCB}^{\mathrm{T}}$,并且其中 $\boldsymbol{A}$、$\boldsymbol{B}$、$\boldsymbol{C}$ 为相应阶数的矩阵,则 $\boldsymbol{M}$ 矩阵的逆矩阵可以由下面的算法求出。

$$\boldsymbol{M}^{-1} = \left(\boldsymbol{A} + \boldsymbol{BCB}^{\mathrm{T}}\right)^{-1} = \boldsymbol{A}^{-1} - \boldsymbol{A}^{-1}\boldsymbol{B}\left(\boldsymbol{C}^{-1} + \boldsymbol{B}^{\mathrm{T}}\boldsymbol{A}^{-1}\boldsymbol{B}\right)^{-1}\boldsymbol{B}^{\mathrm{T}}\boldsymbol{A}^{-1}$$

试根据上面的算法用 MATLAB 语句编写一个函数对矩阵 $\boldsymbol{M}$ 进行求逆,并通过一个小例子来检验该程序,并和直接求逆方法进行精度上的比较。

(19) 著名的 Mittag-Leffler 函数的基本定义为 $f_\alpha(z) = \sum\limits_{k=0}^{\infty} \dfrac{z^k}{\Gamma(\alpha k + 1)}$,其中 $\Gamma(x)$ 为 Gamma 函数,可以由 gamma(x) 函数直接计算。试编写出 MATLAB 函数,使得其调用格式为 $\boldsymbol{f} = \text{mymittag}(\alpha, z, \epsilon)$,$\epsilon$ 为用户允许的误差限,其默认值为 $\epsilon = 10^{-6}$,$\boldsymbol{z}$ 为已知数值向量。利用该函数分别绘制出 $\alpha = 1$ 和 $\alpha = 0.5$ 的曲线。

(20) 下面给出了一个迭代模型

$$\begin{cases} x_{k+1} = 1 + y_k - 1.4x_k^2 \\ y_{k+1} = 0.3x_k \end{cases}$$

写出求解该模型的 M-函数。如果取迭代初值为 $x_0 = 0, y_0 = 0$,那么请进行 30000 次迭代求出一组 $\boldsymbol{x}$ 和 $\boldsymbol{y}$ 向量,然后在所有的 x_k 和 y_k 坐标处点亮一个点(注意不要连线),最后绘制出所需的图形。(注:这样绘制出的图形又称为 Henon 引力线图,它将迭代出来的随机点吸引到一起,最后得出貌似连贯的引力线图。)

(21) 用 MATLAB 语言的基本语句显然可以立即绘制一个正三角形。试结合循环结构,编写一个小程序,在同一个坐标系下绘制出该正三角形绕其中心旋转后得出的一系列三角形,还可以调整旋转步距观察效果。

(22) 选择合适的步距绘制出图形 $\sin(1/t)$,其中 $t \in (-1, 1)$。

(23) 已知某函数可以由幂级数 $f(x) = \lim\limits_{N\to\infty} \sum\limits_{n=1}^{N} (-1)^n \dfrac{x^{2n}}{(2n)!}$ 近似，当 N 足够大则幂级数 $f(x)$ 收敛到某个 $\hat{f}(x)$ 值，试编写 MATLAB 程序绘制 $x \in (0, \pi)$ 区间的 $\hat{f}(x)$ 曲线，观察该曲线像什么函数，并绘图验证。

(24) 对合适的 θ 范围选取分别绘制出下列极坐标图形。

①$\rho = 1.0013\theta^2$，②$\rho = \cos(7\theta/2)$，③$\rho = \sin\theta/\theta$，④$\rho = 1 - \cos^3 7\theta$

(25) 用图解的方式求解下面联立方程的近似解。

①$\begin{cases} x^2 + y^2 = 3xy^2 \\ x^3 - x^2 = y^2 - y \end{cases}$　　②$\begin{cases} \mathrm{e}^{-(x+y)^2 + \pi/2}\sin(5x + 2y) = 0 \\ (x^2 - y^2 + xy)\mathrm{e}^{-x^2 - y^2 - xy} = 0 \end{cases}$

(26) 请分别绘制出下面二元函数 $f(x, y)$ 的三维图和等高线，绘制出其三视图，并尝试 `surfc()`、`surfl()` 和 `waterfall()` 等函数的三维图效果。

①xy，②$\sin xy$，③$\sin(x^2 - y^2)$，④$-xy\mathrm{e}^{-2(x^2 + y^2)}$

(27) 在图形绘制语句中，若函数值为不定式 `NaN`，则相应的部分不绘制出来。试利用该规律绘制 $z = \sin xy$ 的表面图，并剪切下 $x^2 + y^2 \leqslant 0.5^2$ 的部分。

(28) 试利用相应的 ActiveX 控件编写一个矩阵计算器程序界面，使其允许用 ActiveX 表格编辑矩阵的内容，并实现单个矩阵的某些计算，如 $\boldsymbol{A}^n$、$\boldsymbol{A}^{-1}$、$\mathrm{e}^{\boldsymbol{A}}$、$\sin\boldsymbol{A}$ 等。

参考文献

1 Lamport L. LaTeX: a document preparation system — user's guide and reference manual. Reading MA: Addision-Wesley Publishing Company, 2nd edition, 1994

2 Atherton D P, Xue D. The analysis of feedback systems with piecewise linear nonlinearities when subjected to Gaussian inputs, In: Kozin F and Ono T. Control systems, topics on theory and application. Tokyo: Mita Press, 1991

3 The MathWorks Inc. Creating graphical user interfaces

第 3 章
科学运算问题的 MATLAB 求解

　　控制系统的研究涉及各种各样的数学问题求解,例如,系统的稳定性分析需要求取矩阵的特征根,可控性与可观测性的判定需要求出矩阵的秩,而状态转移矩阵的求解需要矩阵指数的求解,这需要线性代数问题的求解。控制系统的仿真需要微分方程的求解,最优控制器设计涉及最优化问题的求解。如果能掌握利用 MATLAB 求解数学问题的方法和技术无疑会提高控制系统分析与设计的能力。

　　本章将介绍 MATLAB 语言在现代科学运算领域中的应用。这里所谓"运算"是指利用 MATLAB 不但能进行数值计算,还可以进行解析运算,所以从涵盖范围上比一般数值"计算"更广泛。MATLAB 起源于线性代数的数值运算,在其长期的发展过程中,形成了几乎所有应用数学分支的求解函数与专门工具箱,并成功地引入了符号运算的功能,使得公式推导成为可能。所以一般情况下用一个语句就能直接获得数学问题的解。

　　MATLAB 语言求解科学运算的功能是其广受科学工作者喜爱的重要原因,也是 MATLAB 语言的一大重要的特色,本章侧重于介绍用 MATLAB 为主要工具,直接求解和控制学科密切相关的数学问题的方法,为更好地探讨控制问题打下良好的基础。3.1 节介绍线性代数问题的解析与数值求解方法,介绍包括矩阵基本分析、矩阵变换的解析与数值解方法,并介绍矩阵函数的计算。3.2 节介绍各种方程求解方法,包括线性代数方程、非线性方程和矩阵方程的求解方法。3.3 节介绍一阶显式微分方程组的数值解方法,并介绍将一般常微分方程变换成可求解标准型的方法,还将介绍一般线性常系数微分方程的解析解方法。3.4 节介绍最优化问题的数值求解方法,包括无约束最优化问题、有约束最优化问题的求解方法和曲线的最小二乘拟合方法。3.5 节将介绍 Laplace 变换与 z 变换问题 MATLAB 求解方法。本章涉及了大量数学公式,但核心问题是引导读者如何避开数学问题本身及繁琐的底层解法,在 MATLAB 框架下直接获得可靠的解。关于应用 MATLAB 求解各种各样数学问题的详细内容可以参阅文献 [1]。

3.1 线性代数问题的 MATLAB 求解

很多线性代数问题是可以求取解析解的,不能求取解析解的问题往往也能得出数值解。本节将以数值解的介绍为主,其中很多函数同样可以利用 MATLAB 的符号运算工具箱中提供的相同函数名求出解析解。

3.1.1 矩阵的基本分析

矩阵的基本分析往往可以反映出矩阵的某些性质,比如在控制系统分析中,矩阵的特征值可以用来分析系统的稳定性,矩阵的秩可以用来分析系统的可控性和可观测性等,这里将系统地介绍矩阵基本分析的概念及其 MATLAB 实现。

1. 矩阵的行列式(determinant)

MATLAB 提供了内在函数 `det(A)`,利用它可以直接求取矩阵 A 的行列式。如果矩阵 A 为数值矩阵,则得出的行列式为数值计算结果,若 A 定义为符号矩阵,则 det() 函数将得出解析解。二者的区别是,对接近奇异的系统来说,解析解方法得出的结果更精确。

例 3-1 Hilbert 矩阵的通项为 $h_{i,j} = 1/(i+j-1)$,用 MATLAB 的命令 `hilb(n)` 函数就可以在 MATLAB 工作空间中定义出来,而用 sym() 函数即可得出其符号型表示。下面的语句即可生成并计算出 10 阶 Hilbert 矩阵的行列式为:

```
>> H=hilb(10); d1=det(H)    % 求解数值解
   H=sym(H); d2=det(H)      % 先将矩阵变换成符号矩阵,再求解析解
```

用第 1 行语句可以求出数值解为 $d_1 = 2.1644 \times 10^{-53}$,该结果不精确,故需要用解析解方法求解。由后面的命令可以得出解析解为

$$d_2 = \frac{1}{46206893947914691316295628839036278726983680000000000}$$

例 3-2 现在考虑带有变量的 Vandermonde 矩阵 $A = \begin{bmatrix} 1 & 1 & 1 \\ a & b & c \\ a^2 & b^2 & c^2 \end{bmatrix}$,可以先定义符号

变量 a、b、c,然后用下面的语句输入矩阵,并得出矩阵的特征多项式。

```
>> syms a b c             % syms命令可以声明符号变量,用空格分隔
   A=[1,1,1; a,b,c; a^2,b^2,c^2];   % 建立 Vandermonde 矩阵
   det(A); simple(factor(ans))      % 求行列式并进行因式分解
```

可以得出行列式的因式分解形式为 $-(a-b)(a-c)(b-c)$。

2. 矩阵的迹(trace)

假设一个方阵为 $A = \{a_{ij}\}$,则矩阵 A 的迹定义为该矩阵对角线上各个元素之和。由代数理论可知,矩阵的迹和该矩阵的特征值之和是相同的,矩阵 A 的迹可以由 MATLAB 函数 `trace(A)` 求出,在 MATLAB 语言中,trace() 函数可以扩展到长方形矩阵的迹计算。

3. 矩阵的秩（rank）

若矩阵所有的列向量中最多有 r_c 列线性无关,则称矩阵的列秩为 r_c,如果 $r_c = m$,则称 $\boldsymbol{A}$ 为列满秩矩阵。相应地,若矩阵 $\boldsymbol{A}$ 的行向量中有 r_r 个是线性无关的,则称矩阵 $\boldsymbol{A}$ 的行秩为 r_r。如果 $r_r = n$,则称 $\boldsymbol{A}$ 为行满秩矩阵。可以证明,矩阵的行秩和列秩是相等的,故称之为矩阵的秩,记作 $\mathrm{rank}(\boldsymbol{A}) = r_c = r_r$,这时矩阵的秩为 $\mathrm{rank}(\boldsymbol{A})$。矩阵的秩也表示该矩阵中行列式不等于 0 的子式的最大阶次,所谓子式,即为从原矩阵中任取 k 行及 k 列所构成的子矩阵。MATLAB 提供了一个内在函数 rank($\boldsymbol{A},\varepsilon$) 来用数值方法求取一个已知矩阵 $\boldsymbol{A}$ 的数值秩,其中 ε 为机器精度。如果没有特殊说明,可以由 rank($\boldsymbol{A}$) 函数求出 $\boldsymbol{A}$ 矩阵的秩。

4. 矩阵的范数（norm）

矩阵的常用范数定义为

$$||\boldsymbol{A}||_1 = \max_{1 \leqslant j \leqslant n} \sum_{i=1}^{n} |a_{ij}|, \quad ||\boldsymbol{A}||_2 = \sqrt{s_{\max}(\boldsymbol{A}^{\mathrm{T}}\boldsymbol{A})}, \quad ||\boldsymbol{A}||_{\infty} = \max_{1 \leqslant i \leqslant n} \sum_{j=1}^{n} |a_{ij}| \quad (3\text{-}1\text{-}1)$$

其中 $s(\boldsymbol{X})$ 为 $\boldsymbol{X}$ 矩阵的特征值,而 $s_{\max}(\boldsymbol{A}^{\mathrm{T}}\boldsymbol{A})$ 即为 $\boldsymbol{A}^{\mathrm{T}}\boldsymbol{A}$ 矩阵的最大特征值。事实上,$||\boldsymbol{A}||_2$ 为 $\boldsymbol{A}$ 矩阵的最大奇异值。MATLAB 提供了求取矩阵范数的函数 norm($\boldsymbol{A}$) 可以求出 $||\boldsymbol{A}||_2$,矩阵的 1-范数 $||\boldsymbol{A}||_1$ 可以由 norm($\boldsymbol{A},1$) 求解,矩阵的无穷范数 $||\boldsymbol{A}||_{\infty}$ 可以由 norm($\boldsymbol{A},\mathrm{inf}$) 求出。注意,该函数只能求数值解。

5. 矩阵的特征多项式、特征方程与特征根（eigenvalues）

矩阵 $s\boldsymbol{I} - \boldsymbol{A}$ 的行列式可以写成一个关于 s 的多项式 $C(s)$

$$C(s) = \det(s\boldsymbol{I} - \boldsymbol{A}) = s^n + c_1 s^{n-1} + \cdots + c_{n-1}s + c_n \quad (3\text{-}1\text{-}2)$$

这样的多项式 $C(s)$ 称为矩阵 $\boldsymbol{A}$ 的特征多项式,其中系数 c_i, $i = 1, 2, \cdots, n$ 称为矩阵的特征多项式系数。

MATLAB 提供了求取矩阵特征多项式系数的函数 $\boldsymbol{p} = \mathrm{poly}(\boldsymbol{A})$,而返回的 $\boldsymbol{p}$ 为一个行向量,其各个分量为矩阵 $\boldsymbol{A}$ 的降幂排列的特征多项式系数。该函数的另外一种调用格式是: 如果给定的 $\boldsymbol{A}$ 为向量,则假定该向量是一个矩阵的特征根,由此求出该矩阵的特征多项式系数,如果向量 $\boldsymbol{A}$ 中有无穷大或 NaN 值,则首先剔除。

对一个方阵 $\boldsymbol{A}$,如果存在一个非零的向量 $\boldsymbol{x}$,且有一个标量 λ 满足 $\boldsymbol{A}\boldsymbol{x} = \lambda\boldsymbol{x}$,则称 λ 为 $\boldsymbol{A}$ 矩阵的一个特征值,而 $\boldsymbol{x}$ 为对应于特征值 λ 的特征向量,严格说来,$\boldsymbol{x}$ 应该称为 $\boldsymbol{A}$ 的右特征向量。如果矩阵 $\boldsymbol{A}$ 的特征值不包含重复的值,则对应的各个特征向量为线性无关的,这样由各个特征向量可以构成一个非奇异的矩阵,如果用它对原始矩阵作相似变换,则可以得出一个对角矩阵。矩阵的特征值与特征向量由 MATLAB 提供的函数 eig() 可以容易地求出,该函数的调用格式为 $[\boldsymbol{V},\boldsymbol{D}] = \mathrm{eig}(\boldsymbol{A})$,其中 $\boldsymbol{A}$ 为给定的矩阵,解出的 $\boldsymbol{D}$ 为一个对角矩阵,其对角线上的元素为矩阵 $\boldsymbol{A}$ 的特征值,而每个特征值对应于 $\boldsymbol{V}$ 矩阵中的一列,称为该特征值的特征向量。MATLAB 的矩阵特征值的结果满足 $\boldsymbol{A}\boldsymbol{V} = \boldsymbol{V}\boldsymbol{D}$,且 $\boldsymbol{V}$ 矩阵每个特征向量各元素的平方和（即列向量的 2 范数）均为 1。如果调用该函数时至多只给出一个返回变量,则将返回矩阵 A 的特征值。即使 A 为复数矩阵,也照样可以由 eig() 函数得出其特征值与特征向量矩阵。

6. 多项式及多项式矩阵的求值

基于点运算的多项式求值可以由 $C = \mathtt{polyval}(a, x)$ 命令完成,求出 $C = a_1 x.\hat{\ }n + \cdots + a_{n+1}$,其中 $a = [a_1, a_2, \cdots, a_n, a_{n+1}]$ 为多项式系数降幂排列构成的向量,x 为一个标量。如果想求取真正的矩阵多项式的值,亦即

$$B = a_1 A^n + a_2 A^{n-1} + \cdots + a_n A + a_{n+1} I \tag{3-1-3}$$

其中 I 为和 A 同阶次的单位矩阵,则可以用 $B = \mathtt{polyvalm}(a, A)$。

7. 矩阵的逆与广义逆

对一个已知的 $n \times n$ 非奇异方阵 A,如果有一个 C 矩阵满足

$$AC = CA = I \tag{3-1-4}$$

式中 I 为单位阵,则称 C 矩阵为 A 矩阵的逆矩阵,并记作 $C = A^{-1}$。MATLAB 下提供的 $C = \mathtt{inv}(A)$ 函数即可求出矩阵 A 的逆矩阵 C。

如果用户想得出奇异矩阵或长方形矩阵的一种"逆"阵,则需要使用广义逆的概念。对一个给定的矩阵 A,存在一个唯一的矩阵 M 同时满足 3 个条件:

① $AMA = A$

② $MAM = M$

③ AM 与 MA 均为对称矩阵

这样的矩阵 M 称为矩阵 A 的 Moore-Penrose 广义逆矩阵,记作 $M = A^{+}$。更进一步对复数矩阵 A 来说,若得出的广义逆矩阵的第三个条件扩展为 MA 与 AM 均为 Hermit 矩阵,则这样构造的矩阵也是唯一的。MATLAB 下给出的 $B = \mathtt{pinv}(A)$ 即可以求出 A 矩阵的 Moore-Penrose 广义逆矩阵 B。

3.1.2 矩阵的分解

矩阵的相似变换在状态空间分析中有着重要的意义。这里将介绍与矩阵变换与分解方面的内容,如三角分解、奇异值分解等。

1. 矩阵的相似变换

假设有一个 $n \times n$ 的方阵 A,并存在一个和它同阶的非奇异矩阵 T,则可以对 A 矩阵进行如下的变换

$$\hat{A} = T^{-1}AT \tag{3-1-5}$$

这种变换称为 A 的相似变换(similarity transform)。可以证明,变换后矩阵 $\hat{A}$ 的特征值和原矩阵 A 是一致的,亦即相似变换并不改变原矩阵的特征结构。

2. 矩阵的三角分解

矩阵的三角分解又称为 LU 分解,其目的是将一个矩阵分解成一个下三角矩

阵 L 和一个上三角矩阵 U 的乘积, 即 $A = LU$, 其中 L 和 U 矩阵可以分别写成

$$L = \begin{bmatrix} 1 & & & \\ l_{21} & 1 & & \\ \vdots & \vdots & \ddots & \\ l_{n1} & l_{n2} & \cdots & 1 \end{bmatrix}, \quad U = \begin{bmatrix} u_{11} & u_{12} & \cdots & u_{1n} \\ & u_{22} & \cdots & u_{2n} \\ & & \ddots & \vdots \\ & & & u_{nn} \end{bmatrix} \quad (3\text{-}1\text{-}6)$$

MATLAB 下提供了 $[L, U] = \text{lu}(A)$ 函数, 可以对给定矩阵 A 进行 LU 分解, 由于采用了数值算法, 考虑主元素并进行了必要的换行, 所以有时得出的 L 矩阵不是真正的下三角矩阵, 而是其基本置换形式。

3. 对称矩阵的 Cholesky 分解

如果 A 矩阵为对称矩阵, 则仍然可以用 LU 分解的方法对之进行分解, 对称矩阵 LU 分解有特殊的性质, 即 $L = U^{\mathrm{T}}$, 令 $D^{\mathrm{T}} = L$ 为一个下三角矩阵, 则可以将原来矩阵 A 分解成 $A = D^{\mathrm{T}}D$, 其中 D 矩阵可以形象地理解为原 A 矩阵的平方根。对该对称矩阵进行分解可以采用 Cholesky 分解算法。MATLAB 提供了 $\text{chol}()$ 函数来求取矩阵的 Cholesky 分解矩阵 D, 该函数的调用格式可以写成 $[D, p] = \text{chol}(A)$, 式中返回的 D 为 Cholesky 分解矩阵, 且 $A = D^{\mathrm{T}}D$; 而 $p - 1$ 为 A 矩阵中正定的子矩阵的阶次, 如果 A 为正定矩阵, 则返回 $p = 0$。

4. 矩阵的正交基

对于一类特殊的相似变换矩阵 T 来说, 如果它本身满足 $T^{-1} = T^*$, 其中 T^* 为 T 的 Hermit 共轭转置矩阵, 则称 T 为正交矩阵, 并将之记为 $Q = T$。可见正交矩阵 Q 满足下面的条件

$$Q^*Q = I, \quad \text{且} \quad QQ^* = I \quad (3\text{-}1\text{-}7)$$

其中 I 为 $n \times n$ 的单位阵。MATLAB 中提供了 $Q = \text{orth}(A)$ 函数来求 A 矩阵的正交基 Q, 其中 Q 的列数即为 A 矩阵的秩。

5. 矩阵的奇异值分解

假设 A 矩阵为 $n \times m$ 矩阵, 且 $\text{rank}(A) = r$, 则 A 矩阵可以分解为 $A = L\Lambda M^{\mathrm{T}}$, 其中 L 和 M 均为正交矩阵, $\Lambda = \text{diag}(\sigma_1, \sigma_2, \cdots, \sigma_n)$ 为对角矩阵, 其对角元素 $\sigma_1, \sigma_2, \cdots, \sigma_n$ 满足不等式 $\sigma_1 \geqslant \sigma_2 \geqslant \cdots \geqslant \sigma_n \geqslant 0$。

MATLAB 提供了直接求矩阵奇异值分解的函数 $[L, A_1, M] = \text{svd}(A)$, 其中, A 为原始矩阵, 返回的 A_1 为对角矩阵, 而 L 和 M 均为正交变换矩阵, 并满足 $A = LA_1 M^{\mathrm{T}}$。

6. 矩阵的条件数

矩阵的奇异值大小通常决定矩阵的性态, 如果矩阵的奇异值的差异特别大, 则矩阵中某个元素有一个微小的变化将严重影响到原矩阵的参数, 这样的矩阵又称为病态矩阵或坏条件矩阵, 而在矩阵存在等于 0 的奇异值时称为奇异矩阵。矩阵最大奇异值 $\sigma_{\max}$ 和最小奇异值 $\sigma_{\min}$ 的比值又称为该矩阵的条件数, 记作

cond($\boldsymbol{A}$)，即 cond($\boldsymbol{A}$) $= \sigma_{\max}/\sigma_{\min}$，矩阵的条件数越大，则对元素变化越敏感。矩阵的最大和最小奇异值还分别经常记作 $\bar{\sigma}(\boldsymbol{A})$ 和 $\underline{\sigma}(\boldsymbol{A})$。在 MATLAB 下也提供了函数 cond($\boldsymbol{A}$) 来求取矩阵 $\boldsymbol{A}$ 的条件数。

3.1.3 矩阵指数 $e^{\boldsymbol{A}}$ 和指数函数 $e^{\boldsymbol{A}t}$

矩阵指数可由 MATLAB 给出的 expm($\boldsymbol{A}$) 函数立即求出，矩阵的其他函数，如 $\cos \boldsymbol{A}$ 可以由 funm($\boldsymbol{A}$,'cos') 函数求出。值得指出的是：funm() 函数采用了特征值、特征向量的求解方式，若矩阵含有重特征根，则特征向量矩阵为奇异矩阵，这样该函数将失效，这时应该考虑用 Taylor 幂级数展开的方式进行求解[2]。一般矩阵函数还可以考虑文献 [1] 中介绍的解析解方法。

例 3-3 已知矩阵

$$\boldsymbol{A} = \begin{bmatrix} -11 & -5 & 5 \\ 12 & 5 & -6 \\ 0 & 1 & 0 \end{bmatrix}$$

其矩阵指数 $e^{\boldsymbol{A}}$ 和指数函数 $e^{\boldsymbol{A}t}$ 可以由下面语句直接求出。

```
>> A=[-11,-5,5; 12,5,-6; 0,1,0]; expm(A)     % 求数值解
   A=sym(A); expm(A), syms t; expm(A*t)      % 求解析解和指数函数
```

$$\text{数值解} \begin{bmatrix} 0.24737701 & 0.30723864 & 0.42774107 \\ 0.14460292 & -0.00080692801 & -0.51328929 \\ 0.88197566 & 0.82052793 & 0.30643171 \end{bmatrix}$$

$$\text{解析解} \begin{bmatrix} 15e^{-3} - 20e^{-2} + 6e^{-1} & 5e^{-1} - 15e^{-2} + 10e^{-3} & 5e^{-2} - 5e^{-3} \\ 24e^{-2} - 18e^{-3} - 6e^{-1} & -12e^{-3} - 5e^{-1} + 18e^{-2} & -6e^{-2} + 6e^{-3} \\ 6e^{-1} - 12e^{-2} + 6e^{-3} & -9e^{-2} + 4e^{-3} + 5e^{-1} & -2e^{-3} + 3e^{-2} \end{bmatrix}$$

$$e^{\boldsymbol{A}t} = \begin{bmatrix} 15e^{-3t} - 20e^{-2t} + 6e^{-t} & 5e^{-t} - 15e^{-2t} + 10e^{-3t} & 5e^{-2t} - 5e^{-3t} \\ 24e^{-2t} - 18e^{-3t} - 6e^{-t} & -12e^{-3t} - 5e^{-t} + 18e^{-2t} & -6e^{-2t} + 6e^{-3t} \\ 6e^{-t} - 12e^{-2t} + 6e^{-3t} & -9e^{-2t} + 4e^{-3t} + 5e^{-t} & -2e^{-3t} + 3e^{-2t} \end{bmatrix}$$

3.2 代数方程的 MATLAB 求解

3.2.1 线性方程求解问题及 MATLAB 实现

本节将介绍各种矩阵方程的求解方法，首先介绍矩阵逆和伪逆的求解方法，然后介绍一般线性代数方程的求解、Lyapunov 方程与 Riccati 方程求解问题。

1. 线性方程求解

前面已经介绍过矩阵的左除和右除，可以用来求解线性方程。若线性方程为 $\boldsymbol{AX} = \boldsymbol{B}$，则用 X = A\B 即可求出方程的解；若方程为 $\boldsymbol{XA} = \boldsymbol{B}$，则用 X = B/A 即可求出方程的解。

更严格地，求解线性代数方程 $\boldsymbol{AX} = \boldsymbol{B}$ 应该分下面几种情况考虑[1]：

① 若矩阵 $\boldsymbol{A}$ 为非奇异方阵，则方程的唯一解为 X = inv(A)*B。

② 若 A 为奇异方阵,如果 A 和 $C = [A, B]$ 矩阵的秩均为 m,则线性代数方程有无穷多解,这时可以由 $\hat{x} = \text{null}(A)$ 得出齐次方程 $Ax = 0$ 的基础解系,用 $x_0 = \text{pinv}(A) * B$ 求出原方程的一个特解,这时定义符号变量 $a_1, a_2, \cdots, a_{n-m}$,则原方程的解为

$$x = a_1 * \hat{x}(:, 1) + a_2 * \hat{x}(:, 2) + \cdots + a_{n-m} * \hat{x}(:, n-m) + x_0$$

③ 若 A 和 $[A, B]$ 矩阵的秩不同,则原方程没有解,只能用 $x = \text{pinv}(A) * B$ 命令求出方程的最小二乘解。

另外,采用 $\text{rref}(C)$ 可以对原方程进行基本行变换,得出方程的解析解。

例 3-4 给出线性代数方程组 $\begin{bmatrix} 1 & 2 & 3 & 4 \\ 2 & 2 & 1 & 1 \\ 2 & 4 & 6 & 8 \\ 4 & 4 & 2 & 2 \end{bmatrix} X = \begin{bmatrix} 1 \\ 3 \\ 2 \\ 6 \end{bmatrix}$

由下面的语句可以求出矩阵 A 和判定矩阵 $C = [A, B]$ 的秩

```
>> A=[1 2 3 4; 2 2 1 1; 2 4 6 8; 4 4 2 2];  B=[1;3;2;6];
   C=[A B]; [rank(A), rank(C)]
```

通过检验秩的方法得出矩阵 A 和 C 的秩相同,都等于 2,小于矩阵的阶次 4,由此可以得出结论,原线性代数方程组有无穷多组解。如需求解原代数方程组,可以先求出化零空间 Z,并得出满足方程的一个特解 x_0。

```
>> syms a1 a2; Z=null(sym(A)); x0=sym(pinv(A))*B;
   x=a1*Z(:,1)+a2*Z(:,2)+x0, A*x-B
```

由上面结果可以写出方程的解析解为

$$x = \alpha_1 \begin{bmatrix} 2 \\ -5/2 \\ 1 \\ 0 \end{bmatrix} + \alpha_2 \begin{bmatrix} 3 \\ -7/2 \\ 0 \\ 1 \end{bmatrix} + \begin{bmatrix} 125/131 \\ 96/131 \\ -10/131 \\ -39/131 \end{bmatrix} = \begin{bmatrix} 2a_1 + 3a_2 + 125/131 \\ -5a_1/2 - 7a_2/2 + 96/131 \\ a_1 - 10/131 \\ a_2 - 39/131 \end{bmatrix}$$

如果采用 $D = \text{rref}(C)$ 函数,利用基本行变换得出方程的解析解,得出

$$D = \begin{bmatrix} 1 & 0 & -2 & -3 & 2 \\ 0 & 1 & 5/2 & 7/2 & -1/2 \\ 0 & 0 & 0 & 0 & 0 \\ 0 & 0 & 0 & 0 & 0 \end{bmatrix}$$

这样可以写出方程的解为 $x_1 = 2x_3 + 3x_4 + 2, x_2 = -5x_3/2 - 7x_4/2 - 1/2$,其中,$x_3$、$x_4$ 可以取任意常数。

2. Lyapunov 方程求解

下面的方程称为 Lyapunov 方程

$$AX + XA^{\text{T}} = -C \tag{3-2-1}$$

其中 A, C 为给定矩阵,且 C 为对称矩阵。MATLAB 下提供的 $X = \text{lyap}(A, C)$ 可以立即求出满足 Lyapunov 方程的矩阵 X。该函数亦可用于不对称 C 矩阵时方

程的求解。

描述离散系统的 Lyapunov 方程标准型为

$$AXA^{\mathrm{T}} - X + Q = 0 \qquad (3\text{-}2\text{-}2)$$

该方程可以直接用 MATLAB 现成函数 dlyap() 求解，即 $X = \mathrm{dlyap}(A, Q)$。

3. Sylvester 方程求解

Sylvester 方程实际上是 Lyapunov 方程的推广，有时又称为 Lyapunov 方程的一般形式，该方程的数学表示为

$$AX + XB = -C \qquad (3\text{-}2\text{-}3)$$

其中 A, B, C 为给定矩阵。MATLAB 下提供的 $X = \mathrm{lyap}(A, B, C)$ 可以立即求出满足该方程的 X 矩阵。

文献 [1] 给出了求取一般 Lyapunov 方程和 Sylvester 方程的解析解函数[1]

```
function X=lyap(A,B,C)  % 注意应该置于 @sym 目录下
if nargin==2, C=B; B=A'; end
[nr,nc]=size(C); A0=kron(A,eye(nc))+kron(eye(nr),B');
try
   C1=C'; x0=-inv(A0)*C1(:); X=reshape(x0,nc,nr)';
catch, error('singular matrix found.'), end
```

针对不同的方程类型，可以由下面的格式分别求解

$X = \mathrm{lyap}(\mathrm{sym}(A), C)$ % 连续 Lyapunov 方程

$X = \mathrm{lyap}(\mathrm{sym}(A), -\mathrm{inv}(A'), Q*\mathrm{inv}(A'))$ % 离散 Lyapunov 方程

$X = \mathrm{lyap}(\mathrm{sym}(A), B, C)$ % Sylvester 方程

例 3-5 求解下面的 Sylvester 方程

$$\begin{bmatrix} 8 & 1 & 6 \\ 3 & 5 & 7 \\ 4 & 9 & 2 \end{bmatrix} X + X \begin{bmatrix} 16 & 4 & 1 \\ 9 & 3 & 1 \\ 4 & 2 & 1 \end{bmatrix} = \begin{bmatrix} 1 & 2 & 3 \\ 4 & 5 & 6 \\ 7 & 8 & 0 \end{bmatrix}$$

调用 lyap() 函数可以立即得出原方程的数值解

```
>> A=[8,1,6; 3,5,7; 4,9,2]; B=[16,4,1; 9,3,1; 4,2,1];
   C=-[1,2,3; 4,5,6; 7,8,0]; X=lyap(A,B,C), norm(A*X+X*B+C)
```

可以得出该方程的数值解如下，经检验该解的误差为 9.5337×10^{-15}，精度较高。

$$X = \begin{bmatrix} 0.0749 & 0.0899 & -0.4329 \\ 0.0081 & 0.4814 & -0.216 \\ 0.0196 & 0.1826 & 1.1579 \end{bmatrix}$$

如果想获得原方程的解析解，则可以使用下面的语句直接求解

---

[1] 在 MATLAB R2008a 及以前版本中，可以将此函数放置在 @sym 路径下即可。新版本 MATLAB 下需要首先将此文件复制到 MATLAB 根目录的 toolbox\symbolic\symbolic 下，再运行 rehash toolboxcache 命令，才能正确使用重载函数 lyap()。

```
>> x=lyap(sym(A),B,C), norm(double(A*x+x*B+C))
```

得出方程的解如下,经检验该解是原方程的解析解。

$$x = \begin{bmatrix} 1349214/18020305 & 648107/7208122 & -15602701/36040610 \\ 290907/36040610 & 3470291/7208122 & -3892997/18020305 \\ 70557/3604061 & 1316519/7208122 & 8346439/7208122 \end{bmatrix}$$

4. Riccati 方程求解

下面的方程称为 Riccati 代数方程

$$A^{\mathrm{T}}X + XA - XBX + C = 0 \qquad (3\text{-}2\text{-}4)$$

其中 A, B, C 为给定矩阵,且 B 为非负定对称矩阵,C 为对称矩阵,则可以通过 MATLAB 的 are() 函数得出 Riccati 方程的解:$X = \mathrm{are}(A, B, C)$,且 X 为对称矩阵。离散系统的 Riccati 方程可以用 dare() 函数直接求解。

例 3-6 考虑下面给出的 Riccati 方程

$$\begin{bmatrix} -2 & -1 & 0 \\ 1 & 0 & -1 \\ -3 & -2 & -2 \end{bmatrix}X + X\begin{bmatrix} -2 & 1 & -3 \\ -1 & 0 & -2 \\ 0 & -1 & -2 \end{bmatrix} - X\begin{bmatrix} 2 & 2 & -2 \\ -1 & 5 & -2 \\ -1 & 1 & 2 \end{bmatrix}X + \begin{bmatrix} 5 & -4 & 4 \\ 1 & 0 & 4 \\ 1 & -1 & 5 \end{bmatrix} = 0$$

对比所述方程和式(3-2-4)给出的标准型可见

$$A = \begin{bmatrix} -2 & 1 & -3 \\ -1 & 0 & -2 \\ 0 & -1 & -2 \end{bmatrix}, B = \begin{bmatrix} 2 & 2 & -2 \\ -1 & 5 & -2 \\ -1 & 1 & 2 \end{bmatrix}, C = \begin{bmatrix} 5 & -4 & 4 \\ 1 & 0 & 4 \\ 1 & -1 & 5 \end{bmatrix}$$

可以用下面的语句直接求解该方程,经验证得出解的误差为 1.4215×10^{-14}。

$$X = \begin{bmatrix} 0.98739 & -0.79833 & 0.41887 \\ 0.57741 & -0.13079 & 0.57755 \\ -0.28405 & -0.073037 & 0.69241 \end{bmatrix}$$

```
>> A=[-2,1,-3; -1,0,-2; 0,-1,-2]; B=[2,2,-2; -1 5 -2; -1 1 2];
   C=[5 -4 4; 1 0 4; 1 -1 5]; X=are(A,B,C); norm(A'*X+X*A-X*B*X+C)
```

3.2.2　一般非线性方程的求解

1. 非线性方程的解析解法

MATLAB 符号运算工具箱中提供了 solve() 函数可以直接求出某些方程的解析解。只需用字符串表示出所需求解的方程即可以直接得出方程的解析解或高精度数值解。该函数尤其适用于可以转化成多项式类方程的准解析解[1]。

例 3-7 考虑下面给出的联立方程

$$\begin{cases} \dfrac{1}{2}x^2 + x + \dfrac{3}{2} + 2\dfrac{1}{y} + \dfrac{5}{2y^2} + 3\dfrac{1}{x^3} = 0 \\ \dfrac{y}{2} + \dfrac{3}{2x} + \dfrac{1}{x^4} + 5y^4 = 0 \end{cases}$$

用手工方法不可能求解原方程,所以应该考虑采用 fsolve() 函数直接求解。这样由下面的 MATLAB 语句可以得出原方程全部 26 个根,全部为共轭复数根。

```
>> [x,y]=solve('x^2/2+x+3/2+2/y+5/(2*y^2)+3/x^3=0',...
          'y/2+3/(2*x)+1/x^4+5*y^4','x,y'); size(x)
```

2. 非线性方程的图解法

前面介绍过,满足隐式方程的解可以由 ezplot() 函数直接绘制出来。如果想求出若干个隐式方程构成的联立方程的解,则可以将这些隐式方程用 ezplot() 在同一坐标系下绘制出来,这样,这些曲线的交点就是原联立方程的解,可以利用局部放大的方法把感兴趣的解从图形上读出来。

例 3-8 考虑联立方程
$$\begin{cases} x^2 e^{-xy^2/2} + e^{-x/2}\sin(xy) = 0 \\ y^2\cos(y+x^2) + x^2 e^{x+y} = 0 \end{cases}$$

由下面的语句可以直接绘制出两个方程的曲线,如图 3-1(a)所示。可见,从图中显示出很多交点,可以采用局部放大方法求出某个感兴趣交点的解。例如,对 A 点多次局部放大,直到其横、纵坐标显示单一的值,如图 3-1(b)所示。这时可以得出 A 点的解为 $x = 2.7795, y = -3.3911$,将得出的解带回到原方程可以发现误差分别为 0.0002 和 -0.0516,可见,图解法的精度可能很低。

```
>> ezplot('x^2*exp(-x*y^2/2)+exp(-x/2)*sin(x*y)=0')
   hold on; ezplot('y^2 *cos(y+x^2) +x^2*exp(x+y)=0')
```

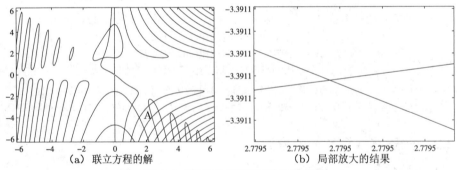

(a) 联立方程的解 　　　　(b) 局部放大的结果

图 3-1　联立方程图解法示意图

3. 一般非线性方程的 MATLAB 数值解法

前面介绍了非线性方程组的两种解法,但这些解法均有一定的局限性,例如,solve() 函数适合于求解可以转换成多项式形式的方程解,对一般超越方程没有较好的解决方法,而图解法适合求解一元、二元方程的解,且求解精度由于坐标轴数据显示只能保留小数点后 4 位,精度较低。

MATLAB 提供了 fsolve() 函数,利用搜索的方法求解一般非线性方程组。该函数求解一般非线性方程组的步骤如下:

① 变换成方程的标准型 $\boldsymbol{Y} = \boldsymbol{F}(\boldsymbol{X}) = \boldsymbol{0}$,其中 $\boldsymbol{X}$ 和 $\boldsymbol{F}$ 是同维数的矩阵。

② 用 MATLAB 描述方程,可以采用匿名函数或 M-函数直接描述方程。

③ **选定初值求解方程**。求解函数调用格式为

$$[x, f_1, \text{flag}] = \text{fsolve}(\text{fun}, x_0, \text{options})$$

其中，fun 为步骤②中建立的方程组 MATLAB 表示，x_0 为给定的初值。变量 x 为搜索出来的方程的解，f_1 为该解带入原方程得出的误差值。返回的 flag 变量为标志量，如果其值大于 0 表示求解成功。如果想修改求解的误差容限，则可以设置 options 模板，该值可以通过 optimset() 函数设定。

例 3-9 仍然考虑例 3-8 中给出的超越方程，由于该方程是关于自变量 x 和 y 的，而标准型方程是针对自变量 x 的，所以可以考虑引入变量 $x_1 = x, x_2 = y$，这样原方程可以写成下面的标准型

$$y = f(x) = \begin{bmatrix} x_1^2 e^{-x_1 x_2^2/2} + e^{-x_1/2} \sin(x_1 x_2) \\ x_2^2 \cos(x_2 + x_1^2) + x_1^2 e^{x_1+x_2} \end{bmatrix} = 0$$

其中，$x = [x_1, x_2]^{\mathrm{T}}$。这样可以由如下的匿名函数描述原始的非线性方程组

```
>> f=@(x)[x(1)^2*exp(-x(1)*x(2)^2/2)+exp(-x(1)/2)*sin(x(1)*x(2));
          x(2)^2*cos(x(2)+x(1)^2)+x(1)^2*exp(x(1)+x(2))];
```

选定例子中得出的 A 点作为初始搜索点，则得出的解为 $x = 2.7800, y = -3.3902$，代入原方程可见误差达 10^{-11} 级别，可见求解精度大大增加。

```
>> x0=[2.7795; -3.3911]; x=fsolve(f,x0); y=x(2), x=x(1)
```

改变初值 x_0，则可以得到方程其他的实根。例如，由下面的语句可能得出另一对根 $x = 0, y = 1.5708$，带入原方程可见精度达到 10^{-7} 级，基本满足一般要求。反复使用上述的语句还可能得出很多其他的根。

```
>> x0=rand(2,1); x=fsolve(f,x0), f(x)
```

利用数值求解函数 fsolve()，还可以人为设置求解精度等控制量，例如可以用下面的语句直接求解方程，得到精确些的解，例如，用下面的语句重新求解原方程，则上述第一个根的精度可以增加到 10^{-14} 级。

```
>> x0=[2.7795; -3.3911]; ff=optimset;
   ff.TolX=1e-20; ff.TolFun=1e-20; x=fsolve(f,x0,ff), f(x)
```

3.2.3 非线性矩阵方程的 MATLAB 求解

前面介绍的 fsolve() 函数可以直接用于求解非线性矩阵方程的一个根。如果给定初值，则可以通过这个初值搜索出其他的根。若给出多个初值，则可能求出其他的根。可以编写一个求解函数，一次性得出方程的多个根。

```
function more_sols(f,X0,A,tol,tlim)
if nargin<=4, tlim=60; end
if nargin<=3, tol=1e-20; end
if nargin<=2, A=1000; end
if nargin<=1, [n,m]=size(f(1)); X0=zeros(n,m,0); end,
ff=optimset; ff.Display='off'; ff1=ff; M=0;
```

```
ff.TolX=tol; ff.TolFun=tol; X=X0; [n,m,i]=size(X0); tic
while (1), assignin('base','M',M)
   x0=A*(-0.5+rand(n,m)); [x,a,key]=fsolve(f,x0,ff1); M=M+1;
   t=toc; if t>tlim, break; end
   if key>0, N=size(X,3);     % 对比现有的解看看是不是新解
      for j=1:N, if norm(X(:,:,j)-x)<1e-5; key=0; break; end, end
      if key>0, [x1,a,key]=fsolve(f,x,ff); % 若是新解精确求解
         if norm(x-x1)<1e-5 & key>0;
            i=i+1, X(:,:,i)=x1; assignin('base','X',X); tic
end, end, end, end
```

该函数调用格式为 more_sols(f,$\boldsymbol{X}_0$,A,ϵ,t_{lim})，其中，f 为原函数的 MAT-LAB 表示，可以为匿名函数、MATLAB 函数等，其他的参数可以采用默认的值，一般无经验的用户无须给出。$\boldsymbol{X}_0$ 是一个三维数组，表示以前已经得到的方程根，A 为随机数初值范围，表示初值在 $(-A/2, A/2)$ 范围内取均匀分布随机数，默认值为 1000。ϵ 为求解的默认精度要求，默认值为 10^{-20}。t_{lim} 为允许的等待时间，默认值为 60，表示一分钟，即一分钟内如果没有找到新解，则停止搜索。

由于使用了死循环 while(1)，只能由用户给出的中断命令 Ctrl+C 键停止运行，或等待 t_{lim} 后没有新解后自动终止，这样该函数不能返回任何变量。为解决这样的问题，使用 assignin() 函数将得到的解 $\boldsymbol{X}$ 和求解方程次数 M 写入 MATLAB 的工作空间。其中，$\boldsymbol{X}$ 为三维数组，$\boldsymbol{X}(:,:,i)$ 对应于第 i 个根。已找到根的个数可以由 size($\boldsymbol{X}$,3) 读出。

例 3-10 考虑例 3-6 中求解的 Riccati 方程。由于该方程是关于 $\boldsymbol{X}$ 的二次型方程，从常理看该方程可能存在其他的根，但 are() 函数只能求出一个根。其他的根可以使用搜索的方法求出。现在可以试用 more_sols() 函数来求解 Riccati 方程其他可能的根。首先，将矩阵方程用下面匿名函数直接描述出来

```
>> A=[-2,1,-3; -1,0,-2; 0,-1,-2]; B=[2,2,-2; -1 5 -2; -1 1 2];
   C=[5 -4 4; 1 0 4; 1 -1 5]; f=@(X)A'*X+X*A-X*B*X+C;
   more_sols(f)
```

可见，上述函数的定义格式和 Riccati 方程的数学描述一样简洁。定义了方程函数，则直接调用 more_sols() 函数即可得出方程的解。该方程有 8 个根，所以显示 $i=8$ 以后就可以用 Ctrl+C 键结束程序运行，或等待程序自动停止。这时，工作空间中的 $\boldsymbol{X}$ 三维数组将返回方程的所有 8 个根，前面 are() 函数求出的解矩阵只是其中之一。

$$\boldsymbol{X}_1 = \begin{bmatrix} 0.8878 & -0.9608 & -0.2446 \\ 0.1071 & -0.8984 & -2.5562 \\ -0.0185 & 0.3604 & 2.4619 \end{bmatrix}, \boldsymbol{X}_2 = \begin{bmatrix} -0.1538 & 0.1086 & 0.4622 \\ 2.0277 & -1.7436 & 1.3474 \\ 1.9003 & -1.7512 & 0.5057 \end{bmatrix}$$

$$\boldsymbol{X}_3 = \begin{bmatrix} 1.2212 & -0.4165 & 1.9775 \\ 0.3577 & -0.4893 & -0.8863 \\ -0.7414 & -0.8197 & -2.3559 \end{bmatrix}, \boldsymbol{X}_4 = \begin{bmatrix} -2.1032 & 1.2977 & -1.9697 \\ -0.2466 & -0.3563 & -1.4899 \\ -2.1493 & 0.7189 & -4.5464 \end{bmatrix}$$

$$\boldsymbol{X}_5 = \begin{bmatrix} 0.9873 & -0.7983 & 0.4188 \\ 0.5774 & -0.1307 & 0.5775 \\ -0.284 & -0.073 & 0.6924 \end{bmatrix}, \ \boldsymbol{X}_6 = \begin{bmatrix} 0.6664 & -1.3222 & -1.72 \\ 0.312 & -0.564 & -1.191 \\ -1.2272 & -1.6129 & -5.5939 \end{bmatrix}$$

$$\boldsymbol{X}_7 = \begin{bmatrix} -0.7618 & 1.3312 & -0.84 \\ 1.3182 & -0.3173 & -0.1718 \\ 0.6371 & 0.7884 & -2.1996 \end{bmatrix}, \ \boldsymbol{X}_8 = \begin{bmatrix} 23.9469 & -20.6673 & 2.4528 \\ 30.146 & -25.983 & 3.6699 \\ 51.9666 & -44.9108 & 4.6409 \end{bmatrix}$$

利用这里给出的 more_sols() 函数可以求解由其他方法很难求解的矩阵方程,例如下面 Riccati 方程扩展形式得出的特殊方程也可以直接求解。

$$\boldsymbol{AX} + \boldsymbol{XD} - \boldsymbol{XBX} + \boldsymbol{C} = 0 \tag{3-2-5}$$

$$\boldsymbol{AX} + \boldsymbol{XD} - \boldsymbol{XBX}^{\mathrm{T}} + \boldsymbol{C} = 0 \tag{3-2-6}$$

例 3-11 考虑式(3-2-6)中给出的矩阵方程,如果已知

$$\boldsymbol{A} = \begin{bmatrix} 2 & 1 & 9 \\ 9 & 7 & 9 \\ 6 & 5 & 3 \end{bmatrix}, \boldsymbol{B} = \begin{bmatrix} 0 & 3 & 6 \\ 8 & 2 & 0 \\ 8 & 2 & 8 \end{bmatrix}, \boldsymbol{C} = \begin{bmatrix} 7 & 0 & 3 \\ 5 & 6 & 4 \\ 1 & 4 & 4 \end{bmatrix}, \boldsymbol{D} = \begin{bmatrix} 3 & 9 & 5 \\ 1 & 2 & 9 \\ 3 & 3 & 0 \end{bmatrix}$$

则可以通过下面的语句直接求出该方程的 16 个根,从略。

```
>> A=[2,1,9; 9,7,9; 6,5,3]; B=[0,3,6; 8,2,0; 8,2,8];
   C=[7,0,3; 5,6,4; 1,4,4]; D=[3,9,5; 1,2,9; 3,3,0];
   f=@(X)A*X+X*D-X*B*X.'+C; more_sols(f)
```

例 3-12 例 3-8 中的方程也可以看成是一种特殊的矩阵方程,其已知的一个解为 $x = 0$,$y = 0$。可以给出如下的命令求解该方程。

```
>> f=@(x)[x(1)^2*exp(-x(1)*x(2)^2/2)+exp(-x(1)/2)*sin(x(1)*x(2));
         x(2)^2*cos(x(2)+x(1)^2)+x(1)^2*exp(x(1)+x(2))];
   more_sols(f,[0,0],10)
```

求解一段时间后,用 Ctrl+C 键停止搜索或等待程序自动停止,用下面的命令将得出的解叠印在图解法得出的图上,如图 3-2 所示,搜索到的解用圈表示。可见,绝大部分的交点均已找到。将所有的解代入原方程,则可以得出最大误差 $e = 9.333 \times 10^{-13}$,可见得出的解精度远远高于图解法。

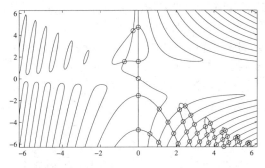

图 3-2　联立方程图解法及搜索到的解

```
>> ezplot('x^2*exp(-x*y^2/2)+exp(-x/2)*sin(x*y)=0')
   hold on; ezplot('y^2*cos(y+x^2)+x^2*exp(x+y)=0')
   x=X(1,1,:); x=x(:); y=X(1,2,:); y=y(:); plot(x,y,'o')
   e=norm([x.^2.*exp(-x.*y.^2/2)+exp(-x/2).*sin(x.*y),...
           y.^2.*cos(y+x.^2)+x.^2.*exp(x+y)])
```

3.3   常微分方程问题的 MATLAB 求解

微分方程问题是动态系统仿真的核心,由强大的 MATLAB 语言可以对一阶微分方程组求取数值解,其他类型的微分方程可以通过合适的算法变换成可解的一阶微分方程组进行求解,这里将介绍微分方程的求解方法。

3.3.1   一阶常微分方程组的数值解法

假设一阶常微分方程组由下式给出

$$\dot{x}_i = f_i(t, \boldsymbol{x}), \quad i = 1, 2, \cdots, n \qquad (3\text{-}3\text{-}1)$$

其中 $\boldsymbol{x}$ 为状态变量 x_i 构成的向量,即 $\boldsymbol{x} = [x_1, x_2, \cdots, x_n]^{\mathrm{T}}$,常称为系统的状态向量,$n$ 称为系统的阶次,而 $f_i(\cdot)$ 为任意非线性函数,t 为时间变量,这样就可以采用数值方法在初值 $\boldsymbol{x}(0)$ 下来求解常微分方程组了。

求解常微分方程组的数值方法是多种多样的,如常用的 Euler 法、Runge-Kutta 算法、Adams 线性多步法、Gear 法等。为解决刚性(stiff)问题又有若干专用的刚性问题求解算法;另外,如需要求解隐式常微分方程组和含有代数约束的微分代数方程组时,则需要对方程进行相应的变换,方能进行求解。本节将给出这些特殊问题的求解方法。

MATLAB 中给出了若干求解一阶常微分方程组的函数,如 ode23()(二阶三级 Runge-Kutta 算法)、ode45()(四阶五级 Runge-Kutta 算法)、ode15s()(变阶次刚性方程求解算法)等,其调用格式都是一致的:

$$[\boldsymbol{t}, \boldsymbol{x}] = \text{ode45}(\text{Fun}, \text{tspan}, \boldsymbol{x}_0, \text{options}, \text{pars})$$

其中,$\boldsymbol{t}$ 为自变量构成的向量,一般采用变步长算法,返回的 $\boldsymbol{x}$ 是一个矩阵,其列数为 n,即微分方程的阶次,行数等于 $\boldsymbol{t}$ 的行数,每一行对应于相应时间点处的状态变量向量的转置。Fun 为用 MATLAB 编写的固定格式的 M-函数或匿名函数,描述一阶微分方程组,tspan 为数值解时的初始和终止时间等信息,$\boldsymbol{x}_0$ 为初始状态变量,options 为求解微分方程的一些控制参数,还可以将一些附加参数 pars 在求解函数和方程描述函数之间传递,下面将通过例子介绍微分方程求解过程。

例 3-13 考虑著名的 Rössler 微分方程组 $\begin{cases} \dot{x}(t) = -y(t) - z(t) \\ \dot{y}(t) = x(t) + ay(t) \\ \dot{z}(t) = b + [x(t) - c]z(t), \end{cases}$ 选定 $a = b = 0.2, c = 5.7$,且 $x(0) = y(0) = z(0) = 0$,下面将求解该微分方程。

由于该方程是非线性微分方程,所以没有解析解,只能通过数值解的方法来研究该方程。引入新状态变量 $x_1 = x, x_2 = y, x_3 = z$,则可以将原微分方程改写成

$$\begin{cases} \dot{x}_1(t) = -x_2(t) - x_3(t) \\ \dot{x}_2(t) = x_1(t) + ax_2(t) \\ \dot{x}_3(t) = b + [x_1(t) - c]x_3(t) \end{cases} \quad \text{其矩阵形式为} \quad \dot{\boldsymbol{x}}(t) = \begin{bmatrix} -x_2(t) - x_3(t) \\ x_1(t) + ax_2(t) \\ b + [x_1(t) - c]x_3(t) \end{bmatrix}$$

若想求解这个微分方程,则需要用户自己去编写一个 MATLAB 函数来描述它

```
function dx=rossler(t,x) % 虽然不显含时间,还应该写出占位
dx=[-x(2)-x(3);           % 对应方程第一行,直接将参数代入
    x(1)+0.2*x(2); 0.2+(x(1)-5.7)*x(3)]; % 其余两行
```

对比此函数和给出的数学方程,应该能看出编写这样的函数还是很直观的。只要能得出一阶微分方程组,则可以立即编写出 MATLAB 函数来描述它。编写了该函数,就可以将其存成 rossler.m 文件。除了用 MATLAB 函数描述微分方程之外,对简单问题还可以用匿名函数的方式描述原始的微分方程

```
>> f=@(t,x)[-x(2)-x(3); x(1)+0.2*x(2); 0.2+(x(1)-5.7)*x(3)];
```

这样就可以用下面的 MATLAB 语句求出微分方程的数值解。

```
>> x0=[0; 0; 0]; [t,y]=ode45(@rossler,[0,100],x0); % 解方程
          % 或采用 [t,y]=ode45(f,[0,100],x0); 命令求解方程
   plot(t,y)    % 绘制各个状态变量的时间响应
   figure; plot3(y(:,1),y(:,2),y(:,3)), grid, % 绘制相空间图形
```

上面的命令将直接得出该微分方程在 $t \in [0, 100]$ 内的数值解,该数值解可以用图形更直观地表示出来,如果绘制各个状态变量和时间之间的关系曲线,则可以得出如图 3-3 (a) 所示的时域响应曲线,该方程研究的另外一种实用的表示是三维曲线绘制,用三维图形可以绘制出相空间曲线,如图 3-3 (b) 所示。如果用 comet3() 函数取代 plot3(),则可以看出轨迹走行的动画效果。

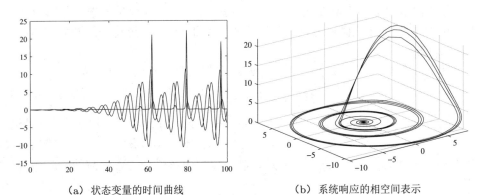

(a) 状态变量的时间曲线　　　　　(b) 系统响应的相空间表示

图 3-3　Rössler 方程的数值解表示

现在演示附加参数的使用方法,假设 a、b、c 这三个参数需要用外部命令给出,则可

以按下面的格式写出一个新的 M-函数来描述微分方程组。

```
function dx=rossler1(t,x,a,b,c)  % 加入附加参数
dx=[-x(2)-x(3); x(1)+a*x(2); b+(x(1)-c)*x(3)];
```

这样就可以用下面的语句直接求解该方程并绘制曲线了。

```
>> a=0.2; b=0.2; c=5.7;  % 从函数外部定义这三个变量,无须修改函数本身
   [t,y]=ode45(@rossler1,[0,100],x0,[],a,b,c);  % 用附加参数解方程
```

这样编写 M-函数有很多好处,例如若想改变 β 等参数,没有必要修改 M-函数,只需在求解该方程时将参数代入即可,这样会很方便。假设现在想研究 $a = 2$ 时的微分方程数值解,则可以给出下面的命令

```
>> a=2; [t,y]=ode45(@rossler1,[0,100],x0,[],a,b,c);
```

事实上,对简单的微分方程而言,用匿名函数可以避开附加变量的使用,直接描述带有参数的微分方程,例如,下面的语句同样可以求解前面的微分方程。值得指出的是,若想修改方程的参数,应该重新定义匿名函数。

```
>> a=0.2; b=0.2; c=5.7;
   f=@(t,x)[-x(2)-x(3); x(1)+a*x(2); b+(x(1)-c)*x(3)];
   [t,y]=ode45(f,[0,100],x0);  % 利用匿名函数可以直接求解
```

在许多领域中,经常遇到一类特殊的常微分方程,其中一些解变化缓慢,另一些变化快,且相差较悬殊,这类方程常常称为刚性方程,又称为 Stiff 方程。刚性问题一般不适合由 ode45() 这类函数求解,而应该采用 MATLAB 求解函数 ode15s(),该函数调用格式与 ode45() 一致。

3.3.2　常微分方程的转换

MATLAB 下提供的微分方程数值解函数只能处理以一阶微分方程组形式给出的微分方程,所以在求解之前需要先将给定的微分方程变换成一阶微分方程组,而微分方程组的变换中需要选择一组状态变量,由于状态变量的选择是可以比较任意的,所以一阶显式微分方程组的变换也不是唯一的。这里将介绍微分方程组变换的一般方法。

首先考虑单个高阶微分方程的处理方法,假设微分方程可以写成

$$f(t,y,\dot{y},\ddot{y},\cdots,y^{(n)}) = 0 \tag{3-3-2}$$

比较简单的状态变量选择方法是令 $x_1 = y, x_2 = \dot{y}, \cdots, x_n = y^{(n-1)}$,这样显然有 $\dot{x}_1 = x_2, \dot{x}_2 = x_3, \cdots, \dot{x}_{n-1} = x_n$,另外,求解式 (3-3-2),得出 $y^{(n)}$ 的显式表达式,$y^{(n)} = \hat{f}(t,y,\dot{y},\cdots,y^{(n-1)})$,这时就可以写出该微分方程对应的一阶微分方程组为

$$\begin{cases} \dot{x}_i = x_{i+1}, \ i = 1,2,\cdots,n-1 \\ \dot{x}_n = \hat{f}(t,x_1,x_2,\cdots,x_n) \end{cases} \tag{3-3-3}$$

这样原微分方程就可以用 MATLAB 提供的常微分方程求解函数 ode45()、ode15s() 等直接求解了。

再考虑高阶微分方程组的变换方法,假设已知高阶微分方程组为

$$\begin{cases} f(t,x,\dot{x},\cdots,x^{(m-1)},x^{(m)},y,\cdots,y^{(n-1)},y^{(n)})=0 \\ g(t,x,\dot{x},\cdots,x^{(m-1)},x^{(m)},y,\cdots,y^{(n-1)},y^{(n)})=0 \end{cases} \qquad (3\text{-}3\text{-}4)$$

则仍旧可以选择状态变量 $x_1=x, x_2=\dot{x},\cdots,x_m=x^{(m-1)}, x_{m+1}=y, x_{m+2}=\dot{y},\cdots,x_{m+n}=y^{(n-1)}$,并将其代入式(3-3-4),则

$$\begin{cases} f(t,x_1,x_2,\cdots,x_m,\dot{x}_m,x_{m+1},\cdots,x_{m+n},\dot{x}_{m+n})=0 \\ g(t,x_1,x_2,\cdots,x_m,\dot{x}_m,x_{m+1},\cdots,x_{m+n},\dot{x}_{m+n})=0 \end{cases} \qquad (3\text{-}3\text{-}5)$$

求解该方程则可以得出 $\dot{x}_m, \dot{x}_{m+n}$,从而得出所需的一阶微分方程组,最终使用 MATLAB 中提供的函数求解这些高阶微分方程组。

例 3-14 考虑著名的 Van der Pol 方程 $\ddot{y}(t)+[y^2(t)-1]\dot{y}(t)+y(t)=0$,已知 $y(0)=-0.2$, $\dot{y}(0)=-0.7$,试用数值方法求出的 Van der Pol 方程的解。

由给出的方程可知,因为它不是显式一阶微分方程组,所以不能直接求解,而必须先进行转换,再进行求解。选择状态变量 $x_1=y, x_2=\dot{y}$,则原方程可以变换成

$$\begin{cases} \dot{x}_1(t)=x_2(t) \\ \dot{x}_2(t)=-[x_1^2(t)-1]x_2(t)-x_1(t) \end{cases} \qquad \text{其矩阵形式为} \quad \dot{\boldsymbol{x}}=\begin{bmatrix} x_2(t) \\ -[x_1^2(t)-1]x_2(t)-x_1(t) \end{bmatrix}$$

这样可以写出如下描述此方程的匿名函数

```
>> f=@(t,x)[x(2); -(x(1)^2-1)*x(2)-x(1)];
```

由选定的状态变量可知,其初值可以描述成 $\boldsymbol{x}_0=[-0.2,-0.7]^{\mathrm{T}}$,所以该方程最终可以由下面的语句直接求解并绘图,得出的时间响应曲线和相平面曲线分别如图 3-4 (a)、(b) 所示。

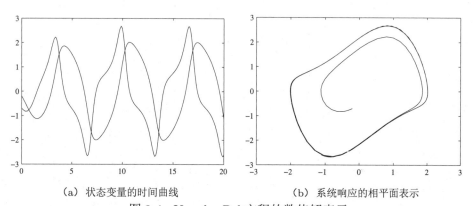

(a) 状态变量的时间曲线   (b) 系统响应的相平面表示

图 3-4 Van der Pol 方程的数值解表示

```
>> x0=[-0.2; -0.7]; tf=20; [t,x]=ode45(f,[0,tf],x0);
   plot(t,x)                      % 显示两个状态变量的时间曲线
   figure; plot(x(:,1),x(:,2))    % 相平面曲线
```

3.3.3 微分方程数值解的验证

前面介绍了微分方程的求解方法,求解步骤总结如下:

① **转换成标准型**。由于现有的求解函数只能求解一阶显式微分方程组,所以需要首先将原始的微分方程手工变换成标准形式。

② **描述标准型**。用 MATLAB 函数或者匿名函数描述原始微分方程。对简单问题而言,用匿名函数是最好的选择,但如果原始微分方程较繁琐,则适合于使用 M-函数去描述。

③ **调用求解函数**。调用求解函数 ode45() 直接求解,对特殊的方程需要采用刚性微分方程求解函数,如 ode15s()。

④ **解的验证**。MATLAB 采用变步长算法求解微分方程,其关键的监测指标是容许相对误差限 RelTol 的设置。默认的 RelTol 控制量为 10^{-3},相当于千分之一的误差,其值过大,所以应该采用较小的值。如果两次选择不同的 RelTol 值解的结果一致,则可以认为得出的解是正确的,否则应该试更小的控制量。另外,选择不同的求解算法也可以验证解的正确性。这些控制选项可以用下面的语句设置。

options = odeset; options.RelTol = 1e-7;

例 3-15 已知 Apollo 卫星的运动轨迹 (x, y) 满足下面的方程[3]

$$\ddot{x} = 2\dot{y} + x - \frac{\mu^*(x+\mu)}{r_1^3} - \frac{\mu(x-\mu^*)}{r_2^3}, \quad \ddot{y} = -2\dot{x} + y - \frac{\mu^* y}{r_1^3} - \frac{\mu y}{r_2^3}$$

其中,$\mu = 1/82.45$, $\mu^* = 1 - \mu$, $r_1 = \sqrt{(x+\mu)^2 + y^2}$, $r_2 = \sqrt{(x-\mu^*)^2 + y^2}$,且已知初值为 $x(0) = 1.2$, $\dot{x}(0) = 0$, $y(0) = 0$, $\dot{y}(0) = -1.04935751$。

选择一组状态变量 $x_1 = x, x_2 = \dot{x}, x_3 = y, x_4 = \dot{y}$,这样就可以得出标准型为

$$\begin{cases} \dot{x}_1 = x_2 \\ \dot{x}_2 = 2x_4 + x_1 - \mu^*(x_1 + \mu)/r_1^3 - \mu(x_1 - \mu^*)/r_2^3 \\ \dot{x}_3 = x_4 \\ \dot{x}_4 = -2x_2 + x_3 - \mu^* x_3/r_1^3 - \mu x_3/r_2^3 \end{cases}$$

式中,$r_1 = \sqrt{(x_1 + \mu)^2 + x_3^2}$, $r_2 = \sqrt{(x_1 - \mu^*)^2 + x_3^2}$,且 $\mu = 1/82.45$, $\mu^* = 1 - \mu$。

有了数学模型描述,则可以立即写出其相应的 MATLAB 函数如下:

```
function dx=apolloeq(t,x)
mu=1/82.45; mu1=1-mu; r1=sqrt((x(1)+mu)^2+x(3)^2);
r2=sqrt((x(1)-mu1)^2+x(3)^2); % 中间变量赋值,不宜采用匿名函数
dx=[x(2);
    2*x(4)+x(1)-mu1*(x(1)+mu)/r1^3-mu*(x(1)-mu1)/r2^3;
```

```
x(4);
-2*x(2)+x(3)-mu1*x(3)/r1^3-mu*x(3)/r2^3];
```

调用 ode45() 函数可以求出该方程的数值解,得出的轨迹如图 3-5 (a) 所示。

```
>> x0=[1.2; 0; 0; -1.04935751];
[t,y]=ode45(@apolloeq,[0,20],x0); plot(y(:,1),y(:,3))
```

得出方程的数值解后,需要如下的语句对其检验,得出的新解如图 3-5 (b) 所示,可见,这样得出的解和前面的解不同。再进一步减小 RelTol 值得到的解没有太大的变化,所以这样得出的解是正确的。

```
>> options=odeset; options.RelTol=1e-7;
[t,y]=ode45(@apolloeq,[0,20],x0,options); plot(y(:,1),y(:,3))
```

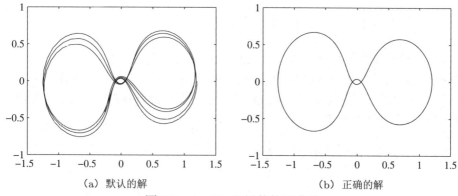

(a) 默认的解　　　　　　　　　　　(b) 正确的解

图 3-5　Apollo 卫星的轨迹曲线

3.3.4　线性常微分方程的解析求解

由微分方程理论可知,常系数线性微分方程是存在解析解的,变系数的线性微分方程的可解性取决于其特征方程的可解性,一般是不可解析求解的,非线性的微分方程是不存在解析解的,在 MATLAB 语言中提供了 dsolve() 函数,可以用于线性常系数微分方程的解析解求解。求解微分方程时,首先应该用 syms 命令声明符号变量,以区别于 MATLAB 语言的常规数值变量,然后就可以用 dsolve(表达式) 命令直接求解了,下面通过例子来演示该函数的使用方法。

例 3-16 考虑常系数线性微分方程

$$\frac{\mathrm{d}^4 y(t)}{\mathrm{d}t^4} + 11\frac{\mathrm{d}^3 y(t)}{\mathrm{d}t^3} + 41\frac{\mathrm{d}^2 y(t)}{\mathrm{d}t^2} + 61\frac{\mathrm{d}y(t)}{\mathrm{d}t} + 30y(t) = \mathrm{e}^{-6t}\cos 5t$$

可以采用下面的 MATLAB 语句求解该微分方程

```
>> syms t y;    % 声明符号变量
Y=dsolve('D4y+11*D3y+41*D2y+61*Dy+30*y=exp(-6*t)*cos(5*t)');
pretty(simple(Y))    % 以更好看的形式显示解析解结果
```

上面的语句得出结果的可读性不是很好,这里采用用 LaTeX 变换后的结果为

$$y(t) = -\frac{79\mathrm{e}^{-6t}}{181220}\cos 5t + \frac{109\mathrm{e}^{-6t}}{181220}\sin 5t + C_1\mathrm{e}^{-t} + C_2\mathrm{e}^{-2t} + C_3\mathrm{e}^{-3t} + C_4\mathrm{e}^{-5t}$$

其中 C_i 为待定系数,应该由方程的初值或边值等求出,dsolve() 函数可以直接求出带有初值或边值的微分方程解,例如已知方程的初值边值条件为 $y(0) = 1, \dot{y}(0) = 1$, $\ddot{y}(0) = 0, y^{(3)}(0) = 0$,则可以由下面的语句求出方程的解

```
>> Y=dsolve('D4y+11*D3y+41*D2y+61*Dy+30*y=cos(5*t)*exp(-6*t)',...
            'y(0)=1','Dy(0)=1','D2y(0)=0','D3y(0)=0');
```

则可以得出该微分方程的解析解为

$$y(t) = -\frac{79\mathrm{e}^{-6t}}{181220}\cos 5t + \frac{109\mathrm{e}^{-6t}}{181220}\sin 5t + \frac{611}{80}\mathrm{e}^{-t} - \frac{1562}{123}\mathrm{e}^{-2t} + \frac{921}{136}\mathrm{e}^{-3t} - \frac{443}{624}\mathrm{e}^{-5t}$$

3.4   最优化问题的 MATLAB 求解

最优化方法在系统仿真与控制系统计算机辅助设计中占有很重要的地位,求解最优化问题的数值算法有很多,MATLAB 中提供了各种各样的最优化问题求解函数,可以求解无约束最优化问题、有约束最优化问题及线性规划、二次型规划问题等,还实现了基于最小二乘算法的曲线拟合方法。

3.4.1   无约束最优化问题求解

无约束最优化问题的一般描述为

$$\min_{\boldsymbol{x}} f(\boldsymbol{x}) \tag{3-4-1}$$

其中 $\boldsymbol{x} = [x_1, x_2, \cdots, x_n]^{\mathrm{T}}$,该数学表示的含义亦即求取一个 $\boldsymbol{x}$ 向量,使得标量最优化目标函数 $f(\boldsymbol{x})$ 的值为最小,故这样的问题又称为最小化问题。其实,最小化是最优化问题的通用描述,它不失普遍性。如果要求解最大化问题,那么只需给目标函数 $f(\boldsymbol{x})$ 乘以 -1 就能立即将原始问题转换成最小化问题。

MATLAB 提供了基于单纯形算法[4]求解无约束最优化的 fminsearch() 函数,该函数的调用格式为:$[\boldsymbol{x}, f_{\mathrm{opt}}, \mathrm{key}, c] = \mathrm{fminsearch}(\mathrm{Fun}, \boldsymbol{x}_0, \mathrm{options})$,其中,Fun 为要求解问题的数学描述,它可以是一个 MATLAB 函数,也可以是一个函数句柄,$\boldsymbol{x}_0$ 为自变量的起始搜索点,需要用户自己去选择,options 为最优化工具箱的选项设定;$\boldsymbol{x}$ 为返回的解;而 f_{opt} 是目标函数在 $\boldsymbol{x}$ 点处的值。返回的 key 表示函数返回的条件,1 表示已经求解出方程的解,而 0 表示未搜索到方程的解。返回的 c 为解的附加信息,该变量为一个结构体变量,其 iterations 成员变量表示迭代的次数,而其中的成员 funcCount 是目标函数的调用次数。MATLAB 的最优化工具箱中提供的 fminunc() 函数与 fminsearch() 功能和调用格式均很相似,有时求解无约束最优化问题可以选择该函数。在第 7、8 章中将介绍基于数值最优化算法的最优控制器设计方法。

另外,如果决策变量 x 需要满足 $x_{\mathrm{m}} \leqslant x \leqslant x_{\mathrm{M}}$ 前提条件,则可以采用后面将介绍的有约束最优化求解方法,或采用 John D'Errico 编写的 `fminsearchbnd()` 函数直接求解[5],第 11 章将直接使用该函数求解最优控制器设计问题。

3.4.2 有约束最优化问题求解

有约束非线性最优化问题的一般描述为

$$\min \qquad f(\boldsymbol{x}) \qquad\qquad (3\text{-}4\text{-}2)$$

$$\boldsymbol{x} \text{ s.t.} \begin{cases} \boldsymbol{Ax} \leqslant \boldsymbol{B} \\ \boldsymbol{A}_{\mathrm{eq}}\boldsymbol{x} = \boldsymbol{B}_{\mathrm{eq}} \\ \boldsymbol{x}_{\mathrm{m}} \leqslant \boldsymbol{x} \leqslant \boldsymbol{x}_{\mathrm{M}} \\ \boldsymbol{C}(\boldsymbol{x}) \leqslant \boldsymbol{0} \\ \boldsymbol{C}_{\mathrm{eq}}(\boldsymbol{x}) = \boldsymbol{0} \end{cases}$$

其中,$\boldsymbol{x} = [x_1, x_2, \cdots, x_n]^{\mathrm{T}}$。在约束条件中直接给出了线性等式约束 $\boldsymbol{A}_{\mathrm{eq}}\boldsymbol{x} = \boldsymbol{B}_{\mathrm{eq}}$,线性不等式约束 $\boldsymbol{Ax} \leqslant \boldsymbol{B}$,一般非线性等式约束 $\boldsymbol{C}_{\mathrm{eq}}(\boldsymbol{x}) = \boldsymbol{0}$,一般非线性不等式约束 $\boldsymbol{C}(\boldsymbol{x}) \leqslant \boldsymbol{0}$ 和优化变量的上下界约束 $\boldsymbol{x}_{\mathrm{m}} \leqslant \boldsymbol{x} \leqslant \boldsymbol{x}_{\mathrm{M}}$。注意,这里的不等式约束全部是 $\leqslant$ 不等式,若原问题关系为 $\geqslant$,则可以将不等式两端同时乘以 -1 就能将其转换成 $\leqslant$ 不等式。

该数学表示的含义亦即求取一组 $\boldsymbol{x}$ 向量,使得函数 $f(\boldsymbol{x})$ 在满足全部约束条件的基础上最小化。而满足所有约束的问题称为可行问题(feasible problem)。

MATLAB 最优化工具箱中提供了一个 `fmincon()` 函数,专门用于求解各种约束下的最优化问题。该函数的调用格式为:

$$[\boldsymbol{x}, f_{\mathrm{opt}}, \text{key}, \text{c}] = \texttt{fmincon}(\text{Fun}, \boldsymbol{x}_0, \boldsymbol{A}, \boldsymbol{B}, \boldsymbol{A}_{\mathrm{eq}}, \boldsymbol{B}_{\mathrm{eq}}, \boldsymbol{x}_{\mathrm{m}}, \boldsymbol{x}_{\mathrm{M}}, \text{CFun}, \text{OPT})$$

其中,`Fun` 为给目标函数写的 M-函数,$\boldsymbol{x}_0$ 为初始搜索点。各个矩阵约束如果不存在,则应该用空矩阵来占位。`CFun` 为给非线性约束函数写的 M-函数,`OPT` 为控制选项。最优化运算完成后,结果将在变量 $\boldsymbol{x}$ 中返回,最优化的目标函数将在 f_{opt} 变量中返回,选项有时是很重要的。返回变量 `key` 若不是正数,则说明这时因故未发现原问题的解,可以考虑改变初值,或修改控制参数 `OPT`,再进行寻优,以得出期望的最优值。另外,如果发现最优化问题不是可行问题,则在求解结束后将给出提示:No feasible solution found。

例 3-17 考虑下面的非线性最优化问题

$$\min \qquad \mathrm{e}^{x_1}(4x_1^2 + 2x_2^2 + 4x_1x_2 + 2x_2 + 1)$$

$$\boldsymbol{x} \text{ s.t.} \begin{cases} x_1 + x_2 \leqslant 0 \\ -x_1x_2 + x_1 + x_2 \geqslant 1.5 \\ x_1x_2 \geqslant -10 \\ -10 \leqslant x_1, x_2 \leqslant 10 \end{cases}$$

若想求解本最优化问题,应该用下面的语句先描述出目标函数和约束函数

```
function y=c3exmobj(x)
y=exp(x(1))*(4*x(1)^2+2*x(2)^2+4*x(1)*x(2)+2*x(2)+1);
function [c,ce]=c3exmcon(x)
ce=[]; c=[x(1)+x(2); x(1)*x(2)-x(1)-x(2)+1.5; -10-x(1)*x(2)];
```

注意,约束函数应该返回两个变量,不等式约束 c 和等式约束 ce,其中第 2、3 约束都应该先乘以 -1 变换成 $\leqslant$ 不等式。另外,由约束条件可知,第 1 条约束实际上是线性不等式约束,所以还可以用定义 $\boldsymbol{A}$、$\boldsymbol{B}$ 矩阵的形式来描述,但这样需要从 M-函数中先剔除第一条约束。调用非线性最优化问题求解函数可以得出如下结果。

```
>> A=[]; B=[]; Aeq=[]; Beq=[]; xm=[-10; -10]; xM=[10; 10]; x0=[5;5];
   ff=optimset; ff.TolX=1e-10; ff.TolFun=1e-20;
   x=fmincon(@c3exmobj,x0,A,B,Aeq,Beq,xm,xM,@c3exmcon,ff)
```

该语句给出的显示为 fmincon stopped because it exceeded the function evaluation limit, options.MaxFunEvals = 200,表明得出的解并非最优解。这样得出的"最优解"为 $\boldsymbol{x}^{\mathrm{T}} = [0.4195, 0.4195]$,可以考虑用得出的"最优解"作为初值再进一步求解,如此可以利用循环结构得出原问题的真正最优解为 $\boldsymbol{x}^{\mathrm{T}} = [1.1825, -1.7398]$,循环次数为 $i{=}5$。

```
>> i=1; x=x0;
   while (1)
      [x,a,b]=fmincon(@c3exmobj,x,A,B,Aeq,Beq,xm,xM,@c3exmcon,ff);
      if b>0, break; end      % 如果求解成功则结束循环
      i=i+1;
   end
```

有约束最优化还有几种特殊的形式,如线性规划问题、二次型规划问题,可以使用最优化工具箱中的 linprog() 和 quadprog() 函数直接求解[2]。此外,整数规划、0-1 规划等问题可以下载专门的工具求解[1]。

3.4.3　最优曲线拟合方法

假设有一组数据 $x_i, y_i, i = 1, 2, \cdots, N$,且已知这组数据满足某一函数原型 $\hat{y}(x) = f(\boldsymbol{a}, x)$,其中 $\boldsymbol{a}$ 待定系数向量,则最小二乘曲线拟合的目标就是求出这一组待定系数的值,使得目标函数(即拟合的总误差)

$$J = \min_{\boldsymbol{a}} \sum_{i=1}^{N} [y_i - \hat{y}(x_i)]^2 = \min_{\boldsymbol{a}} \sum_{i=1}^{N} [y_i - f(\boldsymbol{a}, x_i)]^2 \tag{3-4-3}$$

为最小。在 MATLAB 的最优化工具箱中提供了 lsqcurvefit() 函数,可以解决最小二乘曲线拟合的问题,该函数的调用格式为:

$$[\boldsymbol{a}, J_{\mathrm{m}}] = \mathrm{lsqcurvefit}(\mathrm{Fun}, \boldsymbol{a}_0, \boldsymbol{x}, \boldsymbol{y}, \boldsymbol{x}_{\mathrm{m}}, \boldsymbol{x}_{\mathrm{M}}, \mathrm{options})$$

其中,$\boldsymbol{a}_0$ 为最优化的初值,$\boldsymbol{x}$、$\boldsymbol{y}$ 为原始输入输出数据向量,Fun 为原型函数的 MATLAB 表示,可以用匿名函数描述,也可以用 M-函数表示,该函数还允许指定

待定向量的最小值 $\boldsymbol{x}_{\mathrm{m}}$ 和最大值 $\boldsymbol{x}_{\mathrm{M}}$，也可以设置搜索控制参数 options。调用该函数则将返回待定系数向量 $\boldsymbol{a}$，以及在此待定系数下的目标函数的值 J_{m}。

例 3-18 假设在实验中测出一组数据，且已知其可能满足的函数，则可以通过最小二乘拟合的方法拟合出函数的待定系数。假设通过数据生成的方法产生这组"实验数据"，下面将演示曲线的最小二乘拟合方法。首先由下面语句生成"实验数据"

```
>> x=[0:0.01:0.1, 0.2:0.1:1,1.5:0.5:10]; % 生成不等间距的横坐标
   y=0.56*exp(-0.2*x).*sin(0.8*x+0.4).*cos(-0.65*x); % 实验数据
   plot(x,y,'o',x,y)                       % 绘制实验点坐标图形
```

这些生成的坐标点可以用二维图形绘制出来，如图 3-6（a）所示。

已知待拟合的曲线方程模型为 $y(x) = a_1 \mathrm{e}^{a_2 x} \sin(a_3 x + a_4) \cos(a_5 x)$，其中 a_i 为待定系数，需要通过最小二乘进行最优拟合，这样可以通过 MATLAB 语言编写匿名函数

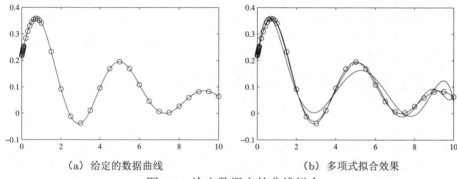

| (a) 给定的数据曲线 | (b) 多项式拟合效果 |

图 3-6　给定数据点的曲线拟合

```
>> F=@(a,x)a(1)*exp(-a(2)*x).*sin(a(3)*x+a(4)).*cos(-a(5)*x);
   f=optimset; f.RelX=1e-10; f.TolFun=1e-15; % 指定较高的拟合精度
   a=lsqcurvefit(F,[1;1;1;1;1],x,y,[0,0,0,0,0],[],f) % 参数拟合
   a0=[0.56;0.2;0.8;0.4;0.65]; norm(a-a0)     % 和真值比较的误差
   x0=0:0.01:10; y0=F(a0,x0);                 % 设置拟合点
   y1=F(a,x0); plot(x0,y0,x0,y1,x,y,'o')      % 绘制拟合曲线
```

得出的拟合参数为 $\boldsymbol{a} = [0.56, 0.2, 0.8, 0.4, 0.65]^{\mathrm{T}}$，与给定的真值完全一致，拟合误差为 4.4177×10^{-7}，拟合结果和图 3-6（a）给出的完全一致。

MATLAB 提供的多项式拟合函数 $\boldsymbol{a} = \texttt{polyfit}(\boldsymbol{x}, \boldsymbol{y}, n)$ 也可以用于曲线拟合，其中 $\boldsymbol{x}$ 和 $\boldsymbol{y}$ 为数据向量，n 为拟合系数的阶次，通过该函数的调用将得出拟合多项式系数向量 $\boldsymbol{a}$，该向量是多项式系数按降幂排列构成的向量，前面已经介绍过，用 polyval() 函数可以对多项式求值，下面的语句将比较 6 次和 8 次多项式拟合的效果，如图 3-6（b）所示，可见多项式拟合效果难以保证，故曲线拟合时如果已知原型时不必采用多项式拟合，若不知原型时应该选择插值。

```
>> p=polyfit(x,y,6), y2=polyval(p,x0);  %  6次多项式拟合结果
   p=polyfit(x,y,8); y3=polyval(p,x0);  %  8次多项式拟合
   plot(x0,y0,x,y,'o',x0,y2,x0,y3)      %  拟合结果比较
```

其中,拟合的 6 次多项式拟合为

$$P_6(x) = -0.0002x^6 + 0.0054x^5 - 0.0632x^4 + 0.3430x^3 - 0.8346x^2 + 0.6621x + 0.2017$$

3.5 Laplace 与 z 变换问题的 MATLAB 求解

在早期连续控制系统的研究中,常微分方程是最主要的建模工具,然而,由于微分方程相对于代数方程要复杂得多,所以应该利用一种积分变换——Laplace 变换,将其映射成代数方程,从而引入了传递函数模型,该模型奠定了经典控制理论的基础,线性系统时域响应解析解方法利用了 Laplace 反变换的功能,而求解反变换需要复变函数中的留数方法。同样,离散系统也可以利用 z 变换构建离散传递函数模型,求解传递函数又需要 z 反变换。

3.5.1 Laplace 变换

一个时域函数 $f(t)$ 的 Laplace 变换可以定义为

$$\mathscr{L}[f(t)] = \int_0^\infty f(t)\mathrm{e}^{-st}\mathrm{d}t = F(s) \tag{3-5-1}$$

式中 $\mathscr{L}[f(t)]$ 为 Laplace 变换的简单记号。

如果已知函数的 Laplace 变换式 $F(s)$,则可以通过下面的反变换公式求出其 Laplace 反变换

$$f(t) = \mathscr{L}^{-1}[F(s)] = \frac{1}{2\pi\mathrm{j}} \int_{\sigma-\mathrm{j}\infty}^{\sigma+\mathrm{j}\infty} F(s)\mathrm{e}^{st}\mathrm{d}s \tag{3-5-2}$$

其中 σ 大于 $F(s)$ 奇异点的实部。

MATLAB 的符号运算工具箱提供的 `laplace()` 函数及 `ilaplace()` 函数直接求取给定函数的正、反 Laplace 变换。求解积分变换问题的步骤为:

①**声明符号变量**。用 `syms` 命令声明符号变量。

②**描述原函数**。直接用 MATLAB 格式描述出原函数。

③**求取积分变换**。Laplace 变换和反变换可以由 `laplace()` 和 `ilaplace()` 直接变换。其实,`fourier()`、`ifourier()` 函数可以求解 Fourier 变换。

例 3-19 假设给定一个时域函数 $f(t) = 1 - (1+at)\mathrm{e}^{-at}$,下面通过计算机工具直接求取这个函数的 Laplace 变换。

```
>> syms a t                  %  声明所需的变量为符号变量
   f=1-(1+a*t)*exp(-a*t);    %  表示时域函数公式
   F=laplace(f),             %  求取函数的Laplace变换,注意得出的结果不一定最简
```

可以得出 $F = \dfrac{1}{s} - \dfrac{1}{s+a} - \dfrac{a}{(s+a)^2}$。利用 ilaplace() 对上述结果进行 Laplace 反变换,则可以还原成原来的时域函数,可以采用下面命令来完成这样的反变换。由 ilaplace(F) 可以得出反变换的结果为 $1 - e^{-at} - ate^{-at}$。

例 3-20 已知某 Laplace 表达式 $G(s) = \dfrac{s+3}{s(s^4 + 2s^3 + 11s^2 + 18s + 18)}$,用下面的 MATLAB 语句就可以求出信号 Laplace 反变换的解析解

```
>> syms s, G=(s+3)/s/(s^4+2*s^3+11*s^2+18*s+18); ilaplace(G)
```

可以得出解析解为 $\dfrac{1}{255}\cos 3t - \dfrac{13}{255}\sin 3t - \dfrac{29}{170}e^{-t}\cos t - \dfrac{3}{170}e^{-t}\sin t + \dfrac{1}{6}$。

例 3-21 求出 Laplace 变换式 $\mathscr{L}^{-1}\left[\dfrac{3a^2}{s^3+a^3}\right],\ a > 0$。

如果想证明该式子,可以首先对给出的式子进行 Laplace 反变换

```
>> syms s t; syms a positive; F=3*a^2/(s^3+a^3);
   f=simple(ilaplace(F))
```

可以求出 $\mathscr{L}^{-1}\left[\dfrac{3a^2}{s^3+a^3}\right] = e^{-at} + e^{at/2}\left(-\cos\dfrac{\sqrt{3}}{2}at + \sqrt{3}\sin\dfrac{\sqrt{3}}{2}at\right)$。

例 3-22 Laplace 函数 $F(s) = \dfrac{e^{-\sqrt{s}}}{\sqrt{s}(\sqrt{s}-1)}$ 的反变换函数可以通过下面函数直接求出,为 $f(t) = e^{t-1}\mathrm{erfc}\left(-\dfrac{2t-1}{2\sqrt{t}}\right)$,原函数是分数阶导数的一个例子。

```
>> syms s; z=sqrt(s); f=ilaplace(exp(-z)/z/(z-1))
```

3.5.2 z 变换

离散序列信号 $f(k)$ 的 z 变换可以定义为

$$\mathscr{Z}[f(k)] = \sum_{i=0}^{\infty} f(k)z^{-k} = F(z) \tag{3-5-3}$$

给定 z 变换式子 $F(z)$,则其 z 反变换的数学表示为

$$f(k) = \mathscr{Z}^{-1}[f(k)] = \dfrac{1}{2\pi\mathrm{j}}\oint F(z)z^{k-1}\mathrm{d}z \tag{3-5-4}$$

可以调用 MATLAB 符号运算工具箱中的 ztrans() 函数和 iztrans() 函数对给定的函数进行正、反 z 变换。

例 3-23 一般介绍 z 变换的书中不介绍 $q/(z^{-1} - p)^m\ (p \neq 0)$ 函数的 z 反变换,而该函数是求取离散系统解析解的基础,这里对不同的 m 值进行反变换,并总结出一般规律。根据要求,可以用符号运算工具箱求出 $m = 1, 2, \cdots, 5$ 的 z 反变换。

```
>> syms p q z;
   for i=1:5
```

```
        disp(simple(iztrans(q/(1/z-p)^i)))
    end
```

上述语句可以直接得出如下结果

$$F_1 = -\frac{q}{p^{1+n}},\ F_2 = \frac{q(1+n)}{p^{2+n}},\ F_3 = -\frac{q(1+n)(2+n)}{2p^{3+n}}$$

$$F_4 = \frac{q(3+n)(2+n)(1+n)}{6p^{4+n}},\ F_5 = -\frac{q(4+n)(3+n)(2+n)(1+n)}{24p^{5+n}}$$

总结上述结果的规律，可以写出一般的 z 反变换结果

$$\mathscr{Z}^{-1}\left\{\frac{q}{(z^{-1}-p)^m}\right\} = \frac{(-1)^m q}{(m-1)!\,p^{n+m}}(n+1)(n+2)\cdots(n+m-1)$$

例 3-24 已知某信号的 z 变换表达式 $H(z) = \dfrac{z(5z-2)}{(z-1)(z-1/2)^3(z-1/3)}$，可以通过下面的 MATLAB 的符号运算工具箱直接求取该信号的 z 反变换

```
>> syms z; H=z*(5*z-2)/((z-1)*(z-1/2)^3*(z-1/3)); iztrans(H)
```

亦即 $\mathscr{Z}^{-1}[H(z)] = 36 + (72 - 60n - 12n^2)(1/2)^n - 108(1/3)^n$。

3.6 本章要点简介

- 介绍了线性代数问题的 MATLAB 求解，包括矩阵的参数化分析（如矩阵的行列式、秩、迹、范数、特征值与特征多项式等）、矩阵的各种分解方法（如矩阵的相似变换、三角分解、Cholesky 分解、奇异值分解等），还介绍了各种矩阵方程的求解（如线性代数方程求解以及控制中常用的 Lyapunov 方程和 Riccati 方程求解等），还介绍了一些线性代数问题的解析解方法。

- 微分方程的数值解是连续动态系统仿真的基础，这里介绍了一阶微分方程组的数值解法及 MATLAB 实现函数 ode45()，如果方程为刚性的，建议使用刚性方程求解函数 ode15s()。还介绍了高阶微分方程或微分方程组转换成一阶微分方程组的一般方法，并探讨了线性常系数微分方程的解析解方法与相应的 MATLAB 函数 dsolve()。

- 最优化问题是系统仿真与设计中很常见的一类问题，本章介绍了无约束最优化问题的 MATLAB 求解函数 fminsearch()、有约束最优化问题的求解函数 fmincon() 以及曲线拟合问题的最小二乘求解函数 lsqcurvefit()。除此之外，特殊的最优化问题，如线性规划问题和二次型规划问题可以分别由 linprog() 和 quadprog() 函数直接求解，给出了最优化问题的数学形式，读者应该能自己编写 M-函数描述问题，并解决最优化问题。

- 给定实测数据，还可以通过多项式拟合函数 polyfit() 构造出多项式函数模型，如果模型的原型未知，这种方法不失为一种有效的方法。如果模型的原型已知，则可以使用 lsqcurvefit() 函数直接拟合出函数模型。

- 本章还介绍了给定函数的 Laplace 正、反变换及 z 正、反变换的方法,基于 MATLAB 的符号运算工具箱可以直接求出相关问题的解。

3.7 习 题

(1) 对下面给出的各个矩阵求取各种参数,如矩阵的行列式、迹、秩、特征多项式、范数 等,试分别求出它们的解析解。

$$\boldsymbol{A} = \begin{bmatrix} 7.5 & 3.5 & 0 & 0 \\ 8 & 33 & 4.1 & 0 \\ 0 & 9 & 103 & -1.5 \\ 0 & 0 & 3.7 & 19.3 \end{bmatrix}, \quad \boldsymbol{B} = \begin{bmatrix} 5 & 7 & 6 & 5 \\ 7 & 10 & 8 & 7 \\ 6 & 8 & 10 & 9 \\ 5 & 7 & 9 & 10 \end{bmatrix}$$

(2) 求出下面给出的矩阵的秩和 Moore-Penrose 广义逆矩阵,并验证它们是否满足 Moore-Penrose 逆矩阵的条件。

$$\boldsymbol{A} = \begin{bmatrix} 2 & 2 & 3 & 1 \\ 2 & 2 & 3 & 1 \\ 4 & 4 & 6 & 2 \\ 1 & 1 & 1 & 1 \\ -1 & -1 & -1 & 3 \end{bmatrix}, \quad \boldsymbol{B} = \begin{bmatrix} 4 & 1 & 2 & 0 \\ 1 & 1 & 5 & 15 \\ 3 & 1 & 3 & 5 \end{bmatrix}$$

(3) 试求解线性代数方程组 $\boldsymbol{X} \begin{bmatrix} 7 & 6 & 9 & 7 \\ 7 & 1 & 3 & 2 \\ 2 & 1 & 5 & 5 \\ 6 & 4 & 2 & 6 \end{bmatrix} = \begin{bmatrix} 2 & 1 & 0 & 1 \\ 0 & 3 & 1 & 2 \end{bmatrix}$,并检验解的正确性。

(4) 给定下面特殊矩阵 $\boldsymbol{A}$,试利用符号运算工具箱求出其逆矩阵、特征值,并求出状态 转移矩阵 $\mathrm{e}^{\boldsymbol{A}t}$ 的解析解。

$$\boldsymbol{A} = \begin{bmatrix} -9 & 11 & -21 & 63 & -252 \\ 70 & -69 & 141 & -421 & 1684 \\ -575 & 575 & -1149 & 3451 & -13801 \\ 3891 & -3891 & 7782 & -23345 & 93365 \\ 1024 & -1024 & 2048 & -6144 & 24573 \end{bmatrix}$$

(5) 试求下面齐次方程的基础解系。

$$\begin{cases} 6x_1 + x_2 + 4x_3 - 7x_4 - 3x_5 = 0 \\ -2x_1 - 7x_2 - 8x_3 + 6x_4 = 0 \\ -4x_1 + 5x_2 + x_3 - 6x_4 + 8x_5 = 0 \\ -34x_1 + 36x_2 + 9x_3 - 21x_4 + 49x_5 = 0 \\ -26x_1 - 12x_2 - 27x_3 + 27x_4 + 17x_5 = 0 \end{cases}$$

(6) 求解下面的 Lyapunov 方程,并检验所得解的精度。

$$\begin{bmatrix} 1 & 2 & 3 \\ 4 & 5 & 6 \\ 7 & 8 & 0 \end{bmatrix} \boldsymbol{X} + \boldsymbol{X} \begin{bmatrix} 2 & 3 & 6 \\ 3 & 5 & 2 \\ 3 & 2 & 2 \end{bmatrix} = \begin{bmatrix} 1 & 3 & 2 \\ 3 & 4 & 1 \\ 5 & 2 & 1 \end{bmatrix}$$

(7) 试用数值方法和解析方法求取下面的 Sylvester 方程,并验证得出的结果。

$$
\begin{bmatrix} 3 & -6 & -4 & 0 & 5 \\ 1 & 4 & 2 & -2 & 4 \\ -6 & 3 & -6 & 7 & 3 \\ -13 & 10 & 0 & -11 & 0 \\ 0 & 4 & 0 & 3 & 4 \end{bmatrix} \boldsymbol{X} + \boldsymbol{X} \begin{bmatrix} 3 & -2 & 1 \\ -2 & -9 & 2 \\ -2 & -1 & 9 \end{bmatrix} = \begin{bmatrix} -2 & 1 & -1 \\ 4 & 1 & 2 \\ 5 & -6 & 1 \\ 6 & -4 & -4 \\ -6 & 6 & -3 \end{bmatrix}
$$

(8) 试求出下面的代数方程的全部的根

$$
\begin{cases} x^2 y^2 - zxy - 4x^2 yz^2 = xz^2 \\ xy^3 - 2yz^2 = 3x^3 z^2 + 4xzy^2 \\ y^2 x - 7xy^2 + 3xz^2 = x^4 zy \end{cases}
$$

(9) 采用适当的方法求解下面的非线性方程[6]

$$
① \begin{cases} xyz = 1 \\ x^2 + 2y^2 + 4z^2 = 7 \\ 2x^2 + y^3 + 6z = 7, \end{cases} \qquad ② \begin{cases} x^2 + 2\sin(y\pi/2) + z^2 = 0 \\ -2xy + z = 3 \\ x^2 z - y = 7 \end{cases}
$$

(10) 试找出下面非线性矩阵方程所有可能的解

$$
\begin{bmatrix} 9 & 1 & 0 \\ 8 & 7 & 3 \\ 3 & 0 & 6 \end{bmatrix} \boldsymbol{X}^2 + \boldsymbol{X} \begin{bmatrix} 5 & 6 & 6 \\ 9 & 2 & 2 \\ 6 & 9 & 5 \end{bmatrix} \boldsymbol{X} + \boldsymbol{X} \begin{bmatrix} 7 & 9 & 4 \\ 6 & 7 & 1 \\ 4 & 6 & 4 \end{bmatrix} + \boldsymbol{I}_{3\times3} = \boldsymbol{0}
$$

(11) 试求解非线性矩阵方程 $\boldsymbol{AX}\sin(\boldsymbol{B}^2\boldsymbol{X}+\boldsymbol{C})\boldsymbol{X}+\boldsymbol{X}\mathrm{e}^{-\boldsymbol{B}}+\boldsymbol{C}=\boldsymbol{0}$,其中

$$
\boldsymbol{A} = \begin{bmatrix} 4 & 4 & 4 \\ 0 & 3 & 9 \\ 4 & 7 & 9 \end{bmatrix}, \boldsymbol{B} = \begin{bmatrix} 1 & 1 & 7 \\ 3 & 5 & 5 \\ 8 & 1 & 0 \end{bmatrix}, \boldsymbol{C} = \begin{bmatrix} 6 & 4 & 7 \\ 1 & 9 & 4 \\ 1 & 3 & 0 \end{bmatrix}
$$

(12) Lorenz 方程是研究混沌问题的著名的非线性微分方程,其数学形式为

$$
\begin{cases} \dot{x}_1(t) = -\beta x_1(t) + x_2(t)x_3(t) \\ \dot{x}_2(t) = -\sigma x_2(t) + \sigma x_3(t) \\ \dot{x}_3(t) = -x_1(t)x_2(t) + \gamma x_2(t) - x_3(t) \end{cases}
$$

其中,$\beta=8/3, \sigma=10, \gamma=28$,且其初值为 $x_1(0)=x_2(0)=0, x_3(0)=10^{-3}$。试求出其数值解,绘制三维空间的相轨迹,并绘制出 Lorenz 方程解在两两平面上的投影。

(13) 请给出求解下面微分方程的 MATLAB 命令

$$
y^{(3)} + ty\ddot{y} + t^2\dot{y}y^2 = \mathrm{e}^{-ty}, \ y(0) = 2, \ \dot{y}(0) = \ddot{y}(0) = 0
$$

并绘制出 $y(t)$ 曲线,试问该方程存在解析解吗?

(14) Lotka-Volterra 扑食模型方程为 $\begin{cases} \dot{x}(t) = 4x(t) - 2x(t)y(t) \\ \dot{y}(t) = x(t)y(t) - 3y(t), \end{cases}$ 且初值为 $x(0) = 2$, $y(0) = 3$,试求解该微分方程,并绘制相应的曲线。

(15) 试求出下面微分方程组的解析解,并和数值解比较。

① $\begin{cases} \ddot{x}(t) = -2x(t) - 3\dot{x}(t) + \mathrm{e}^{-5t}, & x(0)=1, \dot{x}(0)=2 \\ \ddot{y}(t) = 2x(t) - 3y(t) - 4\dot{x}(t) - 4\dot{y}(t) - \sin t, & y(0)=3, \dot{y}(0)=4 \end{cases}$

② $\begin{cases} \ddot{x}(t) + \ddot{y}(t) + x(t) + y(t) = 0, & x(0)=2, y(0)=1 \\ 2\ddot{x}(t) - \ddot{y}(t) - x(t) + y(t) = \sin t, & \dot{x}(0)=\dot{y}(0)=-1 \end{cases}$

(16) 一级倒立摆模型的数学描述为

$$\ddot{x} = \frac{u + ml\sin\theta\dot{\theta}^2 - mg\cos\theta\sin\theta}{M + m - m\cos^2\theta}$$

$$\ddot{\theta} = \frac{u\cos\theta - (M+m)g\sin\theta + ml\sin\theta\cos\theta\dot{\theta}}{ml\cos^2\theta - (M+m)l}$$

已知 $m = M = 0.5$kg, $l = 0.3$m, g$= 9.81$m/s^2。试求解该系统在单位阶跃信号 u 作用下的零初始状态时间响应(注意:该系统为自然不稳定系统,如果需要使之稳定则应使用特殊的控制方法)。

(17) 求解下面的最优化问题。

① $\min\limits_{\boldsymbol{x}} \text{ s.t. } \begin{array}{l} 4x_1^2+x_2^2\leqslant 4 \\ x_1,x_2\geqslant 0 \end{array} \left(x_1^2 - 2x_1 + x_2\right)$

② $\max\limits_{\boldsymbol{x} \text{ s.t. } x_1+x_2+5=0} \left[-(x_1-1)^2 - (x_2-1)^2\right]$

(18) 考虑下面二元最优化问题的求解 $\max\limits_{\boldsymbol{x} \text{ s.t. } \begin{array}{l} 9\geqslant x_1^2+x_2^2 \\ x_1+x_2\leqslant 1 \end{array}} (-x_1^2 - x_2)$,还可以用图解方法

验证你得出的解。

(19) 试求解下面的非线性规划问题。

$$\min\limits_{\boldsymbol{x} \text{ s.t. }} \frac{1}{2\cos x_6}\left[x_1x_2(1+x_5) + x_3x_4\left(1+\frac{31.5}{x_5}\right)\right]$$

$$\boldsymbol{x} \text{ s.t. } \begin{cases} 0.003079x_1^3x_2^3x_5 - \cos^3 x_6 \geqslant 0 \\ 0.1017x_3^3x_4^3 - x_5^2\cos^3 x_6 \geqslant 0 \\ 0.09939(1+x_5)x_1^3x_2^2 - \cos^2 x_6 \geqslant 0 \\ 0.1076(31.5+x_5)x_3^3x_4^2 - x_5^2\cos^2 x_6 \geqslant 0 \\ x_3x_4(x_5+31.5) - x_5[2(x_1+5)\cos x_6 + x_1x_2x_5] \geqslant 0 \\ 0.2\leqslant x_1\leqslant 0.5, 14\leqslant x_2\leqslant 22, 0.35\leqslant x_3\leqslant 0.6, \\ 16\leqslant x_4\leqslant 22, 5.8\leqslant x_5\leqslant 6.5, 0.14\leqslant x_6\leqslant 0.2618 \end{cases}$$

(20) 试求解下面的最优化问题[7]。

$$\min\ k$$

$$\boldsymbol{q},w,k \text{ s.t. } \begin{cases} q_3+9.625q_1w+16q_2w+16w^2+12-4q_1-q_2-78w=0 \\ 16q_1w+44-19q_1-8q_2-q_3-24w=0 \\ 2.25-0.25k\leqslant q_1\leqslant 2.25+0.25k \\ 1.5-0.5k\leqslant q_2\leqslant 1.5+0.5k \\ 1.5-1.5k\leqslant q_3\leqslant 1.5+1.5k \end{cases}$$

(21) 考虑一个简单的一元函数最优化问题求解，$f(x) = x\sin(10\pi x) + 2, x \in (-1, 2)$，试求出 $f(x)$ 取最大值时 x 的值。已知，该函数曲线有很强振荡，所以采用常规最优化方法时，若初值选择不当往往会得出局部最小值。要求在本题求解中，在 $x \in (-1, 2)$ 区间内随机选择 40 个初始点，按照图 3-7 中给出的流程编程，用循环的方式从每个初始点出发进行搜索，得出全局最优解。如有可能，将该方法和函数扩展成求取多元函数 $y = f(\boldsymbol{x})$ 全局最优解的通用程序。

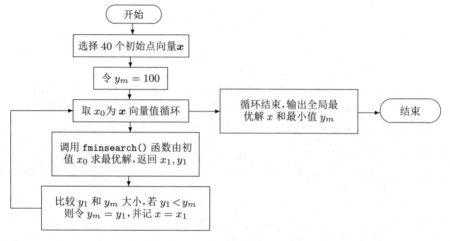

图 3-7 随机初值的全局最优化求解框图

(22) 假设有一组实测数据由表 3-1 给出，且已知该数据可能满足的原型函数为 $y(x) = ax + bx^2 e^{-cx} + d$，试求出满足下面数据的最小二乘解 a, b, c, d 的值。

表 3-1 习题 (22) 实测数据

x_i	0.1	0.2	0.3	0.4	0.5	0.6	0.7	0.8	0.9	1
y_i	2.3201	2.6470	2.9707	3.2885	3.6008	3.9090	4.2147	4.5191	4.8232	5.1275

(23) 假设某日气温的实测值由表 3-2 给出，试用各种方法对之进行平滑插值，并得出 3 次、4 次插值多项式，并用曲线绘制的方法观察拟合效果。如果想获得很好的拟合效果，至少应该用多少阶多项式去拟合。

表 3-2 习题 (23) 实测数据

时间	1	2	3	4	5	6	7	8	9	10	11	12
温度	14	14	14	14	15	16	18	20	22	23	25	28
时间	13	14	15	16	17	18	19	20	21	22	23	24
温度	31	32	31	29	27	25	24	22	20	18	17	16

(24) 已知某连续系统的阶跃响应数据由表 3-3 给出,且已知系统为二阶系统,其阶跃响应的曲线原型为 $y(t) = x_1 + x_2 \mathrm{e}^{-x_4 t} + x_3 \mathrm{e}^{-x_5 t}$,试用曲线最小二乘拟合算法拟合出 x_i 参数,从而拟合出系统的传递函数模型。

表 3-3　习题(24)实测数据

t	$y(t)$	t	$y(t)$	t	$y(t)$	t	$y(t)$	t	$y(t)$	t	$y(t)$
0	0	1.6	0.2822	3.2	0.3024	4.8	0.3145	6.4	0.3218	8	0.3263
0.1	0.08324	1.7	0.2839	3.3	0.3034	4.9	0.315	6.5	0.3222	8.1	0.3265
0.2	0.1404	1.8	0.2855	3.4	0.3043	5	0.3156	6.6	0.3225	8.2	0.3267
0.3	0.1798	1.9	0.287	3.5	0.3051	5.1	0.3161	6.7	0.3228	8.3	0.3269
0.4	0.2072	2	0.2885	3.6	0.306	5.2	0.3166	6.8	0.3231	8.4	0.3271
0.5	0.2265	2.1	0.2899	3.7	0.3068	5.3	0.3172	6.9	0.3235	8.5	0.3273
0.6	0.2402	2.2	0.2912	3.8	0.3076	5.4	0.3176	7	0.3238	8.6	0.3275
0.7	0.2501	2.3	0.2925	3.9	0.3084	5.5	0.3181	7.1	0.324	8.7	0.3277
0.8	0.2574	2.4	0.2937	4	0.3092	5.6	0.3186	7.2	0.3243	8.8	0.3278
0.9	0.2629	2.5	0.2949	4.1	0.3099	5.7	0.319	7.3	0.3246	8.9	0.328
1	0.2673	2.6	0.2961	4.2	0.3106	5.8	0.3195	7.4	0.3249	9	0.3282
1.1	0.2708	2.7	0.2973	4.3	0.3113	5.9	0.3199	7.5	0.3251	9.1	0.3283
1.2	0.2737	2.8	0.2983	4.4	0.312	6	0.3203	7.6	0.3254	9.2	0.3285
1.3	0.2762	2.9	0.2994	4.5	0.3126	6.1	0.3207	7.7	0.3256	9.3	0.3286
1.4	0.2784	3	0.3004	4.6	0.3133	6.2	0.3211	7.8	0.3258	9.4	0.3288
1.5	0.2804	3.1	0.3014	4.7	0.3139	6.3	0.3214	7.9	0.3261	9.5	0.3289

(25) 神经网络是拟合曲线的一种有效方法,虽然本书未详细介绍神经网络理论,但可以试用 MATLAB 神经网络工具箱带的现成程序 nntool,由给出的程序界面对上述的数据进行曲线拟合,并与多项式拟合的结果进行比较。

(26) 对下列的函数 $f(t)$ 进行 Laplace 变换

① $f_1(t) = \dfrac{\sin \alpha t}{t}$,　② $f_2(t) = t^5 \sin \alpha t$,　③ $f_3(t) = t^8 \cos \alpha t$,　④ $f_4(t) = t^6 \mathrm{e}^{\alpha t}$。

(27) 对下面的 $F(s)$ 式进行 Laplace 反变换

① $F_1(s) = \dfrac{1}{\sqrt{s}(s^2 - a^2)(\sqrt{s} + b)}$,　② $F_2(s) = \sqrt{s-a} - \sqrt{s-b}$,

③ $F_3(s) = \ln \dfrac{s-a}{s-b}$,④ $F_4(s) = \dfrac{s-a}{\sqrt{s}(s^2 - a^2)(\sqrt{s} + b)}$,　⑤ $F_5(s) = \dfrac{3a^2}{s^3 + a^3}$,

⑥ $F_6(s) = \dfrac{(s-1)^8}{s^7}$,⑦ $F_7(s) = \ln \dfrac{s^2 + a^2}{s^2 + b^2}$,

⑧ $F_h(s) = \dfrac{s^2 + 3s + 8}{\displaystyle\prod_{i=1}^{8}(s+i)}$,　⑨ $F_i(s) = \dfrac{1}{2} \dfrac{s + \alpha}{s - \alpha}$。

(28) 已知下述各个 z 变换表达式 $F(z)$,试对它们分别进行 z 反变换

① $F_1(z) = \dfrac{10z}{(z-1)(z-2)}$, ② $F_2(z) = \dfrac{z^2}{(z-0.8)(z-0.1)}$,

③ $F_3(z) = \dfrac{z}{(z-a)(z-1)^2}$, ④ $F_4(z) = \dfrac{z^{-1}(1-\mathrm{e}^{-aT})}{(1-z^{-1})(1-z^{-1}\mathrm{e}^{-aT})}$,

⑤ $F_e(z) = \dfrac{Az[z\cos\beta - \cos(\alpha T - \beta)]}{z^2 - 2z\cos\alpha T + 1}$。

(29) 已知某信号的 Laplace 变换为 $\dfrac{b}{s^2(s+a)}$，试求其 z 变换，并验证结果。

(30) 用计算机证明

$$\mathscr{Z}\left\{1-\mathrm{e}^{-akT}\left[\cos bkT + \frac{a}{b}\sin bkT\right]\right\} = \frac{z(Az+B)}{(z-1)(z^2-2\mathrm{e}^{-aT}\cos bTz+\mathrm{e}^{-2aT})}$$

式中

$$A = 1 - \mathrm{e}^{-aT}\cos bT - \frac{a}{b}\mathrm{e}^{-aT}\sin bT, B = \mathrm{e}^{-2aT} + \frac{a}{b}\mathrm{e}^{-aT}\sin bT - \mathrm{e}^{-aT}\cos bT$$

参考文献

1　薛定宇,陈阳泉. 高等应用数学问题的 MATLAB 求解. 北京: 清华大学出版社, 2004

2　薛定宇,陈阳泉. 基于 MATLAB/Simulink 的系统仿真技术与应用. 北京: 清华大学出版社, 2002

3　Forsythe G E, Malcolm M A, Moler C B. Computer methods for mathematical computations. Englewood Cliffs: Prentice-Hall, 1977

4　Nelder J A, Mead R. A simplex method for function minimization. Computer Journal, 1965, 7:308~313

5　D'Errico J. Bound constrained optimization fminsearchbnd, 2005. `http://www.mathworks.cn/matlabcentral/fileexchange/8277-fminsearchbnd`

6　Yang W Y, Cao W, Chung T S, Morris J. Applied numerical methods using MATLAB. Hoboken, New Jersey: John Wiley & Sons, Inc., 2005

7　Henrion D. A review of the global optimization toolbox for Maple, 2006

第 4 章
线性控制系统的数学模型

控制系统的数学模型在控制系统研究中是相当重要的,要对系统进行仿真处理,首先应该知道系统的数学模型,然后才可以对之进行分析;知道了系统的模型,才可以在此基础上设计一个合适的控制器,使得原系统的响应达到预期的效果。所以说,控制系统的数学模型是系统分析和设计的基础。

目前大部分控制系统分析与设计的算法都需要假设系统的模型已知,而获得数学模型有两种方法:其一是从已知的物理规律出发,用数学推导的方式建立起系统的数学模型,其二是由实验数据拟合系统的数学模型。其中前一种方法称为系统的物理建模方法,后一种方法称为系统辨识。在实际应用中,二者各有其优势和适用场合。有了系统的数学模型,为了有效地在 MATLAB 下对其进行分析和设计,需要掌握用 MATLAB 语言描述数学模型的方法。本章将侧重于介绍线性系统数学模型的 MATLAB 表示,介绍数学模型建立与辨识的方法。

一般线性系统控制理论教学和研究中经常将控制系统分为连续系统和离散系统,描述线性连续系统常用的描述方式是传递函数(矩阵)和状态方程,相应地离散系统可以用离散传递函数和离散状态方程表示。在一些场合下需要用到其中一种模型,而另一场合下可能又需要另外一种模型。其实这些模型均是描述同样系统的方式,它们又有着某种内在的等效关系。传递函数和状态方程之间、连续系统和离散系统之间还可以进行相互转换。本章 4.1 节将介绍连续线性系统的数学模型及其 MATLAB 表示,4.2 节将介绍离散线性系统的数学模型及其 MATLAB 表示,为下一步的系统分析和设计做好准备。4.3 节将介绍各种模型的相互转换,4.4 节将介绍由方框图给出的更复杂系统的模型化简。4.5 节将引入系统模型降阶的概念并介绍几种模型降阶算法及 MATLAB 实现。4.6 节将介绍系统辨识方法及其在 MATLAB 下的实现。

4.1 线性连续系统模型及 MATLAB 表示

连续线性系统一般可以用传递函数表示,也可以用状态方程表示,它们适用的场合不同,前者是经典控制的常用模型,后者是"现代控制理论"的基础,但它们应该是描述同样系统的不同描述方式。除了这两种描述方法之外,还常用零极点形式来表示连续线性系统模型。本节中将介绍这些数学模型,并侧重介绍这些模型在 MATLAB 环境下的表示方法,最后还将介绍多变量系统的表示方法。

4.1.1 线性系统的传递函数模型

连续动态系统一般是由微分方程来描述的,而线性系统又是以线性常微分方程来描述的。假设系统的输入信号为 $u(t)$,且输出信号为 $y(t)$,则 n 阶系统的微分方程可以写成

$$
\begin{aligned}
&a_1\frac{\mathrm{d}^n y(t)}{\mathrm{d}t^n} + a_2\frac{\mathrm{d}^{n-1}y(t)}{\mathrm{d}t^{n-1}} + \cdots + a_n\frac{\mathrm{d}y(t)}{\mathrm{d}t} + a_{n+1}y(t) \\
&= b_1\frac{\mathrm{d}^m u(t)}{\mathrm{d}t^m} + b_2\frac{\mathrm{d}^{m-1}u(t)}{\mathrm{d}t^{m-1}} + \cdots + b_m\frac{\mathrm{d}u(t)}{\mathrm{d}t} + b_{m+1}u(t)
\end{aligned}
\tag{4-1-1}
$$

由于控制理论发展初期并没有微分方程的实用求解工具,所以利用法国数学家 Pierre-Simon Laplace(1749–1827 年)引入的积分变换(又称为 Laplace 变换),可以对微分方程进行变换。假设 $y(t)$ 信号的 Laplace 变换式为 $Y(s)$,并假设该信号及其各阶导数的初始值均为 0,将 Laplace 变换的重要性质 $\mathscr{L}[\mathrm{d}^k y(t)/\mathrm{d}t^k] = s^k Y(s)$ 代入式(4-1-1)中给出的微分方程,则可以巧妙地将微分方程映射成多项式代数方程。定义输出信号和输入信号 Laplace 变换的比值为增益信号,该比值又称为系统的传递函数,从变换后得出的多项式方程可以立即得出单变量连续线性系统的传递函数为

$$
G(s) = \frac{b_1 s^m + b_2 s^{m-1} + \cdots + b_m s + b_{m+1}}{a_1 s^n + a_2 s^{n-1} + a_3 s^{n-2} + \cdots + a_n s + a_{n+1}}
\tag{4-1-2}
$$

其中 $b_i,(i = 1, 2, \cdots, m+1)$ 与 $a_i(i = 1, 2, \cdots, n+1)$ 为常数。这样的系统又称为线性时不变(linear time invariant,LTI,又称为线性定常)系统。系统的分母多项式又称为系统的特征多项式。对物理可实现系统来说,一定要满足 $m \leqslant n$,这种情况下又称系统为正则(proper)系统。若 $m < n$,则称系统为严格正则。阶次 $n - m$ 又称为系统的相对阶次。

可见,Laplace 变换的引入可以巧妙地将微分方程模型变换为代数方程的模型,使得控制系统的研究变得很简单。直到今天,系统传递函数的描述仍是控制理论中线性系统模型的一个主要描述方法。

从式(4-1-2)中可以看出,传递函数可以表示成两个多项式的比值,在 MAT-LAB 语言中,多项式可以用向量表示。依照 MATLAB 惯例,将多项式的系数按 s 的降幂次序表示就可以得到一个数值向量,用这个向量就可以表示多项式。分别表

示完分子和分母多项式后,再利用控制系统工具箱的 `tf()` 函数就可以用一个变量表示传递函数变量 G:

> num $= [b_1, b_2, \cdots, b_m, b_{m+1}]$; den $= [a_1, a_2, \cdots, a_n, a_{n+1}]$;
> $G = $ tf(num,den);

MATLAB 还支持另一种特殊的传递函数的输入格式,在这样的输入方式下,应该用 s = tf('s') 先定义传递函数的算子,然后用类似数学表达式的形式直接输入系统的传递函数模型,下面将通过例子演示这两种输入方式。

例 4-1 考虑传递函数模型 $G(s) = \dfrac{12s^3 + 24s^2 + 12s + 20}{2s^4 + 4s^3 + 6s^2 + 2s + 2}$,用下面的语句就可以轻易地将该数学模型输入到 MATLAB 的工作空间

```
>> num=[12 24 12 20]; den=[2 4 6 2 2]; % 分子多项式和分母多项式
   G=tf(num,den)      % 这样就能获得系统的数学模型 G
```

如果采用后一种输入方法,则同样可以输入系统的传递函数模型,二者完全一致。

```
>> s=tf('s');   % 先定义 Laplace 算子 s
   G=(12*s^3+24*s^2+12*s+20)/(2*s^4+4*s^3+6*s^2+2*s+2);
```

上面模型很容易输入,方法很直观,但如果分子或分母多项式给出的不是完全展开的形式,而是若干个因式的乘积,甚至包括其他运算,则采用前一种输入方式很烦琐,直接采用后一种方式显得更直观。下面通过两个例子演示这种输入方法。

例 4-2 传递函数 $G(s) = \dfrac{3(s^2 + 3)}{(s+2)^3(s^2 + 2s + 1)(s^2 + 5)}$ 可以由下面语句直接输入。

```
>> s=tf('s'); G=3*(s^2+3)/(s+2)^3/(s^2+2*s+1)/(s^2+5)
     % 或 G=3*(s^2+3)/((s+2)^3*(s^2+2*s+1)*(s^2+5))
```

可以得出系统的传递函数为

$$G(s) = \frac{3s^2 + 9}{s^7 + 8s^6 + 30s^5 + 78s^4 + 153s^3 + 198s^2 + 140s + 40}$$

例 4-3 再考虑一个带有多项式混合运算的例子 $G(s) = \dfrac{s^3 + 2s^2 + 3s + 4}{s^3(s+2)[(s+5)^2 + 5]}$,可以看出,分母多项式内部含有 $(s+5)^2 + 5$ 项,用第一种输入方式更烦琐,所以可以用第二种方式直接利用算子法输入系统的传递函数模型

```
>> s=tf('s'); G=(s^3+2*s^2+3*s+4)/(s^3*(s+2)*((s+5)^2+5))
```

可以得出系统的传递函数为 $G(s) = \dfrac{s^3 + 2s^2 + 3s + 4}{s^6 + 12s^5 + 50s^4 + 60s^3}$。

除了分子和分母多项式外,MATLAB 的 `tf` 对象还允许携带其他信息(或属性),其全部属性可以由 `set(tf)` 命令列出(新版用 `get()` 函数)

```
            num: Ny-by-Nu cell of row vectors (Nu = no. of inputs)
            den: Ny-by-Nu cell of row vectors (Ny = no. of outputs)
      Variable: [ 's' | 'p' | 'z' | 'z^-1' | 'q' ]
```

```
        Ts: Scalar (sample time in seconds)
    ioDelay: Ny-by-Nu array (I/O delays)
 InputDelay: Nu-by-1 vector
OutputDelay: Ny-by-1 vector
  InputName: Nu-by-1 cell array of strings
 OutputName: Ny-by-1 cell array of strings
 InputGroup: M-by-2 cell array for M input groups
OutputGroup: P-by-2 cell array for P output groups
      Notes: Array or cell array of strings
   UserData: Arbitrary
```

其中,除了 num、den 属性外,还有其他诸多属性可以选择,例如,Ts 属性为采样周期,连续系统的采样周期为 0。属性 ioDelay 为系统的输入输出延迟。

例 4-4 若系统的时间延迟常数为 $\tau = 3$,即延迟系统模型为 $G(s)\mathrm{e}^{-3s}$,则可以用命令 $G.\mathrm{ioDelay} = 3$ 直接输入,也可以由 $\mathrm{set}(G,'\mathrm{ioDelay}',3)$ 命令输入。

由前面的例子可以看出,在 MATLAB 语言环境中表示一个传递函数模型是很容易的。如果有了传递函数模型 G,还可以由 tfdata() 函数来提取系统的分子和分母多项式,得出 $\boldsymbol{n} = [0,0,0,1,2,3,4], \boldsymbol{d} = [1,12,50,60,0,0,0]$。

```
>> [n,d]=tfdata(G,'v')   % 其中 'v' 表示想获得数值
```

更简单地,还可以通过下面语句提取传递函数的分子和分母多项式。

```
>> n=G.num{1}; d=G.den{1}; % 可以直接提取分子和分母多项式
```

这里 {1} 实际上为 {1,1},表示第 1 路输入和第 1 路输出之间的传递函数,该方法直接适合于多变量系统的描述。

4.1.2 线性系统的状态方程模型

状态方程是描述控制系统的另一种重要的方式,这种方式由于是基于系统内部状态变量的,所以又往往称为系统的内部描述方法。和传递函数不同,状态方程可以描述更广的一类控制系统模型,包括非线性模型。假设有 p 路输入信号 $u_i(t), (i=1,2,\cdots,p)$ 与 q 路输出信号 $y_i(t), (i=1,2,\cdots,q)$,且有 n 个状态,构成状态变量向量 $\boldsymbol{x} = [x_1, x_2, \cdots, x_n]^{\mathrm{T}}$,则此动态系统的状态方程可以一般地表示为

$$\begin{cases} \dot{x}_i = f_i(x_1, x_2, \cdots, x_n, u_1, u_2, \cdots, u_p), & i = 1, 2, \cdots, n \\ y_i = g_i(x_1, x_2, \cdots, x_n, u_1, u_2, \cdots, u_p), & i = 1, 2, \cdots, q \end{cases} \tag{4-1-3}$$

式中 $f_i(\cdot)$ 和 $g_i(\cdot)$ 可以为任意的线性或非线性函数。对线性系统来说,其状态方程可以更简单地描述为

$$\begin{cases} \dot{\boldsymbol{x}}(t) = \boldsymbol{A}(t)\boldsymbol{x}(t) + \boldsymbol{B}(t)\boldsymbol{u}(t) \\ \boldsymbol{y}(t) = \boldsymbol{C}(t)\boldsymbol{x}(t) + \boldsymbol{D}(t)\boldsymbol{u}(t) \end{cases} \tag{4-1-4}$$

式中 $\boldsymbol{u} = [u_1, u_2, \cdots, u_p]^{\mathrm{T}}$ 与 $\boldsymbol{y} = [y_1, y_2, \cdots, y_q]^{\mathrm{T}}$ 分别为输入和输出向量, 矩阵 $\boldsymbol{A}(t)$、$\boldsymbol{B}(t)$、$\boldsymbol{C}(t)$ 和 $\boldsymbol{D}(t)$ 为维数相容的矩阵。这里维数相容是指在方程里相应的项是可乘的。准确地说, $\boldsymbol{A}$ 矩阵是 $n \times n$ 方阵, $\boldsymbol{B}$ 为 $n \times p$ 矩阵, $\boldsymbol{C}$ 为 $q \times n$ 矩阵, $\boldsymbol{D}$ 为 $q \times p$ 矩阵。如果这四个矩阵均与时间无关, 则该系统又称为线性时不变系统, 该系统的状态方程可以写成

$$\begin{cases} \dot{\boldsymbol{x}}(t) = \boldsymbol{A}\boldsymbol{x}(t) + \boldsymbol{B}\boldsymbol{u}(t) \\ \boldsymbol{y}(t) = \boldsymbol{C}\boldsymbol{x}(t) + \boldsymbol{D}\boldsymbol{u}(t) \end{cases} \tag{4-1-5}$$

在 MATLAB 下表示系统的状态方程模型是相当直观的, 只需要将各个系数矩阵按照常规矩阵的方式输入到工作空间中即可, 这样, 系统的状态方程模型可以用语句 $G = \mathrm{ss}(\boldsymbol{A}, \boldsymbol{B}, \boldsymbol{C}, \boldsymbol{D})$ 直接建立起来。如果在构造状态方程时给出的各个矩阵维数不兼容, 则 ss() 对象时将给出明确的错误信息, 中断程序运行。下面将通过例子演示状态方程模型的输入方法。

例 4-5 多变量系统的状态方程模型可以用前面介绍的方法直接输入, 无须再进行特殊的处理。考虑一个双输入双输出系统的状态方程模型

$$\begin{cases} \dot{\boldsymbol{x}}(t) = \begin{bmatrix} -12 & -17.2 & -16.8 & -11.9 \\ 6 & 8.6 & 8.4 & 6 \\ 6 & 8.7 & 8.4 & 6 \\ -5.9 & -8.6 & -8.3 & -6 \end{bmatrix} \boldsymbol{x}(t) + \begin{bmatrix} 1.5 & 0.2 \\ 1 & 0.3 \\ 2 & 1 \\ 0 & 0.5 \end{bmatrix} \boldsymbol{u}(t) \\ \boldsymbol{y}(t) = \begin{bmatrix} 2 & 0.5 & 0 & 0.8 \\ 0.3 & 0.3 & 0.2 & 1 \end{bmatrix} \boldsymbol{x}(t) \end{cases}$$

系统的状态方程模型可以用下面的语句直接输入

```
>> A=[-12,-17.2,-16.8,-11.9; 6,8.6,8.4,6;
      6,8.7,8.4,6; -5.9,-8.6,-8.3,-6];
   B=[1.5,0.2; 1,0.3; 2,1; 0,0.5]; C=[2,0.5,0,0.8; 0.3,0.3,0.2,1];
   D=zeros(2,2); G=ss(A,B,C,D) % 输入并显示系统状态方程模型,显示从略
```

获取状态方程对象参数可以使用 ssdata() 函数, 也可以直接使用诸如 $G.\mathrm{a}$ 的命令去提取, 这时无须使用 cell 格式获得其参数。

带有时间延迟的状态方程模型可以表示为

$$\begin{cases} \boldsymbol{E}\dot{\boldsymbol{x}}(t) = \boldsymbol{A}\boldsymbol{x}(t) + \boldsymbol{B}\boldsymbol{u}(t - \boldsymbol{\tau}_{\mathrm{i}}) \\ \boldsymbol{z}(t) = \boldsymbol{C}\boldsymbol{x}(t) + \boldsymbol{D}\boldsymbol{u}(t - \boldsymbol{\tau}_{\mathrm{i}}), \quad \boldsymbol{y}(t) = \boldsymbol{z}(t - \boldsymbol{\tau}_{\mathrm{o}}) \end{cases} \tag{4-1-6}$$

其中 $\boldsymbol{\tau}_{\mathrm{i}}$ 称为输入延迟, 而 $\boldsymbol{\tau}_{\mathrm{o}}$ 称为输出延迟。输入该模型时, 只需将前面最后一个语句改成下面形式即可。

$G = \mathrm{ss}(\boldsymbol{A}, \boldsymbol{B}, \boldsymbol{C}, \boldsymbol{D}, \boldsymbol{E}, \text{'InputDelay'}, \boldsymbol{\tau}_{\mathrm{i}}, \text{'OutputDelay'}, \boldsymbol{\tau}_{\mathrm{o}})$

其中, 带有 $\boldsymbol{E}$ 的系统又称为广义系统。如果 $\boldsymbol{E}$ 是奇异矩阵, 则系统称为奇异系统。MATLAB 虽然能表示奇异系统模型, 但控制系统工具箱不能直接处理这样的模型, 需要专门的工具[1], 本书不做介绍。默认的 $\boldsymbol{E}$ 为单位矩阵或空矩阵。

4.1.3 带有内部延迟的状态方程模型

虽然前面介绍的状态方程模型含有输入和输出延迟等信息,但以后在描述状态方程模型互连时仍有很多系统无法描述,所以可以考虑采用 MATLAB 下提出的内部延迟状态方程模型来描述。

带有内部延迟的状态方程模型如图 4-1 所示。整个系统的输入和输出信号分别表示为 $\boldsymbol{v}(t) = \boldsymbol{u}(t - \tau_i)$, $\boldsymbol{y}(t) = \boldsymbol{z}(t - \tau_o)$, 而 $\boldsymbol{v}(t)$、$\boldsymbol{z}(t)$ 是系统的内部信号。这样带有内部延迟的状态方程模型可以表示为

$$\begin{cases} \boldsymbol{E}\dot{\boldsymbol{x}}(t) = \boldsymbol{A}\boldsymbol{x}(t) + \boldsymbol{B}_1\boldsymbol{v}(t) + \boldsymbol{w}(t - \boldsymbol{\tau}) \\ \boldsymbol{z}(t) = \boldsymbol{C}_1\boldsymbol{x}(t) + \boldsymbol{D}_{11}\boldsymbol{v}(t) + \boldsymbol{D}_{12}\boldsymbol{w}(t - \boldsymbol{\tau}) \\ \boldsymbol{\xi}(t) = \boldsymbol{C}_2\boldsymbol{x}(t) + \boldsymbol{D}_{21}\boldsymbol{v}(t) + \boldsymbol{D}_{22}\boldsymbol{w}(t - \boldsymbol{\tau}) \end{cases} \tag{4-1-7}$$

且 $\boldsymbol{w}_j(t) = \boldsymbol{\xi}_j(t - \tau_j)$, $j = 1, 2, \cdots, k$, 这里向量 $\boldsymbol{\tau} = [\tau_1, \tau_2, \cdots, \tau_k]$ 称为系统的内部延迟。可以使用 MATLAB 函数 getdelaymodel() 提取模型的各个矩阵

$$[\boldsymbol{A}, \boldsymbol{B}_1, \boldsymbol{B}_2, \boldsymbol{C}_1, \boldsymbol{C}_2, \boldsymbol{D}_{11}, \boldsymbol{D}_{12}, \boldsymbol{D}_{21}, \boldsymbol{D}_{22}, \boldsymbol{E}, \boldsymbol{\tau}] = \text{getdelaymodel}(G, \text{'mat'})$$

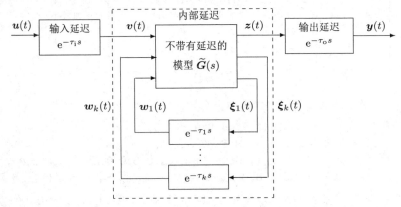

图 4-1 含有内部延迟的状态方程模型示意图

4.1.4 线性系统的零极点模型

零极点模型实际上是传递函数模型的另一种表现形式,对原系统传递函数的分子和分母分别进行分解因式处理,则可以得出系统的零极点模型为

$$G(s) = K\frac{(s - z_1)(s - z_2)\cdots(s - z_m)}{(s - p_1)(s - p_2)\cdots(s - p_n)} \tag{4-1-8}$$

其中 K 称为系统的增益,$z_i, (i = 1, 2, \cdots, m)$ 和 $p_i, (i = 1, 2, \cdots, n)$ 分别称为系统的零点和极点。很显然,对实系数的传递函数模型来说,系统的零极点或者为实数,或者以共轭复数的形式出现。

在 MATLAB 下表示零极点模型的方法很简单,先用向量的形式输入系统的零点和极点,然后调用 zpk() 函数就可以输入这个零极点模型了。

$$z = [z_1; \ z_2; \ \cdots; \ z_m]; \ \boldsymbol{p} = [p_1; \ p_2; \ \cdots; \ p_n];$$
$$G = \text{zpk}(\boldsymbol{z}, \boldsymbol{p}, K);$$

其中前面两个语句分别输入系统的零点列向量 $\boldsymbol{z}$ 和极点列向量 $\boldsymbol{p}$,后面的语句可以由这些信息和系统增益构造出系统的零极点模型对象 G。

例 4-6 考虑系统的零极点模型 $G(s) = \dfrac{6(s+5)(s+2+\text{j}2)(s+2-\text{j}2)}{(s+4)(s+3)(s+2)(s+1)}$,可以通过下面的 MATLAB 语句输入这个系统模型

```
>> P=[-1;-2;-3;-4]; % 注意应使用列向量,另外注意符号
   Z=[-5; -2+2i; -2-2i]; G=zpk(Z,P,6)
```

可以输入系统的零极点模型,并显示为 $G(s) = \dfrac{6(s+5)(s^2+4s+8)}{(s+1)(s+2)(s+3)(s+4)}$。

注意在 MATLAB 的零极点模型显示中,如果有复数零极点存在,则用二阶多项式来表示两个因式,而不直接展成一阶复数因式。

用 $s = \text{zpk('s')}$ 定义零极点形式的 Laplace 算子,同样能输入零极点模型。

```
>> s=zpk('s'); G=6*(s+5)*(s+2+2i)*(s+2-2i)/(s+1)/(s+2)/(s+3)/(s+4)
```

4.1.5　多变量系统的传递函数矩阵模型

多变量系统的状态方程模型可以由 ss() 函数直接输入到 MATLAB 环境中,前面已经给了例子加以介绍(例 4-5)。多变量系统的另外一种常用描述方法是传递函数矩阵,它是单变量系统传递函数的概念在多变量系统中的直接扩展。多变量系统的传递函数矩阵一般可以写成

$$\boldsymbol{G}(s) = \begin{bmatrix} g_{11}(s) & g_{12}(s) & \cdots & g_{1p}(s) \\ g_{21}(s) & g_{22}(s) & \cdots & g_{2p}(s) \\ \vdots & \vdots & \ddots & \vdots \\ g_{q1}(s) & g_{q2}(s) & \cdots & g_{qp}(s) \end{bmatrix} \tag{4-1-9}$$

其中 $g_{ij}(s)$ 可以定义为第 i 路输出信号对第 j 路输入信号的放大倍数,称为 (i,j) 子传递函数。多变量系统的传递函数矩阵的输入方法也很简单、直观,可以先输入各个子传递函数,然后用矩阵输入的命令就可以构造出系统的传递函数矩阵。

例 4-7 考虑一个带有时间延迟的多变量传递函数矩阵[2]

$$\boldsymbol{G}(s) = \begin{bmatrix} \dfrac{0.1134\text{e}^{-0.72s}}{1.78s^2 + 4.48s + 1} & \dfrac{0.924}{2.07s + 1} \\ \dfrac{0.3378\text{e}^{-0.3s}}{0.361s^2 + 1.09s + 1} & \dfrac{-0.318\text{e}^{-1.29s}}{2.93s + 1} \end{bmatrix}$$

对这样的多变量系统,只需先输入各个子传递函数矩阵,再按照常规矩阵的方式输入整个传递函数矩阵。具体的 MATLAB 命令如下:

```
>> g11=tf(0.1134,[1.78 4.48 1],'ioDelay',0.72);
   g12=tf(0.924,[2.07 1]);
   g21=tf(0.3378,[0.361 1.09 1],'ioDelay',0.3);
   g22=tf(-0.318,[2.93 1],'ioDelay',1.29);
   G=[g11, g12; g21, g22]; % 和矩阵定义一样,这样可以输入传递函数矩阵
```

这样的传递函数矩阵还可以由下面的方法输入,即输入各个不带延迟的子传递函数,构造传递函数矩阵,再重新赋值其 ioDelay 属性,亦即

```
>> g11=tf(0.1134,[1.78 4.48 1]); g12=tf(0.924,[2.07 1]);
   g21=tf(0.3378,[0.361 1.09 1]); g22=tf(-0.318,[2.93 1]);
   G=[g11, g12; g21, g22]; G.ioDelay=[0.72 0; 0.3, 1.29];
```

其中的 (2,1) 子传递函数可以用 G(2,1) 语句直接提取出来。

4.2 线性离散时间系统的数学模型

一般的单变量离散系统可以由下面的差分方程来表示

$$a_1 y(t+n) + a_2 y(t+n-1) + \cdots + a_n y(t+1) + a_{n+1} y(t)$$
$$= b_0 u(t+n) + b_1 u(k+n-1) + \cdots + b_{n-1} u(t+1) + b_n u(t) \tag{4-2-1}$$

式中 T 为离散系统的采样周期。

4.2.1 离散传递函数模型

类似于 Laplace 变换在微分方程中的作用,引入 z 变换,利用 z 变换的平移性质 $\mathscr{L}[y(t+k)] = z^k \mathscr{L}[y(t)]$,则可由差分方程推导出系统的离散传递函数模型

$$H(z) = \frac{b_0 z^n + b_1 z^{n-1} + \cdots + b_{n-1} z + b_n}{a_1 z^n + a_2 z^{n-1} + \cdots + a_n z + a_{n+1}} \tag{4-2-2}$$

在 MATLAB 语言中,输入离散系统的传递函数模型和连续系统传递函数模型一样简单,只需分别按要求输入系统的分子和分母多项式,就可以利用 `tf()` 函数将其输入到 MATLAB 环境。和连续传递函数不同的是,同时还需要输入系统的采样周期 T,具体语句如下:

$$\text{num} = [b_0, b_1, \cdots, b_{n-1}, b_n]; \quad \text{den} = [a_1, a_2, \cdots, a_n, a_{n+1}];$$
$$H = \text{tf(num,den,'Ts',} T);$$

其中 T 应该输入为实际的采样周期数值,H 为离散系统传递函数模型。此外,仿照连续系统传递函数的算子输入方法,定义算子 $z = \text{tf('z',} T)$,则可以用数学表达式形式输入系统的离散传递函数模型。

例 4-8 假设离散系统的传递函数模型为 $H(z) = \dfrac{6z^2 - 0.6z - 0.12}{z^4 - z^3 + 0.25z^2 + 0.25z - 0.125}$，且系统的采样周期为 $T = 0.1\,\mathrm{s}$，则可以用下面的语句将其输入到 MATLAB 工作空间。

```
>> num=[6 -0.6 -0.12]; den=[1 -1 0.25 0.25 -0.125];
   H=tf(num,den,'Ts',0.1)    % 输入并显示系统的传递函数模型
```

该模型还可以采用算子方式直接输入

```
>> z=tf('z',0.1);
   H=(6*z^2-0.6*z-0.12)/(z^4-z^3+0.25*z^2+0.25*z-0.125);
```

离散系统的时间延迟模型和连续系统不同，一般可以写成

$$H(z) = \frac{b_0 z^n + b_1 z^{n-1} + \cdots + b_{n-1} z + b_n}{a_1 z^n + a_2 z^{n-1} + \cdots + a_n z + a_{n+1}} z^{-d} \tag{4-2-3}$$

这就要求实际延迟时间是采样周期 T 的整数倍，亦即时间延迟常数为 dT。若要输入这样的传递函数模型，只需将传递函数的 `ioDelay` 属性设置成 d，即 $H.\mathtt{ioDelay} = d$。

若将式（4-2-2）中传递函数分子和分母同时除 z^n，则系统的传递函数变换成

$$\widehat{H}\left(z^{-1}\right) = \frac{b_0 + b_1 z^{-1} + \cdots + b_{n-1} z^{-n+1} + b_n z^{-n}}{a_1 + a_2 z^{-1} + \cdots + a_n z^{-n+1} + a_{n+1} z^{-n}} \tag{4-2-4}$$

该模型是离散传递函数的另外一种形式，多用于表示滤波器。在数学模型表示中还可以用 q 取代 z^{-1}，这样这种离散传递函数还可以写成

$$\widehat{H}(q) = \frac{b_0 + b_1 q + \cdots + b_{n-1} q^{n-1} + b_n q^n}{a_1 + a_2 q + \cdots + a_n q^{n-1} + a_{n+1} q^n} \tag{4-2-5}$$

类似于连续系统的零极点模型，离散系统的零极点模型也可以用同样的方法输入，亦即先输入系统的零点和极点，再使用 `zpk()` 函数就可以输入该模型，注意输入离散系统模型时还应该同时输入采样周期。

例 4-9 已知离散系统的零极点模型为 $H(z) = \dfrac{(z-1/2)(z-1/2+\mathrm{j}/2)(z-1/2-\mathrm{j}/2)}{120(z+1/2)(z+1/3)(z+1/4)(z+1/5)}$，其采样周期为 $T = 0.1\,\mathrm{s}$，可以用下面的语句输入该系统的数学模型

```
>> z=[1/2; 1/2+1i/2; 1/2-1i/2]; p=[-1/2; -1/3; -1/4; -1/5];
   H=zpk(z,p,1/120,'Ts',0.1)
```

可以得出系统的传递函数模型为 $H(z) = \dfrac{0.0083333(z - 0.5)(z^2 - z + 0.5)}{(z + 0.5)(z + 0.3333)(z + 0.25)(z + 0.2)}$。

4.2.2 离散状态方程模型

离散系统状态方程模型可以表示为

$$\begin{cases} \boldsymbol{x}[(k+1)T] = \boldsymbol{F}\boldsymbol{x}(kT) + \boldsymbol{G}\boldsymbol{u}(kT) \\ \boldsymbol{y}(kT) = \boldsymbol{C}\boldsymbol{x}(kT) + \boldsymbol{D}\boldsymbol{u}(kT) \end{cases} \tag{4-2-6}$$

可以看出,该模型的输入应该与连续系统状态方程一样,只需输入 $\boldsymbol{F}$、$\boldsymbol{G}$、$\boldsymbol{C}$ 和 $\boldsymbol{D}$ 矩阵,就可以用 ss() 函数将其输入到 MATLAB 的工作空间了。

$H = \mathrm{ss}(\boldsymbol{F},\boldsymbol{G},\boldsymbol{C},\boldsymbol{D},\text{'Ts'},T);$

带有时间延迟的离散系统状态方程模型为

$$\begin{cases} \boldsymbol{x}[(k+1)T] = \boldsymbol{F}\boldsymbol{x}(kT) + \boldsymbol{G}\boldsymbol{u}[(k-d)T] \\ \boldsymbol{y}(kT) = \boldsymbol{C}\boldsymbol{x}(kT) + \boldsymbol{D}\boldsymbol{u}[(k-d)T] \end{cases} \tag{4-2-7}$$

其中 d 为时间延迟常数,这样的系统可以用下面的语句直接输入到 MATLAB 环境中 $H = \mathrm{ss}(\boldsymbol{F},\boldsymbol{G},\boldsymbol{C},\boldsymbol{D},\text{'Ts'},T,\text{'ioDelay'},d)$。

离散系统也有对应的内部延迟状态方程模型描述方式,这里不再赘述。

4.3 系统模型的相互转换

前面介绍了线性控制系统的各种表示方法,本节将介绍基于 MATLAB 的系统模型转换方法,如连续与离散系统之间的相互转换,并将介绍状态方程转换成传递函数模型方法、转换成状态方程模型的各种实现方法。

4.3.1 连续模型和离散模型的相互转换

假设连续系统的状态方程模型由式(4-1-3)给出,则状态变量的解析解为

$$\boldsymbol{x}(t) = \mathrm{e}^{\boldsymbol{A}(t-t_0)}\boldsymbol{x}(t_0) + \int_{t_0}^{t} \mathrm{e}^{\boldsymbol{A}(t-\tau)}\boldsymbol{B}\boldsymbol{u}(\tau)\mathrm{d}\tau \tag{4-3-1}$$

选择采样周期为 T,对之进行离散化,可以选择 $t_0 = kT$, $t = (k+1)T$,可得

$$\boldsymbol{x}[(k+1)T] = \mathrm{e}^{\boldsymbol{A}T}\boldsymbol{x}(kT) + \int_{kT}^{(k+1)T} \mathrm{e}^{\boldsymbol{A}[(k+1)T-\tau]}\boldsymbol{B}\boldsymbol{u}(\tau)\mathrm{d}\tau \tag{4-3-2}$$

考虑对输入信号采用零阶保持器,亦即在同一采样周期内输入信号的值保持不变。假设在采样周期内输入信号为固定的值 $\boldsymbol{u}(kT)$,故上式可以化简为

$$\boldsymbol{x}[(k+1)T] = \mathrm{e}^{\boldsymbol{A}T}\boldsymbol{x}(kT) + \int_{0}^{T} \mathrm{e}^{\boldsymbol{A}\tau}\mathrm{d}\tau \, \boldsymbol{B}\boldsymbol{u}(kT) \tag{4-3-3}$$

对照式(4-3-3)与式(4-2-6),可以发现,使用零阶保持器后连续系统离散化可以直接获得离散状态方程模型,离散后系统的参数可以由下式求出

$$\boldsymbol{F} = \mathrm{e}^{\boldsymbol{A}T}, \ \ \boldsymbol{G} = \int_{0}^{T} \mathrm{e}^{\boldsymbol{A}\tau}\mathrm{d}\tau \, \boldsymbol{B} \tag{4-3-4}$$

且二者的 $\boldsymbol{C}$ 与 $\boldsymbol{D}$ 矩阵完全一致。

如果连续系统由传递函数给出,如式(4-1-2),可以选择 $s = \dfrac{2(z-1)}{T(z+1)}$ 代入连续系统的传递函数模型,则可以将连续系统传递函数变换成 z 的函数,经过处理就

可以直接得到离散系统的传递函数模型,这样的变换又称为双线性变换或 Tustin 变换,这是一种常用的离散化方法。

如果已知连续系统的数学模型 G,不论它是传递函数模型还是状态方程模型,都可以通过 MATLAB 控制系统工具箱中的 $G_1 = \text{c2d}(G, T)$ 函数将其离散化,其中 T 为采样周期,该函数不但能处理一般线性模型,还可以求解带有时间延迟的系统离散化问题,此外,该函数允许使用不同的算法对连续模型进行离散化处理,如采用一阶保持器进行处理等。

例 4-10 考虑例 4-5 中给出的多变量状态方程模型,假设采样周期 $T = 0.1\,\text{s}$,则可以用下面的命令将模型输入到 MATLAB 工作空间,并得出离散化的状态方程模型。

```
>> A=[-12,-17.2,-16.8,-11.9; 6,8.6,8.4,6;
      6,8.7,8.4,6; -5.9,-8.6,-8.3,-6];
   B=[1.5,0.2; 1,0.3; 2,1; 0,0.5]; C=[2,0.5,0,0.8; 0.3,0.3,0.2,1];
   D=zeros(2,2); G=ss(A,B,C,D);
   T=0.1; Gd=c2d(G,T) % 连续状态方程模型的离散化,其数学表示为
```

$$\begin{cases} \boldsymbol{x}_{k+1} = \begin{bmatrix} -0.14996 & -1.6481 & -1.6076 & -1.14 \\ 0.57354 & 1.822 & 0.8018 & 0.57354 \\ 0.57645 & 0.83615 & 1.8059 & 0.57645 \\ -0.56645 & -0.8261 & -0.79587 & 0.4236 \end{bmatrix} \boldsymbol{x}_k + \begin{bmatrix} -0.1842 & -0.1272 \\ 0.2668 & 0.1036 \\ 0.3679 & 0.1740 \\ -0.1657 & -0.0233 \end{bmatrix} \boldsymbol{u}_k \\ \boldsymbol{y}_k = \begin{bmatrix} 2 & 0.5 & 0 & 0.8 \\ 0.3 & 0.3 & 0.2 & 1 \end{bmatrix} \boldsymbol{x}_k \end{cases}$$

例 4-11 假设连续系统的数学模型为 $G(s) = \dfrac{1}{(s+2)^3}\text{e}^{-2s}$,选择采样周期为 $T = 0.1\,\text{s}$,则可以用下面的语句输入该系统的传递函数。

```
>> s=tf('s'); G=1/(s+2)^3; G.ioDelay=2;
```

采用零阶保持器和 Tustin 算法对其离散化,则可以得到下面的结果

```
>> G1=c2d(G,0.1)    % 零阶保持器变换
```

其数学形式为 $G_{\text{ZOH}}(z) = \dfrac{0.0001436z^2 + 0.0004946z + 0.0001064}{z^3 - 2.456z^2 + 2.011z - 0.5488} z^{-20}$。

```
>> G2=c2d(G,0.1,'tustin') % Tustin 变换
```

其数学形式为

$$G_{\text{Tustin}}(z) = \frac{9.391 \times 10^{-5} z^3 + 0.0002817z^2 + 0.0002817z + 9.391 \times 10^{-5}}{z^3 - 2.455z^2 + 2.008z - 0.5477} z^{-20}$$

当然,只从显示的数值结果无法判断各种离散化模型的好坏,在第 5 章中将通过仿真方法对某个模型的离散化结果进行比较,具体参见例 5-18。

在一些特殊应用中,有时需要由已知的离散系统模型变换出连续系统模型,假设离散系统由状态方程给出,对式 (4-3-4) 进行反变换,则可以得出转换公式[3]

$$\boldsymbol{A} = \frac{1}{T}\ln \boldsymbol{F}, \quad \boldsymbol{B} = (\boldsymbol{F} - \boldsymbol{I})^{-1} \boldsymbol{A} \boldsymbol{G} \tag{4-3-5}$$

如果离散系统由传递函数模型给出,将 $z = \dfrac{1 + sT/2}{1 - sT/2}$ 代入离散传递函数模型,就可以获得相应的连续系统传递函数模型,这样的变换称为 Tustin 反变换。

在 MATLAB 环境中,可以利用其控制系统工具箱中提供的 $G_1 = \text{d2c}(G)$ 函数进行连续化变换,其中在调用语句中无须再申明采样周期信息,因为该信息已经包含在离散模型 G 中。利用该语句即可得出相应的连续系统模型 G_1,该函数同样适用于带有时间延迟的系统模型。

例 4-12 考虑例 4-10 中获得的离散系统状态方程模型,采用 d2c() 函数对其反变换,就能得出连续状态方程模型。

```
>> A=[-12,-17.2,-16.8,-11.9; 6,8.6,8.4,6;...
      6,8.7,8.4,6; -5.9,-8.6,-8.3,-6];
   B=[1.5,0.2; 1,0.3; 2,1; 0,0.5]; C=[2,0.5,0,0.8; 0.3,0.3,0.2,1];
   D=zeros(2,2); G=ss(A,B,C,D); Gd=c2d(G,T); % 求取离散状态方程模型
   G1=d2c(Gd)   % 对离散状态方程连续化,注意调用函数时不用采样周期
```

得出的系统 $\widetilde{\boldsymbol{A}}$ 和 $\widetilde{\boldsymbol{B}}$ 矩阵为

$$\widetilde{\boldsymbol{A}} = \begin{bmatrix} -12 & -17.2 & -16.8 & -11.9 \\ 6 & 8.6 & 8.4 & 6 \\ 6 & 8.7 & 8.4 & 6 \\ -5.9 & -8.6 & -8.3 & -6 \end{bmatrix}, \quad \widetilde{\boldsymbol{B}} = \begin{bmatrix} 1.5 & 0.2 \\ 1 & 0.3 \\ 2 & 1 \\ 5.5511 \times 10^{-14} & 0.5 \end{bmatrix}$$

可以看出,这样的连续化过程基本上能还原出原来的连续系统模型,虽然在计算中可能引入微小的误差,但由于其误差幅值极小,可以忽略不计。

4.3.2   系统传递函数的获取

假设连续线性系统的状态方程模型为

$$\begin{cases} \dot{\boldsymbol{x}}(t) = \boldsymbol{A}\boldsymbol{x}(t) + \boldsymbol{B}\boldsymbol{u}(t) \\ \boldsymbol{y}(t) = \boldsymbol{C}\boldsymbol{x}(t) + \boldsymbol{D}\boldsymbol{u}(t) \end{cases} \tag{4-3-6}$$

对该方程两端同时作 Laplace 变换,则可以得出

$$\begin{cases} s\boldsymbol{I}\boldsymbol{X}(s) = \boldsymbol{A}\boldsymbol{X}(s) + \boldsymbol{B}\boldsymbol{U}(s) \\ \boldsymbol{Y}(s) = \boldsymbol{C}\boldsymbol{X}(s) + \boldsymbol{D}\boldsymbol{U}(s) \end{cases} \tag{4-3-7}$$

式中 $\boldsymbol{I}$ 为单位矩阵,其阶次与矩阵 $\boldsymbol{A}$ 相同。这样从式(4-3-7)可以得出

$$\boldsymbol{X}(s) = (s\boldsymbol{I} - \boldsymbol{A})^{-1}\boldsymbol{B}\boldsymbol{U}(s) \tag{4-3-8}$$

可以由下面的式子得出等效的系统传递函数矩阵模型为

$$\boldsymbol{G}(s) = \boldsymbol{Y}(s)\boldsymbol{U}^{-1}(s) = \boldsymbol{C}(s\boldsymbol{I} - \boldsymbol{A})^{-1}\boldsymbol{B} + \boldsymbol{D} \tag{4-3-9}$$

可以看出,在这种变换中的难点是求取 $(s\boldsymbol{I} - \boldsymbol{A})$ 矩阵的逆矩阵。幸运的是,已经有各种可靠的算法来完成这样的任务,其中 Leverrie-Fadeev 算法就是一种能保

证较高精度的可靠算法,可以基于该算法更新 MATLAB 的 poly() 函数,获得更高精度的解[4]。

如果已知系统的零极点模型,则分别展开其分子和分母中由因式形式表达的多项式,再将分子乘以增益,则可以立即求出系统的传递函数模型。

其实,在 MATLAB 下转换出传递函数模型不必如此烦琐,只需用 $G_1 = \text{tf}(G)$ 就可以从给定的系统模型 G 直接取出等效的传递函数模型 G_1,该函数还直接适用于离散系统、多变量系统以及带有时间延迟系统的转换,使用方便。

例 4-13 考虑例 4-5 中给出的多变量状态方程模型,由下面语句可以得出传递函数矩阵

```
>> A=[-12,-17.2,-16.8,-11.9; 6,8.6,8.4,6;
      6,8.7,8.4,6; -5.9,-8.6,-8.3,-6];
   B=[1.5,0.2; 1,0.3; 2,1; 0,0.5]; C=[2,0.5,0,0.8; 0.3,0.3,0.2,1];
   D=zeros(2,2); G=ss(A,B,C,D); G1=tf(G)  % 状态方程模型
```

由得出的结果可以按数学形式将传递函数矩阵改写成

$$
G(s) = \begin{bmatrix} \dfrac{3.5s^3 - 144.1s^2 - 20.69s - 0.8372}{s^4 + s^3 + 0.35s^2 + 0.05s + 0.0024} & \dfrac{0.95s^3 - 64.13s^2 - 9.161s - 0.374}{s^4 + s^3 + 0.35s^2 + 0.05s + 0.0024} \\ \dfrac{1.15s^3 - 36.32s^2 - 6.225s - 0.1339}{s^4 + s^3 + 0.35s^2 + 0.05s + 0.0024} & \dfrac{0.85s^3 - 15.71s^2 - 2.619s - 0.04559}{s^4 + s^3 + 0.35s^2 + 0.05s + 0.0024} \end{bmatrix}
$$

4.3.3　控制系统的状态方程实现

由传递函数到状态方程的转换又称为系统的状态方程实现。在不同的状态变量选择下,可以得到不同的状态方程实现。所以说,传递函数到状态方程的转换不是唯一的。

控制系统工具箱中提供了状态方程的实现函数,如果系统模型由 G 给出,则系统的默认状态方程实现可以由 $G_1 = \text{ss}(G)$ 命令立即得出,该函数直接适用于多变量系统的实现,也可以直接对带有时间延迟的模型和离散系统模型进行转换,所以,若没有特殊的要求,就可以用该函数进行直接的状态方程实现。

例 4-14 重新考虑例 4-7 中给出的带有时间延迟的传递函数矩阵模型,可以用下面的语句首先输入该传递函数矩阵模型,然后可以用 ss() 函数获得该系统的状态方程实现

```
>> g11=tf(0.1134,[1.78 4.48 1],'ioDelay',0.72);
   g12=tf(0.924,[2.07 1]);
   g21=tf(0.3378,[0.361 1.09 1],'ioDelay',0.3);
   g22=tf(-0.318,[2.93 1],'ioDelay',1.29);
   G=[g11, g12; g21, g22]; G1=ss(G)  % 输入系统的传递函数矩阵模型
```

这时可以得出系统的内部延迟向量为 $\tau = [0.42, 1.29]$,故该系统总的状态方程可

以最终表示为

$$
\begin{cases}
\dot{\boldsymbol{x}}(t) = \begin{bmatrix}
-2.5169 & -0.2809 & 0 & 0 & 0 & 0 \\
2 & 0 & 0 & 0 & 0 & 0 \\
0 & 0 & -3.0194 & -0.6925 & 0 & 0 \\
0 & 0 & 4 & 0 & 0 & 0 \\
0 & 0 & 0 & 0 & -0.4831 & 0 \\
0 & 0 & 0 & 0 & 0 & -0.3413
\end{bmatrix} \boldsymbol{x}(t) + \begin{bmatrix}
0.25 & 0 \\
0 & 0 \\
0.25 & 0 \\
0 & 0 \\
0 & 1 \\
0 & 0.25
\end{bmatrix} \begin{bmatrix} u_1(t-0.3) \\ u_2(t) \end{bmatrix} \\[4pt]
\boldsymbol{y}(t) = \begin{bmatrix}
0 & 0.12742 & 0 & 0 & 0.44638 & 0 \\
0 & 0 & 0 & 0.93573 & 0 & -0.43413
\end{bmatrix} \boldsymbol{x}(t)
\end{cases}
$$

该模型分别包含系统的输入延迟和输出延迟。

有了系统的状态方程模型 G_1，用前面介绍的 $G_2 = \mathrm{tf}(G_1)$ 函数可以立即变换回如下的系统传递函数模型。

$$
\boldsymbol{G}_2(s) = \begin{bmatrix}
\dfrac{0.06371}{s^2 + 2.517s + 0.5618}\mathrm{e}^{-0.72s} & \dfrac{0.4464}{s + 0.4831} \\[12pt]
\dfrac{0.9357}{s^2 + 3.019s + 2.77}\mathrm{e}^{-0.3s} & \dfrac{-0.1085}{s + 0.3413}\mathrm{e}^{-1.29s}
\end{bmatrix}
$$

均衡实现是状态方程的一种非常实用的表示形式，该模型可以将各个状态变量在整个控制系统中的重要程度明确地表示出来。MATLAB 的控制系统工具箱提供了 balreal()，可以由已知模型转换出均衡实现模型。该函数的调用格式为 $[G_{\mathrm{b}}, \boldsymbol{g}, \boldsymbol{T}] = \mathrm{balreal}(G)$，其中，$G_{\mathrm{b}}$ 为原系统均衡实现的状态方程模型，而 $\boldsymbol{g}$ 向量为从大到小排列的 Gram 矩阵元素，其大小反映出相应状态变量的重要程度。Gram 矩阵的详细定义在第 5 章给出。若原系统 G 由状态方程给出，则 $\boldsymbol{T}$ 矩阵为线性相似变换矩阵。

4.3.4　状态方程的最小实现

例 4-15 在介绍系统的最小实现之前，首先考虑 $G(s) = \dfrac{5s^3 + 50s^2 + 155s + 150}{s^4 + 11s^3 + 41s^2 + 61s + 30}$，如果不对之进行任何变换，则不能发现该模型可能有哪些特点。现在对该模型进行转换，例如可以直接得到如下的零极点模型

```
>> G=tf([5 50 155 150],[1 11 41 61 30]); % 输入传递函数模型
   zpk(G)                                 % 获得系统的零极点模型
```

可以获得系统的零极点模型为 $G(s) = \dfrac{5(s+3)(s+2)(s+5)}{(s+5)(s+3)(s+2)(s+1)}$。

从零极点模型可以发现，系统在 $s = -2, -3, -5$ 处有相同的零极点，在数学上它们直接就可以对消，以达到对原始模型的化简。经过这样的化简，就可以得出一个一阶模型 $G_{\mathrm{r}}(s) = \dfrac{5}{s+1}$，该系统和原始的系统完全相同。

上面介绍的完全对消相同零极点后的系统模型又称为最小实现（minimum realization）模型。对单变量系统来说，可以将其转换成零极点形式，对消掉全部的

共同零极点,就可以对原始系统进行化简,获得系统的最小实现模型。若系统模型为多变量模型,则很难通过这样的方法获得最小实现模型,这时可以借助于控制系统工具箱中提供的 $G_{\mathrm{m}} = \mathtt{minreal}(G)$ 函数来获得系统的最小实现模型。

例 4-16 假设系统的状态方程模型为

$$\begin{cases} \dot{\boldsymbol{x}}(t) = \begin{bmatrix} -6 & -1.5 & 2 & 4 & 9.5 \\ -6 & -2.5 & 2 & 5 & 12.5 \\ -5 & 0.25 & -0.5 & 3.5 & 9.75 \\ -1 & 0.5 & 0 & -1 & 1.5 \\ -2 & -1 & 1 & 2 & 3 \end{bmatrix} \boldsymbol{x}(t) + \begin{bmatrix} 6 & 4 \\ 5 & 5 \\ 3 & 4 \\ 0 & 2 \\ 3 & 1 \end{bmatrix} \boldsymbol{u}(t) \\ \boldsymbol{y}(t) = \begin{bmatrix} 2 & 0.75 & -0.5 & -1.5 & -2.75 \\ 0 & -1.25 & 1.5 & 1.5 & 2.25 \end{bmatrix} \boldsymbol{x}(t) \end{cases}$$

这样的状态方程模型可以由下面的命令进行最小实现运算

```
>> A=[-6,-1.5,2,4,9.5; -6,-2.5,2,5,12.5; -5,0.25,-0.5,3.5,9.75;
      -1, 0.5, 0, -1, 1.5;  -2, -1, 1, 2, 3]; % 输入系统矩阵
   B=[6,4; 5,5; 3,4; 0,2; 3,1]; D=zeros(2);
   C=[2,0.75,-0.5,-1.5,-2.75; 0,-1.25,1.5,1.5,2.25];
   G=ss(A,B,C,D); G1=minreal(G)              % 求取最小实现模型
```

经过最小实现运算,得到提示“2 states removed”。得出的最小实现模型为

$$\begin{cases} \dot{\hat{\boldsymbol{x}}}(t) = \begin{bmatrix} -2.4125 & 1.1729 & -0.17022 \\ -0.73946 & 0.12333 & -0.37256 \\ -0.65067 & 1.6766 & -1.7108 \end{bmatrix} \hat{\boldsymbol{x}}(t) + \begin{bmatrix} 6.4843 & 4.0942 \\ 5.1517 & 3.7888 \\ 3.227 & 5.5572 \end{bmatrix} \boldsymbol{u}(t) \\ \boldsymbol{y}(t) = \begin{bmatrix} 0.84235 & 0.073798 & 0.048876 \\ 0.25085 & 0.36129 & 0.46861 \end{bmatrix} \hat{\boldsymbol{x}}(t) \end{cases}$$

在最小实现模型求取的过程中,消去了 2 个状态变量,使得原始的状态方程模型简化成一个三阶状态方程模型。这样可以得出关于状态变量 $\dot{\boldsymbol{x}}(t)$ 的状态方程模型,该模型即原来的五阶多变量系统的最小实现模型,应该指出的是,经过最小实现变换,就失去了原来状态变量的直接物理意义。

4.3.5 传递函数与符号表达式的相互转换

前面介绍过用符号表达式表示传递函数的方法,并将其用于模型化简的工作。这样的表达式和控制系统工具箱中的传递函数是不同的,也不能混用,所以这里介绍作者编写的两个相互转换函数 `tf2sym()` 和 `sym2tf()`,其中,由符号表达式变换出传递函数的 MATLAB 函数应该置于 @sym 路径下,其内容为

```
function G=sym2tf(P)
[n,d]=numden(P); G=tf(sym2poly(n),sym2poly(d));
```

由传递函数模型变换成符号表达式的函数内容为

```
function P=tf2sym(G)
P=poly2sym(G.num1,'s')/poly2sym(G.den1,'s');
```

注意,这里的符号表达式必须是系数已知的有理函数形式,如果含有未知的或符号变量型的系数,则不能进行相互转换。

4.4 方框图描述系统的化简

前面介绍了传递函数、状态方程及零极点模型的输入,但控制系统的模型输入并不总是这样简单,一般的控制系统均需要由若干个子模型进行互连,才能构造出来。所以在本节中将介绍子模块的互连及总系统模型的获取。这里将首先介绍三类典型的连接结构:串联、并联和反馈连接;其次介绍模块输入、输出从一个节点移动到另一个节点所必需的等效变换;最后将介绍复杂系统的等效变换和化简。

4.4.1 控制系统的典型连接结构

两个模块 $G_1(s)$ 和 $G_2(s)$ 的串联连接如图 4-2(a)所示,在这样的结构下,输入信号 $u(t)$ 流过第一个模块 $G_1(s)$,而模块 $G_1(s)$ 的输出信号输入到第二个模块 $G_2(s)$,该模块的输出 $y(t)$ 是整个系统的输出。在串联连接下,整个系统的传递函数为 $G(s) = G_2(s)G_1(s)$。对单变量系统来说,这两个模块 $G_1(s)$ 和 $G_2(s)$ 是可以互换的,亦即 $G_1G_2 = G_2G_1$,对多变量系统来说,一般不具备这样的关系。

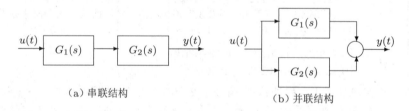

(a)串联结构   (b)并联结构

图 4-2 系统的串联、并联结构

若两个模块 $G_1(s) = (\boldsymbol{A}_1, \boldsymbol{B}_1, \boldsymbol{C}_1, \boldsymbol{D}_1)$ 和 $G_2(s) = (\boldsymbol{A}_2, \boldsymbol{B}_2, \boldsymbol{C}_2, \boldsymbol{D}_2)$,则串联总系统的数学模型可以由下式求出

$$\begin{cases} \begin{bmatrix} \dot{\boldsymbol{x}}_1 \\ \dot{\boldsymbol{x}}_2 \end{bmatrix} = \begin{bmatrix} \boldsymbol{A}_1 & \boldsymbol{0} \\ \boldsymbol{B}_2\boldsymbol{C}_1 & \boldsymbol{A}_2 \end{bmatrix} \begin{bmatrix} \boldsymbol{x}_1 \\ \boldsymbol{x}_2 \end{bmatrix} + \begin{bmatrix} \boldsymbol{B}_1 \\ \boldsymbol{B}_2\boldsymbol{D}_1 \end{bmatrix} \boldsymbol{u} \\ \boldsymbol{y} = \begin{bmatrix} \boldsymbol{D}_2\boldsymbol{C}_1 & \boldsymbol{C}_2 \end{bmatrix} \begin{bmatrix} \boldsymbol{x}_1 \\ \boldsymbol{x}_2 \end{bmatrix} + \boldsymbol{D}_2\boldsymbol{D}_1\boldsymbol{u} \end{cases} \tag{4-4-1}$$

由上面的理论可以看出,若两个模块同样用传递函数描述,则可以由有理函数相乘的方法得出总模型,但如果有一个用传递函数描述,另一个用状态方程表示,则在总模型求取上有一定的麻烦,需要在求解总模型前转换成一致的模型。MATLAB 的控制系统工具箱成功地解决了这样的问题,若已知两个子系统模型 G_1 和 G_2,则串联结构总的系统模型可以统一由 $G = G_2*G_1$ 求出。

两个模块 $G_1(s)$ 和 $G_2(s)$ 的典型并联连接结构如图 4-2（b）所示，其中这两个模块在共同的输入信号 $u(t)$ 激励下，产生两个输出信号，而系统总的输出信号 $y(t)$ 是这两个输出信号的和。并联系统的传递函数总模型为 $G(s) = G_1(s) + G_2(s)$。

若两个模块 $G_1(s) = (\boldsymbol{A}_1, \boldsymbol{B}_1, \boldsymbol{C}_1, \boldsymbol{D}_1)$ 和 $G_2(s) = (\boldsymbol{A}_2, \boldsymbol{B}_2, \boldsymbol{C}_2, \boldsymbol{D}_2)$，则并联总系统的数学模型可以由下式求出

$$\begin{cases} \begin{bmatrix} \dot{\boldsymbol{x}}_1 \\ \dot{\boldsymbol{x}}_2 \end{bmatrix} = \begin{bmatrix} \boldsymbol{A}_1 & \boldsymbol{0} \\ \boldsymbol{0} & \boldsymbol{A}_2 \end{bmatrix} \begin{bmatrix} \boldsymbol{x}_1 \\ \boldsymbol{x}_2 \end{bmatrix} + \begin{bmatrix} \boldsymbol{B}_1 \\ \boldsymbol{B}_2 \end{bmatrix} \boldsymbol{u} \\ \boldsymbol{y} = \begin{bmatrix} \boldsymbol{C}_1 & \boldsymbol{C}_2 \end{bmatrix} \begin{bmatrix} \boldsymbol{x}_1 \\ \boldsymbol{x}_2 \end{bmatrix} + (\boldsymbol{D}_1 + \boldsymbol{D}_2)\boldsymbol{u} \end{cases} \tag{4-4-2}$$

在 MATLAB 下，若已知两个子系统模型 G_1 和 G_2，则并联结构总的系统模型可以统一由 $G = G_1 + G_2$ 求出。

两个模块 $G_1(s)$ 和 $G_2(s)$ 的两种反馈连接结构分别如图 4-3（a）、（b）所示。前一种反馈结构称为正反馈结构，后一种称为负反馈结构。反馈系统总的模型为

$$\text{正反馈：} G(s) = (1 - G_2(s)G_1(s))^{-1}G_1(s)$$
$$\text{负反馈：} G(s) = (1 + G_2(s)G_1(s))^{-1}G_1(s) \tag{4-4-3}$$

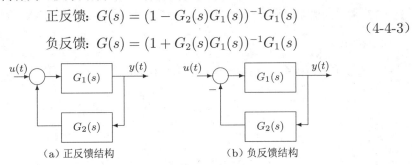

（a）正反馈结构　　　　　　　（b）负反馈结构

图 4-3　系统的反馈连接结构

若两个模块 $G_1(s) = (\boldsymbol{A}_1, \boldsymbol{B}_1, \boldsymbol{C}_1, \boldsymbol{D}_1)$ 和 $G_2(s) = (\boldsymbol{A}_2, \boldsymbol{B}_2, \boldsymbol{C}_2, \boldsymbol{D}_2)$，则负反馈连接总系统的数学模型可以由下式求出

$$\begin{cases} \begin{bmatrix} \dot{\boldsymbol{x}}_1 \\ \dot{\boldsymbol{x}}_2 \end{bmatrix} = \begin{bmatrix} \boldsymbol{A}_1 - \boldsymbol{B}_1\boldsymbol{Z}\boldsymbol{D}_2\boldsymbol{C}_1 & -\boldsymbol{B}_1\boldsymbol{Z}\boldsymbol{C}_2 \\ \boldsymbol{B}_2\boldsymbol{Z}\boldsymbol{C}_1 & \boldsymbol{A}_2 - \boldsymbol{B}_2\boldsymbol{D}_1\boldsymbol{Z}\boldsymbol{C}_2 \end{bmatrix} \begin{bmatrix} \boldsymbol{x}_1 \\ \boldsymbol{x}_2 \end{bmatrix} + \begin{bmatrix} \boldsymbol{B}_1\boldsymbol{Z} \\ \boldsymbol{B}_2\boldsymbol{D}_1\boldsymbol{Z} \end{bmatrix} \boldsymbol{u} \\ \boldsymbol{y} = \begin{bmatrix} \boldsymbol{Z}\boldsymbol{C}_1 & -\boldsymbol{D}_1\boldsymbol{Z}\boldsymbol{C}_2 \end{bmatrix} \begin{bmatrix} \boldsymbol{x}_1 \\ \boldsymbol{x}_2 \end{bmatrix} + \boldsymbol{D}_1\boldsymbol{Z}\boldsymbol{u} \end{cases} \tag{4-4-4}$$

其中 $\boldsymbol{Z} = (\boldsymbol{I} + \boldsymbol{D}_1\boldsymbol{D}_2)^{-1}$。若 $\boldsymbol{D}_1 = \boldsymbol{D}_2 = \boldsymbol{0}$，则 $\boldsymbol{Z} = \boldsymbol{I}$，这时整个系统模型的状态方程可以简化成

$$\begin{cases} \begin{bmatrix} \dot{\boldsymbol{x}}_1 \\ \dot{\boldsymbol{x}}_2 \end{bmatrix} = \begin{bmatrix} \boldsymbol{A}_1 & -\boldsymbol{B}_1\boldsymbol{C}_2 \\ \boldsymbol{B}_2\boldsymbol{C}_1 & \boldsymbol{A}_2 \end{bmatrix} \begin{bmatrix} \boldsymbol{x}_1 \\ \boldsymbol{x}_2 \end{bmatrix} + \begin{bmatrix} \boldsymbol{B}_1 \\ \boldsymbol{0} \end{bmatrix} \boldsymbol{u} \\ \boldsymbol{y} = \begin{bmatrix} \boldsymbol{C}_1 & \boldsymbol{0} \end{bmatrix} \begin{bmatrix} \boldsymbol{x}_1 \\ \boldsymbol{x}_2 \end{bmatrix} \end{cases} \tag{4-4-5}$$

在 MATLAB 环境中直接能使用 $G = G_1/(1 + G_2 * G_1)$ 这样的语句求取总系统模型,但这样得出的模型阶次可能高于实际的阶次,需要用 $\mathtt{minreal()}$ 函数求取得出模型的最小实现形式。此外还可以使用 MATLAB 控制系统工具箱中提供的 $\mathtt{feedback()}$ 函数求取总模型,该函数的调用格式如下:

$$G = \mathtt{feedback}(G_1, G_2); \quad \%负反馈连接$$
$$G = \mathtt{feedback}(G_1, G_2, 1); \quad \%正反馈连接$$

MATLAB 提供的 $\mathtt{feedback()}$ 函数只能用于 G_1 和 G_2 为具体参数给定的模型,通过适当的扩展,就可以编写一个能够处理符号运算的 $\mathtt{feedback()}$ 函数

```
function H=feedback(G1,G2,key)
if nargin==2; key=-1; end, H=G1/(sym(1)-key*G1*G2); H=simple(H);
```

若将其放置在 MATLAB 路径下某个目录的 @sym 子目录下,例如在当前工作目录下建立一个 @sym 子目录,将该文件置于子目录下,则可以直接处理符号模型的化简问题,而不影响原来数值型 $\mathtt{feedback()}$ 函数的正常调用。

例 4-17 考虑如图 4-4 所示的典型反馈控制系统框图,假设各个子传递函数模型为

$$G(s) = \frac{12s^3 + 24s^2 + 12s + 20}{2s^4 + 4s^3 + 6s^2 + 2s + 2}, \quad G_c(s) = \frac{5s + 3}{s}, \quad H(s) = \frac{1000}{s + 1000}$$

则可以通过下面的语句将总模型用 MATLAB 求出。

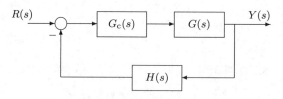

图 4-4   典型反馈控制系统方框图

```
>> s=tf('s'); Gc=(5*s+3)/s; H=1000/(s+1000);
   G=(12*s^3+24*s^2+12*s+20)/(2*s^4+4*s^3+6*s^2+2*s+2);
   GG=feedback(G*Gc,H)      % 求取并显示负反馈系统的传递函数模型
```

其数学表示为

$$G_{闭}(s) = \frac{60s^5 + 60156s^4 + 156132s^3 + 132136s^2 + 136060s + 60000}{2s^6 + 2004s^5 + 64006s^4 + 162002s^3 + 134002s^2 + 138000s + 60000}$$

例 4-18 考虑图 4-4 中给出的反馈系统,假设受控对象模型为多变量状态方程模型

$$\begin{cases} \dot{\boldsymbol{x}}(t) = \begin{bmatrix} -12 & -17.2 & -16.8 & -11.9 \\ 6 & 8.6 & 8.4 & 6 \\ 6 & 8.7 & 8.4 & 6 \\ -5.9 & -8.6 & -8.3 & -6 \end{bmatrix} \boldsymbol{x}(t) + \begin{bmatrix} 1.5 & 0.2 \\ 1 & 0.3 \\ 2 & 1 \\ 0 & 0.5 \end{bmatrix} \boldsymbol{u}(t) \\ \boldsymbol{y}(t) = \begin{bmatrix} 2 & 0.5 & 0 & 0.8 \\ 0.3 & 0.3 & 0.2 & 1 \end{bmatrix} \boldsymbol{x}(t) \end{cases}$$

控制器为对角传递函数矩阵,其子传递函数为 $g_{11}(s) = (2s+1)/s$、$g_{22}(s) = (5s+2)/s$,反馈环节为单位矩阵,这样用 MATLAB 的串联、反馈语句仍然能直接求出总系统模型

```
>> A=[-12,-17.2,-16.8,-11.9; 6,8.6,8.4,6; ...
      6,8.7,8.4,6; -5.9,-8.6,-8.3,-6];
   B=[1.5,0.2; 1,0.3; 2,1; 0,0.5]; C=[2,0.5,0,0.8; 0.3,0.3,0.2,1];
   D=zeros(2,2); G=ss(A,B,C,D);
   s=tf('s'); g11=(2*s+1)/s; g22=(5*s+2)/s; Gc=[g11,0; 0 g22];
   H=eye(2); GG=feedback(G*Gc,H)   % 得出总模型
```

可以求出并显示总的系统模型,其数学形式为

$$\begin{cases} \dot{\boldsymbol{x}}(t) = \begin{bmatrix} -18.3 & -19 & -17 & -15.3 & 1.5 & 0.4 \\ 1.55 & 7.15 & 8.1 & 2.9 & 1 & 0.6 \\ -3.5 & 5.2 & 7.4 & -2.2 & 2 & 2 \\ -6.65 & -9.35 & -8.8 & -8.5 & 0 & 1 \\ -2 & -0.5 & 0 & -0.8 & 0 & 0 \\ -0.3 & -0.3 & -0.2 & -1 & 0 & 0 \end{bmatrix} \boldsymbol{x}(t) + \begin{bmatrix} 3 & 1 \\ 2 & 1.5 \\ 4 & 5 \\ 0 & 2.5 \\ 1 & 0 \\ 0 & 1 \end{bmatrix} \boldsymbol{u}(t) \\ \boldsymbol{y}(t) = \begin{bmatrix} 2 & 0.5 & 0 & 0.8 & 0 & 0 \\ 0.3 & 0.3 & 0.2 & 1 & 0 & 0 \end{bmatrix} \boldsymbol{x}(t) \end{cases}$$

可见,这些连接函数完全适合于多变量系统的连接处理,且这些环节可以为不同的控制系统对象,这就给系统模型处理提供了很大的方便。

值得指出的是,在叙述上述连接时一直在使用连续系统作为例子,但上述的方法应该同样适用于离散系统的模型连接。

例 4-19 考虑如图 4-5 所示的多变量反馈控制系统框图,受控对象由例 4-7 给出

$$\boldsymbol{G}(s) = \begin{bmatrix} \dfrac{0.1134e^{-0.72s}}{1.78s^2 + 4.48s + 1} & \dfrac{0.924}{2.07s + 1} \\ \dfrac{0.3378e^{-0.3s}}{0.361s^2 + 1.09s + 1} & \dfrac{-0.318e^{-1.29s}}{2.93s + 1} \end{bmatrix}$$

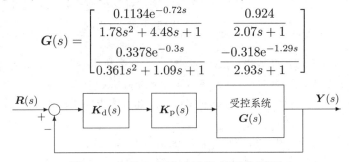

图 4-5　典型多变量反馈控制系统框图

控制器模型为

$$\boldsymbol{K}_{\mathrm{p}}(s) = \begin{bmatrix} -0.4136 & 2.6537 \\ 1.133 & -0.3257 \end{bmatrix}, \quad \boldsymbol{K}_{\mathrm{d}}(s) = \begin{bmatrix} 3.8582 + 1.0640/s & 0 \\ 0 & 1.1487 + 0.8133/s \end{bmatrix}$$

整个系统由单位负反馈结构构成。由下面的语句可以直接计算闭环系统状态方程模型

```
>> g11=tf(0.1134,[1.78 4.48 1],'ioDelay',0.72);
   g12=tf(0.924,[2.07 1]);
   g21=tf(0.3378,[0.361 1.09 1],'ioDelay',0.3);
```

```
g22=tf(-0.318,[2.93 1],'ioDelay',1.29); G=[g11, g12; g21, g22];
s=tf('s'); Kp=[-0.4136,2.6537; 1.133,-0.3257];
Kd=[3.8582+1.0640/s, 0; 0, 1.1487+0.8133/s];
H=eye(2); G1=feedback(G*Kp*Kd,H)
```

闭环系统为带有内部延迟的状态方程,内部延迟向量为 $\boldsymbol{\tau} = [0.42, 1.29, 0.3]$,矩阵为

$$
\boldsymbol{A} = \begin{bmatrix}
-2.517 & -0.4601 & 0 & -0.7131 & 0.3562 & 0.3308 & -0.11 & 0.5396 \\
1 & 0 & 0 & 0 & 0 & 0 & 0 & 0 \\
0 & 0.2033 & -3.019 & -2.811 & 0.7123 & 0.6617 & -0.22 & 1.079 \\
0 & 0 & 2 & 0 & 0 & 0 & 0 & 0 \\
0 & -0.557 & 0 & 0.175 & -2.434 & -0.0812 & 0.6028 & -0.1324 \\
0 & -0.2785 & 0 & 0.0875 & -0.9756 & -0.3819 & 0.3014 & -0.0662 \\
0 & -0.2548 & 0 & 0 & -0.8928 & 0 & 0 & 0 \\
0 & 0 & 0 & -0.9357 & 0 & 0.4341 & 0 & 0
\end{bmatrix}
$$

$$
\boldsymbol{B}^{\mathrm{T}} = \begin{bmatrix}
-0.3989 & 0 & -0.7979 & 0 & 2.186 & 1.093 & 1 & 0 \\
0.7621 & 0 & 1.524 & 0 & -0.1871 & -0.09353 & 0 & 1
\end{bmatrix}
$$

$$
\boldsymbol{C} = \begin{bmatrix}
0 & 0.2548 & 0 & 0 & 0.8928 & 0 & 0 & 0 \\
0 & 0 & 0 & 0.9357 & 0 & -0.4341 & 0 & 0
\end{bmatrix}
$$

值得指出的是,由于该开环环节含有延迟,早期版本中 feedback() 函数直接使用不能正确处理这样的模型,将给出错误信息。所以早期版本处理此问题时需要事先将受控对象模型手工转换成带有内部延迟的状态方程模型,然后再求闭环模型

```
>> P=ss(G); G2=feedback(P*Kp*Kd,H) % 或 G2=feedback(ss(G)*Kp*Kd,H)
```

例 4-20 假设某典型计算机控制反馈系统中,受控对象模型和控制器分别为

$$
G(s) = \frac{2}{s(s+2)}, \ G_c(z) = \frac{9.1544(z - 0.9802)}{z - 0.8187}, \ T = 0.2\,\mathrm{s}
$$

闭环系统由单位负反馈构成。由于两个模型一个为连续的,另一个为离散的,所以不能用串联方式直接求取总模型,必须先将二者转换为相同的模型类型,才能求出整个闭环系统的近似模型。下面的语句可以分别得出连续的或离散的近似模型

```
>> s=tf('s'); T=0.2; G=2/s/(s+2);
z=tf('z',T); Gc=9.1544*(z-0.9802)/(z-0.8187);
G1=feedback(c2d(G,T)*Gc,1), G2=feedback(G*d2c(Gc),1)
```

得出的近似模型分别为

$$
G_1(z) = \frac{0.3219z^2 - 0.03376z - 0.2762}{z^3 - 2.167z^2 + 2.004z - 0.8249}, \ G_2(s) = \frac{18.31s + 2}{s^3 + 3s^2 + 20.31s + 2}
$$

4.4.2   节点移动时的等效变换

在复杂结构图化简中,经常需要将某个支路的输入点从一个节点移动到另一个节点上,例如在图 4-6 中给出的方框图中,比较难处理的地方是 $G_2(s)$、$G_3(s)$ 和

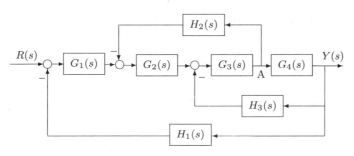

图 4-6 控制系统的方框图

$H_2(s)$ 构成的回路,应该将 $H_2(s)$ 模块的输入端从 A 点等效移动到系统的输出端 $Y(s)$,这就需要对这样的移动导出等效的变换。

图 4-7(a)、(b)中定义了两种常用的节点移动方式:节点前向移动和后向移动。在图 4-7(a)中,若想将 $G_2(s)$ 支路的起始点从 A 点移动到 B 点,则需要将新的 $G_2(s)$ 支路乘以 $G_1(s)$ 模型,这样的移动称为节点的前向移动;而图 4-7(b)中,若想将 $G_2(s)$ 支路的起始点从 B 点移动到 A 点,则需要将新的 $G_2(s)$ 支路除以 $G_1(s)$ 模型,这样的移动称为节点的后向移动。如果用 MATLAB 表示,则前向移动后新的支路模型变成了 G_2*G_1,而后向移动后该支路变成了 G_2/G_1,或 $G_2*\text{inv}(G_1)$。

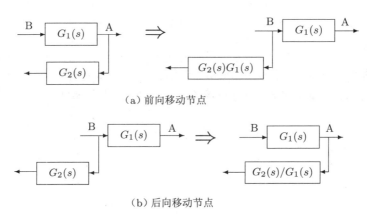

（a）前向移动节点

（b）后向移动节点

图 4-7 节点移动等效变换

4.4.3 复杂系统模型的简化

利用前面给出的等效变换方法不难对更复杂的系统进行化简,本节中将通过例子来演示这样的化简。

例 4-21 假设系统的方框图模型如图 4-6 所示,为方便对其处理,应该将 $H_2(s)$ 模块的输入端从 A 点等效移动到系统的输出端 $Y(s)$, 如图 4-8 所示。

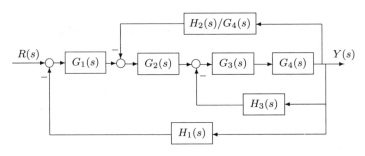

图 4-8   变换后的方框图

得到了这样的化简框图后, 可以清晰地看出: 最内层的闭环是由 $G_3(s)$、$G_4(s)$ 的串联为前向通路, 以 $H_3(s)$ 为反馈通路构成的负反馈结构, 利用前面介绍的知识可以马上得出这个子模型, 该子模型与 $G_2(s)$ 串联又构成了第二层回路的前向通路, 它与变换后的 $H_2(s)/G_4(s)$ 通路构成负反馈结构, 结果再与 $G_1(s)$ 串联, 与 $H_1(s)$ 构成负反馈结构。通过这样的逐层变换就可容易地求出总的系统模型。上面的分析可以用下面的 MATLAB 语句实现, 从而得出总的系统模型。

```
>> syms G1 G2 G3 G4 H1 H2 H3        % 定义各个子模块为符号变量
   c1=feedback(G4*G3,H3);           % 最内层闭环模型
   c2=feedback(c1*G2,H2/G4);        % 第二层闭环模型
   G=feedback(c2*G1,H1); pretty(G)  % 总系统模型
```

得出结果的数学表示形式为 $G(s) = \dfrac{G_2 G_4 G_3 G_1}{1 + G_4 G_3 H_3 + G_3 G_2 H_2 + G_2 G_4 G_3 G_1 H_1}$。

例 4-22 考虑如图 4-9 所示的电机拖动系统模型, 该系统有双输入, 给定输入 $r(t)$ 和负载输入 $M(t)$, 利用 MATLAB 符号运算工具箱可以推导出系统的传递函数矩阵。

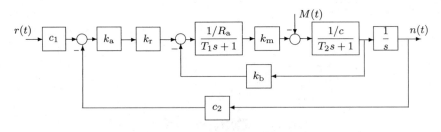

图 4-9   双输入系统方框图

先考虑输入 $r(t)$ 输入信号单独激励系统, 则能用最简单的方式得出传递函数模型

```
>> syms Ka Kr c1 c2 c Ra T1 T2 Km Kb s    % 申明符号变量
   Ga=feedback(1/Ra/(T1*s+1)*Km*1/c/(T2*s+1),Kb);
   G1=c1*feedback(Ka*Kr*Ga/s,c2); G1=collect(G1,s)
```

这样可以得出子传递函数, 显示暂略, 后面将用数学形式给出。

　　若 $M(t)$ 输入信号单独作用时,对原系统结构稍微改动一下,则可以得出如图 4-10 所示的新框图,故用下面的语句能直接计算出传递函数模型

```
>> G2=-feedback(1/c/(T2*s+1)/s, Km/Ra/(T1*s+1)*(Kb*s+c2*Ka*Kr));
   G2=collect(simplify(G2),s)
```

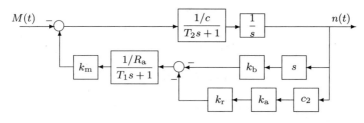

图 4-10　$M(t)$ 单独激励时等效系统方框图

综上所述,可以用 MATLAB 语言推导出系统的传递函数矩阵为

$$\boldsymbol{G}^{\mathrm{T}}(s) = \begin{bmatrix} \dfrac{c_1 k_{\mathrm{m}} k_{\mathrm{a}} k_{\mathrm{r}}}{R_{\mathrm{a}} c T_1 T_2 s^3 + (R_{\mathrm{a}} c T_1 + R_{\mathrm{a}} c T_2) s^2 + (k_{\mathrm{m}} k_{\mathrm{b}} + R_{\mathrm{a}} c) s + k_{\mathrm{a}} k_{\mathrm{r}} k_{\mathrm{m}} c_2} \\ -\dfrac{(T_1 s + 1) R_{\mathrm{a}}}{c R_{\mathrm{a}} T_2 T_1 s^3 + (c R_{\mathrm{a}} T_1 + c R_{\mathrm{a}} T_2) s^2 + (k_{\mathrm{b}} k_{\mathrm{m}} + c R_{\mathrm{a}}) s + k_{\mathrm{m}} c_2 k_{\mathrm{a}} k_{\mathrm{r}}} \end{bmatrix}$$

4.4.4　方框图化简的代数方法

　　当某个框图含有较多交叉回路时,用前面介绍的方法进行结构图化简将可能很麻烦并容易出错,所以通常采用信号流图的方法描述并化简系统。传统解决信号流图化简问题的常用方法是 Mason 增益公式,但对复杂回路问题 Mason 增益公式方法很麻烦并很容易出错。陈怀琛教授提出了基于连接矩阵的化简方法[5],简单有效。这里首先介绍系统框图的信号流图描述,然后介绍基于连接矩阵的结构图化简方法。

例 4-23　重新考虑例 4-21 中给出的系统框图。在该例中,若想较好求解原始问题,必须先将其中一个分枝的起始点后移。如果交叉的回路过多,这样的移动也是很麻烦并易于出错的。现在对原始框图进行直接处理,可以用如图 4-11 所示的信号流图重新描述原系统。在信号流图中,引入了 5 个信号节点 $x_1 \sim x_5$,一个输入节点 u。

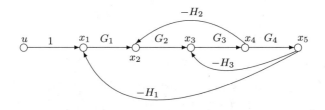

图 4-11　系统的信号流图表示

观察每个信号节点，不难直接写出下面左边的式子。而由左边的式子可以直接写出右边的矩阵形式。该矩阵形式就是后面需要的系统化简的基础。

$$\begin{cases} x_1 = u - H_1 x_5 \\ x_2 = G_1 x_1 - H_2 x_4 \\ x_3 = G_2 x_2 - H_3 x_5 \\ x_4 = G_3 x_3 \\ x_5 = G_4 x_4 \end{cases} \Rightarrow \begin{bmatrix} x_1 \\ x_2 \\ x_3 \\ x_4 \\ x_5 \end{bmatrix} = \begin{bmatrix} 0 & 0 & 0 & 0 & -H_1 \\ G_1 & 0 & 0 & -H_2 & 0 \\ 0 & G_2 & 0 & 0 & -H_3 \\ 0 & 0 & G_3 & 0 & 0 \\ 0 & 0 & 0 & G_4 & 0 \end{bmatrix} \begin{bmatrix} x_1 \\ x_2 \\ x_3 \\ x_4 \\ x_5 \end{bmatrix} + \begin{bmatrix} 1 \\ 0 \\ 0 \\ 0 \\ 0 \end{bmatrix} u$$

从上面的建模方法可见，系统模型的矩阵形式可以写成

$$\boldsymbol{X} = \boldsymbol{QX} + \boldsymbol{PU} \tag{4-4-6}$$

其中，$\boldsymbol{Q}$ 称为连接矩阵。可以立即得出系统各个信号 x_i 对输入的传递函数表示

$$\boldsymbol{G} = \boldsymbol{XU}^{-1} = (\boldsymbol{I} - \boldsymbol{Q})^{-1}\boldsymbol{P} \tag{4-4-7}$$

例 4-24 重新考虑例 4-22 中研究的多变量系统。在原例中，若想求出从第 2 输入到输出信号的模型是件很麻烦的事，首先需要重新绘制原系统变换后的图形，然后才能对系统进行化简。如果采用连接矩阵的方法则无须进行这样的事先处理。根据原系统模型，可以直接绘制出如图 4-12 所示的信号流图。

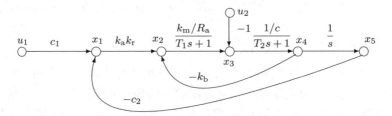

图 4-12   多变量系统的信号流图表示

由给出的信号流图可以直接写出各个信号节点处的节点方程，该方程的矩阵形式可以直接写出，如下式右侧的矩阵方程

$$\begin{cases} x_1 = c_1 u_1 - c_2 x_5 \\ x_2 = k_a k_r x_1 - k_b x_4 \\ x_3 = \dfrac{k_m/R_a}{T_1 s + 1} x_2 - u_2 \\ x_4 = \dfrac{1/c}{T_2 s + 1} x_3 \\ x_5 = \dfrac{1}{s} x_4 \end{cases} \Rightarrow \begin{bmatrix} x_1 \\ x_2 \\ x_3 \\ x_4 \\ x_5 \end{bmatrix} = \begin{bmatrix} 0 & 0 & 0 & 0 & -c_2 \\ k_a k_r & 0 & 0 & -k_b & 0 \\ 0 & \dfrac{k_m/R_a}{T_1 s + 1} & 0 & 0 & 0 \\ 0 & 0 & \dfrac{1/c}{T_2 s + 1} & 0 & 0 \\ 0 & 0 & 0 & \dfrac{1}{s} & 0 \end{bmatrix} \begin{bmatrix} x_1 \\ x_2 \\ x_3 \\ x_4 \\ x_5 \end{bmatrix} + \begin{bmatrix} c_1 & 0 \\ 0 & 0 \\ 0 & -1 \\ 0 & 0 \\ 0 & 0 \end{bmatrix} \begin{bmatrix} u_1 \\ u_2 \end{bmatrix}$$

这样，下面的语句就可以直接化简原多变量系统框图模型了。因为 x_5 为输出节点，所以下面语句可以直接计算出输出信号到两路输入信号的传递函数模型。

```
>> syms Ka Kr c1 c2 c Ra T1 T2 Km Kb s    % 申明符号变量
   Q=[0 0 0 0 -c2; Ka*Kr 0 0 -Kb 0; 0 Km/Ra/(T1*s+1) 0 0 0
```

```
      0 0 1/c/(T2*s+1) 0 0; 0 0 0 1/s 0];
   P=[c1 0; 0 0; 0 -1; 0 0; 0 0]; W=inv(eye(5)-Q)*P; W(5,:)
```

可见这样得出的结果和例 4-22 的结果完全一致。

例 4-25 再考虑例 4-21 中的框图。下面语句可以直接输入连接矩阵 Q 和输入矩阵 P，并由前面的方法直接计算出各个节点的信号对输入信号的传递函数

```
>> syms G1 G2 G3 G4 H1 H2 H3          % 定义各个子模块为符号变量
   Q=[0 0 0 0 -H1; G1 0 0 -H2 0; 0 G2 0 0 -H3;
      0 0 G3 0 0; 0 0 0 G4 0];
   P=[1 0 0 0 0]'; G=inv(eye(5)-Q)*P  % 直接推导传递函数矩阵
```

上述语句可以得出的传递函数矩阵为

$$
\begin{bmatrix} X_1/U \\ X_2/U \\ X_3/U \\ X_4/U \\ X_5/U \end{bmatrix} = \begin{bmatrix} (H_3 G_3 G_4 + 1 + G_3 G_2 H_2)/(G_4 G_3 H_3 + G_4 G_3 G_2 G_1 H_1 + 1 + G_3 G_2 H_2) \\ G_1(G_4 G_3 H_3 + 1)/(G_4 G_3 H_3 + G_4 G_3 G_2 G_1 H_1 + 1 + G_3 G_2 H_2) \\ G_2 G_1/(G_4 G_3 H_3 + G_4 G_3 G_2 G_1 H_1 + 1 + G_3 G_2 H_2) \\ G_3 G_2 G_1/(G_4 G_3 H_3 + G_4 G_3 G_2 G_1 H_1 + 1 + G_3 G_2 H_2) \\ G_4 G_3 G_2 G_1/(G_4 G_3 H_3 + G_4 G_3 G_2 G_1 H_1 + 1 + G_3 G_2 H_2) \end{bmatrix}
$$

由于本例的输出信号是 x_5，所以对比上面传递函数矩阵可以发现，传递函数矩阵的 X_5/U 表达式与例 4-21 得出的结果完全一致。

4.5 线性系统的模型降阶

前面介绍了系统模型的最小实现问题及其 MATLAB 语言求解，用最小实现方法可以对消掉位于相同位置的系统零极点，得到对原始模型的精确简化。如果一个高阶模型不能被最小实现方法降低阶次，有没有什么办法对其进行某种程度的近似，以获得一个低阶的近似模型，这是模型降阶技术需要解决的问题。

控制系统的模型降阶问题首先是在 1966 年由 Edward J. Davison 提出的[6]，经过几十年的发展，出现了各种各样的降阶算法及应用领域。本节将介绍几种有代表性的模型降阶算法及其 MATLAB 实现，并通过例子演示这些方法的效果。

4.5.1 Padé 降阶算法与 Routh 降阶算法

假设系统的原始模型由式（4-1-2）给出，模型降阶所要解决的问题是获得如下所示的传递函数模型

$$
G_{r/k}(s) = \frac{\beta_1 s^r + \beta_2 s^{r-1} + \cdots + \beta_{r+1}}{\alpha_1 s^k + \alpha_2 s^{k-1} + \cdots + \alpha_k s + \alpha_{k+1}} \tag{4-5-1}
$$

其中 $k < n$。为简单起见，仍需假设 $\alpha_{k+1} = 1$。

假设原始模型 $G(s)$ 的 Maclaurin 级数可以写成

$$
G(s) = c_0 + c_1 s + c_2 s^2 + \cdots \tag{4-5-2}
$$

其中，c_i 为又称系统的时间矩量，可以由递推公式求出 [7]

$$c_0 = b_{k+1}, \quad \text{且 } c_i = b_{k+1-i} - \sum_{j=0}^{i-1} c_j a_{n+1-i+j}, \quad i = 1, 2, \cdots \tag{4-5-3}$$

若系统 $G(s)$ 由状态方程给出，还可以用下面的式子求出 c_i 系数为

$$c_i = \frac{1}{i!} \left. \frac{\mathrm{d}^i G(s)}{\mathrm{d}s^i} \right|_{s=0} = -\boldsymbol{C} \boldsymbol{A}^{-(i+1)} \boldsymbol{B}, \quad i = 0, 1, \cdots \tag{4-5-4}$$

作者编写了 $\boldsymbol{c} = \texttt{timmomt}(G, k)$ 函数，可以用来求取系统 G 的前 k 个时间矩量，这些矩量由向量 $\boldsymbol{c}$ 返回，该函数清单为：

```
function M=timmomt(G,k)
G=ss(G); C=G.c; B=G.b; iA=inv(G.a); iA1=iA; M=zeros(1,k);
for i=1:k, M(i)=-C*iA1*B; iA1=iA*iA1; end
```

若想让降阶模型保留原始模型的前 $r+k+1$ 个时间矩量 c_i $(i = 0, \cdots, r+k)$，将式 (4-5-2) 代入式 (4-5-1)，并比较 s 的相同幂次项的系数，则可以列写出下面的等式 [8]

$$\begin{cases}
\beta_{r+1} = c_0 \\
\beta_r = c_1 + \alpha_k c_0 \\
\quad \vdots \\
\beta_1 = c_r + \alpha_k c_{r-1} + \cdots + \alpha_{k-r+1} c_0 \\
0 = c_{r+1} + \alpha_k c_r + \cdots + \alpha_{k-r} c_0 \\
0 = c_{r+2} + \alpha_k c_{r+1} + \cdots + \alpha_{k-r-1} c_0 \\
\quad \vdots \\
0 = c_{k+r} + \alpha_k c_{k+r-1} + \cdots + \alpha_2 c_{r+1} + \alpha_1 c_r
\end{cases} \tag{4-5-5}$$

由式 (4-5-5) 中的后 k 项可以建立起下面的关系式

$$\begin{bmatrix}
c_r & c_{r-1} & \cdots & \cdot \\
c_{r+1} & c_r & \cdots & \cdot \\
\vdots & \vdots & \ddots & \vdots \\
c_{k+r-1} & c_{k+r-2} & \cdots & c_r
\end{bmatrix}
\begin{bmatrix}
\alpha_k \\
\alpha_{k-1} \\
\vdots \\
\alpha_1
\end{bmatrix} = -
\begin{bmatrix}
c_{r+1} \\
c_{r+2} \\
\vdots \\
c_{k+r}
\end{bmatrix} \tag{4-5-6}$$

可见，若 c_i 已知，则可以通过线性代数方程求解的方法立即解出降阶模型的分母多项式系数 α_i。再由式 (4-5-5) 中的前 $r+1$ 个式子可以列写出求解降阶模型分子多项式系数 β_i 的表达式为

$$\begin{bmatrix}
\beta_{r+1} \\
\beta_r \\
\vdots \\
\beta_1
\end{bmatrix} =
\begin{bmatrix}
c_0 & 0 & \cdots & 0 \\
c_1 & c_0 & \cdots & 0 \\
\vdots & \vdots & \ddots & \vdots \\
c_r & c_{r-1} & \cdots & c_0
\end{bmatrix}
\begin{bmatrix}
1 \\
\alpha_k \\
\vdots \\
\alpha_{k-r+1}
\end{bmatrix} \tag{4-5-7}$$

上述算法可以用 MATLAB 语言很容易地编写出求解函数 pademod()，可以用来直接求解 Padé 降阶模型的问题，该函数的内容如下：

```
function Gr=pademod(G,r,k)
c=timmomt(G,r+k+1); Gr=pade_app(c,r,k);
```

其中 G 和 G_r 分别为原始模型和降阶模型，r、k 分别为期望降阶模型的分子和分母阶次。该函数还调用了对系统时间矩量作 Padé 近似的函数 pade_app()，其清单为

```
function Gr=pade_app(c,r,k)
w=-c(r+2:r+k+1)'; vv=[c(r+1:-1:1)'; zeros(k-1-r,1)];
W=rot90(hankel(c(r+k:-1:r+1),vv)); V=rot90(hankel(c(r:-1:1)));
x=[1 (W\w)']; dred=x(k+1:-1:1)/x(k+1);
y=[c(1) x(2:r+1)*V'+c(2:r+1)]; nred=y(r+1:-1:1)/x(k+1);
Gr=tf(nred,dred);
```

其中 c 为给定的时间矩量，G_r 为得出的 Padé 近似模型。

例 4-26 试得出传递函数模型 $G(s) = \dfrac{s^3 + 7s^2 + 11s + 5}{s^4 + 7s^3 + 21s^2 + 37s + 30}$ 的二阶 Padé 降阶模型。由下面的语句可以立即得出一个二阶降阶模型。另外，若使用 step() 和 bode() 可以绘制出系统的阶跃响应和 Bode 图，关于这两个函数下一章将详细介绍。

```
>> G=tf([1,7,11,5],[1,7,21,37,30]); Gr=pademod(G,1,2)
   step(G,Gr,'--'), figure, bode(G,Gr,'--')
```

系统的 Padé 降阶模型为 $G_r(s) = \dfrac{0.8544s + 0.6957}{s^2 + 1.091s + 4.174}$。得出的阶跃响应曲线和 Bode 图如图 4-13(a)、(b) 所示，可见，这样得出的降阶模型的响应接近于原始模型。

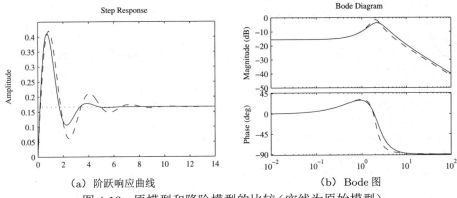

(a) 阶跃响应曲线　　　　　　　　　(b) Bode 图

图 4-13　原模型和降阶模型的比较（实线为原始模型）

从上面的例子可以看出，给定一个原始模型，可以很容易得到降阶模型，该降阶模型在时域和频域下都能很好地近似原来的四阶模型。下面将给出此算法的一个反例。

例 4-27 假设原始模型为 $G(s) = \dfrac{0.067s^5 + 0.6s^4 + 1.5s^3 + 2.016s^2 + 1.55s + 0.6}{0.067s^6 + 0.7s^5 + 3s^4 + 6.67s^3 + 7.93s^2 + 4.63s + 1}$，

用下面的语句可以输入 $G(s)$，并得出其零极点模型：

```
>> num=[0.067,0.6,1.5,2.016,1.66,0.6];
   den=[0.067 0.7 3 6.67 7.93 4.63 1]; G=tf(num,den); zpk(G)
```

其零极点模型为

$$G(s) = \frac{(s+5.92)(s+1.221)(s+0.897)(s^2+0.9171s+1.381)}{(s+2.805)(s+1.856)(s+1.025)(s+0.501)(s^2+4.261s+5.582)}$$

显然，该模型是稳定的。利用前面给出的 Padé 降阶算法，可以由下面的语句得出三阶降阶模型，并得出零极点模型为

```
>> Gr=pademod(G,1,3); zpk(Gr)
```

可以得出降阶模型为 $G_r(s) = \dfrac{-0.6328(s+0.7695)}{(s-2.598)(s^2+1.108s+0.3123)}$。可见降阶模型是不稳定的，这意味着 Padé 降阶算法并不能保持原系统的稳定性，故有时该算法失效。

由于 Padé 降阶算法有时并不能保持原降阶模型的稳定性，所以 Hutton 提出了基于稳定性考虑的降阶算法[9]，即利用 Routh 因子的近似方法，该方法总能得出渐近稳定的降阶模型。限于篇幅，本书不给出具体算法。

作者编写了基于 Routh 算法降阶的函数 routhmod()，其内容为

```
function Gr=routhmod(G,nr)
num=G.num1; den=G.den1; n0=length(den); n1=length(num);
a1=den(end:-1:1); b1=[num(end:-1:1) zeros(1,n0-n1-1)];
for k=1:n0-1,
   k1=k+2; alpha(k)=a1(k)/a1(k+1); beta(k)=b1(k)/a1(k+1);
   for i=k1:2:n0-1,
      a1(i)=a1(i)-alpha(k)*a1(i+1); b1(i)=b1(i)-beta(k)*a1(i+1);
end, end
nn=[]; dd=[1]; nn1=beta(1); dd1=[alpha(1),1]; nred=nn1; dred=dd1;
for i=2:nr,
   nred=[alpha(i)*nn1, beta(i)]; dred=[alpha(i)*dd1, 0];
   n0=length(dd); n1=length(dred); nred=nred+[zeros(1,n1-n0),nn];
   dred=dred+[zeros(1,n1-n0),dd];
   nn=nn1; dd=dd1; nn1=nred; dd1=dred;
end
Gr=tf(nred(nr:-1:1),dred(end:-1:1));
```

其中 G 与 G_r 为原始模型与降阶模型，而 n_r 为指定的降阶阶次。注意，用 Routh 算法得出的降阶模型分子阶次总是比分母阶次少 1。

例 4-28 考虑例 4-27 给出的原始传递函数模型，可以由下面的 Routh 算法函数直接获得稳定的三阶降阶模型。

```
>> num=[0.067,0.6,1.5,2.016,1.66,0.6];
   den=[0.067 0.7 3 6.67 7.93 4.63 1]; G=tf(num,den);
```

```
Gr=zpk(routhmod(G,3))          % 获得降阶模型,并导出其零极点格式
step(G,Gr,'--'), figure, bode(G,Gr,'--')
```

可以得出系统降阶模型为 $G_{\mathrm{r}}(s) = \dfrac{0.37792(s^2 + 0.9472s + 0.3423)}{(s + 0.4658)(s^2 + 1.15s + 0.463)}$。原始系统和降阶

模型的阶跃响应和 Bode 图比较如图 4-14(a)、(b)所示。从得出的结果看,尽管降阶模型是稳定的,但拟合的效果不甚理想。

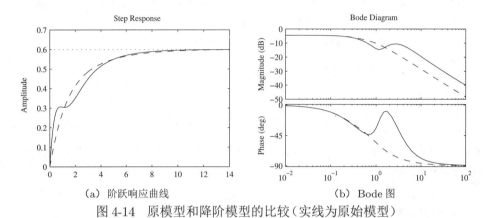

（a）阶跃响应曲线　　　　　　　　　　（b）Bode 图

图 4-14　原模型和降阶模型的比较（实线为原始模型）

尽管 Routh 算法可以保持降阶模型的稳定性,但一般认为时域、频域拟合效果是不令人满意的,所以还可以采用主导模态算法[10]、脉冲能量近似方法[11] 等。

4.5.2　时间延迟模型的 Padé 近似

类似于 Padé 模型降阶算法,Padé 近似技术还可以用于带有时间延迟模型的降阶研究,假设已知纯时间延迟项 $\mathrm{e}^{-\tau s}$ 的 k 阶传递函数模型为

$$P_{k,\tau}(s) = \frac{1 - \tau s/2 + p_2(\tau s)^2 - p_3(\tau s)^3 + \cdots + (-1)^{n+1}p_n(\tau s)^k}{1 + \tau s/2 + p_2(\tau s)^2 + p_3(\tau s)^3 + \cdots + p_n(\tau s)^k} \tag{4-5-8}$$

MATLAB 控制系统工具箱提供了一个 pade() 函数,可以求取纯时间延迟的 Padé 近似,该函数的调用格式为 $[\boldsymbol{n},\boldsymbol{d}] = \mathtt{pade}(\tau,k)$,其中,$\tau$ 为延迟时间常数,k 为近似的阶次,得出的 $\boldsymbol{n}$ 和 $\boldsymbol{d}$ 为有理近似的分子和分母多项式系数。在这样的近似方法中,分子与分母是同阶次多项式。更一般的,$G_1 = \mathtt{pade}(G,n)$ 将得出含有延迟或内部延迟的线性系统模型 G 的 Padé 近似模型 G_1。

现在考虑分子的阶次可以独立地选择的情况。对纯时间延迟项可以立即用 Maclaurin 级数近似为

$$\mathrm{e}^{-\tau s} = 1 - \frac{1}{1!}\tau s + \frac{1}{2!}\tau^2 s^2 - \frac{1}{3!}\tau^3 s^3 + \cdots \tag{4-5-9}$$

该式类似于式(4-5-2)中的时间矩量表达式,故可以用同样的 Padé 算法得出纯时间延迟的有理近似。作者编写的 MATLAB 函数 paderm() 可以直接求取任意选择分子、分母阶次的 Padé 近似系数。该函数的内容为

```
function [n,d]=paderm(tau,r,k)
c(1)=1; for i=2:r+k+1, c(i)=-c(i-1)*tau/(i-1); end
Gr=pade_app(c,r,k); n=Gr.num1(k-r+1:end); d=Gr.den1;
```

其中,分子阶次 r 和分母阶次 k 可以任意选定,返回的分子和分母系数向量 $\boldsymbol{n}$ 和 $\boldsymbol{d}$ 可以直接得出。

例 4-29 考虑纯时间延迟模型 $G(s)=\mathrm{e}^{-s}$,可以用下面的语句得出 Padé 近似模型为

```
>> tau=1; [n1,d1]=pade(tau,3); G1=tf(n1,d1)
   [n2,d2]=paderm(tau,1,3); G2=tf(n2,d2)
```

用这两种方法可以得出不同的近似模型为

$$G_1(s)=\frac{-s^3+12s^2-60s+120}{s^3+12s^2+60s+120}, \quad G_2(s)=\frac{-6s+24}{s^3+6s^2+18s+24}$$

例 4-30 考虑带有时间延迟的原始传递函数模型 $G(s)=\dfrac{3s+1}{(s+1)^3}\mathrm{e}^{-2s}$,对纯时间延迟进行 Maclaurin 幂级数展开,则可以得出整个传递函数的时间矩量,从而得出整个系统的 Padé 近似

```
>> cd=[1]; tau=2; for i=1:5, cd(i+1)=-tau*cd(i)/i; end; cd
   G=tf([3,1],[1,3,3,1]); c=timmomt(G,5);
   c_hat=conv(c,cd); Gr=pade_app(c_hat,1,3);
   G.ioDelay=2; Gr1=pade(G,2); step(G,Gr,'--',Gr1,':'),
   figure, bode(G,Gr,'--',Gr1,':')
```

可以得出系统的 Padé 降阶模型和 Padé 高阶近似模型分别为

$$G_{\mathrm{r}}(s)=\frac{0.2012s+0.00915}{s^3+0.4482s^2+0.2195s+0.00915}, \quad G_{\mathrm{r1}}(s)=\frac{3s^3-8s^2+6s+3}{s^5+6s^4+15s^3+19s^2+12s+3}$$

三个模型的阶跃响应和 Bode 图比较如图 4-15(a)、(b)所示。可见,用不带延迟的三阶 Padé 降阶模型去逼近延迟模型效果不是很理想,所以可以考虑用带有延迟的模型去近似原模型。高阶近似可以对原始模型有较好的逼近效果。

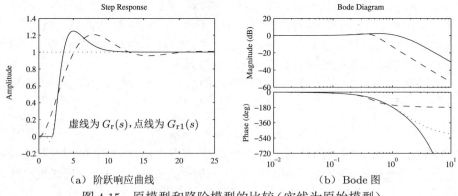

(a) 阶跃响应曲线   (b) Bode 图

图 4-15 原模型和降阶模型的比较(实线为原始模型)

4.5.3 带有时间延迟系统的次最优降阶算法

1. 降阶模型的降阶效果

对降阶效果可能有各种各样的定义和指标,但最直观的是按图 4-16 中给出的形式定义出降阶误差信号 $e(t)$,根据该误差信号,可以定义出一些指标,如 $J_{ISE} = \int_0^\infty e^2(t)\mathrm{d}t$,将其定义为目标函数,对其最小化,得出最优降阶模型。

假设带有时间延迟的原始模型为

$$G(s)\mathrm{e}^{-Ts} = \frac{b_1 s^{n-1} + \cdots + b_{n-1}s + b_n}{s^n + a_1 s^{n-1} + \cdots + a_{n-1}s + a_n}\mathrm{e}^{-Ts} \tag{4-5-10}$$

则降阶模型可以写成

$$G_{r/k}(s)\mathrm{e}^{-\tau s} = \frac{\beta_1 s^r + \cdots + \beta_r s + \beta_{r+1}}{s^k + \alpha_1 s^{k-1} + \cdots + \alpha_{k-1}s + \alpha_k}\mathrm{e}^{-\tau s} \tag{4-5-11}$$

降阶误差信号的 Laplace 变换表达式为

$$E(s) = \left[G(s)\mathrm{e}^{-Ts} - G_{r/m}(s)\mathrm{e}^{-\tau s}\right]R(s) \tag{4-5-12}$$

其中 $R(s)$ 为输入信号 $r(t)$ 的 Laplace 变换式。

2. 次最优模型降阶算法[12]

利用最优化算法进行模型降阶的思路是很直观的。由前面定义的误差信号 $e(t)$,可以定义前面的 J_{ISE} 目标函数,通过参数最优化的方式寻优,找出降阶模型。对目标函数还可以进一步处理,例如对误差信号进行加权,引入新的误差信号 $h(t) = w(t)e(t)$,则可以定义出新的 ISE 指标。

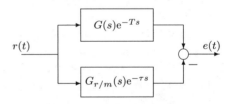

图 4-16 模型降阶误差信号

$$\sigma_h^2 = \int_0^\infty h^2(t)\mathrm{d}t = \int_0^\infty w^2(t)e^2(t)\mathrm{d}t \tag{4-5-13}$$

若 $H(s)$ 为稳定的有理函数,则目标函数的值可以由 Åström 递推算法或 Lyapunov 方程求解。如果降阶模型或原始模型中含有时间延迟项,则用 Åström 算法不能直接求解,需要对延迟项采用 Padé 近似。因为对延迟系统采用近似的最优化来求解,所以这里称为次最优降阶算法[12]。如果不含有延迟项,则称为最优降阶算法。

定义待定参数向量 $\boldsymbol{\theta} = [\alpha_1, \alpha_2, \cdots, \alpha_m, \beta_1, \beta_2, \cdots, \beta_{r+1}, \tau]$,则对一类给定输入信号可以定义出降阶模型的误差信号 $\widehat{e}(t, \boldsymbol{\theta})$,其中误差信号被显式地写成 $\boldsymbol{\theta}$ 的函数,这样可以定义出一个次最优降阶的目标函数为

$$J = \min_{\boldsymbol{\theta}} \left[\int_0^\infty w^2(t)\widehat{e}^2(t, \boldsymbol{\theta})\mathrm{d}t\right] \tag{4-5-14}$$

作者编写了 MATLAB 函数 opt_app()，可以用于求解带有时间延迟的次最优降阶模型，该函数的内容为

```
function Gr=opt_app(G,r,k,key,G0)
GS=tf(G); num=GS.num1; den=GS.den1; Td=totaldelay(GS);
GS.ioDelay=0; GS.InputDelay=0;GS.OutputDelay=0; s=tf('s');
if nargin<5, G0=(s+1)^r/(s+1)^k; end
beta=G0.num1(k+1-r:k+1); alph=G0.den1; Tau=1.5*Td;
x=[beta(1:r),alph(2:k+1)]; if abs(Tau)<1e-5, Tau=0.5; end
dc=dcgain(GS); if key==1, x=[x,Tau]; end
y=opt_fun(x,GS,key,r,k,dc);
x=fminsearch(@opt_fun,x,[],GS,key,r,k,dc);
alph=[1,x(r+1:r+k)]; beta=x(1:r+1); if key==0, Td=0; end
beta(r+1)=alph(end)*dc; if key==1, Tau=x(end)+Td; else, Tau=0; end
Gr=tf(beta,alph,'ioDelay',Tau);
```

其中 G 和 G_r 为原始模型和降阶模型，r、k 为降阶模型的分子分母阶次，key 表明在降阶模型中是否需要延迟项，G_0 为最优化初值，可以忽略。该函数中调用的 opt_fun() 函数用于描述目标函数，其清单为

```
function y=opt_fun(x,G,key,r,k,dc)
ff0=1e10; a=[1,x(r+1:r+k)]; b=x(1:r+1); b(end)=a(end)*dc;
if key==1, tau=x(end);
   if tau<=0, tau=eps; end, [n,d]=pade(tau,3); gP=tf(n,d);
else, gP=1; end
G_e=G-tf(b,a)*gP; G_e.num1=[0,G_e.num1(1:end-1)];
[y,ierr]=geth2(G_e); if ierr==1, y=10*ff0; else, ff0=y; end
% 子函数 geth2
function [v,ierr]=geth2(G)
G=tf(G); num=G.num1; den=G.den1; ierr=0; v=0; n=length(den);
if abs(num(1))>eps
   disp('System not strictly proper');
   ierr=1; return
else, a1=den; b1=num(2:length(num)); end
for k=1:n-1
   if (a1(k+1)<=eps), ierr=1; return
   else,
      aa=a1(k)/a1(k+1); bb=b1(k)/a1(k+1); v=v+bb*bb/aa; k1=k+2;
      for i=k1:2:n-1, a1(i)=a1(i)-aa*a1(i+1); b1(i)=b1(i)-bb*a1(i+1);
end, end, end
v=sqrt(0.5*v);
```

例 4-31 已知原始系统的传递函数模型[13]

$$G(s)=\frac{1+8.8818s+29.9339s^2+67.087s^3+80.3787s^4+68.6131s^5}{1+7.6194s+21.7611s^2+28.4472s^3+16.5609s^4+3.5338s^5+0.0462s^6}$$

用下面的语句可以得出该模型的最优降阶模型:

```
>> num=[68.6131,80.3787,67.087,29.9339,8.8818,1];
   den=[0.0462,3.5338,16.5609,28.4472,21.7611,7.6194,1];
   G=tf(num,den); Gr=zpk(opt_app(G,2,3,0))
   step(G,Gr,'--'), figure, bode(G,Gr,'--')
```

则可以得出最优降阶模型为 $G_r(s) = \dfrac{1523.6536(s^2 + 0.3492s + 0.2482)}{(s + 74.85)(s^2 + 3.871s + 5.052)}$。阶跃响应和 Bode 图比较在图 4-17（a）、(b) 中给出,可见,最优降阶模型能够很好地逼近原始模型。

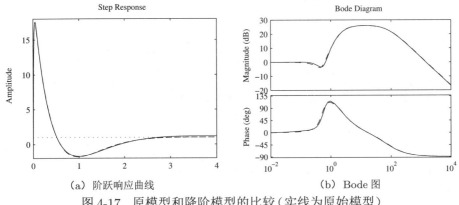

|（a）阶跃响应曲线 | （b）Bode 图 |

图 4-17　原模型和降阶模型的比较（实线为原始模型）

例 4-32 考虑系统模型[14] $G(s) = \dfrac{432}{(5s+1)(2s+1)(0.7s+1)(s+1)(0.4s+1)}$,由下面的 MATLAB 语句可以得出带有延迟的次最优降阶模型

```
>> s=tf('s'); G=432/(5*s+1)/(2+s+1)/(0.7*s+1)/(s+1)/(0.4*s+1);
   Gr=zpk(opt_app(G,0,2,1))
   step(G,Gr,'--'), figure, bode(G,Gr,'--')
```

可以得出带有延迟的次最优降阶模型为 $G_r(s) = \dfrac{31.4907}{(s + 0.3283)(s + 0.222)} e^{-1.5s}$。阶跃响应和 Bode 图比较在图 4-18（a）、(b) 中给出,可见,用带有延迟的次最优降阶模型可以很好地逼近原始模型。

例 4-33 考虑下面给出的非最小相位模型[12] $G(s) = \dfrac{10s^3 - 60s^2 + 110s + 60}{s^4 + 17s^2 + 82s^2 + 130s + 100}$,采用最优降阶算法,则可以给出下面的语句

```
>> G=tf([10 -60 110 60],[1 17 82 130 100]);
   Gr=opt_app(G,1,2,1); Gr1=opt_app(G,1,2,0); % 获得最优降阶模型
   step(G,Gr,'--',Gr1,':'), figure; bode(G,Gr,'--',Gr1,':')
```

可以分别得出带有时间延迟和不带时间延迟的次最优降阶模型为

$$G_r(s) = \frac{2.625s + 1.13}{s^2 + 1.901s + 1.883} e^{-0.698s}, \quad G_{r_1}(s) = \frac{0.4701s + 0.8328}{s^2 + 0.5906s + 1.388}$$

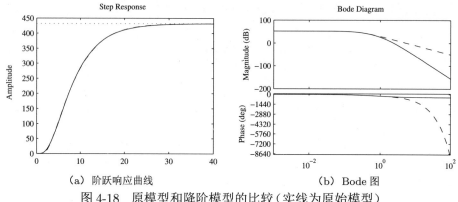

（a）阶跃响应曲线   （b）Bode 图

图 4-18   原模型和降阶模型的比较（实线为原始模型）

上面给出的语句还可以直接绘制出降阶模型与原始模型的阶跃响应曲线，如图 4-19（a）、（b）所示。从得出的结果看，最优降阶模型忽略了对非最小相位系统开始振荡区域的近似，在其他区域能够相当成功地拟合原延迟系统的特性。

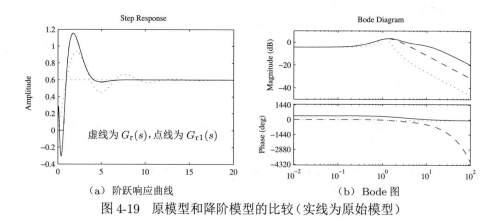

（a）阶跃响应曲线   （b）Bode 图

图 4-19   原模型和降阶模型的比较（实线为原始模型）

4.5.4   状态方程模型的降阶算法

1. 均衡实现模型的降阶算法

通过均衡实现，可以得出处理后系统的可控 Gram 矩阵，根据该矩阵的值可以看出哪些状态重要，哪些是次要的、对全局没有太大影响的，找到这些状态，则可以将其忽略掉，从而得出所需的降阶模型。

利用矩阵分块方法，可以重新写出原系统模型的均衡实现表示

$$\begin{bmatrix} \dot{\boldsymbol{x}}_1 \\ \dot{\boldsymbol{x}}_2 \end{bmatrix} = \begin{bmatrix} \boldsymbol{A}_{11} & \boldsymbol{A}_{12} \\ \boldsymbol{A}_{21} & \boldsymbol{A}_{22} \end{bmatrix} \begin{bmatrix} \boldsymbol{x}_1 \\ \boldsymbol{x}_2 \end{bmatrix} + \begin{bmatrix} \boldsymbol{B}_1 \\ \boldsymbol{B}_2 \end{bmatrix} u, \quad y = \begin{bmatrix} \boldsymbol{C}_1 & \boldsymbol{C}_2 \end{bmatrix} \begin{bmatrix} \boldsymbol{x}_1 \\ \boldsymbol{x}_2 \end{bmatrix} + Du \quad (4\text{-}5\text{-}15)$$

并假设子状态变量 $\boldsymbol{x}_2$ 需要消去，这样可以得出如下的状态方程模型

$$\begin{cases} \dot{\boldsymbol{x}}_1 = \left(\boldsymbol{A}_{11} - \boldsymbol{A}_{12}\boldsymbol{A}_{22}^{-1}\boldsymbol{A}_{21}\right)\boldsymbol{x}_1 + \left(\boldsymbol{B}_1 - \boldsymbol{A}_{12}\boldsymbol{A}_{22}^{-1}\boldsymbol{B}_2\right)u \\ y = \left(\boldsymbol{C}_1 - \boldsymbol{C}_2\boldsymbol{A}_{22}^{-1}\boldsymbol{A}_{21}\right)\boldsymbol{x}_1 + \left(D - \boldsymbol{C}_2\boldsymbol{A}_{22}^{-1}\boldsymbol{B}_2\right)u \end{cases} \tag{4-5-16}$$

控制系统工具箱中给出了 modred() 函数来求取降阶模型，该函数的调用格式为 $G_{\mathrm{r}} = \mathtt{modred}(G, \mathtt{elim})$，其中，$G$ 为均衡实现的原始模型，elim 为需要消去的状态变量，G_{r} 为降阶模型。

例 4-34 再考虑例 4-26 中的系统模型，由下面的语句可以求出均衡实现的可控性 Gram 矩阵

```
>> G=tf([1,7,24,24],[1,10,35,50,24]); [G_b,g]=balreal(ss(G))
```

得出的 Gram 向量为 $\boldsymbol{g} = [0.5179, 0.0309, 0.0124, 0.0006]^{\mathrm{T}}$。显然，第 3、4 个状态变量不是很重要，所以可以考虑消去这两个状态，得出降阶模型。

```
>> G_r=modred(G_b,[3,4]); zpk(G_r)
   step(G,G_r,'--'), figure, bode(G,G_r,'--')
```

这样可以得出降阶模型为 $G_{\mathrm{r}}(s) = \dfrac{0.025974(s+4.307)(s+22.36)}{(s+1.078)(s+2.319)}$。阶跃响应和 Bode 图比较在图 4-20（a）、（b）中给出，可见，舍去两个不重要的状态后，得出的降阶模型可以很好地逼近原始模型的阶跃响应。不过，由于降阶模型的分子和分母阶次相同，所以时域响应的初值不为零，这和原系统不一致。Bode 图的逼近也不甚理想。

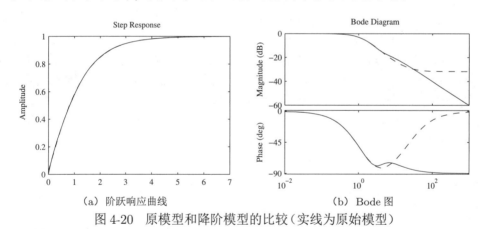

（a）阶跃响应曲线　　　（b）Bode 图

图 4-20　原模型和降阶模型的比较（实线为原始模型）

2. 基于 Schur 均衡实现模型的降阶算法

MATLAB 鲁棒控制工具箱中给出的基于 Schur 均衡实现模型降阶函数 schmr() 可以直接获得降阶模型，该函数的调用格式类似于 modred() 函数，其中 schmr() 函数的优势是它可以处理不稳定的原始模型，$G_{\mathrm{r}} = \mathtt{schmr}(G, 1, k)$，其中，$G$ 为原始模型的状态方程表示，k 为降阶模型的阶次，降阶模型由 G_{r} 返回。

例 4-35 考虑例 4-31 中给出的原始模型，由下面语句可以立即得出 Schur 降阶模型

```
>> num=[68.6131,80.3787,67.087,29.9339,8.8818,1];
   den=[0.0462,3.5338,16.5609,28.4472,21.7611,7.6194,1];
   G=ss(tf(num,den)); Gh=zpk(schmr(G,1,3))
   step(G,Gh,'--'), figure, bode(G,Gh,'--')
```

可以得出 Schur 降阶模型为 $G_\mathrm{r}(s) = \dfrac{1485.3076(s^2 + 0.1789s + 0.2601)}{(s + 71.64)(s^2 + 3.881s + 4.188)}$。降阶模型和

原模型的比较在图 4-21（a）、（b）中给出，可见降阶模型的效果很理想，但和前面给出的

最优降阶模型相比略有差距。

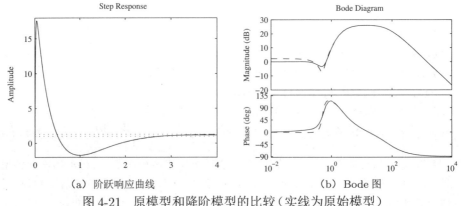

（a）阶跃响应曲线   （b）Bode 图

图 4-21   原模型和降阶模型的比较（实线为原始模型）

3. 最优 Hankel 范数的降阶模型近似

Glover 提出了求取给定状态方程模型的最优 Hankel 范数近似算法[15]，该算法是系统模型降阶中的一种重要的算法。MATLAB 的鲁棒控制工具箱提供了函数 ohklmr()，可以用来求解最优 Hankel 范数降阶问题，$G_\mathrm{r} = \mathtt{ohklmr}(G,1,k)$，其中，$G$ 和 G_r 分别为原始模型和降阶模型，k 为降阶系统的阶次。

例 4-36 考虑例 4-31 中给出的原始模型，用下面的语句可以得出三阶最优 Hankel 范数降阶模型，并得出其零极点模型。

```
>> num=[68.6131,80.3787,67.087,29.9339,8.8818,1];
   den=[0.0462,3.5338,16.5609,28.4472,21.7611,7.6194,1];
   G=ss(tf(num,den)); Gh=zpk(ohklmr(G,1,3))
   step(G,Gh,'--'), figure, bode(G,Gh,'--')
```

可以得出最优 Hankel 范数降阶模型为 $G_\mathrm{r}(s) = \dfrac{1527.8048(s^2 + 0.2764s + 0.2892)}{(s + 73.93)(s^2 + 3.855s + 4.585)}$。降

阶模型和原模型的比较在图 4-22（a）、（b）中给出，可见降阶模型的效果很理想，但和前面给出的 Schur 最优降阶模型效果相仿。

其实，前面介绍的状态方程降阶方法均不能独立选择降阶模型分子、分母的阶次，所以自动选择阶次不能满足要求时，还是应该考虑将其转换成传递函数模型，再选择最优降阶算法获取降阶模型。

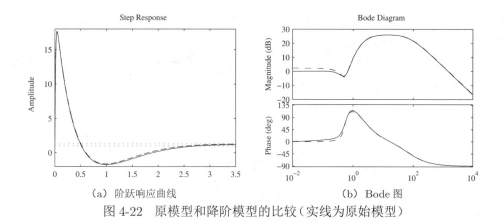

（a）阶跃响应曲线　　　　　　　　　（b）Bode 图

图 4-22　原模型和降阶模型的比较（实线为原始模型）

4.6　线性系统的模型辨识

前面各节中介绍的方法均是假定线性系统的数学模型已知而展开的,这些数学模型往往可以通过已知规律推导得出。但在实际应用中并不是所有的受控对象都可以推导出数学模型的,很多受控对象甚至连系统的结构都是未知的,所以需要从实测的系统输入输出数据或其他数据,用数值的手段重构其数学模型,这样的办法称为系统辨识。

在实际应用中,可以采用许多方法从给定的系统响应数据,如时域响应中的输入和输出数据或频域响应的频率、幅值与相位数据等拟合出系统的传递函数模型,但由于这样的拟合有时解不唯一或效果较差,故一般不对连续系统数学模型进行直接辨识,而更多地对离散系统模型进行辨识。如果需要系统的连续模型,则可以通过离散模型连续化的方法,转换出系统的连续模型。本节侧重介绍离散系统的辨识方法,并给出通过选择有效的 M 序列输入信号激励系统改进辨识精度的方法。

4.6.1　离散系统的模型辨识

类似于 4.2.1 节中叙述的那样,离散系统传递函数可以为

$$G\left(z^{-1}\right) = \frac{b_1 + b_2 z^{-1} + \cdots + b_m z^{-m+1}}{1 + a_1 z^{-1} + a_2 z^{-2} + \cdots + a_n z^{-n}} z^{-d} \tag{4-6-1}$$

它对应的差分方程为

$$
\begin{aligned}
&y(t) + a_1 y(t-1) + a_2 y(t-2) + \cdots + a_n y(t-n) \\
&= b_1 u(t-d) + b_2 u(t-d-1) + \cdots + b_m u(t-d-m+1) + \varepsilon(t)
\end{aligned} \tag{4-6-2}
$$

其中 $\varepsilon(t)$ 为残差信号。这里,为方便起见,输出信号简记为 $y(t)$,且用 $y(t-1)$ 表示输出信号 $y(t)$ 在前一个采样周期处的函数值,这种模型又称为自回归历遍（auto-regressive exogenous,ARX）模型。假设已经测出了一组输入信号

$\boldsymbol{u} = [u(1), u(2), \cdots, u(M)]^{\mathrm{T}}$ 和一组输出信号 $\boldsymbol{y} = [y(1), y(2), \cdots, y(M)]^{\mathrm{T}}$，则由式（4-6-2）可以立即写出

$$y(1) = -a_1 y(0) - \cdots - a_n y(1-n) + b_1 u(1-d) + \cdots + b_m u(2-m-d) + \varepsilon(1)$$
$$y(2) = -a_1 y(1) - \cdots - a_n y(2-n) + b_1 u(2-d) + \cdots + b_m u(3-m-d) + \varepsilon(2)$$
$$\vdots$$
$$y(M) = -a_1 y(M-1) - \cdots - a_n y(M-n) + b_1 u(M-d) +$$
$$\cdots + b_m u(M - m - d + 1) + \varepsilon(M)$$

其中 $y(t)$ 和 $u(t)$ 当 $t \leqslant 0$ 时的初值均假设为零。上述方程可以写成矩阵形式

$$\boldsymbol{y} = \boldsymbol{\Phi}\boldsymbol{\theta} + \boldsymbol{\varepsilon} \tag{4-6-3}$$

其中

$$\boldsymbol{\Phi} = \begin{bmatrix} y(0) & \cdots & y(1-n) & u(1-d) & \cdots & u(2-m-d) \\ y(1) & \cdots & y(2-n) & u(2-d) & \cdots & u(3-m-d) \\ \vdots & & \vdots & \vdots & & \vdots \\ y(M-1) & \cdots & y(M-n) & u(M-d) & \cdots & u(M+1-m-d) \end{bmatrix} \tag{4-6-4}$$

$$\boldsymbol{\theta}^{\mathrm{T}} = [-a_1, -a_2, \cdots, -a_n, b_1, b_2, \cdots, b_m], \quad \boldsymbol{\varepsilon}^{\mathrm{T}} = [\varepsilon(1), \varepsilon(2), \cdots, \varepsilon(M)] \tag{4-6-5}$$

为使得残差的平方和最小，亦即 $\min\limits_{\boldsymbol{\theta}} \sum\limits_{i=1}^{M} \varepsilon^2(i)$，则可以得出待定参数 $\boldsymbol{\theta}$ 最优估计值为

$$\boldsymbol{\theta} = [\boldsymbol{\Phi}^{\mathrm{T}} \boldsymbol{\Phi}]^{-1} \boldsymbol{\Phi}^{\mathrm{T}} \boldsymbol{y} \tag{4-6-6}$$

该方法最小化残差的平方和，故这样的辨识方法又称为最小二乘法。

MATLAB 的系统辨识工具箱中提供了各种各样的系统辨识函数，其中 ARX 模型的辨识可以由 `arx()` 函数加以实现。如果已知输入信号的列向量 $\boldsymbol{u}$，输出信号的列向量 $\boldsymbol{y}$，并选定了系统的分子多项式阶次 $m-1$，分母多项式阶次 n 及系统的纯滞后 d，则可以通过 $T = \texttt{arx([y,u],[n,m,d])}$ 命令辨识出系统的数学模型，该函数将直接显示辨识的结果，且所得的 T 为一个结构体，其 $T.\boldsymbol{B}$ 和 $T.\boldsymbol{A}$ 分别表示辨识得出的分子和分母多项式模型。

MATLAB 的系统辨识工具箱中提供了一个 `arx()` 函数，可以直接用来辨识式（4-6-2）中的数学模型，这里将通过例子来介绍离散系统的辨识问题求解方法。

例 4-37 假设已知系统的实测输入与输出数据如表 4-1 所示，且已知系统分子和分母阶次分别为 3 和 4，则可以根据这些数据辨识出系统的传递函数模型。首先将系统的输入输出数据输入到 MATLAB 的工作空间，然后直接调用 `arx()` 函数辨识出系统的参数。

```
>> u=[1.4601,0.8849,1.1854,1.0887,1.413,1.3096,1.0651,0.7148,...
      1.3571,1.0557,1.1923,1.3335,1.4374,1.2905,0.841,1.0245,...
      1.4483,1.4335,1.0282,1.4149,0.7463,0.9822,1.3505,0.7078,...
      0.8111,0.8622,0.8589,1.183,0.9177,0.859,0.7122,1.2974,...
```

表 4-1　已知系统的输入输出数据

t	$u(t)$	$y(t)$	t	$u(t)$	$y(t)$	t	$u(t)$	$y(t)$
0	1.4601	0	1.6	1.4483	16.411	3.2	1.056	11.871
0.1	0.8849	0	1.7	1.4335	14.336	3.3	1.4454	13.857
0.2	1.1854	8.7606	1.8	1.0282	15.746	3.4	1.0727	14.694
0.3	1.0887	13.194	1.9	1.4149	18.118	3.5	1.0349	17.866
0.4	1.413	17.41	2	0.7463	17.784	3.6	1.3769	17.654
0.5	1.3096	17.636	2.1	0.9822	18.81	3.7	1.1201	16.639
0.6	1.0651	18.763	2.2	1.3505	15.309	3.8	0.8621	17.107
0.7	0.7148	18.53	2.3	0.7078	13.7	3.9	1.2377	16.537
0.8	1.3571	17.041	2.4	0.8111	14.818	4	1.3704	14.643
0.9	1.0557	13.415	2.5	0.8622	13.235	4.1	0.7157	15.086
1	1.1923	14.454	2.6	0.8589	12.299	4.2	1.245	16.806
1.1	1.3335	14.59	2.7	1.183	11.6	4.3	1.0035	14.764
1.2	1.4374	16.11	2.8	0.9177	11.607	4.4	1.3654	15.498
1.3	1.2905	17.685	2.9	0.859	13.766	4.5	1.1022	14.679
1.4	0.841	19.498	3	0.7122	14.195	4.6	1.2675	16.655
1.5	1.0245	19.593	3.1	1.2974	13.763	4.7	1.0431	16.63

```
      1.056,1.4454,1.0727,1.0349,1.3769,1.1201,0.8621,1.2377,...
      1.3704,0.7157,1.245,1.0035,1.3654,1.1022,1.2675,1.0431]';
    y=[0,0,8.7606,13.1939,17.41,17.6361,18.7627,18.5296,17.0414,...
      13.4154,14.4539,14.59,16.1104,17.6853,19.4981,19.5935,...
      16.4106,14.3359,15.7463,18.1179,17.784,18.8104,15.3086,...
      13.7004,14.8178,13.2354,12.2993,11.6001,11.6074,13.7662,...
      14.195,13.763,11.8713,13.8566,14.6944,17.8659,17.6543,...
      16.6386,17.1071,16.5373,14.643,15.0862,16.8058,14.7641,...
      15.4976,14.679,16.6552,16.6301]';
    t1=arx([y,u],[4,4,1])  % 直接辨识系统模型
```

这样就可以得出辨识模型结果为

```
Discrete-time IDPOLY model: A(q)y(t) = B(q)u(t) + e(t)
A(q) = 1 - q^-1 + 0.25 q^-2 + 0.25 q^-3 - 0.125 q^-4
B(q) = 4.83e-008 q^-1 + 6 q^-2 - 0.5999 q^-3 - 0.1196 q^-4
Estimated using ARX
Loss function 7.09262e-010 and FPE 9.92966e-010
Sampling interval: 1
```

　　由显示的参数可知系统模型为

$$G\left(z^{-1}\right) = \frac{4.83 \times 10^{-8} + 6z^{-1} - 0.5999z^{-2} - 0.1196z^{-3}}{1 - z^{-1} + 0.25z^{-2} + 0.25z^{-3} - 0.125z^{-4}} z^{-1}$$

亦即 $H(z) = \dfrac{4.83 \times 10^{-8}z^3 + 6z^2 - 0.5999z - 0.1196}{z^4 - z^3 + 0.25z^2 + 0.25z - 0.125}$。辨识结果中还显示了损失函数

为 7.09262×10^{-10}, 可见该误差较小。此外, 由于辨识语句中并未提供采样周期信息, 所以结果中的采样周期数值是不确切的。系统采样周期需要用表 4-1 中给出的时间信息来确定。比较正规的辨识方法是, 用 iddata() 函数处理辨识用数据, 再用 tf() 函数提取系统的传递函数模型

```
>> U=iddata(y,u,0.1); T=arx(U,[4,4,1]); H=tf(T); G=H(1)
```

也可以得出系统的传递函数模型 $G(z)=\dfrac{4.83\times10^{-8}z^3+6z^2-0.5999z-0.1196}{z^4-z^3+0.25z^2+0.25z-0.125}$。

直接用 tf() 函数提取出来的传递函数模型是双输入传递函数矩阵, 其第一个传递函数是所需的传递函数, 第 2 个是从误差信号 $\varepsilon(k)$ 到输出信号的传递函数, 这里可以忽略掉。

其实若不直接使用系统辨识工具箱中的 arx() 函数, 也可以立即用式(4-6-4)和式(4-6-6)直接辨识系统的模型参数

```
>> Phi=[[0;y(1:end-1)] [0;0;y(1:end-2)],...
        [0;0;0; y(1:end-3)] [0;0;0;0;y(1:end-4)],...
        [0;u(1:end-1)] [0;0;u(1:end-2)],...
        [0;0;0; u(1:end-3)] [0;0;0;0;u(1:end-4)]]; % 建立 Φ
   T=Phi\y; T' %辨识出结果, 其中 Φ\y  即可求出最小二乘解
```

得出的辨识参数向量为 $\boldsymbol{T}^{\mathrm{T}}=[1,-0.25,-0.25,0.125,0,6,-0.5999,-0.1196]$。下面语句可以重建起传递函数模型为 $G(z)=\dfrac{-5.824\times10^{-7}z^3+6z^2-0.5999z-0.1196}{z^4-z^3+0.25z^2+0.25z-0.125}$。

```
>> Gd=tf(ans(5:8),[1,-ans(1:4)],'Ts',0.1) %  重建传递函数模型
```

用 u 信号去激励辨识出的传递函数模型, 由控制系统工具箱中的 lsim() 函数可以直接绘制出时域响应曲线(该函数后面将专门介绍)。还可以将原始输出数据叠印在该图上, 如图 4-23 所示。可见, 得出的辨识模型很接近原始数据。

```
>> t=0:0.1:4.7; lsim(Gd,u,t); hold on; plot(t,y,'o')
```

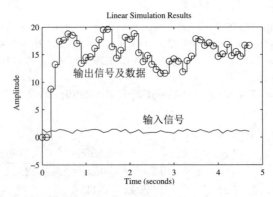

图 4-23 系统辨识模型的拟合效果

系统辨识工具箱还提供了一个程序界面 System Identification Tool,可以用可视化的方式进行离散模型的辨识。在 MATLAB 命令窗口中给出 ident 命令,则将给出一个如图 4-24 所示的程序界面,该界面允许用户用可视化的方法对系统进行辨识。若想辨识模型,首先应该输入相应的数据,这可以通过单击界面左上角的列表框,选择 Import Data 栏目的 Time-Domain Data 选项,这时将得出如图 4-25 (a) 所示的对话框,在 Input 和 Output 栏目中分别填写系统的输入和输出数据,单击 Import 按钮完成数据输入。

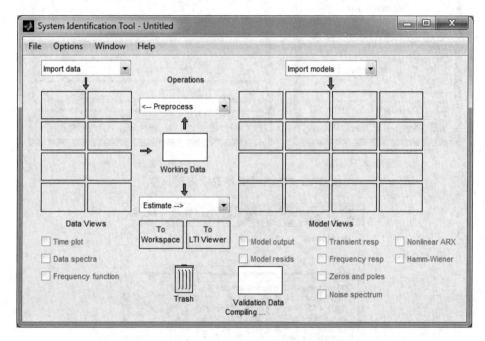

图 4-24　系统辨识程序界面

这时若想辨识 ARX 模型,可以选择主界面中间部分的 Estimate 辨识列表框,从中选择 Parametric Models 选项,将得出如图 4-25(b)所示的对话框,用户可以选择系统的阶次进行辨识,然后单击 Estimate 按钮,则将自动辨识出系统的离散传递函数模型。双击辨识主界面中的辨识模型图标,则将弹出一个显示窗口,如图 4-26 所示。可见,辨识的结果与 arx() 函数辨识的结果完全一致,因为界面调用的语句是一样的。

4.6.2　辨识模型的阶次选择

从前面介绍的辨识函数可以看出,若给出了系统的阶次,则可以得出系统的辨识模型。但如何较好地选择一个合适的模型阶次呢? AIC 准则(Akaike's

（a）数据输入对话框　　　　　　　　　（b）阶次选择对话框

图 4-25　系统辨识参数设置对话框

图 4-26　系统辨识结果的显示窗口

information criterion）是一种实用的判定模型阶次的准则,其定义为[16,17]

$$\mathrm{AIC} = \lg \left\{ \det \left[\frac{1}{M} \sum_{i=1}^{M} \epsilon(i, \boldsymbol{\theta}) \epsilon^{\mathrm{T}}(i, \boldsymbol{\theta}) \right] \right\} + \frac{k}{M} \tag{4-6-7}$$

式中 M 为实测数据的组数，$\boldsymbol{\theta}$ 为待辨识参数向量，k 为需要辨识的参数个数。可以用 MATLAB 函数 $v = \text{aic}(H)$ 来计算辨识模型 H 的 AIC 准则的值 v，其中 H 是由 arx() 函数直接得出的 idpoly 对象。若计算出的 AIC 较小，例如小于 -20，则该误差可能对应于损失函数的 10^{-10} 级别，则这时 n、m、d 的组合可以看成是系统合适的阶次。

例 4-38 再考虑例 4-37 中的系统辨识问题。由表 4-1 中给出的实际数据可见，在输入信号作用下，输出在第 3 步就可以得出非零的值，所以延迟的值 d 不应该超过 2。这样只需探讨 $d = 0$、1、2 几种情况，而在每一种情况下，可以用循环语句尝试各种准则的值，得出表 4-2。

```
>> U=iddata(y,u,0.1);
   for n=1:7, for m=1:7
     T=arx(U,[n,m,0]); TAic0(n,m)=aic(T);
     T=arx(U,[n,m,1]); TAic1(n,m)=aic(T);
     T=arx(U,[n,m,2]); TAic2(n,m)=aic(T);
   end, end
```

表中，将 AIC 值低于 -20 的组合全部用阴影表示。可见，$(4,5,0)$，$(4,4,1)$ 和 $(4,3,2)$ 均是合适的阶次选择，它们分别对应的模型为

$$H_{4,5,0}(z) = \frac{-2.114 \times 10^{-5} z^4 + 3.09 \times 10^{-6} z^3 + 6z^2 - 0.5999z - 0.1196}{z^4 - z^3 + 0.25z^2 + 0.25z - 0.125}$$

$$H_{4,4,1}(z) = \frac{4.83 \times 10^{-8} z^3 + 6z^2 - 0.5999z - 0.1196}{z^4 - z^3 + 0.25z^2 + 0.25z - 0.125}$$

$$H_{4,3,2}(z) = \frac{6z^2 - 0.5999z - 0.1196}{z^4 - z^3 + 0.25z^2 + 0.25z - 0.125}$$

可见，删除掉系数微小的项，这三个传递函数是完全一致的。若选择 $(5,5,0)$ 阶次组合，则可以得出如下的辨识模型

$$H_{5,5,0}(z) = \frac{-1.074 \times 10^{-5} z^5 - 2.343 \times 10^{-6} z^4 + 6z^3 - 0.6166z^2 - 0.1182z}{z^5 - 1.003z^4 + 0.2528z^3 + 0.2492z^2 - 0.1256z + 0.0003231}$$

从得出的结果看，分母上相当于加了一个很小的常数项，其他项的参数与 $H_{4,5,0}(z)$ 的分子、分母差不多，所以在实际辨识中没有必要选择一个更高的阶次。事实上，$H_{5,5,0}(z)$ 的 AIC 值和 $H_{4,5,0}(z)$ 相比没有显著改善，反而因为这个小常数项的引入给其他系数带来误差，所以应该在实际应用中选择一个相对较低的阶次组合。

4.6.3　离散系统辨识信号的生成

伪随机二进制序列（pseudo-random binary sequence，PRBS，又称 M-序列）信号是用于线性系统辨识的很重要的一类信号，该信号可以通过系统辨识工具箱中的辨识信号生成函数 $u = \text{idinput}(k, \text{'prbs'})$ 生成，其中序列长度 $k = 2^n - 1$，n 为整数。本节将通过例子演示 PRBS 信号的生成及其在系统辨识中的应用。

例 4-39 例如若想生成一组 63 个点的数据，则可以通过如下的命令直接产生

表 4-2 不同阶次组合下的 AIC 准则值

延迟步数为 $d=0$						
n	$m=1$	2	3	4	5	6	7
1	1.3487	1.3738	−0.23458	−0.63291	−1.0077	−1.5346	−2.61
2	1.2382	1.1949	−2.0995	−2.3513	−4.9058	−5.2429	−7.4246
3	1.0427	1.0427	−2.8743	−3.4523	−5.4678	−5.6186	−7.7328
4	1.0223	1.0345	−7.8505	−10.504	−20.729	−20.942	−20.946
5	1.0079	1.0287	−10.025	−13.396	−20.941	−20.982	−21.002
6	1.0293	1.0575	−13.658	−18.931	−20.944	−21.002	−21.125
7	0.98503	1.0261	−16.607	−20.701	−20.976	−20.996	−21.088

延迟步数为 $d=1$						
1	1.484	−0.25541	−0.66303	−1.0494	−1.57	−2.6414	−3.4085
2	1.346	−2.1263	−2.3685	−4.9326	−5.2359	−7.4658	−7.6678
3	1.0658	−2.8886	−3.4758	−5.4795	−5.6407	−7.7744	−7.9316
4	1.0329	−7.8839	−10.53	−20.733	−20.973	−20.984	−20.9737
5	1.0043	−10.034	−13.406	−20.971	−21.002	−21.037	−21.0356
6	1.023	−13.694	−18.965	−20.982	−21.037	−21.148	−21.1105
7	0.9909	−16.6423	−20.7387	−21.0160	−21.0324	−21.1105	−21.1115

延迟步数为 $d=2$						
1	−0.29215	−0.70464	−1.0849	−1.6057	−2.6827	−3.415	−3.5863
2	−2.1672	−2.4101	−4.9737	−5.2763	−7.477	−7.7083	−10.2034
3	−2.929	−3.5109	−5.5163	−5.6663	−7.8124	−7.9722	−10.5894
4	−7.9075	−10.57	−20.775	−21.013	−21.026	−21.015	−20.9850
5	−10.07	−13.438	−21.011	−21.036	−21.079	−21.077	−21.0617
6	−13.71	−18.991	−21.023	−21.078	−21.184	−21.149	−21.1646
7	−16.6792	−20.7794	−21.0574	−21.0736	−21.1488	−21.1444	−21.1393

```
>> u=idinput(63,'PRBS'); t=[0:.1:6.2]';                % 产生 PRBS 序列
   stairs(u), set(gca,'XLim',[0,63],'YLim',[-1.1 1.1])  % PRBS 曲线
   figure; crosscorr(u,u)                              % 绘制自相关函数
```

得出的输入信号如图 4-27(a)所示。MATLAB 提供的 crosscorr$(\boldsymbol{x},\boldsymbol{y})$ 函数能够自动绘制出 $\boldsymbol{x}$、$\boldsymbol{y}$ 向量的互相关函数曲线,而 crosscorr$(\boldsymbol{x},\boldsymbol{x})$ 则可以绘制出 $\boldsymbol{x}$ 向量的自相关函数。得出的 PRBS 序列的自相关函数如图 4-27(b)所示,可见,基本上可以认为该信号是独立信号。

利用长度为 31 的 PRBS 输入信号激励系统则可以计算出系统的输出信号,再由这样的输入、输出数据反过来直接辨识出系统的离散传递函数模型

```
>> num=[6 -0.6 -0.12]; den=[1 -1 0.25 0.25 -0.125];
   G=tf(num,den,'Ts',0.1); u=idinput(31,'PRBS'); t=[0:.1:3]';
   y=0.0001*fix(10000*lsim(G,u,t)); % 保留小数点后四位数
   T1=arx([y,u],[4 4 1])            % 辨识系统模型
```

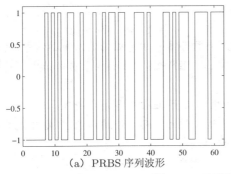

(a) PRBS 序列波形

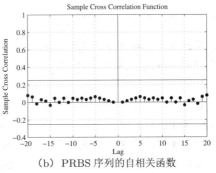

(b) PRBS 序列的自相关函数

图 4-27　PRBS 序列及特性

辨识出的系统模型为 $G(z) = \dfrac{-4.611 \times 10^{-7} z^3 + 6z^2 - 0.6001z - 0.12}{z^4 - z^3 + 0.25z^2 + 0.25z - 0.125}$。

可以看出,这样得出的系统传递函数模型更接近于原始系统的模型。从这个例子可以看出,虽然采用的输入、输出组数比例 4-37 中少,但辨识的精度却大大高于该例中的结果,这就是选择了 PRBS 信号作为辨识输入信号的缘故。

4.6.4　连续系统的辨识

连续系统辨识也存在各种各样的算法,例如 Levy 提出的基于频域响应拟合的辨识方法(MATLAB 函数 invfreqs())[18],但由于频域响应拟合的非唯一性,有时辨识结果不是很理想,甚至不稳定[19],所以可以采用间接的方法,首先辨识出离散传递函数模型,然后用连续化的方法再转化成所需的连续系统传递函数模型。

例 4-40 假设系统的传递函数模型为 $G(s) = \dfrac{s^3 + 7s^2 + 11s + 5}{s^4 + 7s^3 + 21s^2 + 37s + 30}$,并假设系统的采样周期为 $T = 0.1\,\mathrm{s}$,用 PRBS 信号激励该系统模型,则可以用下面的语句计算出系统的输出信号

```
>> G=tf([1,7,11,5],[1,7,21,37,30]);       % 原始系统模型
   t=[0:.2:6]'; u=idinput(31,'PRBS');      % 生成PRBS信号
   y=lsim(G,u,t);                          % 计算系统输出信号
   U=arx([y u],[4 4 1]);                   % 辨识离散系统传递函数模型
   G1=tf(U); G1=G1(1); G1.Ts=0.2; G2=d2c(G1)    % 连续化
```

这样可以精确地辨识出系统的传递函数模型为 $G(s) = \dfrac{s^3 + 7s^2 + 11s + 5}{s^4 + 7s^3 + 21s^2 + 37s + 30}$。

可见,这样得出辨识模型的精度还是较高的。如果不采用 PRBS 信号作为输入,而采用 81 个点的正弦信号,也可以辨识系统的离散模型,再进行连续化

```
>> t=[0:.1:8]'; u=sin(t);                  % 生成正弦输入信号
   y=lsim(G,u,t);                          % 计算系统输出信号
   U=arx([y u],[4 4 1]);                   % 辨识离散系统传递函数模型
   G1=tf(U); G1=G1(1); G1.Ts=0.1; G2=d2c(G1)    % 连续化
```

这样可以辨识出系统的模型为 $G(s) = \dfrac{0.01361s^3 - 0.06793s^2 + 9.897s - 2.564}{s^4 + 7s^3 + 21s^2 + 37s + 30}$。

虽然使用正弦信号的已知数据点更多了,但由于未采用有效的输入激励信号,所以得出了不准确的辨识结果。从这个例子可以看出,PRBS 信号在线性系统辨识中还是很重要的。

采用正弦信号激励系统进行辨识失败的原因在于,正弦信号是单一频率的信号,而 PRBS 信号的频率信息丰富,所以正弦信号不适合作为激励信号,而 PRBS 信号或其他频率信息丰富的信号可以用于实际的系统辨识任务。

对本例来说,下面的语句也可以直接由频域响应数据辨识出连续模型

```
>> w=logspace(-2,2); H=frd(G,w); h=H.ResponseData;
   [n,d]=invfreqs(h(:),w,4,4); Gd=tf(n,d)
```

4.6.5 多变量离散系统的辨识

系统辨识工具箱函数 arx() 可以用于多变量系统的辨识,在辨识工具箱中,p 路输入,q 路输出的多变量系统的数学模型可以由差分方程描述

$$\boldsymbol{A}(z^{-1})\boldsymbol{y}(t) = \boldsymbol{B}(z^{-1})\boldsymbol{u}(t - \boldsymbol{d}) + \boldsymbol{\varepsilon}(t) \tag{4-6-8}$$

其中 $\boldsymbol{d}$ 为各个延迟构成的矩阵,$\boldsymbol{A}(z^{-1})$ 和 $\boldsymbol{B}(z^{-1})$ 均为 $p \times q$ 多项式矩阵,且

$$\begin{cases} \boldsymbol{A}(z^{-1}) = \boldsymbol{I}_{p \times q} + \boldsymbol{A}_1 z^{-1} + \cdots + \boldsymbol{A}_{n_{\mathrm{a}}} z^{-n_{\mathrm{a}}} \\ \boldsymbol{B}(z^{-1}) = \boldsymbol{I}_{p \times q} + \boldsymbol{B}_1 z^{-1} + \cdots + \boldsymbol{B}_{n_{\mathrm{b}}} z^{-n_{\mathrm{b}}} \end{cases} \tag{4-6-9}$$

使用 arx() 函数可以直接辨识出系统的 $\boldsymbol{A}_i$ 和 $\boldsymbol{B}_i$ 矩阵,最终可以通过 tf() 函数来提取系统的传递函数矩阵。

例 4-41 假设系统的传递函数矩阵为

$$\boldsymbol{G}(z) = \begin{bmatrix} \dfrac{0.5234z - 0.1235}{z^2 + 0.8864z + 0.4352} & \dfrac{3z + 0.69}{z^2 + 1.084z + 0.3974} \\ \dfrac{1.2z - 0.54}{z^2 + 1.764z + 0.9804} & \dfrac{3.4z - 1.469}{z^2 + 0.24z + 0.2848} \end{bmatrix}$$

对两个输入分别使用 PRBS 信号,则可以得出系统的响应数据

```
>> u1=idinput(31,'PRBS'); t=0:.1:3;
   u2=u1(end:-1:1); % u2 为 u1 的逆序序列,仍为 PRBS
   g11=tf([0.5234, -0.1235],[1, 0.8864, 0.4352],'Ts',0.1);
   g12=tf([3, 0.69],[1, 1.084, 0.3974],'Ts',0.1);
   g21=tf([1.2, -0.54],[1, 1.764, 0.9804],'Ts',0.1);
   g22=tf([3.4, 1.469],[1, 0.24, 0.2848],'Ts',0.1);
   G=[g11, g12; g21, g22];  % 输入离散传递函数矩阵
   y=lsim(G,[u1 u2],t);      % 用仿真方法获得系统的输出数据
   na=4*ones(2); nb=na; nc=ones(2); % 这里的 4 是试凑得出的
   U=iddata(y,[u1,u2],0.1); T=arx(U,[na nb nc]) % 辨识系统
```

得出的损失函数为 1.80142×10^{-55}，且 FPE 的值为 -1.13489×10^{-53}。辨识出来的结果是系统的多变量差分方程，所以需要对之进行转换，变换成所需要的传递函数矩阵，以第一输入对第一输出为例，介绍子传递函数 $g_{11}(z)$ 的提取：

```
>> H=tf(T); g11=H(1,1) % 提取第一传递函数
```

得出

$$g_{11}(z) = \frac{0.523z^7 + 1.493z^6 + 1.847z^5 + 1.235z^4 + 0.5z^3 + 0.096z^2 - 0.016z - 0.014}{z^8 + 3.974z^7 + 7.431z^6 + 8.483z^5 + 6.585z^4 + 3.611z^3 + 1.401z^2 + 0.358z + 0.048}$$

从得出的传递函数看是一个高阶传递函数，应该对之进行最小实现化简，并假设有较大的误差容限，这样就可以得出接近的原系统的传递函数了。

```
>> G11=minreal(g11) % 求出辨识模型的最小实现形式
```

这样可以得出系统的子传递函数为 $g_{11}(z) = \dfrac{0.5234z - 0.1235}{z^2 + 0.8864z + 0.4352}$，和生成数据的原系统模型完全一致，可见这里给出的辨识是可以使用的。用类似的方法还可以提取出其他的子传递函数，从而辨识出这个系统的传递函数矩阵。

由于状态方程的不唯一性，单从系统的实测输入输出信号直接辨识状态方程是很不实际的方法，因为这时冗余的参数太多，所以最好先辨识出传递函数模型，再进行适当的转换，获得系统的状态方程模型。

4.6.6 离散系统的递推最小二乘辨识

如果采用前面的离散系统辨识方法，需要首先进行输入、输出数据采集，然后构造矩阵方程，求解该方程可以一次性地辨识出系统的参数。显然，这样一次性的辨识方法不适合实时控制的需要。在实时控制中辨识问题经常采用递推最小二乘算法来解决。假设已知实测系统的输入输出值及其以往值 $u(n), u(n-1), \cdots$，$y(n), y(n-1), \cdots$，则可以通过这些数据用递推的方法辨识出系统的数学模型。由线性系统的离散差分方程

$$\begin{aligned} y(t) + a_1 y(t-1) + \cdots + a_m y(t-m) \\ = b_1 u(t-d) + b_2 u(t-1-d) + \cdots + b_r u(t-r-d+1) \end{aligned} \tag{4-6-10}$$

可以写出系统对应的离散传递函数模型

$$G(z^{-1}) = \frac{b_1 + b_2 z^{-1} + \cdots + b_{r-1} z^{2-r} + b_r z^{1-r}}{1 + a_1 z^{-1} + \cdots + a_{m-1} z^{1-m} + a_m z^{-m}} z^{-d} \tag{4-6-11}$$

其中 r、m 分别为分子和分母多项式的阶次，d 为时间延迟步数，这些参数应该在辨识之前事先选定。由式（4-6-11）可以将原来的差分方程改写成

$$\begin{aligned} y(t+1) &= -a_1 y(t) - \cdots - a_m y(t-m+1) + b_1 u(t-d+1) \\ &\quad + b_2 u(t-d) + \cdots + b_r u(t-r-d+2) + \varepsilon(t) \\ &= \boldsymbol{\psi}_{n+1}^{\mathrm{T}} \boldsymbol{\theta} + \varepsilon(t) \end{aligned} \tag{4-6-12}$$

其中,待辨识的参数向量为 $\boldsymbol{\theta}^{\mathrm{T}} = [a_1, a_2, \cdots, a_m, b_1, b_2, \cdots, b_r]$,且输入、输出参数构成的数据向量为

$$\boldsymbol{\psi}_{n+1}^{\mathrm{T}} = \Big[-y(n), \cdots, -y(n-m+1), u(n-d+1), \cdots, u(n-r-d+2) \Big] \quad (4\text{-}6\text{-}13)$$

系统辨识的目的是由已知的输入、输出数据及其以往值估计出系统的参数 $a_1, a_2, \cdots, a_m, b_1, b_2, \cdots, b_r$。这些参数可以通过下面的递推算法辨识出来[20]:

① 选择递推辨识参数初值 $\boldsymbol{\theta}_0$ 和加权矩阵 $\boldsymbol{P}_0$。一般情况下可以选择加权矩阵的初值为 $\boldsymbol{P}_0 = \alpha^2 \boldsymbol{I}$,其中 α 可以取很大的常数,如 1000,且 $\boldsymbol{I}$ 为单位矩阵。

② 按式(4-6-13)定义输入、输出数据向量 $\boldsymbol{\psi}_{n+1}^{\mathrm{T}}$。

③ 由下面的递推式子可以实时地辨识出系统模型的参数向量 $\hat{\boldsymbol{\theta}}_{n+1}$

$$\boldsymbol{K} = \frac{\boldsymbol{P}_n \boldsymbol{\psi}_{n+1}}{\lambda + \boldsymbol{\psi}_{n+1}^{\mathrm{T}} \boldsymbol{P}_n \boldsymbol{\psi}_{n+1}} \quad (4\text{-}6\text{-}14)$$

$$\boldsymbol{P}_{n+1} = \frac{1}{\lambda} \Big(\boldsymbol{P}_n - \boldsymbol{K} \boldsymbol{\psi}_{n+1} \boldsymbol{P}_n \Big) \quad (4\text{-}6\text{-}15)$$

$$\hat{\boldsymbol{\theta}}_{n+1} = \hat{\boldsymbol{\theta}}_n + \boldsymbol{K} \Big(y_{n+1} - \boldsymbol{\psi}_{n+1}^{\mathrm{T}} \hat{\boldsymbol{\theta}}_n \Big) \quad (4\text{-}6\text{-}16)$$

其中 $\boldsymbol{K}$ 为中间变量,λ 称为遗忘因子,且 $0 \leqslant \lambda \leqslant 1$,其值表示对过去数据的记忆程度。若 $\lambda = 1$ 则表示同等处理以往数据。

④ 设 $n = n + 1$,转向步骤②进行下一步辨识,用这样的方法可以全程动态地对系统进行参数辨识。

上述的算法可以用 MATLAB 语言的循环结构简单地实现,可以留作习题由读者自行练习编程使用。考虑到该方法主要用于在线控制,更适合用 Simulink 中的 S-函数形式设计成模块,所以本算法的计算机实现将在第 6 章中给出。

4.7　本章要点小结

- 本章介绍了连续线性系统的三种常用数学描述方法: 线性连续系统可以用传递函数、状态方程和零极点形式描述,多变量系统可以由状态方程和传递函数矩阵来描述。在 MATLAB 下提供了 `tf()` 函数、`ss()` 函数和 `zpk()` 函数来描述这些模型。带有时间延迟的系统模型也可以用这样的函数直接描述,需要设定 `ioDelay` 属性。传递函数模型还可以用数学表达式形式输入。

- 状态方程中引入了带有内部延迟的描述方式,可以用于含有不同延迟常数的模块的互联,这是其他两种方式不能表示的。

- 离散系统也可以用传递函数、传递函数矩阵和状态方程表示,也有对应的零极点模型,在 MATLAB 下也可以用和连续系统相同的函数进行表示。

- 不同的系统数学模型可以进行相互转换,连续模型与离散模型直接可以通过 `c2d()` 和 `d2c()` 函数进行转换,转换成传递函数或传递函数矩阵需要用 `tf()` 函数,转换成状态方程可以通过 `ss()` 函数,零极点模型需要调用 `zpk()` 函数。

- 具有三种基本连接结构（串联、并联和反馈）的系统模型及其在 MATLAB 下的求解方法,复杂结构的控制系统方框图化简的数值解法和解析解法,介绍了两种基于 MATLAB 的方框图化简的推导方法。对含有纯时间延迟的系统,还可以采用 Padé 近似和内部延迟的状态方程互联的方法,获得整个系统的近似模型。

- 如果系统模型的阶次过高,会使得系统分析与设计变得困难,本章介绍了基于 Padé 近似和基于 Routh 表的模型降阶算法和各种基于状态空间的模型降阶方法,并介绍了时间延迟模型的次最优降阶算法,可以用低阶模型较好地近似高阶模型。降阶模型和原模型的时域、频域比较将在后面章节中给出。

- 通过实测的系统响应数据可以重构出系统的数学模型,本书介绍了连续系统的辨识方法和离散模型的最小二乘辨识算法,并介绍了多变量系统辨识、PRBS 辨识信号生成及 AIC 准则等主题的内容,还介绍了递推最小二乘辨识的算法,第 6 章中将介绍该算法的 Simulink 模型实现。

- 本章的内容局限于线性系统模型的处理,更复杂的非线性系统模型的建模与处理,在 MATLAB 和 Simulink 下也可以容易地表示出来,这方面的内容请参见后续章节。

4.8 习 题

(1) 请将下面的传递函数模型输入到 MATLAB 环境。

① $G(s) = \dfrac{s^2 + 5s + 6}{[(s+1)^2 + 1](s+2)(s+4)}$,

② $H(z) = \dfrac{5(z-0.2)^2}{z(z-0.4)(z-1)(z-0.9) + 0.6}$, $T = 0.1\,\text{s}$。

(2) 假设描述系统的常微分方程为

① $y^{(3)}(t) + 10\ddot{y}(t) + 32\dot{y}(t) + 32y(t) = 6u^{(3)}(t) + 4\ddot{u}(t) + 2u(t) + 2\dot{u}(t)$

② $y^{(3)}(t) + 10\ddot{y}(t) + 32\dot{y}(t) + 32y(t) = 6u^{(3)}(t-4) + 4\ddot{u}(t-4) + 2u(t-4) + 2\dot{u}(t-4)$

请用 MATLAB 语言表示该方程的数学模型。该模型的零极点模型如何求取? 由微分方程模型能否直接写出系统的传递函数模型?

(3) 假设线性系统由下面的常微分方程给出

$$\begin{cases} \dot{x}_1(t) = -x_1(t) + x_2(t) \\ \dot{x}_2(t) = -x_2(t) - 3x_3(t) + u_1(t) \\ \dot{x}_3(t) = -x_1(t) - 5x_2(t) - 3x_3(t) + u_2(t), \end{cases} \quad \text{且 } y = -x_2(t) + u_1(t) - 5u_2(t)$$

式中有两个输入信号 $u_1(t)$ 与 $u_2(t)$,请在 MATLAB 工作空间中表示这个双输入系统模型,并由得出的状态方程模型求出等效的传递函数模型,并观察其传递函数的形式。

(4) 试将下面的差分方程模型输入到 MATLAB 工作空间,采样周期为 $T = 0.1\,\mathrm{s}$。

① $y(k+2) + 1.4y(k+1) + 0.16y(k) = u(k-1) + 2u(k-2)$

② $y(k-2) + 1.4y(k-1) + 0.16y(k) = u(k-1) + 2u(k-2)$

(5) 请将下面的零极点模型输入到 MATLAB 环境

① $G(s) = \dfrac{8(s+1-\mathrm{j})(s+1+\mathrm{j})}{s^2(s+5)(s+6)(s^2+1)}$,

② $H(z^{-1}) = \dfrac{(z^{-1}+3.2)(z^{-1}+2.6)}{z^{-5}(z^{-1}-8.2)}, T = 0.05\,\mathrm{s}$。

(6) 求出下面状态方程模型的等效传递函数模型,并求出此模型的零极点。

$$\dot{\boldsymbol{x}}(t) = \begin{bmatrix} 1 & 2 & 3 \\ 4 & 5 & 6 \\ 7 & 8 & 0 \end{bmatrix} \boldsymbol{x}(t) + \begin{bmatrix} 4 \\ 3 \\ 2 \end{bmatrix} u, \ \ y = [1,2,3]\boldsymbol{x}(t)$$

(7) 从下面给出的典型反馈控制系统结构子模型中,求出总系统的状态方程与传递函数模型,并得出各个模型的零极点模型表示,其中离散模型的采样周期为 $T = 0.1\,\mathrm{s}$。

① $G(s) = \dfrac{211.87s + 317.64}{(s+20)(s+94.34)(s+0.17)}, G_{\mathrm{c}}(s) = \dfrac{169.6s+400}{s(s+4)}, H(s) = \dfrac{1}{0.01s+1}$

② $G(z^{-1}) = \dfrac{35786.7z^{-1}+108444}{(z^{-1}+4)(z^{-1}+20)(z^{-1}+74)}, G_{\mathrm{c}}(z^{-1}) = \dfrac{1}{z^{-1}-1}, H(z^{-1}) = \dfrac{1}{0.5z^{-1}-1}$

(8) 试推导出典型反馈系统的闭环传递函数模型。

$$G(s) = \dfrac{K_{\mathrm{m}}J}{Js^2+Bs+K_{\mathrm{r}}}, \ \ G_{\mathrm{c}}(s) = \dfrac{L_{\mathrm{q}}}{L_{\mathrm{q}}s+R_{\mathrm{q}}}, \ \ H(s) = sK_{\mathrm{v}}$$

(9) 假设系统的对象模型为 $G(s) = 10/(s+1)^3$,并定义一个 PID 控制器

$$G_{\mathrm{PID}}(s) = 0.48\left(1 + \dfrac{1}{1.814s} + \dfrac{0.4353s}{1+0.04353s}\right)$$

这个控制器与对象模型进行串联连接,假定整个闭环系统是由单位负反馈构成的,请求出闭环系统的传递函数模型,并求出该模型的各种状态方程的标准型实现和零极点模型。

(10) 双输入双输出系统的状态方程表示为

$$\dot{\boldsymbol{x}}(t) = \begin{bmatrix} 2.25 & -5 & -1.25 & -0.5 \\ 2.25 & -4.25 & -1.25 & -0.25 \\ 0.25 & -0.5 & -1.25 & -1 \\ 1.25 & -1.75 & -0.25 & -0.75 \end{bmatrix} \boldsymbol{x}(t) + \begin{bmatrix} 4 & 6 \\ 2 & 4 \\ 2 & 2 \\ 0 & 2 \end{bmatrix} \boldsymbol{u}(t), \ \boldsymbol{y}(t) = \begin{bmatrix} 0 & 0 & 0 & 1 \\ 0 & 2 & 0 & 2 \end{bmatrix} \boldsymbol{x}(t)$$

试将该模型输入到 MATLAB 空间,并得出该模型相应的传递函数矩阵。若选择采样周期为 $T = 0.1\,\mathrm{s}$,求出离散化后的状态方程模型和传递函数矩阵模型。对该模型进行连续化变换,测试一下能否变换回原来的模型。

(11) 假设多变量系统和控制器如下给出

$$\boldsymbol{G}(s) = \begin{bmatrix} \dfrac{-0.252}{(1+3.3s)^3(1+1800s)} & \dfrac{0.43}{(1+12s)(1+1800s)} \\ \dfrac{-0.0435}{(1+25.3s)^3(1+360s)} & \dfrac{0.097}{(1+12s)(1+360s)} \end{bmatrix}, \boldsymbol{G}_{\rm c}(s) = \begin{bmatrix} -10 & 77.5 \\ 0 & 50 \end{bmatrix}$$

试求出单位负反馈下闭环系统的传递函数矩阵模型,并得出相应的状态方程模型。

(12) 考虑下面给出的多变量受控对象模型与前置解耦控制器模型

$$\boldsymbol{G}(s) = \begin{bmatrix} \dfrac{-0.2{\rm e}^{-s}}{7s+1} & \dfrac{1.3{\rm e}^{-0.3s}}{7s+1} \\ \dfrac{-2.8s{\rm e}^{-1.8s}}{9.5s+1} & \dfrac{4.3{\rm e}^{-0.35s}}{9.2s+1} \end{bmatrix}, \boldsymbol{Q}(s) = \begin{bmatrix} 1 & 6.5 \\ \dfrac{2.8(9.2s+1){\rm e}^{-1.45s}}{4.3(9.5s+1)} & {\rm e}^{-0.7s} \end{bmatrix}$$

如果为其设计的多变量 PID 控制器模型为[21]

$$\boldsymbol{G}_{\rm c}(s) = \begin{bmatrix} 0.2612 + \dfrac{0.1339}{s} - 1.8748s & -0.0767 - \dfrac{0.0322}{s} + 0.7804s \\ 0.1540 + \dfrac{0.0872}{s} - 1.1404s & -0.0072 - \dfrac{0.0050}{s} + 0.1264s \end{bmatrix}$$

且系统为单位负反馈结构,试求出输入到输出信号之间的总 LTI 模型。

(13) 已知系统的方框图如图 4-28 所示,试推导出从输入信号 $r(t)$ 到输出信号 $y(t)$ 的总系统模型。

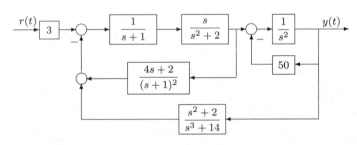

图 4-28 习题(13)系统结构图

(14) 已知系统的方框图如图 4-29 所示,试推导出从输入信号 $r(t)$ 到输出信号 $y(t)$ 的总系统模型。

(15) 某双闭环直流电机控制系统如图 4-30 所示,请按照结构图化简的方式求出系统的总模型,并得出相应的状态方程模型。如果先将各个子传递函数转换成状态方程模型,再进行上述化简,得出系统的状态方程模型与上述的结果一致吗?

(16) 假设系统的受控对象模型为 $G(s) = \dfrac{12}{s(s+1)^3}{\rm e}^{-2s}$,控制器模型为 $G_{\rm c}(s) = \dfrac{2s+3}{s}$,并假设系统是单位负反馈,用数学方法或用 MATLAB 语言能否精确求出闭环系统的传递函数模型? 如果不能求出,在 MATLAB 下能否得出较好的精确模型与近似模型?

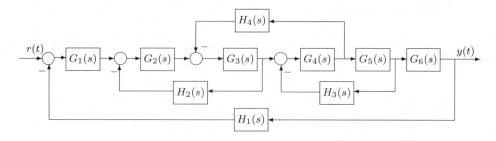

图 4-29 习题(14)系统结构图

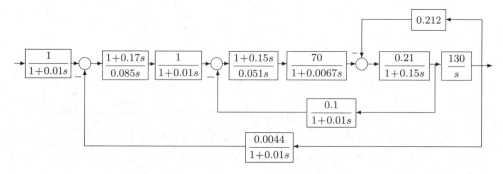

图 4-30 习题(15)直流电机拖动系统的结构图

(17) 已知传递函数模型 $G(s) = \dfrac{(s+1)^2(s^2+2s+400)}{(s+5)^2(s^2+3s+100)(s^2+3s+2500)}$，对不同采样周期 $T = 0.01, 0.1$ 和 $T = 1$ s 对之进行离散化,比较原系统的阶跃响应与各离散系统的阶跃响应曲线。提示:后面将介绍,如果已知系统模型为 G,则用 $\mathrm{step}(G)$ 即可绘制出其阶跃响应曲线。

(18) 假定系统的状态方程模型由下面给出,请检验是否这些模型是最小实现,如果不是最小实现,则从传递函数的角度解释为什么该模型不是最小实现。

① $\dot{\boldsymbol{x}}(t) = \begin{bmatrix} -9 & -26 & -24 & 0 \\ 1 & 0 & 0 & 0 \\ 0 & 1 & 0 & 0 \\ 0 & 1 & 1 & -1 \end{bmatrix} \boldsymbol{x}(t) + \begin{bmatrix} 1 \\ 0 \\ 0 \\ 0 \end{bmatrix} u(t), \quad y = [0, 1, 1, 2]\boldsymbol{x}(t)$

② $G(s) = \dfrac{2s^2 + 18s + 16}{s^4 + 10s^3 + 35s^2 + 50s + 24}$

(19) 已知下列各个高阶系统传递函数模型,试求出能较好近似该模型性能的降阶模型。对某些效果不是很好的模型可以采用带有延迟的降阶逼近方法。

① $G(s) = \dfrac{10 + 3s + 13s^2 + 3s^2}{1 + s + 2s^2 + 1.5s^3 + 0.5s^4}$

② $G(s) = \dfrac{10s^3 - 60s^2 + 110s + 60}{s^4 + 17s^2 + 82s^2 + 130s + 100}$

③ $G(s) = \dfrac{1 + 0.4s}{1 + 2.283s + 1.875s^2 + 0.7803s^3 + 0.125s^4 + 0.0083s^5}$

(20) 已知某受控对象模型为 $G(s) = \dfrac{1}{(s+1)(0.2s+1)(0.04s+1)(0.008s+1)}$，试用一阶带有时间延迟的模型 $G_r(s) = \dfrac{ke^{-Ls}}{Ts+1}$ 去逼近它。

(21) 已知一个离散时间系统的输入输出数据由表 4-3 给出,用最小二乘法辨识出系统的脉冲传递函数模型。

表 4-3   习题(21)实测数据

i	u_i	y_i	i	u_i	y_i	i	u_i	y_i
1	0.9103	0	9	0.9910	54.5252	17	0.6316	62.1589
2	0.7622	18.4984	10	0.3653	65.9972	18	0.8847	63.0000
3	0.2625	31.4285	11	0.2470	62.9181	19	0.2727	68.6356
4	0.0475	32.3228	12	0.9826	57.5592	20	0.4364	60.8267
5	0.7361	28.5690	13	0.7227	67.6080	21	0.7665	57.1745
6	0.3282	39.1704	14	0.7534	70.7397	22	0.4777	60.5321
7	0.6326	39.8825	15	0.6515	73.7718	23	0.2378	57.3803
8	0.7564	46.4963	16	0.0727	74.0165	24	0.2749	49.6011

(22) 试用 MATLAB 的循环结构表示前面叙述的递推辨识方法,并由上面习题给出的数据测试习题参数在线辨识的结果。

参考文献

1 Varga A. A descriptor systems toolbox for MATLAB. Proceedings of IFAC Symposium on CACSD, 2000. Zurich, Switzerland

2 Munro N. Multivariable control 1: the inverse Nyquist array design method, In: Lecture notes of SERC vacation school on control system design. UMIST, Manchester, 1989

3 孙增圻,袁曾任. 控制系统的计算机辅助设计. 北京: 清华大学出版社, 1988

4 薛定宇,陈阳泉. 基于 MATLAB/Simulink 的系统仿真技术与应用. 北京: 清华大学出版社, 2002

5 陈怀琛. MATLAB 及在电子信息课程中的应用. 北京: 电子工业出版社, 2002

6 Davison E J. A method for simplifying linear dynamic systems. IEEE Transaction on Automatic Control, 1966, AC-11:93∼101

7 Chen C F, Shieh L S. A novel approach to linear model simplification. International Journal of Control, 1968, 8:561∼570

8 Bultheel A, van Barel M. Padé techniques for model reduction in linear system theory: a survey. Journal of Computational and Applied Mathematics, 1986, 14:401∼438

9　Hutton M F. Routh approximation for high-order linear systems. Proceedings of 9th Allerton Conference, 1971, 160~169

10　Shamash Y. Linear system reduction using Padé approximation to allow retention of dominant modes. International Journal of Control, 1975, 21:257~272

11　Lucas T N. Some further observations on the differential method of model reduction. IEEE Transaction on Automatic Control, 1992, AC-37:1389~1391

12　Xue D, Atherton D P. A suboptimal reduction algorithm for linear systems with a time delay. International Journal of Control, 1994, 60(2):181~196

13　Hu X H. FF-Padé method of model reduction in frequency domain. IEEE Transaction on Automatic Control, 1987, AC-32:243~246

14　Gruca A, Bertrand P. Approximation of high-order systems by low-order models with delays. International Journal of Control, 1978, 28:953~965

15　Glover K. All optimal Hankel-norm approximations of linear multivariable systems and their L^∞-error bounds. International Journal of Control, 1984, 39:1115~1193

16　Akaike H. A new look at the statistical model identification. IEEE Transactions on Automatic Control, 1974, AC-19(6):716~723

17　Ljung L. System identification — theory for the user. Upper Saddle River, N J: PTR Prentice Hall, 2nd edition, 1999 (清华大学出版社有影印版)

18　Levy E C. Complex-curve fitting. IRE Transaction on Automatic Control, 1959, AC-4:37~44

19　薛定宇. 控制系统仿真与计算机辅助设计. 北京: 机械工业出版社, 2005

20　韩曾晋. 自适应控制系统. 北京: 机械工业出版社, 1980

21　Wang Q G, Ye Z, Cai W J, Hang C C. PID control for multivariable processes. Berlin: Springer, 2008

第 5 章

线性控制系统的计算机辅助分析

如果建立起了系统的数学模型,就可以对系统的性质进行分析了。对线性系统来说,最重要的性质是其稳定性,在控制理论发展初期,相关的理论成果都是有关系统稳定性的,当时人们受传统数学理论影响,认为高阶系统对应的高阶代数方程不能求出所有特征根,故需要通过间接的方法判定系统的稳定性,于是出现了各种各样的间接判定方法,如连续系统的 Routh 表、Hurwitz 矩阵法,以及离散系统的 Jury 判据等。其实有了 MATLAB 这样的计算机语言,求解系统特征根是轻而易举的。本书中将介绍基于直接求解方法的控制系统稳定性判定方法。此外,状态方程模型的可控性和可观测性都是比较重要的指标,本章 5.1 节将对这些性质及相关内容介绍基于 MATLAB 语言及其控制系统工具箱的定性分析方法,并对系统的状态方程标准型实现及变换方法加以介绍,还将介绍鲁棒控制等领域经常使用的范数测度指标。5.2 节介绍线性系统的时域解析分析方法,首先介绍基于传递函数部分分式展开的解析解分析方法,再介绍基于状态方程系统的自治化方法及解析解法。还将引入系统阶跃响应指标的定义与应用。5.3 节将介绍连续、离散系统时域响应的数值解法,包括二阶系统的数值解法与物理解释,各种常见输入,如阶跃输入、脉冲输入及任意给定输入下的系统时域响应分析的数值解法,并介绍用 MATLAB 语言及控制系统工具箱对线性系统进行时域分析的直接方法。5.4 节将介绍连续与离散线性系统的根轨迹分析方法,并介绍利用交互方法对其关键的临界增益的求取方法与稳定性分析方法等,5.5 节将介绍系统的频域分析方法,对单变量系统来说将介绍用 MATLAB 语言如何绘制系统的 Bode 图、Nyquist 图及 Nichols 图等,介绍稳定性分析的间接方法,并进行幅值、相位裕度的分析。对多变量系统来说,可以用 5.6 节介绍的方法进行逆 Nyquist 阵列的分析方法,介绍 MATLAB 的多变量频域设计工具箱的入门内容,并介绍多变量系统的奇异值分析。通过本章的介绍,读者将能对已知的线性系统模型进行比较全面的分析,为后面介绍的系统设计打下较好的基础。

5.1 线性系统性质分析

在系统特性研究中,系统的稳定性是最重要的指标,如果系统稳定,则可以进一步分析系统的其他性能;如果系统不稳定,则不能直接应用,需要引入控制器来使得系统稳定。这种使得系统稳定的方法又称为系统的镇定。本节首先介绍线性系统稳定性的直接判定方法;其次介绍系统的可控性和可观测性等系统性质的分析,并介绍其他的各种标准型实现;最后还将介绍系统的范数测度等指标。

5.1.1 线性系统稳定性的直接判定

前面已经介绍了,连续线性系统的数学描述包括系统的传递函数描述和状态方程描述。通过适当地选择状态变量,则可以容易地得出系统的状态方程模型,在 MATLAB 语言的控制系统工具箱中,直接调用 ss() 函数则能立即得出系统的状态方程实现,所以这里统一采用状态方程描述线性系统的模型。

考虑连续线性系统的状态方程模型

$$\begin{cases} \dot{\boldsymbol{x}}(t) = \boldsymbol{A}\boldsymbol{x}(t) + \boldsymbol{B}\boldsymbol{u}(t) \\ \boldsymbol{y}(t) = \boldsymbol{C}\boldsymbol{x}(t) + \boldsymbol{D}\boldsymbol{u}(t) \end{cases} \tag{5-1-1}$$

在某给定信号 $\boldsymbol{u}(t)$ 的激励下,其状态变量的解析解可以表示成

$$\boldsymbol{x}(t) = \mathrm{e}^{\boldsymbol{A}(t-t_0)}\boldsymbol{x}(t_0) + \int_{t_0}^{t} \mathrm{e}^{\boldsymbol{A}(t-\tau)}\boldsymbol{B}\boldsymbol{u}(\tau)\mathrm{d}\tau \tag{5-1-2}$$

可见,如果输入信号 $\boldsymbol{u}(t)$ 为有界信号,若想使得系统的状态变量 $\boldsymbol{x}(t)$ 有界,则要求系统的状态转移矩阵 $\mathrm{e}^{\boldsymbol{A}t}$ 有界,亦即 $\boldsymbol{A}$ 矩阵的所有特征根的实部均为负数。故而可以得出结论:连续线性系统稳定的前提条件是系统状态方程中 $\boldsymbol{A}$ 矩阵的特征根均有负实部。由控制理论可知,系统 $\boldsymbol{A}$ 的特征根和系统的极点是完全一致的,所以若能获得系统的极点,则可以立即判定给定线性系统的稳定性。

在控制理论发展初期,由于没有直接可用的计算机软件能求取高阶多项式的根,所以无法由求根的方法直接判定系统的稳定性,故出现了各种各样的间接方法,例如在控制理论中著名的 Routh 判据、Hurwitz 判据和 Lyapunov 判据等。对线性系统来说,既然现在有了类似 MATLAB 这样的语言,直接获得系统特征根是轻而易举的事,所以判定连续线性系统稳定性就没有必要再使用间接方法了。

在 MATLAB 控制系统工具箱中,求取一个线性定常系统特征根只需用 $\boldsymbol{p} = \mathrm{eig}(G)$ 函数即可,其中 $\boldsymbol{p}$ 返回系统的全部特征根。不论系统的模型 G 是传递函数、状态方程还是零极点模型,且不论系统是连续的或离散的,都可以用这样简单的命令求解系统的全部特征根,这就使得系统的稳定性判定变得十分容易。另外,由 $\mathrm{pzmap}(G)$ 函数能用图形的方式绘制出系统所有特征根在 s-复平面上的位置,所以判定连续系统是否稳定只需看一下系统所有极点在 s-复平面上是否均位于虚轴左侧即可。

如果在 MATLAB 工作空间内已经定义了系统的数学模型 G，则 `pole`(G) 和 `zero`(G) 函数还可以分别求出系统的极点和零点。

再考虑离散状态方程模型

$$\begin{cases} \boldsymbol{x}[(k+1)T] = \boldsymbol{F}\boldsymbol{x}(kT) + \boldsymbol{G}\boldsymbol{u}(kT) \\ \boldsymbol{y}(kT) = \boldsymbol{C}\boldsymbol{x}(kT) + \boldsymbol{D}\boldsymbol{u}(kT) \end{cases} \tag{5-1-3}$$

其状态变量的解析解为

$$\boldsymbol{x}(kT) = \boldsymbol{F}^k \boldsymbol{x}(0) + \sum_{i=0}^{k-1} \boldsymbol{F}^{k-i-1} \boldsymbol{G}\boldsymbol{u}(iT) \tag{5-1-4}$$

可见，若使得系统的状态变量 $\boldsymbol{x}(kT)$ 有界，则要求系统的指数矩阵 $\boldsymbol{F}^k$ 有界，亦即 $\boldsymbol{F}$ 矩阵的所有特征根的模均小于 1。故而可以得出结论: 离散系统稳定的前提条件是系统状态方程中 $\boldsymbol{F}$ 矩阵所有的特征根的模均小于 1，或系统所有的特征根均位于单位圆内，这就是离散系统稳定性的判定条件。

在 MATLAB 这样的工具出现之前，由于很难求出该矩阵的特征根，所以出现了判定离散系统稳定的 Jury 判据，其构造比连续系统判定的 Routh 表更复杂。同样，有了 MATLAB 这样强有力的计算工具，可以用直接方法求出系统的特征根，观察其位置是否位于单位圆内就可用直接判定离散系统的稳定性，同样还能用 `pzmap`(G) 命令在复平面上绘制系统所有的零极点位置，用图示的方法也可以立即判定离散系统的稳定性，故而没有必要再用复杂的间接方法去判定稳定性了。

更简单地，控制系统工具箱还提供了 `key = isstable`(G) 函数来直接判定系统的稳定性，如果 `key` 为 1 则稳定，否则不稳定，其中 G 可以为单变量、多变量、连续与离散的线性系统模型，但不能处理带有内部延迟的状态方程模型。

例 5-1 假设有开环高阶系统的传递函数

$$G(s) = \frac{10s^4 + 50s^3 + 100s^2 + 100s + 40}{s^7 + 21s^6 + 184s^5 + 870s^4 + 2384s^3 + 3664s^2 + 2496s}$$

则可以通过下面的 MATLAB 语句输入系统的传递函数模型并得出单位负反馈构成的闭环系统模型，还可以立即求出系统的全部闭环极点

```
>> num=[10,50,100,100,40]; den=[1,21,184,870,2384,3664,2496,0];
   G=tf(num,den); GG=feedback(G,1); % 输入开环传递函数并得出闭环模型
   eig(GG), pzmap(GG), isstable(GG) % 三种不同判定方法
```

闭环系统的极点为 $-6.922, -3.65 \pm j2.302, -2.0633 \pm j1.7923, -2.635, -0.0158$，因为该系统全部极点都在 s-左半平面，故此闭环系统是稳定的，`isstable()` 函数返回的结果也是 1。图 5-1 中显示的极点位置分布也证实了上面的结论。此外，由于其中一个实极点离虚轴较近，可以认为是主导极点，所以可以断定该系统的性能接近于一阶系统。这样的结论是 Routh 判据这类间接方法不可能得到的，由此可见直接方法的优势。

其实，采用零极点变换语句 `zpk(GG)` 可以得出如下的零极点模型

$$G(s) = \frac{10(s+2)(s+1)(s^2+2s+2)}{(s+6.922)(s+2.635)(s+0.01577)(s^2+4.127s+7.47)(s^2+7.3s+18.62)}$$

例 5-2 假设离散受控对象传递函数为 $H(z) = \dfrac{6z^2-0.6z-0.12}{z^4-z^3+0.25z^2+0.25z-0.125}$，且已知控制器模型为 $G_c(z) = 0.3\dfrac{z-0.6}{z+0.8}$，采样周期为 $T=0.1\,\text{s}$。试分析单位负反馈下闭环系统的稳定性。

闭环系统的特征根及其模可以由下面的 MATLAB 语句求出

```
>> num=[6 -0.6 -0.12]; den=[1 -1 0.25 0.25 -0.125];
   H=tf(num,den,'Ts',0.1);      % 输入系统的传递函数模型
   z=tf('z','Ts',0.1); Gc=0.3*(z-0.6)/(z+0.8);  % 控制器模型
   GG=feedback(H*Gc,1);         % 闭环系统的模型
   v=abs(eig(GG)), pzmap(GG), isstable(GG) % 三种不同判定方法
```

这些闭环特征根的模分别为 $v = [1.1644, 1.1644, 0.5536, 0.3232, 0.3232]$。可以看出，由于前两个特征根的模均大于 1，isstable() 返回的结果为 0，所以可以判定该闭环系统是不稳定的。闭环系统的零极点还可以由 pzmap(GG) 语句绘制出来，如图 5-2 所示。从图中可以看出，系统含有单位圆外的极点，所以系统是不稳定的。

利用系统零极点变换的语句 zpk(GG) 也能容易地得出系统的零极点模型

$$G(z) = \frac{1.8(z-0.6)(z-0.2)(z+0.1)}{(z-0.5536)(z^2-0.03727z+0.1045)(z^2+0.3908z+1.356)}$$

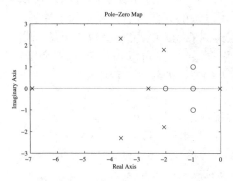

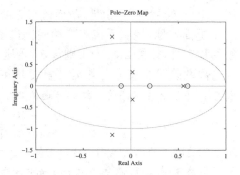

图 5-1　连续系统零极点位置　　　图 5-2　离散闭环系统零极点位置

如果不采用直接方法，而采用像 Routh 和 Jury 这样的间接判据，则除了系统稳定与否这一判定结论之外，不能得到任何其他的信息。但若采用了直接判定的方法，除了能获得稳定性的信息外，还可以立即看出零极点分布，从而对系统的性能有一个更好的了解。比如对连续系统来说，如果存在距离虚轴特别近的复极点，则可能会使得系统有很强的振荡，对离散系统来说，如果复极点距单位圆较近，也可能得出较强的振荡，这样的定性判定用间接判据是不可能得出的。从这个方面可以看出直接方法和间接方法相比存在的优越性。由于传统观念的影响，很多控制理论教科书至今仍认为直接求取高阶系统特征根的方法是件困难的事[1]，其实，从科学

计算现有的发展水平看,直接求取高阶系统特征根是轻而易举的事,其求解过程远比建立 Routh 表或 Jury 表容易得多,况且 Routh 表、Jury 表本身也是工具,同样是借助工具,当然应该使用更直观、有效的工具进行稳定性分析,而没有必要再使用落后的底层工具去分析系统的稳定性了。

5.1.2　线性反馈系统的内部稳定性分析

在反馈控制系统的分析中,为了得到更好的控制效果,仅分析系统的输入输出稳定性是不够的,因为这样的稳定性分析只能保证由稳定输入激励下的输出信号的有界性,但不能保证系统的内部信号都是有界的。若系统的内部信号变成无界的,即使原系统稳定,也将破坏原系统的物理结构。

考虑图 5-3 中所示的反馈系统结构,可见这个结构是典型反馈控制系统结构的扩展,在系统中还带有扰动信号。在这个系统结构下,扰动信号 d 经常称作外部扰动信号,而 n 常称为量测噪声。

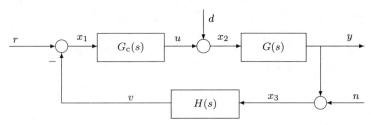

图 5-3　带有扰动的线性反馈控制系统

如果图 5-3 中所示的系统从输入信号 (r,d,n) 到内部输出信号 (x_1,x_2,x_3) 的所有 9 个闭环传递函数都是稳定的,则称该系统是内部稳定的。

可以证明,这 9 个传递函数可以表示成

$$\begin{bmatrix} x_1 \\ x_2 \\ x_3 \end{bmatrix} = \frac{1}{1+G(s)G_\mathrm{c}(s)H(s)} \begin{bmatrix} 1 & -G(s)H(s) & -H(s) \\ G_\mathrm{c}(s) & 1 & -G_\mathrm{c}(s)H(s) \\ G(s)G_\mathrm{c}(s) & G(s) & 1 \end{bmatrix} \begin{bmatrix} r \\ d \\ n \end{bmatrix} \qquad (5\text{-}1\text{-}5)$$

逐一去判定每个子传递函数的稳定性无疑是很烦琐的,所以可以根据内部稳定性定理,用简单方法直接判定。该定理为: 闭环系统内部稳定的充要条件为

① 传递函数 $1+H(s)G(s)G_\mathrm{c}(s)$ 没有 $\mathscr{R}[s] \geqslant 0$ 的零点。

② 乘积 $H(s)G(s)G_\mathrm{c}(s)$ 中没有满足 $\mathscr{R}[s] \geqslant 0$ 的零极点对消。

基于上述条件,可以对这个定理进行简化。仔细观察定理中的条件,不难看出,其中第一个条件等效于闭环系统的稳定性,所以只需判定第二个条件,该条件判定起来也不困难。其实,内部稳定性的定义及判定定理可以直接拓展到多变量系统及离散系统。这样,可以编写出判定反馈系统内部稳定性的函数如下:

```
function key=intstable(G,Gc,H)
GG=minreal(feedback(G*Gc,H)); Go=H*G*Gc;
```

```
Go1=minreal(Go); p=eig(GG);
z0=eig(Go); z1=eig(Go1); zz=setdiff(z0,z1); % 找出开环对消极点
if (G.Ts>1), % 离散系统判定
   key=any(abs(p)>1); if key==0, key=2*any(abs(zz)>1); end
else, % 连续系统判定
   key=any(real(p)>0); if key==0, key=2*any(real(zz)>0); end
end
```

若闭环系统不稳定,则返回 key 的值为 1,若稳定系统内部不稳定,则返回的
key 值为 2,否则返回 key 的值为 0。此函数同样适用于多变量系统和离散系统。

5.1.3 线性系统的线性相似变换

前面已经介绍过,由于状态变量可以有不同的选择,故系统的状态方程实现将
不同,这里将研究这些状态方程之间的关系。

假设存在一个非奇异矩阵 $\boldsymbol{T}$,且定义了一个新的状态变量向量 $\boldsymbol{z}$ 使得 $\boldsymbol{z} = \boldsymbol{T}^{-1}\boldsymbol{x}$,这样关于新状态变量 $\boldsymbol{z}$ 的状态方程模型可以写成

$$\begin{cases} \dot{\boldsymbol{z}}(t) = \boldsymbol{A}_t \boldsymbol{z}(t) + \boldsymbol{B}_t \boldsymbol{u}(t) \\ \boldsymbol{y}(t) = \boldsymbol{C}_t \boldsymbol{z}(t) + \boldsymbol{D}_t \boldsymbol{u}(t) \end{cases}, \text{且 } \boldsymbol{z}(0) = \boldsymbol{T}^{-1}\boldsymbol{x}(0) \qquad (5\text{-}1\text{-}6)$$

式中 $\boldsymbol{A}_t = \boldsymbol{T}^{-1}\boldsymbol{A}\boldsymbol{T}$, $\boldsymbol{B}_t = \boldsymbol{T}^{-1}\boldsymbol{B}$, $\boldsymbol{C}_t = \boldsymbol{C}\boldsymbol{T}$, $\boldsymbol{D}_t = \boldsymbol{D}$。在矩阵 $\boldsymbol{T}$ 下的状态变
换称为相似性变换,而 $\boldsymbol{T}$ 又称为变换矩阵。

控制系统工具箱中提供了 ss2ss() 来完成状态方程模型的相似性变换,该函
数的调用格式为 $G_1 = \text{ss2ss}(G, \boldsymbol{T})$,其中,$G$ 为原始的状态方程模型,$\boldsymbol{T}$ 为变换矩
阵,在 $\boldsymbol{T}$ 下的变换结果由 G_1 变量返回。注意,在本函数调用中输入和输出的变量
都是状态方程对象,而不是其他对象。

例 5-3 在实际应用中,变换矩阵 $\boldsymbol{T}$ 可以任意选择,只要它为非奇异矩阵即可。假设已知
系统的状态方程模型为

$$\begin{cases} \dot{\boldsymbol{x}}(t) = \begin{bmatrix} 0 & 1 & 0 & 0 \\ 0 & 0 & 1 & 0 \\ 0 & 0 & 0 & 1 \\ -24 & -50 & -35 & -10 \end{bmatrix} \boldsymbol{x}(t) + \begin{bmatrix} 0 \\ 0 \\ 0 \\ 1 \end{bmatrix} u(t) \\ y(t) = \begin{bmatrix} 24 & 24 & 7 & 1 \end{bmatrix} \boldsymbol{x}(t) \end{cases}$$

若选择一个反对角矩阵,使得反对角线上的元素均为 1,而其余元素都为 0,则在这
一变换矩阵下新的状态方程模型可以由下面的 MATLAB 语句得出

$$\begin{cases} \dot{\boldsymbol{z}}(t) = \begin{bmatrix} -10 & -35 & -50 & -24 \\ 1 & 0 & 0 & 0 \\ 0 & 1 & 0 & 0 \\ 0 & 0 & 1 & 0 \end{bmatrix} \boldsymbol{z}(t) + \begin{bmatrix} 1 \\ 0 \\ 0 \\ 0 \end{bmatrix} u(t) \\ y(t) = \begin{bmatrix} 1 & 7 & 24 & 24 \end{bmatrix} \boldsymbol{z}(t) \end{cases}$$

```
>> A=[0 1 0 0; 0 0 1 0; 0 0 0 1; -24 -50 -35 -10];
   G1=ss(A,[0;0;0;1],[24 24 7 1],0);  % 系统状态方程模型
   T=fliplr(eye(4)); G2=ss2ss(G1,T)    % 系统的线性相似变换结果
```

事实上,这样得出的状态方程模型和很多教科书[2]中定义的可控标准型一致。

5.1.4 线性系统的可控性分析

线性系统的可控性和可观测性是基于状态方程的控制理论的基础,可控性和可观测性的概念是 Kalman 于 1960 年提出的[3],这些性质为系统的状态反馈设计、观测器的设计等提供了依据。假设系统由状态方程 $(\boldsymbol{A}, \boldsymbol{B}, \boldsymbol{C}, \boldsymbol{D})$ 给出,对任意的初始时刻 t_0,如果状态空间中任一状态 $x_i(t)$ 可以从初始状态 $x_i(t_0)$ 处,由有界的输入信号 $\boldsymbol{u}(t)$ 的驱动下,在有限时间 t_f 内能够到达任意预先指定的状态 $x_i(t_f)$,则称此状态是可控的。如果系统中所有的状态都是可控的,则称该系统为完全可控的系统。

通俗点说,系统的可控性就是指系统内部的状态是不是可以由外部输入信号控制的性质,对线性时不变系统来说,如果系统某个状态可控,则可以由外部信号任意控制。

1. 线性系统的可控性判定

可以构造起一个可控性判定矩阵

$$\boldsymbol{T}_c = \left[\boldsymbol{B}, \boldsymbol{A}\boldsymbol{B}, \boldsymbol{A}^2\boldsymbol{B}, \cdots, \boldsymbol{A}^{n-1}\boldsymbol{B} \right] \tag{5-1-7}$$

若矩阵 $\boldsymbol{T}_c$ 是满秩矩阵,则系统称为完全可控的。如果该矩阵不是满秩矩阵,则它的秩为系统的可控状态的个数。在 MATLAB 下求一个矩阵的秩是再容易不过的事,如果已知矩阵为 $\boldsymbol{T}$,则用 MATLAB 提供的可靠算法用 rank($\boldsymbol{T}$) 即可以求出矩阵的秩。再将得出的秩和系统状态变量的个数相比较,就可以判定系统的可控性。

构造系统的可控性判定矩阵用 MATLAB 也很容易,用 $\boldsymbol{T}_c = \text{ctrb}(\boldsymbol{A}, \boldsymbol{B})$ 函数就可以立即建立起可控性判定矩阵 $\boldsymbol{T}_c$。用最底层的 MATLAB 命令也可以直接建立可控性判定矩阵。这里给出的判定方法既适用于连续系统,也适用于离散系统。下面将通过例子演示系统可控性判定矩阵建立和系统可控性判定的问题求解。

例 5-4 给定离散系统状态方程模型

$$\boldsymbol{x}[(k+1)T] = \begin{bmatrix} -2.2 & -0.7 & 1.5 & -1 \\ 0.2 & -6.3 & 6 & -1.5 \\ 0.6 & -0.9 & -2 & -0.5 \\ 1.4 & -0.1 & -1 & -3.5 \end{bmatrix} \boldsymbol{x}(kT) + \begin{bmatrix} 6 & 9 \\ 4 & 6 \\ 4 & 4 \\ 8 & 4 \end{bmatrix} \boldsymbol{u}(kT)$$

可以通过下面的 MATLAB 语句将系统的 $\boldsymbol{A}$ 和 $\boldsymbol{B}$ 矩阵输入到 MATLAB 的工作空间,这样就可以用下面的语句直接判定系统的可控性。

```
>> A=[-2.2,-0.7,1.5,-1; 0.2,-6.3,6,-1.5; ...
      0.6,-0.9,-2,-0.5; 1.4,-0.1,-1,-3.5];
```

```
B=[6,9; 4,6; 4,4; 8,4]; Tc=ctrb(A,B) % 建立可控性判定矩阵
rank(Tc) % 判定系统的可控性,因为可得秩为 3,所以系统不可控
```

生成如下的可控性判定矩阵,可以根据其秩来判定系统的可控性。

$$
T_c = \begin{bmatrix}
6 & 9 & -18 & -22 & 54 & 52 & -162 & -118 \\
4 & 6 & -12 & -18 & 36 & 58 & -108 & -202 \\
4 & 4 & -12 & -10 & 36 & 26 & -108 & -74 \\
8 & 4 & -24 & -6 & 72 & 2 & -216 & 34
\end{bmatrix}
$$

系统完全可控的另外判定方式是,系统的可控 Gram 矩阵为非奇异矩阵。系统的可控 Gram 矩阵由下式定义

$$
L_c = \int_0^\infty e^{-At} BB^T e^{-A^T t} dt \tag{5-1-8}
$$

当然,看起来求解系统的可控 Gram 矩阵也并非简单的事,可以证明,系统的可控 Gram 矩阵为对称矩阵,是下面的 Lyapunov 方程的解

$$
AL_c + L_c A^T = -BB^T \tag{5-1-9}
$$

在 MATLAB 环境中用 $L_c = \mathtt{lyap}(A, B*B')$ 命令就能直接求出 Lyapunov 方程的解,如果调用该函数不能求出方程的解,则该系统不完全可控。控制系统的可控 Gram 矩阵还可以由 $G_c = \mathtt{gram}(G, \mathtt{'c'})$ 直接求出来。离散系统的 Gram 矩阵是离散 Lyapunov 方程的解,但在 MATLAB 函数的调用格式上与连续系统完全一致。

例 5-5 考虑离散系统模型 $H(z) = \dfrac{6z^2 - 0.6z - 0.12}{z^4 - z^3 + 0.25z^2 + 0.25z - 0.125}$,且已知系统的采样周期为 $T = 0.1\,\mathrm{s}$,则可以用下面的语句将其输入到 MATLAB 工作空间,并通过函数调用直接求出系统的可控 Gram 矩阵。

```
>> num=[6 -0.6 -0.12]; den=[1 -1 0.25 0.25 -0.125];
   H=tf(num,den,'Ts',0.1)   % 输入并显示系统的传递函数模型
   Lc=gram(ss(H),'c')       % 先获得状态方程模型,再求可控 Gram 矩阵
```

通过运算可以得出可控 Gram 矩阵为 $L_c = \begin{bmatrix} 10.765 & 15.754 & 7.3518 & 0 \\ 15.754 & 43.061 & 31.508 & 3.6759 \\ 7.3518 & 31.508 & 43.061 & 7.8769 \\ 0 & 3.6759 & 7.8769 & 2.6913 \end{bmatrix}$。

2. 可控性阶梯分解

对于不完全可控的系统,还可以对之进行可控性阶梯分解,即构造一个状态变换矩阵 T,就可以将系统的状态方程 (A, B, C, D) 变换成如下形式

$$
A_c = \begin{bmatrix} \widehat{A}_{\bar{c}} & 0 \\ \widehat{A}_{21} & \widehat{A}_c \end{bmatrix}, \quad B_c = \begin{bmatrix} 0 \\ \widehat{B}_c \end{bmatrix}, \quad C_c = [\widehat{C}_{\bar{c}}, \widehat{C}_c] \tag{5-1-10}
$$

该形式称为系统的可控阶梯分解形式,这样就可以将系统的不可控子空间 $(\widehat{A}_{\bar{c}}, 0, \widehat{C}_{\bar{c}})$ 和可控子空间 $(\widehat{A}_c, \widehat{B}_c, \widehat{C}_c)$ 直接分离出来。构造这样的变换矩阵不

是简单的事,但可以借用 MATLAB 中的现成函数 ctrbf() 对状态方程模型进行这样的阶梯分解 $[\boldsymbol{A}_c,\boldsymbol{B}_c,\boldsymbol{C}_c,\boldsymbol{T}_c]=\mathtt{ctrbf}(\boldsymbol{A},\boldsymbol{B},\boldsymbol{C})$,该函数就可以自动生成相似变换矩阵 $\boldsymbol{T}_c$,将原系统模型直接变换成可控性阶梯分解模型。如果原来系统的状态方程模型是完全可控的,则此分解不必进行。

例 5-6 考虑例 5-4 中给出的不完全可控的系统模型,可以通过下面的语句对之进行分解,得出可控性阶梯分解形式

```
>> A=[-2.2,-0.7,1.5,-1; 0.2,-6.3,6,-1.5;...
       0.6,-0.9,-2,-0.5; 1.4,-0.1,-1,-3.5];
    B=[6,9; 4,6; 4,4; 8,4]; C=[1 2 3 4]; [Ac,Bc,Cc,Tc]=ctrbf(A,B,C);
```

得出的可控阶梯标准型如下,这时,左上角的子空间是不可控的。

$$\hat{\boldsymbol{x}}[(k+1)T]=\begin{bmatrix} -4 & 0 & 0 & 0 \\ -4.638 & -3.823 & -0.5145 & -0.127 \\ -3.637 & 0.1827 & -3.492 & -0.1215 \\ -4.114 & -1.888 & 1.275 & -2.685 \end{bmatrix}\hat{\boldsymbol{x}}(kT)+\begin{bmatrix} 0 & 0 \\ 0 & 0 \\ 2.754 & -2.575 \\ -11.15 & -11.93 \end{bmatrix}\boldsymbol{u}(kT)$$

5.1.5　线性系统的可观测性分析

假设系统由状态方程 $(\boldsymbol{A},\boldsymbol{B},\boldsymbol{C},\boldsymbol{D})$ 给出,对任意的初始时刻 t_0,如果状态空间中任一状态 $x_i(t)$ 在任意有限时刻 t_f 的状态 $x_i(t_f)$ 可以由输出信号在这一时间区间内 $t\in[t_0,t_f]$ 的值精确地确定出来,则称此状态是可观测的。如果系统中所有的状态都是可观测的,则称该系统为完全可观测的系统。

类似于系统的可控性,系统的可观测性就是指系统内部的状态是不是可以由系统的输入、输出信号重建起来的性质。对线性时不变系统来说,如果系统某个状态可观测,则可以由输入、输出信号重建出来。

从定义判定系统的可观测性是很烦琐的,还可以构造起可观测性判定矩阵

$$\boldsymbol{T}_o=\begin{bmatrix} \boldsymbol{C} \\ \boldsymbol{CA} \\ \boldsymbol{CA}^2 \\ \vdots \\ \boldsymbol{CA}^{n-1} \end{bmatrix} \tag{5-1-11}$$

该矩阵的秩为系统的可观测状态数。如果该矩阵满秩,则系统是完全可观测的,即系统的所有状态都可以由输入、输出信号重建。

由控制理论可知,系统的可观测性问题和系统的可控性问题是对偶关系,若想研究系统 $(\boldsymbol{A},\boldsymbol{C})$ 的可观测性问题,可以将其转换成研究 $(\boldsymbol{A}^T,\boldsymbol{C}^T)$ 系统的可控性问题,故前面所述的可控性分析的全部方法均可以扩展到系统的可观测性研究中。

当然,可观测性分析也有自己的相应函数,如对应于可控性的函数 ctrb() 和 ctrbf() 有 obsv() 和 obsvf(),对应 gram(G,'c') 有 gram(G,'o') 等,也可

以利用这些函数直接进行可观测性分析与变换,系统可观测性 Gram 矩阵定义为

$$L_{\mathrm{o}} = \int_0^{\infty} \mathrm{e}^{-A^{\mathrm{T}}t}C^{\mathrm{T}}C\mathrm{e}^{-At}\mathrm{d}t \qquad (5\text{-}1\text{-}12)$$

该矩阵满足 Lyapunov 方程

$$A^{\mathrm{T}}L_{\mathrm{o}} + L_{\mathrm{o}}A = -C^{\mathrm{T}}C \qquad (5\text{-}1\text{-}13)$$

5.1.6　Kalman 规范分解

从上面的叙述可以看出,通过可控性阶梯分解则可以将可控子空间和不可控子空间分离出来,同样进行可观测性阶梯分解则可以将可观测子空间和不可观测子空间分离出来,这样就可能组合出 4 个子空间。如果先对系统进行可控性阶梯分解,再对结果进行可观测性阶梯分解,则可以得出下面的规范形式

$$\begin{cases} \dot{z}(t) = \begin{bmatrix} \widehat{A}_{\bar{\mathrm{c}},\bar{\mathrm{o}}} & \widehat{A}_{1,2} & \mathbf{0} & \mathbf{0} \\ \mathbf{0} & \widehat{A}_{\bar{\mathrm{c}},\mathrm{o}} & \mathbf{0} & \mathbf{0} \\ \widehat{A}_{3,1} & \widehat{A}_{3,2} & \widehat{A}_{\mathrm{c},\bar{\mathrm{o}}} & \widehat{A}_{3,4} \\ \mathbf{0} & \widehat{A}_{4,2} & \mathbf{0} & \widehat{A}_{\mathrm{c},\mathrm{o}} \end{bmatrix} z(t) + \begin{bmatrix} \mathbf{0} \\ \mathbf{0} \\ \widehat{B}_{\mathrm{c},\bar{\mathrm{o}}} \\ \widehat{B}_{\mathrm{c},\mathrm{o}} \end{bmatrix} u(t) \\[2mm] y(t) = \begin{bmatrix} \mathbf{0} & \widehat{C}_{\bar{\mathrm{c}},\mathrm{o}} & \mathbf{0} & \widehat{C}_{\mathrm{c},\mathrm{o}} \end{bmatrix} z(t) \end{cases} \qquad (5\text{-}1\text{-}14)$$

其中,子空间 $(\widehat{A}_{\bar{\mathrm{c}},\bar{\mathrm{o}}}, \mathbf{0}, \mathbf{0})$ 为既不可控,又不可观测的子空间,$(\widehat{A}_{\bar{\mathrm{c}},\mathrm{o}}, \mathbf{0}, \widehat{C}_{\bar{\mathrm{c}},\mathrm{o}})$ 为不可控但可观测的子空间,$(\widehat{A}_{\mathrm{c},\bar{\mathrm{o}}}, \widehat{B}_{\mathrm{c},\bar{\mathrm{o}}}, \mathbf{0})$ 和 $(\widehat{A}_{\mathrm{c},\mathrm{o}}, \widehat{B}_{\mathrm{c},\mathrm{o}}, \widehat{C}_{\mathrm{c},\mathrm{o}})$ 分别为可控但不可观测的子空间和既不可控又可观测的子空间。这样的分解又称为 Kalman 分解。在实际系统分析中,更关心的是既可控又可观测的子空间,该子空间事实上就是前面提及的最小实现模型。

5.1.7　系统状态方程标准型的 MATLAB 求解

单变量系统常用的状态空间实现有可控标准型实现、可观测标准型实现和 Jordan 标准型实现,多变量系统又经常需要变换成 Luenberger 标准型。

1. 单变量系统的标准型

单变量系统常用的标准型是可控标准型、可观测标准型和 Jordan 标准型实现,若系统的传递函数模型由下式给出

$$G(s) = \frac{b_0 s^n + \hat{b}_1 s^{n-1} + \hat{b}_2 s^{n-2} + \cdots + \hat{b}_{n-1}s + \hat{b}_n}{s^n + a_1 s^{n-1} + a_2 s^{n-2} + \cdots + a_{n-1}s + a_n} \qquad (5\text{-}1\text{-}15)$$

则可以将其改写成

$$G(s) = b_0 + \frac{b_1 s^{n-1} + b_2 s^{n-2} + \cdots + b_{n-1}s + b_n}{s^n + a_1 s^{n-1} + a_2 s^{n-2} + \cdots + a_{n-1}s + a_n} \qquad (5\text{-}1\text{-}16)$$

式中 $b_i = \hat{b}_i - b_0 a_i$。系统可控标准型的一般形式为

$$
\begin{cases}
\dot{\boldsymbol{x}} = \boldsymbol{A}_{\mathrm{c}}\boldsymbol{x} + \boldsymbol{B}_{\mathrm{c}}u \\
y = \boldsymbol{C}_{\mathrm{c}}\boldsymbol{x} + D_{\mathrm{c}}u
\end{cases}
\Longrightarrow
\begin{cases}
\dot{\boldsymbol{x}} = \begin{bmatrix} 0 & 1 & \cdots & 0 \\ 0 & 0 & \cdots & 0 \\ \vdots & \vdots & \ddots & \vdots \\ 0 & 0 & \cdots & 1 \\ -a_n & -a_{n-1} & \cdots & -a_1 \end{bmatrix} \boldsymbol{x} + \begin{bmatrix} 0 \\ 0 \\ \vdots \\ 0 \\ 1 \end{bmatrix} u \\
y = \begin{bmatrix} b_n & b_{n-1} & \cdots & b_1 \end{bmatrix} \boldsymbol{x} + b_0 u
\end{cases}
\tag{5-1-17}
$$

可观测标准型的一般形式为

$$
\begin{cases}
\dot{\boldsymbol{x}} = \boldsymbol{A}_{\mathrm{o}}\boldsymbol{x} + \boldsymbol{B}_{\mathrm{o}}u \\
y = \boldsymbol{C}_{\mathrm{o}}\boldsymbol{x} + D_{\mathrm{o}}u
\end{cases}
\Longrightarrow
\begin{cases}
\dot{\boldsymbol{x}} = \begin{bmatrix} 0 & 0 & \cdots & 0 & -a_n \\ 1 & 0 & \cdots & 0 & -a_{n-1} \\ \vdots & \vdots & \ddots & \vdots & \vdots \\ 0 & 0 & \cdots & 1 & -a_1 \end{bmatrix} \boldsymbol{x} + \begin{bmatrix} b_n \\ b_{n-1} \\ \vdots \\ b_1 \end{bmatrix} u \\
y = \begin{bmatrix} 0 & 0 & \cdots & 0 & 1 \end{bmatrix} \boldsymbol{x} + b_0 u
\end{cases}
\tag{5-1-18}
$$

可见，可控标准型和可观测标准型互为对偶形式，即

$$
\boldsymbol{A}_{\mathrm{c}} = \boldsymbol{A}_{\mathrm{o}}^{\mathrm{T}}, \quad \boldsymbol{B}_{\mathrm{c}} = \boldsymbol{C}_{\mathrm{o}}^{\mathrm{T}}, \quad \boldsymbol{C}_{\mathrm{c}} = \boldsymbol{B}_{\mathrm{o}}^{\mathrm{T}}, \quad D_{\mathrm{c}} = D_{\mathrm{o}}
\tag{5-1-19}
$$

模型 G 的对偶状态方程模型在 MATLAB 下可以用 G' 命令直接得出。可控标准型和可观测标准型可以由下面给出的 `sscanform()` 函数直接获得

```
function Gs=sscanform(G,type)
switch type
  case 'ctrl', G=tf(G); Gs=[];
    G.num{1}=G.num{1}/G.den{1}(1); % 传递函数首一化
    G.den{1}=G.den{1}/G.den{1}(1); b0=G.num{1}(1);
    G1=G; G1.ioDelay=0; G1=G1-b0;
    num=G1.num{1}; den=G1.den{1}; n=length(G.den{1})-1;
    A=[zeros(n-1,1) eye(n-1); -den(end:-1:2)];
    B=[zeros(n-1,1);1]; C=num(end:-1:2); D=b0;
    Gs=ss(A,B,C,D,'Ts',G.Ts,'ioDelay',G.ioDelay);
  case 'obsv', Gs=sscanform(G,'ctrl').';
  otherwise
    error('Only options ''ctrl'' and ''obsv'' are applicable.')
end
```

Jordan 标准型则是根据系统矩阵 Jordan 变换构成的一种标准型形式。假设系统矩阵 $\boldsymbol{A}$ 的特征根为 $\lambda_1, \lambda_2, \cdots, \lambda_m$，第 i 个特征根 λ_i 对应的特征向量为 $\boldsymbol{v}_i$，则

$$
\boldsymbol{A}\boldsymbol{v}_i = \lambda_i \boldsymbol{v}_i, \quad i = 1, 2, \cdots, m
\tag{5-1-20}
$$

矩阵 $\boldsymbol{A}$ 对应的模态矩阵 $\boldsymbol{\Lambda}$ 定义为

$$\boldsymbol{\Lambda} = \boldsymbol{T}^{-1}\boldsymbol{A}\boldsymbol{T} = \begin{bmatrix} \boldsymbol{J}_1 & & & \\ & \boldsymbol{J}_2 & & \\ & & \ddots & \\ & & & \boldsymbol{J}_k \end{bmatrix} \tag{5-1-21}$$

其中 $\boldsymbol{J}_i$ 称为 Jordan 矩阵。canon() 函数可以直接获得 Jordan 标准型。

2. 多变量系统的 Luenberger 标准型

多变量系统一种重要的可控标准型实现是 Luenberger 标准型,其具体实现方法是,构造可控性判定矩阵,并按照下面的顺序构成一个矩阵 $\boldsymbol{S}$[4]:

$$\boldsymbol{S} = \left[\boldsymbol{b}_1, \boldsymbol{A}\boldsymbol{b}_1, \cdots, \boldsymbol{A}^{\sigma_1-1}\boldsymbol{b}_1, \boldsymbol{b}_2, \cdots, \boldsymbol{A}^{\sigma_2-1}\boldsymbol{b}_2, \cdots, \boldsymbol{A}^{\sigma_p-1}\boldsymbol{b}_p \right] \tag{5-1-22}$$

其中,σ_i 是能保证前面各列线性无关的最大指数值,亦即最大可控性指数,取该矩阵的前 n 列就可以构成一个 $n \times n$ 的方阵 $\boldsymbol{L}$。如果这样构成的满秩矩阵不足 n 列,亦即多变量系统不是完全可控,则可以在后面补足能够使得 $\boldsymbol{L}$ 为满秩方阵的列,可以通过添补随机数的方式构造该矩阵。该矩阵求逆,则可以按照如下的方式提取出相关各行

$$\boldsymbol{L}^{-1} = \begin{bmatrix} \boldsymbol{l}_1^{\mathrm{T}} \\ \vdots \\ \boldsymbol{l}_{\sigma_1}^{\mathrm{T}} \\ \vdots \\ \boldsymbol{l}_{\sigma_1+\sigma_2}^{\mathrm{T}} \\ \vdots \end{bmatrix} \begin{matrix} \\ \\ \leftarrow 提取此行 \\ \\ \leftarrow 提取此行 \\ \end{matrix} \tag{5-1-23}$$

这样,依照下面的方法可以构造出变换矩阵逆阵 $\boldsymbol{T}^{-1}$

$$\boldsymbol{T}^{-1} = \begin{bmatrix} \boldsymbol{l}_{\sigma_1}^{\mathrm{T}} \\ \vdots \\ \boldsymbol{l}_{\sigma_1}^{\mathrm{T}}\boldsymbol{A}^{\sigma_1-1} \\ \vdots \\ \boldsymbol{l}_{\sigma_1+\sigma_2}^{\mathrm{T}}\boldsymbol{A}^{\sigma_2-1} \\ \vdots \end{bmatrix} \tag{5-1-24}$$

通过变换矩阵 $\boldsymbol{T}$ 对原系统进行相似变换,即可以得出 Luenberger 标准型。前面介绍的方法很适合用 MATLAB 语言直接实现,根据算法,可以编写出如下的函数来生成变换矩阵 $\boldsymbol{T}$。

```
function T=luenberger(A,B)
n=size(A,1); p=size(B,2); S=[]; sigmas=[]; k=1;
for i=1:p
```

```
    for j=0:n-1, S=[S,A^j*B(:,i)];
        if rank(S)==k, k=k+1;
        else, sigmas(i)=j-1; S=S(:,1:end-1); break; end,
    end
    if k>n, break; end
end
k=k-1; %  如果不是完全可控,则用随机数补足满秩矩阵
if k<n
    while rank(S)~=n, S(:,k+1:n)=rand(n,n-k); end
end
L=inv(S); iT=[];
for i=1:p
    for j=0:sigmas(i)
        iT=[iT; L(i+sum(sigmas(1:i)),:)*A^j];
end, end
if k<n, iT(k+1:n,:)=L(k+1:end,:); end   %  不可控时补足满秩矩阵
T=inv(iT);   %  构造变换矩阵
```

这样,状态方程的各种标准型可以由下面的函数直接获得[5]。

$G_s = \text{sscanform}(G,\text{'ctrl'})$ % 求取可控标准型

$G_s = \text{sscanform}(G,\text{'obsv'})$ % 求取可观测标准型

$[G_s, T] = \text{canon}(G,\text{'modal'})$ % 求取 Jordan 标准型的函数, T 为变换矩阵

$T = \text{luenberger}(A, B)$ % 多变量系统 Luenberger 标准型的转换矩阵

例 5-7 试求取传递函数 $G(s) = \dfrac{6s^4 + 2s^2 + 8s + 10}{2s^4 + 6s^2 + 4s + 8}$ 的可观测标准型实现。

该问题可以由 sscanform() 函数直接求解

```
>> num=[6 0 2 8 10]; den=[2 0 6 4 8];     %  分子多项式和分母多项式
   G=tf(num,den); Gs=sscanform(G,'obsv')  %  可以得出可观测标准型为
```

$$
\begin{cases}
\dot{z}(t) = \begin{bmatrix} 0 & 0 & 0 & -4 \\ 1 & 0 & 0 & -2 \\ 0 & 1 & 0 & -3 \\ 0 & 0 & 1 & 0 \end{bmatrix} z(t) + \begin{bmatrix} -7 \\ -2 \\ -8 \\ 0 \end{bmatrix} u(t) \\
y(t) = \begin{bmatrix} 0 & 0 & 0 & 1 \end{bmatrix} z(t) + 3u(t)
\end{cases}
$$

可见,由给定的系统传递函数模型可以直接得出系统的可观测性标准型。求取系统的可控标准型和 Jordan 标准型也同样容易,调用相应的函数即可。

例 5-8 考虑下面给出的状态方程模型

$$
\dot{x}(t) = \begin{bmatrix} 15 & 6 & -12 & 9 \\ 4 & 14 & 8 & -4 \\ 2 & 4 & 10 & -2 \\ 9 & 6 & -12 & 15 \end{bmatrix} x(t) + \begin{bmatrix} 3 & 3 \\ 2 & 2 \\ -2 & -2 \\ 3 & 9 \end{bmatrix} u(t)
$$

用 luenberger() 函数可以构造所需变换矩阵,获得系统的 Luenberger 标准型

```
>> A=[15,6,-12,9; 4,14,8,-4; 2,4,10,-2; 9,6,-12,15];
   B=[3,3; 2,2; -2,-2; 3,9]; T=luenberger(A,B) % 获得 Luenberger 阵
   A1=inv(T)*A*T, B1=inv(T)*B   % 对系统进行变换,即可得出此标准型
```

其数学表示形式为

$$
\boldsymbol{T} = \begin{bmatrix} 18 & 3 & 61.2 & 3 \\ -48 & 2 & -79.2 & 2 \\ 48 & -2 & 43.2 & -2 \\ 18 & 3 & -46.8 & 9 \end{bmatrix}, \quad \dot{z}(t) = \begin{bmatrix} 0 & 1 & 0 & 0 \\ -144 & 30 & -57.6 & 9.6 \\ 0 & 0 & 0 & 1 \\ 0 & 0 & -108 & 24 \end{bmatrix} \boldsymbol{z}(t) + \begin{bmatrix} 0 & 0 \\ 1 & 0 \\ 0 & 0 \\ 0 & 1 \end{bmatrix} \boldsymbol{u}(t)
$$

5.1.8   系统的范数测度及求解

正如矩阵的范数是矩阵的测度一样,线性系统模型也有自己的范数定义,例如线性连续系统的 $\mathcal{H}_2$ 范数与无穷范数的定义分别为

$$
||\boldsymbol{G}(s)||_2 = \sqrt{\frac{1}{2\pi j} \int_{-j\infty}^{j\infty} \sum_{i=1}^{p} \sigma_i^2 [\boldsymbol{G}(j\omega)] \, d\omega}, \quad ||\boldsymbol{G}(s)||_\infty = \sup_\omega \bar{\sigma} |\boldsymbol{G}(j\omega)| \quad (5\text{-}1\text{-}25)
$$

从式 (5-1-25) 中可以看出, $\mathcal{H}_\infty$ 范数实际上是频域响应幅值的峰值。对线性离散系统来说,系统的 $\mathcal{H}_2$ 范数与无穷范数的定义分别为

$$
||\boldsymbol{G}(z)||_2 = \sqrt{\int_{-\pi}^{\pi} \sum_{i=1}^{p} \sigma_i^2 [\boldsymbol{G}(e^{j\omega})] \, d\omega}, \quad ||\boldsymbol{G}(z)||_\infty = \sup_\omega \bar{\sigma} [\boldsymbol{G}(e^{j\omega})] \quad (5\text{-}1\text{-}26)
$$

其中 $\sigma_i(\cdot)$ 为矩阵的第 i 奇异值,而 $\bar{\sigma}(\cdot)$ 为矩阵奇异值的上限。

若系统模型已经由变量 $\boldsymbol{G}$ 给出,则系统的范数 $||\boldsymbol{G}(s)||_2$ 和 $||\boldsymbol{G}(s)||_\infty$ 可以分别调用 MATLAB 函数 norm($\boldsymbol{G}$) 和 norm($\boldsymbol{G}$,inf) 直接求出。离散系统的范数也可以同样求出。系统的范数概念可以用于系统的鲁棒控制器设计,可以将其作为指标进行控制。

例 5-9   例 5-4 中给出多变量离散系统的 $\mathcal{H}_2$ 范数和 $\mathcal{H}_\infty$ 范数可以用下面命令直接求出

```
>> A=[-2.2,-0.7,1.5,-1; 0.2,-6.3,6,-1.5; ...
      0.6,-0.9,-2,-0.5; 1.4,-0.1,-1,-3.5];
   B=[6,9; 4,6; 4,4; 8,4]; C=[1 2 3 4];
   G=ss(A,B,C,[0 0],'Ts',0.1);
   norm(G,2), norm(G,inf), abs(eig(G))
```

可以直接求解出 $||\boldsymbol{G}(z)||_2 = \infty$, $||\boldsymbol{G}(z)||_\infty = 45.5817$。进一步地,由 eig() 函数可以得出系统特征值的模为 4,4,3,3,原系统不稳定,所以得出该系统的 $\mathcal{H}_2$ 范数为无穷大。

5.2 线性系统时域响应解析解法

前面介绍过，线性系统的数学基础是线性微分方程和线性差分方程，它们在某些条件下是存在解析解的，这里介绍将两种线性系统的解析解方法，基于状态方程的解析解方法和基于传递函数的解析解方法，并将以典型二阶系统为例，引入后面将使用的一些概念，如阻尼比、超调量等。还将介绍时间延迟系统的解析解方法。

5.2.1 直接积分解析解方法

再考虑状态方程的解析解

$$\boldsymbol{x}(t) = \mathrm{e}^{\boldsymbol{A}(t-t_0)}\boldsymbol{x}(t_0) + \int_{t_0}^{t} \mathrm{e}^{\boldsymbol{A}(t-\tau)}\boldsymbol{B}u(\tau)\mathrm{d}\tau, \quad \boldsymbol{y}(t) = \boldsymbol{C}\boldsymbol{x}(t) \tag{5-2-1}$$

由于 MATLAB 的符号运算具有很强的积分运算能力，且求解矩阵指数也很容易，所以可以尝试符号运算命令求出线性系统的解析解，具体的求解语句为

$$\boldsymbol{y} = \boldsymbol{C}*(\mathrm{expm}(\boldsymbol{A}*(t-t_0))*\boldsymbol{x}_0 + \ldots$$
$$\mathrm{expm}(\boldsymbol{A}*\mathrm{t})*\mathrm{int}(\mathrm{expm}(-\boldsymbol{A}*\tau)*\boldsymbol{B}*\mathrm{subs}(u,t,\tau),\tau,t_0,t))$$

其中，subs() 函数用来处理变量替换的运算，因为输入信号原本是 t 的函数，而在积分运算中需要 τ 的函数，所以需要用 subs() 函数进行变量替换。求出解析解后，有必要采用 simple() 函数化简得出的结果。

例 5-10 系统的状态方程模型为

$$\begin{cases} \dot{\boldsymbol{x}}(t) = \begin{bmatrix} -19 & -16 & -16 & -19 \\ 21 & 16 & 17 & 19 \\ 20 & 17 & 16 & 20 \\ -20 & -16 & -16 & -19 \end{bmatrix} \boldsymbol{x}(t) + \begin{bmatrix} 1 \\ 0 \\ 1 \\ 2 \end{bmatrix} u(t) \\ y(t) = [2,1,0,0]\,\boldsymbol{x}(t) \end{cases}$$

其中状态变量初值为 $\boldsymbol{x}^{\mathrm{T}}(0) = [0,1,1,2]$，且输入信号为 $u(t) = 2 + 2\mathrm{e}^{-3t}\sin 2t$。下面的语句可以直接得出系统时域响应的解析解

$$y(t) = -54 + \frac{127}{4}t\mathrm{e}^{-t} + 57\mathrm{e}^{-3t} + \frac{119}{8}\mathrm{e}^{-t} + 4t^2\mathrm{e}^{-t} - \frac{135}{8}\mathrm{e}^{-3t}\cos 2t + \frac{77}{4}\mathrm{e}^{-3t}\sin 2t$$

```
>> syms t tau; u=2+2*exp(-3*t)*sin(2*t);
   A=[-19,-16,-16,-19; 21,16,17,19; 20,17,16,20; -20,-16,-16,-19];
   B=[1; 0; 1; 2]; C=[2 1 0 0]; D=0; x0=[0; 1; 1; 2];
   y=C*(expm(A*t)*x0+...
       expm(A*t)*int(expm(-A*tau)*B*subs(u,t,tau),tau,0,t))
   y=simple(y)
```

5.2.2 基于增广矩阵的解析解方法

对于一般的输入信号来说，直接由式 (5-1-2) 求取系统的解析解并非很容易的事，因为其中积分项不好处理。如果能对状态方程进行某种变换，消去输入信号，则

该方程的解析解就容易求解了。这里将对一类典型输入信号介绍状态增广的方法，将其化为不含有输入信号的状态方程，从而直接求解原来状态方程的解析解[6]。

先考虑单位阶跃信号 $u(t) = 1(t)$，若假设有另外一个状态变量 $x_{n+1}(t) = u(t)$，则其导数为 $\dot{x}_{n+1}(t) = 0$，这样系统的状态方程可以改写为

$$
\begin{bmatrix} \dot{\boldsymbol{x}}(t) \\ \hline \dot{x}_{n+1}(t) \end{bmatrix} = \begin{bmatrix} \boldsymbol{A} & \boldsymbol{B} \\ \hline \boldsymbol{0} & \boldsymbol{0} \end{bmatrix} \begin{bmatrix} \boldsymbol{x}(t) \\ \hline x_{n+1}(t) \end{bmatrix} \tag{5-2-2}
$$

可见，这样就把原始的状态方程转换成直接可以求解的自治系统方程了

$$
\begin{cases} \dot{\widetilde{\boldsymbol{x}}}(t) = \widetilde{\boldsymbol{A}}\widetilde{\boldsymbol{x}}(t) \\ \widetilde{\boldsymbol{y}}(t) = \widetilde{\boldsymbol{C}}\widetilde{\boldsymbol{x}}(t) \end{cases} \tag{5-2-3}
$$

式中 $\widetilde{\boldsymbol{x}}^{\mathrm{T}}(t) = [\boldsymbol{x}^{\mathrm{T}}(t), x_{n+1}(t)]$，且 $\widetilde{\boldsymbol{x}}^{\mathrm{T}}(0) = [\boldsymbol{x}^{\mathrm{T}}(0), 1]$，其解析解比较容易求出

$$
\widetilde{\boldsymbol{x}}(t) = \mathrm{e}^{\widetilde{\boldsymbol{A}}t}\widetilde{\boldsymbol{x}}(0) \tag{5-2-4}
$$

除了阶跃信号外，下面的一类典型输入信号也可以作相应的矩阵增广

$$
u(t) = u_1(t) + u_2(t) = \sum_{i=0}^{m} c_i t^i + \mathrm{e}^{d_1 t}\left(d_2 \cos d_4 t + d_3 \sin d_4 t\right) \tag{5-2-5}
$$

引入附加状态变量 $x_{n+1} = \mathrm{e}^{d_1 t}\cos d_4 t$，$x_{n+2} = \mathrm{e}^{d_1 t}\sin d_4 t$，$x_{n+3} = u_1(t)$，$\cdots$，$x_{n+m+3} = u_1^{(m-1)}(t)$，通过推导，则可以得出式（5-2-3）中给出的系统增广状态方程模型，式中

$$
\widetilde{\boldsymbol{A}} = \begin{bmatrix} \boldsymbol{A} & d_2\boldsymbol{B} & d_3\boldsymbol{B} & \boldsymbol{B} & \boldsymbol{0} & \cdots & \boldsymbol{0} \\ \hline & d_1 & -d_4 & & & \\ \boldsymbol{0} & d_4 & d_1 & & \boldsymbol{0} & \\ \hline & & & 0 & 1 & \cdots & 0 \\ & & & 0 & 0 & \cdots & 0 \\ \boldsymbol{0} & & \boldsymbol{0} & \vdots & \vdots & \ddots & \vdots \\ & & & 0 & 0 & \cdots & 0 \end{bmatrix}, \quad \widetilde{\boldsymbol{x}}(t) = \begin{bmatrix} \boldsymbol{x}(t) \\ \hline x_{n+1}(t) \\ x_{n+2}(t) \\ \hline x_{n+3}(t) \\ x_{n+4}(t) \\ \vdots \\ x_{n+m+3}(t) \end{bmatrix}, \quad \widetilde{\boldsymbol{x}}(0) = \begin{bmatrix} \boldsymbol{x}(0) \\ \hline 1 \\ 0 \\ \hline c_0 \\ c_1 \\ \vdots \\ c_m m! \end{bmatrix}
$$

$$\tag{5-2-6}$$

这样系统的状态方程模型的解析解同样能由式（5-2-4）求出。

作者用 MATLAB 语言编写了一个函数 ss_augment()，可以用来求取系统的增广状态方程模型，该函数的内容如下：

```
function [Ga,Xa]=ss_augment(G,cc,dd,X)
G=ss(G); Aa=G.a; Ca=G.c; Xa=X; Ba=G.b; D=G.d;
if (length(dd)>0 & sum(abs(dd))>1e-5),
    if (abs(dd(4))>1e-5),
```

```
        Aa=[Aa dd(2)*Ba, dd(3)*Ba; ...
            zeros(2,length(Aa)), [dd(1),-dd(4); dd(4),dd(1)]];
        Ca=[Ca dd(2)*D dd(3)*D]; Xa=[Xa; 1; 0]; Ba=[Ba; 0; 0];
    else, Aa=[Aa dd(2)*B; zeros(1,length(Aa)) dd(1)];
        Ca=[Ca dd(2)*D]; Xa=[Xa; 1]; Ba=[B;0];
end, end
if (length(cc)>0 & sum(abs(cc))>1e-5), M=length(cc);
    Aa=[Aa Ba zeros(length(Aa),M-1); zeros(M-1,length(Aa)+1) ...
        eye(M-1); zeros(1,length(Aa)+M)];
    Ca=[Ca D zeros(1,M-1)]; Xa=[Xa; cc(1)]; ii=1;
    for i=2:M, ii=ii*i; Xa(length(Aa)+i)=cc(i)*ii;
end, end
Ga=ss(Aa,zeros(size(Ca')),Ca,D);
```

其调用格式为 $[G_1,\boldsymbol{x}_1] = \mathrm{ss\_augment}(G,\boldsymbol{c},\boldsymbol{d},\boldsymbol{x}_0)$，其中 $\boldsymbol{c} = [c_0, c_1, \cdots, c_m]$，$\boldsymbol{d} = [d_1, d_2, d_3, d_4]$，$\boldsymbol{x}_0$ 为初始状态。构造出系统的增广状态方程模型后，则可以用 MATLAB 符号运算工具箱的 expm() 函数求取各个状态变量的解析解。

例 5-11　重新考虑例 5-10 中的问题。可以用 ss_augment() 函数得出系统的增广状态方程模型

```
>> c=[2]; d=[-3,0,2,2]; x0=[0; 1; 1; 2];
   A=[-19,-16,-16,-19; 21,16,17,19; 20,17,16,20; -20,-16,-16,-19];
   B=[1; 0; 1; 2]; C=[2 1 0 0]; D=0; G=ss(A,B,C,D);
   [Ga,xx0]=ss_augment(G,c,d,x0); Ga.a, xx0'
```

得出的增广状态方程模型为

$$\dot{\tilde{\boldsymbol{x}}}(t) = \begin{bmatrix} -19 & -16 & -16 & -19 & 0 & 2 & 1 \\ 21 & 16 & 17 & 19 & 0 & 0 & 0 \\ 20 & 17 & 16 & 20 & 0 & 2 & 1 \\ -20 & -16 & -16 & -19 & 0 & 4 & 2 \\ 0 & 0 & 0 & 0 & -3 & -2 & 0 \\ 0 & 0 & 0 & 0 & 2 & -3 & 0 \\ 0 & 0 & 0 & 0 & 0 & 0 & 0 \end{bmatrix} \tilde{\boldsymbol{x}}(t), \quad \tilde{\boldsymbol{x}}(0) = \begin{bmatrix} 0 \\ 1 \\ 1 \\ 2 \\ 1 \\ 0 \\ 2 \end{bmatrix}$$

得出了系统的增广状态方程模型，则可以用下面的语句直接获得生成信号的解析解，得出的结果和前面的完全一致。

```
>> syms t; y=Ga.c*expm(Ga.a*t)*xx0; % 求解系统的解析解
```

5.2.3　基于 Laplace 变换、z 变换的解析解方法

1. 连续系统的解析解法

假设系统的传递函数由下式给出

$$G(s) = \frac{b_1 s^m + b_2 s^{m-1} + \cdots + b_m s + b_{m+1}}{s^n + a_1 s^{n-1} + a_2 s^{n-2} + \cdots + a_{n-1} s + a_n} \tag{5-2-7}$$

且已知系统输入信号的 Laplace 变换 $U(s)$，则可以容易地求出系统输出信号的 Laplace 变换 $Y(s) = G(s)U(s)$。这样，系统输出信号的解析解可以由 Laplace 反变换直接求出。在 MATLAB 下，可以用 `laplace()`、`ilaplace()` 函数来直接求解函数的正反 Laplace 变换。如果没有安装符号运算工具箱，则可以通过 $Y(s)$ 函数部分分式展开的方式求取时域响应的解析解[7]。下面将通过例子演示系统解析解的求解方法。

例 5-12 考虑系统的传递函数模型 $G(s) = \dfrac{s^3 + 7s^2 + 3s + 4}{s^4 + 7s^3 + 17s^2 + 17s + 6}$，系统的输入信号为单位阶跃信号，则其 Laplace 变换为 $1/s$，这样，通过下面的语句可以直接求出输出信号的解析解

```
>> syms s; G=(s^3+7*s^2+3*s+4)/(s^4+7*s^3+17*s^2+17*s+6);
   Y=G/s; y=ilaplace(Y)
```

可以得出原问题的解析解为

$$y(t) = \frac{31}{12}\mathrm{e}^{-3t} - 9\mathrm{e}^{-2t} + \frac{23}{4}\mathrm{e}^{-t} - \frac{7}{2}t\mathrm{e}^{-t} + \frac{2}{3}$$

2. 离散系统的解析解法

考虑离散系统传递函数模型 $G(z)$，如果输入信号的 z 变换为 $R(z)$，则输出信号的 z 变换可以表示为 $Y(z) = G(z)R(z)$，这样，输出信号的解析解 $y(n)$ 可以由 $Y(z)$ 进行 z 反变换直接求出，$y(n) = \mathscr{Z}^{-1}[Y(z)]$。MATLAB 的符号运算工具箱提供了正反 z 变换的函数 `ztrans()` 和 `iztrans()`，可以用来求取离散系统的时域响应解析解。

例 5-13 假设一个系统的离散传递函数为 $G(z) = \dfrac{(z - 1/3)}{(z - 1/2)(z - 1/4)(z + 1/5)}$，并假设系统的输入为阶跃信号，其 z 变换为 $z/(z - 1)$，这样就可以用下面的语句将系统的输出在 MATLAB 环境中计算出来

```
>> syms z; G=(z-1/3)/(z-1/2)/(z-1/4)/(z+1/5);
   R=z/(z-1); y=iztrans(G*R)
```

系统的解析解为

$$y(n) = \frac{800}{567}\left(-\frac{1}{5}\right)^n - \frac{80}{81}\left(\frac{1}{4}\right)^n - \frac{40}{21}\left(\frac{1}{2}\right)^n + \frac{40}{27}$$

例 5-14 假设系统的离散传递函数为 $G(z) = \dfrac{5z - 2}{(z - 1/2)^3(z - 1/3)}$，其阶跃响应的解析解可以通过下面的命令求出

```
>> syms z; G=(5*z-2)/(z-1/2)^3/(z-1/3);
   R=z/(z-1); y=iztrans(G*R)
```

这样经过 z 反变换即可以求出输出信号的解析解为

$$y(n) = 36 - 108\,(1/3)^n + 72\,(1/2)^n - 60n\,(1/2)^n - 12n^2\,(1/2)^n$$

3. 时间延迟系统的解析解法

考虑带有时间延迟的连续系统模型 $G(s)\mathrm{e}^{-Ls}$ 和离散系统传递函数 $H(z)z^{-k}$，直接对这样的式子进行部分分式展开不便，所以在使用前述的展开时可不考虑时间延迟因素，这样就可以得出不带有时间延迟的系统输出解析解，假设分别为 $y(t)$ 或 $y(n)$，这时根据 Laplace 变换和 z 变换的性质，分别用 $t-L$ 或 $n-k$ 代替得出解析解中的 t 或 n，得出的就是时间延迟系统的解析解。

例 5-15 考虑例 5-12 中给出的传递函数 $G(s)$。如果系统含有 2s 延迟，则其阶跃响应解析解可以由下面的变量替换语句直接得出

```
>> syms s t; G=(s^3+7*s^2+3*s+4)/(s^4+7*s^3+17*s^2+17*s+6);
   Y=G/s; y=ilaplace(Y); y=subs(y,t,t-2)
```

可以得出该系统的解析解为

$$y = 2/3 - 9\mathrm{e}^{-2t+4} + 31\mathrm{e}^{-3t+6}/12 - \mathrm{e}^{-t+2}\left(14t-51\right)/4$$

更严格地，解析解可以写成

$$y = \begin{cases} 0, & t \leqslant 2 \\ 2/3 - 9\mathrm{e}^{-2(t-2)} + 31\mathrm{e}^{-3(t-2)}/12 - \mathrm{e}^{-(t-2)}\left(14(t-2)-23\right)/4, & t > 2 \end{cases}$$

或 $y(t) = \left(2/3 - 9\mathrm{e}^{-2(t-2)} + 31\mathrm{e}^{-3(t-2)}/12 - \mathrm{e}^{-(t-2)}\left(14(t-2)-23\right)/4\right) \times 1(t-2)$，其中，$1(\cdot)$ 为 Heaviside 函数，该系统的阶跃响应曲线可以由下面语句直接绘制，如图 5-4 所示。

```
>> ezplot(y*heaviside(t-2),[0,10])
```

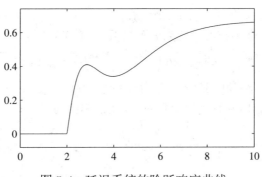

图 5-4   延迟系统的阶跃响应曲线

例 5-16 考虑下面的带有时间延迟的系统模型 $G(z)z^{-5} = \dfrac{5z-2}{(z-1/2)^3(z-1/3)}z^{-5}$，可以看出，其中的 $G(z)$ 和例 5-14 中的完全一致，该例中已经得出了不带有时间延迟部分的阶跃响应解析解，对带有时间延迟的系统来说，用 $n-5$ 取代其中的 n，得出的结果就是整个系统的阶跃响应解析解为

$$\begin{aligned} y(n) &= -108\left(1/3\right)^{n-5} + \left[-12(n-5)^2 - 60(n-5) + 72\right]\left(1/2\right)^{n-5} + 36 \\ &= -108\left(1/3\right)^{n-5} + \left(-12n^2 + 60n + 72\right)\left(1/2\right)^{n-5} + 36 \end{aligned}$$

变量替换还可以用 subs() 函数处理。更严格地说，原延迟系统的解析解应该写成

$$y(n) = \begin{cases} 0, & n \leqslant 5 \\ -108\,(1/3)^{n-5} + (-12n^2 + 60n + 72)\,(1/2)^{n-5} + 36, & n > 5 \end{cases}$$

虽然可以用下面命令求解原问题，但得出的解可读性较差。

```
>> syms z; G=(5*z-2)/(z-1/2)^3/(z-1/3)*z^(-5);
   R=z/(z-1); y=iztrans(G*R)
```

5.2.4   二阶系统的阶跃响应及阶跃响应指标

假设系统的开环模型为 $G_o(s) = \omega_n^2/s(s + 2\zeta\omega_n)$，并假设由单位负反馈构造出整个闭环控制系统模型，则定义 ζ 为系统的阻尼比，ω_n 为系统的自然振荡频率，这时闭环系统模型可以写成

$$G(s) = \frac{\omega_n^2}{s^2 + 2\zeta\omega_n s + \omega_n^2} \tag{5-2-8}$$

根据线性系统解析解的理论，不难推导出这样二阶系统的阶跃响应 $y(t)$ 的解析解的一般形式为

$$y(t) = 1 + \frac{\omega_n^2}{2\omega_d}\left(\frac{e^{(-\zeta\omega_n+\omega_d)t}}{-\zeta\omega_n+\omega_d} - \frac{e^{(-\zeta\omega_n-\omega_d)t}}{-\zeta\omega_n-\omega_d}\right) \tag{5-2-9}$$

其中 $\omega_d = \sqrt{1-\zeta^2}\,\omega_n$。根据 ζ 的不同取值，或考虑 ζ_d 的情况，可以进一步将解析解解释为：

若 $\zeta = 0$，则系统响应可以化简为 $y(t) = 1 - \cos(\omega_n t)$，称为无阻尼振荡。

若 $0 < \zeta < 1$，则系统响应称为欠阻尼振荡，系统响应为

$$y(t) = 1 - e^{-\zeta\omega_n t}\frac{1}{\sqrt{1-\zeta^2}}\sin\left(\omega_n\sqrt{1-\zeta^2}\,t + \arctan\sqrt{1-\zeta^2}/\zeta\right)$$

若 $\zeta = 1$，则系统的阶跃响应为 $y(t) = 1 - (1 + \omega_n t)e^{-\omega_n t}$，称为临界阻尼响应。若 $\zeta > 1$，则阶跃响应称为过阻尼响应，系统响应为

$$y(t) = 1 - \frac{\omega_n}{2\sqrt{\zeta^2-1}}\left(\frac{e^{\left(-\zeta-\sqrt{\zeta^2-1}\right)t}}{-\zeta-\sqrt{\zeta^2-1}} - \frac{e^{\left(-\zeta+\sqrt{\zeta^2-1}\right)t}}{-\zeta+\sqrt{\zeta^2-1}}\right)$$

选取 $\omega_n = 1\,\text{rad/s}$，而选择不同的阻尼比 ζ，则可以由下面的命令立即得出系统在不同阻尼比下的阶跃响应曲线，如图 5-5（a）所示。

```
wn=1; yy=[]; t=0:.1:12; zet=[0:0.1:1,2,3,5];
for z=zet
    if z==0, y=1-cos(wn*t);
    elseif (z>0 & z<1), wd=wn*sqrt(1-z^2);
        th=atan(sqrt(1-z^2)/z);
        y=1-exp(-z*wn*t).*sin(wd*t+th)/sqrt(1-z^2);
    elseif z==1, y=1-(1+wn*t).*exp(-wn*t);
```

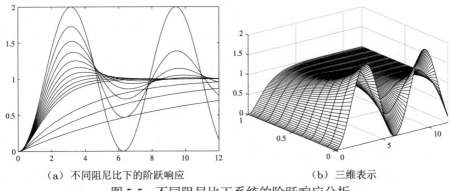

　　　　（a）不同阻尼比下的阶跃响应　　　　　　（b）三维表示

图 5-5　不同阻尼比下系统的阶跃响应分析

```
    elseif z>1, dd=sqrt(z^2-1); lam1=-z-dd; lam2=-z+dd;
        y=1-0.5*wn*(exp(lam1*t)/lam1-exp(lam2*t)/lam2)/dd;
    end
    yy=[yy;y];
end
plot(t,yy)    % 绘制不同阻尼比的系统阶跃响应
```

　　从得出的曲线可看出,若 ζ 的值比较小,则系统的阶跃响应将表现出较强的振荡,若 $\zeta \geqslant 1$ 则将消除振荡,但随着 ζ 的增大,系统的响应速度也较慢。在实际工业控制应用中,通常选择二阶系统的阻尼比为 $\zeta = 0.707$,这样既使得系统响应能有较小的振荡,又能保证有较快的响应速度。

　　为获得较好的显示效果,提取 $\zeta \leqslant 1$ 时的响应数据,就可以绘制出三维图形表示,其中 ζ 为 y 轴,x 轴选择为时间轴,如图 5-5（b）所示。

```
>> i=find(zet<=1); zet1=zet(i); yy1=yy(i,:);    % 提取相关的数据
   mesh(t,zet1,yy1),    % 用网格线的方式绘制系统阶跃响应的三维图
   set(gca,'YDir','reverse')    % y轴方向设置成与默认相反的方向
```

　　线性系统典型的阶跃响应曲线示意图由图 5-6 给出,其中,人们感兴趣的阶跃响应指标包括:

　　① **稳态值** $y(\infty)$。亦即系统在时间很大时的系统输出极限值,对不稳定系统来说稳态值趋于无穷大。对稳定的线性连续系统模型来说,应用 Laplace 变换中终值的性质定理,可以容易地得出系统阶跃响应的稳态值为

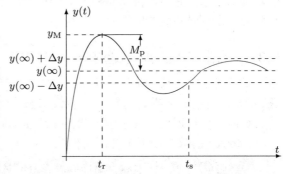

图 5-6　典型控制系统阶跃响应指标示意图

$$y(\infty) = \lim_{s \to 0} sG(s)\frac{1}{s} = G(0) = \frac{b_m}{a_n} \qquad (5\text{-}2\text{-}10)$$

亦即对传递函数模型来说,系统的稳态值即为分子、分母常数项的比值。如果已知系统的数学模型 G,则系统的阶跃响应稳态值可以由 dcgain(G) 直接得出。

② **超调量** σ。定义为系统的峰值 y_{p} 与稳态值的差距,通常用下面的公式求出

$$\sigma = \frac{y_{\mathrm{p}} - y(\infty)}{y(\infty)} \times 100\% \qquad (5\text{-}2\text{-}11)$$

③ **上升时间** t_{r}。一般定义为系统阶跃响应从稳态值的 10% 到 90% 的这段时间,有的定义也可以是从开始响应到阶跃响应达到稳态值所需的时间。

④ **调节时间** t_{s}。一般指系统的阶跃响应进入稳态值附近的一个带中,比如 2% 或 5% 的带后不再出来时所需的时间。

对一个好的伺服控制系统来说,一般应该具有稳态误差小或没有稳态误差、超调量小或没有超调量、上升时间短、调节时间短等性能。所以这些性能指标在控制系统设计中是经常使用的。

5.3　线性系统的数字仿真分析

前面介绍了线性系统的解析解方法,并解释了可以求解的条件。严格说来,四阶以上的系统需要求解四阶以上的多项式方程,所以根据 Abel 定理,这类方程没有一般的解析解,从而使得高阶微分方程也没有解析解。应用前面介绍的解析解和数值解的结合可以求出系统时域响应的高精度准解析表达式。

在实际应用中,并不是所有情况下都希望得出系统的解析解,有时得到系统时域响应的曲线就足够了,不一定非得得出输出信号的解析表达式。在这样的情况下可以借助于微分方程数值解的技术求取系统响应的数值解,并用曲线表示结果。

本节首先介绍阶跃响应、脉冲响应的数值解求法及响应曲线绘制方法,再介绍一般输入下系统时域响应数值解、非零初始状态响应数值解及曲线绘制等内容,最后将介绍多变量系统的时域响应分析方法。

5.3.1　线性系统的阶跃响应与脉冲响应

线性系统的阶跃响应可以通过 step() 函数直接求取,脉冲响应可以使用 impulse() 函数,而在任意输入下的系统响应可以通过 lsim() 函数,更复杂系统的时域响应分析还可以通过强大的 Simulink 环境来直接求取。

step() 函数有如下多种调用格式:

```
step(G)           % 不返回变量将自动绘制阶跃响应曲线
[y,t] = step(G)   % 自动选择时间向量,进行阶跃响应分析
```

$$[\boldsymbol{y},\boldsymbol{t}] = \text{step}(G,t_f) \qquad \text{\% 设置系统的终止响应时间 } t_f,\text{进行阶跃响应分析}$$
$$\boldsymbol{y} = \text{step}(G,\boldsymbol{t}) \qquad \text{\% 用户自己选择时间向量 } \boldsymbol{t},\text{进行阶跃响应分析}$$

这里系统模型 G 可以为任意的线性时不变系统模型,包括传递函数、零极点、状态方程模型、单变量和多变量模型、连续与离散模型、带有时间延迟的模型等。若上述的函数调用时不返回任何参数,则将自动打开图形窗口,将系统的阶跃响应曲线直接在该窗口上显示出来。如果想同时绘制出多个系统的阶跃响应曲线,则可以仿照 plot() 函数给出系统阶跃响应曲线命令,如

step(G_1,'-',G_2,'-.b',G_3,':r')

该命令可以用实线绘制系统 G_1 的阶跃响应曲线,用蓝色点划线绘制 G_2 的阶跃响应曲线,用红色点线绘制出系统 G_3 的阶跃响应曲线。

例 5-17 假设已知带有时间延迟的连续模型为 $G(s) = \dfrac{10s + 20}{10s^4 + 23s^3 + 26s^2 + 23s + 10}\mathrm{e}^{-s}$,则可以通过下面的命令直接输入系统模型,并绘制出阶跃响应曲线,如图 5-7(a)所示。

```
>> G=tf([10 20],[10 23 26 23 10],'ioDelay',1); % 系统模型
   step(G,30);           % 绘制阶跃响应曲线,终止时间为30
```

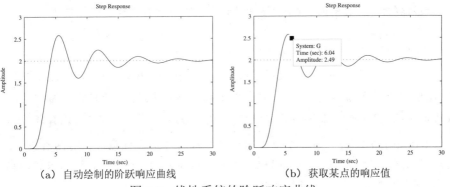

　(a) 自动绘制的阶跃响应曲线　　　　　　(b) 获取某点的响应值

图 5-7　线性系统的阶跃响应曲线

在自动绘制的系统阶跃响应曲线上,若单击曲线上某点,则可以显示出该点对应的时间信息和响应的幅值信息,如图 5-7(b)所示。通过这样的方法就可以容易地分析系统阶跃响应的情况。

在控制理论中介绍典型线性系统的阶跃响应分析时经常用一些指标来定量描述,例如系统的超调量、上升时间、调节时间等,在 MATLAB 自动绘制的阶跃响应曲线中,如果想得出这些指标,只需右击鼠标键,则将得出如图 5-8(a)所示的菜单,选择其中的 Characteristics 菜单项,从中选择合适的分析内容,即可以得出系统的阶跃响应指标,如图 5-8(b)所示。若想获得某个指标的具体值,则需先将鼠标移动到该点上即可。

用前面给出的方法,还可以容易地得出系统阶跃响应的解析解

```
>> syms s t; G1=tf2sym(G); y1=ilaplace(G1/s)
```

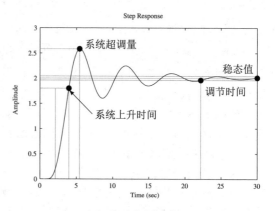

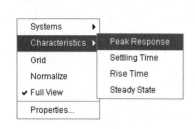

（a）系统阶跃响应快捷菜单   （b）阶跃响应指标显示

图 5-8   阶跃响应指标显示

这样就能得出系统的阶跃响应解析解的数学形式为

$$y(t) = 2 - \frac{10t}{17}\mathrm{e}^{-t} - \frac{4}{17}\left(\cos\frac{\sqrt{391}}{20}t + \frac{103}{\sqrt{391}}\sin\frac{\sqrt{391}t}{20}t\right)\mathrm{e}^{-3t/20} - \frac{30}{17}\mathrm{e}^{-t}$$

因为解析解是已知的，所以由下面的语句还可以估算出解析解的精度

```
>> [y,t1]=step(tf(num,den)); % 用数值方法求取阶跃响应数据
   y0=subs(y1,t,t1); norm(y-y0)
```

可见得出的阶跃响应可以达到 9.1×10^{-14} 这样的精度级，所以结果是可信的。

例 5-18 第 3 章中曾经介绍了连续系统离散化的方法，这里研究采样周期对系统离散化的影响。假设连续系统的数学模型为 $G(s) = \dfrac{1}{s^2 + 0.2s + 1}\mathrm{e}^{-s}$，选择采样周期为 $T = 0.01, 0.1, 0.5, 1.2\,\mathrm{s}$，则可以用下面的语句得出各个离散化的传递函数模型。再用 step() 函数进行对比分析，得出如图 5-9 所示的阶跃响应曲线。可见，若采样周期选择过大，则有可能丢失原来系统的信息。

```
>> G=tf(1,[1 0.2 1],'ioDelay',1);    % 输入连续系统数学模型
   G1=c2d(G,0.01,'zoh'); G2=c2d(G,0.1);
   G3=c2d(G,0.5); G4=c2d(G,1.2);     % Tustin 变换，有时可能导致虚系数
   step(G,'-',G2,'--',G3,':',G4,'-.',10)   % 比较各个模型阶跃响应
```

这样得出的离散模型分别为

$$G_1(z) = \frac{4.997\times10^{-5}z + 4.993\times10^{-5}}{z^2 - 1.998z + 0.998}z^{-100},\ G_2(z) = \frac{0.004963z + 0.00493}{z^2 - 1.97z + 0.9802}z^{-10}$$

$$G_3(z) = \frac{0.1185z + 0.1145}{z^2 - 1.672z + 0.9048}z^{-2},\ G_4(z) = \frac{0.01967z^2 + 0.7277z + 0.3865}{z^3 - 0.6527z^2 + 0.7866z}$$

值得指出的是，step() 函数绘制出的离散系统阶跃响应曲线是以阶梯线的形式表示的，在该曲线上仍然可以使用右键菜单显示其响应指标。

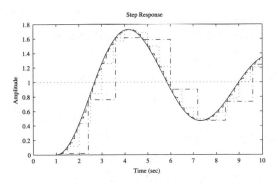

图 5-9 连续系统离散化的效果比较

例 5-19 考虑例 4-7 中给出的双输入、双输出系统,可以用下面语句直接绘制出分别在两路阶跃输入激励下系统的两个输出信号的阶跃响应曲线,如图 5-10(a)所示。

```
>> g11=tf(0.1134,[1.78 4.48 1],'ioDelay',0.72);
   g21=tf(0.3378,[0.361 1.09 1],'ioDelay',0.3);
   g12=tf(0.924,[2.07 1]); g22=tf(-0.318,[2.93 1],'ioDelay',1.29);
   G=[g11, g12; g21, g22]; step(G)   % 多变量系统的阶跃响应
```

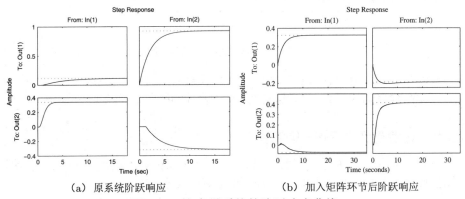

(a) 原系统阶跃响应   (b) 加入矩阵环节后阶跃响应

图 5-10 多变量系统的阶跃响应曲线

注意,这时得出的阶跃响应曲线是在两路输入均单独作用下分别得出的。从得出的系统阶跃响应可以看出,在第 1 路信号输入时,第 1 路输出信号有响应,而第 2 路输出信号也有很强的响应。单独看第 2 路输入信号的作用也是这样,这在多变量系统理论中称为系统的耦合,在多变量系统的设计中是很不好处理的。因为若没有这样的耦合,则可以给两路信号分别设计控制器就可以了,但有了耦合,就必须考虑引入某种环节,使得耦合尽可能小,这样的方法在多变量系统理论中又称为解耦。考虑有了现成的矩阵 K_p 对系统进行补偿

$$K_p = \begin{bmatrix} 0.1134 & 0.924 \\ 0.3378 & -0.318 \end{bmatrix}$$

由于需要对传递函数进行四则运算,而其中子传递函数有的带有时间延迟,传统意义下并不能利用矩阵乘法的方式进行直接运算,只能采用带有内部延迟的状态方程模型处理。

```
>> Kp=[0.1134,0.924; 0.3378,-0.318]; step(ss(G)*Kp)
```

上面的语句可以直接绘制出 $\boldsymbol{G}(s)\boldsymbol{K}_{\mathrm{p}}$ 系统的阶跃响应曲线,如图 5-10(b)所示。可见在矩阵的补偿下,两路输出的耦合明显降低,从而使得控制器单独设计变成可能。

系统的脉冲响应曲线可以由 MATLAB 控制系统工具箱中的 impulse() 函数直接绘制出来,该函数的调用格式与 step() 函数完全一致。例如,例 5-17 中系统的脉冲响应可以用下面的语句绘制出来,如图 5-11 所示。

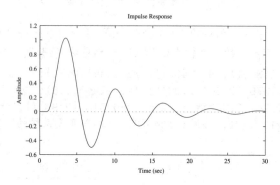

图 5-11   系统的脉冲响应曲线

```
>> G=tf([10 20],[10 23 26 23 10],'ioDelay',1); % 系统模型
   impulse(G, 30); % 直接绘制系统的脉冲响应曲线,终止时间为30
```

5.3.2   任意输入下系统的响应

前面介绍了两种常用的时域响应求取函数,step() 函数和 impulse() 函数,应用这些函数可以很容易地绘制系统的时域响应曲线。

若输入信号的 Laplace 变换 $R(s)$ 能够表示成有理函数的形式,则输出信号可以写成 $Y(s) = G(s)R(s)$,这样系统的时域响应可以由 $Y(s)$ 的脉冲响应函数 impulse() 直接绘制出来,这样就可以实现系统的时域分析与仿真了。

例 5-20 试绘制出延迟系统 $G(s) = \dfrac{10s + 20}{10s^4 + 23s^3 + 26s^2 + 23s + 10}\mathrm{e}^{-s}$ 的斜坡响应曲线。

斜坡信号的 Laplace 变换为 $1/s^2$,故系统的斜坡响应既可以由 $G(s)/s$ 系统的阶跃响应求出,也可以由 $G(s)/s^2$ 系统的脉冲响应得出,所以由下面的 MATLAB 语句可以绘制出系统的斜坡响应曲线,如图 5-12 所示。

```
>> G=tf([10 20],[10 23 26 23 10],'ioDelay',1); % 系统模型
   s=tf('s'); step(G/s);                       % 或 impulse(G/s^2)
```

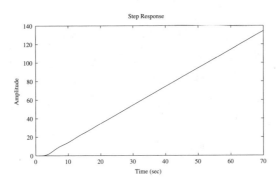

图 5-12 系统的斜坡响应曲线

如果输入信号由其他数学函数描述,或输入信号的数学模型未知,则用这两个函数就无能为力了,需要借助于 lsim() 函数来绘制系统时域响应曲线了。lsim() 函数的调用格式与 step() 等函数的格式较类似,所不同的是,需要提供有关输入信号的函数值,该函数的调用格式为 lsim(G,u,t),其中,G 为系统模型,u 和 t 将用于描述输入信号,u 中的点对应于各个时间点处的输入信号值,若想研究多变量系统,则 u 应该是矩阵,其各行对应于 t 向量各个时刻的各路输入的值。调用了这个函数,将自动绘制出系统在任意输入下的时域响应曲线。

例 5-21 考虑例 4-7 中给出的双输入双输出系统,假设第 1 路为 $u_1(t)=1-\mathrm{e}^{-t}\sin(3t+1)$,第 2 路输入为 $u_2(t)=\sin(t)\cos(t+2)$,这样就可以用下面的语句输入系统模型,然后先定义系统的两路输入,再调用 lsim() 函数,就可以绘制出系统在这两路输入信号下系统时域响应曲线,如图 5-13 所示。

```
>> g11=tf(0.1134,[1.78 4.48 1],'ioDelay',0.72);
   g21=tf(0.3378,[0.361 1.09 1],'ioDelay',0.3);
   g12=tf(0.924,[2.07 1]); g22=tf(-0.318,[2.93 1],'ioDelay',1.29);
   G=[g11, g12; g21, g22]; t=[0:.1:15]';
   u=[1-exp(-t).*sin(3*t+1),sin(t).*cos(t+2)]; % 双输入信号
   lsim(G,u,t);   % 直接分析在给定输入下的系统时域响应
```

这里的时域响应曲线和以前介绍的多变量系统阶跃响应概念是不同的,在这里是指在这两个信号共同作用下系统的时域响应,所以只需绘制两个图形,分别描述两路输出信号即可,两路输入信号也分别在时域响应曲线上绘制出来。

5.3.3 非零初始状态下系统的时域响应

前面介绍的传递函数时域响应曲线都是针对零初始状态系统的求解问题,如果系统的初始状态非零,则应该先使用 initial() 函数求出非零初始状态的时域响应,该函数的调用格式为 [y,t] = initial(G,x_0,t_f),其中,t_f 为终止仿真时间,再利用叠加原理将 lsim() 的结果加到前面得出的结果上。

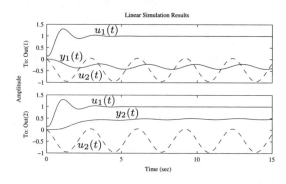

图 5-13   多变量系统的时域响应曲线

例 5-22 考虑例 5-10 中给出的问题数值仿真方法。在原例中得出了原系统的时域响应解析解,这里将探讨非零初始状态下时域响应曲线的绘制方法。可以给出下面的语句绘制出该系统的时域响应曲线,如图 5-14 所示。

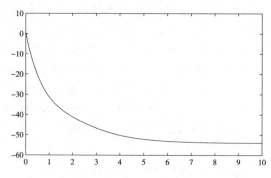

图 5-14   非零初始状态下的时域响应曲线

```
>> A=[-19,-16,-16,-19; 21,16,17,19; 20,17,16,20; -20,-16,-16,-19];
   B=[1; 0; 1; 2]; C=[2 1 0 0]; G=ss(A,B,C,0);
   x0=[0; 1; 1; 2]; [y1,t]=initial(G,x0,10);
   u=2+2*exp(-3*t).*sin(2*t); y2=lsim(G,u,t); plot(t,y1+y2)
```

5.4   根轨迹分析

系统的根轨迹分析与设计技术是自动控制理论中一种很重要的方法,根轨迹起源于对系统稳定性的研究,在以前没有很好的求特征根的方法时起到一定的作用,现在根轨迹方法仍然是一种较实用的方法。

根轨迹绘制的基本考虑是:假设单变量系统的开环传递函数为 $G(s)$,且设控制器为增益 K,整个控制系统是由单位负反馈构成的闭环系统,这样就可以求出闭环系统的数学模型为 $G_\mathrm{c}(s) = KG(s)/(1 + KG(s))$,可以看出,闭环系统的特征

根可以由下面的方程求出

$$1 + KG(s) = 0 \qquad\qquad (5\text{-}4\text{-}1)$$

并可以变化为多项式方程求根的问题。对指定的 K 值,由数学软件提供的多项式方程求根方法就可以立即求出闭环系统的特征根,改变 K 的值可能得出另外的一组根。对 K 的不同取值,则可能绘制出每个特征根变化的曲线,这样的曲线称为系统的根轨迹。

　　MATLAB 中提供了 rlocus() 函数,可以直接用于系统的根轨迹绘制,根轨迹函数的调用方法也是很直观的,类似于 step() 函数,常用的函数调用格式为

rlocus(G)	% 不返回变量将自动绘制根轨迹曲线
rlocus(G,K)	% 给定增益向量,绘制根轨迹曲线
$[R,K]$ = rlocus(G)	% R 为闭环特征根构成的复数矩阵
rlocus(G_1,'-',G_2,'-.b',G_3,':r')	% 同时绘制若干系统的根轨迹

该函数可以用于单变量不含有时间延迟的连续、离散系统的根轨迹绘制,也可以用于带有时间延迟的单变量离散系统的根轨迹绘制。

　　在绘制出的根轨迹上,如果用鼠标单击某个点,将显示出关于这个点的有关信息,包括这点处的增益值,对应的系统特征根的值和可能的闭环系统阻尼比和超调量等,可以通过这样的方法得出临界增益等实用信息。

　　绘制了系统的根轨迹曲线,则给出 grid 命令将在根轨迹曲线上叠印出等阻尼线和等自然频率线,根据等阻尼线可以进行基于根轨迹的系统设计。

例 5-23 假设系统开环传递函数为 $G(s) = \dfrac{s^2 + 4s + 8}{s^5 + 18s^4 + 120.3s^3 + 357.5s^2 + 478.5s + 306}$,如果不采用计算机工具,直接采用控制理论中介绍的示意图方法则无法绘制此系统的根轨迹,因为高阶系统的零极点是未知的,无法确定根轨迹的起点和终止点。这样的问题用 MATLAB 语言求解就不是难事了,可以先输入系统的传递函数模型,然后调用 rlocus() 函数可以立即绘制出精确的根轨迹,如图 5-15(a)所示。

```
>> num=[1 4 8]; den=[1,18,120.3,357.5,478.5,306];
   G=tf(num,den); rlocus(G)   % 绘制系统的根轨迹曲线
```

　　单击根轨迹上的点,则可以显示出该点处的增益值和其他相关信息。例如,若单击根轨迹和虚轴相交的点,则可以得出该点处增益的临界值为 772,如图 5-15(b)所示。可以看出,若系统的增益 $K > 772$,则闭环系统将不稳定。

例 5-24 考虑如下的系统开环模型 $G(s) = \dfrac{10}{s(s+3)(s^2+2s+4)}$,通过下面的语句可以输入系统的数学模型,并绘制出系统的根轨迹,如图 5-16(a)所示。在该曲线中,对曲线和等阻尼线进行了处理,使得显示效果更好。

```
>> s=tf('s'); G=10/(s*(s+3)*(s^2+3*s+4));
   rlocus(G), grid   % 绘制系统的根轨迹曲线,并绘制等阻尼线
```

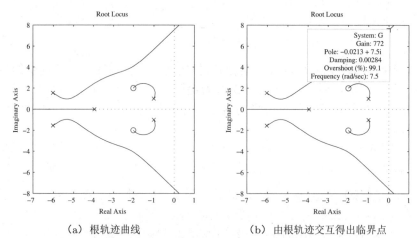

（a）根轨迹曲线　　　　　（b）由根轨迹交互得出临界点

图 5-15　控制系统根轨迹分析和阶跃响应分析

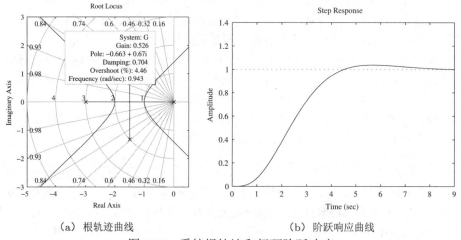

（a）根轨迹曲线　　　　　（b）阶跃响应曲线

图 5-16　系统根轨迹和闭环阶跃响应

　　根据绘制的根轨迹曲线和等阻尼线，可以单击阻尼比 ζ 在 0.707 附近的点，这样可以得出图5-16（a）所示的结果，可以选择 $K=0.526$，这样用下面的语句可以绘制出系统的阶跃响应曲线，如图 5-16（b）所示。可以看出闭环系统动态性能比较好。

```
>> K=0.526; step(feedback(G*K,1)) % 绘制闭环系统的阶跃响应曲线
```

例 5-25 已知离散系统的传递函数模型为

$$G(z)=\frac{-0.95(z+0.51)(z+0.68)(z+1.3)(z^2-0.84z+0.196)}{(z+0.66)(z+0.96)(z^2-0.52z+0.1117)(z^2+1.36z+0.7328)}$$

其采样周期为 $T=0.1\,\mathrm{s}$，可以用下面的语句输入该系统的数学模型

```
>> z=tf('z','Ts',0.1); % 定义 z 变换算子
   G=-0.95*(z+0.51)*(z+0.68)*(z+1.3)*(z^2-0.84*z+0.196)/...
```

```
   ((z+0.66)*(z+0.96)*(z^2-0.52*z+0.1117)*(z^2+1.36*z+0.7328));
   rlocus(G), grid        %  绘制系统的根轨迹
```

系统的根轨迹曲线如图 5-17 所示。

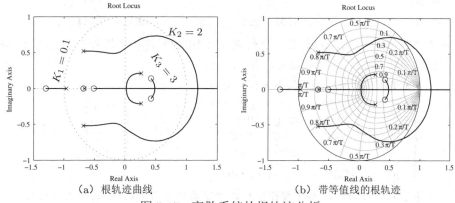

（a）根轨迹曲线　　　　　　　　　　（b）带等值线的根轨迹

图 5-17　离散系统的根轨迹分析

例 5-26　考虑离散开环传递函数模型 $G(z) = \dfrac{0.52(z-0.49)(z^2+1.28z+0.4385)}{(z-0.78)(z+0.29)(z^2+0.7z+0.1586)}$，且已知系统的采样周期为 $T = 0.1\,\mathrm{s}$，则可以用下面的语句将其输入到 MATLAB 工作空间，并由 rlocus() 函数直接绘制出系统的根轨迹曲线，如图 5-18（a）所示。

```
>> z=tf('z','Ts',0.1);
   G=0.52*(z-0.49)*(z^2+1.28*z+0.4385)/...
      ((z-0.78)*(z+0.29)*(z^2+0.7*z+0.1586));
   rlocus(G)    %  绘制系统的根轨迹
```

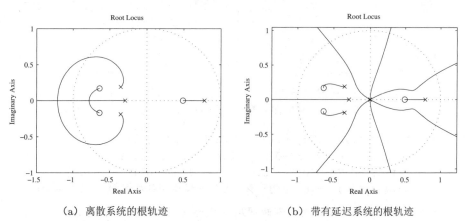

（a）离散系统的根轨迹　　　　　　　　（b）带有延迟系统的根轨迹

图 5-18　离散系统的分析结果

利用 grid 命令，可以立即得出带有等阻尼线的系统根轨迹曲线。单击左侧和单位圆相交的点还可以得出系统的临界增益值为 2.83，这样可以得出结论：只要 $K < 2.83$，

则闭环系统的全部极点均位于单位圆内,这时闭环系统是稳定的。

下面考虑时间延迟的情况,假设系统的传递函数没有变化,只是有 6 步的纯滞后,可以用下面的语句输入系统的新模型,并绘制出时间延迟系统的根轨迹曲线,如图 5-18 (b) 所示。

```
>> G.ioDelay=6; rlocus(G), grid,    % 绘制新系统的根轨迹
```

从新系统的根轨迹可以看出,放大倍数 $K < 1.16$,否则闭环系统将不稳定。可见,在引入了纯时间延迟之后,系统的稳定范围将缩小。

例 5-27 假设带有时间延迟的状态方程模型为

$$\begin{cases} \dot{\boldsymbol{x}}(t) = \begin{bmatrix} -0.99 & 1.16 & 1.76 & -0.16 \\ -2.03 & -2.3 & 2.9 & -2.45 \\ -0.48 & -3.96 & -2.05 & -0.91 \\ -0.43 & 1.23 & 2.26 & -1.2 \end{bmatrix} \boldsymbol{x}(t) + \begin{bmatrix} -1.3 \\ -0.73 \\ -0.57 \\ 0.62 \end{bmatrix} u(t-1) \\ y(t) = [-1.34, -0.13, -1.11, 0]\boldsymbol{x}(t) \end{cases}$$

不带有延迟环节的状态方程模型可以由下面的语句直接输入,并由下面的语句直接绘制出系统的根轨迹曲线,如图 5-19 (a) 所示。由得出的根轨迹可见,无论 K 取何值,不带延迟系统构成的闭环系统均将稳定。

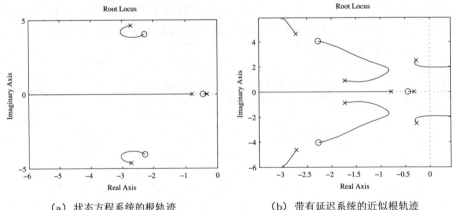

（a）状态方程系统的根轨迹　　　　（b）带有延迟系统的近似根轨迹

图 5-19　连续系统的分析结果

```
>> A=[-0.99,1.16,1.76,-0.16; -2.03,-2.3,2.9,-2.45;
      -0.48,-3.96,-2.05,-0.91; -0.43,1.23,2.26,-1.2];
   B=[-1.3; -0.73; -0.57; 0.62]; C=[-1.34,-0.13,-1.11,0];
   G=ss(A,B,C,0); rlocus(G) % 状态方程模型的根轨迹可以直接绘制
```

MATLAB 并未直接提供带有时间延迟的连续系统根轨迹绘制函数,可以考虑用 Padé 近似的方法直接拟合延迟环节,这样就能绘制出带有延迟系统的近似根轨迹,如图 5-19(b) 所示。由根轨迹可以得出使得闭环系统稳定的 K 值范围为 $K \leqslant 0.88$。

```
>> [n,d]=paderm(1,0,4); rlocus(tf(n,d)*G)
```

　　前面介绍的根轨迹绘制都是负反馈系统的根轨迹,其实用 $\text{rlocus}(-G)$ 函数可以直接绘制正反馈系统的根轨迹曲线,方法也很直观。

例 5-28 假设开环传递函数为 $G(s) = \dfrac{s^2 + 5s + 6}{s^5 + 13s^4 + 65s^3 + 157s^2 + 184s + 80}$,由下面语句即可绘制出正反馈系统的根轨迹曲线,如图 5-20 所示。单击根轨迹曲线和虚轴的交点,则可以立即得出使闭环系统临界不稳定的 K 值,为 13.6。亦即当 $0 \leqslant K \leqslant 13.6$ 时闭环系统稳定。

```
>> G=tf([1 5 6],[1 13 65 157 184 80]); rlocus(-G)
```

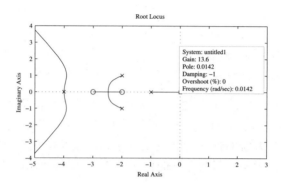

图 5-20　正反馈系统的根轨迹分析

例 5-29 考虑受控对象模型 $G = (6s + 4)\mathrm{e}^{-2s}/[s(s^2 + 3s + 1)]$,用下面语句可以立即绘制出 2 阶 Padé 近似下的近似根轨迹曲线如 5-21 (a) 图所示,局部放大后可以得出近似的临界增益为 0.185。

```
>> s=tf('s'); G=(6*s+4)/s/(s^2+3*s+1); G.ioDelay=2;
   rlocus(pade(G,2)) % 可以选择不同的阶次绘制近似的根轨迹
```

增大 Padé 近似的阶次,用类似的语句可以得出 4 阶 Padé 近似根轨迹如图 5-21 (b) 所示,这时得出的临界增益大概等于 0.185,再进一步增加近似的阶次,得出的根轨迹分支增加,但得出的临界增益也差不多,由此可以得出近似的临界增益值。选择不同的 Padé 近似阶次,得出的临界增益都差不多,大致都为 0.185 左右。

5.5　线性系统频域分析

　　系统的频域分析是控制系统分析中一种重要的方法,早在 1932 年,Nyquist 提出了一种频域响应的绘图方法,并提出了可以用于系统稳定性分析的 Nyquist 定理[8],Bode 提出了另一种频率响应的分析方法,同时可以分析系统的幅值相位与频率之间的关系,又称为 Bode 图[9],Nichols 在 Bode 图的基础上又进行了重新定义,构成了 Nichols 图[10]。这些方法曾经是单变量系统频域分析中最重要的几种

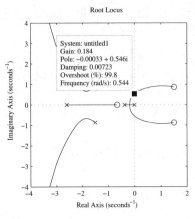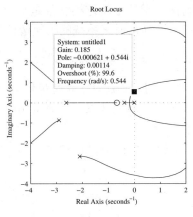

（a）二阶 Padé 近似下根轨迹 　　　　　　（b）四阶近似根轨迹

图 5-21　不同近似阶次下的根轨迹曲线

方法,在系统的分析和设计中起着重要的作用。由于多变量系统的信号之间相互耦合,如果想对某对输入输出信号单独设计控制器不是件容易的事,需要引入解耦。本节将介绍单变量系统的频域分析,基于 Nyquist 定理的稳定性分析,多变量系统的逆 Nyquist 阵列分析与对角占优的概念,并将介绍频域稳定性裕度的分析。

5.5.1　单变量系统的频域分析

对系统的传递函数模型 $G(s)$ 来说,若用频率 $j\omega$ 取代复变量 s,则可以将 $G(j\omega)$ 看成增益,这个增益是复数量,是 ω 的函数。描述这个复数变量有几种方法,根据表示方法的不同,就可以构造出不同的频域响应曲线:

① 可以将复数分解为实部和虚部,它们分别是频率 ω 的函数,这时

$$G(j\omega) = P(\omega) + jQ(\omega) \tag{5-5-1}$$

若用横轴表示实数,纵轴表示虚数,则可以将增益 $G(j\omega)$ 在复数平面上表示出来,这样的曲线称为 Nyquist 图,该图是分析系统稳定性和一些性能的有效工具,现在仍然在使用。传统 Nyquist 图中未提供频率信息,这不能不说是传统 Nyquist 图的缺陷,因为某些点的频率信息在系统设计中是有用的。

在 MATLAB 下提供了一个 `nyquist()` 函数,可以直接绘制系统的 Nyquist 图。该函数的常用调用格式为

```
nyquist(G)                          % 不返回变量将自动绘制 Nyquist 图
nyquist(G,{ω_m,ω_M})                % 给定频率范围绘制 Nyquist 图
nyquist(G,ω)                        % 给定频率向量 ω 绘制 Nyquist 图
[R,I,ω] = nyquist(G)                % 计算 Nyquist 响应数值
nyquist(G_1,'-',G_2,'-.b',G_3,':r') % 绘制几个系统的 Nyquist 图
```

用户可以单击 Nyquist 图上的点,显示该点处增益与频率之间的关系,MATLAB 提供的工具给传统的 Nyquist 图又赋予了新的特色。改写的 grid 命令可以在 Nyquist 图上叠印出等 M 圆。

② 复数量 $G(\mathrm{j}\omega)$ 可以分解为幅值和相位的形式,即

$$G(\mathrm{j}\omega) = A(\omega)\mathrm{e}^{-\mathrm{j}\phi(\omega)} \tag{5-5-2}$$

这样,以频率 ω 为横轴,幅值 $A(\omega)$ 为纵轴,则可以构造出幅值和频率之间的关系曲线,又称为幅频特性。若以频率 ω 为横轴,幅值 $\phi(\omega)$ 为纵轴,则可以构造出相位和频率之间的关系曲线,又称为相频特性。在实际系统分析中,常用对数形式表示横轴,其单位常用 rad/s,幅频特性中幅值进行对数变换,即 $M(\omega) = 20\lg[A(\omega)]$,其单位是分贝(dB),相频特性中,相位的单位常取作角度,这样绘制出的图形称为系统的 Bode 图。

MATLAB 的控制系统工具箱中提供了 bode() 函数,可以直接绘制系统的 Bode 图。该函数的常用调用格式为

bode(G)	% 不返回变量将自动绘制 Bode 图
bode($G,\{\omega_\mathrm{m},\omega_\mathrm{M}\}$)	% 给定频率范围绘制 Bode 图
bode(G,ω)	% 给定频率向量 ω 绘制 Bode 图
$[A,\phi,\omega] = $ bode(G)	% 计算 Bode 响应数值
bode(G_1,'-',G_2,'-.b',G_3,':r')	% 同时绘制若干系统的 Bode 图

和 Nyquist 图不同的是,Bode 图可以同时绘制出系统增益、相位与频率之间的关系,所以相比之下,Bode 图提供的信息量更大。

③ 还是采用幅值、相位的描述方法,用横轴表示相位,用纵轴表示单位为 dB 的幅值,就可以绘制出另一种图形,这样的图形称为 Nichols 图。

在 MATLAB 控制系统工具箱中,用 nichols() 函数可以绘制出系统的 Nichols 图,该函数的调用格式与 bode() 完全一致。这时的 grid 函数可以叠印出等幅值曲线和等相位曲线。

对离散系统 $H(z)$ 来说,可以将 $z = \mathrm{e}^{\mathrm{j}\omega T}$ 代入传递函数模型,就可以得出频率和增益 $\hat{H}(\mathrm{j}\omega)$ 之间的关系。MATLAB 中提供的各种频域响应分析函数,如 nyquist() 等,同样直接适用于离散的系统模型。

例 5-30 考虑连续线性系统的传递函数模型 $G(s) = \dfrac{s+8}{s(s^2+0.2s+4)(s+1)(s+3)}$,则可以通过下面的命令绘制出系统的 Nyquist 图,并叠印等幅值圆。

```
>> s=tf('s'); G=(s+8)/(s*(s^2+0.2*s+4)*(s+1)*(s+3));
   nyquist(G), grid              % 绘制 Nyquist 图并叠印等幅值圆
   set(gca,'Ylim',[-1.5 1.5])    % 根据需要手动选择纵坐标范围
```

由于系统含有位于 $s = 0$ 处的极点,所以若 ω 较小时,增益的幅值很大,远离单位圆,因此单位圆附近的 Nyquist 图形看得不是很清楚,因此应该给出相应的语句对得出的

Nyquist 图进行局部放大,如图 5-22(a) 所示。

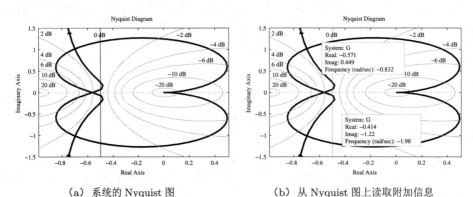

(a) 系统的 Nyquist 图　　　　　　　(b) 从 Nyquist 图上读取附加信息

图 5-22　系统的频域响应分析结果

传统的 Nyquist 图不能显示出增益幅值和频率 ω 之间的关系,而用 MATLAB 提供的工具允许用户用单击的方式选择 Nyquist 图上的点,这时将同时显示该点处的频率、增益以及闭环系统超调量等信息,如图 5-22(b) 所示。这样的工具为 Nyquist 图这一传统的工具赋予了新的功能,将有助于系统的频域分析。

若给出下面的命令

```
>> bode(G);                   % 绘制系统的 Bode 图
   figure; nichols(G), grid   % 绘制系统的 Nichols 图,并叠印等幅值线
```

则将绘制出系统的 Bode 图和 Nichols 图,如图 5-23 所示。可以看出,这样的函数对系统的频域分析提供了很多的方便。

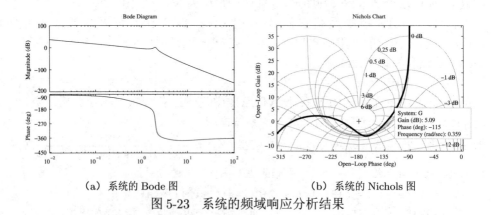

(a) 系统的 Bode 图　　　　　　　(b) 系统的 Nichols 图

图 5-23　系统的频域响应分析结果

MATLAB 提供的这些函数都允许用户选择特性分析功能,例如,在系统的 Bode 图上,若右击鼠标则得出快捷菜单,其 Characteristics 菜单项的内容如图 5-24(a) 所示,从中可以选择稳定性相关的菜单项,则将得出如图 5-24(b) 所示的 Bode 图。其他的几

个函数如 nyquist() 和 nichols() 等, 都支持自己的 Characteristics 菜单选择。

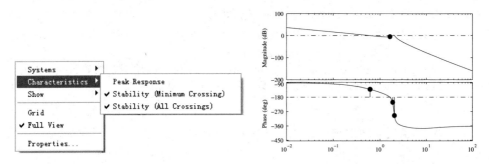

(a) 频率响应特性显示菜单   (b) 系统的 Bode 图

图 5-24 系统的频域响应分析结果

例 5-31 再考虑前面例子中的连续系统, 选择采样周期 $T = 0.1\,\mathrm{s}$, 则可以得出离散化模型, 该模型的 Bode 图可以用同样的命令直接绘制出来, 如图 5-25 (a) 所示。

```
>> s=tf('s'); G=(s+8)/(s*(s^2+0.2*s+4)*(s+1)*(s+3));
   G1=c2d(G,0.1); bode(G1)
```

选择不同的采样周期, 则可以得出如图 5-25 (b) 所示的 Bode 图。随着采样周期的不同选择, 可以得出不同的 Bode 图。可见, 低频时离散模型接近连续模型。采样周期越大, 则高频响应与连续模型的差异越大。因为高频段对应于时域的初始响应, 所以采样周期越大, 开始时段系统的时域响应越不精确。

```
>> bode(G), hold on; for T=[0.1:0.2:1], bode(c2d(G,T)); end
```

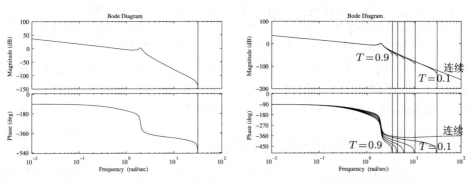

(a) $T = 0.1$ 时离散化系统的 Bode 图   (b) 不同采样周期下系统的 Bode 图

图 5-25 离散化系统的 Bode 图

例 5-32 考虑离散系统的传递函数模型

$$G(z) = \frac{0.2(0.3124z^3 - 0.5743z^2 + 0.3879z - 0.0889)}{z^4 - 3.233z^3 + 3.9869z^2 - 2.2209z + 0.4723}$$

且已知系统的采样周期为 $T = 0.1\,\text{s}$，则可以用下面的语句将其输入到 MATLAB 工作空间，并将系统的 Nyquist 图、Nichols 图直接绘制出来，如图 5-26 所示。从这个例子可以看出，绘制离散系统的频域响应曲线也是很容易的。

```
>> num=0.2*[0.3124 -0.5743 0.3879 -0.0889];
   den=[1 -3.233 3.9869 -2.2209 0.4723];
   G=tf(num,den,'Ts',0.1); nyquist(G); grid  % 绘制系统的 Nyquist 图
   figure, nichols(G), grid   % 绘制系统的 Nichols 图
```

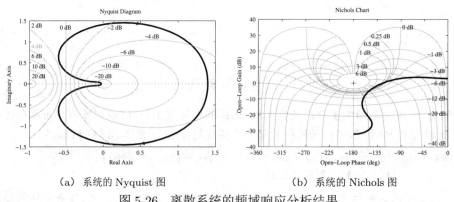

(a) 系统的 Nyquist 图   (b) 系统的 Nichols 图

图 5-26   离散系统的频域响应分析结果

例 5-33 考虑带有时间延迟的简单线性系统的传递函数模型 $G(s) = \mathrm{e}^{-2s}/(s+1)$，假设只想获得 $\omega \in [0.1, 10000]$ 区间的频域点，则不能再依赖 nyquist() 函数的默认调用，而需要自己选定频率向量，从而得到一个分支的 Nyquist 图，以便更好地观测时间延迟系统的 Nyquist 图。可以给出如下的 MATLAB 语句

```
>> G=tf(1,[1 1],'ioDelay',2); % 输入系统的传递函数模型
   w=logspace(-1,4,2000);      % 按照对数等分的原则选择 2000 个频率点
   [x,y]=nyquist(G,w); plot(x(:),y(:))   % 绘制系统的 Nyquist 曲线
```

这样就可以绘制出系统的 Nyquist 图，如图 5-27 所示。在这样得出的 Nyquist 图中，grid 命令并不能给出等幅值圆，因为这个图形不是 nyquist() 函数自动绘制的。另外应该注意本图所示的时间延迟系统 Nyquist 图的典型形状。

5.5.2   利用频率特性分析系统的稳定性

频域响应的分析方法最早应用就是利用开环系统的 Nyquist 图来判定闭环系统的稳定性，其稳定性分析的理论基础是 Nyquist 稳定性定理。Nyquist 定理的内容是：如果开环模型含有 m 个不稳定极点，则单位负反馈下单变量闭环系统稳定的充要条件是开环系统的 Nyquist 图逆时针围绕 $(-1, \mathrm{j}0)$ 点 m 周。

Nyquist 定理可以分下面两种情况进一步解释为：

① 若系统的开环模型 $G(s)H(s)$ 为稳定的，则当且仅当 $G(s)H(s)$ 的 Nyquist

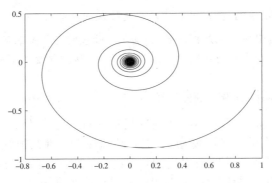

图 5-27　时间延迟系统的 Nyquist 图

图不包围 $(-1,j0)$ 点, 闭环系统为稳定的。如果 Nyquist 图顺时针包围 $(-1,j0)$ 点 p 次, 则闭环系统有 p 个不稳定极点。

　　② 若系统的开环模型 $G(s)H(s)$ 不稳定, 且有 p 个不稳定极点, 则当且仅当 $G(s)H(s)$ 的 Nyquist 图逆时针包围 $(-1,j0)$ 点 p 次, 闭环系统为稳定的。若 Nyquist 图逆时针包围 $(-1,j0)$ 点 q 次, 则闭环系统有 $p-q$ 个不稳定极点。

例 5-34　考虑下面给出的连续传递函数模型 $G(s) = \dfrac{2.7778(s^2+0.192s+1.92)}{s(s+1)^2(s^2+0.384s+2.56)}$, 用下面的语句即可输入系统模型, 并绘制出系统的 Nyquist 曲线, 如图 5-28（a）所示。

```
>> s=tf('s');
   G=2.7778*(s^2+0.192*s+1.92)/(s*(s+1)^2*(s^2+0.384*s+2.56));
   nyquist(G); axis([-2.5,0,-1.5,1.5]); grid % 绘制 Nyquist 图
```

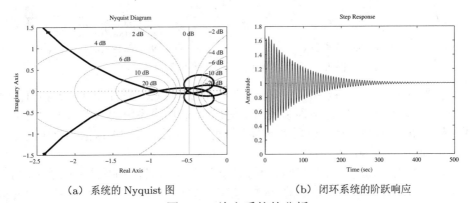

（a）系统的 Nyquist 图　　　　　　　（b）闭环系统的阶跃响应

图 5-28　给定系统的分析

　　从得出的 Nyquist 图可以看出, 尽管该图走向较复杂, 但可以看出, 整个 Nyquist 图并不包围 $(-1,j0)$ 点, 且因为开环系统不含有不稳定极点, 所以根据 Nyquist 定理可以断定, 闭环系统是稳定的。可以由下面的语句绘制出闭环系统的阶跃响应曲线, 如图 5-28（b）所示。

```
>> step(feedback(G,1))   % 闭环系统阶跃响应
```

可以看出,虽然闭环系统是稳定的,但其阶跃响应的振荡是很强的,所以,该系统并不是很令人满意的,对这样的系统需要给其设计一个控制器改善其性能。

5.5.3　系统的幅值裕度和相位裕度

从前面给出的例子可以看出,系统的稳定性固然重要,但它不是唯一刻画系统性能的准则,因为有的系统即使稳定,但其动态性能表现为很强的振荡,也是没有用途的。另外,如果系统的增益出现变化,比如增大很小的值,都可能使该模型的Nyquist 图发生延伸,最终包围 $(-1, j0)$ 点,导致闭环系统不稳定。基于频域响应裕度的定量分析方法是解决这类问题的一种比较有效的途径。

在图 5-29（a）、（b）中分别给出了在 Nyquist 图和 Nichols 图上幅值裕度与相位裕度的图形表示,在 Bode 图上也应该有相应的解释。

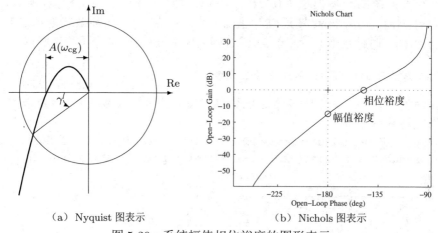

（a）Nyquist 图表示　　　　　（b）Nichols 图表示

图 5-29　系统幅值相位裕度的图形表示

若当系统的 Nyquist 图在频率 ω_{cg} 时与负实轴相交,则将该频率下幅值的倒数,即 $G_m = 1/A(\omega_{cg})$,定义为系统的幅值裕度。若假设系统的 Nyquist 图与单位圆在频率 ω_{cp} 处相交,且记该频率下的相位角度为 $\phi(\omega_{cp})$,则系统的相位裕度定义为 $\gamma = \phi(\omega_{cp}) - 180°$。

可以看出,一般若幅值裕度 G_m 的值越大,则对扰动的抑制能力就越强。如果 $G_m < 1$,则闭环系统是不稳定的。同样,若相位裕度的值越大,则系统对扰动的抑制能力也越强。如果 $\gamma < 0$,则闭环系统不稳定。下面再考虑几种特殊的情形:

① 如果系统的 Nyquist 图不与负实轴相交,则系统的幅值裕度为无穷大。

② 如果系统的 Nyquist 图与负实轴在 $(-1, j0)$ 与 $(0, j0)$ 两个点之间有若干个交点,则系统的幅值裕度以离 $(-1, j0)$ 最近的点为准。

③ 如果系统的 Nyquist 图不与单位圆相交,则系统的相位裕度为无穷大。

④ 如果系统的 Nyquist 图在第三象限与单位圆有若干个交点,则系统的相位裕度以与离负实轴最近的为准。

MATLAB 控制系统工具箱中提供了 margin() 函数,可以直接用于系统的幅值与相位裕度的求取,该函数的调用格式为 $[G_{\mathrm{m}}, \gamma, \omega_{\mathrm{cg}}, \omega_{\mathrm{cp}}] = \mathtt{margin}(G)$。在得出的结果中,如果某个裕度为无穷大,则返回 Inf,相应的频率值为 NaN。

例 5-35 考虑例 5-34 中研究的开环对象模型,可以用下面语句输入系统模型,并对系统的频域响应裕度进行分析。

```
>> s=tf('s');
   G=2.7778*(s^2+0.192*s+1.92)/(s*(s+1)^2*(s^2+0.384*s+2.56));
   [gm,pm,wg,wp]=margin(G) % 计算结果并用下面的语句
```

可以得出系统的幅值裕度为 1.105,频率为 0.962 rad/s,相位裕度为 2.0985°,剪切频率为 0.926 rad/s,由于幅值、相位裕度偏小,系统的闭环响应将有强振荡。

5.6　多变量系统的频域分析

前面的系统分析一般均侧重于单变量系统,随着控制理论的发展和过程控制的实际需要,多变量系统分析与设计成了 20 世纪 70~80 年代控制理论领域的热门研究主题,出现了各种各样的分析与设计方法。这里将着重探讨多变量频域分析方法及其 MATLAB 语言解决方法,介绍逆 Nyquist 图与奇异值曲线的绘制方法。

5.6.1　多变量系统频域分析概述

在开始介绍控制系统理论中的多变量系统频域分析方法之前,将先通过例子来演示用 MATLAB 的控制系统工具箱函数的直接使用与分析的结果。

例 5-36 考虑下面给出的多变量系统模型[11]

$$\boldsymbol{G}(s) = \begin{bmatrix} \dfrac{0.806s + 0.264}{s^2 + 1.15s + 0.202} & \dfrac{-15s - 1.42}{s^3 + 12.8s^2 + 13.6s + 2.36} \\ \dfrac{1.95s^2 + 2.12s + 0.49}{s^3 + 9.15s^2 + 9.39s + 1.62} & \dfrac{7.15s^2 + 25.8s + 9.35}{s^4 + 20.8s^3 + 116.4s^2 + 111.6s + 18.8} \end{bmatrix}$$

可以通过下面语句直接输入系统的传递函数矩阵,并用 MATLAB 提供的函数 nyquist() 直接绘制出该多变量系统的 Nyquist 图,如图 5-30 所示。

```
>> g11=tf([0.806 0.264],[1 1.15 0.202]);
   g12=tf([-15 -1.42],[1 12.8 13.6 2.36]);
   g21=tf([1.95 2.12 0.49],[1 9.15 9.39 1.62]);
   g22=tf([7.15 25.8 9.35],[1 20.8 116.4 111.6 18.8]);
   G=[g11, g12; g21, g22]; nyquist(G), % 绘制 Nyquist 图
```

上述的 nyquist() 等函数事实上不大适用于多变量系统的频域分析,虽然它们可以直接绘制出一种 Nyquist 曲线,但对多变量系统的分析没有太大的帮助。

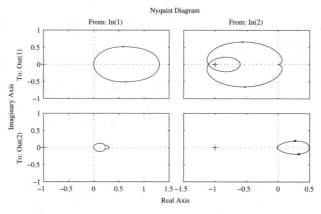

图 5-30 多变量系统的 Nyquist 图

针对多变量系统的频域分析,英国学者 Howard H Rosenbrock[12]、Alistair G J MacFralane[13]等教授分别提出了不同的多变量频域分析与设计算法,形成了有重要影响的英国学派(British School),其中以 Rosenbrock 教授为代表的一类利用逆 Nyquist 阵列(inverse Nyquist array,INA)的方法是其中有影响的方法。

英国剑桥大学学者 Boyel 和 Maciejowski 等推出的多变量频域设计(Multivariable Frequency Design,MFD)工具箱[14]很适合于求解频域设计问题,它提供了一系列函数来对频域模型进行分析,在 MFD 工具箱中,需要已知多变量传递函数矩阵的公分母,所以直接求解起来较困难,故可以用 MFD 工具箱中的 mvss2tf() 函数直接求出 $[N,d] = \texttt{mvss2tf}(A,B,C,D)$,其中,$d$ 为传递函数矩阵的公分母,N 为传递函数矩阵的分子,而系统的状态方程模型可以由 ss() 函数得出。

例 5-37 考虑下面给出的 2 输入 2 输出传递函数矩阵

$$G(s) = \begin{bmatrix} \dfrac{s+4}{(s+1)(s+5)} & \dfrac{1}{5s+1} \\ \dfrac{s+1}{s^2+10s+100} & \dfrac{2}{2s+1} \end{bmatrix}$$

由上面的模型可以很容易地求出系统的公分母和传递函数矩阵

```
>> s=tf('s'); g11=(s+4)/((s+1)*(s+5)); g21=(s+1)/(s^2+10*s+100);
   g12=1/(5*s+1); g22=2/(2*s+1);  G1=ss([g11 g12; g21 g22]);
   G1=minreal(G1); [N,d]=mvss2tf(G1.a,G1.b,G1.c,G1.d) %建议最小实现
```

可以得出传递函数矩阵的公分母为 $d(s) = s^6 + 16.7s^5 + 176.3s^4 + 767.1s^3 + 971.5s^2 + 415s + 50$,且分子多项式矩阵 $N(s)$ 的数学形式为

$$\begin{bmatrix} s^5+14.7s^4+149.9s^3+499.4s^2+294s+40 & 0.2s^5+3.3s^4+34.6s^3+146.5s^2+165s+50 \\ s^5+7.7s^4+16s^3+13.4s^2+4.6s+0.5 & s^5+16.2s^4+168.2s^3+683s^2+630s+100 \end{bmatrix}$$

注意,这样的变换方式只适用于不带时间延迟的模型。如果某传递函数矩阵含有延迟,则可以先用不含有时间延迟的状态方程模型先表示出来,延迟时间常数由一个单独的延迟矩阵描述。

5.6.2 多变量系统对角优势分析

假设多变量反馈系统的前向通路传递函数矩阵为 $\boldsymbol{Q}(s)$，反馈通路的传递函数矩阵为 $\boldsymbol{H}(s)$，则闭环系统的传递函数矩阵为

$$\boldsymbol{G}(s) = [\,\boldsymbol{I} + \boldsymbol{Q}(s)\boldsymbol{H}(s)\,]^{-1}\boldsymbol{Q}(s) \tag{5-6-1}$$

其中 $\boldsymbol{I} + \boldsymbol{Q}(s)\boldsymbol{H}(s)$ 称为系统的回差（return difference）矩阵。因为稳定性分析利用回差矩阵的逆矩阵性质，所以在频域分析中用逆 Nyquist 分析更方便，由此出现了在多变量频域分析系统中的逆 Nyquist 阵列（inverse Nyquist array，INA）[12] 方法。

类似于单变量系统，Nyquist 图是研究包围 $(-1, j0)$ 点的周数来研究稳定性的，对回差矩阵的 INA 来说，可以研究其包围 $(0, j0)$ 点的情形。

Gershgorin 定理是基于逆 Nyquist 阵列的多变量设计方法的核心。假设

$$\boldsymbol{C} = \begin{bmatrix} c_{11} & \cdots & c_{1k} & \cdots & c_{1n} \\ \vdots & \ddots & \vdots & \ddots & \vdots \\ c_{k1} & \cdots & c_{kk} & \cdots & c_{kn} \\ \vdots & \ddots & \vdots & \ddots & \vdots \\ c_{n1} & \cdots & c_{nk} & \cdots & c_{nn} \end{bmatrix} \tag{5-6-2}$$

为复数矩阵，其特征根 λ 满足

$$|\lambda - c_{kk}| \leqslant \sum_{j \neq k} |c_{kj}|, \text{ 且 } |\lambda - c_{kk}| \leqslant \sum_{j \neq k} |c_{jk}| \tag{5-6-3}$$

换句话说，该矩阵的特征值位于一族以 c_{kk} 为圆心，以不等式右面的表达式为半径的圆构成的并集内，而这些圆又称为 Gershgorin 圆。另外，上面两个不等式表示的关系分别称为列 Gershgorin 圆和行 Gershgorin 圆。Gershgorin 定理的示意图如图 5-31 所示。

其实，对传统的 Gershgorin 定理直接拓展，就可能得出更小半径的圆

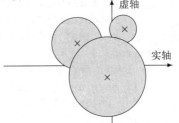

图 5-31 Gershgorin 定理示意图

$$|\lambda - c_{kk}| \leqslant \min\left(\sum_{j \neq k} |c_{kj}|, \sum_{j \neq k} |c_{jk}|\right) \tag{5-6-4}$$

假设在某一频率 ω 下，多变量系统前向回路的 INA 表示为

$$\hat{\boldsymbol{Q}}(j\omega) = \begin{bmatrix} \hat{q}_{11}(j\omega) & \cdots & \hat{q}_{1p}(j\omega) \\ \vdots & \ddots & \vdots \\ \hat{q}_{q1}(j\omega) & \cdots & \hat{q}_{qp}(j\omega) \end{bmatrix} \tag{5-6-5}$$

其中，$\hat{q}_{ij}(\mathrm{j}\omega)$ 为复数量。对于频率响应的所有数据来说，将由一系列 Gershgorin 圆的包络线可以构成 Gershgorin 带，若对全部的 ω 来说，各个对角元素的 Gershgorin 带均不包含原点，则称原系统为对角占优系统。显而易见，对角优势矩阵的特征根不位于原点处，则单位反馈的闭环系统是稳定的。

选定了频率向量 w，并已知系统的多变量系统模型，则可以用多变量频域设计工具箱中提供的 mv2fr() 函数直接获得系统的频域响应数据

$$H = \mathrm{mv2fr}(N, d, w), \quad H = \mathrm{mv2fr}(A, B, C, D, w)$$

其中，返回的 H 是由多变量频率响应数据构成的矩阵，是多变量频域设计工具箱的基本数据格式。该工具箱提供了多变量系统的 Nyquist 图形绘制函数 plotnyq() 和 Gershgorin 圆绘制的函数 fgersh()，但由于调用过程较烦琐，所以对输入个数与输出个数相等的系统来说，编写了一个新的函数 inagersh(H)，可以直接绘制出系统带有 Gershgorin 带的逆 Nyquist 图，该函数的内容如下：

```
function inagersh(H,nij)
t=[0:.1:2*pi,2*pi]'; [nr,nc]=size(H); nw=nr/nc; ii0=1:nc;
if nargin==1, ii=1:nc; jj=1:nc;
else, ii=nij(1); jj=nij(2); end
for i=1:nc, circles{i}=[]; end
for k=1:nw   % 对各个频率获取逆 Nyquist 阵列
   Ginv=inv(H((k-1)*nc+1:k*nc,:)); nyq(:,:,k)=Ginv;
   for j=1:nc, ij=find(ii0~=j);
      v=min([sum(abs(Ginv(ij,j))),sum(abs(Ginv(j,ij)))]);
      x0=real(Ginv(j,j)); y0=imag(Ginv(j,j));
      r=sum(abs(v)); % 计算 Gershgorin 圆的半径
      circles{j}=[circles{j}, x0+r*cos(t)+sqrt(-1)*(y0+r*sin(t))];
end,end
for i=ii, for j=jj   % 绘图
   if nargin==1, subplot(nc,nc,(i-1)*nc+j); end
   for k=1:nw, NN(k)=nyq(i,j,k); end
   if i==j,   % 对角图,带有 Gershgorin 带
      plot(real(NN),imag(NN),real(circles{i}),imag(circles{i}));
   else, plot(real(NN),imag(NN)) % 非对角元素
end, end, end
```

如果该函数带两个输入变量，则第 2 个输入变量 n_{ij} 允许指定绘制某个 (i,j) 对的 Nyquist 图。和该工具箱提供的 plotnyq() 函数相比，inagersh() 函数首先是调用格式简单得多，另外，由于每个 Gershgorin 圆的半径选择行和列 Gershgorin 圆的最小半径，所以不再那么保守。

例 5-38 再考虑例 5-36 中的多变量系统模型，用下面的语句将绘制出系统的逆 Nyquist 曲线，如图 5-32（a）所示。

```
>> g11=tf([0.806 0.264],[1 1.15 0.202]);
   g12=tf([-15 -1.42],[1 12.8 13.6 2.36]);
   g21=tf([1.95 2.12 0.49],[1 9.15 9.39 1.62]);
   g22=tf([7.15 25.8 9.35],[1 20.8 116.4 111.6 18.8]);
   G=[g11, g12; g21, g22]; w=logspace(-2,1.5);
   G=ss(G); H=mv2fr(G.a,G.b,G.c,G.d,w); inagersh(H); %  INA 曲线
```

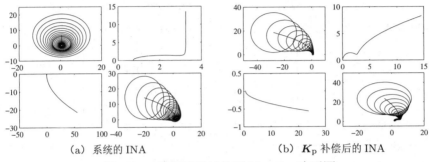

（a）系统的 INA   （b）K_{p} 补偿后的 INA

图 5-32 多变量系统的逆 Nyquist 阵列图

从图形可以看出,尽管闭环系统稳定,但由于 Gershgorin 带太宽,不能保证为对角优势系统,所以在设计时有很多困难。

考虑前置补偿矩阵 $K_{\mathrm{p}} = \begin{bmatrix} 0.3610 & 0.4500 \\ -1.1300 & 1.0000 \end{bmatrix}$,则可以用下面的语句绘制出补偿系统的带有 Gershgorin 带的 INA 曲线,如图 5-32（b）所示。可见这时得出的 Gershgorin 带明显变窄,系统为对角优势系统,易于设计与进一步分析。

```
>> Kp=[0.3610,0.4500; -1.1300,1.0000];
   G=ss(G*Kp); H=mv2fr(G.a,G.b,G.c,G.d,w); inagersh(H); % INA 曲线
```

多变量频域设计（MFD）工具箱还提供了多变量系统频域响应数据的运算函数。例如,两个串联的多变量传递函数矩阵 $G_1(s)$ 和 $G_2(s)$ 的频域响应数据可以用 $H = \mathrm{fmulf}(w, H_2, H_1)$ 函数求出,如果其中用 K 矩阵乘以传递函数的频域响应数据,则用 $H = \mathrm{fmul}(w, H_1, K)$ 或 $H = \mathrm{fmul}(w, K, H_1)$ 直接求出。在多变量系统运算中应该注意模块相乘运算的顺序。

函数 $H = \mathrm{faddf}(w, H_1, H_2)$ 可以计算出多变量系统 $G_1(s)$ 和 $G_2(s)$ 并联时频域响应的数据,而函数 $H = \mathrm{faddf}(w, K, H_1)$ 可以求出模块频域响应数据和矩阵 K 相加的频域响应数据。

MFD 工具箱中描述受控对象的函数不能直接处理时间延迟项,所以可以采用该工具箱中 $H = \mathrm{fdly}(w, H_1, D)$ 函数直接求出,其中 D 为延迟矩阵。利用 MFD 工具箱,还可以由 $H = \mathrm{finv}(w, H_1)$ 函数求出逆 Nyquist 响应数据[1]。

---

❶ 函数 finv() 与统计工具箱中 F 分布逆概率分布函数重名,如果同时安装了这两个工具箱,应该在路径顺序上加以安排,确保调用正确的函数。

　　从函数调用方式看,这样处理复杂结构多变量系统的频域响应还是比较麻烦的。为此我们了直接求取多变量系统的频域响应的函数 $H = \mathrm{mfrd}(G, \boldsymbol{w})$,该函数利用控制系统工具箱支持的带有内部延迟状态方程模型,事先计算出系统模型 G ,然后计算其在频率向量点 $\boldsymbol{w}$ 处的频域响应数据 H 。该函数清单如下:

```
function H1=mfrd(G,w)
H=frd(G,w); h=H.ResponseData; H1=[];
for i=1:length(w); H1=[H1; h(:,:,i)]; end
```

例 5-39　考虑带有时间延迟模型的逆 Nyquist 曲线的绘制方法,假设系统模型为[11]

$$
\boldsymbol{G}(s) = \begin{bmatrix} \dfrac{0.1134\mathrm{e}^{-0.72s}}{1.78s^2 + 4.48s + 1} & \dfrac{0.924}{2.07s + 1} \\ \dfrac{0.3378\mathrm{e}^{-0.3s}}{0.361s^2 + 1.09s + 1} & \dfrac{-0.318\mathrm{e}^{-1.29s}}{2.93s + 1} \end{bmatrix}
$$

　　用下面的语句可以直接绘制出系统的逆 Nyquist 曲线,如图 5-33(a)所示。显然,这样的系统不是对角占优的系统。

```
>> G=[tf(0.1134,[1.78 4.48 1]), tf([0.924],[2.07,1]);
      tf(0.3378,[0.361,1.09,1]), tf(-0.318,[2.93 1])];
   G=ss(G); D=[0.72 0; 0.3 1.29]; w=logspace(0,1);
   H=mv2fr(G.a,G.b,G.c,G.d,w); H1=fdly(w,H,D); inagersh(H1);
```

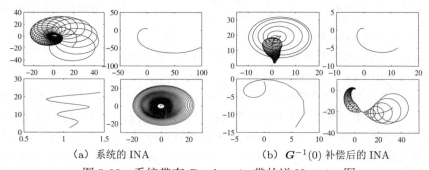

　　　(a) 系统的 INA　　　　　　　　(b) $\boldsymbol{G}^{-1}(0)$ 补偿后的 INA

图 5-33　系统带有 Gershgorin 带的逆 Nyquist 图

　　在多变量系统频域设计理论中,一种最直接的对角占优补偿方法[12]是引入前置增益矩阵 $\boldsymbol{K}_{\mathrm{p}} = \boldsymbol{G}^{-1}(0)$,这样将得出补偿后的逆 Nyquist 图,如图 5-33(b)所示。可见,这样设计的系统改善了对角占优的性能。后面的内容将系统介绍多变量系统设计理论。

```
>> H0=mv2fr(G.a,G.b,G.c,G.d,0);   % 求出 Kp = G⁻¹(0)
   Kp=inv(H0); H2=fmul(w,H1,Kp); inagersh(H2); % 绘制 INA 曲线
```

　　利用前面介绍的 mfrd() 函数,则上述语句可以简化成

```
>> G.ioDelay=D; G1=G*Kp; H2=mfrd(G1,w); inagersh(H2)
```

　　如果能找到一个能使得校正后系统对角占优的校正器,就可以认为该系统得到较好的解耦,这样就可以对每个通道单独设计控制器,而不会对其他的通道

有太大的影响。所以,寻找补偿器的方法是很关键的,在文献中有各种各样的方法可以直接使用[11]。值得指出的是,为设计简单方便起见,一般在使用多变量系统的 Nyquist 类设计方法时多采用逆 Nyquist 阵列的方法,下面不加证明地给出逆 Nyquist 设计方法的稳定性定理。

若 $\boldsymbol{G}(s)$ 为 $m \times m$ 方阵且其逆 Nyquist 矩阵的第 (i,j) 元素为 $\hat{g}_{ij}(s)$,且存在 $\boldsymbol{K} = \mathrm{diag}(k_1, k_2, \cdots, k_m)$,假定对所有可取的 s 均有

$$|\hat{g}_{ii}(s) + k_i| > \sum_{j \neq i} |\hat{g}_{ij}(s)| \tag{5-6-6}$$

设 $\widehat{\boldsymbol{G}}(s)$ 的第 i 个 Gershgorin 带逆时针方向包含 $-k_i$ 点 N_i 次,则带有返回比矩阵 $-\boldsymbol{G}(s)\boldsymbol{K}$ 的负反馈矩阵为稳定的充要条件是 $\sum_i N_i = Z_{\mathrm{o}}$,这里 Z_{o} 是 $\boldsymbol{G}(s)$ 在右半平面的传输零点个数。

7.5 节将详细介绍基于频域响应的多变量系统设计方法。

5.6.3 多变量系统的奇异值曲线绘制

单变量系统用 Bode 图可以很容易描述其特性,多变量系统不适于用 Bode 图表示,而可以采用奇异值的形式表示。多变量系统的传递函数矩阵在 ω 处存在奇异值 $\sigma_1(\omega)$, $\sigma_2(\omega)$, $\cdots$, $\sigma_m(\omega)$,这样当频率 ω 变化时,传递函数矩阵的奇异值可以作为轨迹绘制出来,称为奇异值曲线。这些奇异值曲线可以看成是多变量系统的 Bode 图。奇异值曲线是多变量系统鲁棒控制中的重要指标,将在第 10 章进一步介绍其基本内容。

鲁棒控制工具箱中[15]提供了 sigma() 函数可以直接绘制多变量系统的奇异值曲线,该函数的调用格式与 bode() 等函数完全一致。

例 5-40 仍考虑例 5-39 中给出的带有时间延迟的多变量模型

$$\boldsymbol{G}(s) = \begin{bmatrix} \dfrac{0.1134\mathrm{e}^{-0.72s}}{1.78s^2 + 4.48s + 1} & \dfrac{0.924}{2.07s + 1} \\ \dfrac{0.3378\mathrm{e}^{-0.3s}}{0.361s^2 + 1.09s + 1} & \dfrac{-0.318\mathrm{e}^{-1.29s}}{2.93s + 1} \end{bmatrix}$$

其奇异值曲线可以由下面的语句直接绘制出来,如图 5-34 所示。

```
>> G=[tf(0.1134,[1.78 4.48 1],'ioDelay',0.72), tf([0.924],[2.07,1]);
   tf(0.3378,[0.361,1.09,1],'ioDelay',0.3), ...  % ... 表示续行
   tf(-0.318,[2.93 1],'ioDelay',1.29)];
   sigma(G)                          % 可以直接绘制系统的奇异值曲线
```

5.7 本章要点小结

- MATLAB 的使用为控制系统的分析提供了有力的工具,在控制系统发展初期,由于没有这样强有力的工具,出现了很多间接的方法,例如控制系统的稳

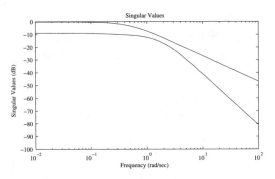

图 5-34　多变量系统的奇异值曲线

定性分析以往的 Routh 判据可以完全由直接求根的方法取代,对控制系统来说,用 eig() 就可以直接求出系统的特征根,并给出了反馈控制系统的内部稳定性概念与判定方法。

- 利用 MATLAB 这样的工具还可以直接对控制系统的可控性、可观测性等进行直接判定,还介绍了系统的可控性、可观测性阶梯分解、Kalman 分解、Luenberger 标准型转换等,并介绍系统的范数测度及计算。

- 本章介绍了线性系统的解析解算法,包括基于状态方程的解析解方法和基于部分分式展开技术的解析解方法,分别就连续系统和离散系统等问题进行了探讨,还介绍了改进的部分分式展开方法,从而可以得出更可读的解析解。

- 由典型二阶系统的阶跃响应定义了系统的一些响应指标,如超调量、调节时间等,还介绍了这些指标的求解方法。

- 连续和离散系统的阶跃响应曲线可以由 MATLAB 给出的 step() 函数直接绘制出来,还可以用 impulse() 函数绘制出系统的脉冲响应曲线,lsim() 函数可以用于系统在任意输入下的时域响应,这些函数均可以用于所有能用 MATLAB 下线性时不变对象描述的线性系统时域分析。

- 根轨迹分析是单变量系统稳定性分析与控制系统校正的一种有用方法,用 rlocus() 函数就可以直接绘制出单变量连续与离散系统的根轨迹曲线,并可以直接从根轨迹上读取临界稳定增益值。这样的方法还可以直接应用于带有时间延迟的离散系统根轨迹绘制中。

- 从频域响应中复数的几种表示方法引入了 Nyquist 图、Bode 图和 Nichols 图,并介绍了在 MATLAB 控制系统工具箱中如何绘制这些图形的方法,介绍了应用频域响应进行闭环系统稳定性分析的方法,还介绍了幅值裕度和相位裕度的求取函数 margin(),这些方法可以直接求解连续和离散单变量系统的频域响应。

- 介绍了多变量系统的逆 Nyquist 阵列、回差矩阵与 Gershgorin 定理,基于这些概念介绍了多变量系统频域响应分析方法及相应的 MATLAB 实现。

5.8 习 题

(1) 判定下列连续传递函数模型的稳定性。

① $\dfrac{1}{s^3+2s^2+s+2}$ ② $\dfrac{1}{6s^4+3s^3+2s^2+s+1}$ ③ $\dfrac{1}{s^4+s^3-3s^2-s+2}$

④ $\dfrac{3s+1}{s^2(300s^2+600s+50)+3s+1}$ ⑤ $\dfrac{0.2(s+2)}{s(s+0.5)(s+0.8)(s+3)+0.2(s+2)}$

(2) 判定下面采样系统的稳定性。

① $H(z)=\dfrac{-3z+2}{z^3-0.2z^2-0.25z+0.05}$

② $H(z)=\dfrac{3z^2-0.39z-0.09}{z^4-1.7z^3+1.04z^2+0.268z+0.024}$

③ $H(z)=\dfrac{z^2+3z-0.13}{z^5+1.352z^4+0.4481z^3+0.0153z^2-0.01109z-0.001043}$

④ $H(z^{-1})=\dfrac{2.12z^{-2}+11.76z^{-1}+15.91}{z^{-5}-7.368z^{-4}-20.15z^{-3}+102.4z^{-2}+80.39z^{-1}-340}$

(3) 给出连续系统的状态方程模型,请判定系统的稳定性。

① $\dot{\boldsymbol{x}}(t)=\begin{bmatrix}-0.2 & 0.5 & 0 & 0 & 0\\ 0 & -0.5 & 1.6 & 0 & 0\\ 0 & 0 & -14.3 & 85.8 & 0\\ 0 & 0 & 0 & -33.3 & 100\\ 0 & 0 & 0 & 0 & -10\end{bmatrix}\boldsymbol{x}(t)+\begin{bmatrix}0\\0\\0\\0\\30\end{bmatrix}u(t)$

② $\boldsymbol{x}[(k+1)T]=\begin{bmatrix}17 & 24.54 & 1 & 8 & 15\\ 23.54 & 5 & 7 & 14 & 16\\ 4 & 6 & 13.75 & 20 & 22.5889\\ 10.8689 & 1.2900 & 19.099 & 21.896 & 3\\ 11 & 18.0898 & 25 & 2.356 & 9\end{bmatrix}\boldsymbol{x}(kT)+\begin{bmatrix}1\\2\\3\\4\\5\end{bmatrix}u(kT)$

(4) 考虑下面给出的多变量系统,试求出该系统的零点和极点,并判定系统的稳定性。

$$\begin{cases}\dot{\boldsymbol{x}}(t)=\begin{bmatrix}-3 & 1 & 2 & 1\\ 0 & -4 & -2 & -1\\ 1 & 2 & -1 & 1\\ -1 & -1 & 1 & -2\end{bmatrix}\boldsymbol{x}(t)+\begin{bmatrix}1 & 0\\ 0 & 2\\ 0 & 3\\ 1 & 1\end{bmatrix}\boldsymbol{u}(t)\\ \boldsymbol{y}(t)=\begin{bmatrix}1 & 2 & 2 & -1\\ 2 & 1 & -1 & 2\end{bmatrix}\boldsymbol{x}(t)\end{cases}$$

注意,多变量系统零点的概念和单变量系统不同,不能由单独求每个子传递函数零点的方式求取,应该由 tzero() 函数得出,另外,pzmap() 函数同样适用于多变量系统。

(5) 由控制系统传递函数模型 $\dfrac{0.2(s+2)}{s(s+0.5)(s+0.8)(s+3)+0.2(s+2)}$ 写出状态方程实现的可控标准型和可观测标准型。

(6) 判定下列系统的可控、可观测性,求出它们的可控、可观测及 Luenberger 标准型实现,并求出系统的 2-范数和无穷范数。

① $\boldsymbol{A} = \begin{bmatrix} 0 & 1 & 1 & 1 \\ 0 & 0 & 0 & 1 \\ 0 & 1 & 0 & 0 \\ 0 & 0 & 1 & 1 \end{bmatrix}$, $\boldsymbol{B} = \begin{bmatrix} 1 & 0 \\ 0 & 0 \\ 0 & 1 \\ 1 & 0 \end{bmatrix}$, $\boldsymbol{C} = \begin{bmatrix} 1 & 0 & 0 & 0 \\ 0 & 1 & 0 & 0 \end{bmatrix}$

② $\boldsymbol{A} = \begin{bmatrix} 0 & 2 & 0 & 0 \\ 0 & 1 & -2 & 0 \\ 0 & 0 & 3 & 1 \\ 1 & 0 & 0 & 0 \end{bmatrix}$, $\boldsymbol{B} = \begin{bmatrix} 2 & 0 \\ 1 & 2 \\ 0 & 1 \\ 0 & 0 \end{bmatrix}$, $\boldsymbol{C} = \begin{bmatrix} 0 & 1 & 0 & 0 \\ 0 & 0 & 1 & 0 \end{bmatrix}$

(7) 求出下面状态方程模型的最小实现。

$$\dot{\boldsymbol{x}}(t) = \begin{bmatrix} 0 & -3 & 0 & 0 \\ 1 & -4 & 0 & 0 \\ 0 & 0 & 0 & 0 \\ 0 & 0 & 1 & -2 \end{bmatrix} \boldsymbol{x}(t) + \begin{bmatrix} 3 & 2 \\ 1 & 2 \\ 1 & 1 \\ 1 & 1 \end{bmatrix} \boldsymbol{u}(t), \ \boldsymbol{y}(t) = \begin{bmatrix} 0 & 1 & 0 & 0 \\ 0 & 0 & 0 & 1 \end{bmatrix} \boldsymbol{x}(t)$$

(8) 请求出下面自治系统状态方程的解析解

$$\dot{\boldsymbol{x}}(t) = \begin{bmatrix} -5 & 2 & 0 & 0 \\ 0 & -4 & 0 & 0 \\ -3 & 2 & -4 & -1 \\ -3 & 2 & 0 & -4 \end{bmatrix} \boldsymbol{x}(t), \ \boldsymbol{x}(0) = \begin{bmatrix} 1 \\ 2 \\ 0 \\ 1 \end{bmatrix}$$

并和数值解得出的曲线比较。

(9) 给出一个八阶系统模型 $G(s)$

$$G(s) = \frac{18s^7 + 514s^6 + 5982s^5 + 36380s^4 + 122664s^3 + 222088s^2 + 185760s + 40320}{s^8 + 36s^7 + 546s^6 + 4536s^5 + 22449s^4 + 67284s^3 + 118124s^2 + 109584s + 40320}$$

并假定系统具有零初始状态,请求出单位阶跃响应和脉冲响应的解析解。若输入信号变为正弦信号 $u(t) = \sin(3t + 5)$,请求出零初始状态下系统时域响应的解析解,并用图形的方法进行描述,和数值解进行比较。

(10) 假设 PI 和 PID 控制器的结构分别为

$$G_{\text{PI}}(s) = K_{\text{p}} + \frac{K_{\text{i}}}{s}, \ G_{\text{PID}}(s) = K_{\text{p}} + \frac{K_{\text{i}}}{s} + K_{\text{d}}s$$

请说明为什么 PI 或 PID 控制器可以消除稳定闭环系统的阶跃响应稳态误差,不稳定系统能用 PI 或 PID 控制器消除稳态误差吗,为什么?

(11) 请绘制下面状态方程模型的单位阶跃响应曲线

$$\dot{\boldsymbol{x}}(t) = \begin{bmatrix} -0.2 & 0.5 & 0 & 0 & 0 \\ 0 & -0.5 & 1.6 & 0 & 0 \\ 0 & 0 & -14.3 & 85.8 & 0 \\ 0 & 0 & 0 & -33.3 & 100 \\ 0 & 0 & 0 & 0 & -10 \end{bmatrix} \boldsymbol{x}(t) + \begin{bmatrix} 0 \\ 0 \\ 0 \\ 0 \\ 30 \end{bmatrix} u(t), \ y(t) = [1,0,0,0,0]\boldsymbol{x}(t)$$

并绘制出所有状态变量的曲线。选择不同的采样周期 T,对该系统进行离散化,绘制出离散系统的阶跃响应曲线,和连续系统进行比较,并说明超调量、调节时间等指标的变化规律。

(12) 假设已知连续系统传递函数模型为 $G(s) = \dfrac{-2s^2 + 3s - 4}{s^3 + 3.2s^2 + 1.61s + 3.03}$,试选择不同的采样周期 $T = 0.01, 0.1, 1\,\mathrm{s}$ 等对其进行离散化,试对比连续系统及离散化系统的时域响应曲线,你能从中得出什么结论?

(13) 试绘制下列开环系统的根轨迹曲线,并确定使单位负反馈系统稳定的 K 值范围。

① $G(s) = \dfrac{(s+6)(s-6)}{s(s+3)(s+4-4\mathrm{j})(s+4-4\mathrm{j})}$,　② $G(s) = \dfrac{s^2 + 2s + 2}{s^4 + s^3 + 14s^2 + 8s}$

③ $G(s) = \dfrac{1}{s(s^2/2600 + s/26 + 1)}$,　④ $G(s) = \dfrac{800(s+1)}{s^2(s+10)(s^2+10s+50)}$

⑤ $H(z) = \dfrac{5(z-0.2)^2}{z(z-0.4)(z-1)(z-0.9)+0.6}$, $T = 0.1\,\mathrm{s}$,

⑥ $H(z^{-1}) = \dfrac{(z^{-1}+3.2)(z^{-1}+2.6)}{z^{-5}(z^{-1}-8.2)}$, $T = 0.05\,\mathrm{s}$

(14) 绘制下面状态方程系统的根轨迹,确定使单位负反馈系统稳定的 K 值范围。

$$\dot{\boldsymbol{x}}(t) = \begin{bmatrix} -1.5 & -13.5 & -13 & 0 \\ 10 & 0 & 0 & 0 \\ 0 & 1 & 0 & 0 \\ 0 & 0 & 1 & 0 \end{bmatrix} \boldsymbol{x}(t) + \begin{bmatrix} 1 \\ 0 \\ 0 \\ 0 \end{bmatrix} u(t),\ y(t) = [0,0,0,1]\boldsymbol{x}(t)$$

(15) 假设连续延迟系统的传递函数为 $G(s) = \dfrac{K(s-1)\mathrm{e}^{-2s}}{(s+1)^5}$,试求出能使得单位负反馈系统稳定的 K 值范围。

(16) 假设系统的开环模型为 $G(s) = \dfrac{K}{s(s+10)(s+20)(s+40)}$,并假设系统由单位负反馈结构构成,试用根轨迹找出能使得闭环系统主导极点有大约 $\zeta = 0.707$ 阻尼比的 K 值。

(17) 已知离散系统的受控对象模型为 $H(z) = K\dfrac{1}{(z+0.8)(z-0.8)(z-0.99)(z-0.368)}$,试绘制其根轨迹,并得出使得单位负反馈闭环系统稳定的 K 值范围。选择一个能使闭环系统稳定的 K,绘制闭环系统的阶跃响应曲线,并求出阶跃响应的超调量、调节时间等指标。

(18) 若上述系统带有时间延迟,即 $\tilde{H}(z) = H(z)z^{-8}$,试重复上题的分析过程。改变系统的延迟时间常数再进行分析,得出相应的结论。

(19) 考虑开环传递函数模型 $G(s) = \dfrac{0.3(s+2)(s^2+2.1s+2.23)}{s^2(s^2+3s+4.32)(s+a)}$,试绘制出该系统关于 a 的根轨迹,求出使得单位负反馈闭环系统稳定的 a 的范围。

(20) 对下列各个开环模型进行频域分析,绘制出 Bode 图、Nyquist 图及 Nichols 图,并求出系统的幅值裕度和相位裕度,在各个图形上标注出来。假设闭环系统由单位负反馈构造而成,试由频域分析判定闭环系统的稳定性,并用阶跃响应来验证。

① $G(s) = \dfrac{8(s+1)}{s^2(s+15)(s^2+6s+10)}$, ② $G(s) = \dfrac{4(s/3+1)}{s(0.02s+1)(0.05s+1)(0.1s+1)}$,

③ $\begin{cases} \dot{\boldsymbol{x}}(t) = \begin{bmatrix} 0 & 2 & 1 \\ -3 & -2 & 0 \\ 1 & 3 & 4 \end{bmatrix} \boldsymbol{x}(t) + \begin{bmatrix} 4 \\ 3 \\ 2 \end{bmatrix} u(t) \\ y(t) = [1, 2, 3]\boldsymbol{x}(t) \end{cases}$

④ $H(z) = 0.45 \dfrac{(z+1.31)(z+0.054)(z-0.957)}{z(z-1)(z-0.368)(z-0.99)}$,

⑤ $G(s) = \dfrac{6(-s+4)}{s^2(0.5s+1)(0.1s+1)}$, ⑥ $G(s) = \dfrac{10s^3-60s^2+110s+60}{s^4+17s^3+82s^2+130s+100}$

(21) 假设典型反馈控制系统的各个模型如下

$$G(s) = \dfrac{2}{s[(s^4+5.5s^3+21.5s^2+s+2)+20(s+1)]}, \quad G_c(s)=K\dfrac{1+0.1s}{1+s}, \quad H(s)=1$$

并假定 $K=1$,请绘制出系统的 Bode 图、Nyquist 图与 Nichols 图,请判定这样设计出来的反馈系统是否为较好设计的系统,画出闭环系统的阶跃响应曲线做出说明,并指出如何修正 K 的值来改进系统的响应。

(22) 试对下面的时间延迟系统进行频域分析,绘制出系统的各种频域响应曲线及各种裕度,判定单位负反馈下闭环系统的稳定性,用时域响应验证得出的结论。

① $G(s) = \dfrac{(-2s+1)e^{-3s}}{s^2(s^2+3s+3)(s+5)(s^2+2s+6)}$,

② $H(z) = \dfrac{z^2+0.568}{(z-1)(z^2-0.2z+0.99)}z^{-5}, \quad T=0.05\text{s}$

(23) 假设系统的对象模型为 $G(s) = 1/s^2$,某最优控制器模型为

$$G_c(s) = \dfrac{5620.82s^3+199320.76s^2+76856.97s+7253.94}{s^4+77.40s^3+2887.90s^2+28463.88s+2817.59}$$

并假设系统由单位负反馈结构构成,请绘制出叠印有等 M 线和等 N 线的 Nyquist 图、Nichols 图,并由之分析闭环系统的动态性能,绘制闭环系统阶跃响应曲线来证实你的推断。

(24) 假设受控对象模型为 $G(s) = \dfrac{100(1+s/2.5)}{s(1+s/0.5)(1+s/50)}$,并假设由某种方法设计出串联控制器模型为 $G_c(s) = \dfrac{1000(s+1)(s+2.5)}{(s+0.5)(s+50)}$,试用频域响应的方法判定闭环系统的性能,并用时域响应检验得出的结论。

(25) 假设带有时间延迟的系统传递函数矩阵为

$$\boldsymbol{G}(s) = \begin{bmatrix} \dfrac{0.06371}{s^2+2.517s+0.5618}e^{-0.72s} & \dfrac{0.4464}{s+0.4831} \\ \dfrac{0.9357}{s^2+3.019s+2.77}e^{-0.3s} & \dfrac{-0.1085}{s+0.3413}e^{-1.29s} \end{bmatrix}$$

试绘制其带有 Gershgorin 带的逆 Nyquist 阵列,分析其是否为对角占优的系统,绘制系统的开环阶跃响应,该响应是否符合你的结论?

(26) 考虑下面给出的双输入双输出系统

$$G(s) = \begin{bmatrix} \dfrac{0.806s + 0.264}{s^2 + 1.15s + 0.202} & \dfrac{-(15s + 1.42)}{s^3 + 12.8s^2 + 13.6s + 2.36} \\ \dfrac{1.95s^2 + 2.12s + 4.90}{s^3 + 9.15s^2 + 9.39s + 1.62} & \dfrac{7.14s^2 + 25.8s + 9.35}{s^4 + 20.8s^3 + 116.4s^2 + 111.6s + 188} \end{bmatrix}$$

绘制出带有 Gershgorin 带的逆 Nyquist 曲线,并在该曲线上标出各个频率下的特征值,验证这些特征值满足 Gershgorin 定理,并绘制该系统的阶跃响应曲线来演示结果系统是不是较好解耦的系统。

(27) 在实际的多变量系统频域响应分析中,Gershgorin 带显得很保守,所以需要减小 Gershgorin 带的半径。在引入反馈 $\boldsymbol{F} = [f_1, f_2, \cdots, f_n]$ 后,还可以使用 Ostrowski 带,该带的新半径可以定义为 $r_i(s) = \phi_i(s)d_i(s)$,其中 $d_i(s)$ 为 Gershgorin 带的半径,缩小因数为

$$\phi_i(s) = \max_{j, j \neq i} \frac{d_j(s)}{f_j + \hat{q}_{jj}(s)}$$

试用 MATLAB 语言修改 gershgorin.m 程序,使之能直接绘制 Ostrowski 带,并用例子中的系统进行对比研究。

(28) Bode 增益曲线描述的是系统模型 $G(s)$ 的幅值与频率之间的关系,即 $|G(\mathrm{j}\omega)|$ 与 $s = \mathrm{j}\omega$ 之间的关系。MATLAB 语言提供了强大的绘图功能,试用三维表面图的方式绘制出下面函数的增益曲线,其中 $s = x + \mathrm{j}y$。

① $\dfrac{3s + 1}{s^2(300s^2 + 600s + 50) + 3s + 1}$, ② $G(s) = \dfrac{(-2s + 1)\mathrm{e}^{-3s}}{s^2(s^2 + 3s + 3)(s + 5)(s^2 + 2s + 6)}$

参考文献

1 王万良. 自动控制原理. 北京: 科学出版社, 2001

2 Kailath T. Linear systems. Englewood Cliffs: Prentice-Hall, 1980

3 Kalman R E. On the theory of control systems. Proceedings of 1st IFAC Congress, 1960. Moscow

4 郑大钟. 线性系统理论. 北京: 清华大学出版社, 1980

5 薛定宇. 控制系统仿真与计算机辅助设计. 北京: 机械工业出版社, 2005

6 薛定宇, 任兴权. 连续系统的仿真与解析解法. 自动化学报, 1992, 19(6):694~702

7 薛定宇. 控制系统计算机辅助设计——MATLAB 语言与应用(第二版). 北京: 清华大学出版社, 2006

8 Nyquist H. Regeneration theory. Bell Systems Technical Journal, 1932, 11:126~147

9 Bode H. Network analysis and feedback amplifier design. New York: D Van Nostrand, 1945

10 James H M, Nichols N B, Phillips R S. Theory of servomechanisms, *MIT Radiation Laboratory Series*, volume 25. New York: McGraw-Hill, 1947

11 Munro N. Multivariable control 1: the inverse Nyquist array design method, In: Lecture notes of SERC vacation school on control system design. UMIST, Manchester, 1989

12 Rosenbrock H H. Computer-aided control system design. New York: Academic Press, 1974

13 MacFarlane A G J, Postlethwaite I. The generalized Nyquist stability criterion and multivariable root loci. International Journal of Control, 1977, 25:81~127

14 Boyel J M, Ford M P, Maciejowski J M. A multivariable toolbox for use with MATLAB. IEEE Control Systems Magazine, 1989, 9:59~65

15 The MathWorks Inc. Robust control toolbox user's manual, 2005

第 6 章

>>>>

非线性控制系统的建模与仿真

　　前面各章一直侧重于线性系统的建模与分析,并未涉及非线性系统的分析方法。在现实世界中,所有的系统都是非线性的,其中有的系统非线性不是很显著,所以可以忽略其非线性特性,简化成线性系统处理,这样用线性系统的理论和分析方法就可以直接进行分析。然而有的系统非线性特性较严重,不能忽略其非线性环节,这样线性系统理论就无能为力了,所以应该学习非线性系统的建模与分析方法。

　　控制系统仿真研究的一种很常见的需求是通过计算机得出系统在某信号激励下的时间响应,从中得出期望的结论。对线性系统来说,可以按照第 4 章和第 5 章介绍的方法,利用控制系统工具箱中的相应函数对系统进行直接仿真与分析。如果想研究非线性方程,则可以采用第 3 章中介绍的微分方程数值解法来求解。对于更复杂的系统来说,单纯采用上述方法有时难以完成仿真任务,比如说,若想研究结构复杂的非线性系统,用前面介绍的方法则需要列写出系统的微分方程,这本身就是很复杂的事,有时甚至是不可能的事。如果有一个基于框图的仿真程序,根据需要可以用框图的形式建立起系统的仿真模型,则解决复杂系统的问题就轻而易举了。Simulink 环境就是解决这样问题的理想工具[1],它提供了各种各样的模块,允许用户用框图的形式搭建起任意复杂的系统,从而对其进行准确的仿真。本章将主要介绍 Simulink 建模与仿真方法及其在控制系统中的应用。6.1 节简要介绍 Simulink 的概况,并介绍 Simulink 提供的常用模块组及常用模块,为读者熟悉 Simulink 模型库,开始 Simulink 建模打下基础。6.2 节中将介绍 Simulink 的模型建立方法,包括模块绘制、连接与参数修改,系统仿真参数设置,并通过一般非线性系统、一般多变量系统、采样系统、多速率采样系统、时变系统等,介绍控制系统的建模与仿真方法。6.4 节将介绍非线性系统的仿真分析方法,首先介绍各种静态非线性环节的 Simulink 建模方法,然后介绍非线性系统的描述函数近似分析方法,最后将介绍非线性系统模型的线性化近似方法。6.5 节将介绍

Simulink 建模的高级技术,将引入子系统、模块封装及模块集编写等建模方法,6.6
节将介绍 S-函数的编写格式与方法,掌握了 S-函数的编写方法,理论上就可以搭
建出任意复杂的系统模型。利用本章介绍的建模方法,可以轻易地对看起来很复杂
的系统进行分析。

6.1 Simulink 建模的基础知识

6.1.1 Simulink 简介

　　MATLAB 下提供的 Simulink 环境是解决非线性系统建模、分析与仿真问题
的理想工具,Simulink 是 MATLAB 的一个组成部分,它提供的模块包括一般线
性、非线性控制系统所需的模块,也有更高层的模块,例如电气系统模块集中提供
的电机模块、SimMechanics 提供的刚体及关节模块等,这使得用户可以轻易地对
感兴趣的系统进行仿真,得出希望的结果。

　　Simulink 环境是 1990 年前后由 MathWorks 公司推出的产品,原名 Simu-
LAB,1992 年改为 Simulink,其名字有两重含义,仿真(simu)与模型连接(link),
表示该环境可以用框图的方式对系统进行仿真。Simulink 提供了各种可用于控制
系统仿真的模块,支持一般的控制系统仿真,此外,还提供了各种工程应用中可能
使用的模块,如电机系统、机构系统、液压系统、通信系统等的模块集,直接进行多
领域物理建模与仿真研究。

　　输入 open_system(simulink) 命令将打开如图 6-1 所示的模型库,库中还有下
一级的模块组,如连续模块组、离散模块组和输入输出模块组等,用户可以用双

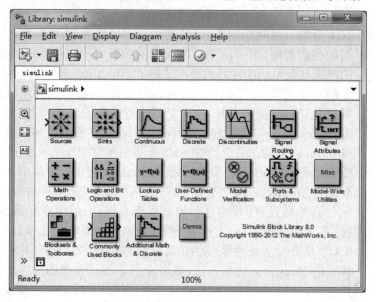

图 6-1　Simulink 主窗口

击的方式打开下一级的模块组,寻找及使用所需要的模块。这里显示的模型库是Simulink 8.0 版给出的,早期版本的模型库表示形式略有不同。

单击 MATLAB 命令窗口工具栏中的 Simulink 图标▦▦(早期版本🐟图标),也可以打开 Simulink 模块浏览器窗口,如图 6-2 所示。该浏览器的使用与前面所示的模块组比起来,调用各有特色。用户熟悉和喜欢哪种调用方式就可以使用哪种方法,为方便介绍起见,本书将使用前一种调用方式。

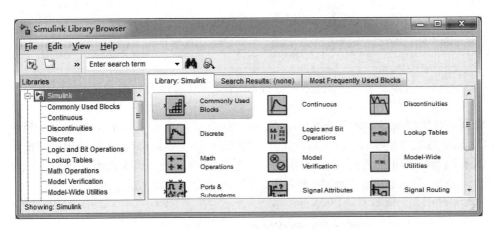

图 6-2　Simulink 模块浏览器

6.1.2　Simulink 下常用模块简介

从图 6-1 所示的 Simulink 的主界面可以看出,Simulink 提供了诸多子模块组,每个子模块组中还包含众多的下一级子模块及模块组,由这些模块相互连接就可以按需要搭建起复杂的系统模型。这里将对常用模块进行简单介绍,使得读者对现有的模型库有一个较好的了解,为下一步介绍 Simulink 建模打下基础。

1. 输入模块组(Sources)

双击 Simulink 模块组中的输入模块组图标,则将打开如图 6-3 所示模块组❶,其中有阶跃输入模块 Step、时钟模块 Clock、信号发生器模块 Signal Generator、文件输入模块 From File、工作空间输入模块 From Workspace、正弦信号输入模块 Sine Wave,斜坡信号模块 Ramp、脉冲信号模块 Pulse Generator、周期信号发生器模块 Repeating Sequence、输入端子模块 In、带宽受限白噪声信号发生器模块 Band-Limited White Noise 等,还有一个新的模块 Signal Builder,允许用户用图形化的方式编辑输入信号,这些信号可以用来激励系统,作为系统的输入信号源。

2. 输出池模块组(Sinks)

双击 Simulink 主模块组中的输出池 Sinks 图标,则将打开如图 6-4 所示的输出池模块组,允许用户将仿真结果以不同的形式输出出来。输出池中常用的模

---

❶为了版面起见,作者对各个模块组布局进行了手工修改。

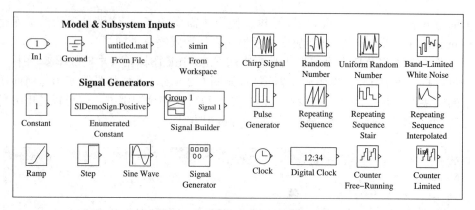

图 6-3　Simulink 输入源模块组

块有示波器模块 Scope 和 Floating Scope、轨迹示波器 X-Y Graph、数字显示模块 Display、存文件模块 To File、返回工作空间模块 To Workspace,还有输出端子模块 Out,这是 Simulink 仿真中很有用的一个输出模块。另外,该模块组还提供了一个名为 Stop Simulation 的模块,允许用户在仿真过程中终止仿真进程。

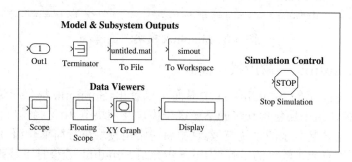

图 6-4　Simulink 输出池模块组

3. 连续系统模块组(Continuous)

双击 Simulink 主模块组中的连续系统模块组 Continuous 图标,则将打开如图 6-5 所示的模块组,其中有传递函数模块 Transfer Fcn、状态方程模块 State Space、零极点模块 Zero-Pole 这样三个最常用的线性连续系统模块,还有时间延迟模块 Transport Delay 和 Variable Transport Delay,以及各种各样的积分器模块 Integrator 和微分器模块 Derivative 等,利用这些模块就可以搭建起连续线性系统的 Simulink 仿真模型。此外,新版本的 Simulink 还提供了各种各样的 PID 控制器模块,可以直接用于系统的 PID 控制。

事实上,这些模块在实际线性系统仿真中有局限性,因为所有的模块都是假设初始条件为零的,但在实际应用中有时要求模块具有非零初始条件,这样可以从 Simulink Extras 模块组中双击 Additional Linear(附加连续线性系统模块组)图

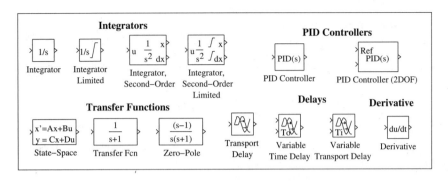

图 6-5　Simulink 连续系统模块组

标,这样将得出如图 6-6(a)所示的模块组,其包含的模块均允许非零初始条件。此外,控制系统模块集还提供了如图 6-6(b)所示线性时不变模块,可以在该模块的参数对话框中直接填写 LTI 模型变量。早期版本该模块不支持带有延迟的 LTI 模型,MATLAB R2012a 及以后的版本允许直接使用。

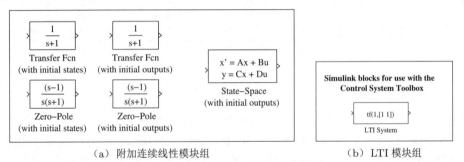

（a）附加连续线性模块组　　　　　　　　　（b）LTI 模块组

图 6-6　其他线性系统模型输入模块组

4. 离散系统模块组（Discrete）

离散系统模块组包含常用的线性离散模块,如图 6-7 所示。其中有零阶保持器模块 Zero-order Hold、一阶保持器 First-order Hold、离散传递函数模块 Discrete Transfer Fcn、离散状态方程模块 Discrete State-Space、离散零极点模块 Discrete Zero-Pole、离散滤波器模块 Discrete Filter、单位时间延迟模块 Unit Delay 和离散积分器模块 Discrete Integrator,其中的滤波器模块为式(4-2-5)中所描述的模型,而 Memory 模块可以返回上一个时刻的信号值。

和连续系统模块组类似,这些模块也都是表示零初始条件的模块,对非零初始条件的模块,可以借助于 Simulink Extras 模块组中的 Additional Discrete（附加离散线性系统模块组）中的模块,如图 6-8 所示。

5. 非线性模块组（Discontinuities）

非线性模块组在 Simulink 模块浏览器中又称为不连续模块组 Discontinuities,该模块组内容如图 6-9 所示。该模块组中主要包含常见的分段线性非线性静

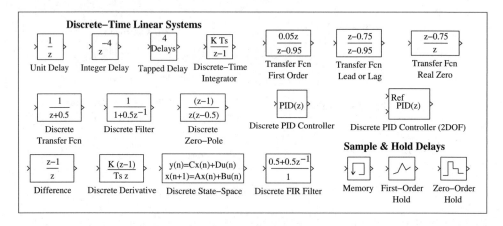

图 6-7　Simulink 离散系统模块组

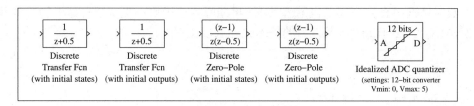

图 6-8　附加离散系统模块组

态模块,如饱和非线性模块 Saturation、死区非线性模块 Dead Zone、继电非线性模块 Relay、变化率限幅器模块 Rate Limiter、量化器模块 Quantizer、磁滞回环模块 Backlash,还可以处理 Coulumb 摩擦。模块组的名称 Discontinuities 不是很确切,因为这里包含的模块有些还是连续的,比如饱和非线性模型等,所以本书仍称之为非线性模块组。

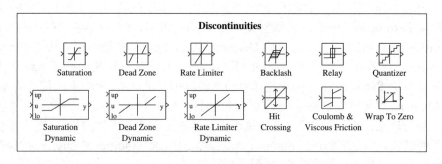

图 6-9　非线性模块组

6. 数学函数模块组(Math Operations)

常用数学函数模块组的内容如图 6-10 所示,包括加法模块 Sum、乘法模块

Product、增益模块 Gain、矩阵增益模块 Matrix Gain、组合逻辑模块 Combinational Logic、数学函数模块 Math Function、绝对值模块 Abs、符号函数模块 Sign、实数复数转换模块、三角函数模块 Trigonometric Function 等,还有代数约束求解模块 Algebraic Constraint。利用这样的模块可以构造出任意复杂的数学运算。

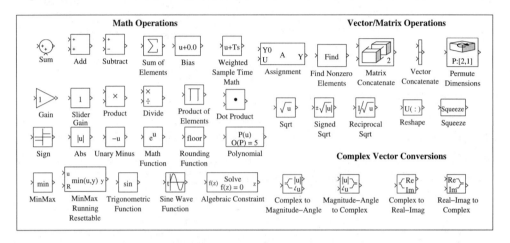

图 6-10　数学函数模块组

7. 查表模块组（Look-up Tables）

查表模块和函数模块组的内容如图 6-11 所示,其中有一维查表模块 1-D Lookup Table、二维查表模块 2-D Lookup Table (2-D)、n 维查表模块 n-D Lookup Table,后面将演示任意分段线性的非线性环节均可以由查表模块搭建起来,从而可以容易地对非线性控制系统进行仿真分析。新版本中提供的 Lookup Table Dynamic 模块还允许用户动态地建立查表数据点。

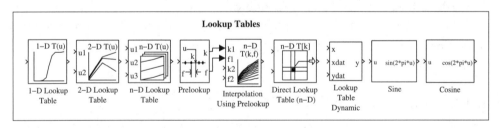

图 6-11　查表模块组

8. 用户自定义函数模块组（User-defined Functions）

用户自定义函数模块组的内容如图 6-12 所示,其中可以利用 Fcn 模块对 MATLAB 的函数直接求值,还可以使用 MATLAB Fcn 模块对用户自己编写的 MATLAB 复杂函数求解,还可以按照特定的格式编写出系统函数,简称 S-函数,用以实现任意复杂度的功能。S-函数可以用 MATLAB 或 C 及其他语言编写的系统函数,后面将详细介绍 S-函数的编写方法及其应用。

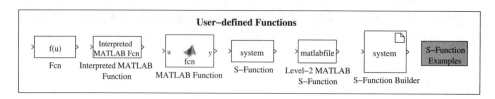

图 6-12　用户自定义函数模块组

9. 信号路由模块组(Signal Routing)

Simulink 的信号路由模块组的内容如图 6-13 所示,其中有将多路信号组成向量型信号的 Mux 模块,有将向量型信号分解成若干单路信号的 Demux 模块,有选路器模块 Selector,有转移模块 Goto 和 From,还支持各种开关模块,如一般开关模块 Switch,多路开关模块 Multiport Switch,手动开关模块 Manual Switch 等。

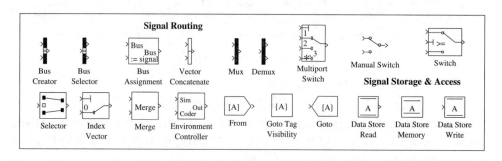

图 6-13　信号路由模块组

10. 信号属性模块组(Signal Attributes)

信号属性模块组的内容如图 6-14 所示,其中包括信号类型转换模块 Data Type Conversion、采样周期转换模块 Rate Transition、初始条件设置模块 IC、信号宽度检测模块 Width 等。

6.1.3　Simulink 下其他工具箱的模块组

除了上述各个标准模块组之外,随着 MATLAB 工具箱安装的不同,还有若干工具箱模块组和模块集(blockset),其他模块组如图 6-15 所示。在这些模块组中,有通信仿真模块集 Comm System Toolbox、有各种控制类模块集,如 Control System Toolbox、系统辨识模块集 System Identification Toolbox、模糊逻辑控制模块集 Fuzzy Logic Toolbox、神经网络工具箱模块集 Neural Network Blockset、模型预测控制模块集 MPC Toolbox、鲁棒控制工具箱 Robust Control Toolbox,有专用的系统模块集,如航天系统模块集 Aerospace Blockset、机构系

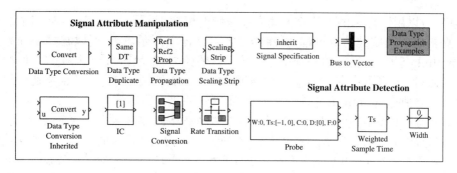

图 6-14 信号属性模块组

统仿真模块集 SimMechanics、电气系统仿真模块集 SimPowerSystems、计算机视觉模块集 Computer Vision Toolbox,有实时控制和嵌入式控制的定点模块集 Fixed-Point Blockset、DSP 模块集 DSP System Toolbox、实时控制模块集 Real-Time Windows Target、xPC Target,有用于结果显示的表盘模块集 Gauges 和三维动画模块集 Simulink 3D Animation 等,可以利用这些模块进行各种各样的复杂系统分析与仿真。另外,由于这样模块集都是相关领域的著名学者开发的,所以其可信度等都是很高的,仿真结果是可靠的。

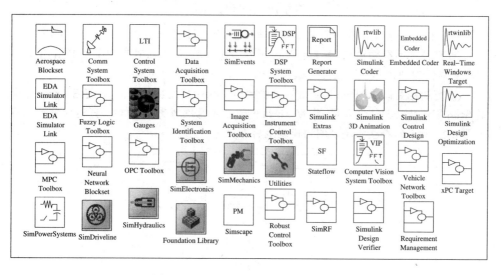

图 6-15 Simulink 下的其他模块集

6.2 Simulink 建模与仿真

6.2.1 Simulink 建模方法简介

其实利用 Simulink 描述框图模型是十分简单和直观的,用户无须输入任何程序,可以用图形化的方法直接建立起系统的模型,并通过 Simulink 环境中的菜单直接启动系统的仿真过程,并将结果在示波器上显示出来,所以掌握了强大的 Simulink 工具后,会大大增强用户系统仿真的能力。新版 Simulink 模型文件的后缀名为 slx,已不再是纯文本文件(早期版本为 mdl,纯文本文件)。下面将通过简单的例子来演示 Simulink 建模的一般步骤,并介绍仿真的方法。

例 6-1 考虑图 6-16 中给出的典型非线性反馈系统框图,其中控制器为 PI 控制器,其模型为 $G_c(s) = (K_p s + K_i)/s$,且 $K_p = 3, K_i = 10$,饱和非线性中的 $\Delta = 2$,死区非线性的死区宽度为 $\delta = 0.1$。由于系统中含有非线性环节,所以这样的系统不能用第 5 章中给出的线性系统方法进行精确仿真,而建立起系统的微分方程模型,用第 3 章中介绍的方法去求解也是件很烦琐的事,如果哪步出现问题,则仿真结果就可能出现错误。

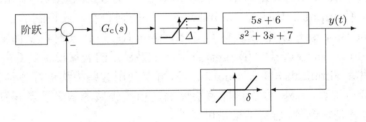

图 6-16   非线性系统

Simulink 是解决这类问题最有效的方法,可按下面步骤搭建此系统的仿真模型:

① **打开模型编辑窗口**。首先打开一个空白模型编辑窗口,这可以单击 Simulink 工具栏中新模型的图标 ☐ 或选择 File→ New→ Model 菜单项实现。

② **复制相关模块**。将相关的模块组中的模块拖动到此窗口中,例如将 Sources 组中的 Step 模块拖动到此窗口中,将 Math 组中的加法器拖动到此窗口中等,这样就可以将如图 6-17 所示的一些模块复制到模型编辑窗口中。

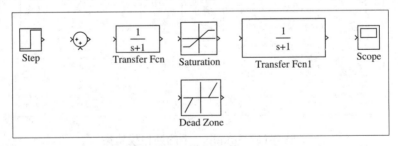

图 6-17   编辑窗口(模型文件: c6mblk1.mdl)

③ **修改模块参数**。通过观察发现,其中很多模块的参数和要求的不一致,如受控对象模型、控制器模块、加法器模块等。双击加法器模块,将打开如图 6-18(a)所示的对话框,其中 List of Signs 栏目描述加法器各路输入的符号,其中 | 表示该路没有信号,所以用 |+− 取代原来的符号,就可以得出反馈系统中所需的减法器模块了。

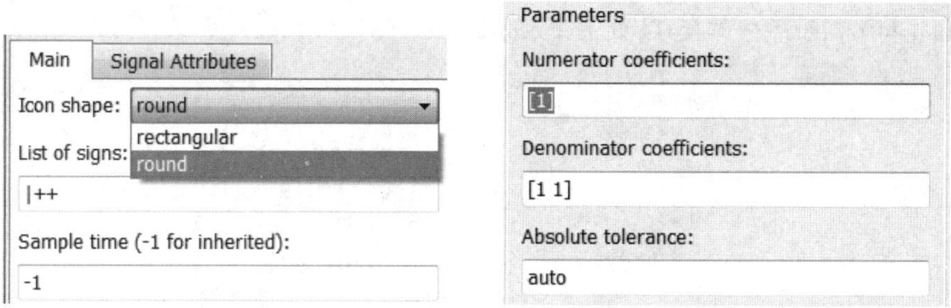

（a）加法器模块参数设置对话框　　　　（b）传递函数模块参数设置对话框

图 6-18　常用模块参数对话框

如果输入信号路数过多,则不适用圆形的加法器表示方法,可以选择 Icon shape 列表框中的 rectangular 就可以得出方形的加法器模块。

传递函数参数也可以相应地修改,双击控制器模块,则将打开如图 6-18（b）所示的对话框,用户只需在其分子 Numerator coefficients 和分母 Denominator coefficients 栏目分别填写系统的分子多项式和分母多项式系数,其方式与一般 MATLAB 下描述多项式的惯例是一致的,亦即将其多项式系数提取出来得出的降幂排列的向量。这样在控制器模块中分子和分母栏目分别填写 [3,10] 和 [1,0],在受控对象的相应栏目中分别填入 [5,6] 和 [1,3,7],就可以正确输入这两个模块了。

模型中还需要修改的参数如下:阶跃输入模块将阶跃时刻（Step time）参数从默认的 1 修改为 0;饱和非线性模块的饱和上界（Upper limit）和下界（Lower limit）参数分别设置为 2 和 −2;死区非线性模块的死区起止值（Start of dead zone 和 End of dead zone）分别设置为 −0.1 和 0.1。

④ **模块连接**。将有关的模块直接连接起来,具体的方法是用鼠标单击某模块的输出端,拖动鼠标到另一模块的输入端处再释放,则可以将这两个模块连接起来。完成模块连接后,就可以得到如图 6-19 所示的系统模型。

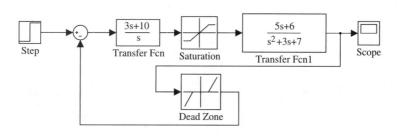

图 6-19　模块连接后的系统模型（文件名: c6mblk2.mdl）

从模型本身看好像反馈回路中的模块比较不理想,可以利用 Simulink 中的模块翻转功能将该模块进行水平翻转,具体方法是,单击选中该模块,右击该模块调用快捷菜单,选择其中的 Format、Rotate & Flip 等菜单,如图 6-20 所示,允许用户对模块进行旋转、翻转和加阴影等修饰处理,效果分别如图 6-21(a)、(b)、(c)所示。

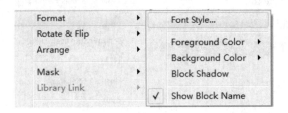

图 6-20   Format、Rotate & Flip 等菜单

(a) 模块翻转   (b) 模块旋转   (c) 加阴影
图 6-21   模块简单翻转与旋转

经过模块翻转处理后的系统模型框图如图 6-22 所示,可以看出这样得出的系统模型更加美观和直观。应该指出的是,模块的旋转、翻转等处理应该在模块连接前进行。

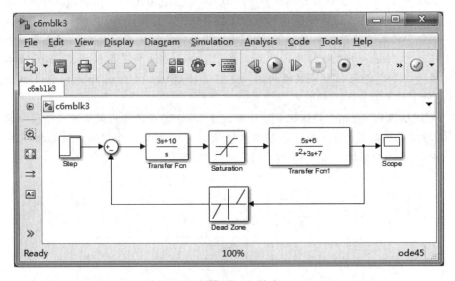

图 6-22   系统的仿真模型(文件名: c6mblk3.mdl)

⑤ **系统仿真研究**。建立了模型后就可以直接对系统进行仿真研究了,例如单击启动仿真的按钮 ▶ 或选择 Simulation→ Run 菜单项(早期版本 Simulation→ Start),则可以启动仿真过程,这样双击示波器模块就可以显示仿真结果了,如图 6-23(a)所示。

从仿真结果看,跟踪速度较慢。根据 PI 控制器设计经验,如果能加大 K_i 的值将有望加快系统响应速度,用手动调节的方法将 K_i 设置为 20,则可以得出如图 6-23(b)所

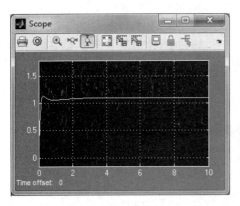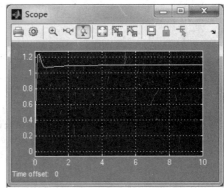

（a）直接仿真结果　　　　　　　　　（b）修改控制器后的结果

图 6-23　系统仿真结果的示波器输出

示的仿真结果。从给出的例子可以看出，原来看起来很复杂的系统仿真问题用 Simulink
轻而易举地就解决了，还可以容易地分析系统在不同参数下的仿真结果。

　　Simulink 的数学模块组还提供了滑块增益模块（Slider Gain），允许用滑块的形式
调整增益的值，这使得参数调节更容易，使用了这种模块，则可以得出如图 6-24 所示的
仿真模型，双击滑块增益模块，则可以得出如图 6-25 所示的对话框，用户可以通过该对
话框的滑块调整控制器的参数。

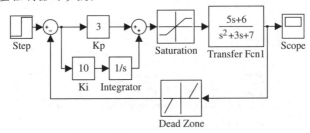

图 6-24　改用滑块比例环节的仿真模型（模型名：c6mblk4.mdl）

6.2.2　仿真算法与控制参数选择

　　选中 Simulink 模型窗口的 Simulation 菜单项，则将得出如图 6-26 所示的菜
单，其中的 Model Configuration Parameters 菜单项（早期版本的 Configuration
Parameters）将打开如图 6-27 所示的对话框，允许用户设置仿真控制参数：

　　① Start time 和 Stop time 栏目允许用户填写仿真的起始时间和结束时间。

　　② Solver options 的 Type 栏目有两个选项，允许用户选择定步长和变步长算
法。为了能保证仿真的精度，一般情况下建议选择变步长算法（Variable-step）。其
后面的 Solver 列表框中列出了各种各样的算法，如 ode45（Domand-Prince）算法、
ode15s（stiff/NDF）算法等，用户可以从中选择合适的算法进行仿真分析，离散系
统还可以采用定步长算法进行仿真。

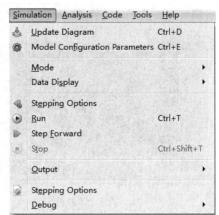

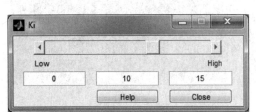

图 6-25   滑块比例环节对话框

图 6-26   仿真菜单

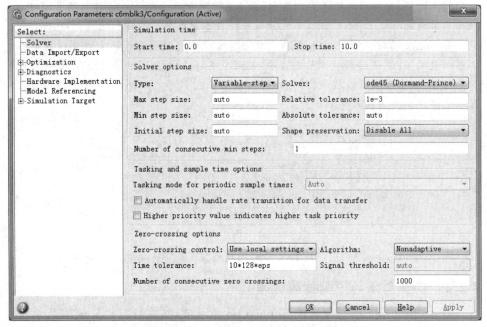

图 6-27   仿真控制参数设置对话框

③仿真精度控制由 Relative Tolerance（相对误差限）选项、Absolute Tolerance（绝对误差限）等,对不同的算法还将有不同的控制参数,其中相对误差限的默认值设置为 1e-3,亦即千分之一的误差,该值在实际仿真中显得偏大,建议选择 **1e-6** 和 **1e-7**。值得指出的是,由于采用的变步长仿真算法,所以将误差限设置到这样小的值也不会增加太大的运算量。

④ 在仿真时还可以选定最大允许的步长和最小允许的步长,这可以通过填写

Max step size 栏目和 Min step size 的值来实现,如果变步长选择的步长超过这个限制则将弹出警告对话框。

⑤ 一些警告信息和警告级别的设置可以从其中的 Diagnostics 标签下的对话框来实现,具体方法在这里就不赘述了。

设置完仿真控制参数之后,就可以选择 Simulation→ Start 菜单或单击工具栏中的 ▶ 按钮来启动,仿真结束后,会自动生成一个向量 tout 存放各个仿真时刻的时间值,若使用了输出端口(Outport)模块,则其输出信号会自动赋给 yout 变量,用户就可以使用 plot(tout,yout) 这样的命令来绘制仿真结果了。

除了用 Simulation 菜单启动系统仿真的进程外,还可以调用 sim() 函数来进行仿真分析,其调用格式为 $[t,x,y]=\mathrm{sim}(模型名,仿真终止时间,options)$,其中,模型名即对应的 Simulink 文件名,后缀 .mdl 可以省略,函数调用后,返回的 t 为时间向量,x 为状态矩阵,其各列为各个状态变量,返回变量 y 的各列为各个输出信号,亦即输出端子 Outport 构成的矩阵。

仿真控制参数 options 可以通过 simset() 函数来设置,其调用格式为

$$\text{options} = \text{simset}(参数名 1,参数值 1,参数名 2,参数值 2,\cdots)$$

其中,"参数名"为需要控制的参数名称,用单引号括起,"参数值"为具体数值,用 help simset 命令可以显示出所有的控制参数名。例如,相对误差限的属性名为 'RelTol',其默认值为 10^{-3},这个参数在仿真中过大,应该修改成小值,如 10^{-7}。可以使用 options = simset('RelTol',1e-7) 或 options.RelTol = 1e-7 命令修改 options 变量,在使用 sim() 函数时使用 options 即可。

6.2.3 Simulink 仿真举例

本节以 Rössler 微分方程为例,演示在 Simulink 下的模型搭建方法,介绍模型修正和处理方法,并介绍基于 Simulink 的系统仿真方法。

例 6-2 考虑例 3-13 中给出的 Rössler 方程,其表达式为

$$\begin{cases} \dot{x}(t) = -y(t) - z(t) \\ \dot{y}(t) = x(t) + ay(t) \\ \dot{z}(t) = b + [x(t) - c]z(t) \end{cases}$$

选定 $a = b = 0.2$, $c = 5.7$,且 $x(0) = y(0) = z(0) = 0$。这样的微分方程在 Simulink 下也可以搭建相应的仿真模型,从而进行仿真。仿真这样的微分方程有一个技巧,即对每个微分量应该引入一个积分器,积分器的输出就是该状态变量,那么积分器的输入端就自然是该变量的一阶微分了。用这样的方法,就不难构造如图 6-28 所示的 Simulink 框图,并将三个积分器的初值均设置为 0。在启动仿真过程之前,还可以设置仿真控制参数,如令仿真终止时间为 100,相对误差限为 10^{-7},这时启动仿真过程,则可以在 MATLAB 工作空间中返回两个变量,tout 和 yout,其中 tout 为列向量,表示各个仿真时刻,而 yout 为一个三列的矩阵,分别对应于三个状态变量 $x(t)$、$y(t)$、$z(t)$。这样用下面的语句

就可以绘制出各个状态变量的时间响应曲线,如图 6-29(a)所示。

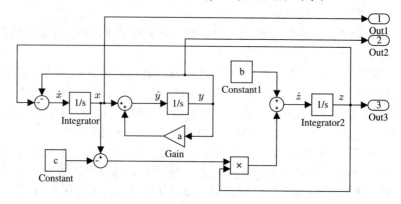

图 6-28　Rössler 方程的 Simulink 表示(文件名: c6mrossler.mdl)

```
>> plot(tout,yout)    % 系统状态的时间响应曲线
```

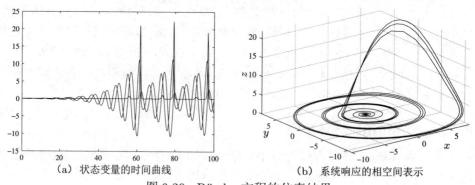

（a）状态变量的时间曲线　　　　（b）系统响应的相空间表示

图 6-29　Rössler 方程的仿真结果

若以 $x(t), y(t)$ 和 $z(t)$ 分别为三个坐标轴,这样就可以由下面的语句绘制出三维的相空间曲线,如图 6-29(b)所示,采用 comet3() 函数还可以动态演示出状态空间曲线的走向。

```
>> comet3(yout(:,1),yout(:,2),yout(:,3)), grid % 状态的时间响应曲线
```

Simulink 的模块中很多都支持向量化输入,亦即把若干路信号用 Mux 模块组织成一路信号,这一路信号的各个分量为原来的各路信号。这样这组信号经过积分器模块后,得出的输出仍然为向量化信号,其各路为原来输入信号各路的积分。这样用图 6-30(a)中给出的 Simulink 模块就可以改写原来的模型了。在该模型中还使用 Fcn 模块,用于描述对输入信号的数学运算,这里输入信号为系统的状态向量,而 Fcn 模块中将其输入信号记作 u,如果 u 为向量,则用 u[i] 表示其第 i 路分量。可见,这样的系统模型比图 6-28 中给出的 Simulink 模型简洁得多,且这样建模不易出错,也易于维护。

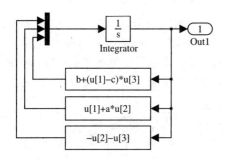 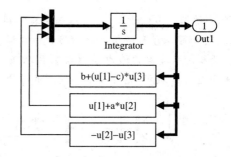

（a）改进的仿真框图（文件名：c6mross1a.mdl）　　（b）向量型信号线加粗（文件名：c6mross1b.mdl）

图 6-30　Rössler 方程的另一种 Simulink 描述

Simulink 程序中还提供了向量型模块的修饰方法。例如，在模型窗口下选择
Format→ Wide nonscaler lines 菜单，在系统框图中将用粗线表示向量型信号，如
图 6-30（b）所示。若用户选择了 Format→ Signal dimensions，则将在向量型信号线
上标注向量信号的维数。例如，因为例子中的状态变量是 3 维的，故在相关的粗线
上标示 3，如图 6-31（a）所示。Format 菜单中还提供了 Format→ Port data types
菜单项，允许用户显示各路信号的数据类型，如图 6-31（b）所示，使得系统框图的
物理意义更加清晰。

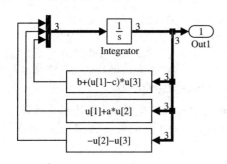 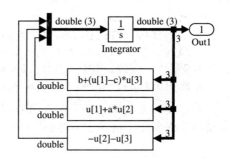

（a）信号维数标注（文件名：c6mross2a.mdl）　　（b）信号类型标注（文件名：c6mross2b.mdl）

图 6-31　向量型模块的修饰

6.3　控制系统的 Simulink 建模与仿真实例

本节将通过一系列控制系统仿真的实例演示 Simulink 仿真工具的应用，将介
绍多变量系统、计算机控制系统、时变系统及多采样速率离散控制系统等各类控制
系统的 Simulink 模型描述与仿真研究，其中的每个例子代表一类系统模型，从本
节的介绍中用户应该能有一个对 Simulink 在控制系统仿真应用中较全面的认识。

例 6-3 多变量时间延迟系统的仿真。考虑例 5-19 中介绍的多变量系统阶跃响应仿真
问题。由于含有时间延迟，只能用带有内部延迟的状态方程表示，或按例 5-19 介绍的

Padé 近似的方法近似仿真,然而仿真的精度如何当时无法验证。有了 Simulink 这样的工具,就可以容易地建立起精确的仿真模型,如图 6-32 所示。在系统的框图中,分别设置两路阶跃输入的值为 u1 和 u2。用新版本 Simulink 中的 LTI 模块可直接描述带有时间延迟的 G 模型,这使得延迟模型的多变量系统描述在 Simulink 下更简单、直观。

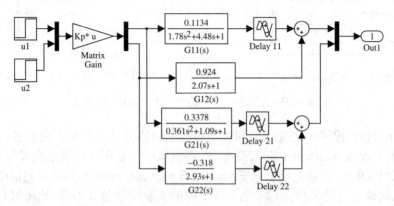

图 6-32　多变量系统的 Simulink 表示(文件名: c6mmimo.mdl)

回顾例 5-19 中利用含有内部延迟的状态方程模块得出的结果,可以利用 step() 函数的特殊调用格式求出其在每一路阶跃信号单独作用下的阶跃响应

```
>> g11=tf(0.1134,[1.78 4.48 1],'ioDelay',0.72);
   g21=tf(0.3378,[0.361 1.09 1],'ioDelay',0.3);
   g12=tf(0.924,[2.07 1]); g22=tf(-0.318,[2.93 1],'ioDelay',1.29);
   G=[g11, g12; g21, g22]; G=ss(G);        % 含有内部延迟的状态方程模型
   Kp=[0.1134,0.924; 0.3378,-0.318]; step(G*Kp,15);
```

用 Simulink 模型进行仿真,则可以容易地得出该系统分别在两路阶跃单独作用下阶跃响应的精确解,并将解析解和近似解在同一坐标系下绘制出来,如图 6-33 所示。

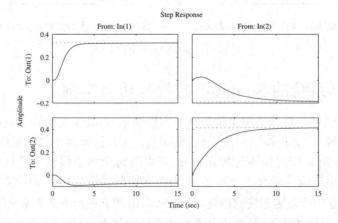

图 6-33　多变量系统的阶跃响应比较

```
>> u1=1; u2=0; [t1,a,y1]=sim('c6mmimo',15); % 第一输入阶跃响应
   u1=0; u2=1; [t2,a,y2]=sim('c6mmimo',15); [y,t]=step(G*Kp,15);
   subplot(221), plot(t,y(:,1,1),':',t1,y1(:,1))
   subplot(222), plot(t,y(:,1,2),':',t2,y2(:,1))
   subplot(223), plot(t,y(:,2,1),':',t1,y1(:,2))
   subplot(224), plot(t,y(:,2,2),':',t2,y2(:,2))
```

在图 6-33 中的实际曲线绘制中,采用实线表示 Simulink 仿真结果,虚线表示内部延迟状态方程模型的仿真结果,从图中可以看出,这样得出模型结果精度还是很高的,在得出的图形中看不出二者的差别。

例 6-4　计算机控制系统的仿真。考虑如图 6-34 所示[2]经典的计算机控制系统模型,其中,控制器模型是离散模型,采样周期为 T s,ZOH 为零阶保持器,而受控对象模型为连续模型,假设受控对象和控制器都已经给定

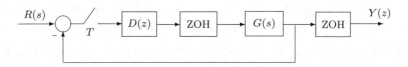

图 6-34　计算机控制系统框图

$$G(s) = \frac{a}{s(s+1)}, \quad D(z) = \frac{1-\mathrm{e}^{-T}}{1-\mathrm{e}^{-0.1T}}\frac{z-\mathrm{e}^{-0.1T}}{z-\mathrm{e}^{-T}}$$

其中,$a = 0.1$,对这样的系统来说,直接写成微分方程形式再进行仿真的方法是不可行的,因为其中既有连续环节,又有离散环节,不可能直接写出系统的微分方程模型。

解决这样的系统仿真问题也是 Simulink 的强项,由给出的控制系统框图,可以容易地绘制出系统的 Simulink 仿真框图,如图 6-35 所示。该模型中使用了几个变量,a、T、z_1、p_1、K,其中前两个参数需要用户给定,后面 3 个参数需要由控制器模型计算。在第一个零阶保持器模块中,设置其采样周期为 T,在其他的零阶保持器和离散控制器模型中,为简单起见,采样周期均可以填写 -1,表示其采样周期继承其输入信号的采样周期,而不必每个都填写为 T。

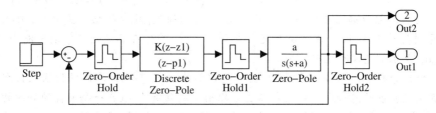

图 6-35　计算机控制系统的 Simulink 表示(文件名: c6mcompc.mdl)

对某受控对象 $a = 0.1$ 来说,如果选择采样周期为 $T = 0.2\,\mathrm{s}$,则可以用下面的语句绘制出系统阶跃响应曲线,如图 6-36(a) 所示,其中阶梯图表示输出信号的采样结果。

```
>> T=0.2; a=0.1; z1=exp(-0.1*T); p1=exp(-T); K=(1-p1)/(1-z1);
   [t,x,y]=sim('c6mcompc',20);   % 启动仿真过程,得出仿真结果
   plot(t,y(:,2)); hold on; stairs(t,y(:,1)) % 连续、离散输出
```

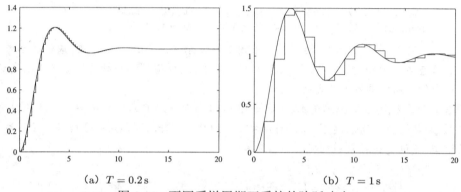

(a) $T = 0.2\,\mathrm{s}$ (b) $T = 1\,\mathrm{s}$

图 6-36   不同采样周期下系统的阶跃响应

考虑更大的采样周期 $T = 1\,\mathrm{s}$,可以用下面的语句绘制出系统的阶跃响应曲线,如图 6-36(b) 所示,可见在采样周期较大时,连续信号和其采样信号相差很大。

```
>> T=1; z1=exp(-0.1*T); p1=exp(-T); K=(1-p1)/(1-z1); % 控制器参数
   [t,x,y]=sim('c6mcompc',20); plot(t,y(:,2));       % 仿真
   hold on; stairs(t,y(:,1))                         % 阶梯图表示
```

事实上,利用第 4 章介绍的连续离散传递函数转换方法,可以在采样周期 T 下获得受控对象的离散传递函数,得出闭环系统的离散零极点模型,最终绘制出系统的阶跃响应曲线。实现上述分析的 MATLAB 语句如下

```
>> T=0.2; z1=exp(-0.1*T); p1=exp(-T); K=(1-p1)/(1-z1);
   Dz=zpk(z1,p1,K,'Ts',T);            % 控制器零极点模型输入
   G=zpk([],[0;-a],a); Gz=c2d(G,T);   % 变换出离散模型
   GG=zpk(feedback(Gz*Dz,1)), step(GG) % 绘制离散系统的阶跃响应曲线
```

这时离散控制器的传递函数模型为 $G_\mathrm{c}(z) = \dfrac{0.018187(z + 0.9934)(z - 0.9802)}{(z - 0.9802)(z^2 - 1.801z + 0.8368)}$。

这些语句能够得出和 Simulink 完全一致的结果,且分析格式更简单,但也应该注意到其局限性,因为该方法只能分析线性系统,若含有非线性环节则无能为力,而 Simulink 求解则没有这样的限制。

仔细分析 Simulink 的仿真模型,可见控制器 $D(z)$ 后面的零阶保持器在仿真模型中其实是多余的,因为 $D(z)$ 控制器已经输出了离散信号,且在一个采样周期内的值不变,相当于已经加了零阶保持器,所以可取消该零阶保持器,另外系统输出上加的零阶保持器实际上也是多余的,因为系统的输出信号应该是连续的。这样就可以将原系统仿真模型放心地简化成如图 6-37 所示的形式。

当然,还可以进一步化简 Simulink 仿真模型,比如取消零阶保持器,如图 6-38 所

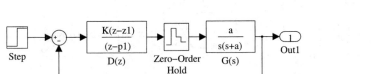

图 6-37　简化的计算机控制系统 Simulink 表示（文件名: c6mcomc1.mdl）

示,这虽然在控制系统概念上有些不妥,但得出的仿真结果将是正确的,因为在仿真过程中,Simulink 环境会自动认定离散控制器前有一个零阶保持器。不过,在建模时为保持系统的物理意义,最好在系统中保留各个保持器模块。

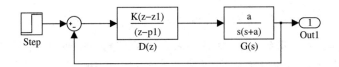

图 6-38　进一步简化的计算机控制系统 Simulink 表示（文件名: c6mcomc2.mdl）

在上面的例子中看出存在的问题: 系统框图中有若干参数需要在仿真之前先赋值,这使得仿真过程较烦琐。在实际仿真中可以在仿真之前自动进行参数赋值。模型窗口的 File→ Model properties 菜单可以打开一个对话框,选择其 Callback 标签,则得出如图 6-39 所示的对话框,可以将初始赋值语句填写到 PreLoadFcn 栏目,这样每次启动该 Simulink 模型时,会自动先执行该代码。

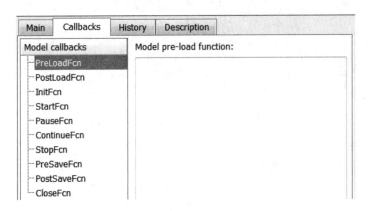

图 6-39　模型属性设置对话框

例 6-5 时变系统的仿真。 对时变受控对象模型

$$\ddot{y}(t) + e^{-0.2t}\dot{y}(t) + e^{-5t}\sin(2t+6)y(t) = u(t)$$

考虑一个 PI 控制系统模型,如图 6-40 所示,其中控制器参数为 $K_p = 200$, $K_i = 10$,饱和非线性的宽度为 $\delta = 2$,试分析闭环系统的阶跃响应曲线。

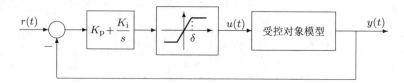

图 6-40 时变控制系统框图

由给出的模型可以看出,除了时变模块外,其他模块的建模是很简单和直观的。对时变部分来说,假设 $x_1(t) = y(t)$, $x_2(t) = \dot{y}(t)$,则可以将微分方程变换成下面的一阶微分方程组

$$\begin{cases} \dot{x}_1(t) = x_2(t) \\ \dot{x}_2(t) = -e^{-0.2t}x_2(t) - e^{-5t}\sin(2t+6)x_1(t) + u(t) \end{cases}$$

仿照例 6-2 中使用的方法,给每个状态变量设置一个积分器,则可以搭建起如图 6-41 所示的 Simulink 仿真框图,其中的时变函数用 Simulink 中的函数模块直接表示,注意各个函数模块中函数本身的描述方法是用 u 表示该模块输入信号的,而其输入接时钟模块,生成时变部分的模型,与状态变量用乘法器相乘即可。

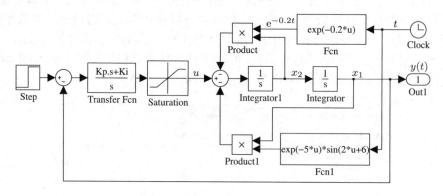

图 6-41 时变系统的 Simulink 表示(文件名: c6mtimv.mdl)

建立了仿真模型之后,就可以给出下面的 MATLAB 命令,对该系统进行仿真,并得出该时变系统的阶跃响应曲线,如图 6-42 所示。

```
>> opt=simset('RelTol',1e-8);        % 设置相对允许误差限
   Kp=200; Ki=10;                    % 设定控制器参数
   [t,x,y]=sim('c6mtimv',10,opt); plot(t,y)   % 仿真并绘图
```

例 6-6 多采样速率系统的仿真。假设在图 6-43 中给出的双环电机控制系统中,内环为电流环,采样周期为 $T_1 = 0.001\,\mathrm{s}$,控制器模型为 $D_1(z) = \dfrac{0.0967z - 0.0965}{z - 1}$,控制器外环的采样周期为 $T_2 = 0.01\,\mathrm{s}$,控制器模型为 $D_2(z) = \dfrac{5.2812z - 5.2725}{z - 1}$。

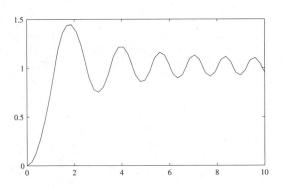

图 6-42　时变系统的阶跃响应曲线

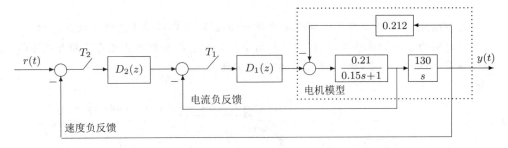

图 6-43　多采样速率控制系统框图

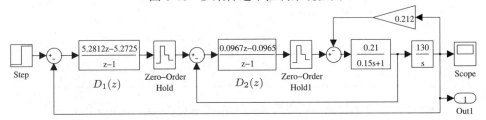

图 6-44　多采样速率系统的 Simulink 仿真模型（文件名：c6mmulr.mdl）

根据给出的控制系统结构，可以搭建出如图 6-44 所示的 Simulink 仿真框图。因为 T_2 是 T_1 的整数倍，所以直接采用离散模块即可，例如将设置 $D_1(z)$ 和 ZOH1 控制器模块的采样周期设置为 0.01 s（后者的采样周期可以设置为 −1，表示继承前一个模块的采样周期），将 $D_2(z)$ 和 ZOH2 模块的采样周期设置为 0.001 s，这样就可以对该系统直接进行研究，用下面语句即可得出系统的阶跃响应曲线，如图 6-45 所示。

```
>> [t,x,y]=sim('c6mmulr',2); plot(t,y) % 启动仿真过程
```

如果两个系统的采样周期不是整数倍关系，则需要用 Rate Transition 模块进行转换，所以采用 Simulink 就可以容易地进行多采样速率系统的仿真。

例 6-7 系统的脉冲响应分析。考虑例 6-5 中给出的时变系统模型，假设系统的输入信号为单位脉冲信号，这里将介绍如何使用 Simulink 环境求取系统的脉冲响应。

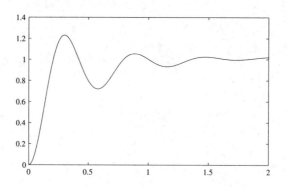

图 6-45 多采样速率系统阶跃响应曲线

在 Simulink 内并没有提供单位脉冲信号的模块,所以可以用阶跃模块来近似,如令阶跃时间为 a,a 的值很小,则将阶跃初始值设置为 $1/a$,阶跃终止值为 0 即可以近似脉冲信号。根据需要,可以得出如图 6-46 所示的仿真框图。

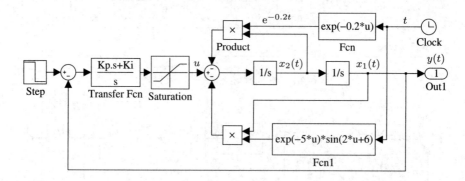

图 6-46 时变系统脉冲响应的 Simulink 表示(文件名: c6mtimva.mdl)

从理论上看,若 $a \to 0$,则可以得出脉冲输入信号。在实际仿真时还可以取大些的 a 值,如 $a = 0.001$,则可以通过下面的语句绘制出系统的脉冲响应曲线,如图 6-47 所示。

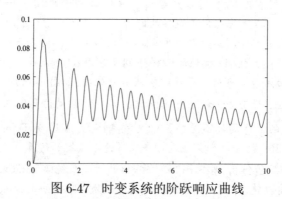

图 6-47 时变系统的阶跃响应曲线

```
>> opt=simset('RelTol',1e-8);   % 设置相对允许误差限
   Kp=200; Ki=10; a=0.001;      % 设定控制器参数
   [t,x,y]=sim('c6mtimva',10,opt); plot(t,y)   % 仿真并绘图
```

事实上, 对此例来说即使取很大的 a 值 (如 $a=0.1$) 仍能得出精确的脉冲响应。

例 6-8 **变延迟系统仿真**。变时间延迟系统可以表示为

$$\begin{cases} \dot{x}_1(t) = -2x_2(t) - 3x_1(t-0.2|\sin t|) \\ \dot{x}_2(t) = -0.05x_1(t)x_3(t) - 2x_2(t-0.8) \\ \dot{x}_3(t) = 0.3x_1(t)x_2(t)x_3(t) + \cos(x_1(t)x_2(t)) + 2\sin 0.1t^2 \end{cases}$$

且 $\boldsymbol{x}(0) = [1,1,1]^{\mathrm{T}}$。显然, 由于延迟微分方程中存在变时间延迟, 即存在 $t-0.2|\sin t|$ 时刻的 x_1 信号, 该系统必须借助于 Simulink 框图来求解。Continuous 模块组中提供了几个描述延迟的模块, 其中包括固定延迟的模块 Transport Delay 和可变延迟的模块 Variable Time Delay, 显然对本系统应该采用后者来建立模型。

和其他微分方程框图建模一样, 需要用 3 个积分器分别定义出 x_1、x_2、x_3 信号及其导数信号, 这样可以搭建起如图 6-48 所示的系统仿真框图。注意, 在框图中, 变延迟时间模型可以由 Variable Time Delay 模块表示, 其第二路输入信号表示变时间延迟 $0.2|\sin t|$。对该系统进行仿真, 将得出如图 6-49 所示的数值解结果。可以测试不同的仿真控制参数, 如相对误差限或仿真算法, 以验证结果的正确性。

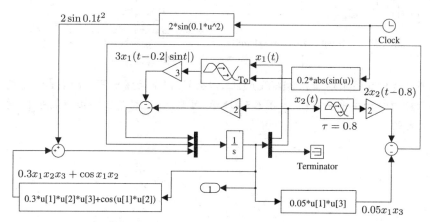

图 6-48　变时间延迟微分方程的 Simulink 模型 (文件名: c6mdde3.mdl)

例 6-9 **切换系统的建模与仿真**。假设已知系统模型 $\dot{\boldsymbol{x}} = \boldsymbol{A}_i\boldsymbol{x}$, 其中

$$\boldsymbol{A}_1 = \begin{bmatrix} 0.1 & -1 \\ 2 & 0.1 \end{bmatrix}, \quad \boldsymbol{A}_2 = \begin{bmatrix} 0.1 & -2 \\ 1 & 0.1 \end{bmatrix}$$

可见, 两个子系统都不稳定。若 $x_1x_2 < 0$, 即状态处于第 II、IV 象限时, 切换到系统 $\boldsymbol{A}_1$; 而 $x_1x_2 \geqslant 0$, 即状态处于 I、III 象限时切换到 $\boldsymbol{A}_2$。令初始状态为 $x_1(0) = x_2(0) = 5$, 用开关模块描述切换条件, 则可以搭建起如图 6-50 (a) 所示的 Simulink 仿真模型, 其中设置开关模块的对话框如图 6-50 (b) 所示。为实现要求的状态切换条件, 需要将开

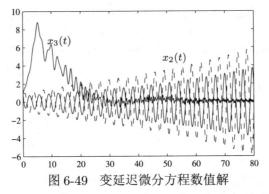

图 6-49   变延迟微分方程数值解

关模块的阈值（Threshold）设置为 0。此外，为得出精确的仿真结果，需要选中 Enable
zero-crossing detection 复选框，这样就可以利用 Simulink 的过零点检测功能了。

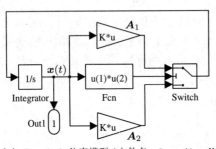

（a） Simulink 仿真模型（文件名: c6mswi1.mdl）

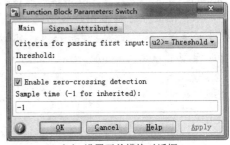

（b） 设置开关模块对话框

图 6-50   切换微分方程的仿真模型

可以将仿真结果返回到 MATLAB 工作空间，用下面语句可以绘制出状态变量的
时间响应曲线和相平面曲线，如图 6-51 所示。可见，在这里给出的切换条件下，整个系
统是稳定的。

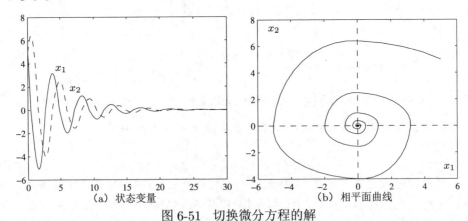

（a） 状态变量 　　　　　　　　　　　（b） 相平面曲线

图 6-51   切换微分方程的解

```
>> plot(tout,yout), figure; plot(yout(:,1),yout(:,2))
```

例 6-10 随机输入系统的建模与仿真。 假设非线性系统的模型如图 6-52 所示,其中线性传递函数和饱和非线性环节如下描述

$$G(s) = \frac{s^3 + 7s^2 + 24s + 24}{s^4 + 10s^3 + 35s^2 + 50s + 24}, \quad \text{非线性环节 } \mathcal{N}(e) = \begin{cases} 2\,\text{sign}(e), & |e| > 1 \\ 2e, & |e| \leqslant 1 \end{cases}$$

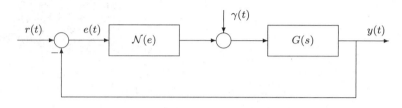

图 6-52　随机输入非线性系统框图

随机扰动信号 $\delta(t)$ 为均值为 0,方差为 3 的 Gauss 白噪声信号,确定性输入信号 $r(t) = 0$。随机输入信号应该使用 Band-limited White Noise 模块,而不能使用其他随机信号发生器模块。这样搭建起来的随机系统仿真模型如图 6-53 所示。注意,应该采用定步长仿真方法对该系统进行仿真,并将仿真步长设置成和 Band-limited White Noise 模块完全一致的值,比如 0.01。此外,随机系统的仿真一定要有足够多的仿真点才有意义,所以这里选择 30000 个仿真点。

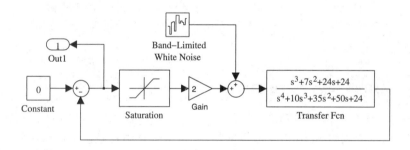

图 6-53　随机输入非线性系统仿真框图(文件名: c6mnlrsys.mdl)

对该系统进行仿真,则仿真结果将由 tout、yout 向量返回到 MATLAB 的工作空间,给出下面语句将分别绘制出输出信号最后 500 个点的时域响应曲线和由仿真数据近似的 $e(t)$ 信号的概率密度直方图,如图 6-54(a)、(b)所示。

```
>> plot(tout(end-500:end),yout(end-500:end))
   c=linspace(-2,2,20); y1=hist(yout,c);
   figure; bar(c,y1/(length(tout)*(c(2)-c(1))))
```

在实际应用中,任意的输入信号均可以由 Simulink 搭建起来,周期输入信号还可以用输入模块组中的 Repeating Sequence 模块来实现。有时模块搭建有困难或较烦琐时,还可以用编程的形式实现输入,后面介绍 S-函数时将通过例子介绍。

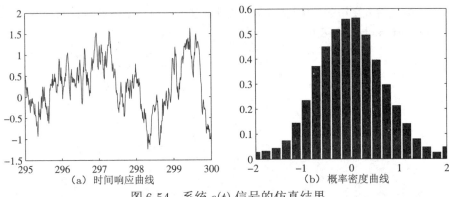

（a）时间响应曲线   （b）概率密度曲线

图 6-54   系统 $e(t)$ 信号的仿真结果

6.4   非线性系统分析与仿真

在 CSMP、ACSL、MATLAB/Simulink 这类仿真语言及环境出现以前，非线性系统的研究只能局限于对简单的非线性系统的近似研究，如对固定结构的反馈系统来说，非线性环节位于前向通路的线性环节之前，这样的非线性环节可以近似为描述函数，就可以近似分析出系统的自激振荡及非线性系统的极限环，但极限环的精确形状不能得出[3]。本节首先介绍各类分段线性的非线性静态环节在 Simulink 下的一般表示方法，说明任意的静态非线性特性均可以由 Simulink 搭建出来，然后介绍非线性系统极限环的精确分析，最后将介绍非线性模型的线性化方法及 Simulink 实现。

6.4.1   分段线性的非线性环节

图 6-9 给出的非线性模块组可能会引起一些误解，似乎 Simulink 中提供的模块很有限。其实利用 Simulink 提供的模块，可以搭建出任意的非线性模块。现在分别考虑单值非线性环节和多值非线性环节的搭建方法。

单值非线性静态模块可以由一维查表模块构造出来。考虑如图 6-55（a）所示的分段线性非线性静态特性，已知非线性特性的转折点为 (x_1, y_1)，(x_2, y_2)，$\cdots$，(x_{N-1}, y_{N-1})，(x_N, y_N)，如果想用 Simulink 的查表模块表示此非线性模块，则需要在 x_1 点之前任意选择一个 x_0 点，即 $x_0 < x_1$，这样可以根据非线性函数本身求出该点对应的 y_0 值，同样还应该任意选择一个 x_{N+1} 点，使得 $x_{N+1} > x_N$，并根据折线求出 y_{N+1} 的值，这样就可以构造两个向量 xx 和 yy，使得

$$xx = [x_0, x_1, x_2, \cdots, x_N, x_{N+1}]; \quad yy = [y_0, y_1, y_2, \cdots, y_N, y_{N+1}];$$

双击一维查表模块，则可以得出如图 6-55（b）所示的查表模块参数对话框，在 x 轴转折点 Vector of input values 栏目和 y 轴转折点 Vector of output values 栏目下分别输入向量 xx 和 yy，这样就能够成功地构造出单值非线性模块了。

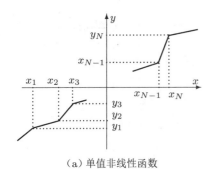

（a）单值非线性函数　　　　　（b）查表模块参数设置对话框

图 6-55　单值非线性模块构造

多值非线性模块的构造就没有这样简单了，这里用简单例子来演示如何对多值非线性静态环节进行 Simulink 建模，并总结一般的建模方法。

例 6-11　由前面的叙述可以看出，任何单值非线性函数均可以采取该方式来建立或近似，但如果非线性中存在回环或多值属性，则简单地采用这样的方法是不能构造的，解决这类问题则需要使用开关模块。

分别考虑构建如图 6-56（a）、（b）所示的两种回环非线性环节。假设想构造一个如图 6-56（a）所示的回环模块。可以看出，该特性不是单值的，该模块中输入在增加时走一条折线，减小时走另一条折线。将这个非线性函数分解成如图 6-57 所示的单值函数，当然这个单值函数是有条件的，它区分输入信号上升还是下降。

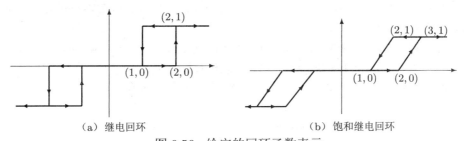

（a）继电回环　　　　　　　　（b）饱和继电回环

图 6-56　给定的回环函数表示

Simulink 的连续模块组中提供了一个 Memory（记忆）模块，该模块记忆前一个计算步长上的信号值，所以可以按照图 6-58 中所示的格式构造一个 Simulink 模型。在该框图中使用了一个比较符号来比较当前的输入信号与上一步输入信号的大小，其输出是逻辑变量，在上升时输出的值为 1，下降时输出的值为 0。由该信号可以控制后面的开关模块，设开关模块的阈值（Threshold）为 0.5，则当输入信号为上升时由上面的通路计算整个系统的输出，而下降时由下面的通路计算输出。

两个查表模块的输入输出分别为

$$x_1 = [-3, -1, -1+\epsilon, 2, 2+\epsilon, 3], \quad y_1 = [-1, -1, 0, 0, 1, 1]$$
$$x_2 = [-3, -2, -2+\epsilon, 1, 1+\epsilon, 3], \quad y_2 = [-1, -1, 0, 0, 1, 1]$$

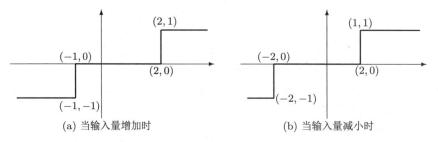

(a) 当输入量增加时   (b) 当输入量减小时

图 6-57   回环函数分解为单值函数

其中，ϵ 可以取一个很小的数值，例如可以取 MATLAB 保留的常数 eps。

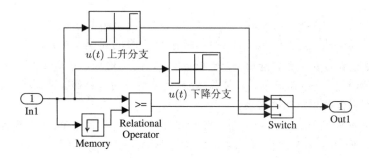

图 6-58   非线性模块的 Simulink 表示（文件名: c6mloop.mdl）

再考虑如图 6-56（b）所示的非线性环节，仍可以利用前面建立的 Simulink 模型，只需修改两个查表函数成

$x_1 = [-3, -2, -1, 2, 3, 4], y_1 = [-1, -1, 0, 0, 1, 1]$

$x_2 = [-4, -3, -2, 1, 2, 3], y_2 = [-1, -1, 0, 0, 1, 1]$

从而立即就能得出整个系统的 Simulink 仿真框图，如图 6-59 所示。

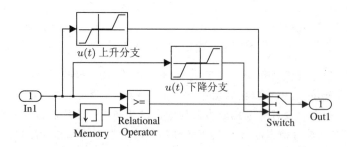

图 6-59   多值非线性的 Simulink 模型表示（文件名: c6mloopa.mdl）

从前述的分析结果可以看出，任意的非线性静态环节，无论是单值非线性还是多值非线性，均可以用类似的方法用 Simulink 搭建起模块，直接用于仿真。

例 6-12 要观察正弦信号经过如图 6-56（b）所示的非线性环节后的歧变波形，可以搭建起如图 6-60 所示的 Simulink 仿真模型。

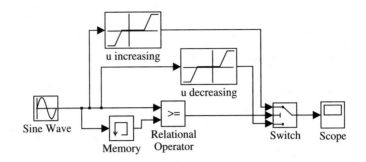

图 6-60　正弦激励的多值非线性 Simulink 仿真模型（文件名: c6msin.mdl）

给正弦信号模型的幅值分别设置为 2、4 和 8，则可以得出如图 6-61 所示的仿真结果，可以看出，该非线性环节对给定信号的歧变还是很严重的，不宜由线性环节近似。

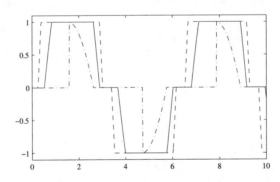

图 6-61　正弦激励的非线性歧变

6.4.2　非线性系统的极限环研究

由于其本身的特性，非线性系统在很多时候表现形式和线性系统是不同的。例如，有时非线性系统在没有受到外界作用的情况下，可能会出现一种所谓"自激振荡"的现象，这样的振荡是等幅的。

例 6-13　考虑如图 6-62 所示的典型非线性系统模型，其中的非线性环节如图 6-56 所示，可以用 Simulink 容易地表示出来，如图 6-58 所示。对这样的反馈系统模型，可以借用前面的建模结果，搭建出如图 6-63 所示的 Simulink 仿真模型，在仿真模型中，将积分器模块的初始值设置为 1，可以认定为发生自激振荡的初始条件。

设置系统仿真的终止时间为 40 s，另外为保证仿真精度，可以将默认的相对误差限 Relative tolerance 设置成 10^{-8} 或者更小的值。启动仿真过程，则可以用下面的语句绘制出系统的阶跃响应曲线，如图 6-64（a）所示。

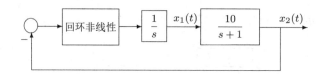

图 6-62　非线性反馈系统的框图表示

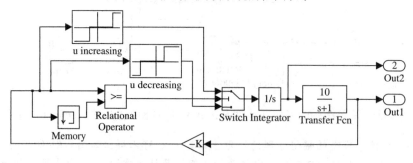

图 6-63　Simulink 仿真模型（文件名: c6mlimcy.mdl)）

```
>> [t,x,y]=sim('c6mlimcy',40);  %  启动仿真过程
   plot(t,y)                    %  绘制系统的阶跃响应曲线
```

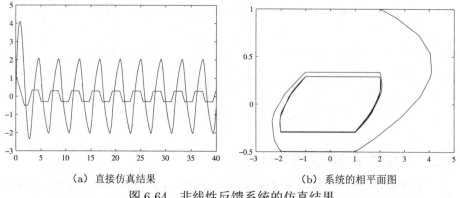

(a) 直接仿真结果　　　　　　　　　　(b) 系统的相平面图

图 6-64　非线性反馈系统的仿真结果

　　可以看出,系统的 $x_1(t)$ 和 $x_2(t)$ 信号在初始振荡结束后表现出的等幅振荡现象。利用 MATLAB 语言的绘图功能,还可以用下面的语句立即绘制出系统的相平面图曲线,如图 6-64 (b) 所示,可见,系统的阶跃响应的相平面最终稳定在一个封闭的曲线上,该封闭曲线称为极限环,是非线性系统响应的一个特点。

```
>> plot(y(:,1),y(:,2))  %  绘制系统的相平面图
```

6.4.3　非线性系统的线性化

　　比起非线性系统来说,线性系统更易于分析与设计,然而在实际应用中经常存

在非线性系统,严格说来,所有的系统都含有不同程度的非线性成分。在这种情况下,经常需要对非线性系统进行某种线性近似,从而简化系统的分析与设计。系统的线性化是提取线性系统特征的一种有效方法。系统的线性化实际上是在系统的工作点附近的邻域内提取系统的线性特征,从而对系统进行分析设计的一种方法。

考虑下面给出的非线性系统的一般格式

$$\dot{x}_i(t) = f_i(t, \boldsymbol{x}, \boldsymbol{u}), \quad i = 1, 2, \cdots, n \tag{6-4-1}$$

其中,$\boldsymbol{x} = [x_1, x_2, \cdots, x_n]^{\mathrm{T}}$。所谓系统的工作点,就是当系统状态变量导数趋于 0 时状态变量的值。系统的工作点可以通过求解式(6-4-1)中非线性方程得出

$$\boldsymbol{y} = \boldsymbol{f}(t, \boldsymbol{x}, \boldsymbol{u}) = 0 \tag{6-4-2}$$

该方程可以采用数值算法求解,MATLAB 中提供了 Simulink 模型的工作点求取的实用函数 trim(),其调用格式为 $[\boldsymbol{x}, \boldsymbol{u}, \boldsymbol{y}, \boldsymbol{x}_{\mathrm{d}}] = \text{trim}(模型名, \boldsymbol{x}_0, \boldsymbol{u}_0)$,其中“模型名”为 Simulink 模型的文件名,变量 $\boldsymbol{x}_0$、$\boldsymbol{u}_0$ 为数值算法所要求的起始搜索点,是用户应该指定的状态初值和工作点的输入信号。对不含有非线性环节的系统来说,则不需要初始值 $\boldsymbol{x}_0$、$\boldsymbol{u}_0$ 的设定。调用函数之后,实际的工作点在 $\boldsymbol{x}$、$\boldsymbol{u}$、$\boldsymbol{y}$ 变量中返回,而状态变量的导数值在变量 $\boldsymbol{x}_{\mathrm{d}}$ 中返回。从理论上讲,状态变量在工作点处的一阶导数都应该等于 0。

得到工作点 $\boldsymbol{x}_0$ 后,非线性系统在此工作点附近,在 $\boldsymbol{u}_0$ 输入信号作用下可以近似地表示成

$$\Delta \dot{x}_i = \sum_{j=1}^{n} \frac{\partial f_i(t, \boldsymbol{x}, \boldsymbol{u})}{\partial x_j} \bigg|_{\boldsymbol{x}_0, \boldsymbol{u}_0} \Delta x_j + \sum_{j=1}^{p} \frac{\partial f_i(t, \boldsymbol{x}, \boldsymbol{u})}{\partial u_j} \bigg|_{\boldsymbol{x}_0, \boldsymbol{u}_0} \Delta u_j \tag{6-4-3}$$

选择新的状态变量,令 $\boldsymbol{z}(t) = \Delta \boldsymbol{x}(t)$,且 $\boldsymbol{v}(t) = \Delta \boldsymbol{u}(t)$,则可以将上式写成线性形式

$$\dot{\boldsymbol{z}}(t) = \boldsymbol{A}_1 \boldsymbol{z}(t) + \boldsymbol{B}_1 \boldsymbol{v}(t) \tag{6-4-4}$$

该模型称为线性化模型,其中

$$\boldsymbol{A}_1 = \begin{bmatrix} \partial f_1/\partial x_1 & \cdots & \partial f_1/\partial x_n \\ \vdots & \ddots & \vdots \\ \partial f_n/\partial x_1 & \cdots & \partial f_n/\partial x_n \end{bmatrix}, \quad \boldsymbol{B}_1 = \begin{bmatrix} \partial f_1/\partial u_1 & \cdots & \partial f_1/\partial u_p \\ \vdots & \ddots & \vdots \\ \partial f_n/\partial u_1 & \cdots & \partial f_n/\partial u_p \end{bmatrix} \tag{6-4-5}$$

MATLAB 中还给出了 Simulink 模型线性化的 linmod2() 等函数,用以在工作点附近提取系统的线性化模型,由这些函数可以直接获得系统的状态方程模型,其调用格式归纳如下:

$[\boldsymbol{A}, \boldsymbol{B}, \boldsymbol{C}, \boldsymbol{D}] = \text{linmod2}(模型名, \boldsymbol{x}_0, \boldsymbol{u}_0)$ % 一般连续系统线性化

$[\boldsymbol{A}, \boldsymbol{B}, \boldsymbol{C}, \boldsymbol{D}] = \text{linmod}(模型名, \boldsymbol{x}_0, \boldsymbol{u}_0)$ % 一般连续延迟系统线性化

$[\boldsymbol{A}, \boldsymbol{B}, \boldsymbol{C}, \boldsymbol{D}] = \text{dlinmod}(模型名, \boldsymbol{x}_0, \boldsymbol{u}_0)$ % 含离散环节的系统线性化

其中，x_0、u_0 为工作点的状态与输入值，可以由 trim() 函数求出。对只由线性模块构成的 Simulink 模型来说，可以省略这两个参数，调用了本函数后，将自动返回从输入端子到输出端子间的线性状态方程模型。linmod() 和 linmod2() 二者功能相似，但算法不同，前者可以处理延迟环节的 Padé 近似，而后者不能。

例 6-14 考虑例 6-4 中给出的计算机控制系统模型，在进行线性化之前，需要改写其 Simulink 仿真模型，用输入端子取代阶跃输入环节，或给该环节添加一路输入端子输入，另外删除其中连续输出信号，则最终 Simulink 模型可以变成如图 6-65 所示的形式。

由于系统模型中存在离散传递函数模块，不宜调用 linmod2() 函数，只能采用下面的语句进行线性化

```
>> [A,B,C,D]=dlinmod('c6mcomp2'); zpk(ss(A,B,C,D,'Ts',0.2))
```

可见这样得出的离散的线性化模型为

$$G(z) = \frac{0.018187(z + 0.9934)(z - 0.9802)}{(z - 0.9802)(z^2 - 1.801z + 0.8368)}$$

结果与例 6-4 中得出的离散模型完全一致。

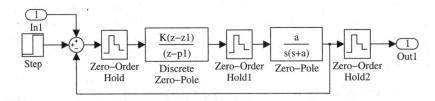

图 6-65 计算机控制系统的另一种 Simulink 表示（文件名: c6mcomp2.mdl）

例 6-15 考虑例 6-3 中给出的多变量系统模型，如果想对该模型进行线性化，则需要将原系统 Simulink 框图中的阶跃输入用输入端子取代，更简单地，原系统中使用了阶跃模块和 Mux 模块，再按线性化时将其统一化简成一个输入端子即可，因为输入端子模块支持向量型信号。另外，为使得含有纯时间延迟的系统能正确近似，还应该设置一下延迟模块的 Padé 近似阶次。双击时间延迟模块，将 Pade order (for linearization) 栏目填写上 2，就可以自动用二阶 Padé 近似取代原来的时间延迟环节了。最终得出的改写后多变量系统框图如图 6-66 所示。

定义了 Simulink 框图，则需要用下面的语句进行系统的线性化，得出线性状态方程模型。由线性化模型得出的阶跃响应曲线如图 6-67 所示，其结果与精确的仿真模型得出的结果很接近。

```
>> Kp=[0.1134,0.924; 0.3378,-0.318];
   [A,B,C,D]=linmod('c6mmdly1'),
   step(ss(A,B,C,D)) % 注意:延迟系统不能采用 linmod2()
```

可以得出线性化模型的状态方程矩阵为

$$\boldsymbol{A} = \begin{bmatrix} -8.3333 & -23.148 & 0 & 0 & 0 & 0 & 0 & 0 & 0.0637 & 0 & 0 & 0 \\ 1 & 0 & 0 & 0 & 0 & 0 & 0 & 0 & 0 & 0 & 0 & 0 \\ 0 & 0 & -0.4831 & 0 & 0 & 0 & 0 & 0 & 0 & 0 & 0 & 0 \\ 0 & 0 & 0 & -20 & -133.33 & 0 & 0 & 0 & 0 & 0 & 0.9357 & 0 \\ 0 & 0 & 0 & 1 & 0 & 0 & 0 & 0 & 0 & 0 & 0 & 0 \\ 0 & 0 & 0 & 0 & 0 & -4.6512 & -7.2111 & 0 & 0 & 0 & 0 & -0.1085 \\ 0 & 0 & 0 & 0 & 0 & 1 & 0 & 0 & 0 & 0 & 0 & 0 \\ 0 & 0 & 0 & 0 & 0 & 0 & 0 & -2.5169 & -0.5618 & 0 & 0 & 0 \\ 0 & 0 & 0 & 0 & 0 & 0 & 0 & 1 & 0 & 0 & 0 & 0 \\ 0 & 0 & 0 & 0 & 0 & 0 & 0 & 0 & 0 & -3.0194 & -2.7701 & 0 \\ 0 & 0 & 0 & 0 & 0 & 0 & 0 & 0 & 0 & 1 & 0 & 0 \\ 0 & 0 & 0 & 0 & 0 & 0 & 0 & 0 & 0 & 0 & 0 & -0.3413 \end{bmatrix}$$

$$\boldsymbol{B}^{\mathrm{T}} = \begin{bmatrix} 0 & 0 & 0.3378 & 0 & 0 & 0 & 0 & 0.1134 & 0 & 0.1134 & 0 & 0.3378 \\ 0 & 0 & -0.318 & 0 & 0 & 0 & 0 & 0.924 & 0 & 0.924 & 0 & -0.318 \end{bmatrix}$$

$$\boldsymbol{C} = \begin{bmatrix} -16.667 & 0 & 0.4464 & 0 & 0 & 0 & 0 & 0 & 0.0637 & 0 & 0 & 0 \\ 0 & 0 & 0 & -40 & 0 & -9.3023 & 0 & 0 & 0 & 0 & 0.9357 & -0.1085 \end{bmatrix}$$

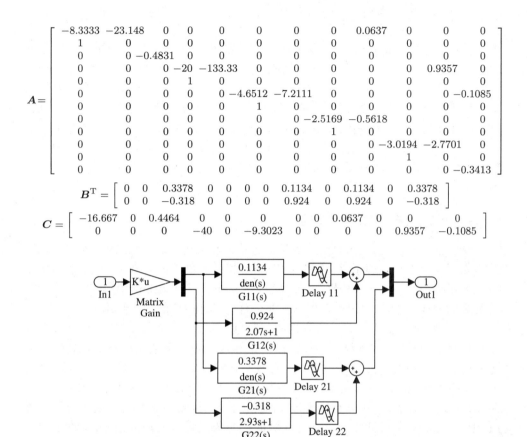

图 6-66　改写后的多变量系统 Simulink 模型（文件名: c6mmdly1.mdl）

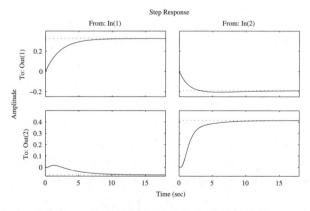

图 6-67　仿真结果与精确仿真结果的比较

6.5　子系统与模块封装技术

在系统建模与仿真中,经常遇到很复杂的系统结构,难以用一个单一的模型框图进行描述。通常地,需要将这样的框图分解成若干个具有独立功能的子系统,在Simulink 下支持这样的子系统结构。另外用户还可以将一些常用的子系统封装成为一些模块,这些模块的用法也类似于标准的 Simulink 模块,更进一步地,还可以将自己开发的一系列模块做成自己的模块组或模块集。本节中,将系统地介绍子系统的构造及应用、模块封装技术和模块库的设计方法,并通过较复杂系统的例子来演示子系统的构造和整个系统的建模,并介绍构造自己模块集的方法。

6.5.1　子系统概念及构成方法

要建立子系统,首先需要给子系统设置输入和输出端。子系统的输入端由模块组 Sources 中的 In 来表示,而输出端用 Sinks 模块组的 Out 来表示。如果使用早期的 Simulink 版本,则输入和输出端子应该在 Signals & Systems 模块组中给出。在输入端和输出端之间,用户可以根据需要任意地设计模块的内部结构。

当然,如果已经建立起一个方框图,则可以将想建立子系统的部分选中,用鼠标器左键单击要选中区域的左下角,拖动鼠标器在想选中区域的右上角处释放来选中该区域内所有的模块。选择了预期的子系统构成模块与结构之后,则可以用 Edit→ Create Subsystem 菜单项(新版Diagram → Subsystem & Model Reference → Create suysystem from selection)来建立子系统。如果没有指定输入和输出端口,则 Simulink 会自动将流入选择区域的信号依次设置为输入信号,将流出的信号设置成输出信号,从而自动建立起输入、输出端口。

例 6-16 PID 控制器是在自动控制中经常使用的模块,在工程应用中其数学模型为

$$U(s) = K_{\mathrm{p}} \left(1 + \frac{1}{T_{\mathrm{i}}s} + \frac{sT_{\mathrm{d}}}{1 + sT_{\mathrm{d}}/N} \right) E(s) \tag{6-5-1}$$

其中采用了一阶环节来近似纯微分动作,为保证有良好的微分近似的效果,一般选 $N \geqslant 10$。可以由 Simulink 环境容易地建立起 PID 控制器的模型,如图 6-68(a)所示。注意,这里的模型含有 4 个变量,K_{p}, T_{i}, T_{d} 和 N,这些变量应该在 MATLAB 工作空间中赋值。

绘制了原系统的框图,可以选中其中所有的模块,例如可以使用 Edit→ Select All 菜单项来选择所有模块,也可以用鼠标拖动的方法选中。这样就可以选择菜单项 Edit→ Create Subsystem 来构造子系统了,得出的子系统框图如图 6-68(b)所示。双击子系统图标则可以打开原来的子系统内部结构窗口,如图 6-68(a)所示。

除了上述常规子系统外,还可以搭建使能子系统、触发子系统等,亦即由外部信号控制子系统,具体内容请参见文献 [1,4]。

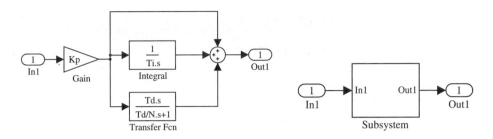

(a) PID 控制器模型（文件名：c6mpid.mdl）　　　　(b) 生成的子系统示意图

图 6-68　PID 控制器的 Simulink 描述

6.5.2　模块封装方法

从前面的例子可以看出，引入子系统可以使得系统模型更结构化，从而使得系统更加可读，也更易于维护。考虑前面给出的 PID 控制器子系统，若在某控制系统中有两个参数不同的 PID 控制器，仍可以将 PID 控制器的子系统复制后嵌入到仿真模型中，但应该手动地修改每个子系统的内部参数，这样做较烦琐，尤其对复杂的子系统模块来说。

在 Simulink 环境中，所谓封装（masking），就是将其对应的子系统内部结构隐含起来，以便访问该模块时只出现一个参数设置对话框，将模块中所需的参数用这个对话框来输入。其实 Simulink 中大多数的模块都是由更底层的模块封装起来的，例如传递函数模块，其内部结构是不可见的，它只允许双击打开一个参数输入对话框来读入传递函数的分子和分母参数。在前面介绍的 PID 控制器中，也可以把它封装起来，只留下一个对话框来接受该模块的 4 个参数。

如果想封装一个用户自建模型，首先应该用建立子系统的方式将其转换为子系统模块，选中该子系统模块的图标，再选择 Edit→ Mask Subsystem 子菜单项，则可以得出如图 6-69 所示的模块封装编辑程序界面。在该对话框中，有若干项重要内容需要用户自己填写，例如：

① Drawing commands（**绘图命令**）编辑框允许给该模块图标上绘制图形，例如可以使用 MATLAB 的 plot() 函数画出线状的图形，也可以使用 disp() 函数在图标上写字符串名，还允许用 image() 函数来绘制图像。

如果想在图标上画出一个圆圈，例如想得出如图 6-70（a）所示的图标，则可以在该栏目上填写出 MATLAB 绘图命令

plot(cos(0:.1:2*pi),sin(0:.1:2*pi))

还可以使用 disp('PID\nController') 语句对该图标进行文字标注，这将得出如图 6-70（b）所示的图标显示，其中的 \n 表示换行。若在前面的 plot() 语句后再添加 disp('PID\nController') 语句，则可以在圆圈上叠印出文字，如图 6-70（c）所示。

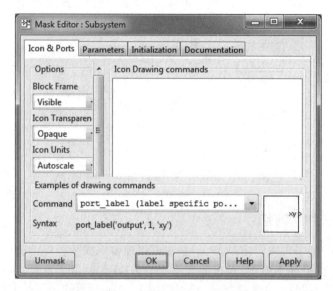

图 6-69　Simulink 的封装对话框

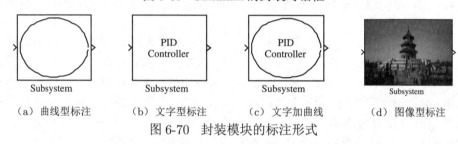

（a）曲线型标注　　　（b）文字型标注　　　（c）文字加曲线　　　（d）图像型标注

图 6-70　封装模块的标注形式

在该编辑框中给出 `image(imread('tiantan.jpg'))` 命令将一个图像文件在图标上显示出来，如图 6-70（d）所示。

② 图标的属性还可以通过 Frame（图标边框）选项 Transparency（图标透明与否）及 Rotation（图标是否旋转）等属性进一步设置，例如 Rotation 属性有两种选择，Fixed（固定的，默认选项）和 Rotates（旋转），后者在旋转或翻转模块时，也将旋转该模块的图标，例如若选择了 Rotates 选项，则将得出如图 6-71（a）、（b）所示的效果。从旋转效果看，似乎翻转的模块其图标没有变化，仔细观察该图标可以发现，

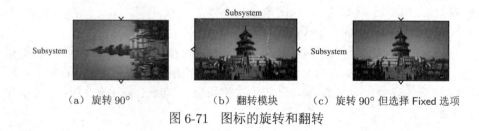

（a）旋转 90°　　　　　（b）翻转模块　　　（c）旋转 90° 但选择 Fixed 选项

图 6-71　图标的旋转和翻转

其图标为原来图标的左右翻转。若选择了 Fixed 选项,则在模块翻转时不翻转图像,如图 6-71(c)所示。

　　封装模块的另一个关键的步骤是建立起封装的模块内部变量和封装对话框之间的联系,选择封装编辑程序的 Parameters 标签,则将得出如图 6-72 所示的形式,其中间的区域可以编辑变量与对话框之间的联系。

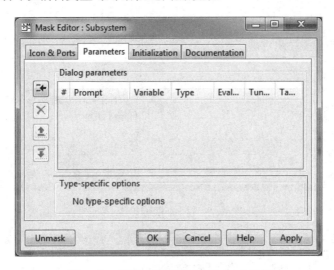

图 6-72　模块封装的参数输入对话框

　　可以按下 ⬚ 按钮和 ⬚ 按钮来指定和删除变量名,例如在前面的 PID 控制器的例子中,可以连续按下 4 次 ⬚ 按钮,为该控制器的 4 个变量准备位置。单击第一个参数位置,可以在 Prompt(提示)栏目中填写该变量的提示信息,如 Proportional (Kp),然后在 Variable(变量)栏目中填写出相关联的变量名 K_p,注意该变量名必须和框图中的完全一致。

　　还可以采用相应的方式编辑其他变量的关联关系。在编辑栏中最后的 Type 栏目的默认值为 edit,表示用编辑框来接受数据。如果想让滤波常数 N 只取几个允许的值,则可以将该控件选择为 popup(列表框)形式,并在 Popups 栏目上填写 10\100 \1000,如图 6-73 所示。每个变量的位置还可以调整,可以使用 ⬚ 和 ⬚ 按钮来修改次序。

　　用户还可以进一步选择 Initialization 标签对此模块进行初始化处理,该标签对应的对话框如图 6-74 所示。用户还可以在 Documentation 标签下对模块进行说明,这样一个子系统的封装就完成了。模块封装完成,就可以在其他系统里直接使用该模块了,双击封装模块,则可以得出如图 6-75 所示的对话框,允许用户输入 PID 控制器的参数。注意,这里的滤波常数 N 由列表框给出,允许的取值为 10,100 或 1000。

　　在封装的模块上右击鼠标键,可以打开快捷菜单,其中的 Look under mask(新

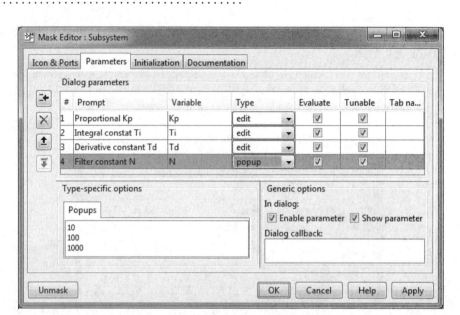

图 6-73　列表框型变量编辑

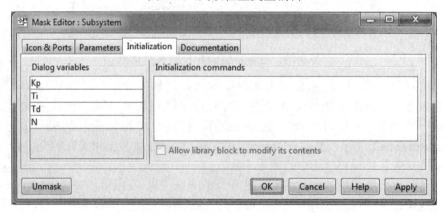

图 6-74　封装模块的初始化对话框

版 Mask → Look under mask）菜单项允许用户打开封装的模块,如图 6-76（a）所示,用户可以修改其中的输入和输出端口的名字,例如将输入的端口修改成 error,将输出的端口修改为 control,则修改后的封装模块会自动变为图 6-76（b）中所示的效果,注意如果想显示端口的名称,则封装对话框中的 Transparency 属性必须设置成 Transparent。

例 6-17 再考虑前面介绍的分段线性静态非线性环节,可见图 6-59 中给出的 Simulink 模型可以认为是其一般的描述形式,单值非线性可以认为上下两路的非线性形状完全一致。这样就可以对该模型进行封装,在封装之前将两路非线性查表模块的参数分别设

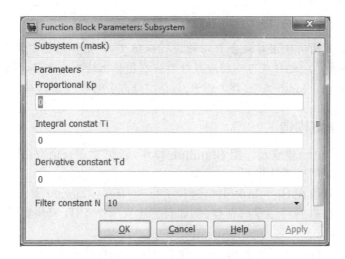

图 6-75　封装模块调用对话框

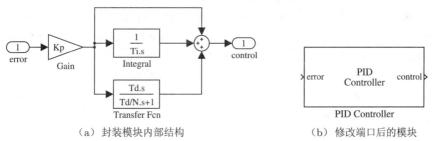

（a）封装模块内部结构　　　　　（b）修改端口后的模块

图 6-76　封装变量的端口修改（文件名：c6mpidm.mdl）

置为 (xu, yu) 和 (xd,yd)。

在参数设置对话框中可以按照如图 6-77 所示的方式填写两个变量 xx 和 yy。在该模块的实际使用时，如果是单值非线性，则在该模块对话框中给出转折点坐标即可，其使用方式和查表模块完全一致。如果是双值非线性模块，则可以在转折点坐标处分别填写两行的矩阵，其第一行填写上升段转折点坐标，第二行填写下降段的转折点坐标。

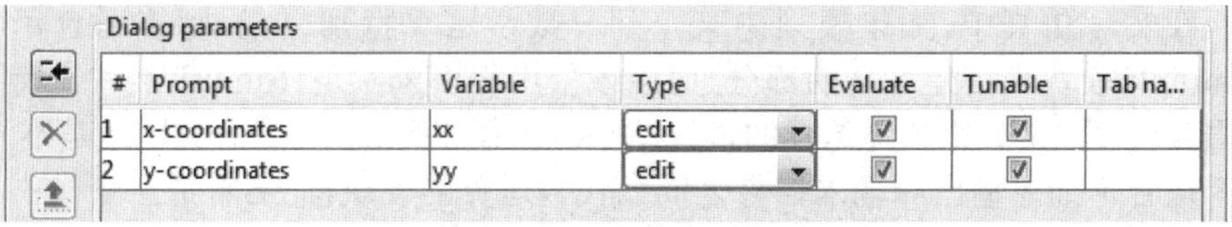

	#	Prompt	Variable	Type	Evaluate	Tunable	Tab na...
	1	x-coordinates	xx	edit ▾	☑	☑	
	2	y-coordinates	yy	edit ▾	☑	☑	

图 6-77　封装模块的初始化对话框

显然，这样填写的变量和模块中的不符，所以应该在初始化栏目分别对两组非线性模块的参数 (xu, yu) 和 (xd,yd) 进行赋值，具体地可以在 Initialization 栏目填写

```
if size(yy,1)==1, xx=[xx; xx]; yy=[yy; yy]; end;
```

```
yu=yy(1,:); yd=yy(2,:); xu=xx(1,:); xd=xx(2,:);
```

这样,在该模块使用时就会自动地进行赋值了。在图标绘图栏目中应该填写命令 `plot(xx',yy')`,这样就可以将非线性特性在图标上绘制出来了。该模块的具体设置请参照 c6mmsk2.mdl 文件,作为例子,该模型给出了例 6-11 中的双值非线性参数。

6.5.3   模块集构造

如果用户已经建立起一组 Simulink 模块,若想建立一个空白的 Simulink 模块集,则需要采用以下的步骤:

① 首先应该在 Simulink 窗口选择 File→ New→ Library 菜单项建立一个模块集的空白窗口,并将该窗口存盘。例如若想建立一个 PID 模块集,则可以在某个目录下将其存成一个名为 pidblock.mdl 的文件。

② 将用户自己建立的 Simulink 模块复制到该模块集中。利用相应的方法,还可以将模块集再分级建立子模块集。

③ 确认复制的模块和原来的模块所在窗口没有链接关系,具体的方法是,选中该模块,右击得到快捷菜单,确认其中的 Link options 菜单项为灰色,亦即不可选择,如果可以选择,则通过该菜单本身断开链接。

④ 如果想在 Simulink 的模块浏览器上显示该模块集,则需要在该目录中建立一个名为 slblocks.m 的文件,可以将其他含有模块集的目录下该文件复制到用户自己模块集所在的路径中,并修改该文件的内容,将其中的 3 个变量进行类似于下面的赋值

```
blkStruct.Name = sprintf('PID Control\n& Simulation\nBlockset');
blkStruct.OpenFcn = 'pidblock';   % 这个变量指向模块集文件名
blkStruct.MaskDisplay = 'disp(''PID\nBlockset'')';   % 模块显示
```

这样就能建立起一个模块集,并将其置于 Simulink 模块浏览器的窗口之下。

6.6   M-函数、S-函数编写及其应用

在实际仿真中,如果模型中某个部分数学运算特别复杂,则不适合用普通 Simulink 模块来搭建这样的部分,而应该采用程序来实现。Simulink 中支持两种用语言编程的形式来描述这样的模块,即 M-函数和 S-函数,它们的用途是不同的,前者适合于描述输出和输入信号之间为代数运算的模块,而后者适合于动态关系的描述,所谓动态关系亦即由状态方程描述的关系。S-函数就是系统函数的意思。在控制理论研究中,经常需要用复杂的算法设计控制器,而这些算法经常因其复杂度又难以用模块搭建。这样的系统如果需要在 Simulink 下进行仿真研究,则需要用编程的形式设计出 S-函数模块,将其嵌入到系统中。成功使用了 M-函数和 S-函数,则可以在 Simulink 下对任意复杂的系统进行仿真。

S-函数有固定的程序格式,用 MATLAB 语言可以编写 S-函数,此外还允许采用 C 语言、C++、Fortran 和 Ada 等语言编写,只不过用这些语言编写程序时,需要用编译器生成动态连接库文件,可以在 Simulink 中直接调用。这里主要介绍用 MATLAB 语言设计 M-函数与 S-函数的方法,并将通过例子介绍 M-函数和 S-函数的应用与技巧。

6.6.1　M-函数模块的基本结构

M-函数模块是用来描述静态计算关系的基本形式,例如前面介绍的饱和非线性关系,若饱和区域的宽度为 3,且幅值为 2,则可以用 M-函数的形式描述该模块

```
function y=satur_non(x)
if abs(x)>=3, y=2*sign(x); else, y=2/3*x; end
```

M-函数可以用 User-Defined Functions 组中的 MATLAB Fcn(新版Interpreted MATLAB Function)模块来表示,遗憾的是,该模块不支持附加参数的输入。

6.6.2　S-函数的基本结构

前面介绍的 M-函数只能描写模块输入和输出之间的静态关系,即由输入信号就可以唯一计算出来输出信号。如果想描述某种动态的输入与输出关系,如连续、离散的状态方程,则需要引入 S-函数(即系统函数)。

S-函数是有固定格式的,MATLAB 语言和 C 语言编写的 S-函数的格式是不同的。用 MATLAB 语言编写的 S-函数的引导语句为:

$$\text{function } [\text{sys},x_0,\text{str},\text{ts}] = \text{fun}(t,x,u,\text{flag},p_1,p_2,\cdots)$$

其中 fun 为 S-函数的函数名,t, x, u 分别为时间、状态和输入信号,flag 为标志位,标志位的取值不同,S-函数执行的任务与返回数据也是不同的:

① 当 flag 的值为 0 时,将启动 S-函数所描述系统的初始化过程,这时将调用一个名为 mdlInitializeSizes() 的子函数,该函数应该对一些参数进行初始设置,如离散状态变量的个数、连续状态变量的个数,模块输入和输出的路数,模块的采样周期个数和采样周期的值、模块状态变量的初值向量 x_0 等。首先通过 sizes = simsizes 语句获得默认的系统参数变量 sizes。得出的 sizes 实际上是一个结构体变量,其常用成员为:

.NumContStates 表示 S-函数描述的模块中连续状态的个数。

.NumDiscStates 表示离散状态的个数。

.NumInputs 和 NumOutputs 分别表示模块输入和输出的个数。

.DirFeedthrough 为输入信号是否直接在输出端出现,取值可以为 0, 1。

.NumSampleTimes 为模块采样周期的个数,S-函数支持多采样周期系统。

按照要求设置好的结构体 sizes 应该再通过 sys = simsizes(sizes) 语句赋给 sys 参数。除了 sys 外,还应该设置系统的初始状态变量 x_0、说明变量 str 和采

样周期变量 ts, 其中 ts 变量应该为双列的矩阵, 其中每一行对应一个采样周期。对连续系统和有单个采样周期的系统来说, 该变量为 $[t_1, t_2]$, 其中 t_1 为采样周期, 如果取 $t_1 = -1$, 则将继承输入信号的采样周期。参数 t_2 为偏移量, 一般取为 0。

②当 flag 的值为 1 时, 将作连续状态变量的更新, 调用 mdlDerivatives() 函数, 更新后的连续状态变量由 sys 变量返回。

③当 flag 的值为 2 时, 将作离散状态变量的更新, 调用 mdlUpdate() 函数, 更新后的离散状态变量由 sys 变量返回。

④当 flag 的值为 3 时, 将求取系统的输出信号, 调用 mdlOutputs() 函数, 将计算得出的输出信号由 sys 变量返回。

⑤当 flag 的值为 4 时, 将调用 mdlGetTimeOfNextVarHit() 函数, 计算下一步的仿真时刻, 并将计算得出的下一步仿真时间由 sys 变量返回。

⑥当 flag 的值为 9 时, 将终止仿真过程, 调用 mdlTerminate() 函数, 这时不返回任何变量。

S-函数中目前不支持其他的 flag 选择。形成 S-函数的模块后, 就可以将其嵌入到系统的仿真模型中进行仿真了。在实际仿真过程中, Simulink 会自动将 flag 设置成 0, 进行初始化过程, 然后将 flag 的值设置为 3, 计算该模块的输出。一个仿真周期后, Simulink 先将 flag 的值分别设置为 1 和 2, 更新系统的连续和离散状态, 再将其设置成 3 来计算模块的输出值, 如此一个周期接一个周期地计算, 直至仿真结束条件满足, Simulink 将把 flag 的值设置成 9, 终止仿真过程。

6.6.3   用 MATLAB 编写 S-函数举例

S-函数编写有几个部分应该注意, 首先是初始化编程, 程序设计者应该首先弄清楚系统的输入、输出信号是什么, 模块中应该有多少个连续状态, 多少个离散状态, 离散模块的采样周期是什么等基本信息, 有了这些信息就可以进行模块的初始化了。初始化过程结束后, 还应该知道该模块连续和离散的状态方程分别是什么, 如何用 MATLAB 语句将其表示出来, 并应该清楚如何从模块的状态和输入信号计算模块的输出信号, 这样就可以编写系统的状态方程、离散状态更新及模块的输出计算部分, 从而完成 S-函数的编写了。这里将通过例子介绍 S-函数的编写方法。

例 6-18 这里通过微分-跟踪器介绍 S-函数的编写, 微分-跟踪器[5]的离散形式为

$$\begin{cases} x_1(k+1) = x_1(k) + Tx_2(k) \\ x_2(k+1) = x_2(k) + T\mathrm{fst}(x_1(k), x_2(k), u(k), r, h) \end{cases} \tag{6-6-1}$$

式中, T 为采样周期, $u(k)$ 为第 k 时刻的输入信号, r 为决定跟踪快慢的参数, 而 h 为输入信号被噪声污染时, 决定滤波效果的参数。fst 函数可以由下面的式子计算

$$\delta = rh, \ \delta_0 = \delta h, \ b = x_1 - u + hx_2, \ a_0 = \sqrt{\delta^2 + 8r|b|} \tag{6-6-2}$$

$$a = \begin{cases} x_2 + b/h, & |b| \leqslant \delta_0 \\ x_2 + 0.5(a_0 - \delta)\text{sign}(b), & |b| > \delta_0 \end{cases} \tag{6-6-3}$$

$$\text{fst} = \begin{cases} -ra/\delta, & |a| \leqslant \delta \\ -r\text{sign}(a), & |a| > \delta \end{cases} \tag{6-6-4}$$

可以看出,该算法直接用 Simulink 模块搭建还是比较困难的,所以这里将介绍采用 S-函数建立该模块的方法。从式 (6-6-1) 中给出的状态方程可以看出,系统有两个离散状态,$x_1(k)$ 和 $x_2(k)$,没有连续状态,有一路输入信号 $u(k)$,另外微分-跟踪器应该输出两路信号,原输入信号的跟踪信号 $y_1(k) = x_1(k)$ 和其微分 $y_2(k) = x_2(k)$,系统的采样周期为 T,由于系统的输出可以由状态直接计算出,不直接涉及输入信号 $u(k)$,所以初始化中 DirectFeedthrough 属性应该设置为 0。另外,r, h, T 还应该理解成该模块的附加参数。根据上述算法,立即可以写出其相应的 S-函数实现。

```
function [sys,x0,str,ts]=han_td(t,x,u,flag,r,h,T)
switch flag,
case 0 % 调用初始化函数
   [sys,x0,str,ts] = mdlInitializeSizes(T);
case 2 % 调用离散状态的更新函数
   sys = mdlUpdates(x,u,r,h,T);
case 3 % 调用输出量的计算函数
   sys = mdlOutputs(x);
case {1, 4, 9} % 未使用的 flag 值
   sys = [];
otherwise % 处理错误
   error(['Unhandled flag = ',num2str(flag)]);
end;
% 当 flag 为 0 时进行整个系统的初始化
function [sys,x0,str,ts] = mdlInitializeSizes(T)
% 首先调用 simsizes 函数得出系统规模参数 sizes,并根据离散系统
% 的实际情况设置 sizes 变量
sizes = simsizes;                % 读入初始化参数模板
sizes.NumContStates = 0;         % 无连续状态
sizes.NumDiscStates = 2;         % 有两个离散状态
sizes.NumOutputs = 2;            % 输出两个量:跟踪信号和微分信号
sizes.NumInputs = 1;             % 系统输入信号一路
sizes.DirFeedthrough = 0;        % 输入不直接传到输出口
sizes.NumSampleTimes = 1;        % 单个采样周期
sys = simsizes(sizes);           % 根据上面的设置设定系统初始化参数
x0 = [0; 0];                     % 设置初始状态为零状态
str = [];                        % 将 str 变量设置为空字符串即可
ts = [T 0];              % 采样周期,若写成 -1 则表示继承其输入信号采样周期
% 在主函数的 flag=2 时,更新离散系统的状态变量
```

```
function sys = mdlUpdates(x,u,r,h,T)
sys(1,1)=x(1)+T*x(2);
sys(2,1)=x(2)+T*fst2(x,u,r,h);
% 在主函数 flag=3 时,计算系统的输出变量:返回两个状态
function sys = mdlOutputs(x)
sys=x;
% 用户定义的子函数: fst2
function f=fst2(x,u,r,h)
delta=r*h; delta0=delta*h; b=x(1)-u+h*x(2);
a0=sqrt(delta*delta+8*r*abs(b));
a=x(2)+b/h*(abs(b)<=delta0)+0.5*(a0-delta)*sign(b)*(abs(b)>delta0);
f=-r*a/delta*(abs(a)<=delta)-r*sign(a)*(abs(a)>delta);
```

　　编写了 S-函数模块后,就可以在仿真模型中利用该模块了。

　　例如在图 6-78 中给出的仿真框图中,直接使用了编写的 S-函数模块 han_td,其输入端为信号发生器模块,输出端直接接示波器。双击其中的 S-函数模块,则将打开如图 6-78(b) 所示的参数对话框,允许用户输入 S-函数的附加参数。在对话框中,输入 $r=30$、$h=0.01$ 与 $T=0.001$,并令输入信号为正弦信号,选择仿真算法为定步长,步长为 0.001,则可以对系统进行仿真分析,得出如图 6-79 所示的仿真结果。

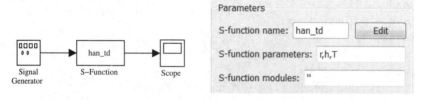

(a)　系统仿真模型(c6msf2.mdl)　　　　(b)　S-函数参数设置对话框

图 6-78　封装变量的端口修改

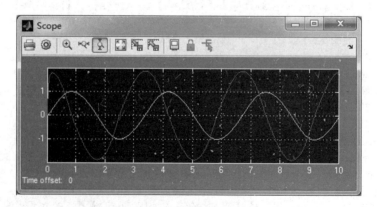

图 6-79　系统仿真结果

例 6-19 4.6.6 节中介绍了离散线性系统的递推最小二乘辨识算法,这里以该算法为例介绍 S-函数的编程及实现问题。

首先分析系统辨识模块所需的输入信号和输出信号。系统辨识需要已知待辨识系统的输入信号 $u(t)$ 和输出信号 $y(t)$,可以将其作为模块的输入信号,记 $\boldsymbol{u}(t) = [u(t), y(t)]^{\mathrm{T}}$,模块的输出信号应该为系统的参数向量 $\hat{\boldsymbol{\theta}}(t)$。再比较辨识算法,式 (4-6-13) 要求已知 $u(t), y(t)$ 和其以往值,故需要按照图 6-80 中给出的形式搭建辨识模块,由单步延迟环节求出 $u(t)$ 和 $y(t)$ 前几个时刻的值。

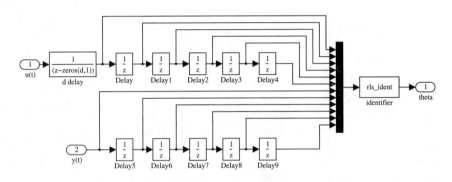

图 6-80　最小二乘递推辨识 Simulink 模块框图

在 $u(t)$ 信号的后面还加了一个可变延迟的模块,用以实现输入信号 $u(t)$ 的纯延迟,即 $u(t-d)$,这样,用给出的各个延迟环节可以获得 $u_{N-d}, \cdots, u_{N-d-5}, y_N, \cdots, y_{N-5}$ 信号,所构造出模块的阶次不能超过五阶,其实这对实际系统来说应该足够了。有了这些信号,就可以定义 S-函数的输入信号了,可以将其信号定义为 $\boldsymbol{U}(t) = [u_{N-d}, \cdots, u_{N-d-5}, y_N, \cdots, y_{N-5}]^{\mathrm{T}}$,亦即有 12 路输入信号。需要辨识的参数为 $\boldsymbol{\theta}^{\mathrm{T}} = [a_1, a_2, \cdots, a_m, b_1, b_2, \cdots, b_{r+1}]$,故输出的路数为 $m+r+1$。整个模块的输出信号也设置为 $\boldsymbol{\theta}$。

由于本模块中所有信号均为离散的,所以本模块不存在连续状态变量。再分析式 (4-6-14) ∼ 式 (4-6-16) 中给出的离散状态更新表达式,为叙述方便起见,将该式重新表示如下

$$\boldsymbol{K} = \frac{\boldsymbol{P}_N \boldsymbol{\psi}_{N+1}}{\lambda + \boldsymbol{\psi}_{N+1}^{\mathrm{T}} \boldsymbol{P}_N \boldsymbol{\psi}_{N+1}} \tag{6-6-5}$$

$$\boldsymbol{P}_{N+1} = \frac{1}{\lambda}(\boldsymbol{P}_N - \boldsymbol{K}\boldsymbol{\psi}_{N+1}\boldsymbol{P}_N) \tag{6-6-6}$$

$$\hat{\boldsymbol{\theta}}_{N+1} = \hat{\boldsymbol{\theta}}_N + \boldsymbol{K}(y_{N+1} - \boldsymbol{\psi}_{N+1}^{\mathrm{T}}\hat{\boldsymbol{\theta}}_N) \tag{6-6-7}$$

其中

$$\boldsymbol{\psi}_{N+1}^{\mathrm{T}} = \Big[-y(N), \cdots, -y(N-m+1), u(N-d+1), \cdots, u(N-r-d+2)\Big] \tag{6-6-8}$$

从给出的表达式可见,$\boldsymbol{K}$ 是一个中间变量矩阵,不是状态变量。矩阵 $\boldsymbol{P}_{N+1}$ 和 $\hat{\boldsymbol{\theta}}_{N+1}$

都应该选择为状态变量,因为其 $N+1$ 时刻的值和其 N 时刻的值有关,相应的方程式 (6-6-6)、式 (6-6-7) 都是离散状态方程。令状态变量向量 $x_1 = \hat{\theta}_{N+1}$, $x_2 = P_{N+1}$,则可见该系统应该有状态变量 $(r+m+1)(r+m+2)$ 个。可以构造出状态变量 $x^T = [x_1^T, x_2^T]$,这样可以写出如下的 S-函数来描述该模块。

```
function [sys,x0,str,ts]=rls_ident(t,x,u,flag,r,m,P0,lam)
switch flag,
    case 0 % 初始化
        [sys,x0,str,ts] = mdlInitializeSizes(r,m,P0);
    case 2  % 离散状态更新
        sys=mdlUpdate(t,x,u,r,m,lam);
    case 3  % 计算输出量,亦即控制律和权值
        sys = mdlOutputs(t,x,u,r+m+1);
    case {1, 4, 9} % 未定义的 flag 值
        sys = [];
    otherwise       % 错误处理
        error(['Unhandled flag = ',num2str(flag)]);
end;
% 初始化程序
function [sys,x0,str,ts] = mdlInitializeSizes(r,m,P0)
sizes = simsizes;            % 读入系统变量的默认值
sizes.NumContStates = 0;    % 没有连续状态
sizes.NumDiscStates = (r+m+1)*(r+m+2); % 参数及 P 矩阵参数
sizes.NumOutputs=r+m+1;     % 设置r+m+1路输出,即受控对象待辨识参数
sizes.NumInputs = 12;       % 设置12路输入,输入、输出信号及其以往值
sizes.DirFeedthrough = 0; % 输入信号不直接在输出中反映出来
sizes.NumSampleTimes = 1; % 单采样速率系统
sys = simsizes(sizes); % 设置系统模型变量
x0 = [zeros(r+m+1,1); P0(:)]; % 初始状态变量(权值),设置成随机数
str = []; ts = [-1 0];      % 继承输入信号的采样周期
function sys = mdlUpdate(t,x,u,r,m,lam)    % 离散状态更新函数
psi=[-u(8:m+7); u(2:2+r)]'; PN=reshape(x(r+m+2:end),r+m+1,r+m+1);
K=PN*psi'/(lam+psi*PN*psi'); PN1=(PN-K*psi*PN)/lam;
sys=[x(1:r+m+1)+K*(u(7)-psi*x(1:r+m+1)); PN1(:)];
function sys = mdlOutputs(t,x,u,M)    % 输出计算函数
sys=x(1:M);  % 输出为前 M = r + m + 1 个状态,即系统参数向量 θ̂
```

通过封装则可以建立一个辨识模块,并由该模块构造出如图 6-81 (a) 所示的系统模型,可以由该模块通过辨识的方式辨识出系统的模型参数,如图 6-81 (b) 所示。可见,用这样的模块可以在线辨识系统模型参数。

例 6-20 考虑一个生成阶梯信号的信号发生器,假设想在 $t_1, t_2, \cdots, t_N$ 时刻分别开始生成幅值为 $r_1, r_2, \cdots, r_N$ 的阶跃信号,这样的模块用 Simulink 现有的模块搭建是很麻烦的,如果 N 很大,则特别难以实现。这时可以考虑用 S-函数来搭建该信号发生模

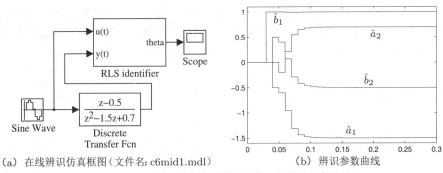

(a) 在线辨识仿真框图(文件名: c6mid1.mdl)　　(b) 辨识参数曲线

图 6-81　系统最小二乘在线辨识框图及效果

块。由设计要求知道,模块的输入信号为 0 路,输出为一路,另外系统没有连续和离散的状态,所以在设计 S-函数时只需考虑 flag 为 0 和 3 即可。在设计这个 S-函数时,应该引入两个附加变量 tTime $= [t_1, t_2, \cdots, t_N]$ 和 yStep $= [y_1, y_2, \cdots, y_N]$,故而可以设计出如下 S-函数。

```
function [sys,x0,str,ts]=multi_step(t,x,u,flag,tTime,yStep)
switch flag,
    case 0  % 调用初始化过程
        [sys,x0,str,ts] = mdlInitializeSizes;
    case 3  % 计算输出信号,生成多阶跃信号
        sys = mdlOutputs(t,tTime,yStep);
    case {1, 2, 4, 9} sys = []; % 未使用的 flag 值
    otherwise % 错误信息处理
        error(['Unhandled flag = ',num2str(flag)]);
end;
function [sys,x0,str,ts] = mdlInitializeSizes    % 初始化处理
sizes = simsizes; % 调入初始化的模板
sizes.NumContStates=0; sizes.NumDiscStates=0; % 无连续、离散状态
sizes.NumOutputs = 1; sizes.NumInputs = 0;    % 系统的输入和输出路数
sizes.DirFeedthrough = 0; sizes.NumSampleTimes = 1;  % 单个采样周期
sys = simsizes(sizes);          % 初始化
x0 = []; str = []; ts = [0 0]; % 假设模块为连续模块
function sys = mdlOutputs(t,tTime,yStep)  %  计算输出信号
i=find(tTime<=t); sys=yStep(i(end));
```

6.6.4　S-函数的封装

S-函数模块的应用并不是很简单,因为附加参数的输入必须按照给定的顺序和数目给出,而没有更多的提示。结合前面介绍的模块封装技术,可以对每个附加参数加上提示信息,这样会使得该模块的使用更容易。

封装 S-函数模块是很简单的,右击该模块就能得出快捷菜单,从快捷菜单中选择 Mask S-function 菜单项,则依照前面介绍的方法就可以将该 S-函数进行封装,得出封装后的 S-函数,限于篇幅,具体的封装方法这里不再赘述了。

6.7　本章要点小结

- 介绍了一个强大的仿真环境——Simulink,利用这个工具理论上可以仿真任意复杂的系统。本章较全面地介绍了各个 Simulink 模块组的常用模块及其基本使用方法,为以后开始 Simulink 建模奠定了基础。

- 介绍了系统 Simulink 建模的全过程,包括模块复制、模块连接、模块参数修改、仿真控制参数设置,仿真过程的启动和仿真结果显示等,既介绍了通过界面的方法,也介绍了通过 simset() 函数设置仿真控制参数,用 sim() 函数启动仿真过程的命令式方法,仿真结果还可以通过 plot() 等绘图命令显示出来。

- 对几类常用的控制系统形式,如简单微分方程模型的 Simulink 建模、多变量时间延迟系统的建模与仿真、计算机控制系统的建模与仿真研究、时变系统及多采样速率离散控制系统的建模与仿真等通过例子进行了详细介绍,每一个例子代表一类系统,应该通过例子学习更多的系统建模与仿真知识。

- 介绍了各类分段线性的非线性环节的 Simulink 表示方法,包括单值非线性与多值非线性环节,另外对非线性系统的极限环研究等非线性自动控制理论中的问题进行了详细的介绍,还介绍了非线性系统工作点提取和线性化分析方法,并介绍了复杂线性系统结构图的线性模型提取方法,介绍了连续、离散模型以及带有时间延迟模型的线性化方法。

- 结构复杂的系统还可以划分成若干个功能独立的子系统,通过子系统的互连构成整个系统。每个子系统的模型可以单独建立,最后将小的子系统组成整个大系统来进行研究,这样的方法使得大系统建模与仿真变得很方便和规范。

- 功能相对独立、其他系统中可能使用的子系统模型可以进行封装,形成独立的模块,本章介绍了模块封装技术和模块集的组建方法,为用户建立自己的模块集和模块库奠定了基础。

- 静态模块可以由 M-函数的形式描述,本章简要叙述了 M-函数的编写方法,用这样的方法可以容易地描述静态的函数关系。

- S-函数是 Simulink 中模块编程的一种重要格式,适合于不利于用底层模块搭建的系统的建模,可以用 MATLAB 语言或其他程序设计语言,如 C、C++、Fortran、Ada 等语言按照指定的格式编写出完成某种复杂功能的模块,即为 S-函数模块,本节介绍了用 MATLAB 语言编写 S-函数的方法和例子。有了 S-函数,则可以描述任意复杂的系统模块,扩大了 Simulink 建模的能力。

6.8 习 题

(1) 在标准的 Simulink 模块组中,各个模块组中的模块遵从比较好的分类方法,请仔细观察各个模块组,熟悉其模块构成,以便以后遇到某些需要时能迅速、正确地找出相应的模块,容易地搭建起 Simulink 模型。

(2) 考虑简单的线性微分方程 $y^{(4)} + 5y^{(3)} + 63\ddot{y} + 4\dot{y} + 2y = e^{-3t} + e^{-5t}\sin(4t + \pi/3)$,且方程的初值为 $y(0) = 1, \dot{y}(0) = \ddot{y}(0) = 1/2, y^{(3)}(0) = 0.2$,试用 Simulink 搭建起系统的仿真模型,并绘制出仿真结果曲线。由第 3 章介绍的知识,该方程可以用微分方程数值解的形式进行分析,试比较二者的分析结果。

(3) 考虑时变线性微分方程 $y^{(4)} + 5t y^{(3)} + 6t^2 \ddot{y} + 4\dot{y} + 2e^{-2t}y = e^{-3t} + e^{-5t}\sin(4t + \pi/3)$,而方程的初值仍为 $y(0) = 1, \dot{y}(0) = \ddot{y}(0) = 1/2, y^{(3)}(0) = 0.2$,试用 Simulink 搭建起系统的仿真模型,并绘制出仿真结果曲线。其实,时变模型也可以用微分方程求解函数求解,试用 MATLAB 语言求解该模型并比较结果。

(4) 已知 Apollo 卫星的运动轨迹 (x, y) 满足下面的方程

$$\ddot{x} = 2\dot{y} + x - \frac{\mu^*(x + \mu)}{r_1^3} - \frac{\mu(x - \mu^*)}{r_2^3}, \quad \ddot{y} = -2\dot{x} + y - \frac{\mu^* y}{r_1^3} - \frac{\mu y}{r_2^3}$$

其中,$\mu = 1/82.45$, $\mu^* = 1 - \mu$, $r_1 = \sqrt{(x + \mu)^2 + y^2}$, $r_2 = \sqrt{(x - \mu^*)^2 + y^2}$,假设系统初值为 $x(0) = 1.2$, $\dot{x}(0) = 0$, $y(0) = 0$, $\dot{y}(0) = -1.04935751$,试搭建起 Simulink 仿真框图并进行仿真,绘制出 Apollo 位置的 (x, y) 轨迹。

(5) 已知著名的 Van der Pol 非线性方程模型为 $\ddot{y} + \mu(y^2 - 1)\dot{y} + y = 0$,试用 Simulink 表示该方程,并对该系统进行仿真分析。

(6) 假设双输入双输出系统的状态方程表示为

$$\dot{x} = \begin{bmatrix} 2.25 & -5 & -1.25 & -0.5 \\ 2.25 & -4.25 & -1.25 & -0.25 \\ 0.25 & -0.5 & -1.25 & -1 \\ 1.25 & -1.75 & -0.25 & -0.75 \end{bmatrix} x + \begin{bmatrix} 4 & 6 \\ 2 & 4 \\ 2 & 2 \\ 0 & 2 \end{bmatrix} u, \quad y = \begin{bmatrix} 0 & 0 & 0 & 1 \\ 0 & 2 & 0 & 2 \end{bmatrix} x$$

且输入信号分别为 $\sin t$ 和 $\cos t$,试用 Simulink 构造出该系统模型,并对该系统进行仿真绘制出输出曲线。

(7) 已知 4 输入 4 输出多变量系统传递函数矩阵为[6]

$$G(s) = \begin{bmatrix} 1/(1 + 4s) & 0.7/(1 + 5s) & 0.3/(1 + 5s) & 0.2/(1 + 5s) \\ 0.6/(1 + 5s) & 1/(1 + 4s) & 0.4/(1 + 5s) & 0.35/(1 + 5s) \\ 0.35/(1 + 5s) & 0.4/(1 + 5s) & 1/(1 + 4s) & 0.6/(1 + 5s) \\ 0.2/(1 + 5s) & 0.3/(1 + 5s) & 0.7/(1 + 5s) & 1/(1 + 4s) \end{bmatrix}$$

试用 Simulink 搭建起仿真模型并对系统进行仿真。该系统还可以用第 5 章介绍的 step() 函数进行仿真,试比较两种方法得出的结果。

(8) 给定的隐式微分方程为 $\begin{cases} \sin x_1 \dot{x}_1 + \cos x_2 \dot{x}_2 + x_1 = 1 \\ -\cos x_2 \dot{x}_1 + \sin x_1 \dot{x}_2 + x_2 = 0, \end{cases}$ 已知 $x_1(0) = x_2(0) = 0$, 试求出该方程的数值解。

(9) 建立起如图 6-82 所示非线性系统[7]的 Simulink 框图,并观察在单位阶跃信号输入下系统的输出曲线和误差曲线。

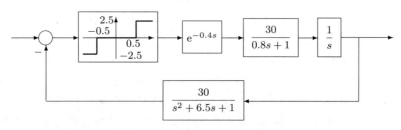

图 6-82   习题(9)的系统方框图

(10) 建立起如图 6-83 所示非线性系统[8]的 Simulink 框图,并设阶跃信号的幅值为 1.1, 观察在阶跃信号输入下系统的输出曲线和误差曲线。求取系统在阶跃输入下的工作点,并在工作点处对整个系统矩形线性化,得出近似的线性模型。对近似模型仿真分析,将结果和精确仿真结果进行对比分析。另外,本系统中涉及两个非线性环节的串联,试问这两个非线性环节可以互换吗? 试从仿真结果上加以解释。

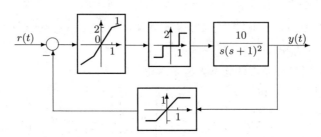

图 6-83   习题(10)的非线性系统方框图

(11) 已知某系统的 Simulink 仿真框图如图 6-84 所示,试由该框图写出系统的数学模型公式。

(12) 试用 Simulink 搭建系统 $G(s) = \dfrac{1 + \dfrac{3\mathrm{e}^{-s}}{s+1}}{s+1}$ 的仿真模型,并绘制其阶跃响应曲线。

(13) 考虑下面给出的延迟微分方程模型 $\mathrm{d}y(t)/\mathrm{d}t = \dfrac{0.2y(t-30)}{1 + y^{10}(t-30)} - 0.1y(t)$,假设 $y(0) = 0.1$,试用 Simulink 搭建仿真模型,并对该系统进行仿真,绘制出 $y(t)$ 曲线。

(14) 假设已知直流电机拖动模型方框图如图 6-85 所示,试利用 Simulink 提供的工具提取该系统的总模型,并利用该工具绘制系统的阶跃响应、频域响应曲线。

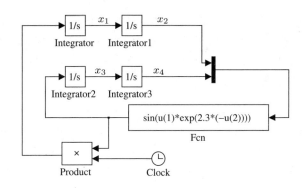

图 6-84　习题(11)的 Simulink 仿真框图

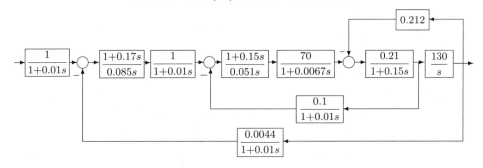

图 6-85　习题(14)的直流电机拖动系统方框图

(15) 考虑 Lorenz 方程模型,该模型没有输入信号

$$\begin{cases} \dot{x}_1(t) = -\beta x_1(t) + x_2(t)x_3(t) \\ \dot{x}_2(t) = -\rho x_2(t) + \rho x_3(t) \\ \dot{x}_3(t) = -x_1(t)x_2(t) + \sigma x_2(t) - x_3(t) \end{cases}$$

假设选择其三个状态变量 $\boldsymbol{x}_i(t)$ 为其输出信号,以 β, σ, ρ 和 $\boldsymbol{x}_i(0)$ 向量为附加参数,试将该模块封装起来,并绘制在不同参数下的 Lorenz 方程解的三维曲线。

(16) 假设已知误差信号 $e(t)$,试构造出求取 ITAE、ISE、ISTE 准则的封装模块。要求:误差信号 $e(t)$ 为该模块的输入信号,双击该模块弹出一个对话框,允许用户用列表框的方式选择输出信号形式,将选定的 ITAE、ISE、ISTE 之一作为模块的输出端显示出来,这些准则的定义为

$$J_{\text{ISE}} = \int_0^\infty e^2(t)\mathrm{d}t, \quad J_{\text{ITAE}} = \int_0^\infty t|e(t)|\mathrm{d}t, \quad J_{\text{ISTE}} = \int_0^\infty t^2 e^2(t)\mathrm{d}t$$

(17) 假设有分段线性的非线性函数,该函数在第 i 段,即 $e_i \leqslant x < e_{i+1}$ 段,输出信号 $y(x) = k_i x + b_i$,若已知各段的分界点 $e_1, e_2, \cdots, e_{N+1}$,且已知各段的斜率与截距 $k_1, b_1, k_2, b_2, \cdots, k_N, b_N$,试用 M-函数的形式描述该分段线性的非线性函数。

(18) 假设某可编程逻辑器件（PLD）模块有 6 路输入信号，A, B, W_1, W_2, W_3, W_4，其中 W_i 为编码信号，它们的取值将决定该模块输出信号 Y 的逻辑关系，具体逻辑关系由表 6-1 给出 [9]。可见如果直接用模块搭建此 PLD 模块很复杂。试编写一个 M-函数实现这样的模块。

表 6-1   习题(18)中的逻辑关系表

W_1	W_2	W_3	W_4	Y	W_1	W_2	W_3	W_4	Y
0	0	0	0	0	1	0	0	0	$A\overline{B}$
0	0	0	1	AB	1	0	0	1	A
0	0	1	0	$\overline{A+B}$	1	0	1	0	$\overline{B}$
0	0	1	1	$AB + \overline{AB} = A \odot B$	1	0	1	1	$A + \overline{B}$
0	1	0	0	$\overline{A}B$	1	1	0	0	$\overline{A}B + A\overline{B} = A \oplus B$
0	1	0	1	B	1	1	0	1	$A + B$
0	1	1	0	$\overline{A}$	1	1	1	0	$\overline{A + B} = \overline{AB}$
0	1	1	1	$\overline{A} + B$	1	1	1	1	1

(19) 例 6-18 中用 S-函数实现了较复杂的微分-跟踪器模型，该问题的难点是 fst() 函数的实现。其实 fst() 函数本身是一个静态函数，而状态方程是可以通过简单模块搭建而成的，试用模块搭建和 M-函数相结合的方法实现微分-跟踪器模型，并与例 6-18 中的 S-函数结果相比较。

参考文献

1 The MathWorks Inc. Simulink user's guide, 2005

2 Franklin G F, Powell J D, Workman M. Digital control of dynamic systems. Reading MA: Addison Wesley, 3rd edition, 1988（清华大学出版社有影印版）

3 Atherton D P. Nonlinear control engineering — describing function analysis and design. London: Van Nostrand Reinhold, 1975

4 薛定宇, 陈阳泉. 基于 MATLAB/Simulink 的系统仿真技术与应用. 北京: 清华大学出版社, 2002

5 韩京清, 袁露林. 跟踪微分器的离散形式. 系统科学与数学, 1999, 19(3):268~273

6 Rosenbrock H H. Computer-aided control system design. New York: Academic Press, 1974

7 刘德贵, 费景高. 动力学系统数字仿真算法. 北京: 科学出版社, 2001

8 王万良. 自动控制原理. 北京: 科学出版社, 2001

9 彭容修. 数字电子技术基础. 武汉: 武汉理工大学出版社, 2001

第 7 章

控制系统的经典设计方法

前面有关章节的内容主要集中于解决控制系统分析与仿真的问题。从本章开始,将介绍控制系统的设计问题。事实上,控制系统的设计问题可以认为是系统分析的逆问题,因为在系统分析中,常假设系统的控制器是已知的。在控制系统设计问题中,将研究如何对给定受控对象模型找出控制器策略,而并不仅仅是假定控制器已知,再去分析系统性能的问题了。

随着计算机技术的飞速发展,控制系统计算机辅助设计技术不但从工具上,而且从理论和算法上也得到巨大的进步,以前被认为很难设计控制器的系统可以由新的方法和控制策略较容易地获得结果。早期控制器的设计往往依赖于试凑的方法,随着计算机技术和软件工具的普及,控制系统计算机辅助设计算法目前越来越适于计算机实现。在很多场合下,用户只需通知计算机已知条件和设计的目标,就可以立即获得所需的控制器和仿真结果。

本章 7.1 节介绍串联校正器的概念及设计方法,侧重于介绍超前、滞后、超前滞后三种校正器的结构和性质,并给出了一种基于相位裕度的超前滞后校正器设计算法及其 MATLAB 实现,用给出的方法可以直接设计串联控制器,并进行整个闭环系统的仿真分析,如果仿真结果不理想,则还可以再重新设计控制器。在 7.2 节中将介绍一些基于状态空间模型的控制器设计方法,包括线性二次型最优调节器的设计方法、极点配置设计方法、观测器的概念与基本设计方法以及基于观测器的状态反馈控制结构。7.3 节首先介绍最优控制器的概念及其在 MATLAB 语言中的设计方法,再介绍作者开发的最优控制器设计程序界面 OCD 及其在控制器设计及若干相关领域中的应用,并介绍设计准则的选取方法。7.4 节介绍 MATLAB 控制系统工具箱提供的基于根轨迹和 Bode 图的控制器设计程序及其应用,并通过例子演示基于该设计程序的控制器参数自动整定方法。7.5 节将介绍多变量系统的频域分析与设计,相关的算法包括基于逆 Nyquist 阵列的设计算法、伪对角化的设计方法和参数最优化的解耦设计方法,并介绍最优控制器设计程序在多变量系统设计中的应用。7.6 节介绍基于状态反馈的多变量系统动态解耦方法,给出标准传递函数的概念,并在此基础上介绍两种形式的解耦设计方法。

7.1　超前滞后校正器设计方法

串联控制是最常用的一种控制方案,串联控制器控制系统的基本结构如图 7-1所示,其中 $r(t)$ 和 $y(t)$ 称为系统的输入信号和输出信号,一般的控制目的是使输出信号能很好地跟踪输入信号,这样的控制又称为伺服控制。在这个基本的控制结构下,还有两个信号很关键,$e(t)$ 和 $u(t)$,分别称为反馈控制系统的误差信号和控制信号,一般要求误差越小越好。同时,在控制系统中 $u(t)$ 又常常可以理解为控制所需的能量,所以从节能角度考虑,有时希望它也尽可能小。

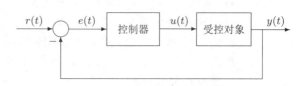

图 7-1　串联控制器基本结构

因为这样的控制结构是控制器与受控对象进行串联连接的,所以这种控制结构称为串联控制,常用的超前滞后类校正器和 PID 类控制器是最典型的串联控制器。本节介绍超前滞后类校正器性质和超前滞后校正器的设计算法。

7.1.1　串联超前滞后校正器

超前滞后校正器是串联控制器中最常用的形式,这类控制器的结构简单,易于调节,其参数有明确的物理意义,可以有目的地调整控制器的参数,得出更满意的控制效果。本节将介绍超前校正器、滞后校正器和超前滞后校正器,并介绍这些校正器的特点及作用。

1. 超前校正器。超前校正器的数学模型为

$$G_c(s) = K\frac{\alpha Ts + 1}{Ts + 1} \tag{7-1-1}$$

式中,$\alpha > 1$,其零极点位置如图 7-2(a)所示,该类校正器的 Bode 图如图 7-2(b)所示。从其 Bode 图可以看出,由于引入这样具有正相位的校正器,将增大前向通路模型的相位,使其相位"超前"于受控对象的相位,所以这样的控制器称为相位超前校正器,简称超前校正器。该控制器的 Bode 相频特性图在 $\omega = T$ 时有最大的正值,所以如果设计得好,这种超前校正器将增加开环系统的剪切频率和相位裕度,这将意味着校正后闭环系统的阶跃响应速度加快,且超调量将减小。

2. 滞后校正器。滞后校正器的数学模型为

$$G_c(s) = K\frac{Ts + 1}{\alpha Ts + 1} \tag{7-1-2}$$

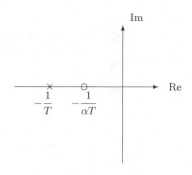
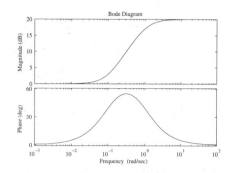

（a）超前校正器零极点示意图　　　　（b）超前校正器的 Bode 图

图 7-2　超前校正器

式中，$\alpha > 1$，其零极点位置如图 7-3（a）所示，该类校正器的 Bode 图如图 7-3（b）所示，该校正器的 Bode 相频特性图在 $\omega = T$ 时有最大的负值，所以如果设计得好，这种滞后校正器需要减小开环系统的剪切频率，但可能增加相位裕度，这将意味着系统的超调量将减小，但代价是阶跃响应速度将变慢。

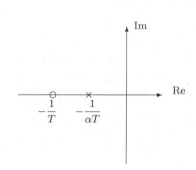
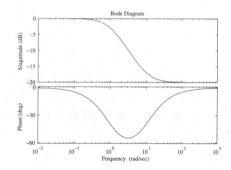

（a）滞后校正器零极点示意图　　　　（b）滞后校正器的 Bode 图

图 7-3　滞后校正器

3. 超前滞后校正器。超前滞后校正器是兼有超前、滞后校正器优点的一类校正器，其数学模型为

$$G_{\mathrm{c}}(s) = K\frac{(\alpha T_1 s + 1)(T_2 s + 1)}{(T_1 + 1)(\beta T_2 s + 1)} \tag{7-1-3}$$

式中 $\alpha > 1$ 表示超前部分，$\beta > 1$ 表示滞后部分。超前滞后校正器的零极点分布如图 7-4（a）所示，典型超前滞后校正器的 Bode 图在图 7-4（b）中给出。

这类校正器能加快系统的响应速度，且减小系统的超调量。和超前校正器相比，超前滞后校正器多了两个参数可以校正，在参数调节上多了两个自由度，所以该校正器性能应该优于超前校正器，但参数调节比超前校正器要烦琐得多。

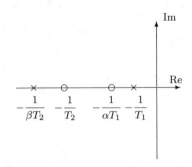
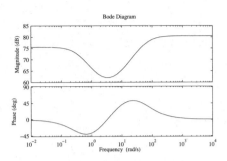

（a）超前滞后校正器零极点示意图　　　　　（b）超前滞后校正器的 Bode 图

图 7-4　超前滞后校正器

7.1.2　超前滞后校正器的设计方法

利用系统频域响应性能可以试凑地解决超前滞后类校正器的设计问题,但这样做可能很耗时,有时还不能得出期望的结果。这里介绍一种基于校正后系统剪切频率和相位裕度设定的算法来设计超前滞后类校正器。

这里重新表示系统的超前滞后校正器如下

$$G_c(s) = \frac{K_c(s + z_{c_1})(s + z_{c_2})}{(s + p_{c_1})(s + p_{c_2})} \tag{7-1-4}$$

式中 $z_{c_1} \leqslant p_{c_1}$, $z_{c_2} \geqslant p_{c_2}$, K_c 为校正器的增益。假设期望校正后系统的剪切频率为 ω_c,则可以求出受控对象模型在剪切频率 ω_c 下的幅值和相位,并分别记作 $A(\omega_c)$ 和 $\phi_1(\omega_c)$。如果期望校正后系统的相位裕度为 γ,则校正器的相位为 $\phi_c(\omega_c) = \gamma - 180° - \phi_1(\omega_c)$,这样可以建立起超前滞后校正器的设计规则:

① 当 $\phi_c(\omega_c) > 0$ 时,需要引入超前校正器,该校正器可以如下设计

$$\alpha = \frac{z_{c_1}}{p_{c_1}} = \frac{1 - \sin \phi_c(\omega_c)}{1 + \sin \phi_c(\omega_c)} \tag{7-1-5}$$

且

$$z_{c_1} = \sqrt{\alpha}\omega_c, \quad p_{c_1} = \frac{z_{c_1}}{\sqrt{\alpha}} = \frac{\omega_c}{\sqrt{\alpha}}, \quad K_c = \frac{\sqrt{\omega_c^2 + p_{c_1}^2}}{\sqrt{\omega_c^2 + z_{c_1}^2}\, A(\omega_c)} \tag{7-1-6}$$

可以得出系统的稳态误差系数为

$$K_1 = \lim_{s \to 0} s^v G_o(s) = \frac{b_m}{a_{n-v}} \frac{K_c z_{c_1}}{p_{c_1}} \tag{7-1-7}$$

其中 v 为对象模型 $G(s)$ 在 $s = 0$ 处极点的重数,而 $G_o(s)$ 为带有校正器系统的开环传递函数模型。

如果 $K_1 \geqslant K_v$,其中 K_v 为用户指定的容许静态误差的增益系数,则对指定的相位裕度采用超前校正就足够了。否则,还应该再设计相位超前滞后校正器。另外应该指出,如果受控对象模型不含有纯积分项,则虽然可以取较大的 K_v 值,并不能保证闭环系统没有静态误差,这时应该考虑其他含有积分作用的控制器类型,如 PID 控制器,人为地引入积分动作,消除静态误差。

② 超前滞后校正器可以进一步设计成

$$z_{c_2} = \frac{\omega_c}{10}, \quad p_{c_2} = \frac{K_1 z_{c_2}}{K_v} \tag{7-1-8}$$

③ 如果 $\phi_c(\omega_c) < 0$，则需要按下面的方法设计相位滞后校正器

$$K_1 = \frac{b_m K_c}{a_{n-v}}, \quad K_c = \frac{1}{A(\omega_c)}, \quad z_{c_2} = \frac{\omega_c}{10}, \quad p_{c_2} = \frac{K_1 z_{c_2}}{K_v} \tag{7-1-9}$$

根据上面的算法，可以编写出相应的 MATLAB 语言的超前滞后校正器设计函数 leadlagc()[1]，其内容如下

```
function Gc=leadlagc(G,Wc,Gam_c,Kv,key)
G=tf(G); [Gai,Pha]=bode(G,Wc); Phi_c=sin((Gam_c-Pha-180)*pi/180);
den=G.den1; a=den(length(den):-1:1);
ii=find(abs(a)<=0); num=G.num1; G_n=num(end);
if length(ii)>0, a=a(ii(1)+1); else, a=a(1); end;
alpha=sqrt((1-Phi_c)/(1+Phi_c)); Zc=alpha*Wc; Pc=Wc/alpha;
Kc=sqrt((Wc*Wc+Pc*Pc)/(Wc*Wc+Zc*Zc))/Gai; K1=G_n*Kc*alpha/a;
if nargin==4, key=1;
    if Phi_c<0, key=2; else, if K1<Kv, key=3; end, end
end
switch key
case 1, Gc=tf([1 Zc]*Kc,[1 Pc]);
case 2
    Kc=1/Gai; K1=G_n*Kc/a; Gc=tf([1 0.1*Wc],[1 K1*Gcn(2)/Kv]);
case 3
    Zc2=Wc*0.1; Pc2=K1*Zc2/Kv; Gcn=Kc*conv([1 Zc],[1,Zc2]);
    Gcd=conv([1 Pc],[1,Pc2]); Gc=tf(Gcn,Gcd);
end
```

该函数的调用格式为 $G_c = \text{leadlagc}(G, \omega_c, \gamma, K_v, \text{key})$，其中，key 为校正器类型标示，1 对应于超前校正器，2 对应于滞后校正器，3 对应于超前滞后校正器，如果不给出 key，则将通过上述算法自动选择校正器类型。参数 ω_c、γ 为预期的剪切频率和相位裕度，K_v 为容许静态误差的增益。

例 7-1 假设受控对象的传递函数模型为 $G(s) = \dfrac{4(s+1)(s+0.5)}{s(s+0.1)(s+2)(s+10)(s+20)}$，选定 $\omega_c = 20 \, \text{rad/s}$，可以尝试不同的期望相位裕度值，比如选择 $\gamma = 20°, 30°, \cdots, 90°$，并选择超前滞后校正器，则可以采用下面的语句设计校正器，并分析闭环系统的阶跃响应曲线和开环系统的 Bode 图，分别如图 7-5 (a)、(b) 所示。

```
>> s=tf('s'); G=4*(s+1)*(s+0.5)/s/(s+0.1)/(s+2)/(s+10)/(s+20)
   wc=20; f1=figure; f2=figure;   % 打开两个图形窗口
   for gam=20:10:90
       Gc=leadlagc(G,wc,gam,1000,3);
       figure(f1); step(feedback(G*Gc,1),1); hold on
```

```
    figure(f2); bode(Gc*G); hold on;
end
```

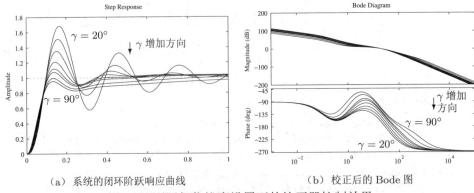

（a）系统的闭环阶跃响应曲线   （b）校正后的 Bode 图

图 7-5 不同相位裕度设置下的校正器控制效果

可见,相位裕度的值增大,将使得闭环系统的超调量减小,对这个例子来说,如果相位裕度达到 $60°$ 时,系统的超调量将很小。如果 γ 选择得过大,则响应速度也是不理想的。一般系统设计选择 γ 的值在 $40° \sim 60°$ 能得到很好的结果。如果剪切频率 ω_c 的值不变,则系统的响应速度差不多。如果选择 $\omega_c = 20\,\mathrm{rad/s}, \gamma = 60°$,则可以给出下面的 MATLAB 语句

```
>> Gc1=zpk(leadlagc(G,20,60,1000,3))    % 设计超前滞后校正器
   Gc2=zpk(leadlagc(G,20,60,1000,1))    % 设计超前校正器
   figure; step(feedback(G*Gc1,1),'-',feedback(G*Gc2,1),':',1)
```

由前面语句将设计出超前滞后校正器和超前校正器分别为

$$G_{c_1}(s) = \frac{27283.5668(s + 2.326)(s + 2)}{(s + 172)(s + 0.3173)}, \quad G_{c_2}(s) = \frac{27283.5668(s + 2.326)}{s + 172}$$

用上述的语句可以设计出系统的超前滞后校正器和超前校正器,并绘制出系统的阶跃响应曲线,如图 7-6 所示。对所选择的对象来说,设计出来的超前滞后校正器还是比较理想的。

若给定系统的期望相位裕度为 $60°$,试探不同的剪切频率 ω_c,则可以给出如下的 MATLAB 命令,直接绘制出闭环系统的阶跃响应曲线和开环系统的 Bode 图,分别如图 7-7(a)、(b) 所示。

```
>> gam=60; f1=figure; f2=figure; % 打开两个图形窗口
   for wc=5:5:30
       Gc=leadlagc(G,wc,gam,1000,3); [a,b,c,d]=margin(Gc*G);
       figure(f1); step(feedback(G*Gc,1),3); hold on
       figure(f2); bode(Gc*G); hold on;
   end
```

可见,系统的响应速度随着 ω_c 的增大而增快,但截止频率 ω_c 增加到过大的值可

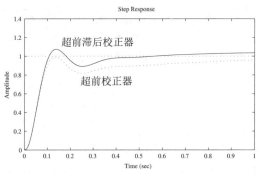

图 7-6　利用幅值裕度设计控制器的阶跃响应

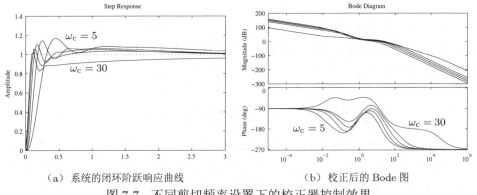

（a）系统的闭环阶跃响应曲线　　　　　　（b）校正后的 Bode 图

图 7-7　不同剪切频率设置下的校正器控制效果

能导致系统性能变坏,甚至不稳定。另外,这样的设计忽略了一点,就是系统控制信号没有加任何约束,可能得出非常大的控制信号,这在实际应用中会出现问题。例如,当 $\omega_c = 30\,\mathrm{rad/s}$ 时,系统控制信号的阶跃响应数据可以由下面的语句求出。

```
>> Gc=leadlagc(G,30,60,1000,3); y=step(feedback(Gc,G)); max(y)
```

可见,为保证系统响应的快速性,初始的控制信号将高达 1.4557×10^5,这在实际控制中难以实现。

假设想获得相位裕度为 $\gamma = 60°$,截止频率为 $\omega_c = 100\,\mathrm{rad/s}$ 的系统模型,则可以用下面的语句尝试设计超前滞后校正器,得出如图 7-8（a）所示的阶跃响应曲线。

```
>> gam=60; wc=100; figure;
   Gc=leadlagc(G,wc,gam,1000,3); step(feedback(G*Gc,1),0.5);
```

显然,这样设计的控制器使得系统的闭环响应超调量增大很多,用超前滞后类控制器根本不能实现预期的目标。若选择截止频率 $\omega_c = 1000\,\mathrm{rad/s}$,则设计出来的控制器将使得闭环系统不稳定。在两个选定的截止频率下,可以绘制出校正后系统的 Bode 图,如图 7-8（b）所示。可见,在两种情况下,预期的指标均不能实现。

```
>> Gc1=leadlagc(G,10*wc,gam,1000,3); bode(Gc*G,Gc1*G)
```

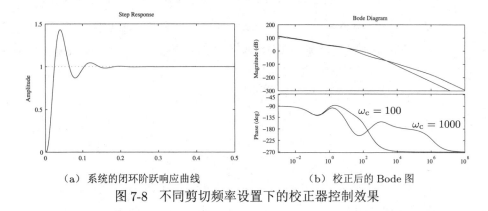

（a）系统的闭环阶跃响应曲线　　　　　　　（b）校正后的 Bode 图

图 7-8　不同剪切频率设置下的校正器控制效果

　　从上面的例子还可以得出这样的结论：虽然控制器设计算法较简单，但由于预期的 (ω_c, γ) 参数可能太苛刻，所以设计出的控制器有时不能达到预期的指标，所以应该在设计后进行模型检验。

7.2　基于状态空间模型的控制器设计方法

　　系统的状态空间理论是 1960 年前后发展起来的理论，基于该理论的控制理论曾被称为"现代控制理论"。系统状态空间的分析前面已经进行了介绍，本节将侧重于基于状态空间的系统设计方法，首先引入系统状态反馈控制的概念，然后介绍两种成型的状态反馈系统设计算法——二次型指标最优调节器设计和极点配置的状态反馈系统设计方法，并引入状态观测器的概念及基于观测器的控制方法。

7.2.1　状态反馈控制

　　系统状态反馈的示意图如图 7-9（a）所示，更详细的内部结构如图 7-9（b）所

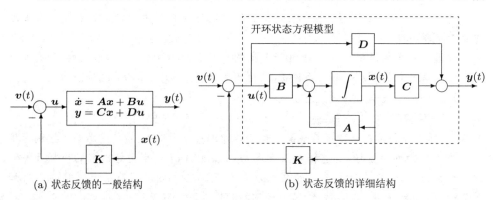

(a) 状态反馈的一般结构　　　　　　　(b) 状态反馈的详细结构

图 7-9　状态反馈结构

示。将 $\boldsymbol{u}(t) = \boldsymbol{v}(t) - \boldsymbol{K}\boldsymbol{x}(t)$ 代入开环系统的状态方程模型,则在状态反馈矩阵 $\boldsymbol{K}$ 下,系统的闭环状态方程模型可以写成

$$\begin{cases} \dot{\boldsymbol{x}}(t) = (\boldsymbol{A} - \boldsymbol{B}\boldsymbol{K})\boldsymbol{x}(t) + \boldsymbol{B}\boldsymbol{v}(t) \\ \boldsymbol{y}(t) = (\boldsymbol{C} - \boldsymbol{D}\boldsymbol{K})\boldsymbol{x}(t) + \boldsymbol{D}\boldsymbol{v}(t) \end{cases} \tag{7-2-1}$$

可以证明,如果系统 $(\boldsymbol{A}, \boldsymbol{B})$ 完全可控,则选择合适的 $\boldsymbol{K}$ 矩阵,可以将闭环系统矩阵 $\boldsymbol{A} - \boldsymbol{B}\boldsymbol{K}$ 的特征值配置到任意地方(当然还要满足共轭复数的约束)。

7.2.2 线性二次型指标最优调节器

假设线性时不变系统的状态方程模型为

$$\begin{cases} \dot{\boldsymbol{x}}(t) = \boldsymbol{A}\boldsymbol{x}(t) + \boldsymbol{B}\boldsymbol{u}(t) \\ \boldsymbol{y}(t) = \boldsymbol{C}\boldsymbol{x}(t) + \boldsymbol{D}\boldsymbol{u}(t) \end{cases} \tag{7-2-2}$$

可以引入最优控制的性能指标,即设计一个输入量 $\boldsymbol{u}(t)$,使得

$$J = \frac{1}{2}\boldsymbol{x}^{\mathrm{T}}(t_{\mathrm{f}})\boldsymbol{S}\boldsymbol{x}(t_{\mathrm{f}}) + \frac{1}{2}\int_{t_0}^{t_{\mathrm{f}}}\left[\boldsymbol{x}^{\mathrm{T}}(t)\boldsymbol{Q}(t)\boldsymbol{x}(t) + \boldsymbol{u}^{\mathrm{T}}(t)\boldsymbol{R}(t)\boldsymbol{u}(t)\right]\mathrm{d}t \tag{7-2-3}$$

为最小,其中 $\boldsymbol{Q}$ 和 $\boldsymbol{R}$ 矩阵分别为对状态变量和输入变量的加权矩阵,t_{f} 为控制作用的终止时间。矩阵 $\boldsymbol{S}$ 对控制系统的终值也给出某种约束,这样的控制问题称为线性二次型(linear quadratic,LQ)最优控制问题。

由线性二次型最优控制理论[2]可知,若想最小化 J,则控制信号应该为

$$\boldsymbol{u}^*(t) = -\boldsymbol{R}^{-1}\boldsymbol{B}^{\mathrm{T}}\boldsymbol{P}(t)\boldsymbol{x}(t) \tag{7-2-4}$$

其中,$\boldsymbol{P}(t)$ 为对称矩阵,该矩阵满足下面著名的 Riccati 微分方程

$$\dot{\boldsymbol{P}}(t) = -\boldsymbol{P}(t)\boldsymbol{A} - \boldsymbol{A}^{\mathrm{T}}\boldsymbol{P}(t) + \boldsymbol{P}(t)\boldsymbol{B}\boldsymbol{R}^{-1}\boldsymbol{B}^{\mathrm{T}}\boldsymbol{P}(t) - \boldsymbol{Q} \tag{7-2-5}$$

其中,$\boldsymbol{P}(t)$ 矩阵的终值为 $\boldsymbol{P}(t_{\mathrm{f}}) = \boldsymbol{S}$。可见,最优控制信号将取决于状态变量 $\boldsymbol{x}(t)$ 与 Riccati 微分方程的解 $\boldsymbol{P}(t)$。

Riccati 微分方程求解从现代的角度看仍然是很困难的,而基于该方程解的控制器的实现就更困难,所以这里只考虑稳态问题这样的简单情况。在稳态的情况下,终止时间假定为 $t_{\mathrm{f}} \to \infty$,Riccati 微分方程的解矩阵 $\boldsymbol{P}(t)$ 将趋于常数矩阵,使得 $\dot{\boldsymbol{P}}(t) = \boldsymbol{0}$。这时,Riccati 微分方程将退化成

$$\boldsymbol{P}\boldsymbol{A} + \boldsymbol{A}^{\mathrm{T}}\boldsymbol{P} - \boldsymbol{P}\boldsymbol{B}\boldsymbol{R}^{-1}\boldsymbol{B}^{\mathrm{T}}\boldsymbol{P} + \boldsymbol{Q} = \boldsymbol{0} \tag{7-2-6}$$

该方程经常称作 Riccati 代数方程,相应的控制问题称为线性二次型最优调节问题(LQ regulators,LQR)。假设 $\boldsymbol{u}^*(t) = -\boldsymbol{K}\boldsymbol{x}(t)$,其中 $\boldsymbol{K} = \boldsymbol{R}^{-1}\boldsymbol{B}^{\mathrm{T}}\boldsymbol{P}$,则可以得出在状态反馈下闭环系统的状态方程为 $(\boldsymbol{A} - \boldsymbol{B}\boldsymbol{K}, \boldsymbol{B}, \boldsymbol{C} - \boldsymbol{D}\boldsymbol{K}, \boldsymbol{D})$。

控制系统工具箱中提供了 `lqr()` 函数,用来依照给定加权矩阵设计 LQ 最优调节器,该函数的调用格式为 $[\boldsymbol{K}, \boldsymbol{P}] = \mathrm{lqr}(\boldsymbol{A}, \boldsymbol{B}, \boldsymbol{Q}, \boldsymbol{R})$,其中,$(\boldsymbol{A}, \boldsymbol{B})$ 为给定的

对象状态方程模型,返回的向量 $\boldsymbol{K}$ 为状态反馈矩阵,$\boldsymbol{P}$ 为 Riccati 代数方程的解,该函数中使用了基于 Schur 分解算法的代数方程求解函数 care()。

对离散系统来说,二次型性能指标可以写成

$$J = \frac{1}{2}\sum_{k=0}^{N}\Big[\boldsymbol{x}^{\mathrm{T}}(k)\boldsymbol{Q}\boldsymbol{x}(k) + \boldsymbol{u}^{\mathrm{T}}(k)\boldsymbol{R}\boldsymbol{u}(k)\Big] \qquad (7\text{-}2\text{-}7)$$

其相应的动态 Riccati 方程为[3]

$$\boldsymbol{S}(k) = \boldsymbol{F}^{\mathrm{T}}\Big[\boldsymbol{S}(k+1) - \boldsymbol{S}(k+1)\boldsymbol{G}\boldsymbol{R}^{-1}\boldsymbol{G}^{\mathrm{T}}\boldsymbol{S}(k+1)\Big]\boldsymbol{F} + \boldsymbol{Q} \qquad (7\text{-}2\text{-}8)$$

其中 $\boldsymbol{S}(N) = \boldsymbol{Q}$,$N$ 为终止时刻,且 $(\boldsymbol{F},\boldsymbol{G})$ 为离散状态方程矩阵。对二次型最优调节问题来说,$\boldsymbol{S}$ 为常数矩阵,这样离散 Riccati 代数方程为

$$\boldsymbol{S} = \boldsymbol{F}^{\mathrm{T}}\Big[\boldsymbol{S} - \boldsymbol{S}\boldsymbol{G}\boldsymbol{R}^{-1}\boldsymbol{G}^{\mathrm{T}}\boldsymbol{S}\Big]\boldsymbol{F} + \boldsymbol{Q} \qquad (7\text{-}2\text{-}9)$$

这时控制律为

$$\boldsymbol{K} = \Big[\boldsymbol{R} + \boldsymbol{G}^{\mathrm{T}}\boldsymbol{S}\boldsymbol{G}\Big]^{-1}\boldsymbol{B}^{\mathrm{T}}\boldsymbol{S}\boldsymbol{F} \qquad (7\text{-}2\text{-}10)$$

离散系统的代数 Riccati 方程可以由 dare() 函数求解,控制律 $\boldsymbol{K}$ 矩阵可以由 dlqr() 函数求解,其调用格式为 $[\boldsymbol{K},\boldsymbol{S}] = \mathrm{dlqr}(\boldsymbol{F},\boldsymbol{G},\boldsymbol{Q},\boldsymbol{R})$。

从最优控制律可以看出,其最优性完全取决于加权矩阵 $\boldsymbol{Q}$、$\boldsymbol{R}$ 的选择,然而这两个矩阵如何选择并没有解析方法,也没有广泛接受的方法,只能定性地去选择矩阵参数。所以这样的"最优"控制事实上完全是人为的。如果 $\boldsymbol{Q}$、$\boldsymbol{R}$ 选择不当,虽然可以求出最优解,但这样的"最优解"没有任何意义,有时还能得出误导性的结论。

一般情况下,如果希望输入信号小,则选择较大的 $\boldsymbol{R}$ 矩阵,这样可以迫使输入信号变小,否则目标函数将增大,不能达到最优化的要求。对多输入系统来说,若希望第 i 输入小些,则 $\boldsymbol{R}$ 的第 i 列的值应该选得大些,如果希望第 j 状态变量的值比较小,则应该相应地将 $\boldsymbol{Q}$ 矩阵的第 j 列元素选择较大的值,这时最优化的惩罚功能会迫使该变量变小。

例 7-2 假设连续系统的状态方程模型参数为

$$\boldsymbol{A} = \begin{bmatrix} 2 & 0 & 4 & 1 & 2 \\ 1 & -2 & -4 & 0 & 1 \\ 1 & 4 & 3 & 0 & 2 \\ 2 & -2 & 2 & 3 & 3 \\ 1 & 4 & 6 & 2 & 1 \end{bmatrix}, \quad \boldsymbol{B} = \begin{bmatrix} 1 & 2 \\ 0 & 1 \\ 0 & 0 \\ 0 & 0 \\ 0 & 0 \end{bmatrix}$$

选择加权矩阵 $\boldsymbol{Q} = \mathrm{diag}(1000, 0, 1000, 500, 500)$,$\boldsymbol{R} = \boldsymbol{I}_2$,则可以通过下面的语句直接设计出系统的状态反馈矩阵和 Riccati 方程的解为

```
>> A=[2,0,4,1,2; 1,-2,-4,0,1; 1,4,3,0,2; 2,-2,2,3,3; 1,4,6,2,1];
   B=[1,2; 0,1; 0,0; 0,0; 0,0]; Q=diag([1000 0 1000 500 500]);
   R=eye(2); [K,S]=lqr(A,B,Q,R) % 状态反馈矩阵和Riccati方程的解
```

这样可以直接得出状态反馈矩阵 $\boldsymbol{K}$ 与 Riccati 方程的解矩阵为

$$
\boldsymbol{K}^{\mathrm{T}} = \begin{bmatrix} 21.978 & 24.09 \\ -19.867 & 27.463 \\ -17.195 & 82.937 \\ 15.978 & 75.931 \\ -7.1739 & 67.526 \end{bmatrix}, \ \boldsymbol{S} = \begin{bmatrix} 21.978 & -19.867 & -17.195 & 15.978 & -7.1739 \\ -19.867 & 67.198 & 117.33 & 43.975 & 81.874 \\ -17.195 & 117.33 & 503.52 & 345.84 & 237.17 \\ 15.978 & 43.975 & 345.84 & 661.53 & 379.92 \\ -7.1739 & 81.874 & 237.17 & 379.92 & 374 \end{bmatrix}
$$

在该状态反馈下，可以由 eig($\boldsymbol{A}$-$\boldsymbol{B}$*$\boldsymbol{K}$) 语句直接得出闭环系统的极点为 $-70.9010, -5.9113, -2.1770, -5.8155 \pm \mathrm{j}6.2961$。

7.2.3 极点配置控制器设计

如果给出了对象的状态方程模型，则经常希望引入某种控制器，使得闭环系统的极点可以移动到指定的位置，因为这样可以适当地指定系统闭环极点的位置，使其动态性能得到改进。在控制理论中将这种移动极点的方法称为极点配置。

本节中将介绍线性系统的极点配置算法，并假定系统的状态方程表示为

$$
\begin{cases} \dot{\boldsymbol{x}}(t) = \boldsymbol{A}\boldsymbol{x}(t) + \boldsymbol{B}\boldsymbol{u}(t) \\ \boldsymbol{y}(t) = \boldsymbol{C}\boldsymbol{x}(t) + \boldsymbol{D}\boldsymbol{u}(t) \end{cases} \tag{7-2-11}
$$

其中 $(\boldsymbol{A}, \boldsymbol{B}, \boldsymbol{C}, \boldsymbol{D})$ 矩阵的维数是相容的。可以引入系统的状态反馈，并假定进入受控系统的信号为 $\boldsymbol{u}(t) = \boldsymbol{r}(t) - \boldsymbol{K}\boldsymbol{x}(t)$，其中 $\boldsymbol{r}(t)$ 为系统的外部参考输入信号，这样可以将系统的闭环状态方程写成

$$
\begin{cases} \dot{\boldsymbol{x}}(t) = (\boldsymbol{A} - \boldsymbol{B}\boldsymbol{K})\boldsymbol{x}(t) + \boldsymbol{B}\boldsymbol{r}(t) \\ \boldsymbol{y}(t) = (\boldsymbol{C} - \boldsymbol{D}\boldsymbol{K})\boldsymbol{x}(t) + \boldsymbol{D}\boldsymbol{r}(t) \end{cases} \tag{7-2-12}
$$

假设闭环系统期望的极点位置为 $\mu_i, i = 1, 2, \cdots, n$，则闭环系统的特征方程 $\alpha(s)$ 可以表示成

$$
\alpha(s) = \prod_{i=1}^{n}(s - \mu_i) = s^n + \alpha_1 s^{n-1} + \alpha_2 s^{n-2} + \cdots + \alpha_{n-1}s + \alpha_n \tag{7-2-13}
$$

对开环状态方程模型 $(\boldsymbol{A}, \boldsymbol{B}, \boldsymbol{C}, \boldsymbol{D})$ 来说，在状态反馈向量 $\boldsymbol{K}$ 下闭环系统的状态方程可以写成 $(\boldsymbol{A} - \boldsymbol{B}\boldsymbol{K}, \boldsymbol{B}, \boldsymbol{C} - \boldsymbol{D}\boldsymbol{K}, \boldsymbol{D})$。如果想将闭环系统的全部极点均移动到指定位置，则可采用极点配置技术，本节将介绍几种常用的极点配置算法。

1. Bass-Gura 算法。假设原系统的开环特征方程 $a(s)$ 可以写成

$$
a(s) = \det(s\boldsymbol{I} - \boldsymbol{A}) = s^n + a_1 s^{n-1} + a_2 s^{n-2} + \cdots + a_{n-1}s + a_n \tag{7-2-14}
$$

若该系统完全可控，则状态反馈向量 $\boldsymbol{K}$ 可以由下式得出[4]

$$
\boldsymbol{K} = \boldsymbol{\gamma}^{\mathrm{T}} \boldsymbol{\Gamma}^{-1} \boldsymbol{T}_{\mathrm{c}}^{-1} \tag{7-2-15}
$$

其中 $\boldsymbol{\gamma}^{\mathrm{T}} = [(a_n - \alpha_n), \cdots, (a_1 - \alpha_1)]$，$\boldsymbol{T}_c = [\boldsymbol{B}, \boldsymbol{AB}, \cdots, \boldsymbol{A}^{n-1}\boldsymbol{B}]$ 为可控性判定矩阵，且

$$\boldsymbol{\Gamma} = \begin{bmatrix} a_{n-1} & a_{n-2} & \cdots & a_1 & 1 \\ a_{n-2} & a_{n-3} & \cdots & 1 & \\ \vdots & \vdots & \ddots & & \\ a_1 & 1 & & & \\ 1 & & & & \end{bmatrix} \tag{7-2-16}$$

可以看出因为 $\boldsymbol{\Gamma}$ 为非奇异 Hankel 矩阵，故该矩阵可逆。如果系统完全可控，则单变量系统的 $\boldsymbol{T}_c$ 矩阵可逆，所以通过状态反馈向量 $\boldsymbol{K}$ 可以任意地配置闭环系统的极点。基于此算法可以编写出 MATLAB 函数 bass_pp()，其清单如下：

```
function K=bass_pp(A,B,p)
a1=poly(p); a=poly(A);  % 求出原系统和闭环系统的特征多项式
L=hankel(a(end-1:-1:1)); C=ctrb(A,B);
K=(a1(end:-1:2)-a(end:-1:2))*inv(L)*inv(C);
```

该函数调用中，$(\boldsymbol{A}, \boldsymbol{B})$ 为状态方程模型，变量 $\boldsymbol{p}$ 为期望闭环极点位置构成的向量，而返回变量 $\boldsymbol{K}$ 为状态反馈向量。

2. Ackermann 算法。单变量系统的极点配置问题还可以由一种不同的方法来解决，在这种方法中状态反馈向量 $\boldsymbol{K}$ 可以由下式得出

$$\boldsymbol{K} = -[0, 0, \cdots, 0, 1]\, \boldsymbol{T}_c^{-1} \alpha(\boldsymbol{A}) \tag{7-2-17}$$

式中，$\alpha(\boldsymbol{A})$ 为将 $\boldsymbol{A}$ 代入式（7-2-13）得出的矩阵多项式的值，可以由 polyvalm() 函数求出。如果系统完全可控，则 $\boldsymbol{T}_c$ 为满秩矩阵，对单变量系统来说，$\boldsymbol{T}_c^{-1}$ 存在，故可以设计出极点配置控制器。

控制系统工具箱中给出了一个 acker() 函数来实现该算法，该函数调用格式与 bass_pp() 完全一致：$\boldsymbol{K} = \mathtt{acker}(\boldsymbol{A}, \boldsymbol{B}, \boldsymbol{p})$。值得指出的是，在单变量系统极点配置中，状态反馈向量 $\boldsymbol{K}$ 是唯一的，所以这两种算法得出的结论应该完全一致。

3. 鲁棒极点配置算法。控制系统工具箱中还提供了 place() 函数，该函数是基于鲁棒极点配置的算法[5]编写的，可以求取多变量系统的状态反馈矩阵 $\boldsymbol{K}$。该函数的调用格式与前面的方法完全一致：$\boldsymbol{K} = \mathtt{place}(\boldsymbol{A}, \boldsymbol{B}, \boldsymbol{p})$。

应该指出，place() 函数并不适用于含有多重期望极点的问题。相反地，函数 acker() 可以求解配置多重极点的问题。

例 7-3 假设系统的状态方程模型为

$$\dot{\boldsymbol{x}}(t) = \begin{bmatrix} 0 & 2 & 0 & 0 & -2 & 0 \\ 1 & 0 & 0 & 0 & 0 & -1 \\ 0 & 1 & 0 & 0 & 0 & 0 \\ 0 & 0 & 0 & 3 & 0 & 0 \\ 2 & 0 & 0 & 1 & 0 & 0 \\ 0 & 0 & -1 & 0 & 1 & 0 \end{bmatrix} \boldsymbol{x}(t) + \begin{bmatrix} 1 & 2 \\ 0 & 0 \\ 0 & 1 \\ 0 & -1 \\ 0 & 1 \\ 0 & 0 \end{bmatrix} \boldsymbol{u}(t)$$

若想通过状态反馈将闭环系统的极点配置到 $-1, -2, -3, -4, -1 \pm \mathrm{j}$,则可以使用下面的语句输入 $\boldsymbol{A}$、$\boldsymbol{B}$ 矩阵并直接进行极点配置,并检验闭环系统极点位置。

```
>> A=[0,2,0,0,-2,0; 1,0,0,0,0,-1; 0,1,0,0,0,0;
      0,0,0,3,0,0;  2,0,0,1,0,0; 0,0,-1,0,1,0];
   B=[1,2; 0,0; 0,1; 0,-1; 0,1; 0,0];
   p=[-1 -2 -3 -4 -1+1i -1-1i]; % 期望闭环极点位置
   K=place(A,B,p),  % 系统极点配置
   p1=eig(A-B*K)'   % 闭环系统极点检验,显示特征根向量的转置
```

可以设计出状态反馈矩阵 $\boldsymbol{K}$ 如下,且确实能将闭环系统极点配置到指定位置。

$$\boldsymbol{K} = \begin{bmatrix} 7.9333 & -18.553 & -19.134 & 20.65 & 18.698 & 22.126 \\ -0.36944 & -2.0412 & -2.3166 & -9.5475 & 0.57469 & 1.5013 \end{bmatrix}$$

可以看出,由上面的语句可以立即设计出极点配置的状态反馈控制器矩阵,并将系统的闭环极点配置到预期的位置。注意,因为系统是多变量系统,所以函数 acker() 和 bass_pp() 均不能使用,只能使用 place() 函数进行极点配置。

例 7-4 考虑例 5-4 中给出的离散系统状态方程模型

$$\boldsymbol{x}[(k+1)T] = \begin{bmatrix} 0 & 1 & 0 & 0 \\ 0 & 0 & -1 & 0 \\ 0 & 0 & 0 & 1 \\ 0 & 0 & 5 & 0 \end{bmatrix} \boldsymbol{x}(kT) + \begin{bmatrix} 0 & 1 \\ 0 & -1 \\ 0 & 0 \\ 0 & 0 \end{bmatrix} \boldsymbol{u}(kT)$$

假设想将系统的闭环极点设置到 $-0.1, -0.2, -0.5 \pm 0.2\mathrm{j}$,则可以给出如下的命令进行系统极点配置的设计

```
>> A=[0 1 0 0 ; 0 0 -1 0; 0 0 0 1; 0 0 5 0]; % 输入 A 矩阵
   B=[0 1 ; 0 -1; 0 0 ; 0 0];                % 输入 B 矩阵
   p=[-0.1; -0.2; -0.5+0.2i; -0.5-0.2i];     % 设置期望闭环极点位置
   K=place(A,B,p)                            % 试图进行系统极点配置
```

然而,该函数将给出 "??? Error using ==> place, Can't place eigenvalues there" 的错误信息提示,表明不能进行极点配置。用 rank(ctrb($\boldsymbol{A}$,$\boldsymbol{B}$)) 命令可以得出可控性判定矩阵的秩为 2,故系统不完全可控,所以系统的极点不可能任意配置,从而验证了极点配置所必备的条件:系统完全可控。如果系统不完全可控,可以考虑采用部分极点配置的方法进行处理[6]。

7.2.4 观测器设计及基于观测器的调节器设计

在实际应用中,并不是所有状态变量的值都是可测的,所以不能直接使用状态变量的反馈,这样就不能完成上面给出的 LQ 最优控制策略。显然地,可以创建一个附加的状态空间模型,使得该模型与对象的状态空间模型($\boldsymbol{A},\boldsymbol{B},\boldsymbol{C},\boldsymbol{D}$)完全一致,来重构原系统模型的状态。这样对两个系统施加同样的输入信号,可以指望重构的系统与原系统的状态完全一致。然而,若系统存在某些扰动,或原系统的模型参数有变化时,则重构模型的状态可能和原系统的状态不一致,这样在模型结构

中,除了使用输入信号外,还应该使用原系统的输出信号,这样的概念和当时引入反馈的概念类似。

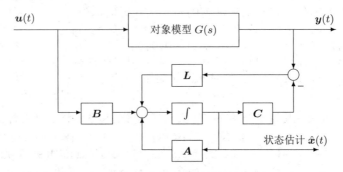

图 7-10   状态观测器的典型结构

带有状态观测器的典型控制系统结构如图 7-10 所示。若原系统的$(\boldsymbol{A}, \boldsymbol{C})$为完全可观测,则状态观测器数学模型的状态空间表示为

$$\begin{aligned}\dot{\hat{\boldsymbol{x}}}(t) &= \boldsymbol{A}\hat{\boldsymbol{x}}(t) + \boldsymbol{B}\boldsymbol{u}(t) - \boldsymbol{L}(\boldsymbol{C}\hat{\boldsymbol{x}}(t) + \boldsymbol{D}\boldsymbol{u}(t) - \boldsymbol{y}(t)) \\ &= (\boldsymbol{A} - \boldsymbol{L}\boldsymbol{C})\hat{\boldsymbol{x}}(t) + (\boldsymbol{B} - \boldsymbol{L}\boldsymbol{D})\boldsymbol{u}(t) + \boldsymbol{L}\boldsymbol{y}(t)\end{aligned} \tag{7-2-18}$$

式中 $\boldsymbol{L}$ 为列向量,该列向量应该使得$(\boldsymbol{A} - \boldsymbol{L}\boldsymbol{C})$稳定。由式(7-2-18)可以推导出

$$\begin{aligned}\dot{\hat{\boldsymbol{x}}}(t) - \dot{\boldsymbol{x}}(t) &= (\boldsymbol{A} - \boldsymbol{L}\boldsymbol{C})\hat{\boldsymbol{x}}(t) + (\boldsymbol{B} - \boldsymbol{L}\boldsymbol{D})\boldsymbol{u}(t) + \boldsymbol{L}\boldsymbol{y}(t) - \boldsymbol{A}\boldsymbol{x}(t) - \boldsymbol{B}\boldsymbol{u}(t) \\ &= (\boldsymbol{A} - \boldsymbol{L}\boldsymbol{C})[\hat{\boldsymbol{x}}(t) - \boldsymbol{x}(t)]\end{aligned} \tag{7-2-19}$$

该方程的解析解为 $\hat{\boldsymbol{x}}(t) - \boldsymbol{x}(t) = \mathrm{e}^{(\boldsymbol{A}-\boldsymbol{L}\boldsymbol{C})(t-t_0)}[\hat{\boldsymbol{x}}(t_0) - \boldsymbol{x}(t_0)]$。因为$(\boldsymbol{A} - \boldsymbol{L}\boldsymbol{C})$稳定,可以看出 $\lim\limits_{t \to \infty}[\hat{\boldsymbol{x}}(t) - \boldsymbol{x}(t)] = \boldsymbol{0}$。这样,观测出的状态可以逼近原系统的状态。

作者编写了一个 MATLAB 函数[1]来仿真系统的状态观测器所观测到的状态。该函数的内容为

```
function [xh,x,t]=simobsv(G,L)
[y,t,x]=step(G); G=ss(G); A=G.a; B=G.b; C=G.c; D=G.d;
[y1,xh1]=step((A-L*C),(B-L*D),C,D,1,t);
[y2,xh2]=lsim((A-L*C),L,C,D,y,t); xh=xh1+xh2;
```

其调用语句 $[\hat{\boldsymbol{x}}, \boldsymbol{x}, t] = \mathtt{simobsv}(G, \boldsymbol{L})$ 中,G 为对象的状态方程对象模型,$\boldsymbol{L}$ 为观测器向量。由此函数得出的重构状态的阶跃响应在 $\hat{\boldsymbol{x}}$ 矩阵中返回,而原系统的状态变量由矩阵 $\boldsymbol{x}$ 返回。该函数还可以自动地选择时间向量,并在 t 向量中返回。

例 7-5 假设系统的状态方程模型为

$$\dot{\boldsymbol{x}}(t) = \begin{bmatrix} 0 & 2 & 0 & 0 \\ 0 & -0.1 & 8 & 0 \\ 0 & 0 & -10 & 16 \\ 0 & 0 & 0 & -20 \end{bmatrix} \boldsymbol{x}(t) + \begin{bmatrix} 0 \\ 0 \\ 0 \\ 0.3953 \end{bmatrix} u(t)$$

输出方程为 $y(t) = 0.09882x_1(t) + 0.1976x_2(t)$。这里可以考虑用极点配置的方法设计观测器。假设期望观测器的极点位于 $-1, -2, -3, -4$,则可以由下面的 MATLAB 命令设计出极点配置的观测器模型

```
>> A=[0,2,0,0; 0,-0.1,8,0; 0,0,-10,16; 0,0,0,-20];
   B=[0;0;0;0.3953]; C=[0.09882,0.1976,0,0]; D=0;
   P=[-1; -2; -3; -4]; % 观测器的期望极点位置
   L=place(A',C',P)'; [xh,x,t]=simobsv(ss(A,B,C,D),L);
   plot(t,x,t,xh,':'); axis([0,15,-0.5,4])
```

得出观测器向量 $\boldsymbol{L} = [10.1215, -106.7824, 288.4644, -193.5749]^{\mathrm{T}}$。根据这样的观测器可以仿真出系统的状态变量阶跃响应曲线,如图 7-11(a) 所示。可见,几个状态变量的在初始时间处的响应不是很理想,但总体上可以逼近各个状态。

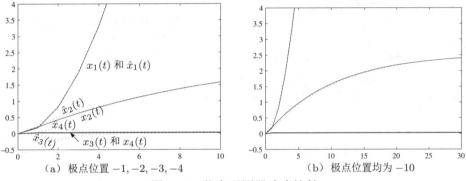

(a) 极点位置 $-1, -2, -3, -4$　　　　(b) 极点位置均为 -10

图 7-11　状态观测器响应比较

选择远离虚轴的极点位置,如均选择为 -10,这样就能得出新的观测器,并绘制出各个状态及观测状态的阶跃响应曲线,如图 7-11(b) 所示,这时设计的观测器效果有所改善,用户可以考虑采用这样的方法来设计观测器模型。

```
>> P=[-10;-10;-10;-10]; L=acker(A',C',P)'; L' % 设计新观测器
   [xh,x,t]=simobsv(ss(A,B,C,D),L);
   plot(t,x,t,xh,':'); set(gca,'XLim',[0,30],'YLim',[-0.5,4])
```

得出观测器向量 $\boldsymbol{L}^{\mathrm{T}} = [-421.1634, 260.7255, 33.2946, -20.8091]$。

设计出了合适的状态观测器之后,带有观测器的状态反馈控制策略可以由图 7-12 中给出的结构来实现。

考虑图 7-10 中所示的反馈结构,由式(7-2-18)可以将状态反馈 $\boldsymbol{K}\hat{\boldsymbol{x}}(t)$ 写成两个子系统 $\boldsymbol{G}_1(s)$ 与 $\boldsymbol{G}_2(s)$ 的形式,这两个子系统分别由信号 $\boldsymbol{u}(t)$ 与 $\boldsymbol{y}(t)$ 单独驱动,使得 $\boldsymbol{G}_1(s)$ 可以写成

$$\begin{cases} \dot{\hat{\boldsymbol{x}}}_1(t) = (\boldsymbol{A} - \boldsymbol{L}\boldsymbol{C})\hat{\boldsymbol{x}}_1(t) + (\boldsymbol{B} - \boldsymbol{L}\boldsymbol{D})\boldsymbol{u}(t) \\ \boldsymbol{y}_1(t) = \boldsymbol{K}\hat{\boldsymbol{x}}_1(t) \end{cases} \tag{7-2-20}$$

而 $\boldsymbol{G}_2(s)$ 可以写成

$$\begin{cases} \dot{\hat{\boldsymbol{x}}}_2(t) = (\boldsymbol{A} - \boldsymbol{LC})\hat{\boldsymbol{x}}_2(t) + \boldsymbol{L}\boldsymbol{y}(t) \\ \boldsymbol{y}_2(t) = \boldsymbol{K}\hat{\boldsymbol{x}}_2(t) \end{cases} \tag{7-2-21}$$

系统的闭环模型可以由图 7-13（a）中的结构表示。对图中模型略作变换，则闭环系统可以表示成图 7-13（b）中的结构。这时

$$\boldsymbol{G}_c(s) = [\boldsymbol{I} + \boldsymbol{G}_1(s)]^{-1}$$
$$\boldsymbol{H}(s) = \boldsymbol{G}_2(s)$$

所以这样的结构又等效于典型的反馈控制结构。可以证明，控制器模型 $\boldsymbol{G}_c(s)$ 能进一步写成

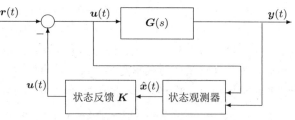

图 7-12   带有观测器的状态反馈控制结构

$$\boldsymbol{G}_c(s) = \boldsymbol{I} - \boldsymbol{K}(s\boldsymbol{I} - \boldsymbol{A} + \boldsymbol{BK} + \boldsymbol{LC} - \boldsymbol{LDK})^{-1}\boldsymbol{B} \tag{7-2-22}$$

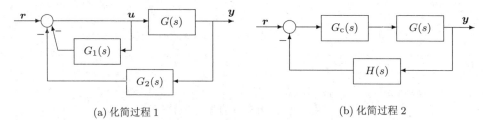

(a) 化简过程 1   (b) 化简过程 2

图 7-13   基于观测器的状态反馈控制

从而控制器 $\boldsymbol{G}_c(s)$ 的状态空间实现可以写成

$$\begin{cases} \dot{\boldsymbol{x}}(t) = (\boldsymbol{A} - \boldsymbol{BK} - \boldsymbol{LC} + \boldsymbol{LDK})\boldsymbol{x}(t) + \boldsymbol{B}\boldsymbol{u}(t) \\ \boldsymbol{y}(t) = -\boldsymbol{K}\boldsymbol{x}(t) + \boldsymbol{u}(t) \end{cases} \tag{7-2-23}$$

因为观测器的动作隐含在这种反馈控制的结构之中，所以将这样的结构称为基于观测器的控制器（observer-based controller）结构。

有了状态反馈矩阵 $\boldsymbol{K}$ 和观测器矩阵 $\boldsymbol{L}$，则上面的控制器和反馈环节可以立即由 MATLAB 函数得出。

```
function [Gc,H]=obsvsf(G,K,L)
H=ss(G.a-L*G.c,L,K,0); Gc=ss(G.a-G.b*K-L*G.c+L*G.d*K,G.b,-K,1);
```

如果参考输入信号 $\boldsymbol{r}(t) = 0$，则控制结构 $\boldsymbol{G}_c(s)$ 可以进一步简化成

$$\begin{cases} \dot{\boldsymbol{x}}(t) = (\boldsymbol{A} - \boldsymbol{BK} - \boldsymbol{LC} + \boldsymbol{LDK})\boldsymbol{x}(t) + \boldsymbol{L}\boldsymbol{u}(t) \\ \boldsymbol{y}(t) = \boldsymbol{K}\boldsymbol{x}(t) \end{cases} \tag{7-2-24}$$

这时调节器可以用 $G_c = \mathrm{reg}(G, K, L)$ 得出。

例 7-6 考虑例 7-5 中给出的受控对象状态方程模型,考虑对 $x_1(t)$ 和 $x_2(t)$ 引入较小的加权,而对其他两个状态变量引入较大的约束,则可以选择加权矩阵为 $R = 1$, $Q = \mathrm{diag}(0.01, 0.01, 2, 3)$,这样可以用下面的 MATLAB 语句设计出 LQ 最优调节器

```
>> A=[0,2,0,0; 0,-0.1,8,0; 0,0,-10,16; 0,0,0,-20];
   B=[0;0;0;0.3953]; C=[0.09882,0.1976,0,0]; D=0;
   Q=diag([0.01,0.01,2,3]); R=1;          % 输入加权矩阵
   K=lqr(A,B,Q,R), step(ss(A-B*K,B,C,D))  % 设计 LQ 最优调节器
```

可以得出状态反馈向量 $K = [0.1000, 0.9429, 0.7663, 0.6387]$。在直接状态反馈的调节器下,系统的阶跃响应曲线如图 7-14 所示。

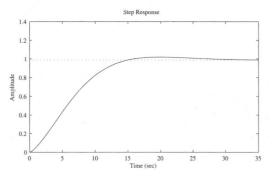

图 7-14　状态反馈与基于观测器的调节器下阶跃响应

假设系统的状态不可直接测出,则可以设计一个观测器,重构出系统的状态,再经过这些重构的状态进行状态反馈,则可以得出系统响应曲线。这里用极点配置的方法设计观测器,设观测器的极点均位于 -5,则可以用下面的语句设计出观测器,并设计出基于观测器的控制器下系统阶跃响应曲线,与状态反馈的结果几乎完全一致。

```
>> P=[-5;-5;-5;-5]; G=ss(A,B,C,D); L=acker(A',C', P)'; % 设计观测器
   [Gc,H]=obsvsf(G,K,L);                     % 设计控制器
   step(ss(A-B*K,B,C,D),feedback(G*Gc,H))  % 比较其与直接状态反馈
```

下面语句可以得出基于观测器的控制器下闭环系统的最小实现模型,对消了 8 对相同的零极点后,得出四阶模型,与直接状态反馈很接近。

```
>> zpk(minreal(feedback(G*Gc,H)))  % 最小实现模型
   zpk(minreal(ss(A-B*K,B,C,D)))   % 此结果和上式忽略两个一阶零点一致
```

这样可以得出最小实现的模型为

$$G_1(s) = \frac{-1.1466 \times 10^{-15}(s + 9.338 \times 10^7)(s - 9.338 \times 10^7)(s + 1)}{(s + 20.01)(s + 10.01)(s^2 + 0.3341s + 0.05052)}$$

该模型最终可以化简为

$$G_1^*(s) = \frac{9.9982(s + 1)}{(s + 20.01)(s + 10.01)(s^2 + 0.3341s + 0.05052)}$$

7.3 最优控制器设计

7.3.1 最优控制的概念

所谓"最优控制",就是在一定的具体条件下,要完成某个控制任务,使得选定指标最小或最大的控制,这里所谓指标就是 3.4 节中的目标函数,常用的目标函数有积分型误差指标

$$J_{\mathrm{IAE}} = \int_0^\infty |e(t)|\mathrm{d}t, \quad J_{\mathrm{ITAE}} = \int_0^\infty t|e(t)|\mathrm{d}t \qquad (7\text{-}3\text{-}1)$$

以及时间最短、能量最省等指标。和最优化技术类似,最优控制问题也分为有约束的最优控制问题和无约束的最优控制问题。无约束的最优控制问题可以通过变分法[7,8]来求解,对于小规模问题,可能求解出问题的解析解,例如前面介绍过的二次型最优控制器设计问题就有直接求解公式。有约束的最优化问题则较难处理,需要借助于 Pontryagin 的极大值原理。在最优控制问题求解中,为使得问题解析可解,研究者通常需要引入附加的约束或条件,这样往往引入难以解释的间接人为因素,或最优准则的人为性,例如为使得二次型最优控制问题解析可解,通常需要引入两个其他矩阵 $\boldsymbol{Q}$、$\boldsymbol{R}$,这样虽然能得出数学上较漂亮的状态反馈规律,但这两个加权矩阵却至今没有被广泛认可的选择方法,这使得系统的最优准则带有一定的人为因素,没有足够的客观性。

随着像 MATLAB 这样强有力的计算机语言与工具普及起来之后,很多最优控制问题可以变换成一般的最优化问题,用数值最优化方法就可以简单地求解。这样的求解虽然没有完美的数学形式,但有时还是很实用的。下面通过例子演示依赖纯数值方法最优控制器的设计与应用。

例 7-7 假设受控对象模型为 $G(s) = \dfrac{10(s+1)(s+0.5)}{s(s+0.1)(s+2)(s+10)(s+20)}$,例 7-1 中给出了超前滞后校正器的设计方法,这里将介绍最优控制器的设计方法。积分型误差指标是伺服控制系统设计中最常用也是最直观的指标,对给定的受控对象模型,可以建立起如图 7-15 (a) 所示的闭环控制系统仿真模型,该模型构造了 ITAE 准则的输出端口,如果系统响应最终趋于稳态值,则该端口信号最终的值接近于实际的 ITAE 值。

为使得 ITAE 准则最小化,可以编写如下的 MATLAB 函数来描述目标函数

```
function y=c7optm1(x)
assignin('base','Z1',x(1)); assignin('base','P1',x(2));
assignin('base','Z2',x(3)); assignin('base','P2',x(4));
assignin('base','K',x(5));          % 对 MATLAB 工作空间变量赋值
[t,a,yy]=sim('c7moptm1.mdl',3); y=yy(end); % 求取目标函数
```

这里使用了 assignin() 函数为工作空间中的变量赋值,使得仿真模型可以直接应用自变量向量 $\boldsymbol{x}$ 的值。给出下面的 MATLAB 语句即可求解最优化问题,得到最优控制器参数向量为 $\boldsymbol{v} = [53.0031, 38.2762, 66.5808, 62.0939, 243.7707]$。

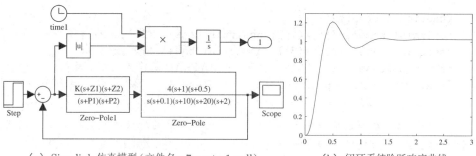

（a）Simulink 仿真模型（文件名：c7moptm1.mdl）　　（b）闭环系统阶跃响应曲线

图 7-15　超前滞后校正器控制系统及阶跃响应

```
>> options=optimset('Display','iter',...
            'Jacobian','off','LargeScale','off');
   x0=[5;-1;1]; v=fminsearch(@c7optm1,x0,options)
```

可见这样设计出的控制器为 $G_c(s) = 243.77 \dfrac{(s+53)(s+66.58)}{(s+38.28)(s+62.09)}$，在此校正器的控制下，系统的阶跃响应曲线如图 7-15（b）所示。可见，由于采用了直接最优化方法，调解时间明显减少了，但超调量过大。

　　在实际求解中可以发现，由于校正器的零点在寻优过程中可能变得很小，使得优化过程很慢，效率很低，为解决这样的问题，可以考虑引入约束条件，使得所有 5 个变量均有下限 0.01，这样由下面的 MATLAB 语句就可以求解有约束最优化问题，设计出最优校正器模型。

```
>> v=fmincon(@c7optm1,x0,[],[],[],[],0.01*ones(5,1),[],[],options)
```

　　基于数值最优化技术的最优控制器设计的另外一个优势是用户可以有目的地引入约束条件，不像偏重解析求解方法那样只能引入便于求解的约束。比如，若用户觉得前面设计出的控制器超调量 21% 过大，应该按图 7-16（a）中给出的方式修改 Simulink 仿真框图，则可以在目标函数内引入一个超调量的约束，如 $\sigma \leqslant 3\%$，将不满足约束条件时的目标函数值强制设置成一个较大的值，这时目标函数改写成

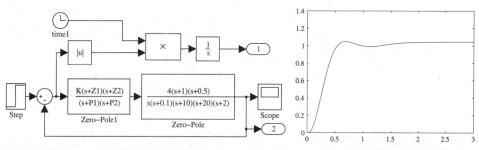

（a）改进的 Simulink 仿真模型（文件名：c7moptm2.mdl）　　（b）闭环系统阶跃响应曲线

图 7-16　引入超调量约束后的模型及响应

```
function y=c7optm2(x)
assignin('base','Z1',x(1)); assignin('base','P1',x(2));
assignin('base','Z2',x(3)); assignin('base','P2',x(4));
assignin('base','K',x(5));    % 对 MATLAB 工作空间变量赋值
[t,a,yy]=sim('c7moptm2.mdl',3); y=yy(end,1);   % 求取目标函数
if max(yy(:,2))>1.03, y=1.2*y; end % 若超调量大,人为增大目标函数
```

由如下语句求解最优控制器模型,并绘制闭环系统的阶跃响应曲线如图 7-16(b) 所示,得出的最优控制器参数向量为 $v = [43.12, 28.475, 55.734, 61.065, 161.497]$。

```
>> v=fmincon(@c6optm2,x0,[],[],[],[],0.01*ones(5,1),[],[],options)
```

亦即校正器模型为 $G_{c_2}(s) = 161.4965 \dfrac{(s+43.1203)(s+55.7344)}{(s+28.4746)(s+61.0652)}$。

事实上,前面所有的设计方法都忽略了一个问题,即控制器的可行性。在上面的控制中,如果计算控制信号,亦即由控制器输出的信号,可以发现其峰值大于 200,这有时会对系统的硬件构成造成威胁,所以在实际应用中一般在控制器后加一个限幅环节,这就涉及非线性系统的计算了。前面介绍的理论化算法均无法直接考虑限幅,而采用这里介绍的最优化方法可以轻而易举地解决这样问题: 只需在 Simulink 仿真模型的相应位置加上限幅即可。

例 7-8 仍考虑前面的例子,假设可以接受的控制信号限幅值为 20,则可以将控制系统仿真框图修改为图 7-17 所示的形式,并改写目标函数为

```
function y=c7optm3(x)
assignin('base','Z1',x(1)); assignin('base','P1',x(2));
assignin('base','Z2',x(3)); assignin('base','P2',x(4));
assignin('base','K',x(5));    % 对 MATLAB 工作空间变量赋值
[t,a,yy]=sim('c7moptm2.mdl',15); y=yy(end,1);   % 求取目标函数
if max(yy(:,2))>1.03, y=1.4*y; end % 若超调量大,人为增大目标函数
```

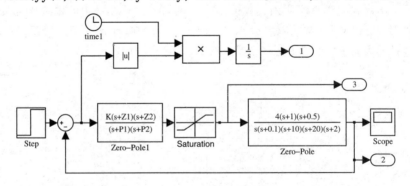

图 7-17   加限幅的 Simulink 仿真模型(文件名: c6moptm3.mdl)

再调用下面的 MATLAB 语句就可以通过寻优的方法设计出最优控制器,得出的控制器参数为 $v = [142.6051, 20.3824, 62.6172, 27.6579, 37.1595]$。

```
>> v=fmincon(@c7optm3,x0,[],[],[],[],0.01*ones(5,1),[],[],options)
```

得出的控制器为 $G_c(s) = 37.1595 \dfrac{(s+142.6051)(s+62.6172)}{(s+20.3824)(s+27.6579)}$。这时得出的输出信号和控制信号如图 7-18 所示。可见,这样设计出的控制器在带有执行器饱和时仍能较好地控制原受控对象。

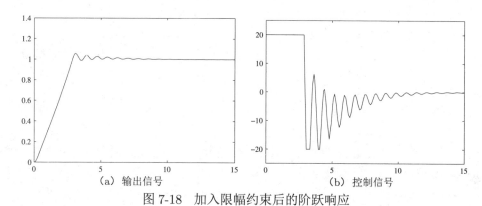

（a）输出信号　　　　　　　　　　　　（b）控制信号

图 7-18　加入限幅约束后的阶跃响应

7.3.2　基于 MATLAB/Simulink 的最优控制程序及其应用

由前面的演示可以看出,基于数值最优化技术的最优控制器设计方法不必拘泥于传统的最优控制格式,可以任意定义目标函数,故它应该比传统的最优控制有更好的应用前景。

作者总结了伺服控制的一般形式,编写了一个基于跟踪误差指标的最优控制器设计程序,依赖 MATLAB 和 Simulink 求解出真正最优的控制器参数,该程序允许用户用 Simulink 描述控制系统模型,其中控制器可以由任意形式给出,允许带有待优化的参数,并可以自动生成最优化需要的目标函数求解用的 MATLAB 函数,然后调用相应的最优化问题求解函数,求出最优控制器的参数。

最优控制器设计程序（optimal controller designer,OCD）调用过程:

① 在 MATLAB 提示符下输入 ocd,则将得出如图 7-19 所示的程序界面,该界面将允许用户利用 MATLAB 和 Simulink 提供的功能设计最优控制器。

② 建立一个 Simulink 仿真模型,该模型应该至少包含以下两个内容:首先应含有待优化的参数变量,这可以在框图的模块参数中直接反映出来,例如在 PI 控制器中使用 Kp 和 Ki 来表示其参数;另外,误差信号的准则需要用输出端子模块表示,例如若选择系统误差信号的 ITAE 作为目标函数,则需要将误差信号后接 ITAE 模块,并将其连接到输出端子 1 口（注意一定要连接到端口 1）。

③ 将对应的 Simulink 模型名填入 Select a Simulink model 编辑框中。

④ 将待优化变量名填写到 Specify Variables to be optimized 编辑框中,且各个变量名之间用逗号分隔。

⑤ 另外还需估计指标收敛的时间段作为终止仿真时间,例如若选择 ITAE 指标,则理论上应该选择的终止仿真时间为 ∞,但在数值仿真时不能这样选择,且时间选择过长则将影响暂态结果,所以应该选择 ITAE 积分刚趋于平稳处的时间填入 Simulation terminate time 栏目中去,注意,这样的参数选择可能影响寻优结果。文献 [9] 中指出,如果 ITAE 曲线进入稳态的时刻为 $\hat{t}_\mathrm{f}$,则终止仿真时刻 t_f 在 $(\hat{t}_\mathrm{f}, 2\hat{t}_\mathrm{f})$ 区间内选择任何值得出的控制器参数变化不大。

⑥ 可以单击 Create File 按钮自动生成描述目标函数的 MATLAB 文件 opt_*.m。OCD 将自动安排一个文件名来存储该目标函数,单击 Clear Trash 按钮可以删除这些暂存的目标函数文件。

⑦ 单击 Optimize 按钮将启动优化过程,对指定的参数进行寻优,在 MATLAB 工作空间中返回,变量名与上面编辑框中填写的完全一致。在实际控制器设计中,为确保能得到理想的控制器,有时需要再次单击此按钮获得更精确最优解。在实际的程序中,该按钮将根据需要自动调用 MATLAB 下的最优化函数 fminsearch()、fmincon() 或 nonlin() 函数进行参数寻优。

⑧ 本程序允许用户指定优化变量的上下界,允许用户自己选择优化参数的初值,还允许选择不同的寻优算法,并允许选择离散仿真算法等,这些都可以通过相应的编辑框和列表框直接实现。

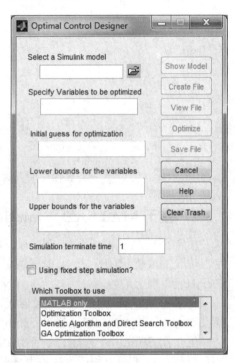

图 7-19   最优控制器设计程序界面

例 7-9 考虑受控对象的模型 $G(s) = 1/[s(s+1)^4]$,可以考虑用最优控制器设计程序搜索 PID 控制器参数。首先需要建立起如图 7-20(a)所示的 Simulink 模型,将受控对象模型设置成 $1/[s(s+1)^4]$。

在 MATLAB 命令窗口输入 ocd 命令,则可以启动最优控制器设计程序,得出如图 7-19 所示的界面。在 Select a Simulink model 编辑框中填写 c7mopt1,在 Specify Variables to be optimized 编辑框中填写 Kp,Ki,Kd,在 Simulation terminate time 栏目填写 30,单击 Create File 按钮,则可以自动生成目标函数的 MATLAB 程序如下:

```
function y=optfun_2(x)
assignin('base','Kp',x(1));
assignin('base','Ki',x(2));
assignin('base','Kd',x(3));
```

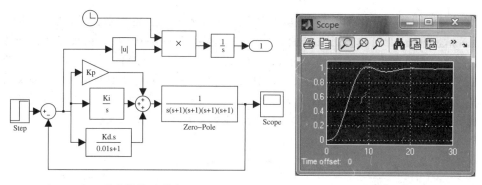

（a）Simulink 仿真模型（文件名: c7mopt1.mdl）　　　　　　（b）控制器控制效果

图 7-20　PID 控制器仿真模型及控制效果

```
[t_time,a,y_out]=sim('c7mopt1.mdl',[0,30.000000]);
y=y_out(end);
```

其中 $2\sim4$ 条程序将优化变量赋给 MATLAB 工作空间中 K_p, K_i, K_d，第 5 条语句在当前 x 向量的参数下对 Simulink 模型进行仿真，第 6 条语句将 ITAE 值赋给输出 y，完成目标函数的计算。

单击 Optimize 按钮则可以开始寻优过程。若同时打开 Simulink 模型中的示波器，则可以在寻优过程中可视地观察寻优过程。经过寻优，可以得出使得 ITAE 指标最小的 PID 控制器为 $G_c(s) = 0.2583 + 0.0001/s + 0.7159s/(0.01s+1)$，其中积分器加权系数为 0.0001，可以忽略，故可以理解成 PD 控制器。在该控制器下系统的闭环阶跃响应如图 7-20（b）所示。可见，由最优控制程序设计出的控制器效果很理想。

例 7-10　最优控制程序不限于简单 PID 类控制器的设计，假设有更复杂的控制结构，比如如图 7-21 所示的串级 PI 控制器。传统的方法需要先设计内环控制器，再设计外环控制器，这里将介绍用 OCD 同时设计串级控制器的方法。

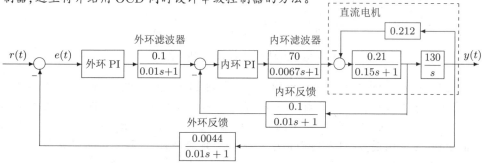

图 7-21　双闭环直流电机拖动系统框图

要解决这样的问题，需要建立起如图 7-22 所示的 Simulink 仿真模型。注意在该模型中定义了 4 个待定参数，Kp1，Ki1，Kp2，Ki2，并定义了误差的 ITAE 指标，输出到第一输出端子上。启动 OCD，在 Select a Simulink model 编辑框中填写 c7model2.mdl，在 Specify Variables to be optimized 编辑框中填写 Kp1,Ki1,Kp2,Ki2,并在 Simulation terminate time 栏目填写终止时间 0.6,则可以单击 Create File 按钮生成描述目标函数的 MATLAB 文件,再单击 Optimize 按钮,则可以得出 ITAE 最优化设计参数为 $K_{p_1} = 37.9118, K_{i_1} = 12.1855, K_{p_2} = 10.8489, K_{i_2} = 0.9591$,亦即外环控制器模型为 $G_{c_1}(s) = 37.9118 + 12.1855/s$,内环控制器为 $G_{c_2}(s) = 10.8489 + 0.9591/s$。在这些控制器下系统的阶跃响应曲线如图 7-23 所示,可见系统响应还是很理想的。

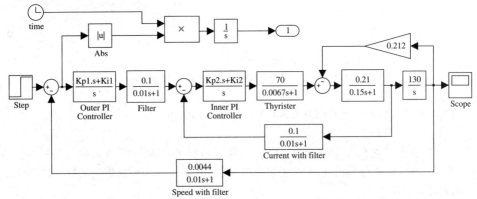

图 7-22　串级控制的 Simulink 仿真模型(文件名: c7model2.mdl)

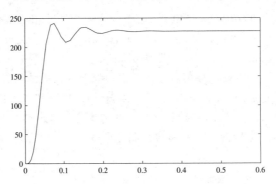

图 7-23　拖动系统最优控制阶跃响应

例 7-11 前面例子中介绍的最优控制器都是针对 ITAE 准则的最优控制,现在通过例子演示为什么采用 ITAE 准则,而一般不采用较容易解析计算的 ISE 准则。仍考虑例 7-9 中给出的受控对象模型,若采用 ISE 准则,则可以搭建出如图 7-24 (a) 所示的 Simulink 仿真框图,经过与前面例子中完全一致的寻优过程,可以设计出最优控制器 $G_c(s) = 0.2722 + 0.0054/s + 1.6954s$,在此控制器作用下的系统阶跃响应曲线如图 7-24 (b) 所示。

　　比较得出的响应曲线可见,由于 ISE 准则全程没有加权,同等处理任何时刻的误差,所以系统超调量大,且进入稳态区域的时间变长,这是控制中所不期望的。采用 ITAE 准则,则因为时间 t 比较大时,为保证指标值小,会迫使稳态误差变小,这样能使

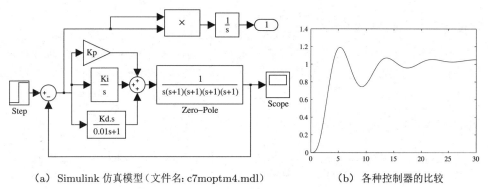

(a) Simulink 仿真模型（文件名: c7moptm4.mdl)　　　(b) 各种控制器的比较

图 7-24　PID 控制器仿真模型及控制效果

得系统尽快进入稳态区域。所以在比较好的控制系统最优设计时，应该采用 ITAE 准则，而不宜采用 ISE、IAE 这样的最优准则。

7.3.3　最优控制程序的其他应用

最优控制程序不仅能用于最优控制器的设计，还可以用于其他需要优化的场合，比如说模型降阶等，用 Simulink 只要能搭建出误差或误差准则模型，就可以用本程序求出最优的参数来。本节将通过例子介绍 OCD 程序在模型降阶中的应用。

例 7-12　现在考虑用 OCD 来研究最优降阶问题。在使用 OCD 之前，应该实现定义一个误差信号，然后对这个误差信号进行某种最优化，就可以利用 OCD 求取最优模型了。假设原系统模型为 $G(s) = 1/(s+1)^6$，可以搭建起一个 Simulink 模型 c7mmr.mdl，如图 7-25 所示，这里可以采用 ITAE 准则来构造误差信号，进行最优降阶研究。

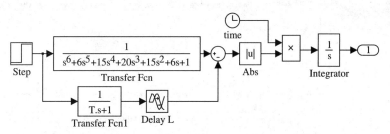

图 7-25　定义降阶误差信号的 Simulink 仿真框图（文件名: c7mmr.mdl)

为简便起见，K 参数没有必要辨识，可以直接采用系统的稳态值，亦即系统分子和分母多项式常数项的比值，对此例来说为 1，所以现在只要需要对 T、L 两个参数进行最优化即可。启动 OCD 程序，在 Select a Simulink model 编辑框中填写 c6mmr.mdl，在 Specify Variables to be optimized 编辑框中填写 L,T，并在 Simulation terminate time 栏目填写终止时间 10，则可以单击 Create File 按钮生成描述目标函数的 MATLAB 文件，再单击 Optimize 按钮，则可以得出 ITAE 最优化拟合参数为 $L = 3.66, T = 2.6665$，亦即得出最优拟合模型为 $G^*(s) = \dfrac{\mathrm{e}^{-3.66s}}{2.6665s + 1}$。

OCD 程序还在很多场合可以直接应用,在控制器设计中可以考虑非线性因素的影响,这是以往控制器设计难以考虑的。下节还将介绍该程序界面在多变量系统设计中的应用。

7.4　控制系统工具箱中的设计界面与应用

MATLAB 的控制系统工具箱提供了两个控制器设计界面: 单变量控制器设计界面(SISO Tool)、PID 控制器设计界面(PID Tool)。本节主要介绍单变量系统控制器设计界面,并通过例子演示该界面的使用方法。

7.4.1　MATLAB 控制器设计界面简介

MATLAB 的控制系统工具箱中提供了一个控制器设计界面 sisotool(),该函数的基本调用方法为 sisotool(G, G_{c}),其中 G 为受控对象模型,G_{c} 为控制器模型。这样将得出一个控制系统设计界面,如图 7-26 所示。单击 Control Architecture 按钮,则可以得出如图 7-27 所示的对话框,允许用户在该界面下选择和修改控制器的结构,其下级界面允许用户添加零极点、调整增益,从而设计出控制器模型,下面将通过一个例子演示该界面的使用方法。

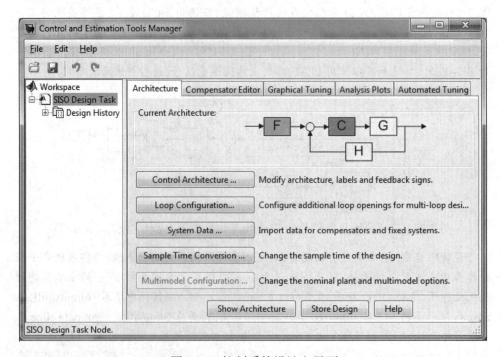

图 7-26　控制系统设计主界面

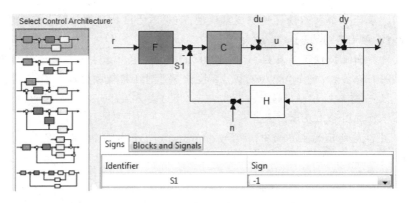

图 7-27　控制系统结构设置对话框

例 7-13 假设受控对象模型为 $G(s) = \dfrac{10(s+1)(s+0.5)}{s(s+0.1)(s+2)(s+10)(s+20)}$。这样就可以用下面的语句启动 sisotool() 函数,得出如图 7-28 所示的控制器设计界面,在界面的左侧是系统的根轨迹曲线,右侧是 Bode 图。

```
>> s=tf('s'); G=4*(s+1)*(s+0.5)/s/(s+0.1)/(s+2)/(s+10)/(s+20)
   Gc1=27283.5668*(s+2.326)*(s+2)/(s+172)/(s+0.3173);
   sisotool(G,Gc1)    % 启动单变量控制器设计界面
```

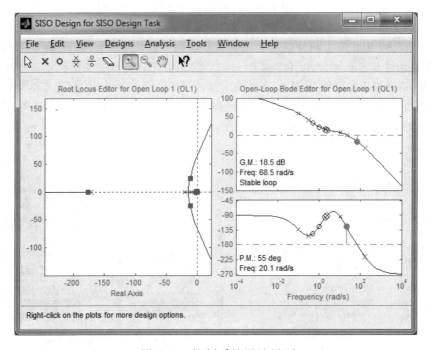

图 7-28　控制系统设计界面

其中用 G_{c_1} 表示一个初始设计的控制器模型,如果不给出初始控制器当然也能直接调用这个函数,调用语句为 sisotool(G)。

在设计界面上提供了工具栏,如图 7-29(a)所示,图中标注了各个按钮的功能,用户可以单击一个按钮,例如"添加实极点"按钮 ✖,则在根轨迹曲线和 Bode 图上添加一个实数极点,亦即给控制器设计一个实极点。用这类方法还可以将选择的控制器的基本结构在根轨迹图形上表示出来。

在如图 7-26 所示的主界面中,按下 Compensator Editor 按钮,将会显示出控制器参数,如图 7-29(b)所示。用户可以通过填写各个参数编辑框来修改控制器参数。

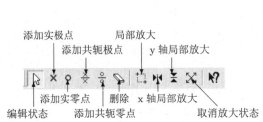

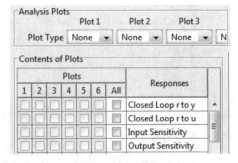

（a）控制器设计工具栏　　　　　　　　　（b）控制器参数显示

图 7-29　控制器设计工具栏

选择主窗口中的 Graphical Tuning 按钮,则可以得出如图 7-30(a)所示的窗口,在该窗口中可以设置图 7-28 中图形化控制器参数调节窗口的布局。例如,在默认的设置下,在左侧显示根轨迹曲线,右侧显示 Bode 图,用户可以用拖动鼠标的方法修改控制器参数,达到好的控制效果。另外,单击主窗口中的 Analysis Plots 按钮,还可以设置每个图形的模型组合。例如,在其中 Plot Type 和 Plot 1 列表框中选择 Step,且在 Responses 组中为第 1 组曲线选择 Closed Loop: r to y,则将在该窗口中绘制出闭环系统从输入 r 到输出 y 之间的阶跃响应曲线。

（a）曲线设置布局　　　　　　　　　　（b）图形显示布局设置

图 7-30　曲线显示形式设置

单击 Analysis Plots 选项卡,将打开一个如图 7-30(b)所示的对话框,从中可以选择需要显示的曲线,这里选择了只显示输出信号。

系统在当前控制器下的阶跃响应曲线可以通过选择 Analysis→ Response to Step Command 菜单显示出来,如图 7-31(a)所示;还可以利用选中其中的 Real-Time Update 复选框,将在控制器发生变化时,系统的响应曲线进行实时的更新。这样,若用户调整了控制器的参数,新系统的响应将直接反映出来。

假设想设计一个超前滞后校正器,则可以在当前的超前校正器的基础上再分别选择一个实极点和一个实零点,将极点置于零点的左侧,用户可以随意调整零点、极点及增益的值,最终得出较理想的响应曲线,如图 7-31(b)所示,这可能是用界面直接手动调节系统控制器参数所能得到的最好的响应曲线。这样,从设计界面可以读出控制器为

$$G_{\mathrm{c}}(s) = 434\frac{(1+0.049s)(1+0.035s)}{(1+0.0086s)(1+0.015s)}。$$

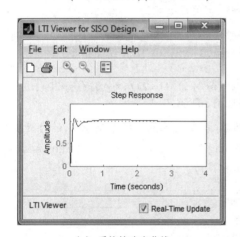
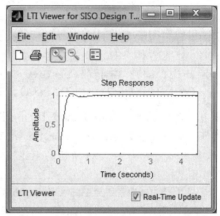

(a) 系统的响应曲线　　　　　　　(b) 手工可得最好控制器的效果

图 7-31　闭环系统的阶跃响应曲线

7.4.2　单变量控制器参数自动整定举例

利用主界面中的 Automated Tuning 按钮,还可以自动调节控制器的参数。单击 Automated Tuning 栏目,则将给出如图 7-32 所示的控制器参数整定界面。该界面的 Design method 列表框下提供了各种控制器设计方法,包括基于优化的控制器设计工具(Optimization Based Tuning)、PID 控制器整定(PID Tuning)、内模控制(Internal Model Control (IMC) Tuning)、LQG 控制器设计(LQG Synthesis)与回路成型设计(Loop Shaping)等设计工具。这里介绍基于优化的参数整定方法。

例 7-14　仍然考虑前面例子中的受控对象模型。如果想设计出一个超前滞后校正器,并自动整定出校正器的参数,则需要事先在 MATLAB 下先构造一个控制器模型,如

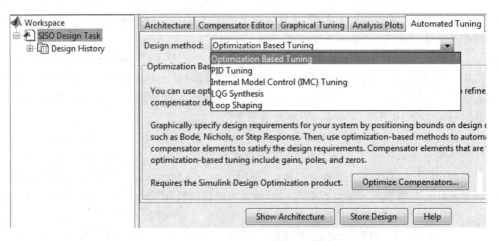

图 7-32 控制器参数整定方法选择

$G_c(s) = \dfrac{(s+1)(s+2)}{(s+3)(s+4)}$。这样就可以用下面命令启动 SISO Tool 设计界面。

```
>> s=tf('s'); G=4*(s+1)*(s+0.5)/s/(s+0.1)/(s+2)/(s+10)/(s+20);
   Gc=(s+1)*(s+2)/(s+3)/(s+4); sisotool(G,Gc)
```

在主界面上单击 Automated Tuning 栏目,则可以得出如图 7-32 所示的自动整定主界面。选择其中的 Optimization Based Tuning 选项,再单击 Optimize Compensation 按钮,则可以打开如图 7-33 所示的步骤提示和界面。

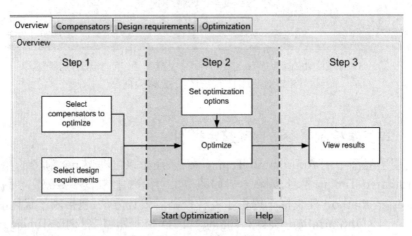

图 7-33 参数自整定步骤提示与设置

从提示的步骤看,首先需要用户选择控制器结构和需要优化的参数,然后需要设定优化指标,最后开始优化过程,设计出所需的控制器。这里将按照上述步骤演示控制器参数整定的全过程。

① **优化参数选择**。单击 Compensators 标签,可以得出如图 7-34 所示的界面,用户可以将需要优化的参数选中。对本例来说,需要选中增益和零极点共 5 个参数。

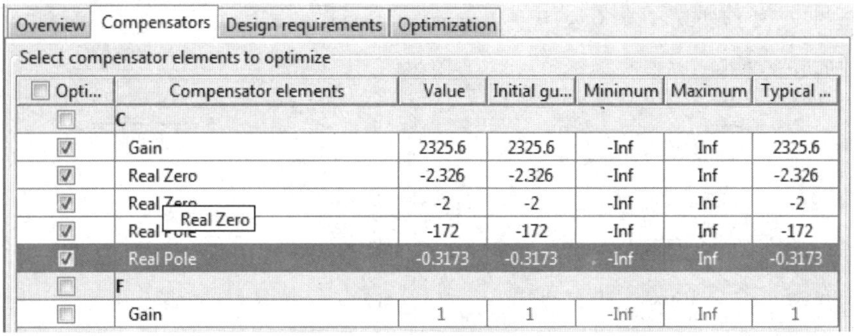

图 7-34　需要整定的控制器参数选择

② **优化指标选择**。单击 Design requirements 标签,可以得出如图 7-35 所示的界面。默认情况下并没有事先选定的指标,所以需要用户自己添加所需的指标。单击 Add new design requirement 按钮,则可以得出如图 7-36 所示的设置对话框,用户可以在其中选择所需的控制指标,如超调量限制、调节时间设置等。

图 7-35　优化指标选择对话框

③ **参数优化**。单击主界面中的 Start Optimization 按钮,则可以打开如图 7-37 所示的阶跃响应界面,在界面上给出了三条线,分别约束超调量、调节时间、上升时间等指标。用户可以用鼠标拖动的方法直接修改这些指标。选定了这些指标,就可以再单击 Start Optimization 按钮开始整个优化过程,最终可以设计出所需的最优控制器。在设计过程中,有时这几个指标设置不当,则不能得出性能较好的控制器,需要放松指标再重新进行设计。右击这三条线,就可以重新打开如图 7-36 所示的对话框,用户可以重新填写相应的指标。

④ **控制器结果与效果显示**。控制器设计完成之后,单击 Compensators 标签,则得出如图 7-38(a) 所示的对话框,显示出控制器的各个参数。这时控制器的控制效果如图 7-38(b) 所示。可见,这样整定出来的控制器效果远远优于例 7-13 中手工整定的结果。

其实,这样得出的控制器是满意控制器而非最优控制器。如果这三条线选择的合适,则能够设计出真正的好控制器,但这三条线的选择并不是一件容易的事,需

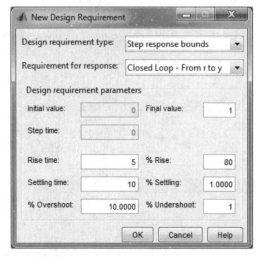

图 7-36 控制器设计要求对话框   图 7-37 控制器设计图形表示

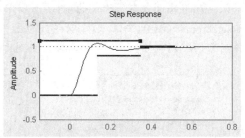

（a）控制器设计结果   （b）控制器作用下的阶跃响应

图 7-38 直接设计出的控制器及其效果

要反复试凑。和前面介绍的 OCD 程序相比,这样的设计显得很繁琐并显得不客观,且很难设计出真正有意义的控制器。

7.5 多变量系统的频域设计方法

前面介绍过,基于频域响应的设计方法在设计单变量系统时是最常用的方法,其主要原因是在设计过程中可以产生很多可视的图形,用户可以通过观察图形来决定对控制器参数的调节。直至 20 世纪 60 年代末期英国学者 Howard H Rosenbrock、Alistair G J MacFarlane 等开始研究多变量系统的频域设计方法,并取得了一系列引人注目的成就,在控制界称其研究为英国学派（British School）。

多变量系统由于其输入输出之间具有耦合性,所以如果能找到较好的解耦算法,则可以将多变量系统的设计问题转换成单变量系统的设计问题。多变量系统的频域设计常用的方法包括逆 Nyquist 阵列方法[10]、特征轨迹法（characteristic locus method）[11]、反标架坐标法（reversed-frame normalisation，RFN）[12]、序贯回路闭合方法（sequential loop closing）[13]、参数最优化方法（parameters optimization method）[14]等。

　　本节先介绍多变量系统的伪对角化方法，然后介绍基于逆 Nyquist 阵列的多变量系统解耦与设计方法，并介绍参数最优化在多变量系统频域设计中的应用，最后将介绍最优控制程序 OCD 在多变量系统设计中的应用。

7.5.1　对角占优系统与伪对角化

　　在多变量系统的频域分析中，经常要判断传递函数矩阵是否为对角占优矩阵，即判断各个输入与输出之间的耦合情况，如果系统是对角占优型传递函数矩阵，则可以对各个回路进行单独地设计，而不会影响其他的回路。对角占优性的判断是依靠矩阵对角元素特征值范围判定的 Gershgorin 圆来完成的。具体的内容在 5.5 节中已经介绍。

　　如果给定的传递函数矩阵不是对角占优的，则需要引入某种补偿方法将它化为对角占优的矩阵，然后可以不考虑各个输入信号之间的耦合，依照单变量系统的方法对各个输入进行单独地设计。Nyquist 类方法最典型的控制框图如图 7-39 所示，其中 $\boldsymbol{K}_{\mathrm{p}}(s)$ 为预补偿矩阵，它使得 $\boldsymbol{G}(s)\boldsymbol{K}_{\mathrm{p}}(s)$ 为对角占优矩阵，而 $\boldsymbol{K}_{\mathrm{d}}(s)$ 可以对得出的对角占优矩阵作动态的补偿，使之满足某些动态特性，达到设计目的。

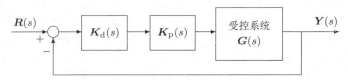

图 7-39　典型多变量系统设计框图

　　在多变量系统的设计中，求取 $\boldsymbol{K}_{\mathrm{p}}(s)$ 矩阵是关键的一步，它将决定最终设计的结果，在实际应用中往往将该矩阵设计成最简单的常数矩阵形式。用户可以根据自己的经验选中一个常数矩阵，该矩阵可以对系统的传递函数矩阵进行初等代数变换，使之成为对角占优的矩阵。选取 $\boldsymbol{K}_{\mathrm{p}}(s)$ 可以采用试凑的方法，一般可以将 $\boldsymbol{K}_{\mathrm{p}}(s)$ 选择为 $\boldsymbol{K}_{\mathrm{p}}(s) = \boldsymbol{G}^{-1}(0)$，该矩阵至少可以使得 $\boldsymbol{G}(s)\boldsymbol{K}_{\mathrm{p}}(s)$ 在频率为 0 时为单位矩阵，从而满足对角占优的要求。

　　采用试凑的方法毕竟不利于计算机辅助设计，所以很多学者提出不同的系统方法对传递函数矩阵进行对角占优化，下面将介绍一种最优化的方法来求取预补偿矩阵 $\boldsymbol{K}_{\mathrm{p}}$，这一方法又称为伪对角化方法[15]。假设在 $\mathrm{j}\omega_0$ 频率处的系统传递函数矩阵的逆 Nyquist 阵列表示为

$$\hat{g}_{ik}(\mathrm{j}\omega_0) = \alpha_{ik} + \mathrm{j}\beta_{ik}, \ i,k = 1,2,\cdots,m \qquad （7\text{-}5\text{-}1）$$

这里 m 为输出变量的个数,并假定系统的输入与输出个数相同。如果想获得一个最优的补偿矩阵 $\boldsymbol{K}_\mathrm{p}$,则可以采用下面的步骤:

① 选择一个函数的频率点 $\mathrm{j}\omega_0$,求出系统的逆 Nyquist 阵列 $\hat{g}_{ik}(\mathrm{j}\omega_0)$。

② 对各个 q 值($q=1,2,\cdots,m$),构成一个矩阵 $\boldsymbol{A}_q$,其中

$$a_{il,q} = \sum_{k=1\,\text{且}\,k\neq q}^{m} \Big[\alpha_{ik}\alpha_{lk} + \beta_{ik}\beta_{lk}\Big], \quad i,l=1,2,\cdots,m \tag{7-5-2}$$

③ 求取 $\boldsymbol{A}_q$ 矩阵的特征值与特征向量,并将最小特征值的特征向量记作 $\boldsymbol{k}_q$。

④ 由上面的各个 q 值得出的最小特征向量可以构成补偿矩阵 $\boldsymbol{K}_\mathrm{p}$

$$\boldsymbol{K}_\mathrm{p}^{-1} = \Big[\boldsymbol{k}_1, \boldsymbol{k}_2, \cdots, \boldsymbol{k}_m\Big]^\mathrm{T} \tag{7-5-3}$$

上面介绍的伪对角化方法是基于某一频率的,而具体应该针对哪个频率去设计还应该通过试凑的方法来完成。还可以考虑对某个频率段进行加权来实现伪对角化的方法,选择 N 个频率点 $\omega_1,\omega_2,\cdots,\omega_N$,并假设对第 r 个频率点引入加权系数 ψ_r,按照如下的方法构造 $\boldsymbol{A}_q$ 矩阵

$$A_{il,q} = \sum_{r=1}^{N} \psi_r \left[\sum_{k=1\,\text{且}\,k\neq q}^{m} (\alpha_{ik,r}\alpha_{lk,r} + \beta_{ik,r}\beta_{lk,r}) \right] \tag{7-5-4}$$

其中 $\alpha_{:,:,r}$ 和 $\beta_{:,:,r}$ 表示第 r 点处的 α 和 β 值,这样就可以进入前面算法的步骤③来求取伪对角化矩阵 $\boldsymbol{K}_\mathrm{p}$ 了。

依照上述算法可以用 MATLAB 编写出伪对角化函数 pseudiag(),该函数可以由给定频率段的逆 Nyquist 数据 $\boldsymbol{G}_1$ 来得出 $\boldsymbol{K}_\mathrm{p}$ 矩阵,其中 $\boldsymbol{R}$ 为加权系数 ψ_i 构成的向量,若不给出此选项则加权系数全选择为 1。该函数的程序清单为

```
function Kp=psuediag(G1,R)
A=real(G1); B=imag(G1); [n,m]=size(G1); N=n/m; Kp=[];
if nargin==1, R=ones(N,1); end
for q=1:m, L=[1:q-1, q+1:m];
   for i=1:m, for l=1:m, a=0;
     for r=1:N, k=(r-1)*m;
       a=a+R(r)*sum(A(k+i,L).*A(k+l,L)+B(k+i,L).*B(k+l,L));
     end,
     Ap(i,l)=a;
   end, end
   [x,d]=eig(Ap); [xm,ii]=min(diag(d)); Kp=[Kp; x(:, ii)'];
end
```

例 7-15 考虑下面的 4 输入 4 输出蒸汽锅炉温度控制模型[10]

$$\boldsymbol{G}(s) = \begin{bmatrix} 1/(1+4s) & 0.7/(1+5s) & 0.3/(1+5s) & 0.2/(1+5s) \\ 0.6/(1+5s) & 1/(1+4s) & 0.4/(1+5s) & 0.35/(1+5s) \\ 0.35/(1+5s) & 0.4/(1+5s) & 1/(1+4s) & 0.6/(1+5s) \\ 0.2/(1+5s) & 0.3/(1+5s) & 0.7/(1+5s) & 1/(1+4s) \end{bmatrix}$$

由下面的 MATLAB 语句可以立即绘制出带有 Gershgorin 带的逆 Nyquist 图，为方便起见，本书中只绘制对角元素的图形，如图 7-40（a）所示。

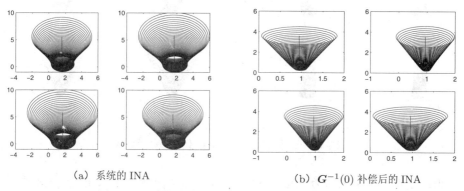

（a）系统的 INA　　　　　　（b）$\boldsymbol{G}^{-1}(0)$ 补偿后的 INA

图 7-40　系统带有 Gershgorin 带的逆 Nyquist 图

```
>> s=tf('s'); w=logspace(-1,0);
   G=[1/(1+4*s), 0.7/(1+5*s), 0.3/(1+5*s), 0.2/(1+5*s);
      0.6/(1+5*s), 1/(1+4*s), 0.4/(1+5*s), 0.35/(1+5*s);
      0.35/(1+5*s), 0.4/(1+5*s), 1/(1+4*s), 0.6/(1+5*s);
      0.2/(1+5*s),0.3/(1+5*s),0.7/(1+5*s),1/(1+4*s)]; H=mfrd(G,w);
   subplot(221), inagersh(H,[1 1]), subplot(222), inagersh(H,[2 2])
   subplot(223), inagersh(H,[3 3]), subplot(224), inagersh(H,[4 4])
```

从得出的图形可见，原系统不是对角占优的系统，所以需要校正。选择预校正矩阵 $\boldsymbol{K} = \boldsymbol{G}^{-1}(0)$，则可以由下面的语句绘制出校正后的逆 Nyquist 曲线，如图 7-40（b）所示。可见，这样的系统的对角占优性有所改善，但由于 Gershgorin 带较宽，所以不能直接设计控制器。

```
>> K=inv(mfrd(G,0)); W=mfrd(G*K,w);
   subplot(221), inagersh(W,[1 1]), subplot(222), inagersh(W,[2 2])
   subplot(223), inagersh(W,[3 3]), subplot(224), inagersh(W,[4 4])
```

再考虑根据上面的 pseudiag() 函数对 $\omega_0 = 0.9\,\mathrm{rad/s}$ 作伪对角处理，这时补偿模型的逆 Nyquist 图如图 7-41（a）所示。

```
>> v=0.9; iH=mfrd(inv(G),v); Kp=inv(pseudiag(iH)), V=mfrd(G*Kp,w);
   subplot(221), inagersh(V,[1 1]), subplot(222), inagersh(V,[2 2])
   subplot(223), inagersh(V,[3 3]), subplot(224), inagersh(V,[4 4])
```

可以得出系统的前置补偿矩阵为

$$\boldsymbol{K}_{\mathrm{p}} = \begin{bmatrix} 1.6595 & -0.91346 & -0.14286 & 0.056197 \\ -0.73847 & 1.755 & -0.24064 & -0.25876 \\ -0.25876 & -0.24064 & 1.755 & -0.73847 \\ 0.056197 & -0.14286 & -0.91346 & 1.6595 \end{bmatrix}$$

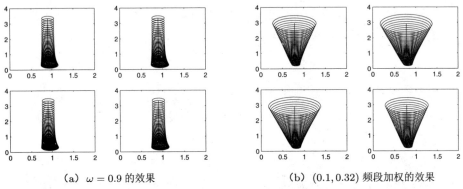

（a）$\omega = 0.9$ 的效果   （b）$(0.1, 0.32)$ 频段加权的效果

图 7-41   不同频域加权下的伪对角化效果

由此可见，这样补偿后的系统已经趋于对角矩阵了，所以可以采用类似于单变量系统的方法去进行设计，而不必顾忌某一回路会影响其他回路。如果想对某段频域响应数据进行加权处理，例如对 $(0.01, 0.4)$ 这段频域响应数据加权，则可以给出如下语句

```
>> v=logspace(-2,log10(0.4)); iH=mfrd(inv(G),v);
   Kp=inv(pseudiag(iH)), Q=mfrd(G*Kp,w);
   subplot(221), inagersh(Q,[1 1]), subplot(222), inagersh(Q,[2 2])
   subplot(223), inagersh(Q,[3 3]), subplot(224), inagersh(Q,[4 4])
```

这样得出的前置补偿矩阵为

$$\boldsymbol{K}_{\mathrm{p}} = \begin{bmatrix} 2.036 & -1.3304 & -0.18838 & 0.14936 \\ -1.0707 & 2.1785 & -0.27704 & -0.35538 \\ -0.35538 & -0.27704 & 2.1785 & -1.0707 \\ 0.14936 & -0.18838 & -1.3304 & 2.036 \end{bmatrix}$$

得出的 Nyquist 曲线如图 7-41（b）所示。从得出的曲线可以看出加权的效果。

文献 [16] 中还仿照这一伪对角化的方法给出了构造动态补偿器 $\boldsymbol{K}_{\mathrm{p}}(s)$ 的方法，读者可以自己去查阅有关文献。

前面介绍了多变量系统的对角占优补偿方法，通过这些方法可以将系统近似变换成对角占优模型，这样就可以对每个回路单独设计控制器了。逆 Nyquist 阵列设计方法有一个最大的局限性，即原系统的传递函数矩阵为方阵，亦即系统的输入和输出个数是相同的，因为只有这样才能保证系统的逆 Nyquist 矩阵的存在。若系统传递函数矩阵不是方阵时则不能采用逆 Nyquist 阵列方法，而必须采用直接 Nyquist 阵列（direct Nyquist array，DNA）方法来设计。

例 7-16 考虑例 5-39 中给出的含有延迟的多变量系统传递函数矩阵

$$\boldsymbol{G}(s) = \begin{bmatrix} \dfrac{0.1134\mathrm{e}^{-0.72s}}{1.78s^2 + 4.48s + 1} & \dfrac{0.924}{2.07s + 1} \\ \dfrac{0.3378\mathrm{e}^{-0.3s}}{0.361s^2 + 1.09s + 1} & \dfrac{-0.318\mathrm{e}^{-1.29s}}{2.93s + 1} \end{bmatrix}$$

原系统不是对角占优系统,经过 $\boldsymbol{K}_{p1} = \boldsymbol{G}^{-1}(0)$ 补偿后,系统的 $g_{22}(s)$ 项亦不明显,引入补偿矩阵 $\boldsymbol{K}_{p2}^{-1} = [1,0;0.5,1]$ 对之进一步补偿,这样补偿后的逆 Nyquist 曲线如图 7-42(a)所示,可见补偿后的系统为对角占优。

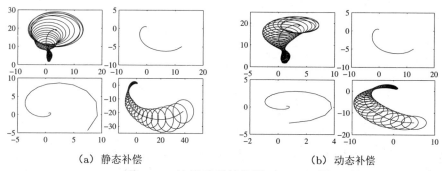

(a) 静态补偿　　　　　　　　　　(b) 动态补偿

图 7-42　补偿后系统的逆 Nyquist 图

```
>> G=[tf(0.1134,[1.78 4.48 1]), tf([0.924],[2.07,1]);
      tf(0.3378,[0.361,1.09,1]), tf(-0.318,[2.93 1])];
   G1=G; G1.ioDelay=[0.72 0; 0.3 1.29];
   w=logspace(0,1); Kp1=inv(mfrd(G,0));
   Kp2=inv([1 0; 0.5 1]); H3=mfrd(G1*Kp1*Kp2,w); inagersh(H3)
```

这时对得出的对角占优系统可以利用单变量系统的设计方法对两个回路进行单独设计,例如引入下面的动态补偿矩阵

$$\boldsymbol{K}_{d}(s) = \begin{bmatrix} 1 & 0 \\ 0 & (0.3s+1)/(0.05s+1) \end{bmatrix}, \; 即 \; \boldsymbol{K}_{d}^{-1}(s) = \begin{bmatrix} 1 & 0 \\ 0 & (0.05s+1)/(0.3s+1) \end{bmatrix}$$

这时 $\boldsymbol{Q}^{-1}(s) = \boldsymbol{K}_{d}^{-1}(s)\boldsymbol{K}_{p2}^{-1}\boldsymbol{K}_{p1}^{-1}\boldsymbol{G}^{-1}(s)$ 的逆 Nyquist 图如图 7-42(b)所示,可以发现补偿后的系统有较强的对角占优特性。

```
>> s=tf('s'); Kd=[1 0; 0 (0.3*s+1)/(0.05*s+1)];
   inagersh(mfrd(G1*Kp1*Kp2*Kd,w))
```

这样,可以通过下面指令直接绘制出系统的阶跃响应曲线,如图 7-43 所示。

```
>> step(feedback(ss(G1)*Kp1*Kp2*Kd,eye(2)),15)
```

7.5.2　多变量系统的参数最优化设计

文献 [14] 提出了一种实用的参数最优化方法来设计多变量系统,假定该系统的框图如图 7-44 所示,其中 $\boldsymbol{G}(s)$ 为系统对象的传递函数矩阵,$\boldsymbol{K}(s)$ 为控制器传递函数矩阵,且令输入和输出的个数分别为 l 和 m。这时系统的闭环传递函数矩阵可以写成

$$\boldsymbol{T}(s) = \boldsymbol{G}(s)\boldsymbol{K}(s)\left[\boldsymbol{I} + \boldsymbol{G}(s)\boldsymbol{K}(s)\right]^{-1} \tag{7-5-5}$$

若在某一个给定的频率区域内,能使得闭环传递函数矩阵尽可能地接近于一

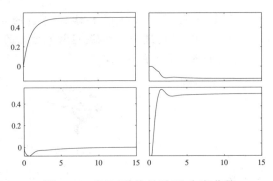

图 7-43   闭环系统的阶跃响应曲线

个预先指定的目标传递函数矩阵,则能用某种参数最优化的方法来设计出合适的控制器,这就是文献 [14] 的最初目的。假设目标传递函数矩阵可以表示为 $T_t(s)$(为推导方便,以后省去自变量 s),则对应于 T_t 的目标控制器 K_t 满足 $GK_t = T_t(I - T_t)^{-1}$。从而定义一个误差函数 $E = T_t - T$,通过简单的变换可以很容易地证明

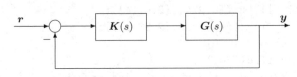

图 7-44   多变量控制系统的结构图

$$E = (I - T)(GK - GK_t)(I - T_t) \tag{7-5-6}$$

若 $\|E\|$ 足够小,亦即使得 K 足够接近 K_t,则可以得出

$$
\begin{aligned}
E &= (I - T_t)(GK - GK_t)(I - T_t) + o(\|E\|^2) \\
&\approx (I - T_t)(GK - GK_t)(I - T_t)
\end{aligned} \tag{7-5-7}
$$

定义 $K(s) = N(s)/d(s)$,其中 $d(s)$ 为用户选定的公分母多项式,且 $N(s)$ 为已知阶次的多项式矩阵,但其参数为待定的,并令 $B = I - T_t$,$A = BG/d(s)$,且 $Y = BGK_tB$,则式 (7-5-7) 可以写成

$$Y(s) \approx A(s)N(s)B(s) + E(s) \tag{7-5-8}$$

为找出最优的 $N(s)$ 参数,可以定义下面的最优化准则

$$\|E\|_2^2 = \min_{N(s)} \int_{-\infty}^{\infty} \mathrm{tr}\Big[E^{\mathrm{T}}(-\mathrm{j}\omega)E(\mathrm{j}\omega) \Big] \mathrm{d}\omega \tag{7-5-9}$$

式中 $Y(s) = [y_1(s), y_2(s), \cdots, y_m(s)]$,$N(s) = [n_1(s), n_2(s), \cdots, n_m(s)]$,$E(s) =$

$[e_1(s), e_2(s), \cdots, e_m(s)]$。这样,可以写出下面的关系式

$$
\begin{bmatrix} y_1(s) \\ y_2(s) \\ \vdots \\ y_m(s) \end{bmatrix} \approx \left[\boldsymbol{B}^{\mathrm{T}}(s) \otimes \boldsymbol{A}(s) \right] \begin{bmatrix} \boldsymbol{n}_1(s) \\ \boldsymbol{n}_2(s) \\ \vdots \\ \boldsymbol{n}_m(s) \end{bmatrix} + \begin{bmatrix} e_1(s) \\ e_2(s) \\ \vdots \\ e_m(s) \end{bmatrix} \tag{7-5-10}
$$

控制器分子多项式 $\boldsymbol{n}_i(s)$ 可以写成 $\boldsymbol{n}_i(s) = [n_{1i}(s), n_{2i}(s), \cdots, n_{li}(s)]^{\mathrm{T}}$,且假设

$$
n_{ij}(s) = v_{ij}^0 s^p + v_{ij}^1 s^{p-1} + \cdots + v_{ij}^{p-1} s + v_{ij}^p \tag{7-5-11}
$$

其中对 $\boldsymbol{n}_i(s)$ 来说,p 可以是一个选定的正整数,这样可以用矩阵的形式来描述分子系数,对某些阶次较低的子多项式仍可作这样的设置,只不过其高次项的系数等于 0 就可以了。构造如下矩阵

$$
\boldsymbol{\Sigma}(s) = \begin{bmatrix} s^p & s^{p-1} & \cdots & 1 & & & & \\ & & & & s^p & s^{p-1} & \cdots & 1 \\ & & & & & & \ddots & \\ & & & & & s^p & s^{p-1} & \cdots & 1 \end{bmatrix} \tag{7-5-12}
$$

则

$$
\begin{bmatrix} \boldsymbol{n}_1(s) \\ \boldsymbol{n}_2(s) \\ \vdots \\ \boldsymbol{n}_m(s) \end{bmatrix} = \boldsymbol{\Sigma} \boldsymbol{v}, \quad \text{且} \quad \boldsymbol{v} = [v_{11}^0, v_{11}^1, \cdots, v_{ml}^p]^{\mathrm{T}} \tag{7-5-13}
$$

令 $\boldsymbol{X}(s) = [\boldsymbol{B}^{\mathrm{T}}(s) \otimes \boldsymbol{A}(s)] \boldsymbol{\Sigma}(s), \boldsymbol{\eta}(s) = [\boldsymbol{y}_1^{\mathrm{T}}(s), \boldsymbol{y}_2^{\mathrm{T}}(s), \cdots, \boldsymbol{y}_m^{\mathrm{T}}(s)]^{\mathrm{T}}, \boldsymbol{\varepsilon}(s) = [e_1^{\mathrm{T}}(s), e_2^{\mathrm{T}}(s), \cdots, e_m^{\mathrm{T}}(s)]^{\mathrm{T}}$,则式 (7-5-10) 将写成下面的最小二乘标准形式

$$
\boldsymbol{\eta}(s) = \boldsymbol{X}(s)\boldsymbol{v} + \boldsymbol{\varepsilon}(s) \tag{7-5-14}
$$

为得出 $\boldsymbol{\eta}$ 和 $\boldsymbol{X}$ 矩阵,可以通过频率分析的方法获得在一些选定频率点 $\{\omega_i\}, i = 1, 2, \cdots, M$,通过前面的各式近似出 $\boldsymbol{X}(\mathrm{j}\omega_i)$ 和 $\boldsymbol{\eta}(\mathrm{j}\omega_i)$,从而构成 $\boldsymbol{X}(\mathrm{j}\omega)$ 和 $\boldsymbol{\eta}(\mathrm{j}\omega)$ 矩阵

$$
\boldsymbol{X}(\mathrm{j}\omega) = \begin{bmatrix} \boldsymbol{X}(\mathrm{j}\omega_1) \\ \boldsymbol{X}(\mathrm{j}\omega_2) \\ \vdots \\ \boldsymbol{X}(\mathrm{j}\omega_M) \end{bmatrix}, \quad \boldsymbol{\eta}(\mathrm{j}\omega) = \begin{bmatrix} \eta(\mathrm{j}\omega_1) \\ \eta(\mathrm{j}\omega_2) \\ \vdots \\ \eta(\mathrm{j}\omega_M) \end{bmatrix} \tag{7-5-15}
$$

显然由式 (7-5-14) 可以直接得出控制器参数的最小二乘解

$$
\hat{\boldsymbol{v}} = \left[\boldsymbol{X}^{\mathrm{T}}(-\mathrm{j}\omega) \boldsymbol{X}(\mathrm{j}\omega) \right]^{-1} \boldsymbol{X}^{\mathrm{T}}(-\mathrm{j}\omega) \boldsymbol{\eta}(\mathrm{j}\omega) \tag{7-5-16}
$$

仔细观察上式立即可以发现问题：由此式得出的 $\hat{v}$ 参数难免出现复数值，这就使得得出的控制器无法实现，所以要对上面的计算方式进行改进，以确保得出实数的 v 值。文献 [14] 给出了这样的算法

$$\hat{v} = \mathscr{R}\left[\boldsymbol{X}^{\mathrm{T}}(-\mathrm{j}\omega)\boldsymbol{X}(\mathrm{j}\omega)\right]^{-1}\mathscr{R}\left[\boldsymbol{X}^{\mathrm{T}}(-\mathrm{j}\omega)\boldsymbol{\eta}(\mathrm{j}\omega)\right] \tag{7-5-17}$$

其中 $\mathscr{R}(\cdot)$ 为提取实部的算符。

MFD 工具箱给出了实现参数最优化的 fedmunds() 函数，该函数扩展了参数最优化算法，不再要求控制器具有公分母 $d(s)$，而是每个子传递函数可以有自己的控制器结构。该函数的调用格式为 $\boldsymbol{N} = \mathtt{fedmunds}(\boldsymbol{w}, \boldsymbol{H}, \boldsymbol{H}_{\mathrm{t}}, \boldsymbol{N}_0, \boldsymbol{D})$，其中，$\boldsymbol{w}$ 为选定的频率向量，$\boldsymbol{H}$ 和 $\boldsymbol{H}_{\mathrm{t}}$ 为受控对象 $\boldsymbol{G}(s)$ 和目标系统 $\boldsymbol{T}(s)$ 的频域响应数据，$\boldsymbol{N}_0$ 和 $\boldsymbol{D}$ 为控制器分子和分母多项式的表示形式，其中 $\boldsymbol{N}_0$ 更多地表示分子的结构，如其中某个参数等于 0，则说明在控制器设计中不必求解该参数，从而简化控制器设计的计算量。返回的矩阵 $\boldsymbol{N}$ 为优化的分子系数矩阵。下面将通过例子演示这些参数的使用方法及其在控制器设计中的应用。

例 7-17 考虑下面给出的一个状态方程模型[17]

$$\boldsymbol{A} = \begin{bmatrix} 0 & 0 & 1.1320 & 0 & -1 \\ 0 & -0.0538 & -0.1712 & 0 & 0.0705 \\ 0 & 0 & 0 & 1 & 0 \\ 0 & 0.0485 & 0 & -0.8556 & -1.013 \\ 0 & -0.2909 & 0 & 1.0532 & -0.6859 \end{bmatrix}, \quad \boldsymbol{B} = \begin{bmatrix} 0 & 0 & 0 \\ -0.120 & 1 & 0 \\ 0 & 0 & 0 \\ 4.419 & 0 & -1.665 \\ 1.575 & 0 & -0.0732 \end{bmatrix}$$

且 $\boldsymbol{C} = \begin{bmatrix} \boldsymbol{I}_3 & \boldsymbol{0}_{3\times 2} \end{bmatrix}$，可见此系统为 3 输入 3 输出的模型，可以用下面的语句直接输入受控对象模型，并计算出其频域响应数据

```
>> A=[0,0,1.1320,0,-1; 0,-0.0538,-0.1712,0,0.0705; 0,0,0,1,0;
      0,0.0485,0,-0.8556,-1.013;0,-0.2909,0,1.0532,-0.6859];
   B=[0,0,0; -0.120,1,0; 0,0,0; 4.419,0,-1.665; 1.575,0,-0.0732];
   C=eye(3,5); G=ss(A,B,C,0); w=logspace(-3,2); Hg=mfrd(G,w);
```

对此系统选择闭环目标传递函数为 $\boldsymbol{T}_{\mathrm{t}}(s) = \mathrm{diag}\left[\dfrac{3^2}{(s+3)^2}, \dfrac{3^2}{(s+3)^2}, \dfrac{10^2}{(s+10)^2}\right]$，则其模型及频域响应数据可以由下面的语句输入

```
>> s=tf('s'); g=3^2/(s+3)^2; T=[g,0,0; 0,g,0; 0,0,10^2/(s+10)^2];
```

由给出的受控对象模型和目标模型可以求出目标控制器 $\boldsymbol{K}_{\mathrm{t}} = \boldsymbol{G}^{-1}\boldsymbol{T}_{\mathrm{t}}(\boldsymbol{I} - \boldsymbol{T}_{\mathrm{t}})^{-1}$，并绘制出其 Bode 图，如图 7-45 所示❶。

```
>> I=eye(3); Kt=inv(G)*T*inv(I-T); Hk=mfrd(Kt,w); Ht=mfrd(T,w);
   for i=1:3, for j=1:3,
      subplot(3,3,3*(i-1)+j); G0=fget(w,Hk,[i,j]);
```

---

❶ 下面的循环语句可以用 bodemag$(K_{\mathrm{t}}, \boldsymbol{w})$ 函数取代，但该函数无法单独设置每个子图的纵坐标范围，使得整个图形的可读性不高，故不宜采用 bodemag() 函数。

```
      semilogx(w,20*log10(abs(G0))), xlim([0.001,100])
end, end
```

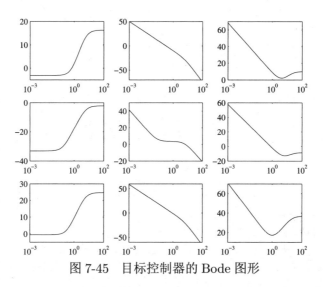

图 7-45 目标控制器的 Bode 图形

由该图可见,对第 1 输入并不需要加一个积分器,而其他两个输入需要加一个积分器。另外由图可以看出,对第 1 输入选择 -6 作为极点位置比较合适,而对第 2, 3 输入可以分别选择 -6 和 -30 作极点位置,这样可以按下面方式设置控制器的结构为

$$k_{i1}(s) = \frac{v_{i1}^0 s + v_{i1}^1}{s+6}, \ k_{i2}(s) = \frac{v_{i2}^0 s^2 + v_{i2}^1 s + v_{i2}^2}{s(s+6)}, \ k_{i3}(s) = \frac{v_{i3}^0 s^2 + v_{i3}^1 s + v_{i3}^2}{s(s+30)}$$

可见,控制器最高阶次为 2。另外,由于 $k_{i1}(s)$ 选择为一阶模型,而统一需要用二阶模型表示,所以需要将其修改为 $k_{i1}(s) = (0s^2 + v_{i1}^0 s + v_{i1}^1)/(0s^2 + s + 6)$。这样其分子首项均应该为 0,故需要建立如下的分母、分子矩阵

$$D = \begin{bmatrix} 0 & 1 & 6 & 1 & 6 & 0 & 1 & 30 & 0 \\ 0 & 1 & 6 & 1 & 6 & 0 & 1 & 30 & 0 \\ 0 & 1 & 6 & 1 & 6 & 0 & 1 & 30 & 0 \end{bmatrix}, \ N = \begin{bmatrix} 0 & 1 & 1 & 1 & 1 & 1 & 1 & 1 & 1 \\ 0 & 1 & 1 & 1 & 1 & 1 & 1 & 1 & 1 \\ 0 & 1 & 1 & 1 & 1 & 1 & 1 & 1 & 1 \end{bmatrix}$$

其中,矩阵 N 的主要作用是用来标示控制器分子矩阵哪些数需要优化,哪些应该设置为零。这样控制器的分子和分母矩阵可以先由下面的语句直接输入,然后给出最优控制器设计命令

```
>> d=[0 1 6 1 6 0 1 30 0]; den=[d; d; d];  % 每行相同处理
   num=[zeros(3,1) ones(3,8)];   % 读者可以显示这两个矩阵的内容来理解
   N=fedmunds(w,Hg,Ht,num,den)   % 直接可以设计出最优控制器了
```

则可以得出最优控制器分子的 N 矩阵为

$$N = \begin{bmatrix} 0 & -6.5183 & -4.1806 & 0 & 0 & 1.9101 & -5.2977 & 6.3218 & 77.927 \\ 0 & -0.7822 & 0.1328 & 0 & 9 & 0.7134 & -0.6161 & 0.6246 & 22.991 \\ 0 & -17.3 & -5.6199 & 0 & 0 & 5.3316 & -99.857 & -63.275 & 104.83 \end{bmatrix}$$

亦即控制器参数的传递函数矩阵 $\boldsymbol{K}(s)$ 为

$$\boldsymbol{K}(s) = \begin{bmatrix} \dfrac{-6.5183s - 4.1806}{s+6} & \dfrac{1.9101}{s(s+6)} & \dfrac{-5.2977s^2 + 6.3218s + 77.927}{s(s+30)} \\[2mm] \dfrac{-0.7822s + 0.1328}{s+6} & \dfrac{9s + 0.7134}{s(s+6)} & \dfrac{-0.6161s^2 + 0.6246s + 22.991}{s(s+30)} \\[2mm] \dfrac{-17.3s - 5.6199}{s+6} & \dfrac{5.3316}{s(s+6)} & \dfrac{-99.857s^2 - 63.275s + 104.83}{s(s+30)} \end{bmatrix}$$

应用设计好的控制器,可以由下面语句立即绘制出在控制器作用下,系统的阶跃响应输出曲线,如图 7-46 所示。可见,这样设计出的控制器能完全解耦,由于非对角线上的阶跃响应曲线几乎是零,对角系统的阶跃响应曲线与期望的曲线完全一致。

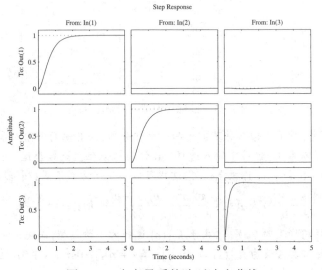

图 7-46　多变量系统阶跃响应曲线

```
>> d1=[1,6]; d2=[1 6 0]; d3=[1 30 0];
   K11=tf(N(1,2:3),d1); K12=tf(N(1,6),d2); K13=tf(N(1,7:9),d3);
   K21=tf(N(2,2:3),d1); K22=tf(N(2,5:6),d2); K23=tf(N(2,7:9),d3);
   K31=tf(N(3,2:3),d1); K32=tf(N(3,6),d2); K33=tf(N(3,7:9),d3);
   K=[K11 K12 K13; K21 K22 K23; K31 K32 K33]; Hk1=mfrd(K,w);
   Gc=feedback(G*K,I); step(Gc,5), figure;
   for i=1:3, for j=1:3, subplot(3,3,3*(i-1)+j);
     G1=abs(fget(w,Hk,[i,j])); G2=abs(fget(w,Hk1,[i,j]));
     semilogx(w,20*log10(G1),w,20*log10(G2),'--'), xlim([1e-3,100])
   end, end
```

可以由上面的语句直接得出实际控制器 Bode 图,如图 7-47 所示。为方便比较,图中叠印了期望的控制器 Bode 图,用虚线表示。可见,几个控制器子传递函数和期望的一致,其余的子传递函数和期望的虽有些差异,但总体控制效果令人满意。

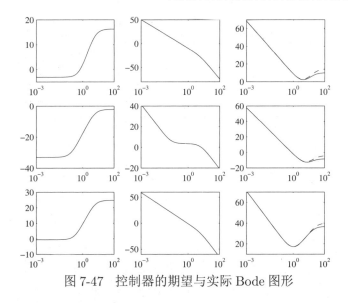

图 7-47　控制器的期望与实际 Bode 图形

从上面给出的设计语句看,设计解耦控制器只需人为给定目标传递函数对角矩阵,并选定控制器的各个分母多项式(即 $\boldsymbol{D}$ 矩阵)即可,假设仍然选择前面给出的目标传递函数,并将三个控制器的分母分别设置为 $d_1(s) = s + 40, d_2(s) = s(s + 20),$ $d_3(s) = s(s + 40)$,则可以给出下面的语句设计最优解耦控制器并仿真控制效果,得出如图 7-48 所示的阶跃响应曲线。

```
>> d1=[1,40]; d2=[1 20 0]; d3=[1 60 0];
   den=[0 d1,d2,d3]; den=[den; den; den];
   N0=[zeros(3,1) ones(3,8)]; N=fedmunds(w,Hg,Ht,N0,den)
   K11=tf(N(1,2:3),d1); K12=tf(N(1,4:6),d2); K13=tf(N(1,7:9),d3);
   K21=tf(N(2,2:3),d1); K22=tf(N(2,4:6),d2); K23=tf(N(2,7:9),d3);
   K31=tf(N(3,2:3),d1); K32=tf(N(3,4:6),d2); K33=tf(N(3,7:9),d3);
   K=[K11 K12 K13; K21 K22 K23; K31 K32 K33];
   Gc=feedback(G*K,I); step(Gc,5),
```

这时得出的新控制器分子矩阵为

$$\boldsymbol{N} = \begin{bmatrix} 0 & -31.81 & -37.137 & 0.1893 & -0.916 & 6.6776 & -11.711 & 16.984 & 152.83 \\ 0 & -3.858 & -2.1672 & -1.805 & 26.887 & 2.4319 & -1.339 & 1.4999 & 45.302 \\ 0 & -87.48 & -51.757 & 0.4892 & -2.697 & 17.362 & -192.63 & -121.07 & 205.77 \end{bmatrix}$$

从得出的控制效果看,虽然这样设计的控制器也能实现较好的解耦,但为了获得更好的控制效果,还是应该先得出如图 7-45 所示的目标控制器 $\boldsymbol{K}_{\mathrm{t}}(s)$ 的 Bode 图,由该图有目的地选择控制器极点,以获得更好的效果。

7.5.3　基于 OCD 的多变量系统最优设计

由前面介绍的 OCD 程序可以看出,它可以很好地解决单变量系统的最优控

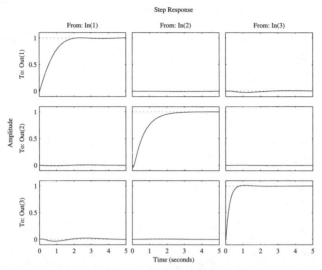

图 7-48   多变量系统阶跃响应曲线

制器设计问题。现在将该方法尝试用于多变量系统的设计中。假设某系统经过前置控制器处理后具有一些对角占优特性,则可以考虑各路输入、输出之间的单独设计。假设系统第 i 输入单独激励,则可以将各路误差信号单独加权,定义各路误差信号加权的 ITAE 准则

$$J = \int_0^\infty t \Big[a_1|e_1(t)| + a_2|e_2(t)| + \cdots + a_m|e_m(t)| \Big] \mathrm{d}t \qquad (7\text{-}5\text{-}18)$$

这样可以对各路输入单独设计控制器。值得指出的是,设计第 i 路控制器时,可以设置 $a_i = 1$,同时为保证对其他回路干扰的抑制,可以将 $a_j (j \neq i)$ 加大权重,例如设置 $a_j = 10$。

例 7-18 考虑例 5-39 中给出的带有时间延迟的多变量模型,以往并不存在任何意义下的"最优"控制器。对此问题,采用加权 ITAE 准则下的最优 PI 控制器设计,可以搭建起如图 7-49 所示的 Simulink 仿真模型,其中 $\boldsymbol{K}_\mathrm{p}$ 为该例中已经设计的静态控制器。由下面的语句设置仿真初值

```
>> a1=1; a2=10; u1=1; u2=0; um=1.5; Kp2=1; Ki2=1;
   Kp=[-0.41357,2.6537; 1.133,-0.32569];
```

然后调用 OCD 对 $K_{\mathrm{p}_1}, K_{\mathrm{i}_1}$ 进行优化,即可以得出第 1 路输入的 PI 控制器为 $K_{\mathrm{p}_1} = 3.8582$, $K_{\mathrm{i}_1} = 1.0640$。

修改下面的参数 a1 = 10; a2 = 1; u1 = 0; u2 = 1,再调用 OCD 则可以得出第 2 输入信号的控制器参数为 $K_{\mathrm{p}_2} = 1.1487, K_{\mathrm{i}_2} = 0.8133$。由这两个控制器则可以得出如图 7-50 所示的系统阶跃响应曲线。可见控制效果还是基本上令人满意的。

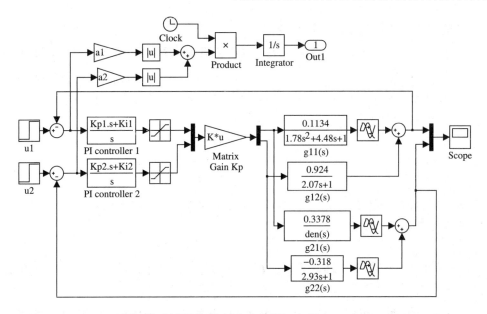

图 7-49 多变量系统最优控制仿真框图(文件名: c7mmopt.mdl)

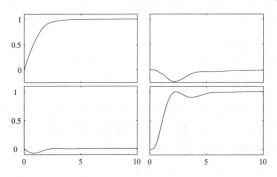

图 7-50 多变量系统的阶跃响应曲线

7.6 多变量系统的解耦控制

在多变量系统研究中,通常第 i 路控制输入对第 j 路输出存在扰动作用,这种现象称为耦合。如何消除耦合现象,是多变量系统解耦所需研究的问题。消除耦合又称为多变量系统的解耦。前面介绍的部分内容在控制器算法中已经考虑了解耦,另一些算法则没有考虑,在本节对一些解耦方法给出必要的介绍。

7.6.1 状态反馈解耦控制

考虑线性系统的状态方程模型 $(\boldsymbol{A}, \boldsymbol{B}, \boldsymbol{C}, \boldsymbol{D})$,该模型有 m 路输入信号,m 路输出信号。若控制信号 $\boldsymbol{u}$ 是由状态反馈建立起来的,即 $\boldsymbol{u} = \boldsymbol{\Gamma r} - \boldsymbol{Kx}$,这样闭环

系统的传递函数矩阵模型可以写成

$$G(s) = \left[(C - DK)(sI - A + BK)^{-1}B + D \right] \Gamma \tag{7-6-1}$$

对每个 $j\,(j = 1, 2, \cdots, m)$ 定义出阶次 d_j,使得其为满足 $c_j^{\mathrm{T}}A^{d_j}B \neq 0$ ($d_j = 0, 1, 2, \cdots, n-1$) 的最小 d_j 值,其中 c_j^{T} 为矩阵 C 的第 j 行。

若 $m \times m$ 阶矩阵

$$F = \begin{bmatrix} c_1^{\mathrm{T}}A^{d_1}B \\ \vdots \\ c_m^{\mathrm{T}}A^{d_m}B \end{bmatrix} \tag{7-6-2}$$

为非奇异矩阵,选择如下状态反馈矩阵 K 和前置矩阵 Γ,则式(7-6-1)定义的系统可以动态解耦[4]。即

$$\Gamma = F^{-1}, \quad K = \Gamma \begin{bmatrix} c_1^{\mathrm{T}}A^{d_1+1} \\ \vdots \\ c_m^{\mathrm{T}}A^{d_m+1} \end{bmatrix} \tag{7-6-3}$$

根据上述算法可以编写一个 MATLAB 函数 decouple() 来设计解耦矩阵:

```
function [G1,K,d,Gam]=decouple(G)
G=ss(G); A=G.a; B=G.b; C=G.c; [n,m]=size(G.b); F=[]; K0=[];
for j=1:m, for k=0:n-1
    if norm(C(j,:)*A^k*B)>eps, d(j)=k; break; end, end
    F=[F; C(j,:)*A^d(j)*B]; K0=[K0; C(j,:)*A^(d(j)+1)];
end
Gam=inv(F); K=Gam*K0; G1=minreal(tf(ss(A-B*K,B,C,G.d))*Gam);
```

该函数的调用格式为 $[G_1, K, d, \Gamma] = \mathrm{decouple}(G)$,其中,$G$ 为原始的多变量系统模型,G_1 为解耦后的传递函数矩阵,K 为状态反馈矩阵。向量 d 包含前面定义的 d_j 值,矩阵 Γ 为前置补偿器矩阵。

例 7-19 考虑下面的双输入双输出系统,试设计出满足完全解耦的状态反馈。

$$\begin{cases} \dot{x} = \begin{bmatrix} 2.25 & -5 & -1.25 & -0.5 \\ 2.25 & -4.25 & -1.25 & -0.25 \\ 0.25 & -0.5 & -1.25 & -1 \\ 1.25 & -1.75 & -0.25 & -0.75 \end{bmatrix} x + \begin{bmatrix} 4 & 6 \\ 2 & 4 \\ 2 & 2 \\ 0 & 2 \end{bmatrix} u \\ y = \begin{bmatrix} 0 & 0 & 0 & 1 \\ 0 & 2 & 0 & 2 \end{bmatrix} x \end{cases}$$

系统的状态方程模型可以直接输入到系统中,这样就可以由下面命令立即设计出能够完全解耦的状态反馈矩阵 K:

```
>> A=[2.25, -5, -1.25, -0.5;  2.25, -4.25, -1.25, -0.25;
      0.25, -0.5, -1.25,-1;  1.25, -1.75, -0.25, -0.75];
   B=[4, 6; 2, 4; 2, 2; 0, 2]; C=[0, 0, 0, 1; 0, 2, 0, 2];
   G=ss(A,B,C,0); [G1,K,d,Gam]=decouple(G)
```

这样可以构造出状态反馈矩阵 $\boldsymbol{K}$ 和矩阵 $\boldsymbol{\Gamma}$。这时,因为相比之下传递函数矩阵 $\boldsymbol{G}_1(s)$ 的非对角元素很微小,可以完全忽略,该系统已经完全解耦

$$\boldsymbol{G}_1(s) = \begin{bmatrix} 1/s & 0 \\ -8.9 \times 10^{-16}/s & 1/s \end{bmatrix}, \quad \boldsymbol{K} = \frac{1}{8} \begin{bmatrix} -1 & -3 & -3 & 5 \\ 5 & -7 & -1 & -3 \end{bmatrix}, \quad \boldsymbol{\Gamma} = \begin{bmatrix} -1.5 & 0.25 \\ 0.5 & 0 \end{bmatrix}$$

引入状态反馈矩阵 $\boldsymbol{K}$ 与前置补偿器 $\boldsymbol{\Gamma}$,则多变量系统可以完全解耦。解耦后的传递函数矩阵可以表示成

$$\boldsymbol{G}_1 = \mathrm{diag}\left([1/s^{d_1+1}, \cdots, 1/s^{d_m+1}]\right) \tag{7-6-4}$$

引入解耦补偿器 $(\boldsymbol{K}, \boldsymbol{\Gamma})$,可以建立起如图 7-51 所示的反馈控制结构。因为虚线框中的部分实现了完全解耦,则外环控制器 $\boldsymbol{G}_{\mathrm{c}}(s)$ 可以分别由单独回路设计的方法实现。

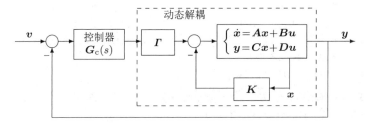

图 7-51 状态反馈控制器解耦结构

7.6.2 状态反馈的极点配置解耦系统

前面给出的动态解耦系统只能将多变量系统解耦成积分器型的对角传递函数矩阵,而积分器型受控对象的控制器设计问题是很难求解的。如果仍想使用状态反馈型的解耦规则 $\boldsymbol{u} = \boldsymbol{\Gamma} \boldsymbol{r} - \boldsymbol{K} \boldsymbol{x}$,可以期望将解耦后的对角元素变成下面的形式

$$\boldsymbol{G}_{\boldsymbol{K},\boldsymbol{\Gamma}}(s) = \begin{bmatrix} \dfrac{1}{s^{d_1+1}+a_{1,1}s^{d_1}+\cdots+a_{1,d_1+1}} & & \\ & \ddots & \\ & & \dfrac{1}{s^{d_m+1}+a_{m,1}s^{d_m}+\cdots+a_{m,d_m+1}} \end{bmatrix} \tag{7-6-5}$$

其中,$d_i, i = 1, 2, \cdots, m$ 如前定义,每个多项式的系数 $s^{d_i+1}+a_{i,1}s^{d_i}+\cdots+a_{i,d_i+1}$ 可以用极点配置方法来设计。

可以考虑采用标准传递函数的形式来构造期望的多项式模型。满足 ITAE 最优准则的 n 阶标准传递函数由下式定义[18,19]

$$T(s) = \frac{a_n}{s^n + a_1 s^{n-1} + a_2 s^{n-2} + \cdots + a_{n-1}s + a_n} \tag{7-6-6}$$

其中,$T(s)$ 系统的分母多项式系数 a_i 在表 7-1 中给出。

根据前面的算法,可以容易地写出 n 阶标准传递函数模型的 MATLAB 函数:

表 7-1   ITAE 最优准则的标准传递函数分母多项式系数表

n	超调量	$\omega_{\mathrm{n}}t_{\mathrm{s}}$	首一化的分母多项式
1			$s+\omega_{\mathrm{n}}$
2	4.6%	6.0	$s^2+1.41\omega_{\mathrm{n}}s+\omega_{\mathrm{n}}^2$
3	2%	7.6	$s^3+1.75\omega_{\mathrm{n}}s^2+2.15\omega_{\mathrm{n}}^2s+\omega_{\mathrm{n}}^3$
4	1.9%	5.4	$s^4+2.1\omega_{\mathrm{n}}s^3+3.4\omega_{\mathrm{n}}^2s^2+2.7\omega_{\mathrm{n}}^3s+\omega_{\mathrm{n}}^4$
5	2.1%	6.6	$s^5+2.8\omega_{\mathrm{n}}s^4+5.0\omega_{\mathrm{n}}^2s^3+5.5\omega_{\mathrm{n}}^3s^2+3.4\omega_{\mathrm{n}}^4s+\omega_{\mathrm{n}}^5$
6	5%	7.8	$s^6+3.25\omega_{\mathrm{n}}s^5+6.6\omega_{\mathrm{n}}^2s^4+8.6\omega_{\mathrm{n}}^3s^3+7.45\omega_{\mathrm{n}}^4s^2+3.95\omega_{\mathrm{n}}^5s+\omega_{\mathrm{n}}^6$
7	10.9%	10.0	$s^7+4.475\omega_{\mathrm{n}}s^6+10.42\omega_{\mathrm{n}}^2s^5+15.08\omega_{\mathrm{n}}^3s^4+15.54\omega_{\mathrm{n}}^4s^3+10.64\omega_{\mathrm{n}}^5s^2+4.58\omega_{\mathrm{n}}^6s+\omega_{\mathrm{n}}^7$

```
function G=std_tf(wn,n)
M=[1,1,0,0,0,0,0 0; 1,1.41,1,0,0,0,0 0;
   1,1.75,2.15,1,0,0,0 0; 1,2.1,3.4,2.7,1,0,0 0;
   1,2.8,5.0,5.5,3.4,1,0 0; 1,3.25,6.6,8.6,7.45,3.95,1,0;
   1,4.475,10.42,15.08,15.54,10.64,4.58,1];
G=tf(wn^n,M(n,1:n+1).*(wn.^[0:n]));
```

该函数的调用格式为 $T=\texttt{std\_tf}(\omega_{\mathrm{n}},n)$，其中，$\omega_{\mathrm{n}}$ 为用户选定的自然频率，n 为预期的标准传递函数阶次。得出的 T 即标准传递函数模型。

定义一个矩阵 $\boldsymbol{E}$，使其每一行可以写成 $\boldsymbol{e}_i^{\mathrm{T}}=\boldsymbol{c}_i^{\mathrm{T}}\boldsymbol{A}^{d_i}\boldsymbol{B}$，另一个矩阵 $\boldsymbol{F}$ 的每一行 $\boldsymbol{f}_i^{\mathrm{T}}$ 可以定义为

$$\boldsymbol{f}_i^{\mathrm{T}}=\boldsymbol{c}_i^{\mathrm{T}}\left(\boldsymbol{A}^{d_i+1}+a_{i,1}\boldsymbol{A}^{d_i}+\cdots+a_{i,d_i+1}\boldsymbol{I}\right) \tag{7-6-7}$$

这样，状态反馈矩阵 $\boldsymbol{K}$ 和前置变换矩阵 $\boldsymbol{\Gamma}$ 可以写成

$$\boldsymbol{\Gamma}=\boldsymbol{E}^{-1},\quad \boldsymbol{K}=\boldsymbol{\Gamma}\boldsymbol{F} \tag{7-6-8}$$

基于本算法，可以写出极点配置动态解耦的 MATLAB 函数为

```
function [G1,K,d,Gam]=decouple_pp(G,wn)
G=ss(G); A=G.a; B=G.b; C=G.c; [n,m]=size(G.b); E=[]; F=[];
for i=1:m,
    for j=0:n-1,
        if norm(C(i,:)*A^j*B)>eps, d(i)=j; break, end, end,
    g1=std_tf(wn,d(i)+1); [n1,d1]=tfdata(g1,'v');
    F=[F; C(i,:)*polyvalm(d1,A)]; E=[E; C(i,:)*A^d(i)*B];
end
Gam=inv(E); K=Gam*F; G1=minreal(tf(ss(A-B*K,B,C,G.d))*Gam);
```

该函数的调用格式为 $[G_1,K,d,\Gamma]=\texttt{decouple\_pp}(G,\omega_{\mathrm{n}})$，其中，$\omega_{\mathrm{n}}$ 为标准传递函数的自然频率，其他变量定义和前面给出的 decouple() 函数一致。

例 7-20 考虑例 7-19 中给出的多变量控制系统模型。选择 $\omega_{\mathrm{n}}=5$，则可以由下面语句先输入系统状态方程模型，然后直接调用 decouple_pp() 函数来设计解耦器模型

```
>> A=[2.25, -5, -1.25, -0.5;  2.25, -4.25, -1.25, -0.25;
       0.25, -0.5, -1.25,-1;  1.25, -1.75, -0.25, -0.75];
   B=[4, 6; 2, 4; 2, 2; 0, 2]; C=[0, 0, 0, 1; 0, 2, 0, 2];
   G=ss(A,B,C,0);  [G1,K,d,Gam]=decouple_pp(G,5)
```

这时,可以得出能够完全解耦的状态反馈控制器,其状态反馈矩阵 K、前置补偿器 Γ 和解耦后的系统模型 $G_1(s)$ 分别为

$$K = \frac{1}{8}\begin{bmatrix} -1 & 17 & -3 & -35 \\ 5 & -7 & -1 & 17 \end{bmatrix}, \quad \Gamma = \begin{bmatrix} -1.5 & 0.25 \\ 0.5 & 0 \end{bmatrix}, \quad G_1(s) = \begin{bmatrix} 1/(s+5) & 0 \\ \epsilon & 1/(s+5) \end{bmatrix}$$

其中 ϵ 是 10^{-14} 级别的传递函数。

例 7-21 考虑例 7-17 中给出的 3×3 状态方程模型,选择 $\omega_n = 3$,由下面的语句可以直接对该系统进行完全解耦

```
>> A=[0,0,1.1320,0,-1;  0,-0.0538,-0.1712,0,0.0705;  0,0,0,1,0;
       0,0.0485,0,-0.8556,-1.013;0,-0.2909,0,1.0532,-0.6859];
   B=[0,0,0; -0.120,1,0; 0,0,0; 4.419,0,-1.665; 1.575,0,-0.0732];
   C=eye(3,5); G=ss(A,B,C,0);
   [G1,K,d,Gam]=decouple_pp(G,3), step(G1,10)
```

得出的解耦矩阵为

$$K = \begin{bmatrix} -6.5183 & -0.2122 & -3.7546 & -0.1645 & 2.5991 \\ -0.7822 & 2.9207 & -0.6218 & -0.0197 & 0.3824 \\ -17.3 & -0.5924 & -15.37 & -2.4633 & 7.5066 \end{bmatrix}, \quad \Gamma = \begin{bmatrix} -0.7243 & 0 & -0.0318 \\ -0.0869 & 1 & -0.0038 \\ -1.9222 & 0 & -0.6851 \end{bmatrix}$$

解耦后的模型接近于 $G_1 = \mathrm{diag}\left(\dfrac{1}{s^2+4.23s+9}, \dfrac{1}{s+3}, \dfrac{1}{s^2+4.23s+9}\right)$。其阶跃响应曲线如图 7-52 所示,可见解耦效果还是很理想的。

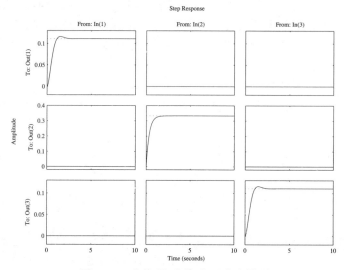

图 7-52　多变量系统阶跃响应曲线

如果系统的状态不可直接测量,当然也可以通过观测器重构系统的状态,并在观测状态变量的基础上建立起解耦控制器。

7.7　本章要点小结

- 本章介绍了超前、滞后与超前滞后各种串联校正器及其在系统控制中的原理与意义,介绍了一种基于剪切频率与相位裕度配置的校正器设计算法及其 MATLAB 实现,并介绍了 MATLAB 提供的基于根轨迹和 Bode 图的控制器设计界面及其应用。

- 本章介绍了状态反馈的基本概念,并介绍了两种有影响的状态反馈控制结构:基于二次型指标的最优控制器设计及极点配置控制器设计方法。考虑到系统的状态不全是可测的,故引入了观测器的概念,并介绍观测器的设计方法,最后介绍了基于观测器的控制结构及其应用。

- 以往的最优控制往往是推导出的解析式,为获得这样的解析解需要很多的假设,使得问题有解。本章首先介绍了最优控制的基本概念,然后借助于强大的计算机工具,演示了基于数值最优化方法的最优控制器设计方法,指出可以由用户较随意地建立目标函数和约束条件,得出真正有意义的最优控制器,而不必拘泥于传统的最优控制器显示。本章还介绍了一个作者编写的最优控制器设计程序 OCD,演示了它在最优控制器设计及模型最优拟合中的应用。

- 通过例子演示了 MATLAB 控制系统工具箱中提供的单变量系统设计界面及参数交互式整定方法。

- 多变量线性系统的频域分析与设计是控制系统计算机辅助设计的重要领域,本章介绍了其中的基于逆 Nyquist 阵列的对角占优及伪对角化设计算法,还介绍了参数最优化设计算法,并采用最优控制器设计程序对多变量系统的控制器设计作了探讨。

- 介绍了两种基于状态空间的多变量系统解耦方法,可以分别将多变量系统解耦成为积分器型对角系统和以标准传递函数为基础的极点配置型对角系统。

7.8　习　题

(1) 假设系统的对象模型为 $G(s) = \dfrac{210(s+1.5)}{(s+1.75)(s+16)(s+1.5\pm \mathrm{j}3)}$,并已知可以设计一个控制器为 $G_\mathrm{c}(s) = \dfrac{52.5(s+1.5)}{s+14.86}$,请观察在该控制器下系统的动态特性。比较原系统和校正后系统的幅值和相位裕度,并给出进一步改进系统性能的建议。

(2) 给下面对象的传递函数模型

① $G(s) = \dfrac{16}{s(s+1)(s+2)(s+8)}$, ② $G(s) = \dfrac{2(s+1)}{s(47.5s+1)(0.0625s+1)^2}$

设计出超前-滞后校正器,使得校正后系统具有所期望的相位裕度和剪切频率。修正期望的指标改进闭环系统的动态性能,并由闭环系统的阶跃响应验证控制器。

(3) 若系统的状态方程模型为 $\dot{\boldsymbol{x}}(t) = \begin{bmatrix} 0 & 1 & 0 & 0 \\ 0 & 0 & 1 & 0 \\ -3 & 1 & 2 & 3 \\ 2 & 1 & 0 & 0 \end{bmatrix} \boldsymbol{x}(t) + \begin{bmatrix} 1 & 0 \\ 2 & 1 \\ 3 & 2 \\ 4 & 3 \end{bmatrix} \boldsymbol{u}(t)$,选择加权

矩阵 $\boldsymbol{Q} = \mathrm{diag}(1,2,3,4)$ 及 $\boldsymbol{R} = \boldsymbol{I}_2$,试设计出这一线性二次型指标的最优控制器及在最优控制下的闭环系统极点位置,并绘制出闭环系统各个状态的曲线。

(4) 双输入双输出系统的状态方程为

$$\dot{\boldsymbol{x}}(t) = \begin{bmatrix} 2.25 & -5 & -1.25 & -0.5 \\ 2.25 & -4.25 & -1.25 & -0.25 \\ 0.25 & -0.5 & -1.25 & -1 \\ 1.25 & -1.75 & -0.25 & -0.75 \end{bmatrix} \boldsymbol{x}(t) + \begin{bmatrix} 4 & 6 \\ 2 & 4 \\ 2 & 2 \\ 0 & 2 \end{bmatrix} \boldsymbol{u}(t), \boldsymbol{y}(t) = \begin{bmatrix} 0 & 0 & 0 & 1 \\ 0 & 2 & 0 & 2 \end{bmatrix} \boldsymbol{x}(t)$$

假设选择加权矩阵 $\boldsymbol{Q} = \mathrm{diag}([1,4,3,2])$,且 $\boldsymbol{R} = \boldsymbol{I}_2$,试设计出线性二次型最优调节器,并绘制系统的阶跃响应曲线。若想改善闭环系统性能,应该如何修改 $\boldsymbol{Q}$ 矩阵?

(5) 假设系统的状态方程模型为

$$\dot{\boldsymbol{x}}(t) = \begin{bmatrix} -0.2 & 0.5 & 0 & 0 & 0 \\ 0 & -0.5 & 1.6 & 0 & 0 \\ 0 & 0 & -14.3 & 85.8 & 0 \\ 0 & 0 & 0 & -33.3 & 100 \\ 0 & 0 & 0 & 0 & -10 \end{bmatrix} \boldsymbol{x}(t) + \begin{bmatrix} 0 \\ 0 \\ 0 \\ 0 \\ 30 \end{bmatrix} u(t), \ y(t) = [1,0,0,0,0]\boldsymbol{x}(t)$$

请求出系统所有的零点和极点。如果想将其极点配置到 $\boldsymbol{P} = [-1,-2,-3,-4,-5]$,请按状态反馈的方式设计出控制器实现闭环极点的移动。如果想再进一步改进闭环系统的动态响应,则可以修正期望闭环极点的位置,然后进行重新设计。设计完成后再设计出基于观测器的调节器和控制器,并分析新的闭环系统的性能。

(6) 对给定的对象模型

$$\dot{\boldsymbol{x}}(t) = \begin{bmatrix} 2 & 1 & 0 & 0 \\ 0 & 2 & 0 & 0 \\ 0 & 0 & -1 & 0 \\ 0 & 0 & 0 & -1 \end{bmatrix} \boldsymbol{x}(t) + \begin{bmatrix} 0 \\ 1 \\ 1 \\ 1 \end{bmatrix} u(t), \ y(t) = [1,0,1,0]\boldsymbol{x}(t)$$

请设计出一个状态反馈向量 $\boldsymbol{k}$,使得闭环系统的极点配置到 $(-2,-2,-1,-1)$。另外,如果想将系统的所有极点均配置到 -2,这样的配置是否可行?请解释原因。

(7) 请为下面的对象模型设计出状态观测器

$$\dot{\boldsymbol{x}}(t) = \begin{bmatrix} 0 & 0 & 1 & 0 & 0 \\ 1 & 0 & 0 & 0 & 0 \\ 0 & 1 & 0 & 1 & -1 \\ 0 & 1 & 1 & 1 & 0 \\ 0 & 0 & 1 & 0 & 0 \end{bmatrix} \boldsymbol{x}(t) + \begin{bmatrix} 1 \\ 2 \\ 1 \\ 0 \\ 1 \end{bmatrix} u(t), \ y(t) = [0,0,0,1,1]\boldsymbol{x}(t)$$

并对观测器进行仿真分析,说明观测器的效果是否令人满意。如果不满意设计出来的观测器,改变有关参数再重新设计观测器,直到获得满意的结果。

(8) 倒立摆系统的数学模型为

$$\ddot{x} = \frac{u + ml\sin\theta\dot{\theta}^2 - mg\cos\theta\sin\theta}{M + m - m\cos^2\theta},$$

$$\ddot{\theta} = \frac{u\cos\theta - (M+m)g\sin\theta + ml\sin\theta\cos\theta\dot{\theta}}{ml\cos^2\theta - (M+m)l}$$

其中,$m = M = 0.5\text{kg}$, $g = 9.81\text{m/s}^2$, $l = 0.3\text{m}$,试设计出某种控制器来生成 $u(t)$ 信号,使得倒立摆保持垂直状态,即 $\theta = 90°$。

(9) 考虑下面给出的 2 输入 2 输出传递函数矩阵

$$G(s) = \begin{bmatrix} \dfrac{s+4}{(s+1)(s+5)} & \dfrac{1}{5s+1} \\ \dfrac{s+1}{s^2+10s+100} & \dfrac{2}{2s+1} \end{bmatrix}$$

试设计出前置静态及动态补偿器对其实现较好的解耦。再选择参考模型,用参数最优化方法对其进行解耦及控制器设计。

(10) 多变量系统由于输入输出之间存在耦合,故不能直接采用 PID 控制器对每个回路单独控制。考虑例 5-38 中得出的对角占优化处理,假设系统的受控对象模型为

$$G(s) = \begin{bmatrix} \dfrac{0.806s + 0.264}{s^2 + 1.15s + 0.202} & \dfrac{-15s - 1.42}{s^3 + 12.8s^2 + 13.6s + 2.36} \\ \dfrac{1.95s^2 + 2.12s + 0.49}{s^3 + 9.15s^2 + 9.39s + 1.62} & \dfrac{7.15s^2 + 25.8s + 9.35}{s^4 + 20.8s^3 + 116.4s^2 + 111.6s + 18.8} \end{bmatrix}$$

再假设静态前置补偿矩阵为 $K_p = \begin{bmatrix} 0.3610 & 0.4500 \\ -1.1300 & 1.0000 \end{bmatrix}$,试对补偿后系统按两个回路单独进行 PID 控制器设计,观察控制效果。

(11) 例 7-17 中介绍了一个 3×3 模型的最优设计问题,但设计算法较麻烦,且需要事先选定期望的响应模型、控制器的结构、极点位置等,这对系统设计不是很方便。试用最优控制的方法设计出 PID 控制器,并和已知结果比较阶跃响应曲线。

(12) 试为下面的多变量受控对象模型[20]设计 PID 控制器

$$① \ G_1(s) = \begin{bmatrix} \dfrac{12.8e^{-s}}{16.7s+1} & \dfrac{-18.9e^{-3s}}{21s+1} \\ \dfrac{6.6e^{-7s}}{10.9s+1} & \dfrac{-19.6e^{-3s}}{14.4s+1} \end{bmatrix}, \quad ② \ G_2(s) = \begin{bmatrix} \dfrac{-0.2e^{-s}}{7s+1} & \dfrac{1.3e^{-0.3s}}{7s+1} \\ \dfrac{-2.8se^{-1.8s}}{9.5s+1} & \dfrac{4.3e^{-0.35s}}{9.2s+1} \end{bmatrix}$$

$$③ \ G_3(s) = \begin{bmatrix} \dfrac{-1e^{-s}}{6s+1} & \dfrac{1.5e^{-s}}{15s+1} & \dfrac{0.5e^{-s}}{10s+1} \\ \dfrac{0.5e^{-2s}}{s^2+4s+1} & \dfrac{0.5e^{-3s}}{s^2+4s+1} & \dfrac{0.513e^{-s}}{s+1} \\ \dfrac{0.375e^{-3s}}{10s+1} & \dfrac{-2e^{-2s}}{10s+1} & \dfrac{-2e^{-3s}}{3s+1} \end{bmatrix}$$

(13) 考虑下面的双输入双输出系统模型[21]:

① $A = \begin{bmatrix} -1 & 1 & 1 & 1 \\ 6 & 0 & -3 & 1 \\ -1 & 1 & 1 & 2 \\ 2 & -2 & -2 & 0 \end{bmatrix}$, $B = \begin{bmatrix} 0 & 0 \\ 1 & 0 \\ 0 & 0 \\ 0 & 1 \end{bmatrix}$, $C = \begin{bmatrix} 2 & 0 & -1 & 0 \\ -1 & 0 & 1 & 0 \end{bmatrix}$

② $A = \begin{bmatrix} 3 & 1 & 0 \\ 0 & 0 & -1 \\ 0 & 1 & -1 \end{bmatrix}$, $B = \begin{bmatrix} 0 & 0 \\ 1 & 0 \\ 0 & 1 \end{bmatrix}$, $C = \begin{bmatrix} 2 & -1 & 1 \\ 0 & 2 & 1 \end{bmatrix}$

③ $G(s) = \begin{bmatrix} \dfrac{3}{s^2+2} & \dfrac{2}{s^2+s+1} \\ \dfrac{4s+1}{s^2+2s+1} & \dfrac{1}{s} \end{bmatrix}$

试求出能使其解耦的状态反馈方法,并考虑极点配置方式的解耦,讨论参考极点位置选择对解耦及控制的影响。

参考文献

1 薛定宇. 反馈控制系统的设计与分析——MATLAB 语言应用. 北京: 清华大学出版社, 2000

2 Anderson B D O, Moore J B. Linear optimal control. Englewood Cliffs: Prentice-Hall, 1971

3 Franklin G F, Powell J D, Workman M. Digital control of dynamic systems. Reading MA: Addison Wesley, 3rd edition, 1988 (清华大学出版社有影印版)

4 Balasubramanian R. Continuous time controller design, IEE Control Engineering Series, volume 39. London: Peter Peregrinus Ltd, 1989

5 Kautskey J, Nichols N K, Van Dooren P. Robust pole-assignment in linear state feedback. International Journal of Control, 1985, 41(5):1129~1155

6 Saad Y. Projection and deflation methods for partial pole assignment in linear state feedback control. IEEE Transaction on Automatic Control, 1988, AC-33:290~297

7 蔡尚峰. 自动控制理论. 北京: 机械工业出版社, 1980

8 谢绪凯. 现代控制理论基础. 沈阳: 辽宁人民出版社, 1980

9 薛定宇, 陈阳泉. 控制数学问题的 MATLAB 求解. 北京: 清华大学出版社, 2007

10 Rosenbrock H H. Computer-aided control system design. New York: Academic Press, 1974

11 MacFarlane A G J, Kouvaritakis B. A design technique for linear multivariable feedback systems. International Journal of Control, 1977, 25:837~874

12 Hung Y S, MacFarlane A G J. Multivariable feedback: a quasi-classical approach. Lecture Notes in Control and Information Sciences, **40**. New York: Springer-Verlag, 1982 (吴麒译, 多变量反馈的准传统方法, 北京: 科学出版社, 1987)

13　Mayne D Q. Sequential design of linear multivariable systems. Proceedings of IEE, Part D, 1979, 126:568~572

14　Edmunds J M. Control system design and analysis using closed-loop Nyquist and Bode arrays. International Journal of Control, 1979, 30:773~802

15　Hawkins D J. Pseudodiagonalisation and the inverse Nyquist array method. Proceedings of IEE, Part D, 1972, 119:337~342

16　Ford M P, Daly K C. Dominance improvement by pseudodecoupling. Proceedings of IEE, Part D, 1979, 126:1316~1320

17　Maciejowski J M. Multivariable feedback design. Wokingham: Addison-Wesley, 1989

18　Graham F D, Lathrop R C. The synthesis of "optimum" transient repsponses — criteria and standard forms. AIEE Transactions, 1953, 73:273~288. Zurich, Switzerland

19　Dorf R C, Bishop R H. Modern Control Systems (9th ed.). Upper Saddle River, NJ: Prentice-Hall, 2001

20　Johnson M A, Moradi M H. PID control — new identification and design methods. London: Springer, 2005

21　郑大钟. 线性系统理论. 北京: 清华大学出版社, 1980

第 *8* 章

PID 控制器的参数整定

     PID 控制器是最早发展起来的控制策略之一[1]。因为 PID 类控制器所涉及的设计算法和控制结构都是很简单的,并且十分适用于工程应用背景;此外 PID 控制方案并不要求精确的受控对象的数学模型,且采用 PID 控制的控制效果一般是比较令人满意的,所以,PID 控制器在工业界是应用最广泛的一种控制策略,且都是比较成功的。近 20 年来,在控制理论研究和实际应用中 PID 类控制器又重新引起人们的注意,这是因为瑞典学者 Karl Åström 等人推出的智能型 PID 自整定控制器表现出了传统 PID 难以实现的控制性能[2],并出现了自整定 PID 控制器的硬件商品,使得 PID 控制更广泛地应用于工业控制中[3~5]。

     PID 类控制器有各种各样的形式,可以是连续的、离散的,也可以有不同的描述方式。各种不同的 PID 控制器既可以由控制系统工具箱中的新函数直接设计,也可以由 Simulink 模块描述,还可以由底层的 Simulink 模块直接描述。8.1 节将首先给出 PID 控制器的数学表达式,介绍各种 PID 控制器的结构,并介绍 MATLAB 语言下 PID 控制器的描述方法。由于很多 PID 控制器的参数整定算法都是在一阶带有延迟(first-order plus dead-time,FOPDT,又称 FOLPD)的受控对象模型基础上提出的,8.2 节介绍各种过程模型的 FOPDT 参数提取方法,为后面介绍的 PID 参数整定作必要的准备。8.3 节介绍一些基于 FOPDT 模型的 PID 控制器参数整定的方法,包括最经典的 Ziegler-Nichols 控制器参数整定算法及其变形、Chien-Hrones-Reswick 参数整定算法、基于经验公式的 PID 控制器参数最优整定方法,并介绍作者编写的 PID 控制器设计程序界面及其应用。8.4 节介绍其他受控对象模型下的 PID 控制器设计方法,并介绍 MATLAB 控制系统工具箱提供的交互式 PID 控制器设计界面。8.5 节介绍作者开发的最优控制器设计界面与应用,在该界面下用户只需给出受控对象的 Simulink 模型,即可以容易地设计出最优的 PID 控制器。

8.1　PID 控制器设计概述

8.1.1　连续 PID 控制器

　　PID 控制是一种常用的串联控制器形式。在实际控制中,PID 控制器计算出来的控制信号还应该经过执行器饱和(actuator saturation)环节去控制受控对象。这时 PID 控制系统结构如图 8-1 所示。在控制系统中可能存在各种各样的扰动信号,如负载扰动、受控对象参数变化等,这些扰动可以统一归结成扰动信号。另外,在实际控制中,用于检测输出信号的传感器也难以避免地存在噪声扰动信号,可以理解成高频噪声信号,统一地用量测噪声信号表示。

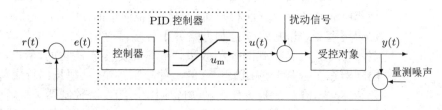

图 8-1　PID 类控制的基本结构

1. 并联 PID 控制器

连续 PID 控制器的最一般形式为

$$u(t) = K_\mathrm{p} e(t) + K_\mathrm{i} \int_0^t e(\tau)\mathrm{d}\tau + K_\mathrm{d} \frac{\mathrm{d}e(t)}{\mathrm{d}t} \tag{8-1-1}$$

其中 K_p, K_i 和 K_d 分别是对系统误差信号 $e(t)$ 及其积分、微分量的加权,控制器通过这样的加权就可以计算出控制信号,驱动受控对象模型。如果控制器设计得当,则控制信号将能使得误差按减小的方向变化,达到控制的要求。

　　图 8-1 中描述的系统为非线性系统,在分析时为简单起见,令饱和非线性的饱和参数为 ∞,就可以忽略饱和非线性,得出线性系统模型进行近似分析。

　　PID 控制的结构简单,另外,这三个加权系数 K_p,K_i 和 K_d 都有明显的物理意义:比例控制器直接响应于当前的误差信号,一旦发生误差信号,则控制器立即发生作用,以减少偏差。一般情况下,K_p 的值大则偏差将变小,且减小对控制中的负载扰动的敏感度,但也将对量测噪声更敏感。考虑根轨迹分析,K_p 无限制地增大可能使得闭环系统不稳定;积分控制器对以往的误差信号发生作用,引入积分控制能消除控制中的静态误差,但 K_i 的值增大可能增加系统的超调量、导致系统振荡,而 K_i 小则会使得系统响应趋于稳态值的速度减慢;微分控制对误差的导数,亦即误差的变化率发生作用,有一定的预报功能,能在误差有大的变化趋势时施加合适的控制,K_d 的值增大能加快系统的响应速度,减小调节时间,但过大的 K_d 值会因系统噪声或受控对象的大时间延迟出现问题。

连续 PID 控制器的 Laplace 变换形式可以写成

$$G_c(s) = K_p + \frac{K_i}{s} + K_d s \qquad (8\text{-}1\text{-}2)$$

在实际应用中,纯微分环节是不能直接使用的,通常用带有滤波作用的一阶环节来近似描述,这时

$$G_c(s) = K_p + \frac{K_i}{s} + \frac{K_d s}{T_f s + 1} \qquad (8\text{-}1\text{-}3)$$

其中,T_f 是滤波时间常数。这类 PID 控制器在 MATLAB 控制系统工具箱中称为并联 PID 控制器,可以由 $G_c = \mathtt{pid}(K_p, K_i, K_d, T_f)$ 直接输入。其他 PID 类控制器也可以直接由该函数输入,比如,若令 K_d 为 0,则描述的控制器为 PI 控制器。

2. 标准 PID 控制器

在过程控制文献中常常将 PID 控制器的数学模型写成

$$u(t) = K_p \left[e(t) + \frac{1}{T_i} \int_0^t e(\tau) \mathrm{d}\tau + T_d \frac{\mathrm{d}e(t)}{\mathrm{d}t} \right] \qquad (8\text{-}1\text{-}4)$$

比较式 (8-1-1) 和式 (8-1-4) 可以轻易发现,$K_i = K_p/T_i$,$K_d = K_p T_d$。所以二者是完全等价的。这类 PID 控制器在 MATLAB 控制系统工具箱中又称为标准 PID 控制器。对式 (8-1-4) 两端进行 Laplace 变换,则可以导出控制器的传递函数

$$G_c(s) = K_p \left(1 + \frac{1}{T_i s} + T_d s \right) \qquad (8\text{-}1\text{-}5)$$

为避免纯微分运算,经常用带有一阶滞后的传递函数环节去近似纯微分环节,亦即将 PID 控制器写成

$$G_c(s) = K_p \left(1 + \frac{1}{T_i s} + \frac{T_d s}{T_d/N s + 1} \right) \qquad (8\text{-}1\text{-}6)$$

其中 $N \to \infty$ 则为纯微分运算,在实际应用中,N 取一个较大的值就可以很好地近似微分动作。实际仿真研究可以发现,在一般实例中,N 不必取得很大,取 10 以上就可以较好地逼近实际的微分效果[6]。该控制器的模型还可以由函数 $G_c = \mathtt{pidstd}(K_p, T_i, T_d, N)$ 直接输入。

虽然式 (8-1-2)、式 (8-1-6) 均可用于表示 PID 控制器,但它们各有特点,一般介绍 PID 整定算法的文献中均采用后者,而在 PID 控制优化中采用前者更合适。

8.1.2　离散 PID 控制器

如果采样周期 T 的值很小,在 kT 时刻误差信号 $e(kT)$ 的后向导数与积分就可以分别近似为

$$\frac{\mathrm{d}e(t)}{\mathrm{d}t} \approx \frac{e(kT) - e[(k-1)T]}{T} \qquad (8\text{-}1\text{-}7)$$

$$\int_0^{kT} e(t)\mathrm{d}t \approx T \sum_{i=0}^k e(iT) = \int_0^{(k-1)T} e(t)\mathrm{d}t + Te(kT) \qquad (8\text{-}1\text{-}8)$$

将其代入式 (8-1-1)，则可以写出离散形式的 PID 控制器为

$$u(kT) = K_p e(kT) + K_i T \sum_{m=0}^{k} e(mT) + \frac{K_d}{T} \left[e(kT) - e[(k-1)T] \right] \quad (8\text{-}1\text{-}9)$$

该控制器一般可以简记为

$$u_k = K_p e_k + K_i T \sum_{m=0}^{k} e_m + \frac{K_d}{T}(e_k - e_{k-1}) \quad (8\text{-}1\text{-}10)$$

这样的方法又称为后向 Euler 法下的控制器。类似地还有前向 Euler 法形式

$$u_k = K_p e_k + K_i T \sum_{m=0}^{k+1} e_m + \frac{K_d}{T}(e_{k+1} - e_k) \quad (8\text{-}1\text{-}11)$$

后向 Euler 算法下，离散 PID 控制器可以写成

$$G_c(z) = K_p + \frac{K_i T z}{z-1} + \frac{K_d(z-1)}{Tz} \quad (8\text{-}1\text{-}12)$$

而前向 Euler 算法下离散 PID 控制器的传递函数为

$$G_c(z) = K_p + \frac{K_i T}{z-1} + \frac{K_d(z-1)}{T} \quad (8\text{-}1\text{-}13)$$

离散的 PID 控制器也可以通过 `pid()` 和 `pidstd()` 函数输入，具体的方法可以在调用语句后面给出采样周期 T，如 $G_c = \text{pidstd}(K_p, T_i, T_d, N, T)$，此外，离散 PID 控制器还应该给出离散算法，如前向、后向积分算法等。

例 8-1 考虑下面几个 PID 类的控制器

$$C_1(s) = 1.5 + \frac{5.2}{s} + 3.5s, \ C_2(s) = 1.5 \left(1 + \frac{3.5s}{1 + 0.035s} \right)$$

$$C_3(z) = 1.5 + \frac{5.2}{z-1} + 3.5(z-1), \ C_4(z) = 1.5 \left(1 + \frac{z}{5.2(z-1)} + \frac{3.5(z-1)}{z} \right)$$

其中，离散控制器的采样周期均假设为 $T = 0.1\text{s}$。分析上述给出的控制器模型可见，控制器 $C_1(s)$ 是理想的并联 PID 控制器，滤波器常数 T_f 为 0；控制器 $C_2(s)$ 是标准 PD 控制器，积分控制器参数 $T_i = \infty, N = 100$；$C_3(z)$ 为离散理想并联 PID 控制器，$T_f = 0$，$C_4(z)$ 为理想标准 PID 控制器，积分定义为反向积分，$N = \infty$。这些控制器可以由下面的语句直接输入

```
>> C1=pid(1.5,5.2,3.5,0); C2=pidstd(1.5,inf,3.5,100);
   C3=pid(1.5,52,0.35,0,0.1);
   C4=pidstd(1.5,52,0.35,inf,0.1,'IFormula','backward');
```

8.1.3 PID 控制器的变形

除了前面介绍的 PID 控制器经典公式外，在实际应用中有时还需要将 PID 控制器的结构进行某种改变，以达到更好的控制效果。这里将介绍几种常用的 PID 控制器变形形式。

1. 积分分离式 PID 控制器

在 PID 控制器中,积分的作用是消除静态误差,但由于积分的引入,系统的超调量也将增加,所以在实际的控制器应用中,一种很显然的想法就是:在启动过程中,如果静态误差很大时,可以关闭积分部分的作用,加快调节过程。稳态误差很小时再开启积分作用,消除静态误差,这样的控制器又称为积分分离式 PID 控制器。如果采用这样的控制结构,则原控制器不能用线性的方法处理。

2. 离散增量式 PID 控制器

考虑式(8-1-9)中给出的离散 PID 控制器,其中积分部分完全取决于以往所有的误差信号值,实现该控制器积分部分比较麻烦。所以可以如下计算出控制量的增量 $\Delta u_k = u_k - u_{k-1}$,这样

$$u_k - u_{k-1} = K_{\mathrm{p}}(e_k - e_{k-1}) + K_{\mathrm{i}}Te_k + \frac{K_{\mathrm{d}}}{T}(e_k + e_{k-2} - 2e_{k-1}) \qquad (8\text{-}1\text{-}14)$$

这时控制器的输出信号可以由 $u_k = u_k + \Delta u_k$ 计算出来,因为新的控制器输出是由其上一步的输出加上一个增量 Δu_k 构成,所以这类控制器又称为增量式 PID 控制器,其 Simulink 框图如图 8-2 所示。

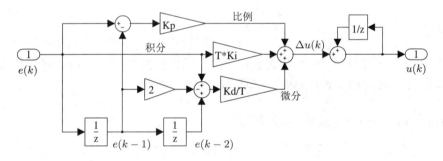

图 8-2　增量 PID 控制器的 Simulink 框图(文件名: c8mdpid1.mdl)

3. 抗积分饱和(anti-windup)PID 控制器

当输入信号的设定点发生变化时,因为这时的误差信号太大,使得控制信号极快地达到执行器的限幅。输出信号已经达到参考输入值时,误差信号变成负值,但可能由于积分器的输出过大,控制信号仍将维持在饱和非线性的限幅边界上,故使得系统的输出继续增加,直到一段时间后积分器才能恢复作用,这种现象称做积分器饱和作用[3],为克服这种现象,出现了各种各样的抗积分饱和 PID 控制器,如图 8-3 中给出了一种抗积分饱和 PID 控制器的 Simulink 实现。

此外,Simulink 的连续模块集提供了功能强大的 PID 控制器模块,支持各种PID 控制器结构及变形,可以直接用于 PID 控制系统的仿真与设计。

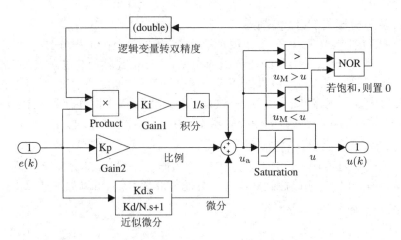

图 8-3　抗积分饱和 PID 控制器的 Simulink 框图（文件名：c8mantiw.mdl）

8.2　过程受控对象的一阶延迟模型近似

在 PID 控制器的诸多经典参数整定算法中，绝大多数的算法都是在带有时间延迟的一阶模型（FOPDT）的基础上提出的，模型的一般形式为

$$G(s) = \frac{k}{Ts+1}\mathrm{e}^{-Ls} \tag{8-2-1}$$

这主要是因为大部分过程控制的受控对象模型的响应曲线和一阶系统的响应较类似，可以直接进行拟合。所以，找出获得一阶近似延迟模型对很多 PID 算法都是很必要的，本节将介绍这种近似的一些方法。

8.2.1　由响应曲线识别一阶模型

一般的过程控制对象模型的阶跃响应曲线形状如图 8-4（a）所示，对这类系统的阶跃响应曲线，可以用 FOPDT 模型来近似，可以按图中给出的方法绘制出三条虚线，从而提取出模型的 k、L、T 参数。由阶跃响应曲线去找出这样的几个参数往往带有一些主观性，因为想绘制斜线并没有准确的准则，所以其坡度选择有一定的随意性，不容易得出很好的客观模型。

还可以由数据来辨识这些参数，因为该系统对应的阶跃响应解析解可以写成

$$\hat{y}(t) = \begin{cases} k(1-\mathrm{e}^{-(t-L)/T}), & t > L \\ 0, & t \leqslant L \end{cases} \tag{8-2-2}$$

故可以用最小二乘拟合方法由阶跃响应数据拟合出系统的 FOPDT 模型。作者编写了可以用各种算法拟合系统模型的 MATLAB 函数 `getfopdt()` 来求取系统的一阶模型，该函数的 MATLAB 清单如下：

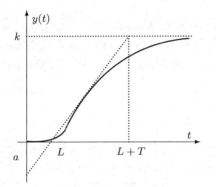

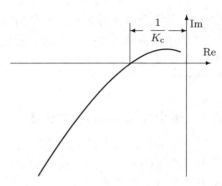

（a）阶跃响应近似　　　　　　　　（b）Nyquist 图近似

图 8-4　带有时间延迟的一阶模型近似

```matlab
function [K,L,T,G1]=getfopdt(key,G)
switch key
case 1, [y,t]=step(G);
    fun=@(x,t)x(1)*(1-exp(-(t-x(2))/x(3))).*(t>x(2));
    x=lsqcurvefit(fun,[1 1 1],t,y); K=x(1); L=x(2); T=x(3);
case 2, [Kc,Pm,wc,wcp]=margin(G);
    ikey=0; L=1.6*pi/(3*wc); K=dcgain(G); T=0.5*Kc*K*L;
    if isfinite(Kc), x0=[L;T];
        while ikey==0, u=wc*x0(1); v=wc*x0(2);
            FF=[K*Kc*(cos(u)-v*sin(u))+1+v^2; sin(u)+v*cos(u)];
    J=[-K*Kc*wc*sin(u)-K*Kc*wc*v*cos(u),-K*Kc*wc*sin(u)+2*wc*v;
        wc*cos(u)-wc*v*sin(u), wc*cos(u)]; x1=x0-inv(J)*FF;
        if norm(x1-x0)<1e-8, ikey=1; else, x0=x1; end, end
    L=x0(1); T=x0(2);   end
case 3, [n1,d1]=tfderv(G.num1,G.den1);
    [n2,d2]=tfderv(n1,d1); K1=dcgain(n1,d1);
    K2=dcgain(n2,d2); K=dcgain(G); Tar=-K1/K;
    T=sqrt(K2/K-Tar^2); L=Tar-T;
case 4
    Gr=opt_app(G,0,1,1); L=Gr.ioDelay;
    T=Gr.den{1}(1)/Gr.den{1}(2); K=Gr.num{1}(end)/Gr.den{1}(2);
end
G1=tf(K,[T 1],'iodelay',L);
function [e,f]=tfderv(b,a)
f=conv(a,a); na=length(a); nb=length(b);
e1=conv((nb-1:-1:1).*b(1:end-1),a);
e2=conv((na-1:-1:1).*a(1:end-1),b); maxL=max(length(e1),length(e2));
e=[zeros(1,maxL-length(e1)) e1]-[zeros(1,maxL-length(e2)) e2];
```

其中 key 变量表示各种方法。对已知的阶跃响应数据，key $= 1$，G 为受控对象模型，通过该函数的调用将直接返回一阶近似模型参数 k、L、T，同时将返回近似的传递函数模型 G_1。清单中，key $= 1$ 段落为该算法的 MATLAB 实现，其他段落在后面将叙述。

8.2.2   基于频域响应的近似方法

另外一种表示一阶模型的方法是 Nyquist 图形法，从 Nyquist 图上可以求出对象模型的 Nyquist 图和负实轴相交点的频率 ω_c 和幅值 K_c，如图 8-4（b）所示，这样用这两个参数就能表示一阶的近似模型了。这两个参数实际上就是系统的幅值裕度和频率，可以用 MATLAB 的 margin() 函数来直接求取。

考虑下面一阶模型的频域响应

$$G(\mathrm{j}\omega) = \left.\frac{k}{Ts+1}\mathrm{e}^{-Ls}\right|_{s=\mathrm{j}\omega} = \frac{k}{T\mathrm{j}\omega+1}\mathrm{e}^{-\mathrm{j}\omega L} \tag{8-2-3}$$

我们知道，在剪切频率 ω_c 下的极限增益 K_c 实际上是 Nyquist 图与负实轴的第一个交点，它们满足下面的两个方程

$$\begin{cases} \dfrac{k(\cos\omega_c L - \omega_c T\sin\omega_c L)}{1+\omega_c^2 T^2} = -\dfrac{1}{K_c} \\ \sin\omega_c L + \omega_c T\cos\omega_c L = 0 \end{cases} \tag{8-2-4}$$

此外，由于 k 是受控对象模型的稳态值，该值可以直接由给出的传递函数得出。定义两个变量 $x_1 = L$，与 $x_2 = T$，则可以列出这两个未知变量满足的方程为

$$\begin{cases} f_1(x_1, x_2) = kK_c(\cos\omega_c x_1 - \omega_c x_2\sin\omega_c x_1) + 1 + \omega_c^2 x_2^2 = 0 \\ f_2(x_1, x_2) = \sin\omega_c x_1 + \omega_c x_2\cos\omega_c x_1 = 0 \end{cases} \tag{8-2-5}$$

可以推导出该函数的 Jacobi 矩阵为

$$J = \begin{bmatrix} -kK_c\omega_c\sin\omega_c x_1 - kK_c\omega_c^2 x_2\cos\omega_c x_1 & -kK_c\omega_c\sin\omega_c x_1 + 2\omega_c^2 x_2 \\ \omega_c\cos\omega_c x_1 - \omega_c^2 x_2\sin\omega_c x_1 & \omega_c\cos\omega_c x_1 \end{bmatrix} \tag{8-2-6}$$

这样，两个未知变量 (x_1, x_2) 可以由拟 Newton 算法求解，在函数 getfopdt() 的调用中取 key $= 2$，且将 G 表示系统模型即可。

8.2.3   基于传递函数的辨识方法

考虑带有时间延迟的一阶环节为 $G_n(s) = k\mathrm{e}^{-Ls}/(1+Ts)$，求取 $G_n(s)$ 关于变量 s 的一阶和二阶导数，则可以得出

$$\frac{G_n'(s)}{G_n(s)} = -L - \frac{T}{1+Ts}, \quad \frac{G_n''(s)}{G_n(s)} - \left(\frac{G_n'(s)}{G_n(s)}\right)^2 = \frac{T^2}{(1+Ts)^2}$$

求取各阶导数在 $s = 0$ 处的值,则可以发现

$$T_{\mathrm{ar}} = -\frac{G_{\mathrm{n}}'(0)}{G_{\mathrm{n}}(0)} = L + T, \ \ T^2 = \frac{G_{\mathrm{n}}''(0)}{G_{\mathrm{n}}(0)} - T_{\mathrm{ar}}^2 \tag{8-2-7}$$

式中 T_{ar} 又称为平均驻留时间,从上面的方程可以发现,$L = T_{\mathrm{ar}} - T$。系统的增益同样可以由 $k = G_{\mathrm{n}}(0)$ 直接求出。在函数 getfopdt() 的调用中取 key $= 3$,且将 G 表示系统模型即可得出一阶模型。

8.2.4　最优降阶方法

作者提出了一种带有时间延迟环节系统的次最优降阶方法[7],可以通过数值最优化算法求解出这 3 个特征参数,具体降阶算法参见 4.5 节。在 MATLAB 函数 getfopdt() 中,令 key $= 4$,即可得出受控对象 G 的最优一阶近似模型。

例 8-2 假设受控对象的传递函数模型为 $G(s) = 1/(s+1)^5$,可以用下面的语句求出各种一阶近似模型,并比较其阶跃响应曲线,如图 8-5 所示。

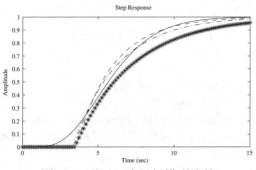

图 8-5　不同一阶近似模型比较

```
>> s=tf('s'); G=1/(s+1)^5;              % 对象模型输入
   [K1,L1,T1,G1]=getfopdt(1,G), [K2,L2,T2,G2]=getfopdt(2,G)
   [K3,L3,T3,G3]=getfopdt(3,G), [K4,L4,T4,G4]=getfopdt(4,G)
   step(G,'-',G1,':',G2,'*',G3,'--',G4,'-.',15) % 比较各个模型
```

这样得出的近似模型为

$$G_1(s) = \frac{1.053\mathrm{e}^{-2.45s}}{3.14s+1}, \ G_2(s) = \frac{\mathrm{e}^{-2.65s}}{3.725s+1}, \ G_3(s) = \frac{\mathrm{e}^{-2.76s}}{2.236s+1}, \ G_4(s) = \frac{\mathrm{e}^{-2.59s}}{2.624s+1}$$

从得出的拟合结果可以看出,对这个例子采用基于传递函数的拟合方法得出的结果最差,用次最优降阶方法和曲线最小二乘的拟合方法得出的结果拟合效果接近,均明显优于基于频域响应的拟合方法。

8.3　FOPDT 模型的 PID 控制器参数整定

8.3.1　Ziegler-Nichols 经验公式

早在 1942 年, Ziegler 与 Nichols 给出了著名的 PID 类控制器整定的经验公式[8], 为过程控制提出了一种切实可行的控制器整定方法, 后来称为 Ziegler-Nichols 整定公式。这样的方法和其改进的形式至今仍用于实际的过程控制。

假设已经得到了系统的 FOPDT 近似模型参数 K、L 和 T, 根据相似三角形的原理就可以立即得出 $a = KL/T$, 这样就可以根据表 8-1 设计出 P、PI 和 PID 控制器, 设计方法很简单直观。根据此算法可以编写一个 MATLAB 函数 `ziegler()`[6], 由该函数可以直接设计出系统的 PID 类控制器。该函数的内容为

表 8-1　Ziegler-Nichols 整定公式

控制器类型	由阶跃响应整定			由频域响应整定		
	K_p	T_i	T_d	K_p	T_i	T_d
P	$1/a$			$0.5K_c$		
PI	$0.9/a$	$3L$		$0.4K_c$	$0.8T_c$	
PID	$1.2/a$	$2L$	$L/2$	$0.6K_c$	$0.5T_c$	$0.12T_c$

```
function [Gc,Kp,Ti,Td]=ziegler(key,vars)
switch length(vars)
   case 3,
      K=vars(1); Tc=vars(2); N=vars(3);
      if key==1, Kp=0.5*K; Ti=inf; Td=0;
      elseif key==2, Kp=0.4*K; Ti=0.8*Tc; Td=0;
      elseif key==3, Kp=0.6*K; Ti=0.5*Tc; Td=0.12*Tc; end
   case 4
      K=vars(1); L=vars(2); T=vars(3); N=vars(4); a=K*L/T;
      if key==1, Kp=1/a; Ti=inf; Td=0;
      elseif key==2, Kp=0.9/a; Ti=3*L; Td=0;
      elseif key==3, Kp=1.2/a; Ti=2*L; Td=L/2; end
   case 5,
      K=vars(1); Tc=vars(2); rb=vars(3); N=vars(5);
      pb=pi*vars(4)/180; Kp=K*rb*cos(pb);
      if key==2, Ti=-Tc/(2*pi*tan(pb)); Td=0;
      elseif key==3, Ti=Tc*(1+sin(pb))/(pi*cos(pb)); Td=Ti/4;
   end, end
   Gc=pidstd(Kp,Ti,Td,N);
```

其中 key $= 1, 2, 3$ 分别对应于 P、PI、PID 控制器, 用户可以选择该标示来选择控制器类型, vars $= [K, L, T, N]$。使用此函数可以立即设计出所需的控制器。由于 vars 的长度为 4, 所以这里只需调用程序中 `length(vars)` 为 4 的段落, 其他取值

将在后面陆续介绍。

如果已知频率响应数据,如系统的幅值裕度 K_c 及其剪切频率 ω_c,则可以定义两个新的量, $T_c = 2\pi/\omega_c$,并通过表 8-1 设计出各种 PID 类控制器,也可以用前面提及的 ziegler() 函数来设计,在调用时只需给出 vars $= [K_c, T_c, N]$ 即可。本算法在 ziegler() 函数中对应于该向量长度为 3 的段落。

例 8-3 假设对象模型为一个六阶的传递函数 $G(s) = 1/(s+1)^6$,利用例 8-2 的结论,可以得出该受控对象模型的较好的 FOPDT 近似为 $k = 1, T = 2.883, L = 3.37$,这样由表 8-1 中给出的公式即可以设计出 PI 和 PID 控制器。

```
>> s=tf('s'); G=1/(s+1)^6; N=10;              % 对象模型输入
   K=1; T=2.883; L=3.37; a=K*L/T;             % FOPDT 近似模型参数
   Kp=0.9/a; Ti=3*L; G1=Kp*(1+tf(1,[Ti 0]));  % PI 控制器设计
   Kp=1.2/a; Ti=2*L; Td=0.5*L; p=[Kp,Ti,Td]   % PID 控制器
```

由此设计的 PID 控制器的参数向量 $\boldsymbol{p} = [1.0266, 6.74, 1.685]$,即控制器的模型为

$$G_c(s) = 1.0266 \left(1 + \frac{1}{6.7400s} + \frac{1.6850s}{0.1685s + 1} \right)$$

其中上面的 MATLAB 语句可以用作者编写的 ziegler$(3, [K, L, T, N])$ 函数设计出来。设计出来控制器之后,就可以分析给出的受控对象模型在该控制器下的阶跃响应曲线,如图 8-6 (a) 所示,可惜这样设计的控制器效果不是很理想。

```
>> G2=Kp*(1+tf(1,[Ti,0])+tf([Td 0],[Td/N 1])); % 构造 PID 控制器
   step(feedback(G*G1,1),'-',feedback(G*G2,1),'--')
```

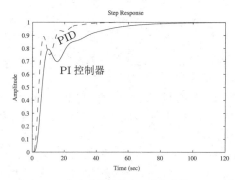

(a) 自动绘制的阶跃响应曲线　　　　(b) 获取某点的响应值

图 8-6　Ziegler-Nichols 算法设计的控制器下阶跃响应

应用 MATLAB 中提供的 margin() 函数,可以直接得出该系统的剪切频率和幅值裕度,从而直接套用表 8-1 中给出的 Ziegler-Nichols 公式设计出 PI 和 PID 控制器,将这些控制器用于原对象模型的控制,则可以用下面语句绘制出系统的阶跃响应曲线,如图 8-6 (b) 所示,对这个例子来说,设计的控制器效果有所改善。

```
>> [Kc,b,wc,d]=margin(G); Tc=2*pi/wc; % 提取幅值裕度和剪切频率
   Kp=0.4*Kc; Ti=0.8*Tc; [Kp,Ti]; G1=Kp*(1+tf(1,[Ti 0])); % PI
```

```
Kp=0.6*Kc; Ti=0.5*Tc; Td=0.12*Tc;   % PID 控制器
G2=Kp*(1+tf(1,[Ti,0])+tf([Td 0],1));
step(feedback(G*G1,1),'-',feedback(G*G2,1),'--')
```

8.3.2 改进的 Ziegler-Nichols 算法

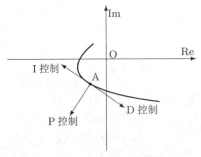

图 8-7 PID 控制的频域解释

PID 控制器的频域解释如图 8-7 所示,假设受控对象的 Nyquist 图上有一个 A 点,如果施加比例控制,则 K_p 能沿 OA 线的方向拉伸或压缩 A 点,微分控制和积分控制分别沿图中所示的垂直方向拉伸 Nyquist 图上的相应点。所以经过适当配置 PID 控制器的参数,Nyquist 图上某点可以理论上移动到任意的指定点。

假设选择一个增益为 $G(\mathrm{j}\omega_0) = r_a \mathrm{e}^{\mathrm{j}(\pi+\phi_a)}$ 的 A 点,且期望将该点通过 PID 控制移动到指定的 A_1 点,该点的增益为 $G_1(\mathrm{j}\omega_0) = r_b \mathrm{e}^{\mathrm{j}(\pi+\phi_b)}$。再假定在频率 ω_0 处 PID 控制器写成 $G_c(s) = r_c \mathrm{e}^{\mathrm{j}\phi_c}$,则可以写出

$$r_b \mathrm{e}^{\mathrm{j}(\pi+\phi_b)} = r_a r_c \mathrm{e}^{\mathrm{j}(\pi+\phi_a+\phi_c)} \tag{8-3-1}$$

这样可以选择控制器,使得 $r_c = r_b/r_a$ 与 $\phi_c = \phi_b - \phi_a$。由上面的推导,可以按下面的方法设计出 PI 和 PID 控制器:

① **PI 控制器**。可以选择

$$K_p = \frac{r_b \cos(\phi_b - \phi_a)}{r_a}, \ T_i = \frac{1}{\omega_0 \tan(\phi_a - \phi_b)} \tag{8-3-2}$$

这样要求 $\phi_a > \phi_b$,使得设计出来的 T_i 为正数。进一步地,类似于 Ziegler-Nichols 算法,若选择原 Nyquist 图上的点为其与负实轴的交点,即 $r_a = 1/K_c$ 及 $\phi_a = 0$,则 PI 控制器可以由下面的式子直接设计出来

$$K_p = K_c r_b \cos\phi_b, \ T_i = -\frac{T_c}{2\pi\tan\phi_b}, \ 其中 \ T_c = 2\pi/\omega_c \tag{8-3-3}$$

② **PID 控制器**。可以写出

$$K_p = \frac{r_b \cos(\phi_b - \phi_a)}{r_a}, \ \omega_0 T_d - \frac{1}{\omega_0 T_i} = \tan(\phi_b - \phi_a) \tag{8-3-4}$$

可以看出,满足式(8-3-4)的 T_i 和 T_d 参数有无穷多组,通常可以选择一个常数 α,使得 $T_d = \alpha T_i$。这样就可以由方程唯一地确定一组 T_i 和 T_d 参数为

$$T_i = \frac{1}{2\alpha\omega_0} \left(\tan(\phi_b - \phi_a) + \sqrt{4\alpha + \tan^2(\phi_b - \phi_a)} \right), \ T_d = \alpha T_i \tag{8-3-5}$$

可以证明,在 Ziegler-Nichols 整定算法中,α 可以选为 $\alpha = 1/4$。如果进一步仍选择原 Nyquist 图上的点为其与负实轴的交点,即 $r_a = 1/K_c$ 与 $\phi_a = 0$,则可以设计出满足 $\alpha = 1/4$ 的 PID 控制器参数为

$$K_p = K_c r_b \cos \phi_b, \ T_i = \frac{T_c}{\pi} \left(\frac{1 + \sin \phi_b}{\cos \phi_b} \right), \ T_d = \frac{T_c}{4\pi} \left(\frac{1 + \sin \phi_b}{\cos \phi_b} \right) \qquad (8\text{-}3\text{-}6)$$

可以看出,通过适当地选择 r_b 和 ϕ_b,可以设计出 PI 和 PID 控制器。改进的 Ziegler-Nichols 整定 PI 或 PID 控制器也可以由作者编写的 MATLAB 函数 `ziegler()` 设计出来,这时 vars 变量应该表示为 vars $= [K_c, T_c, r_b, \phi_b, N]$。该算法对应于 `ziegler()` 函数中 vars 向量长度为 5 的程序段落。

例 8-4 再考虑例 8-3 中使用的受控对象模型,$G(s) = 1/(s+1)^6$,选定 $r_b = 0.8$,则对不同的 ϕ_b 可以使用循环语句用 MATLAB 语言设计出控制器,并比较闭环系统的阶跃响应曲线,如图 8-8 (a) 所示。

```
>> s=tf('s'); G=1/(s+1)^6; % 受控对象模型输入
   [Kc,b,wc,a]=margin(G); Tc=2*pi/wc; rb=0.8;
   for phi_b=[10:10:80],    % 选择不同的预期相位裕度进行循环
      [Gc,Kp,Ti,Td]=ziegler(3,[Kc,Tc,rb,phi_b,10]);
      step(feedback(G*Gc,1),20), hold on
   end
```

这里显示的 PID 控制效果是在不同的 ϕ_b 要求下的系统响应曲线。从这些曲线可以看出,当 ϕ_b 很小时,系统阶跃响应的超调量将很大,所以应该适当地增大 ϕ_b 的值,但若无限制地增大 ϕ_b 的值,则系统响应的速度越来越慢,$\phi_b = 90°$ 时系统的阶跃响应几乎等于 0。

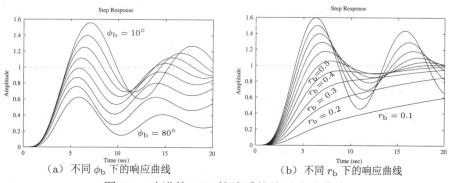

　　　（a）不同 ϕ_b 下的响应曲线　　　　　　（b）不同 r_b 下的响应曲线

图 8-8　改进的 PID 算法系的阶跃响应曲线

对这个受控对象来说,可以选择 $\phi_b = 20°$,这样试凑不同的 r_b 的值,可以由下面的语句绘制出不同 r_b 下的阶跃响应曲线,如图 8-8 (b) 所示。

```
>> phi_b=20;           % 固定相位裕度
   for rb=0.1:0.1:1,   % 选择不同的幅值进行循环
```

```
    [Gc,Kp,Ti,Td]=ziegler(3,[Kc,Tc,rb,phi_b,10]);
    step(feedback(G*Gc,1),20), hold on
end
```

从得出的选项可以看出,若选择 $r_b = 0.5, \phi_b = 20°$ 时的阶跃响应曲线较令人满意,这时可以用下面语句得出 PID 控制器的参数

```
>> [Gc,Kp,Ti,Td]=ziegler(3,[Kc,Tc,0.5,20,10])
```

可以得出控制器为 $G_c(s) = 1.1136 \left(1 + \dfrac{1}{4.9676s} + \dfrac{1.2369s}{1 + 0.12369s}\right)$。

8.3.3 改进 PID 控制结构与算法

除了标准的 PID 控制器结构外,PID 控制器还有其他的变形形式,如微分动作在反馈回路中的 PID 控制器,精调 PID 控制器等,这里介绍几种 PID 控制器。

1. 微分动作在反馈回路的 PID 控制器

在实际应用中发现,系统的阶跃响应会导致误差信号在初始时刻发生跳变,所以直接对其求微分会得出很大的值,不利于实际的控制,所以可以将微分动作从前向通路移动到输出信号上,得出如图 8-9 所示的控制器结构。这时即使阶跃响应时误差有跳变,但输出信号应该是光滑的,所以对其取微分没有问题,但这样响应速度将慢于经典的 PID 控制器。

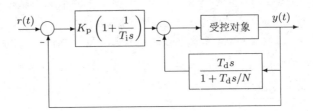

图 8-9 微分在反馈回路的 PID 控制结构

和如图 4-4 所示的典型的反馈控制结构比较,可以将这个控制结构转换成典型反馈控制系统,这时前向通路控制器模型 $G_c(s)$ 和反馈回路模型 $H(s)$ 分别为

$$G_c(s) = K_p \left(1 + \frac{1}{T_i s}\right) \tag{8-3-7}$$

$$H(s) = \frac{(1 + K_p/N)T_i T_d s^2 + K_p(T_i + T_d/N) + K_p}{K_p(T_i s + 1)(T_d s/N + 1)} \tag{8-3-8}$$

2. 精调的 Ziegler-Nichols 控制器及算法

由于传统的 Ziegler-Nichols 控制器设计算法经常在设定点控制时产生较强的振荡,并经常伴有较大的超调量,所以可以使用精调的 Ziegler-Nichols 整定算

法[9]。这类 PID 控制器的数学表示为

$$u(t) = K_{\mathrm{p}} \left[(\beta u_c - y) + \frac{1}{T_i} \int e\mathrm{d}t - T_d \frac{\mathrm{d}y}{\mathrm{d}t} \right] \qquad (8\text{-}3\text{-}9)$$

其中，微分动作作用在输出信号上，输入信号的一部分直接叠加到控制信号上。一般情况下应该选择 $\beta < 1$，这时控制策略可以进一步地写成

$$u(t) = K_{\mathrm{p}} \left(\beta e + \frac{1}{T_i} \int e\mathrm{d}t \right) - K_{\mathrm{p}} \left[(1-\beta)y + T_d \frac{\mathrm{d}y}{\mathrm{d}t} \right] \qquad (8\text{-}3\text{-}10)$$

可以绘制出这种控制策略方框图表示，如图 8-10 所示。将该控制结构转换成典型反馈控制系统，这时前向通路控制器模型 $G_c(s)$ 和反馈回路模型 $H(s)$ 分别为

$$G_c(s) = K_{\mathrm{p}} \left(\beta + \frac{1}{T_i s} \right) \qquad (8\text{-}3\text{-}11)$$

$$H(s) = \frac{T_i T_d \beta (N + 2 - \beta)s^2 / N + (T_i + T_d/N)s + 1}{(T_i \beta s + 1)(T_d s/N + 1)} \qquad (8\text{-}3\text{-}12)$$

考虑图 8-10 中给出的精调 PID 控制器结构，可以引入一个归一化的延迟 τ 与一阶时间常数 κ，定义为 $\kappa = K_c k$，且 $\tau = L/T$，这样就可以在任何范围内使用变量 τ 和 κ，对不同的 τ 和 κ 范围，可以由下面的方法来设计 PID 控制器：

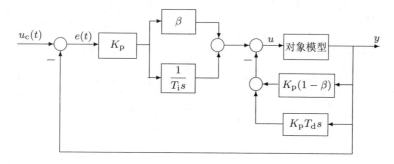

图 8-10　精调的 PID 控制结构

(1) 若 $2.25 < \kappa < 15$ 或 $0.16 < \tau < 0.57$，则应该保留 Ziegler-Nichols 参数，同时为了使得超调量分别小于 10% 或 20%，可以由下式求出 β 参数为 $\beta = (15 - \kappa)/(15 + \kappa)$，且 $\beta = 36/(27 + 5\kappa)$。

(2) 若 $1.5 < \kappa < 2.25$ 或 $0.57 < \tau < 0.96$，在 Ziegler-Nichols 控制器的 T_i 参数应当精调为 $T_i = 0.5\mu T_c$，其中 $\mu = 4\kappa/9$，且 $\beta = 8(\mu - 1)/17$。

(3) 若 $1.2 < \kappa < 1.5$，则为了使系统的超调量小于 10%，PID 的参数应该用下面的公式进行精调

$$K_{\mathrm{p}} = \frac{5}{6} \left(\frac{12 + \kappa}{15 + 14\kappa} \right), \quad T_i = \frac{1}{5} \left(\frac{4}{15}\kappa + 1 \right) \qquad (8\text{-}3\text{-}13)$$

作者编写了一个 MATLAB 函数 **rziegler()** 来设计精调的 Ziegler-Nichols PID 控制器,该函数的清单为[6]

```
function [Gc,Kp,Ti,Td,b,H]=rziegler(vars)
K=vars(1); L=vars(2); T=vars(3); N=vars(4); a=K*L/T; Kp=1.2/a;
Ti=2*L; Td=L/2; Kc=vars(5); Tc=vars(6); kappa=Kc*K; tau=L/T; H=[];
if (kappa > 2.25 & kappa<15) | (tau>0.16 & tau<0.57)
    b=(15-kappa)/(15+kappa);
elseif (kappa<2.25 & kappa>1.5) | (tau<0.96 & tau>0.57)
    mu=4*jappa/9; b=8*(mu-1)/17; Ti=0.5*mu*Tc;
elseif (kappa>1.2 & kappa<1.5),
    Kp=5*(12+kappa)/(6*(15+14*kappa)); Ti=0.2*(4*kappa/15+1); b=1;
end
Gc=tf(Kp*[b*Ti,1],[Ti,0]); nH=[Ti*Td*b*(N+2-b)/N,Ti+Td/N,1];
dH=conv([Ti*b,1],[Td/N,1]); H=tf(nH,dH);
```

其中 $\mathtt{vars} = [k, L, T, N, K_c, T_c]$。

例 8-5 仍考虑例 8-3 中给出的受控对象模型 $G(s) = 1/(s+1)^6$,可以用下面的命令设计出系统的精调 PID 控制器,并绘制出系统的阶跃响应曲线,如图 8-11 所示,遗憾的是,这样设计出来的控制器效果比最原始的 Ziegler-Nichols PID 控制器没有什么改进。

```
>> s=tf('s'); G=1/(s+1)^6; [K,L,T]=getfopdt(4,G);
   [Kc,p,wc,m]=margin(G); Tc=2*pi/wc;   % 求取系统的频率响应特征
   [Gc,Kp,Ti,Td,beta,H]=rziegler([K,L,T,10,Kc,Tc]);
   G_c=feedback(G*Gc,H); step(G_c);      % 闭环系统的阶跃响应曲线
```

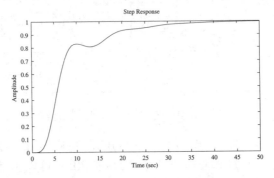

图 8-11　精调 PID 控制器的阶跃响应曲线

3. 变形的 PID 结构

文献[10]中给出了一种 PID 控制器变形结构及各种整定算法,这里不再赘述。相应的变形 PID 控制器模型为

$$G_c(s) = K_p \left(1 + \frac{1}{T_i s}\right) \frac{1 + T_d s}{1 + T_d s/N} \tag{8-3-14}$$

8.3.4　Chien-Hrones-Reswick 参数整定算法

在实际应用中,传统的 Ziegler-Nichols 算法有各种各样的变形,所谓的 Chien-Hrones-Reswick(CHR)算法就是其中的一种改进。表 8-2 中给出了 PID 类控制器设计的经验公式,其中还允许带有较大的阻尼,以确保"没有超调量的最快速响应",该指标在表中标识为"有 0% 超调量",该表中还允许设计出所谓"带有 20% 超调量的最快速响应",在表 8-2 中标识为"有 20% 超调量"。和传统的 Ziegler-Nichols 整定算法相比,在 CHR 算法中直接使用了时间常数 T。

表 8-2　设定点问题的 Chien-Hrones-Reswick 整定公式

控制器类型	有 0% 超调量			有 20% 超调量		
	K_p	T_i	T_d	K_d	T_i	T_d
P	$0.3/a$			$0.7/a$		
PI	$0.35/a$	$1.2T$		$0.6/a$	T	
PID	$0.6/a$	T	$0.5L$	$0.95/a$	$1.4T$	$0.47L$

按照前面的算法编写了一个 MATLAB 函数 chrpid(),其清单如下

```
function [Gc,Kp,Ti,Td]=chrpid(key,vars)
K=vars(1); L=vars(2); T=vars(3); N=vars(4); ov=vars(5)+1;
a=K*L/T; KK=[0.3,0.35,1.2,0.6,1,0.5; 0.7,0.6,1,0.95,1.4,0.47];
if key==1, Kp=KK(ov,1)/a; Ti=inf; Td=0;
elseif key==2, Kp=KK(ov,2)/a; Ti=KK(ov,3)*T; Td=0;
else, Kp=KK(ov,4)/a; Ti=KK(ov,5)*T; Td=KK(ov,6)*L; end
Gc=pidstd(Kp,Ti,Td,N);
```

该函数的调用格式为 $[G, K_p, T_i, T_d] = \text{chrpid(key,vars)}$,其返回的变量和函数 ziegler() 是完全一致的。同样地,key $= 1, 2, 3$ 分别对应于 P、PI 和 PID 控制器。变量 vars 可以表示成 vars $= [k, L, T, N, O_s]$,其中 $O_s = 0$ 对应于没有超调量的控制,为 1 对应于有 20% 超调量的控制。

例 8-6　重新考虑例 8-3 中给出的对象模型,可以用下面的 MATLAB 语句设计出 Ziegler-Nichols PID 控制器与两种准则下的 CHR 控制器

```
>> s=tf('s'); G=1/(s+1)^6; [k,L,T]=getfopdt(4,G); N=10;
   [Gc1,Kp,Ti,Td]=ziegler(3,[k,L,T,N])
   [Gc2,Kp,Ti,Td]=chrpid(3,3,[k,L,T,N,0])
   [Gc3,Kp,Ti,Td]=chrpid(3,3,[k,L,T,N,1])
```

得到的控制器

$$G_{c2}(s) = 0.514\left(1 + \frac{1}{2.88s} + \frac{1.68s}{0.168s+1}\right), \quad G_{c3}(s) = 0.814\left(1 + \frac{1}{4.04s} + \frac{1.58s}{0.158s+1}\right)$$

可以由下面的 MATLAB 语句绘制出各个不同的控制器下的闭环系统的阶跃响应曲线,如图 8-12 所示。

```
>> step(feedback(G*Gc1,1),'-',feedback(G*Gc2,1),'--',...
        feedback(G*Gc3,1),':',,50)
```

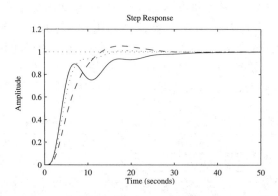

图 8-12　各种控制器下闭环系统阶跃响应比较

　　从得出的曲线可以看出，尽管没有超调量的设定点控制器响应速度较慢，但控制的效果还是较理想的，至少优于经典的 Ziegler-Nichols 算法。

8.3.5　最优 PID 整定经验公式

　　考虑 FOPDT 受控对象模型，对某一组特定的 K、L、T 参数，可以采用数值方法对某一个指标进行优化，可以得出一组 K_p、T_i、T_d 参数，修改对象模型的参数，则可以得出另外一组控制器参数，这样通过曲线拟合的方法就可以得出控制器设计的经验公式。文献中很多 PID 控制器设计算法都是根据这样的方式构造的。

　　最优化指标可以有很多选择，例如时间加权的指标定义为

$$J_n = \int_0^\infty t^{2n} e^2(t) \mathrm{d}t \qquad (8\text{-}3\text{-}15)$$

其中 $n = 0$ 称为 ISE 指标，$n = 1$ 和 $n = 2$ 分别称为 ISTE 和 IST^2E 指标[11]，另外还有常用的 IAE 和 ITAE 指标，其定义分别为

$$J_{\text{IAE}} = \int_0^\infty |e(t)| \mathrm{d}t, \quad J_{\text{ITAE}} = \int_0^\infty t|e(t)| \mathrm{d}t \qquad (8\text{-}3\text{-}16)$$

　　庄敏霞与 Atherton 教授提出了基于式 (8-3-15) 指标的最优控制 PID 控制器参数整定经验公式[11]

$$K_p = \frac{a_1}{k}\left(\frac{L}{T}\right)^{b_1}, \quad T_i = \frac{T}{a_2 + b_2(L/T)}, \quad T_d = a_3 T\left(\frac{L}{T}\right)^{b_3} \qquad (8\text{-}3\text{-}17)$$

对不同的 L/T 范围，系数对 (a, b) 可以由表 8-3 直接查出。可以看出，如果得到了对象模型的 FOPDT 近似，则可以通过查表的方法找出相应的 a_i, b_i 参数，代入上式就可以设计出 PID 控制器来。

表 8-3　设定点 PID 控制器参数

L/T 的范围	$0.1 \sim 1$			$1.1 \sim 2$		
最优指标	ISE	ISTE	IST^{2}E	ISE	ISTE	IST^{2}E
a_1	1.048	1.042	0.968	1.154	1.142	1.061
b_1	-0.897	-0.897	-0.904	-0.567	-0.579	-0.583
a_2	1.195	0.987	0.977	1.047	0.919	0.892
b_2	-0.368	-0.238	-0.253	-0.220	-0.172	-0.165
a_3	0.489	0.385	0.316	0.490	0.384	0.315
b_3	0.888	0.906	0.892	0.708	0.839	0.832

　　该控制器一般可以直接用于原受控对象模型的控制,如果所使用的 FOPDT 模型比较精确,则 PID 控制器效果将接近于对 FOPDT 模型的控制。另外,该算法的适用范围为 $0.1 \leqslant L/T \leqslant 2$,不适合大时间延迟系统的控制器设计,在适用范围上有一定的局限性。

　　Murrill[10,12]提出了使 IAE 准则最小的 PID 控制器的算法

$$K_{\mathrm{p}} = \frac{1.435}{K}\left(\frac{T}{L}\right)^{0.921}, \quad T_{\mathrm{i}} = \frac{T}{0.878}\left(\frac{T}{L}\right)^{0.749}, \quad T_{\mathrm{d}} = 0.482T\left(\frac{T}{L}\right)^{-1.137} \tag{8-3-18}$$

该算法适合于 $0.1 < L/T < 1$ 的受控对象模型。对一般的受控对象模型,文献 [13] 提出了改进算法,将 K_{p} 式子中的 1.435 改写成 3 就可以拓展到其他的 L/T 范围。

　　对 ITAE 指标进行最优化,则可以得出如下的 PID 控制器设计经验公式[10,12]

$$K_{\mathrm{p}} = \frac{1.357}{K}\left(\frac{T}{L}\right)^{0.947}, \quad T_{\mathrm{i}} = \frac{T}{0.842}\left(\frac{T}{L}\right)^{0.738}, \quad T_{\mathrm{d}} = 0.318T\left(\frac{T}{L}\right)^{-0.995} \tag{8-3-19}$$

该公式的适用范围仍然是 $0.1 < L/T < 1$。文献 [14] 提出了在 $0.05 \leqslant L/T \leqslant 6$ 范围内设计 ITAE 最优 PID 控制器的经验公式

$$K_{\mathrm{p}} = \frac{(0.7303+0.5307T/L)(T+0.5L)}{K(T+L)}, \quad T_{\mathrm{i}} = T+0.5L, \quad T_{\mathrm{d}} = \frac{0.5LT}{T+0.5L} \tag{8-3-20}$$

例 8-7　仍考虑例 8-3 中给出的受控对象模型 $G(s) = 1/(s+1)^6$,前面给出最优降阶模型为 $G(s) = \mathrm{e}^{-3.37s}/(2.883s+1)$,亦即 $K = 1$, $L = 3.37$,且 $T = 2.883$,这样可以用下面的语句依照各种算法设计出 PID 控制器

```
>> s=tf('s'); G=1/(s+1)^6;      % 受控对象模型
   K=1; L=3.37; T=2.883;        % 近似一阶模型参数
   Kp1=1.142*(L/T)^(-0.579); Ti1=T/(0.919-0.172*(L/T));
   Td1=0.384*T*(L/T)^0.839; [Kp1,Ti1,Td1] % Zhuang & Atherton ISTE
```

这时可以设计出 PID 控制器为 $G_1(s) = 1.0433\left(1 + \dfrac{1}{4.0156s} + \dfrac{1.2620s}{0.1262s+1}\right)$,由式 (8-3-20) 中给出的设计算法,也可以由下面语句设计出 PID 控制器

```
>> Ti2=T+0.5*L; Kp2=(0.7303+0.5307*T/L)*Ti2/(K*(T+L));
   Td2=(0.5*L*T)/(T+0.5*L); [Kp2,Ti2,Td2] % ITAE 最优控制 PID 控制器
```

设计出的 PID 控制器为 $G_2(s) = 0.8652\left(1 + \dfrac{1}{4.5680s} + \dfrac{1.0635s}{0.10635s+1}\right)$。

用这两个控制器分别控制原始受控对象模型,可以得出如图 8-13 所示的阶跃响应曲线,可以看出,这些 PID 控制器的效果还是令人满意的。

```
>> Gc1=Kp1*(1+tf(1,[Ti1,0])+tf([Td1,0],[Td1/10 1]));
   Gc2=Kp2*(1+tf(1,[Ti2,0])+tf([Td2,0],[Td2/10 1]));
   step(feedback(Gc1*G,1),'-',feedback(Gc2*G,1),'--')
```

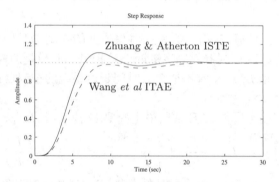

图 8-13 两种 PID 控制器的阶跃响应

8.3.6 基于 FOPDT 的 PID 控制器设计程序

文献 [15] 中列出了近百种基于 FOPDT 模型的 PID 控制器参数整定方法,前面也介绍了从一般受控对象模型近似出 FOPDT 模型的几种方法,所以对很多受控对象模型可以直接设计出 PID 控制器,并进行闭环仿真。基于这样的思想,作者设计出一个基于 FOPDT 模型设计 PID 类控制器的程序设计界面,可以直接设计并仿真闭环系统。下面将介绍该程序的使用步骤:

① 在 MATLAB 提示符下输入 pid_tuner,则将得出如图 8-14 所示的界面,界面下面的空白部分是为系统响应曲线绘制而预留的。

② 单击 Plant model 按钮,将打开一个参数输入对话框,允许用户输入受控对象模型。该对话框允许用户输入任意的单变量连续传递函数模型,允许带有时间延迟项,用户还可以单击 Modify Plant Model 按钮来修改系统的受控对象模型。

③ 输入了受控对象模型,则可以单击 Get FOLPD parameters 按钮获得 FOPDT 模型,亦即获得并显示 K、L、T 参数。提取这些参数可以采用不同的算法,如基于传递函数的算法、基于频域响应的算法以及次最优降阶算法等,不同的算法可以通过 FOLPD model parameters fitting 列表框来选择。

④ 有了 K、L、T 参数,即可以设计出所需的控制器。用户可以通过各个列表框的组合来选择控制器的格式,例如左上角的列表框允许用户选择 PI, PID

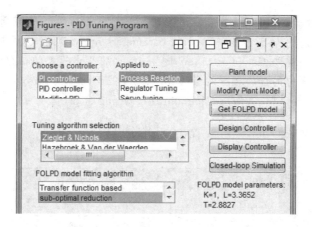

图 8-14　PID 参数整定程序界面

和式(8-3-14)中给出的 PID 模型,在 Apply to 列表框可以选择不同的控制器准则,如伺服控制描述、扰动抑制模式等,选择了这两个控制项,则 Tuning algorithm selection 列表框将给出文献[10]中所有的控制器设计算法,用户可以从中选择合适的算法,相关的列表框中其实也给出了各种各样的组合。

⑤ 选择了控制器的格式后,单击 Design Controller 按钮,则将自动设计出所需的 PID 控制器模型,并将其显示出来。

⑥ 单击 Closed-loop Simulation 按钮,则可以构造出 PID 控制器控制下的系统仿真模型,并在图形界面上显示系统的阶跃响应曲线。

文献[10]中列出了基于各种受控对象模型的 PID 参数整定算法,根据该书提出的算法可以进一步扩展 PID 控制器设计程序,扩大其应用范围。下面将通过例子介绍并演示本界面的使用方法。

例 8-8　仍考虑前面介绍的受控对象模型 $G(s) = 1/(s+1)^6$,首先输入 `pid_tuner` 启动本程序界面,单击 Plant model 按钮,则将打开一个对话框,如图 8-15 所示,在分子、分母栏目内可以填写系统的传递函数分子和分母模型,在时间延迟栏目填入时间延迟的参数,然后单击 Apply 按钮就能将受控对象模型直接输入。

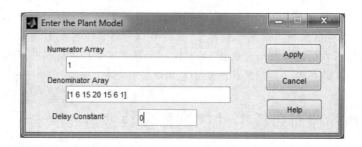

图 8-15　受控对象模型输入对话框

　　如果想设计一个控制器,首先应该得到 FOPDT 模型参数,而获得这些参数需要首先选择拟合算法,如在 FOPDT model parameters fitting 列表框中选择 sub optimal reduction 选项,再单击 Get FOPDT model 按钮,则将得出模型的拟合参数,如图 8-16 所示。按照该界面中的方法选择适当的算法,再单击 Design Controller 按钮,则可以设计出相应的控制器模型,例如用 Minimum IAE (Wang et al) 选项可以设计出控制器模型为 $G_c(s) = 0.936172 \left(1 + \dfrac{1}{4.565340s} + 1.062467s \right)$。

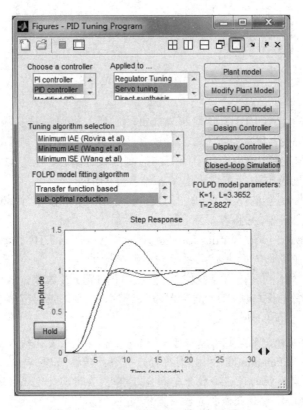

图 8-16　PID 设计界面与结果显示

　　单击 Closed-loop Simulation 按钮,则将得出在此控制器下系统的阶跃响应曲线,单击 Hold 按钮则可以保护当前图形坐标系,这时可以选择其他控制器设计算法,仍可以得出新控制器下系统的阶跃响应曲线,并在同一坐标系下叠印系统的阶跃响应曲线。如此可以将若干算法下设计控制器的阶跃响应曲线进行比较,如图 8-16 所示。

8.4　其他受控对象模型的控制器参数整定

　　前面介绍的全部 PID 整定算法都是基于 FOPDT 受控对象模型的,在实际应用中,有很多受控对象不能由 FOPDT 类模型去近似,所以也不能直接采用前面介绍的方法设计控制器。在文献 [10] 中列出了大量模型的整定算法。这里由于篇幅限制,不能全面介绍,只能介绍其中几种常用模型的 PID 控制器参数整定算法及其 MATLAB 实现。

8.4.1 IPD 模型的 PD 和 PID 参数整定

一类常见的受控对象模型为带有时间延迟的积分环节,其数学模型为 $G(s) = K\mathrm{e}^{-Ls}/s$,这类模型称为延迟积分器(integrator plus delay,IPD)模型。这类受控对象模型不能直接采用前面介绍的算法来整定 PD 或 PID 控制器。

这类受控对象模型因为本身含有积分器,所以即使不在控制器中引入积分补偿仍然能保证闭环系统没有静态误差的要求,所以一般情况下,因为 PD 控制器未引入附加积分器,所以可以避免由积分作用引起的大超调量,故采用 PD 控制器就能够达到很好的效果。PD 和 PID 模型的数学形式分别为

$$G_{\mathrm{PD}}(s) = K_{\mathrm{p}}(1 + T_{\mathrm{d}}s), \quad G_{\mathrm{PID}}(s) = K_{\mathrm{p}}\left(1 + \frac{1}{T_{\mathrm{i}}s} + T_{\mathrm{d}}s\right) \tag{8-4-1}$$

文献 [16] 提出了各种指标下的 PD 和 PID 参数整定公式,其一般形式为

$$\begin{aligned}
&\text{PD 控制器} \quad K_{\mathrm{p}} = \frac{a_1}{KL}, \quad T_{\mathrm{d}} = a_2 L \\
&\text{PID 控制器} \quad K_{\mathrm{p}} = \frac{a_3}{KL}, \quad T_{\mathrm{i}} = a_4 L, \quad T_{\mathrm{d}} = a_5 L
\end{aligned} \tag{8-4-2}$$

其中

对 ISE 指标,可以选择 $a_1 = 1.03$, $a_2 = 0.49$,或 $a_3 = 1.37$, $a_4 = 1.49$, $a_5 = 0.59$;
对 ITSE 指标,则有 $a_1 = 0.96$, $a_2 = 0.45$ 或 $a_3 = 1.36$, $a_4 = 1.66$, $a_5 = 0.53$;
对 ISTSE 指标,则 $a_1 = 0.9$, $a_2 = 0.45$,或 $a_3 = 1.34$, $a_4 = 1.83$, $a_5 = 0.49$。
根据这样的选择可以很容易编写出如下的 MATLAB 函数来设计控制器:

```
function [Gc,Kp,Ti,Td]=ipdctrl(key,key1,K,L,N)
a=[1.03,0.49,1.37,1.49,0.59; 0.96,0.45,1.36,1.66,0.53;
   0.9,0.45,1.34,1.83,0.49];
if key==1
   Kp=a(key1,1)/K/L; Td=a(key1,2)*L; Ti=inf;
else
   Kp=a(key1,3)/K/L; Ti=a(key1,4)*L; Td=a(key1,5)*L;
end
Gc=pidstd(Kp,Ti,Td,N);
```

8.4.2 FOLIPD 模型的 PD 和 PID 参数整定

另一类常见的受控对象模型为带有时间延迟的一阶滞后环节,其数学模型为 $G(s) = K\mathrm{e}^{-Ls}/[s(Ts + 1)]$,这类模型称为一阶滞后积分延迟(first order lag and integrator plus delay,FOLIPD）模型。

这类受控对象模型因为本身含有积分器,所以即使不在控制器中引入积分补偿仍然能保证闭环系统没有静态误差的要求,所以一般情况下采用 PD 控制器就能够达到很好的效果。文献 [10] 中收录了一种 PD 控制器的设计算法

$$K_p = \frac{2}{3KL}, \quad T_d = T \tag{8-4-3}$$

文献 [10] 还收录了 PID 控制器的整定算法

$$K_p = \frac{1.111T}{KL^2} \frac{1}{\left[1 + (T/L)^{0.65}\right]^2}, \; T_i = 2L\left[1 + \left(\frac{T}{L}\right)^{0.65}\right], \; T_d = \frac{T_i}{4} \tag{8-4-4}$$

这样可以编写出控制器整定函数 folipd() 来实现这两种算法,该函数中用变量 key 来选定控制器类型,其值为 1 表示 PD 控制器,否则为 PID 控制器。若提供了 K、L、T、N 参数,则可以立即设计出控制器模型

```
function [Gc,Kp,Ti,Td]=folipd(key,K,L,T,N)
if key==1, Kp=2/3/K/L; Td=T; Ti=inf;
else, a=(T/L)^0.65;
    Kp=1.111*T/(K*L^2)/(1+a)^2; Ti=2*L*(1+a); Td=Ti/4;
end
Gc=pidstd(Kp,Ti,Td,N);
```

例 8-9 考虑受控对象模型 $G(s) = \dfrac{1}{s(s+1)^4}$,其中带有积分器,其余的部分可以用 FOPDT 模型描述,这样整个模型能用 FOLIPD 模型近似描述,由下面语句设计出 PD 和 PID 控制器,并绘制出闭环系统的阶跃响应曲线,如图 8-17 所示

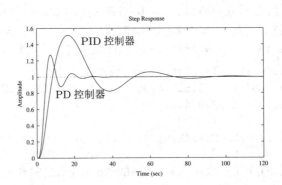

图 8-17   PID 控制器和 PD 控制器比较

```
>> s=tf('s'); G1=1/(s+1)^4; G=G1/s; Gr=opt_app(G1,0,1,1);
   K=Gr.num{1}(2)/Gr.den{1}(2); L=Gr.ioDelay; T=1/Gr.den{1}(2);
   [Gc1,Kp1,Ti1,Td1]=folipd(1,K,L,T,10); % PD 控制器设计
   [Gc2,Kp2,Ti2,Td2]=folipd(2,K,L,T,10); % PID 控制器设计
   step(feedback(G*Gc1,1),feedback(G*Gc2,1))
```

即 $G_{\mathrm{PD}}(s) = 0.3631 \left(1 + \dfrac{2.3334s}{1+0.2333s} \right)$, $G_{\mathrm{PID}}(s) = 0.1635 \left(1 + \dfrac{1}{7.9638s} + \dfrac{1.9910s}{1+0.1991s} \right)$。

从控制效果看,PD 控制明显优于 PID 控制器。因为受控对象模型已经含有积分器,所以引入附加的积分动作反而会使得闭环系统的超调量增大,且响应速度明显减慢。

8.4.3　不稳定 FOPDT 模型的 PID 参数整定

实际的过程控制中,有时受控对象模型为不稳定的 FOPDT 形式,亦即 $G(s) = K\mathrm{e}^{-Ls}/(Ts-1)$,可以由下面的算法设计出 PID 控制器[16]

$$K_{\mathrm{p}} = \frac{a_1}{K} A^{b_1}, \quad T_{\mathrm{i}} = a_2 T A^{b_2}, \quad T_{\mathrm{d}} = a_3 T \left[1 - b_3 A^{-0.02} \right] A^{\gamma} \qquad (8\text{-}4\text{-}5)$$

其中,$A = L/T$,且 a_i, b_i 和 γ 参数可以由表 8-4 直接选择。根据该算法,则可以编写出不稳定 FOPDT 模型的 PID 控制器参数整定函数

表 8-4　不稳定模型的参数表

目标函数	a_1	b_1	a_2	b_2	a_3	b_4	γ
ISE 性能指标	1.32	0.92	4	0.47	3.78	0.84	0.95
ITAE 性能指标	1.38	0.9	4.12	0.9	3.62	0.85	0.93
ISTSE 性能指标	1.35	0.95	4.52	1.13	3.7	0.86	0.97

```
function [Gc,Kp,Ti,Td]=ufopdt(key,K,L,T,N)
par=[1.32,0.92,4,0.47,3.78,0.84,0.95;
    1.38,0.9,4.12,0.9,3.62,0.85,0.93;
    1.35,0.95,4.52,1.13,3.7,0.86,0.97];
a1=par(key,1); b1=par(key,2); a2=par(key,3); b2=par(key,4);
a3=par(key,5); b3=par(key,6); gam=par(key,7);
A=L/T, Kp=a1*A^b1/K; Ti=a2*T*A^b2;
Td=a3*T*(1-b3*A^(-0.02))*A^gam; Gc=pidstd(Kp,Ti,Td,N);
```

8.4.4　交互式 PID 类控制器整定程序界面

1. PID 控制器参数的设计函数

新版的 MATLAB 控制系统工具箱提供了几个直接设计 PID 类控制器的函数,如 pidtune()、pidtool() 等,可以直接用于 PID 类控制器的设计。在该工具箱中支持的各种 PID 类控制器类型和模型在表 8-5 中给出。

调用 $G_{\mathrm{c}} = \mathtt{pidtune}(G, \mathtt{type})$ 函数,可以为受控对象 G 设计出由 type 类型指定的控制器 G_{c}。

例 8-10　假设受控对象模型由 $G(s) = \dfrac{\mathrm{e}^{-2s}}{s(s+1)^4}$ 给出,该模型不可能用 FOPDT 模型逼近,需要采用专门的算法设计控制器。例如可以由下面语句直接设计出 PI、PD、PID

表 8-5　控制系统工具箱支持的 PID 控制器表

关键词 type	控制器类型	连续控制器模型	离散控制器模型
'p'	比例控制器	K_p	K_p
'i'	积分控制器	$\dfrac{K_i}{s}$	$K_i \dfrac{T}{z-1}$
'pi'	PI 控制器	$K_p + \dfrac{K_i}{s}$	$K_p + K_i \dfrac{T}{z-1}$
'pd'	PD 控制器	$K_p + K_d s$	$K_p + K_d \dfrac{z-1}{T}$
'pdf'	带滤波的 PD 控制器	$K_p + K_d \dfrac{s}{T_f s + 1}$	$K_p + K_d \dfrac{1}{T_f + \dfrac{T}{z-1}}$
'pid'	PID 控制器	$K_p + \dfrac{K_i}{s} + K_d s$	$K_p + K_i \dfrac{T}{z-1} + K_d \dfrac{z-1}{T}$
'pidf'	带滤波的 PID 控制器	$K_p + \dfrac{K_i}{s} + K_d \dfrac{s}{T_f s + 1}$	$K_p + K_i \dfrac{T}{z-1} + K_d \dfrac{1}{T_f + \dfrac{T}{z-1}}$

控制器,并得出闭环系统的阶跃响应曲线,如图 8-18 所示。可见,得出的各种控制器效果是令人满意的。此外,由于 PI 控制器中没有微分动作,所以控制的速度偏慢。

```
>> s=tf('s'); G=exp(-2*s)/s/(s+1)^4;
   Gc1=pidtune(G,'pd'), Gc2=pidtune(G,'pid'), Gc3=pidtune(G,'pi')
   step(feedback(G*Gc1,1),'-',feedback(G*Gc2,1),':',...
       feedback(G*Gc3,1),'--',60)
```

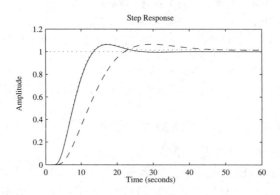

图 8-18　各种 PID 类控制器作用下的闭环阶跃响应曲线

上述语句设计出来的三个控制器分别为

$$G_{c1}(s)=0.134+0.284s,\ G_{c2}(s)=0.134+\frac{0.00031}{s}+0.302s,\ G_{c3}(s)=0.0846+\frac{0.00012}{s}$$

2. 交互式 PID 控制器设计界面

新版控制系统工具箱还提供了 PID 类控制器整定界面函数 pidtool(),其调

用格式为 $G_c = \mathrm{pidtool}(G, \mathrm{type})$，例如前面的例子中如果想设计一个并联的 PID 控制器，只需给出 $\mathrm{pidtool}(G, \mathrm{'pid'})$ 即可，打开的初始设计界面如图 8-19 所示，这时，设计出的 PID 控制闭环阶跃响应曲线将直接绘制出来。用户可以调整 Interactive tuning 水平滚动杆，用交互式的方法调整控制器参数和控制效果。

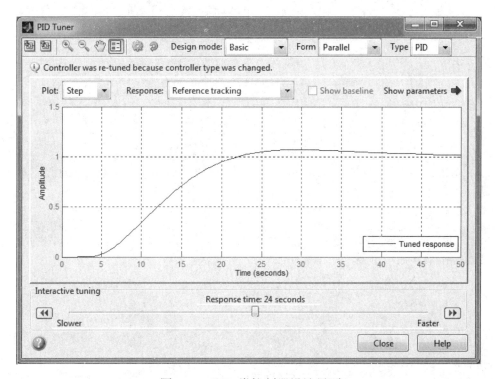

图 8-19　PID 类控制器设计界面

在现有的界面中，用户可以拖动该滚动杆达到 8.61 s，这样得出的阶跃响应超调量和图 8-19 中的响应差不多，但响应速度明显加快。单击主界面中 Show parameters 栏目的 ➡ 按钮，则可以显示出设计出的 PID 控制器参数和阶跃响应曲线，如图 8-20 所示，同时还显示出该控制器下的一些指标。在这里介绍的交互式设计方法中，减小响应时间将可能增大超调量，所以应该在响应速度和超调量之间做一个折中和权衡，设计出一个合适的控制器。

注意，默认的设计模态 Design mode 中选择的是 Basic 模态，该模态下可以调整响应时间，设计控制器的参数。如果从该列表框中选择 Extended 模态，则交互式调节的滚动杆如图 8-21 所示。可见，这时有两个参数：Bandwidth（带宽）和 Phase margin（相位裕度）可以通过滚动杆交互式地调节。增大带宽的值一般意味着会增加响应速度，但可能增大超调量。增大相位裕度一般会减小超调量，但过度增大相位裕度会得到不期望的效果。这样的整定方法下，用户需要权衡这两个参数，得到

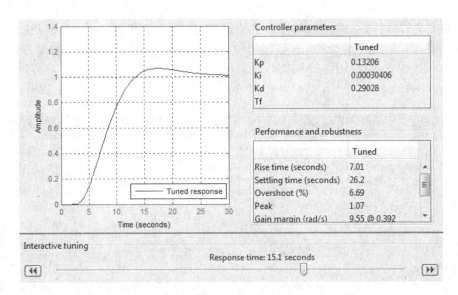

图 8-20   设计出的 PID 控制器和阶跃响应曲线

改进的响应曲线。例如,选择带宽为 $0.159\,\mathrm{rad/s}$,相位裕度 66°,将得出阶跃响应曲线、控制器参数与重要响应指标如图 8-22 所示。

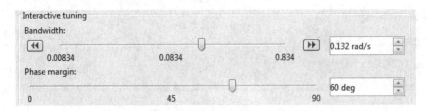

图 8-21   交互式整定滚动杆

PID 控制器设计出来以后,可以由工具栏的 ▣ 按钮将受控对象和控制器存入 MATLAB 的工作空间,而由 ▣ 按钮可以从 MATLAB 工作空间读入控制器。

3. PID 控制器的设计与整定

回顾上章介绍的单变量控制器设计界面 SISO Tool,该界面还可以直接用于 PID 控制器的交互式设计与参数自动整定。下面通过例子演示在该界面下 PID 控制器的设计。

例 8-11   仍考虑例 8-10 给出的受控对象模型,用下面语句可以启动单变量系统设计主界面,单击 Automated Tuning 标签,可以打开如图 8-23 所示的界面

```
>> s=tf('s'); G=exp(-2*s)/s/(s+1)^4; sisotool(G)
```

选择其中的 PID Tuning 列表项,可以开始 PID 控制器的参数整定。用户可以从中选择各种控制器形式,再单击 Update Compensator 按钮,则可以设计出一个合适的控

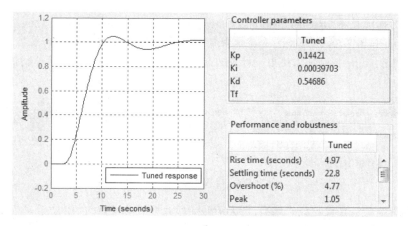

图 8-22　新设计出的 PID 控制器及其响应

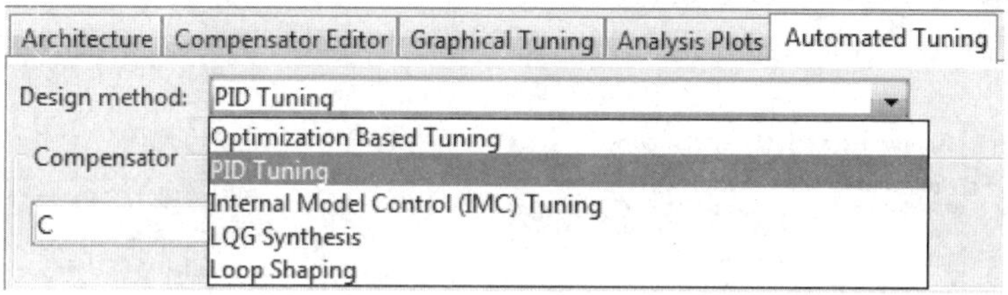

图 8-23　控制器参数整定方法选择

制器,并将控制效果显示出来,如图 8-24 所示。

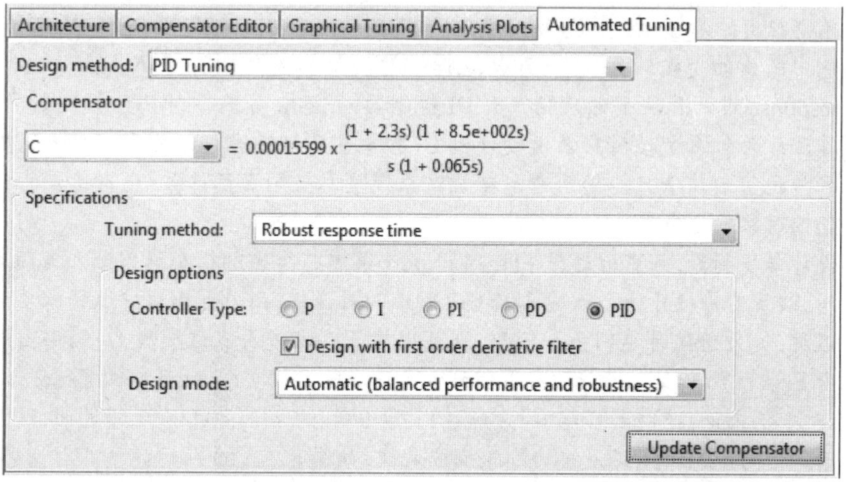

图 8-24　控制器参数整定方法选择

打开 Tuning method 列表框,就可以打开该界面支持的两类参数整定方法列表,即鲁棒时间响应类（Robust response time）和经典设计公式（Classical design formula）整定方法，如图 8-25（a）所示。如果鲁棒时间响应类算法，则 Formula 列表框的内容如图 8-25（b）所示，目前可以使用一种默认的算法和交互式的方法来设计控制器。

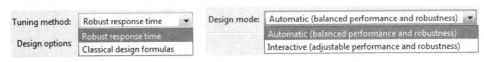

| (a) 两类整定方法 | (b) 鲁棒整定方法 |

图 8-25　鲁棒整定方法选择

如果选择经典设计公式选项，则 Formula 列表框的内容如图 8-26（a）所示，其中包括 MIGO 算法、近似 MIGO 算法[17]等成型的整定算法，其中，MIGO 算法更适用于多受控对象模型的相同 PID 控制器参数整定问题的求解。选择了某种算法和控制器结构，单击 Update Compensator 按钮可以直接设计出所需的控制器，如图 8-26（b）所示。

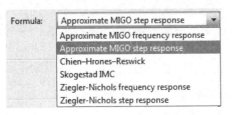

| (a) 支持的经典设计算法 | (b) A-MIGO 设计算法结果 |

图 8-26　经典设计方法及结果

值得指出的是，列表中的算法和控制器类型的组合并不都是可以设计出来的，例如对本例中给出的受控对象模型，即使选择了控制器类型为 PID，在 Approximate MIGO step response 设计算法下也只能得出 PI 控制器，并不能真正得到 PID 控制器，这是因为该算法认为对本受控对象来说设计出 PI 控制器已经满足设计要求。另外，这里提供的各种传统整定算法只能用于稳定受控对象模型的控制器设计，对应不稳定的或非线性的受控对象无能为力。

设计完控制器，则可以通过 File → Export 菜单将得出的模型返回到 MATLAB 工作空间。该菜单将打开一个如图 8-27（a）所示的对话框，用户可以从中选择需要返回的模型名称，如果想同时返回多个模型，则可以按下 Ctrl 键再点选模型名称。得出的模型可以由 Export to Workspace 按钮返回到 MATLAB 工作空间，也可以由 Export to Disk 存盘。对本例来说，控制器可以由 $C_1 = 0.132 + 0.000304/s + 0.29s$ 变量返回，这样可以由下面的语句绘制出闭环系统的阶跃响应曲线，如图 8-27（b）所示。

```
>> step(feedback(G*C1,1))
```

由控制结果看，得出的控制效果是比较理想的，但不足之处是，该系统的输出信号存在静态误差，尽管该误差十分微小。

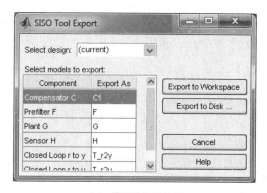

（a）模型输出对话框

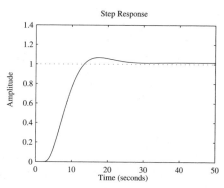

（b）阶跃响应曲线

图 8-27　PID 控制器的自动整定结果

　　由前面给出的例子可见，如果借助于 MATLAB 控制系统工具箱提供的 PID 参数整定程序，可以很容易地用交互式方法或其他成型算法设计出 PID 控制器。从另一个角度看，该程序界面有有着明显的局限性，例如，该界面只能用于线性受控对象的控制器设计，如果受控对象或控制器中存在非线性环节，则此界面将无能为力。再比如，如果受控对象为不稳定的或是非最小相位的，该界面也很难为其找到一个可行的控制器。此外，和上章介绍的单变量系统设计程序一样，本程序界面得出的是满足某种约束条件的满意控制器，而不是最优控制器，由现有的交互性调节并不容易得出客观的最优控制设计效果。

4. 基于 Simulink 的 PID 控制器自动整定工具

　　前面介绍过，利用简单的命令和界面并不能较好处理很多系统的控制器设计，尤其是当控制系统中含有非线性环节或其他复杂控制结构，则需要借助于 Simulink 去描述系统，最终设计出很好的 PID 控制器。但这样的控制器设计是基于线性化受控对象的，所以有时控制效果不一定理想。

例 8-12　考虑时变受控对象模型 $\ddot{y}(t) + e^{-0.2t}\dot{y}(t) + e^{-5t}\sin(2t+6)y(t) = u(t)$，且 PID 控制器带有执行器饱和 $|u(t)| \leqslant 2$。这样的受控对象模型不能用 MATLAB 下的线性时不变模型描述，这里我们可以考虑用 Simulink 来建立 PID 控制系统模型，如图 8-28 所示。在该框图中，可以利用 Simulink 界面的菜单命令设置输入和输出端子，具体地，右击误差线 $e(t)$，则可以得出快捷菜单，其中 Linearization Points 子菜单内容如图 8-29 所示。在 PID 模块中，需要指定执行器的饱和值 ± 2。另外，还需要在误差 $e(t)$ 信号中增加一个 Input Point 标记 $\sharp$，并在控制信号 $u(t)$ 上增加一个 Output Point 记号 $\flat$。

　　双击 PID 控制器按钮，则可以得出 PID 控制器参数设置界面。在得出的界面中单击 Tune 按钮则将自动开始 PID 控制器的参数整定过程。该设计过程首先启动线性化功能，在线性化模型的基础上启动交互式控制器参数整定的功能。例如，对本例中给出的受控对象模型，可以得出如图 8-30 所示的设计界面。

　　值得指出的是，由于在设计过程中忽略了原系统中的时变特性及非线性环节，所以

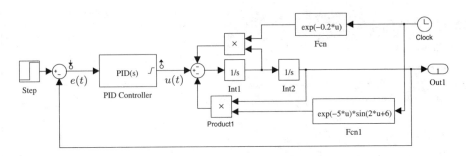

图 8-28 PID 控制系统框图（文件名: c8foptpid.mdl）

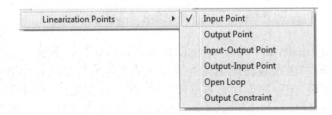

图 8-29 Simulink 菜单

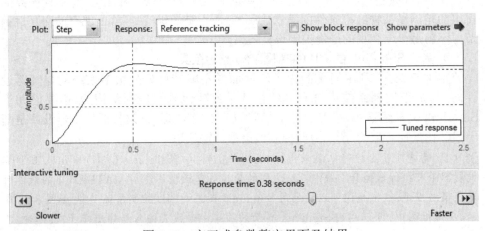

图 8-30 交互式参数整定界面及结果

即使能通过交互方法得出较好的控制器,实际系统的控制效果也不一定很好,本例中设计出的 PID 控制器参数为 $K_p = 0.3265, K_i = 0.1169, K_d = -0.0047$,若将此控制器用于原 Simulink 模型,得出的控制效果如图 8-31 所示。可见,这样的控制效果远远比图 8-30 中给出的线性化模型的控制效果差很多!所以在设计时应该兼顾交互调节效果和实际控制效果,或使用更好的设计工具。

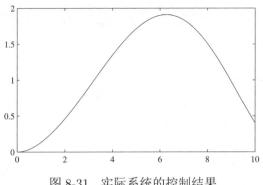

图 8-31　实际系统的控制结果

8.5　OptimPID——最优 PID 控制器设计程序

　　上章介绍的 OCD 程序成功地将最优控制器设计与数值最优化问题结合起来,巧妙地将 MATLAB 语言强大的寻优能力与 Simulink 的强大的系统仿真能力结合起来,为最优控制器设计提供了一种有效的解决方法。针对 PID 控制器的特殊问题,作者编写了新的最优 PID 程序设计界面,命名为 OptimPID,该程序界面只需用户将受控对象模型用 Simulink 描述出来,就可以直接设计出最优 PID 控制器。和控制系统工具箱提供的参数自动整定界面相比,OptimPID 程序界面使用方便得多,设计出来的控制器性能更好、更客观。对不稳定和非线性受控对象来说,OptimPID 程序可以直接设计控制器,其性能远远好于现有的其他 PID 控制器整定方法。

　　在 MATLAB 命令窗口中给出 `optimpid` 命令,就可以直接启动最优 PID 控制器设计界面(PID Controller Optimizer),如图 8-32 所示。用户只需事先建立描述受控对象的 Simulink 模型,并将其名字填写到 Plant model name 编辑框,并在 Terminate Time 栏目填写终止仿真时间即可。类似于 OCD 程序,单击 Create File 按钮就可以建立描述目标函数的 M-函数文件,再单击 Optimize 按钮就可以启动控制器参数寻优过程。如果受控对象是线性的,则可以使用线性模型的名字 mod_lti 填写到模型名栏目,并在 MATLAB 工作空间内定义 G 和 tau 两个变量就可以为线性系统设计最优 PID 控制器了。下面通过例子演示该程序界面。

例 8-13 考虑例 8-10 中给出的线性受控对象模型。可以用下面的语句首先将其输入到 MATLAB 工作空间

```
>> s=tf('s'); G=1/s/(s+1)^4; tau=2;
```

这样就可以直接使用 OptimPID 设计包中的预设 mod_lti.mdl 模型表示受控对象,然后启动最优 PID 设计程序,在如图 8-32 所示的界面中,在 Plant model name 栏目中填写 mod_lti,在 Terminate Time 栏目填写终止仿真时间 40,然后单击 Create File 自动生成目标函数文件,再单击 Optimize 按钮开始控制器设计,就可以自动打开如图 8-33(a)

图 8-32　OptimPID 设计界面

所示的示波器,看着寻优过程,最后设计出一个最优的 PID 控制器,其参数在 Tuned Controller 编辑框中返回。值得指出的是,因为寻优过程中最大迭代次数选择的不是很多,有时按 Optimize 按钮并不能直接一次性得出最优控制器,需要再次或多次单击该按钮才能完成设计任务。

除了默认的设计参数外,该界面还提供了其他的功能:

① **控制器类型选择**。该程序界面允许用户由 Controller Type 选择不同的控制器类型,如 P、PI、PID 控制器及其变形形式,也可以选择带有抗积分饱和的控制器。另外用户还可以选择并设计离散 PID 类控制器。

② **执行器饱和**。如果控制器带有执行器饱和,则可以通过 Actuator Saturation 栏目来描述饱和非线性的上下界。选择并设计带有饱和非线性的控制器并不会增加控制器设计的计算量。

③ **寻优算法选择**。目前支持的优化工具包括 MATLAB 自身的优化命令、最优化工具箱、全局最优化工具箱,并包括第三方的遗传算法最优化工具箱(GAOT)和粒子群算法工具箱(PSOt)等,后两个工具箱更可能摆脱局部最优解,得出有意义的全局最优解。这里这些求解函数是界面自动调用的,无须了解其语句调用公式。

④ **目标函数选择**。可以从 Optimization Criterion 列表框中选取目标函数,默认的指标为 ITAE Criterion。对本例中的系统,如果选择 ISE Criterion,则将得出如图 8-33(b)

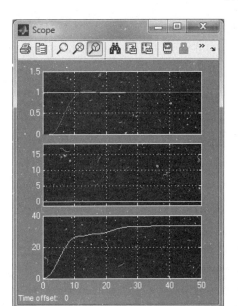 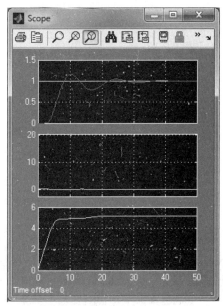

（a）ITAE 下的最优控制效果　　　　　（b）ISE 指标下的最优控制

图 8-33　PID 控制器的自动整定结果

所示的设计结果,显然,ITAE 指标比 ISE 指标更合理,得出的控制效果更好。

　　⑤ **阶梯信号激励的仿真**。设计出控制器后,还可以在 Staircase Waveform 栏目描述阶梯信号的转折点向量,在 Simulation Range 编辑框中给出终止仿真时间,这样单击 Simulation 按钮就可以得出阶梯信号激励下的仿真结果。选中 Hold 复选框则会针对阶梯信号重新设计最优控制器,让整体伺服跟踪的误差指标最小。

例 8-14　仍假设受控对象模型为线性模型 $G(s) = \dfrac{s+2}{s^4 + 8s^3 + 4s^2 - s + 0.4}$,且令控制器的执行器饱和上下界为 $\Delta = \pm 5$,则用 pidtune() 和 sisotool() 均无法为其设计控制器,而这类问题用最优 PID 设计程序可以直接求解。可以用下面的语句将受控对象模型先输入 MATLAB 工作空间

```
>> s=tf('s'); G=(s+2)/(s^4+8*s^3+4*s^2-s+0.4); tau=0;
```

然后启动最优 PID 控制器设计程序,将 mod_lti 和 6 分别填入 Plant Model 和 Terminate Time 编辑框,单击 Create File 和 Optimize 按钮,就可以设计出最优控制器了。在控制器下得出的输出信号和控制信号分别如图 8-34（a）、（b）所示。可见,这样得出的控制效果还是很理想的。

例 8-15　考虑例 8-12 中给出的时变受控对象模型

$$\ddot{y}(t) + \mathrm{e}^{-0.2t}\dot{y}(t) + \mathrm{e}^{-5t}\sin(2t+6)y(t) = u(t)$$

在原例中,虽然可以使用 MATLAB 提供的交互式设计界面直接设计 PID 控制

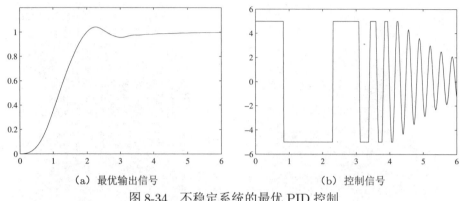

(a) 最优输出信号　　　　　　　　　　(b) 控制信号

图 8-34　不稳定系统的最优 PID 控制

器,但设计出来的效果极差。现在可以考虑用 OptimPID 程序界面直接设计 PID 控制器。首先,可以将控制信号 $u(t)$ 与输出信号 $y(t)$ 之间的关系用如图 8-35 (a) 所示的 Simulink 模型表示出来。假设控制器的信号限幅为 $|u(t)| \leqslant 2$,并设仿真终止时间为 5,这样在 ITAE 准则下得出最优控制效果如图 8-35 (b) 所示。

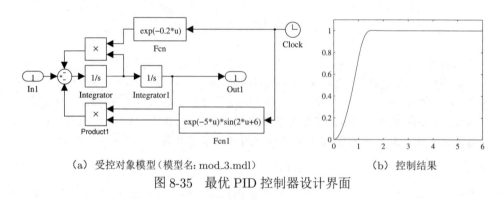

(a) 受控对象模型(模型名: mod_3.mdl)　　　　　(b) 控制结果

图 8-35　最优 PID 控制器设计界面

现在假设用阶梯信号 $t = [0, 10, 22, 35, 50]$,$y = [1, 6, 3, 2, 5]$ 激励系统,将这些参数填写到 Staircase Waveform 栏目,并将终止仿真时间设置为 70,则单击 Simulation 按钮可以得出如图 8-36 (a) 所示的时域响应曲线。可见,虽然原始控制器能够很好地控制系统的单位阶跃响应曲线,但阶梯信号的响应效果很差,需要重新设计控制器。

选中 Hold 复选框,再单击 Create File,就可以针对阶梯信号重新定义目标函数。再单击 Optimize 按钮就可以重新设计 PID 控制器,得出的控制效果如图 8-36 (b) 所示。

OptimPID 设计程序只需用户提供单变量受控对象的 Simulink 模型,就可以通过界面自动搜索控制器的最优参数。其中的受控对象模型可以含有非线性、离散环节,可以有任意复杂的结构。如果控制器参数搜索存在困难,则可以采用附加的遗传算法和粒子群优化工具搜索全局最优控制器。该程序的全部代码完全公开,适合有经验的使用者根据需要自行修改,使其功能更加强大。

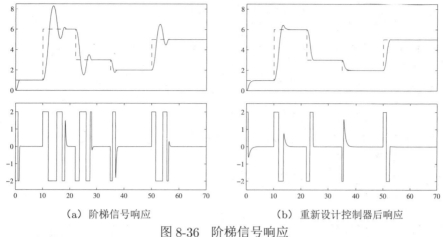

(a) 阶梯信号响应　　　　　　(b) 重新设计控制器后响应

图 8-36　阶梯信号响应

8.6　本章要点小结

- 过程控制中最常用的是 PID 类控制器,本章介绍了各种常用的 PID 控制器结构,并介绍了各种各样的变形形式,还给出了基本的 MATLAB 应用程序来表示控制器模型,并仿真整个系统。

- 介绍了一般过程控制系统常用的数学模型如何用一阶带有延迟(FOPDT)的近似方法,为下一步的某些控制器参数整定算法打下基础。

- 侧重于基于 FOPDT 模型的 PID 控制器设计算法,从最传统的 Ziegler-Nichols 出发,介绍了其各种改进形式及 Chien-Hrones-Reswick 整定算法、最优整定经验公式等常用算法及其 MATLAB 实现,还介绍了作者设计的基于 FOPDT 模型的 PID 控制器参数整定界面。

- 介绍了 FOLIPD、IPD 及不稳定 FOPDT 等受控对象模型的部分 PI 和 PID 控制器参数整定算法及其 MATLAB 实现与仿真。

- 介绍了控制系统工具箱提供的 PID 控制器的参数整定程序和交互式设计界面,允许用户设计 PID 类控制器。该工具箱的局限性是不能处理不稳定的或非线性的受控对象,此外,该程序求解的是满意解,并非最优解。

- 本章还介绍了作者编写的最优 PID 控制器设计程序界面,该界面只需用户提供 Simulink 模型,即可以直接设计出所需的最优 PID 控制器,程序界面可以在优化过程中显示寻优和参数整定过程。该程序理论上可以用于任意复杂受控对象模型的最优 PID 控制器设计。利用该程序常用的遗传算法和粒子群优化算法,可以设计出全局最优控制器。

8.7 习 题

(1) 应用不同的算法给下面各个模型设计 PID 控制器,并比较各个控制器下闭环系统的性能

$$① G_a(s) = \frac{1}{(s+1)^3}, \quad ② G_b(s) = \frac{1}{(s+1)^5}, \quad ③ G_c(s) = \frac{-1.5s+1}{(s+1)^3}$$

试分别利用整定公式和 PID 控制器设计程序设计控制器,并比较控制器的控制效果。如果采用离散 PID 控制器,试比较一般离散 PID 控制器与增量式 PID 控制器下的控制效果。

(2) 试用 MATLAB 提供的交互式 PID 控制器设计工具及其他工具为下面的受控对象模型设计控制器[5]

$$① G_1(s) = \frac{1}{(s+1)^6}, \quad ② G_2(s) = \frac{12.8e^{-s}}{16.8s+1}, \quad ③ G_3(s) = \frac{37.7e^{-10s}}{(2s+1)(7200s+1)}$$

$$④ G_4(s) = \frac{(10s-1)e^{-s}}{(2s+1)(4s+1)}, \quad ⑤ G_5(s) = \frac{5.526e^{-2.5s}}{s^2+0.6s+2.5},$$

$$⑥ G_6(s) = \frac{10.078e^{-10s}}{s^2+0.14s+0.49}, \quad ⑦ G_7(s) = \frac{3.3}{(1+0.1s)(1+0.2s)(1+0.7s)}$$

(3) 用各种方法对下面各个对象模型作带有延迟的一阶近似,并应用时域和频域分析方法比较这样的近似和原模型的接近程度。

$$① G(s) = \frac{12(s^2-3s+6)}{(s+1)(s+5)(s^2+3s+6)(s^2+s+2)}, \quad ② G(s) = \frac{-5s+2}{(s+1)^2(s+3)^3}e^{-0.5s}$$

(4) 如果对象模型含有纯时间延迟环节,试用最优控制器设计程序设计出 ITAE、IAE、ISE 等最优指标下的 PID 控制器,并比较控制效果。

$$① G_a(s) = \frac{1}{(s+1)(2s+1)}e^{-s}, \quad ② G_b(s) = \frac{1}{(17s+1)(6s+1)}e^{-30s}$$

(5) 假设受控对象模型由延迟微分方程 $\dfrac{dy(t)}{dt} = \dfrac{0.2y(t-1)}{1+y^{10}(t-1)} - 0.1y(t) + u(t)$ 给出,并用 PI 控制器对系统施加控制,试将其控制转换为最优化问题进行求解,得出最优 PI 控制器参数,并绘制出系统的阶跃响应曲线。如果想减小闭环系统的超调量,则可以引入约束条件,将原始问题转换为有约束最优化问题的求解,试对该问题进行求解。

(6) 已知受控对象为一个时变模型 $\ddot{y}(t) + e^{-0.2t}\dot{y}(t) + e^{-5t}\sin(2t+6)y(t) = u(t)$,试设计一个能使得 ITAE 指标最小的 PI 控制器并分析闭环系统的控制效果。设计最优控制器需要用有限的时间区间去近似 ITAE 的无穷积分,所以比较不同终止时间下的设计是有意义的,试分析不同终止时间下的 PI 控制器并分析效果。如果不采用 ITAE 指标而采用 IAE、ISE 等,设计出的控制器是什么? 控制效果如何?

(7) 考虑大时间延迟的受控对象模型 $G(s) = \dfrac{e^{-20s}}{(s+1)^3}$,试用 MATLAB 的 `pidtune()` 函数和其他设计工具为其设计 PID 控制器,并比较控制器效果。

(8) 试为下面的离散模型设计最优连续和离散 PID 控制器[18]

① $H(z) = \dfrac{7}{z^4 - 1.31z^3 + 1.21z^2 - 0.287z - 0.0178}$, $T = 0.01\,\mathrm{s}$

② $H(z) = \dfrac{3z^2 - 1}{z^5 - 0.6z^4 + 0.13z^3 - 0.364z^2 + 0.1416z - 0.288}$, $T = 0.01\,\mathrm{s}$

(9) 试为受控对象模型[19] $G(s) = \dfrac{1 + \dfrac{3e^{-s}}{s+1}}{s+1}$ 设计最优控制器。

参考文献

1 Bennett S. Development of the PID controllers. IEEE Control Systems Magazine, 1993, 13(6):58~65

2 Åström K J, Hang C C, Persson P, Ho W K. Towards intellegient PID control. Automatica, 1992, 28(1):1~9

3 Åström K J, Hägglund T. PID controllers: theory, design and tuning. Research Triangle Park, Instrument Society of America, 1995

4 陶永华, 尹怡欣, 葛芦生. 新型 PID 控制及其应用. 北京: 机械工业出版社, 2001

5 Johnson M A, Moradi M H. PID control — new identification and design methods. London: Springer, 2005

6 薛定宇. 反馈控制系统的设计与分析——MATLAB 语言应用. 北京: 清华大学出版社, 2000

7 Xue D, Atherton D P. A suboptimal reduction algorithm for linear systems with a time delay. International Journal of Control, 1994, 60(2):181~196

8 Ziegler J G, Nichols N B. Optimum settings for automatic controllers. Transaction of ASME, 1944, 64:759~768

9 Hang C C, Åström K J, Ho W K. Refinement of the Ziegler-Nichols tuning formula. Proceedings of IEE, Part D, 1991, 138:111~118

10 O'Dwyer A. Handbook of PI and PID controller tuning rules. London: Imperial College Press, 2003

11 Zhuang M, Atherton D P. Automatic tuning of optimum PID controllers. Proceedings of IEE, Part D, 1993, 140:216~224

12 Murrill P W. Automatic control of processes. International Textbook Co, 1967

13 Cheng G S, Hung J C. A least-squares based self-tuning of PID controller. Proceedings of the IEEE South East Conference, 1985, 325~332. Raleigh, North Carolina, USA

14 Wang F S, Juang W S, Chan C T. Optimal tuning of PID controllers for single and cascade control loops. Chemical Engineering Communications, 1995, 132:15~34

15 O'Dwyer A. PI and PID controller tuning rules for time delay processes: a summary. Proceedings of the Irish Signals and Systems Conference, 1999

16 Visioli A. Optimal tuning of PID controllers for integral and unstable processes. Proceedings of IEE, Part D, 2001, 148(2):180~184

17 Åström K J, Hägglund T. Revisiting the Ziegler-Nichols step response method for PID control. Journal of Process Control, 2004, 14:635~650

18 Hellerstein J L, Diao Y, Parekh S, Tilbury D M. Feedback control of computing systems. Hoboken, New Jersey: IEEE Press and John Wiley & Sons Inc, 2004

19 Brosilow C, Joseph B. Techniques of model-based control. Englewood Cliffs: Prentice Hall, 2002

第 9 章

鲁棒控制与鲁棒控制器设计

前两章介绍了很多控制器设计的算法,其中有的算法设计出来的控制系统性能可能很好,如超调量低,响应速度快。但若受控对象模型参数发生变化,或系统中存在各种扰动,如负载扰动或检测输出信号时存在量测噪声,则整个系统性能显著恶化,或闭环系统趋于不稳定,则说明系统的"鲁棒性(robustness)"很差,这种情况下需要用能保证系统鲁棒稳定性或品质鲁棒性的设计方法。一般说来,PID 类控制器的鲁棒性能较强。

在基于状态空间的控制理论中,线性二次型最优调节器的设计是很有代表性的控制器设计问题,该控制策略中假设系统的全部状态均可以精确地由观测器重建。在实际应用中,由于测量系统内部信号的传感器可能存在量测噪声,故结合后来出现的随机信号的 Kalman 滤波技术,提出了线性二次型 Gauss(linear quadratic Gaussian,LQG)问题[1]。早期的研究中通常将最优设计与最优滤波分别考虑,而后来研究指出[2],这样设计的控制器的稳定裕度较小,故而出现了回路传输恢复技术,用来弥补 LQG 问题的不足。9.1 节将介绍线性二次型 Gauss 问题的求解方法及其与回路传输恢复技术的结合,并介绍 LQG/LTR 控制器及其设计方法。基于系统范数的鲁棒控制是控制系统设计中的另一个令人瞩目的领域,早在 1979 年,美国学者 Zames 开创了基于 Hardy 空间范数最小化方法的鲁棒最优控制理论[3],而 1992 年 Doyle 等人提出的鲁棒最优控制设计的状态空间数值解法在这个领域有着重要的贡献[4]。20 世纪 80 年代发展起来的 $\mathcal{H}_\infty$ 最优控制策略更趋于理论化,计算算法较复杂,但比较规范,可以通过 MATLAB 提供的相关工具箱直接求解。9.2 节将介绍基于范数的鲁棒控制问题描述,并介绍这类问题各个相关工具箱中控制问题的描述方法,而 9.3 节将介绍各种基于范数的鲁棒控制器设计方法,如最优 $\mathcal{H}_2$ 控制器和 $\mathcal{H}_\infty$ 控制器的设计方法,通过例子演示加权函数对控制效果的影响,并介绍回路成型技术及基于回路成型的鲁棒控制器设计方法。线性矩阵不等式(linear matrix inequality,LMI)方法可以将一些最优化问题转换成成型的数值线性规划问题,这样鲁棒最优控制器设计问题可以直接用 LMI 方法求解,这样的设计方法在 9.4 节中介绍。基于反馈控制理论 (quantitative feedback theory,QFT) 的鲁棒控制设计是基于频域的不确定系统控制器设计方法,这类鲁棒控制方法将在 9.5 节介绍。

9.1　线性二次型 Gauss 控制

前面介绍过线性二次型最优控制问题及其 MATLAB 语言求解方法,如果系统存在随机输入或系统存在带有噪声的检测结果,则可以将原始的线性二次型最优控制问题扩展为线性二次型 Gauss 问题,本节将介绍该问题,还将介绍回路传输恢复技术。

9.1.1　线性二次型 Gauss 问题

假设对象模型的状态方程表示为

$$\begin{cases} \dot{\boldsymbol{x}}(t) = \boldsymbol{A}\boldsymbol{x}(t) + \boldsymbol{B}\boldsymbol{u}(t) + \boldsymbol{\Gamma}\boldsymbol{w}(t) \\ \boldsymbol{y}(t) = \boldsymbol{C}\boldsymbol{x}(t) + \boldsymbol{D}\boldsymbol{u}(t) + \boldsymbol{v}(t) \end{cases} \tag{9-1-1}$$

式中 $\boldsymbol{w}(t)$ 与 $\boldsymbol{v}(t)$ 为白噪声信号,分别表示模型的不确定性与输出信号的量测噪声。假设这些信号均为零均值的 Gauss 过程,它们的协方差矩阵为

$$\mathrm{E}\left[\boldsymbol{w}(t)\boldsymbol{w}^{\mathrm{T}}(t)\right] = \boldsymbol{\Xi} \geqslant \boldsymbol{0}, \ \ \mathrm{E}\left[\boldsymbol{v}(t)\boldsymbol{v}^{\mathrm{T}}(t)\right] = \boldsymbol{\Theta} > \boldsymbol{0} \tag{9-1-2}$$

式中 $\mathrm{E}[\boldsymbol{x}]$ 为向量 $\boldsymbol{x}$ 的均值,而 $\mathrm{E}[\boldsymbol{x}\boldsymbol{x}^{\mathrm{T}}]$ 为零均值的 Gauss 信号 $\boldsymbol{x}$ 的协方差,再进一步假设 $\boldsymbol{w}(t)$ 和 $\boldsymbol{v}(t)$ 信号为相互独立的随机变量,亦即 $\mathrm{E}[\boldsymbol{w}(t)\boldsymbol{v}^{\mathrm{T}}(t)] = \boldsymbol{0}$。定义最优控制的指标函数为

$$J = \mathrm{E}\left\{ \int_0^\infty \left[\boldsymbol{z}^{\mathrm{T}}(t)\boldsymbol{Q}\boldsymbol{z}(t) + \boldsymbol{u}^{\mathrm{T}}(t)\boldsymbol{R}\boldsymbol{u}(t) \right]\mathrm{d}t \right\} \tag{9-1-3}$$

式中 $\boldsymbol{z}(t) = \boldsymbol{M}\boldsymbol{x}(t)$ 为状态变量 $\boldsymbol{x}(t)$ 的某种线性组合,而加权矩阵 $\boldsymbol{Q}$ 为对称的半正定矩阵,$\boldsymbol{R}$ 为对称正定矩阵,其数学描述为 $\boldsymbol{Q} = \boldsymbol{Q}^{\mathrm{T}} \geqslant \boldsymbol{0}$, $\boldsymbol{R} = \boldsymbol{R}^{\mathrm{T}} > \boldsymbol{0}$。对单变量系统来说,$\boldsymbol{R}$ 矩阵为标量。这些矩阵的意义与第 7 章中的完全一致。

这样,典型的线性二次型 Gauss 问题的解可以分解成两个子问题:LQ 最优状态反馈控制问题和带有扰动的状态估计问题。

9.1.2　使用 MATLAB 求解 LQG 问题

1. 带有 Kalman 滤波器的 LQG 结构

在实际应用中,若存在随机量测噪声,则系统的状态并不能由第 7 章中给出的状态观测器的方法简单地得出,而需要由式(9-1-1)中给出的所谓的状态方程 Kalman 滤波器的形式得出。

需要首先找出使得协方差阵 $\mathrm{E}\left\{[\boldsymbol{x}(t)-\hat{\boldsymbol{x}}(t)][\boldsymbol{x}(t)-\hat{\boldsymbol{x}}(t)]^{\mathrm{T}}\right\}$ 最小化的状态最优估计信号 $\hat{\boldsymbol{x}}(t)$，然后用这个估计信号来取代原问题中的实际状态变量，这样 LQG 问题就简化成了一般的 LQ 最优控制问题。根据 Kalman 滤波理论，可以如图 9-1 所示的方式来构造 Kalman 滤波器的结构，其中 Kalman 滤波器的增益矩阵可以由下式得出

$$\boldsymbol{K}_{\mathrm{f}} = \boldsymbol{P}_{\mathrm{f}}\boldsymbol{C}^{\mathrm{T}}\boldsymbol{\Theta}^{-1} \tag{9-1-4}$$

式中 $\boldsymbol{P}_{\mathrm{f}}$ 满足下面的 Riccati 代数方程

$$\boldsymbol{P}_{\mathrm{f}}\boldsymbol{A}^{\mathrm{T}} + \boldsymbol{A}\boldsymbol{P}_{\mathrm{f}} - \boldsymbol{P}_{\mathrm{f}}\boldsymbol{C}^{\mathrm{T}}\boldsymbol{\Theta}^{-1}\boldsymbol{C}\boldsymbol{P}_{\mathrm{f}} + \boldsymbol{\Gamma}\boldsymbol{\Xi}\boldsymbol{\Gamma}^{\mathrm{T}} = 0 \tag{9-1-5}$$

且可以看出，$\boldsymbol{P}_{\mathrm{f}}$ 矩阵为对称半正定矩阵，即 $\boldsymbol{P}_{\mathrm{f}} = \boldsymbol{P}_{\mathrm{f}}^{\mathrm{T}} \geqslant \boldsymbol{0}$。

在控制系统工具箱中提供了一个 MATLAB 函数 kalman()，该函数可以用来求取 Kalman 滤波器的 $\boldsymbol{K}_{\mathrm{f}}$ 矩阵：$[G_{\mathrm{k}}, \boldsymbol{K}_{\mathrm{f}}, \boldsymbol{P}_{\mathrm{f}}] = \mathtt{kalman}(G, \boldsymbol{\Xi}, \boldsymbol{\Theta})$，其中，$G$ 为 Gauss 扰动的状态方程模型（$\boldsymbol{A}, \widetilde{\boldsymbol{B}}, \boldsymbol{C}, \widetilde{\boldsymbol{D}}$），该模型实际上是双输入的，其中 $\widetilde{\boldsymbol{B}} = [\boldsymbol{B}, \boldsymbol{\Gamma}]$，$\widetilde{\boldsymbol{D}} = [\boldsymbol{D}, \boldsymbol{D}]$。返回的变量中，$G_{\mathrm{k}}$ 为设计出的 Kalman 状态估计器模型，$\boldsymbol{P}_{\mathrm{f}}$ 为 Riccati 方程的解。

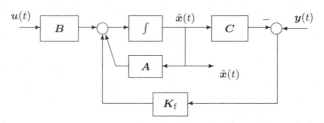

图 9-1 Kalman 滤波器的框图表示

例 9-1 对下面给出的系统模型

$$\dot{\boldsymbol{x}}(t) = \begin{bmatrix} -0.02 & 0.005 & 2.4 & -32 \\ -0.14 & 0.44 & -1.3 & -30 \\ 0 & 0.018 & -1.6 & 1.2 \\ 0 & 0 & 1 & 0 \end{bmatrix} \boldsymbol{x}(t) + \begin{bmatrix} 0.14 \\ 0.36 \\ 0.35 \\ 0 \end{bmatrix} u(t) + \begin{bmatrix} -0.12 \\ -0.86 \\ 0.009 \\ 0 \end{bmatrix} \xi(t), \; y(t) = x_2 + v(t)$$

且 $\Xi = 10^{-3}$，$\Theta = 10^{-7}$，可以用下面的 MATLAB 语句设计出 Kalman 滤波器

```
>> A=[-0.02,0.005,2.4,-32; -0.14,0.44,-1.3,-30; ...
   0,0.018,-1.6,1.2; 0,0,1,0];
   B=[0.14; 0.36; 0.35; 0]; G=[-0.12; -0.86; 0.009; 0];
   C=[0,1,0,0]; G=ss(A,[B,G],C,[0,0]);
   Xi=1e-3; Theta=1e-7; [Gk,Kf,Pf]=kalman(G,Xi,Theta)
```

可以得出滤波器向量 $\boldsymbol{K}_{\mathrm{f}}$ 和相应的 Riccati 方程的解为

$$\boldsymbol{P}_{\mathrm{f}} = \begin{bmatrix} 0.0044357 & 2.1533 \times 10^{-5} & -3.6456 \times 10^{-5} & -7.7729 \times 10^{-5} \\ 2.1533 \times 10^{-5} & 8.7371 \times 10^{-6} & -2.5369 \times 10^{-7} & -3.5741 \times 10^{-7} \\ -3.6456 \times 10^{-5} & -2.5369 \times 10^{-7} & 3.0037 \times 10^{-7} & 6.3871 \times 10^{-7} \\ -7.7729 \times 10^{-5} & -3.5741 \times 10^{-7} & 6.3871 \times 10^{-7} & 1.3623 \times 10^{-6} \end{bmatrix}$$

且 $\boldsymbol{K}_{\mathrm{f}} = [215.33, 87.371, -2.5369, -3.5741]^{\mathrm{T}}$。

2. LQG 控制器设计的分离原理

获得了最优滤波信号 $\hat{\boldsymbol{x}}(t)$ 之后，可以建立起 LQG 补偿器的框图，如图 9-2 所示，这时最优控制 $\boldsymbol{u}^*(t)$ 满足 $\boldsymbol{u}^*(t) = -\boldsymbol{K}_{\mathrm{c}}\hat{\boldsymbol{x}}(t)$，可以从下式得出最优状态反馈矩阵 $\boldsymbol{K}_{\mathrm{c}}$ 为 $\boldsymbol{K}_{\mathrm{c}} = \boldsymbol{R}^{-1}\boldsymbol{B}^{\mathrm{T}}\boldsymbol{P}_{\mathrm{c}}$，且矩阵 $\boldsymbol{P}_{\mathrm{c}}$ 满足下面的 Riccati 代数方程

$$\boldsymbol{A}^{\mathrm{T}}\boldsymbol{P}_{\mathrm{c}} + \boldsymbol{P}_{\mathrm{c}}\boldsymbol{A} - \boldsymbol{P}_{\mathrm{c}}\boldsymbol{B}\boldsymbol{R}^{-1}\boldsymbol{B}^{\mathrm{T}}\boldsymbol{P}_{\mathrm{c}} + \boldsymbol{M}^{\mathrm{T}}\boldsymbol{Q}\boldsymbol{M} = \boldsymbol{0} \tag{9-1-6}$$

式中 $\boldsymbol{P}_{\mathrm{c}}$ 为半正定矩阵，亦即 $\boldsymbol{P}_{\mathrm{c}} = \boldsymbol{P}_{\mathrm{c}}^{\mathrm{T}} \geqslant \boldsymbol{0}$。

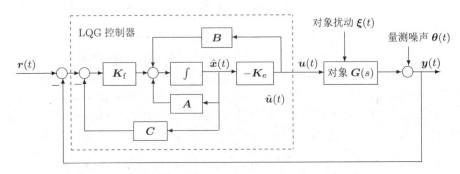

图 9-2　LQG 控制结构

从上面的讨论中可以看出，在 LQG 问题中，可以单独处理最优估计问题与最优控制问题，这两个问题的解合并到一起，就得出这个最优问题的解。这种处理方法又称为 LQG 问题的分离原理。

3. 基于观测器的 LQG 调节器设计

如果对象模型的状态方程表示为

$$\begin{cases} \dot{\boldsymbol{x}}(t) = \boldsymbol{A}\boldsymbol{x}(t) + \boldsymbol{B}\boldsymbol{u}(t) + \boldsymbol{\xi}(t) \\ \boldsymbol{y}(t) = \boldsymbol{C}\boldsymbol{x}(t) + \boldsymbol{D}\boldsymbol{u}(t) + \boldsymbol{\theta}(t) \end{cases} \tag{9-1-7}$$

则可以写出最优化的指标为

$$J = \lim_{t_{\mathrm{f}} \to \infty} \mathrm{E}\left\{ \int_0^{t_{\mathrm{f}}} [\boldsymbol{x}^{\mathrm{T}}, \boldsymbol{u}^{\mathrm{T}}] \begin{bmatrix} \boldsymbol{Q} & \boldsymbol{N}_{\mathrm{c}} \\ \boldsymbol{N}_{\mathrm{c}}^{\mathrm{T}} & \boldsymbol{R} \end{bmatrix} \begin{bmatrix} \boldsymbol{x} \\ \boldsymbol{u} \end{bmatrix} \mathrm{d}t \right\} \tag{9-1-8}$$

式中 $\boldsymbol{N}_{\mathrm{c}}$ 一般为零向量。

图 9-3 中给出了基于观测器的 LQG 调节器结构，假设状态反馈矩阵 $\boldsymbol{K}_{\mathrm{c}}$ 和 Kalman 滤波矩阵 $\boldsymbol{K}_{\mathrm{f}}$ 可以通过分离原理得出，考虑 Kalman 滤波器方程

$$\dot{\hat{\boldsymbol{x}}}(t) = \boldsymbol{A}\hat{\boldsymbol{x}}(t) + \boldsymbol{B}\boldsymbol{u}(t) + \boldsymbol{K}_{\mathrm{f}}[\boldsymbol{y}(t) - \boldsymbol{C}\hat{\boldsymbol{x}}(t) - \boldsymbol{D}\boldsymbol{u}(t)] \tag{9-1-9}$$

则可以写出基于观测器的 LQG 调节器为

$$\boldsymbol{G}_{\mathrm{c}}(s) = \left[\begin{array}{c|c} \boldsymbol{A} - \boldsymbol{K}_{\mathrm{f}}\boldsymbol{C} - \boldsymbol{B}\boldsymbol{K}_{\mathrm{c}} + \boldsymbol{K}_{\mathrm{f}}\boldsymbol{D}\boldsymbol{K}_{\mathrm{c}} & \boldsymbol{K}_{\mathrm{f}} \\ \hline \boldsymbol{K}_{\mathrm{c}} & \boldsymbol{0} \end{array} \right] \tag{9-1-10}$$

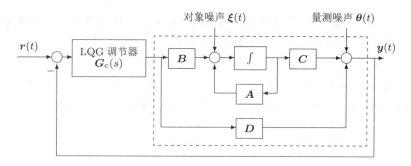

图 9-3   基于观测器的 LQG 调节器结构

  注意,这里给出的 $G_c(s)$ 并不是简单的矩阵,而是用分块矩阵的形式简洁表示的状态方程模型。鲁棒控制工具箱中提供了函数 lqg() 来设计基于观测器的 LQG 调节器,该函数的调用格式为 $G_f = \mathtt{lqg}(G, W, V)$,其中,返回的 G_f 为 LQG 调节器的状态方程模型,而矩阵 W 和 V 可以如下建立起来

$$W = \begin{bmatrix} Q & N_c \\ N_c^T & R \end{bmatrix}, \quad V = \begin{bmatrix} \varXi & N_f \\ N_f^T & \varTheta \end{bmatrix} \tag{9-1-11}$$

式中 $\varXi$ 与 $\varTheta$ 分别为对象噪声 $\xi(t)$ 和量测噪声 $\theta(t)$ 的协方差矩阵,N_c 和 N_f 经常假设为零向量。可以看出,矩阵 V 实际上是信号 $\xi(t)$ 和 θ 的互相关函数,即

$$E\left\{ \begin{bmatrix} \xi(t) \\ \theta(\tau) \end{bmatrix} [\xi(t) \ \theta(\tau)]^T \right\} = \begin{bmatrix} \varXi & N_f \\ N_f^T & \varTheta \end{bmatrix} \delta(t - \tau) \tag{9-1-12}$$

请注意,$\varXi$ 为 $\xi(t)$ 信号的协方差矩阵,如果使用式(9-1-1)中的对象模型形式,则它等效为 $\varXi = \varGamma \varXi \varGamma^T$。

例 9-2 考虑下面给出的对象模型状态方程表示

$$\dot{x}(t) = \begin{bmatrix} 0 & 1 & 0 & 0 \\ -5000 & -100/3 & 500 & 100/3 \\ 0 & -1 & 0 & 1 \\ 0 & 100/3 & -4 & -60 \end{bmatrix} x(t) + \begin{bmatrix} 0 \\ 25/3 \\ 0 \\ -1 \end{bmatrix} u(t) + \begin{bmatrix} -1 \\ 0 \\ 0 \\ 0 \end{bmatrix} \xi(t)$$

其中,$y(t) = [0, 0, 1, 0]x(t) + \theta(t)$,且 $\varXi = 7 \times 10^{-4}$,$\varTheta = 10^{-8}$。选择加权矩阵为 $Q = \mathrm{diag}(5000, 0, 50000, 1)$ 与 $R = 0.001$,则可以通过下面的语句来求解 LQG 问题

```
>> A=[0,1,0,0; -5000,-100/3,500,100/3; 0,-1,0,1; 0,100/3,-4,-60];
   B=[0; 25/3; 0; -1];  C=[0,0,1,0]; D=0; G=[-1; 0; 0; 0];
   Q=diag([5000,0,50000,1]); R=0.001; G0=ss(A,B,C,D);
   Xi=7e-4; Theta=1e-8; W=[Q,zeros(4,1); zeros(1,4),R];
   V=[Xi*G*G',zeros(4,1); zeros(1,4),Theta]; Gc=zpk(lqg(G0,W,V))
```

设计出的控制器为 $G_c(s) = \dfrac{1231049.0702(s + 40.47)(s^2 + 105.5s + 5000)}{(s^2 + 39.17s + 868.2)(s^2 + 493.9s + 1.234 \times 10^5)}$。

在这个控制器下,若忽略系统的随机扰动信号,则可以由下面的 MATLAB 语句得出系统的闭环阶跃响应曲线,如图 9-4(a)所示。

```
>> step(feedback(G0*Gc,1)), figure; bode(G0,'-',G*Gc,'--')
```

还可以获得原模型和校正后模型的开环系统 Bode 图,如图 9-4(b)所示。可以看出在 LQG 控制器应用后,系统的开环特性显著改善,在控制器下的相位裕度为 $\gamma = 43°$。

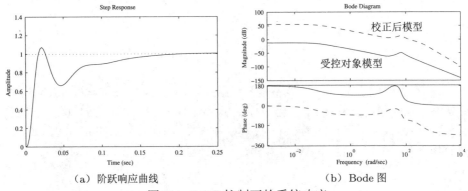

（a）阶跃响应曲线　　　　　　　　　（b）Bode 图

图 9-4　LQG 控制下的系统响应

9.1.3　带有回路传输恢复的 LQG 控制

1. LQG/LTR 控制器设计算法

可以从前面叙述的带有 Kalman 滤波器的最优 LQG 设计算法看出,控制器的设计是由独立地求解两个独立的代数 Riccati 方程来完成的,而这两个方程都可以由 MATLAB 容易地解出来。

事实上,事情并不是这样简单。文献 [2] 指出,这样设计出来的控制器的稳定裕度相当小,如果对系统施加一个小小的扰动,都可能导致整个系统变得不稳定。

在以往求解 LQG 问题时,往往使得滤波器的动态特性大大地快于反馈系统本身的特性,所以在实际应用中这种算法被证明是错误的,因为这样的控制器不但不能提高整个系统的稳定裕度,反而会显著地减小这个裕度。

在直接状态反馈下开环传递函数可以写成 $G_{\text{LQSF}}(s) = \boldsymbol{K}_{\text{c}}(s\boldsymbol{I} - \boldsymbol{A})^{-1}\boldsymbol{B}$,而在使用 LQG 控制器时,则系统的开环传递函数表示为

$$G_{\text{L,LQG}}(s) = \boldsymbol{K}_{\text{c}}(s\boldsymbol{I} - \boldsymbol{A} + \boldsymbol{B}\boldsymbol{K} + \boldsymbol{L}\boldsymbol{C})^{-1}\boldsymbol{L}\boldsymbol{C}(s\boldsymbol{I} - \boldsymbol{A})^{-1}\boldsymbol{B} \qquad (9\text{-}1\text{-}13)$$

例 9-3 考虑传递函数模型

$$G(s) = \frac{-(948.12s^3 + 30325s^2 + 56482s + 1215.3)}{s^6 + 64.554s^5 + 1167s^4 + 3728.6s^3 - 5495.4s^2 + 1102s + 708.1}$$

由下面的 MATLAB 语句可以直接求出系统的状态方程模型

```
>> n=-[948.12, 30325, 56482, 1215.3];
   d=[1,64.554,1167,3728.6,-5495.4,1102,708.1]; G=ss(tf(n,d));
```

选择加权矩阵为 $Q = C^T C$,且 $R = 1$,应用下面的 MATLAB 语句,则可以得出最优 LQ 控制器。如果系统中存在 Gauss 噪声扰动,假定 Γ 向量定义为 $\Gamma = B$,并假定 $\Xi = 10^{-4}$,且 $\Theta = 10^{-5}$,则可以由下面的 MATLAB 语句设计出 Kalman 滤波器。两种方法得出的 Nyquist 图和 Bode 图如图 9-5 所示,可见,这样依赖 Kalman 滤波器直接设计出的系统频域响应曲线和直接状态反馈得出的等效开环系统模型有较大差异。

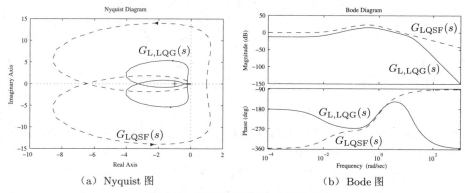

（a）Nyquist 图　　　　　　　　　　（b）Bode 图

图 9-5　开环系统频域响应比较

```
>> Q=G.c'*G.c; R=1; [Kc,P]=lqr(G.a,G.b,Q,R); G0=ss(G.a,G.b,Kc,0);
   Xi=1e-4; Theta=1e-5; G1=ss(G.a,[G.b, G.b],G.c,[G.d,G.d]);
   [K_Sys,L,P2]=kalman(G1,Xi,Theta); a1=G.a-G.b*Kc-L*G.c;
   Gc=ss(a1,L,Kc,0); nyquist(G*Gc,'-',G0,'--');
   figure; bode(G*Gc,'-',G0,'--');
```

由上面的语句还可以绘制出系统 $G_{L,LQG}(s)$ 的 Nyquist 曲线,该系统可以表示成两个子系统 $(A - BK - LC, L, K, 0)$ 与 $(A, B, C, 0)$ 的串联连接,该曲线的结果和 $G_{LQSF}(s)$ 的结果完全不同。

可以看出,如果加权函数的选择不当,则在两种情况下开环系统的传递函数模型将出现不同,一种解决这样问题的有效方法是在控制策略中引入回路传输恢复（loop transfer recovery, LTR）技术,采用这种技术可以使 LQG 结构下的开环传递函数尽可能接近直接采用状态反馈时的结果。

选择 $\Xi_1 = q\Xi$,可以证明,当 $q \to \infty$ 时,在这样定义的 Ξ_1 下,LQG 控制问题的开环传递函数将接近 LQ 问题的开环传递函数,即

$$\lim_{q \to \infty} K_c(sI - A + BK + LC)^{-1}LC(sI - A)^{-1}B = K_c(sI - A)^{-1}B \quad (9\text{-}1\text{-}14)$$

可以看出,LQG/LTR 控制器设计的关键在于选择一个合适的 q 值,这个值一般应该很大,尽管不能将该值真的选择为无穷大。

此外,还可以对选定的状态反馈矩阵首先求解标准的 LQ 问题,然后应用 LTR 技术使得带有 Kalman 滤波器的系统开环传递函数尽可能地接近于状态反馈下的传递函数。这可以由下面两个步骤完成:

① 在指定的加权矩阵 Q 与 R 下设计最优 LQ 控制器，并调整 Q 与 R 矩阵使开环传递函数 $-K_c(sI - A)^{-1}B$ 的性能达到满意的效果。然后选择 $Q = C^{T}C$ 并改变 R 的值使系统的开环传递函数接近目标传递函数，并使系统的灵敏度函数和补灵敏度函数有满意的形状。

② 选择 $\varGamma = B, W = W_0 + qI$，且令 $V = I$，增大 q 使补偿系统的回差接近 $-K_c(j\omega I - A)^{-1}B$。在这样选择的 q 值下，观测器的 Riccati 方程变成

$$\frac{P_f A^{T}}{q} + \frac{AP_f}{q} - \frac{P_f C^{T} V^{-1} C P_f}{q} + \frac{\varGamma W_0 \varGamma^{T}}{q} + \varGamma \varTheta \varGamma^{T} = 0 \qquad (9\text{-}1\text{-}15)$$

其中 q 称为虚拟噪声系数（fictitious-noise coefficient）。如果原系统模型 $C(sI - A)^{-1}B$ 在 s 右半平面没有传输零点，则滤波器向量可以由下式求出

$$K_f \to q^{1/2} B V^{-1/2}, \ \text{当} \ q \to \infty \qquad (9\text{-}1\text{-}16)$$

在实际应用中，q 的值不应选得过大，否则将引起截断误差，并破坏总系统的鲁棒性，一般情况下，取 $q = 10^{10}$ 即可。

例 9-4 再考虑例 9-3 中给出的系统。如果应用 LTR 技术，则对不同的 q 值，使用下面的语句，可以得出不同的 q 值下开环系统的 Nyquist 图，如图 9-6（a）所示。

```
>> num=-[948.12, 30325, 56482, 1215.3];
   den=[1, 64.554, 1167, 3728.6, -5495.4, 1102, 708.1];
   G=ss(tf(num,den)); Xi=1e-4; Theta=1e-5; Q=G.c'*G.c; R=1;
   [Kc,P]=lqr(G.a,G.b,Q,R); nyquist(ss(G.a,G.b,Kc,0)), hold on
   for q=[1,1e4,1e6,1e8,1e10,1e12,1e14]
      G1=ss(G.a,[G.b, G.b],G.c,[G.d,G.d]);
      [K_Sys,L,P2]=kalman(G1,q*Xi,Theta);
      a1=G.a-G.b*Kc-L*G.c; G_o=G*ss(a1,L,Kc,0); nyquist(G_o)
   end
```

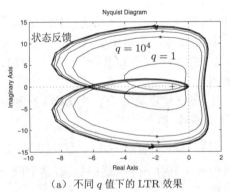

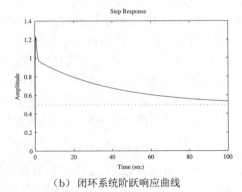

（a）不同 q 值下的 LTR 效果 　　　　　　（b）闭环系统阶跃响应曲线

图 9-6　LQG/LTR 控制的结果

可以看出，当 q 的值选择为 10^{10} 时能近似地恢复回路的传递函数。在这样的 q 值下，可以由下面的 MATLAB 语句绘制出闭环系统的阶跃响应曲线，如图 9-6（b）所示

```
>> q=1e10; [K_Sys,L,P2]=kalman(G1,q*Xi,Theta); a1=G.a-G.b*Kc-L*G.c;
   G_o=G*ss(a1,L,Kc,0); figure; step(feedback(G_o,1),100), zpk(Gc)
```

$$G_c(s) = \frac{-1152907209704.35(s+44.2)(s+9.278)(s+0.7933)(s^2+56.31s+1430)}{(s+3.114\times10^4)(s+6.541)(s+1.785)(s-2.804)(s^2+3.107\times10^4s+9.649\times10^8)}$$

虽然设计的控制器能使得闭环系统稳定，但由于控制器本身不是稳定的，从而造成系统的内部不稳定性，这样的系统不适合实际应用。所以本例中的系统不存在内部稳定的 LQG 控制器。

2. 应用 MATLAB 求解 LQG/LTR 问题

前面介绍的 LQG/LTR 问题还可以由 MATLAB 的鲁棒控制工具箱中提供的 ltrsyn() 函数直接求解，该函数允许从输入端和输出端恢复回路传递函数，早期的鲁棒控制工具箱采用 ltru()、ltry() 函数来处理两种 LTR 问题。

① **输入端回路传输恢复**。若想使得系统在输入端恢复回路传递函数，则

$$\lim_{q\to\infty} \boldsymbol{\Gamma} K_c(sI - A + BK_c + K_fC)^{-1}K_f = K_c(sI - A)^{-1}B \qquad (9\text{-}1\text{-}17)$$

这时该函数的调用格式为 $G_c = \text{ltrsyn}(G, K_c, \boldsymbol{\Xi}, \boldsymbol{\Theta}, q, \boldsymbol{\omega}, \text{'input'})$，其中，$G$ 为对象的状态方程模型，变量 K_c 为期望的状态反馈矩阵，变量 q 实际上是一个由不同的 q 值组成的向量。向量 $\boldsymbol{\omega}$ 为包含频域响应中所有点处频率值的向量。本函数返回的变量 G_c 为 LQG/LTR 控制器的状态方程模型。在本函数调用过程中，将自动地显示不同 q 值下的 Nyquist 曲线。

② **输出端回路传输恢复**。若想在对象模型的输出端恢复回路传递函数，则

$$\lim_{q\to\infty} \boldsymbol{\Gamma} K_c(sI - A + BK_c + K_fC)^{-1}K_f = C(sI - A)^{-1}K_f \qquad (9\text{-}1\text{-}18)$$

这时函数的调用格式为 $G_c = \text{ltrsyn}(G, K_f, Q, R, q, \boldsymbol{\omega}, \text{'output'})$，其中，变量 K_f 为 Kalman 滤波器增益向量。同样地，控制器仍可以表示为 G_c。不同 q 值下回路传递函数的 Nyquist 图也将自动绘制出来。

例 9-5 再考虑例 9-3 中给出的对象模型，选定一个 q 向量，则可以由下面的 MATLAB 语句设计出 LTR 控制器，并绘制出不同 q 值下回路传递函数的 Nyquist 图，与图 9-6(a) 所示的效果类似

```
>> q0=[1,1e4,1e6,1e8,1e10,1e12,1e14];
   num=-[948.12, 30325, 56482, 1215.3];
   den=[1, 64.554, 1167, 3728.6, -5495.4, 1102, 708.1];
   G=ss(tf(num,den)); Xi=1e-4; Theta=1e-5; Q=G.c'*G.c;
   R=1; [Kc,P]=lqr(G.a,G.b,Q,R); w=logspace(-2,2,200);
   Gc=ltrsyn(G,Kc,Xi,Theta,q0,w,'input');
```

可以看出，当选定的 q 相当大时（例如 $q > 10^{10}$），则在输入端回路传递函数的曲线足够地接近直接状态反馈的结果，所以这样设计出来的控制器效果将是理想的。可以由下面的 MATLAB 语句绘制出 LQG/LTR 控制器下的闭环系统阶跃响应曲线，如图 9-6(b) 所示。可以看出，在这样的控制下，系统的响应接近于例9-4中给出的响应效果

```
>> q=1e10; Gc=ltrsyn(G,Kc,Xi,Theta,q,w,'input');
   step(feedback(G*Gc,1),100); zpk(Gc)
```

设计出的控制器为

$$G_{c}(s) = \frac{-219546319.0288(s+30.22)(s+29.71)(s+6.758)(s+1.314)(s+0.01257)}{(s+3114)(s+30)(s+1.963)(s+0.02177)(s^2+3107s+9.672\times10^6)}$$

可见控制器是稳定的, 故系统是内部稳定的, 避免了例 9-4 中的内部不稳定现象。

9.2　鲁棒控制问题的一般描述

9.2.1　小增益定理

鲁棒控制系统的一般结构如图 9-7 (a) 所示, 其中 $\boldsymbol{P}(s)$ 为增广的对象模型, 而 $\boldsymbol{F}(s)$ 为控制器模型。从输入信号 $\boldsymbol{u}_1(t)$ 到输出信号 $\boldsymbol{y}_1(t)$ 的传递函数可以表示为 $\boldsymbol{T}_{\boldsymbol{y}_1\boldsymbol{u}_1}(t)$。在鲁棒控制中, 小增益定理是个很关键的问题, 下面将叙述这个定理。

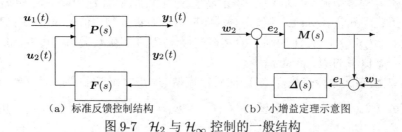

　　(a) 标准反馈控制结构　　　　　　　(b) 小增益定理示意图

图 9-7　$\mathcal{H}_2$ 与 $\mathcal{H}_\infty$ 控制的一般结构

假设 $\boldsymbol{M}(s)$ 为稳定的, 则当且仅当小增益条件

$$||\boldsymbol{M}(s)||_\infty||\boldsymbol{\Delta}(s)||_\infty < 1 \tag{9-2-1}$$

满足时, 图 9-7 (b) 中所示的系统对所有稳定的 $\boldsymbol{\Delta}(s)$ 都是良定且内部稳定的。

　　事实上, 对线性系统可以这样理解小增益定理: 如果对任意扰动模型 $\boldsymbol{\Delta}(s)$, 系统的回路传递函数的范数小于 1, 意味着开环系统的 Nyquist 图总在单位圆内, 不会包围 $(-1, j0)$ 点, 则闭环系统将总是稳定的, 这种稳定性又称为鲁棒稳定性。事实上, 小增益定理还更一般地适用于非线性系统。

9.2.2　鲁棒控制器的结构

　　在如图 9-7 (a) 所示的闭环系统结构中, 引入了增广的对象模型, 该模型一般可以表示成

$$\boldsymbol{P}(s) = \begin{bmatrix} \boldsymbol{P}_{11}(s) & \boldsymbol{P}_{12}(s) \\ \boldsymbol{P}_{21}(s) & \boldsymbol{P}_{22}(s) \end{bmatrix} = \left[\begin{array}{c|cc} \boldsymbol{A} & \boldsymbol{B}_1 & \boldsymbol{B}_2 \\ \hline \boldsymbol{C}_1 & \boldsymbol{D}_{11} & \boldsymbol{D}_{12} \\ \boldsymbol{C}_2 & \boldsymbol{D}_{21} & \boldsymbol{D}_{22} \end{array} \right] \tag{9-2-2}$$

其对应的增广状态方程描述为

$$\dot{\boldsymbol{x}}(t) = \boldsymbol{A}\boldsymbol{x} + [\boldsymbol{B}_1\ \boldsymbol{B}_2] \begin{bmatrix} \boldsymbol{u}_1 \\ \boldsymbol{u}_2 \end{bmatrix}, \quad \begin{bmatrix} \boldsymbol{y}_1 \\ \boldsymbol{y}_2 \end{bmatrix} = \begin{bmatrix} \boldsymbol{C}_1 \\ \boldsymbol{C}_2 \end{bmatrix} \boldsymbol{x} + \begin{bmatrix} \boldsymbol{D}_{11} & \boldsymbol{D}_{12} \\ \boldsymbol{D}_{21} & \boldsymbol{D}_{22} \end{bmatrix} \begin{bmatrix} \boldsymbol{u}_1 \\ \boldsymbol{u}_2 \end{bmatrix} \quad (9\text{-}2\text{-}3)$$

闭环系统的框图可以绘制成如图 9-8 所示的形式[5],其由系统外部输入 $\boldsymbol{u}_1(t)$ 到外部输出 $\boldsymbol{y}_1(t)$ 间的闭环系统传递函数可以写成

$$\boldsymbol{T}_{\boldsymbol{y}_1\boldsymbol{u}_1}(s) = \boldsymbol{P}_{11}(s) + \boldsymbol{P}_{12}(s)\Big[\boldsymbol{I} - \boldsymbol{F}(s)\boldsymbol{P}_{22}(s)\Big]^{-1}\boldsymbol{F}(s)\boldsymbol{P}_{21}(s) \quad (9\text{-}2\text{-}4)$$

这样的结构在控制理论中常常称为线性分式变换。鲁棒控制的目的是设计出一个镇定控制器 $\boldsymbol{u}_2(s) = \boldsymbol{F}(s)\boldsymbol{y}_2(s)$,使得闭环系统 $\boldsymbol{T}_{\boldsymbol{y}_1\boldsymbol{u}_1}(s)$ 的范数取一个小于 1 的值,亦即

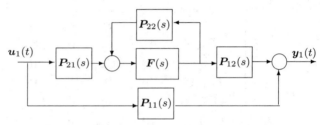

图 9-8　闭环系统框图的另外一种描述方法

$\|\boldsymbol{T}_{\boldsymbol{y}_1\boldsymbol{u}_1}(s)\| < 1$。从式(9-2-4)出发,常常可以将鲁棒控制问题分为下面三种形式:

① $\mathcal{H}_2$ **最优控制问题**,其中需求解 $\min\limits_{\boldsymbol{F}(s)} \|\boldsymbol{T}_{\boldsymbol{y}_1\boldsymbol{u}_1}(s)\|_2$。

② $\mathcal{H}_\infty$ **最优控制问题**,其中需求解 $\min\limits_{\boldsymbol{F}(s)} \|\boldsymbol{T}_{\boldsymbol{y}_1\boldsymbol{u}_1}(s)\|_\infty$。

③ **标准 $\mathcal{H}_\infty$ 控制问题**,需要得出一个控制器 $\boldsymbol{F}(s)$ 满足 $\|\boldsymbol{T}_{\boldsymbol{y}_1\boldsymbol{u}_1}(s)\|_\infty < 1$。

加权的控制结构如图 9-9(a) 所示,其中 $\boldsymbol{W}_1(s)$、$\boldsymbol{W}_2(s)$ 与 $\boldsymbol{W}_3(s)$ 都是加权函数,这些加权函数应该使得 $\boldsymbol{G}(s)$、$\boldsymbol{W}_1(s)$ 与 $\boldsymbol{W}_3(s)\boldsymbol{G}(s)$ 均正则。换句话说,这些传递函数在 $s \to \infty$ 时均应该是有界的。可以看出,在这个条件下并没有直接要求 $\boldsymbol{W}_3(s)$ 本身是正则的。对图 9-9(a) 中的方框图结构稍加改动,则可以容易地得出如图 9-9(b) 中所示的控制结构,可以看出这样的结构和图 9-7(a) 中给出的标准鲁棒控制结构是完全一致的。

假定系统对象模型的状态方程为 $(\boldsymbol{A}, \boldsymbol{B}, \boldsymbol{C}, \boldsymbol{D})$,则加权函数 $\boldsymbol{W}_1(s)$ 的状态方程模型为 $(\boldsymbol{A}_{\boldsymbol{W}_1}, \boldsymbol{B}_{\boldsymbol{W}_1}, \boldsymbol{C}_{\boldsymbol{W}_1}, \boldsymbol{D}_{\boldsymbol{W}_1})$,$\boldsymbol{W}_2(s)$ 的状态方程模型为 $(\boldsymbol{A}_{\boldsymbol{W}_2}, \boldsymbol{B}_{\boldsymbol{W}_2}, \boldsymbol{C}_{\boldsymbol{W}_2}, \boldsymbol{D}_{\boldsymbol{W}_2})$,而可以为非正则的 $\boldsymbol{W}_3(s)$ 的模型表示为

$$\boldsymbol{W}_3(s) = \boldsymbol{C}_{\boldsymbol{W}_3}(s\boldsymbol{I} - \boldsymbol{A}_{\boldsymbol{W}_3})^{-1}\boldsymbol{B}_{\boldsymbol{W}_3} + \boldsymbol{P}_m s^m + \cdots + \boldsymbol{P}_1 s + \boldsymbol{P}_0 \quad (9\text{-}2\text{-}5)$$

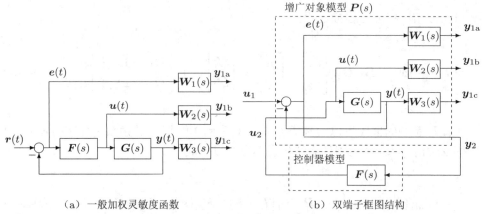

（a）一般加权灵敏度函数　　　　　（b）双端子框图结构

图 9-9　加权灵敏度问题的框图表示

特别地,式(9-2-3)可以写成

$$
P(s) = \left[\begin{array}{ccccc|c}
A & 0 & 0 & 0 & 0 & B \\
-B_{W_1}C & A_{W_1} & 0 & 0 & B_{W_1} & -B_{W_1}D \\
0 & 0 & A_{W_2} & 0 & 0 & B_{W_2} \\
B_{W_3}C & 0 & 0 & A_{W_3} & 0 & B_{W_3}D \\
\hdashline
-D_{W_1}C & C_{W_1} & 0 & 0 & D_{W_1} & -D_{W_1}D \\
0 & 0 & C_{W_2} & 0 & 0 & D_{W_2} \\
\widetilde{C}+S_{W_3}C & 0 & 0 & C_{W_3} & 0 & \widetilde{D}+D_{W_3}D \\
-C & 0 & 0 & 0 & I & -D
\end{array}\right] \qquad (9\text{-}2\text{-}6)
$$

式中

$$
\begin{aligned}
\widetilde{C} &= P_0C + P_1CA + \cdots + P_mCA^{m-1} \\
\widetilde{D} &= P_0D + P_1CB + \cdots + P_mCA^{m-2}B
\end{aligned} \qquad (9\text{-}2\text{-}7)
$$

其中任何一个加权函数均可以是空的,在 MATLAB 下可以表示为 $W_i(s)=[\ ]$。
这时鲁棒控制问题可以集中成下面三种形式来研究:

① **灵敏度问题**。在灵敏度问题中并不指定 $W_2(s)$ 与 $W_3(s)$。

② **稳定性与品质的混合鲁棒问题**。在这样的问题中假定 $W_2(s)$ 为空的。

③ **一般的混合灵敏度问题**。其中要求三个加权函数都存在。

一般情况下的增广对象模型可以写成

$$
P(s) = \left[\begin{array}{c:c}
W_1 & -W_1G \\
0 & W_2 \\
0 & W_3G \\
\hdashline
I & -G
\end{array}\right] \qquad (9\text{-}2\text{-}8)
$$

这个结构又称为 $\mathcal{H}_\infty$ 设计的一般混合灵敏度问题。在这样的问题下,线性分式表示可以写成 $T_{y_1u_1}(s) = \left[W_1S, W_2FS, W_3T\right]^{\mathrm{T}}$,其中 $F(s)$ 为控制器模型,

$\boldsymbol{S}(s)$ 为灵敏度,其定义为 $\boldsymbol{S}(s) = \boldsymbol{E}(s)\boldsymbol{R}^{-1}(s) = [\boldsymbol{I} + \boldsymbol{F}(s)\boldsymbol{G}(s)]^{-1}$,而 $\boldsymbol{T}(s)$ 为补灵敏度函数,其定义为 $\boldsymbol{T}(s) = \boldsymbol{I} - \boldsymbol{S}(s)$。灵敏度是决定跟踪误差大小的最重要指标,灵敏度越低,则系统的跟踪误差越小,故系统响应的品质指标越好,而补灵敏度函数是决定系统鲁棒稳定性的重要指标,它制约着系统输出信号的大小,在存在不确定性时,有较大的加权会迫使系统输出信号稳定[6]。灵敏度和补灵敏度函数的加权选择是相互矛盾的,故它们之间应该存在折中,所以有学者认为鲁棒控制器设计是加权函数选取的艺术[7]。

9.2.3　回路成型的一般描述

从第 5 章中给出的开环频域响应分析可以看出,系统的幅频特性将直接决定系统闭环响应的性能。如果人为的选择系统开环幅频特性的形状,将其作为 $\boldsymbol{W}_1(s)$ 加权模型,再借助于鲁棒控制器设计的直接方法,就可以设计出最优 $\mathcal{H}_\infty$ 控制器,迫使系统的开环幅频特性去逼近 $\boldsymbol{W}_1(s)$ 的形状,得出较好的闭环性能,这样的方法就是系统回路成型(loop shaping)技术的基本思路。

假设前向回路的数学模型为 $\boldsymbol{L}(s)$,由典型反馈系统有 $\boldsymbol{L}(s) = \boldsymbol{G}(s)\boldsymbol{F}(s)$,则可以直接写出系统的灵敏度函数 $\boldsymbol{S}(s)$、控制传递函数 $\boldsymbol{R}(s)$ 和补灵敏度函数 $\boldsymbol{T}(s)$

$$\begin{cases} \boldsymbol{S}(s) = [\boldsymbol{I} + \boldsymbol{L}(s)]^{-1} \\ \boldsymbol{R}(s) = \boldsymbol{F}(s)[\boldsymbol{I} + \boldsymbol{L}(s)]^{-1} \\ \boldsymbol{F}(s) = \boldsymbol{G}(s)\boldsymbol{F}(s)[\boldsymbol{I} + \boldsymbol{L}(s)]^{-1} \end{cases} \tag{9-2-9}$$

图 9-10 中给出了典型回路成型及加权函数的关系,用户可以选定期望的回路幅频响应曲线 $\boldsymbol{L}(s)$,由于需要对不确定系统进行设计,所以应该根据实际情况找出回路幅频特性奇异值的上限 $\bar{\sigma}(\boldsymbol{L})$ 和下限 $\underline{\sigma}(\boldsymbol{L})$,并依据这些曲线选定加权函数 $\boldsymbol{W}_1(s)$ 和 $\boldsymbol{W}_3(s)$,选定了这些加权函数,则可以由鲁棒控制器设计算法求解出满足加权函数的回路模型。

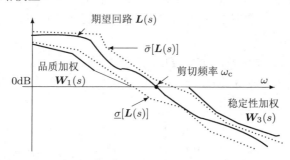

图 9-10　加权函数与回路成型示意图

在实际鲁棒控制器设计时,应该选择

$$\bar{\sigma}[\boldsymbol{S}(\mathrm{j}\omega)] \leqslant |\boldsymbol{W}_1^{-1}(s)|, \quad \bar{\sigma}[\boldsymbol{R}(\mathrm{j}\omega)] \leqslant |\boldsymbol{W}_2^{-1}(s)|, \quad \bar{\sigma}[\boldsymbol{T}(\mathrm{j}\omega)] \leqslant |\boldsymbol{W}_3^{-1}(s)| \tag{9-2-10}$$

这时若 $\underline{\sigma}[L(s)] \gg 1$，则有 $S(s) \approx L^{-1}(s)$，而 $\bar{\sigma}[L(s)] \ll 1$，则 $T(s) \approx L(s)$，所以根据加权函数的选择就能保证回路幅频特性的成型设计。

由前面给出的准则，根据需要就可以设计出能保证期望幅频特性的加权函数 $W_1(s)$ 和 $W_3(s)$，并适当考虑控制信号的大小给定 $W_2(s)$ 的设计，则可以直接设计出鲁棒控制器。相关设计例子将在下节中演示。

9.2.4　鲁棒控制系统的 MATLAB 描述

鲁棒控制器的设计问题早期可以用三个不同的 MATLAB 工具箱来求解，这三个工具箱分别为鲁棒控制工具箱[8]、μ 分析与综合工具箱[9]和线性矩阵不等式工具箱[10]。不同工具箱下，控制问题的 MATLAB 描述是不同的。这三个工具箱已经合并，构成新的鲁棒控制工具箱，既可以用控制系统工具箱中的框架统一描述系统模型，也可以直接描述不确定系统，还可以根据需要用不同的方式描述。这里将介绍增广系统不同的描述方法，为下一步的系统设计打下基础。

1. 鲁棒控制工具箱中的系统描述方法

鲁棒控制工具箱中提供了一个函数 mksys()，可以直接建立鲁棒控制工具箱可以使用的双端子系统模型。该函数的常用调用格式为

$$S = \mathtt{mksys}(A, B_1, B_2, C_1, C_2, D_{11}, D_{12}, D_{21}, D_{22}, \mathtt{'tss'})$$

其中 'tss' 标识的双端子状态方程模型使用了式（9-2-2）中的定义。如果不想使用这样的定义，当然更简单地还可以直接使用控制系统工具箱中的 tf() 或 ss() 函数格式来定义系统模型。为统一起见，本书采用第 4 章介绍的控制系统工具箱中线性时不变模型的定义方法。

定义了受控对象模型和加权系统模型，增广系统的 MATLAB 表示可以由鲁棒控制工具箱中提供的 augtf() 或 augw() 函数来建立，它们的调用格式为

$$S_{\mathrm{tss}} = \mathtt{augtf}(S, W_1, W_2, W_3), \quad S_{\mathrm{tss}} = \mathtt{augw}(S, W_1, W_2, W_3)$$

后者模型的各个组成部分只能用正则模型（即分子的阶次不高于分母阶次），所以在表示某些特定加权时会出现困难。双端子系统参数还可以通过 branch() 函数提取，其调用格式为

$$[A, B_1, B_2, C_1, C_2, D_{11}, D_{12}, D_{21}, D_{22}] = \mathtt{branch}(G)$$

$$[A, B, C, D] = \mathtt{branch}(G)$$

例 9-6 考虑下面给出的系统状态方程模型

$$\dot{x}(t) = \begin{bmatrix} 0 & 1 & 0 & 0 \\ -5000 & -100/3 & 500 & 100/3 \\ 0 & -1 & 0 & 1 \\ 0 & 100/3 & -4 & -60 \end{bmatrix} x(t) + \begin{bmatrix} 0 \\ 25/3 \\ 0 \\ -1 \end{bmatrix} u(t), \quad y(t) = [0, 0, 1, 0] x(t)$$

若选择加权函数 $W_1(s) = 100/(s+1)$，$W_3(s) = s/1000$，则可以由下面的 MATLAB 命令来建立起增广的对象模型

```
>> A=[0,1,0,0; -5000,-100/3,500,100/3; 0,-1,0,1; 0,100/3,-4,-60];
   B=[0; 25/3; 0; -1];  C=[0,0,1,0]; D=0; G=ss(A,B,C,D);
   s=tf('s'); W1=100/(s+1); W3=s/1000; W2=1e-5;
   T_ss=augtf(G,W1,W2,W3);  % 得出增广的双端子系统模型
```

注意,由于没有 $W_2(s)$ 加权函数,所以应该将其设置成小的正数,如 10^{-5},以避免式 (9-2-6) 中的 D_{12} 矩阵成为奇异矩阵,导致原问题无解。这时增广模型为

$$
P(s) = \begin{bmatrix}
0 & 1 & 0 & 0 & 0 & 0 & 0 \\
-5000 & -33.333 & 500 & 33.333 & 0 & 0 & 8.3333 \\
0 & -1 & 0 & 1 & 0 & 0 & 0 \\
0 & 33.333 & -4 & -60 & 0 & 0 & -1 \\
0 & 0 & -1 & 0 & -1 & 1 & 0 \\
\hline
0 & 0 & 0 & 0 & 100 & 0 & 0 \\
0 & 0 & 0 & 0 & 0 & 0 & 10^{-5} \\
0 & -0.001 & 0 & 0.001 & 0 & 0 & 0 \\
0 & 0 & -1 & 0 & 0 & 1 & 0
\end{bmatrix}
$$

2. 系统矩阵的描述方法

状态方程模型 (A,B,C,D) 还可以表示成系统矩阵 P 的形式

$$
P = \begin{bmatrix}
A & B & \begin{matrix} n \\ \vdots \\ 0 \end{matrix} \\
\hline
\mathbf{0} & -\infty
\end{bmatrix} \tag{9-2-11}
$$

如果状态方程是增广系统的模型,也可以通过这样的方法构造出系统矩阵。对给出的系统模型 G,可以由 $P = \mathrm{sys2smat}(G)$ 函数建立起系统矩阵 P。输入变量 G 可以为 LTI 模型,也可以是双端子的增广模型。该函数的内容为

```
function P=sys2smat(G)
G=ss(G); n=length(G.a); P=[G.a G.b; G.c G.d];
P(size(P,1)+1,size(P,2)+1)=-inf; P(1,size(P,2))=n;
```

例 9-7 仍考虑例 9-6 中的对象模型和加权函数,用下面的语句可以得出系统矩阵 P

```
>> A=[0,1,0,0; -5000,-100/3,500,100/3; 0,-1,0,1; 0,100/3,-4,-60];
   B=[0; 25/3; 0; -1];  C=[0,0,1,0]; D=0; G=ss(A,B,C,D);
   W1=[0,100; 1,1]; W2=1e-5; W3=[1,0; 0,1000];
   S_tss=augtf(G,W1,W2,W3); P=sys2smat(S_tss) % 变换成系统矩阵
```

由这些代码可以得出系统矩阵为

$$
P = \begin{bmatrix}
0 & 1 & 0 & 0 & 0 & 0 & 0 & 5 \\
-5000 & -33.333 & 500 & 33.333 & 0 & 0 & 8.3333 & 0 \\
0 & -1 & 0 & 1 & 0 & 0 & 0 & 0 \\
0 & 33.333 & -4 & -60 & 0 & 0 & -1 & 0 \\
0 & 0 & -1 & 0 & -1 & 1 & 0 & 0 \\
0 & 0 & 0 & 0 & 100 & 0 & 0 & 0 \\
0 & 0 & 0 & 0 & 0 & 0 & 10^{-5} & 0 \\
0 & -0.001 & 0 & 0.001 & 0 & 0 & 0 & 0 \\
0 & 0 & -1 & 0 & 0 & 1 & 0 & 0 \\
0 & 0 & 0 & 0 & 0 & 0 & 0 & -\infty
\end{bmatrix}
$$

值得指出的是，如果系统和加权函数存在非正则的子模型，则不能用系统矩阵的方式描述，只能用 augtf() 这类函数表示。

3. 不确定系统的描述方法

鲁棒控制工具箱定义了一个新的对象类 ureal，可以定义在某个区间内可变的变量，该函数的调用格式为

$$p = \text{ureal('p'}, p_0, \text{'Range'}, [p_m, p_M]) \qquad \% \ \text{区间变量} \ p \in [p_m, p_M]$$

$$p = \text{ureal('p'}, p_0, \text{'PlusMinus'}, \delta) \qquad \% \ \text{正负偏差} \ p = p_0 \pm \delta$$

$$p = \text{ureal('p'}, p_0, \text{'Percentage'}, A) \qquad \% \ \text{百分率偏差} \ p = p_0(1 \pm 0.01A)$$

其中 p_0 为该变量的标称值，其变化范围可以由后面的参数直接定义。有了这样的不确定变量，则可以由 tf() 或 ss() 函数容易地建立起不确定系统的传递函数或状态方程模型。有了数学模型，还可以用 $G_1 = \text{usample}(G, N)$ 函数从不确定系统 G 中随机选择 N 个样本赋给 G_1。第 5 章中介绍的时域、频域分析函数 bode()、step() 等可以同样用于不确定系统的分析。

例 9-8 考虑典型二阶开环传递函数 $G(s) = \dfrac{\omega_n^2}{s(s + 2\zeta\omega_n)}$，已知 $\zeta \in (0.2, 0.9)$，$\omega_n \in (2, 10)$，且选定标称值为 $\zeta_0 = 0.7$，$\omega_0 = 5$，这样可以由下面语句构造出不确定系统模型，并绘制出样本系统的开环 Bode 图和闭环阶跃响应曲线，如图 9-11 所示。值得说明的是，每次调用 usample() 函数得出的样本将是不同的。

```
>> z=ureal('z',0.7,'Range',[0.2,0.9]);
   wn=ureal('wn',5,'Range',[2,10]);
   Go=tf(wn^2,[1 2*z*wn 0]); Go1=usample(Go,10);
   bode(Go1); figure; step(feedback(Go1,1))
```

带有不确定建模参数的控制系统框图如图 9-12 所示，其中不确定性模型有两个部分，叠加型不确定模型 $\boldsymbol{\Delta}_a(s)$ 和乘积型不确定模型 $\boldsymbol{\Delta}_m(s)$。有了不确定模型的描述方法，则可以容易地描述整个不确定受控对象模型，从而对不确定系统的鲁棒控制进行仿真研究。

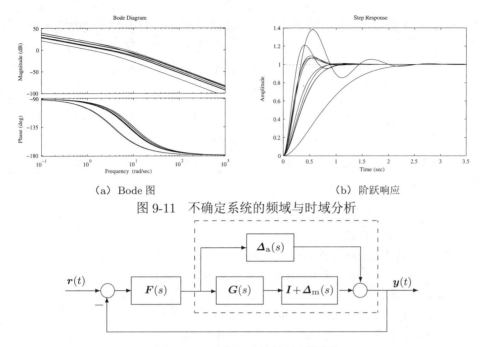

（a）Bode 图　　　　　　　　　（b）阶跃响应

图 9-11　不确定系统的频域与时域分析

图 9-12　不确定系统的控制框图

对叠加型不确定性来说,应该如下选择加权函数

$$\bar{\sigma}[\boldsymbol{\Delta}_{\mathrm{a}}(\mathrm{j}\omega)] = \frac{1}{\bar{\sigma}[\boldsymbol{R}(\mathrm{j}\omega)]} \geqslant |\boldsymbol{W}_2(\mathrm{j}\omega)| \tag{9-2-12}$$

而对乘积型不确定性来说,则应该选择

$$\bar{\sigma}[\boldsymbol{\Delta}_{\mathrm{m}}(\mathrm{j}\omega)] = \frac{1}{\bar{\sigma}[\boldsymbol{T}(\mathrm{j}\omega)]} \geqslant |\boldsymbol{W}_3(\mathrm{j}\omega)| \tag{9-2-13}$$

在选择了 $\boldsymbol{W}_2(s)$ 和 $\boldsymbol{W}_3(s)$ 加权函数,确保对不确定性的抑制之后,就可以根据回路成型的需要选择加权函数 $\boldsymbol{W}_1(s)$,使得系统的动态响应达到期望的要求。

9.3　基于范数的鲁棒控制器设计

现在的鲁棒控制工具箱合并了原来的鲁棒控制工具箱、μ 分析与综合工具箱与 LMI 工具箱[11],其函数几乎全部改写,虽然早期版本的 3 个工具箱函数全部可以照用,但新版本的工具箱设计了一组全新的函数及调用格式,使得控制器设计更容易,且函数名及调用格式更规范。

9.3.1　$\mathcal{H}_\infty$、$\mathcal{H}_2$ 鲁棒控制器设计方法

考虑图 9-7（a）中所示的双端子状态方程对象模型结构,$\mathcal{H}_\infty$ 控制器设计的目

标是找到一个控制器 $\boldsymbol{F}(s)$，它能保证闭环系统的 $\mathcal{H}_\infty$ 范数限制在一个给定的小整数 γ 下，即 $\|\boldsymbol{T}_{\boldsymbol{y}_1\boldsymbol{u}_1}(s)\|_\infty < \gamma$。这时控制器的状态方程表示为

$$\dot{\boldsymbol{x}}(t) = \boldsymbol{A}_{\mathrm{f}}\boldsymbol{x}(t) - \boldsymbol{ZL}\boldsymbol{u}(t), \quad \boldsymbol{y}(t) = \boldsymbol{K}\boldsymbol{x}(t) \tag{9-3-1}$$

其中
$$\boldsymbol{A}_{\mathrm{f}} = \boldsymbol{A} + \gamma^{-2}\boldsymbol{B}_1\boldsymbol{B}_1^{\mathrm{T}}\boldsymbol{X} + \boldsymbol{B}_2\boldsymbol{K} + \boldsymbol{ZL}\boldsymbol{C}_2 \tag{9-3-2}$$

$$\boldsymbol{K} = -\boldsymbol{B}_2^{\mathrm{T}}\boldsymbol{X}, \quad \boldsymbol{L} = -\boldsymbol{Y}\boldsymbol{C}_2^{\mathrm{T}}, \quad \boldsymbol{Z} = (\boldsymbol{I} - \gamma^{-2}\boldsymbol{Y}\boldsymbol{X})^{-1}$$

且 $\boldsymbol{X}$ 与 $\boldsymbol{Y}$ 分别为下面两个代数 Riccati 方程的解

$$\boldsymbol{A}^{\mathrm{T}}\boldsymbol{X} + \boldsymbol{X}\boldsymbol{A} + \boldsymbol{X}(\gamma^{-2}\boldsymbol{B}_1\boldsymbol{B}_1^{\mathrm{T}} - \boldsymbol{B}_2\boldsymbol{B}_2^{\mathrm{T}})\boldsymbol{X} + \boldsymbol{C}_1\boldsymbol{C}_1^{\mathrm{T}} = 0$$

$$\boldsymbol{A}\boldsymbol{Y} + \boldsymbol{Y}\boldsymbol{A}^{\mathrm{T}} + \boldsymbol{Y}(\gamma^{-2}\boldsymbol{C}_1^{\mathrm{T}}\boldsymbol{C}_1 - \boldsymbol{C}_2^{\mathrm{T}}\boldsymbol{C}_2)\boldsymbol{Y} + \boldsymbol{B}_1^{\mathrm{T}}\boldsymbol{B}_1 = 0 \tag{9-3-3}$$

$\mathcal{H}_\infty$ 控制器存在的前提条件为:

① $\boldsymbol{D}_{11}$ 足够小，且满足 $\boldsymbol{D}_{11} < \gamma$。

② 控制器 Riccati 方程的解 $\boldsymbol{X}$ 为正定矩阵。

③ 观测器 Riccati 方程的解 $\boldsymbol{Y}$ 为正定矩阵。

④ $\lambda_{\max}(\boldsymbol{X}\boldsymbol{Y}) < \gamma^2$，即两个 Riccati 方程的积矩阵的所有特征值均小于 γ^2。

在上述前提条件下搜索最小的 γ 值，则可以设计出最优 $\mathcal{H}_\infty$ 控制器。

对双端子模型 G_{tss}，鲁棒控制工具箱中相应的函数可以直接用于控制器设计，这些设计函数的调用格式为

$$[G_{\mathrm{c}}, G_{\mathrm{cl}}] = \mathrm{h2syn}(G_{\mathrm{tss}}) \qquad \% \ \mathcal{H}_2 \ \text{控制器设计}$$

$$[G_{\mathrm{c}}, G_{\mathrm{cl}}, \gamma] = \mathrm{hinfsyn}(G_{\mathrm{tss}}) \qquad \% \ \mathcal{H}_\infty \ \text{最优控制器设计}$$

其中返回的变量 G_{c} 和 G_{cl} 分别为控制器模型和闭环系统状态方程模型，后者以双端子状态方程形式给出，可以用 `branch()` 函数提取状态方程参数。最优 $\mathcal{H}_\infty$ 控制器设计返回的 γ 是在加权函数下能获得的最小的 γ 值。

例 9-9 考虑例 9-6 中增广的系统模型，由下面的语句可以分别设计出 $\mathcal{H}_2$ 控制器、$\mathcal{H}_\infty$ 控制器和最优 $\mathcal{H}_\infty$ 控制器

```
>> A=[0,1,0,0; -5000,-100/3,500,100/3; 0,-1,0,1; 0,100/3,-4,-60];
   B=[0; 25/3; 0; -1]; C=[0,0,1,0]; G=ss(A,B,C,0); s=tf('s');
   W1=100/(s+1); W2=1e-5; W3=s/1000; G1=augtf(G,W1,W2,W3);
   Gc1=zpk(h2syn(G1)), [Gc2,a,g]=hinfsyn(G1); Gc2=zpk(Gc2), g
```

由最优 $\mathcal{H}_\infty$ 控制器设计函数可以得出 $\gamma = 0.3726$。由上面的语句可以设计出各种控制器为

$$G_{\mathrm{c1}}(s) = \frac{-9945947.5203(s+67.4)(s+0.06391)(s^2+25.87s+4643)}{(s+1)(s^2+23.81s+535.7)(s^2+1370s+5.045\times10^5)}$$

$$G_{\mathrm{c2}}(s) = \frac{-587116783.7874(s+67.4)(s+0.06391)(s^2+25.87s+4643)}{(s+1.573e004)(s+1303)(s+1)(s^2+23.79s+535.7)}$$

在控制器作用下系统的开环 Bode 图和闭环阶跃响应曲线分别如图 9-13 (a)、(b) 所示。对本例来说，最优 $\mathcal{H}_\infty$ 控制器的性能略好于 $\mathcal{H}_2$ 控制器。

```
>> bode(G*Gc1,'-',G*Gc2,'--'), figure;
   step(feedback(G*Gc1,1),'-',feedback(G*Gc2,1),'--')
```

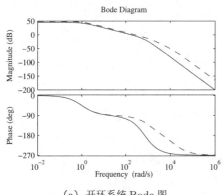
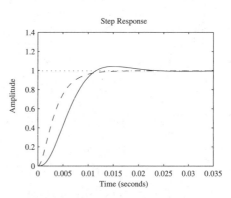

（a）开环系统 Bode 图   （b）闭环系统阶跃响应曲线

图 9-13   各种鲁棒控制器的效果比较

例 9-10 仍考虑例 5-36 中给出的多变量系统模型

$$\boldsymbol{G}(s) = \begin{bmatrix} \dfrac{0.806s+0.264}{s^2+1.15s+0.202} & \dfrac{-15s-1.42}{s^3+12.8s^2+13.6s+2.36} \\ \dfrac{1.95s^2+2.12s+0.49}{s^3+9.15s^2+9.39s+1.62} & \dfrac{7.15s^2+25.8s+9.35}{s^4+20.8s^3+116.4s^2+111.6s+18.8} \end{bmatrix}$$

该系统模型可以由下面的语句直接输入。现在考虑混合灵敏度问题，即引入加权矩阵

$$\boldsymbol{W}_1(s) = \begin{bmatrix} \dfrac{100}{s+0.5} & 0 \\ 0 & \dfrac{100}{s+1} \end{bmatrix}, \quad \boldsymbol{W}_3(s) = \begin{bmatrix} \dfrac{s}{100} & 0 \\ 0 & \dfrac{200}{s} \end{bmatrix} \tag{9-3-4}$$

和前面一样，可以设置 $\boldsymbol{W}_2(s)=\mathrm{diag}([10^{-5},10^{-5}])$。这样受控对象模型和增广的双端子模型可以用如下的语句就可以输入，并直接设计最优 $\mathcal{H}_\infty$ 控制器，并绘制出该控制器作用下的阶跃响应曲线和开环系统的奇异值曲线，如图 9-14 所示。

```
>> g11=tf([0.806 0.264],[1 1.15 0.202]); s=tf('s');
   g12=tf([-15 -1.42],[1 12.8 13.6 2.36]);
   g21=tf([1.95 2.12 0.49],[1 9.15 9.39 1.62]);
   g22=tf([7.15 25.8 9.35],[1 20.8 116.4 111.6 18.8]);
   G=[g11, g12; g21, g22]; w2=tf(1); W2=1e-5*[w2,0; 0,w2];
   W1=[100/(s+0.5), 0; 0, 100/(s+1)]; W3=[s/1000, 0; 0 s/200];
   Tss=augtf(G,W1,W2,W3); [Gc,a,g]=hinfsyn(Tss); zpk(Gc(1,2));
   step(feedback(G*Gc,eye(2)),0.1), figure; sigma(G*Gc)
```

并得出 $\gamma=0.7087$。从得出的控制结果看，这样控制解决了第 5 章中未能很好解决的多变量系统的控制问题，得出的阶跃响应曲线是相当理想的，第 1 路阶跃输入作用于系统时能得出很好的 $y_1(t)$ 输出，而 $y_2(t)$ 几乎为 0，第 2 路输入单独作用时效果也相似。然而，这样设计出的控制器阶次是相当高的，其中 $g_{12}(s)$ 可以由上面的语句求出，其

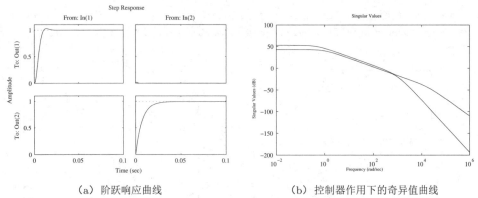

（a）阶跃响应曲线　　　　　　　　（b）控制器作用下的奇异值曲线

图 9-14　最优 $\mathcal{H}_\infty$ 控制器下的控制效果

零极点表达式为以下的 14 阶模型

$$g_{12}(s) = \frac{\begin{array}{c} 935095.7364(s+1223)(s+761.6)(s+11.54)(s+8.096)(s+8.002) \\ (s+0.9354)(s+0.9336)(s+0.9306)(s+0.5)(s+0.2175) \\ (s+0.2164)(s+0.2147)(s+0.09511) \end{array}}{\begin{array}{c} (s+1.312\times10^4)(s+1678)(s+657)(s+11.55)(s+8.1)(s+1.052) \\ (s+1)(s+0.9331)(s+0.9218)(s+0.5)(s+0.3369) \\ (s+0.2467)(s+0.2263)(s+0.2167) \end{array}}$$

由得出的设计结果还可以看出，$y_{22}(t)$ 的响应速度和 $y_{11}(t)$ 相比较则显得很慢，故需要加重 $\boldsymbol{W}_2(s)$ 的 $w_{1,22}(s)$ 权值，令 $w_{1,22}(s) = 1000/(s+1)$，则可以重新设计最优 $\mathcal{H}_\infty$ 控制器，得出闭环系统的阶跃响应和开环奇异值曲线如图 9-15 所示，可见在新控制器下，$y_{22}(t)$ 效果明显改善，新的 $\gamma = 2.2354$。

```
>> W1=[100/(s+0.5) 0; 0 1000/(s+1)]; Tss=augtf(G,W1,W2,W3);
   [Gc1,a,g]=hinfsyn(Tss); step(feedback(G*Gc1,eye(2)),0.1);
   figure; sigma(G*Gc1)
```

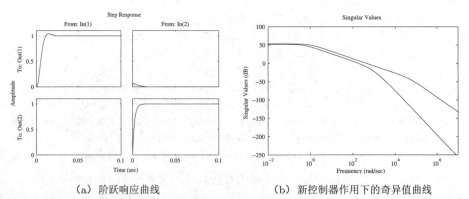

（a）阶跃响应曲线　　　　　　　　（b）新控制器作用下的奇异值曲线

图 9-15　修改 $\boldsymbol{W}_1(s)$ 后的控制效果

    由于控制器的阶次很高,在实际应用中难以实现,故可以考虑采用降阶算法降低控制器的阶次。从控制的效果看,即使用前面介绍的最优降阶算法对控制器的各个子传递函数分别进行降阶,得出的效果也不会很理想,因为这样的模型降阶未考虑受控对象模型及闭环结构,所以应该采用闭环系统的控制器模型降阶的概念[12,13],降低控制器的阶次,使其能直接实现。

    如果原系统对象模型中有位于虚轴上的极点,则不能直接应用鲁棒控制设计技术来设计控制器。在这样的情况下,需要引入一个新的变量 p,使得 $s = (\alpha p + \delta)/(\gamma p + \beta)$,这样就可以在对象模型中用 p 变量来取代 s 变量,这样的变换称为双线性变换,还称为频域平面双线性变换。

    在双线性变换下,可以将原系统中虚轴上的极点移开,这样就可以将这个模型用作新的对象模型,基于这个模型来设计一个控制器。假设已经设计出一个控制器 $\boldsymbol{F}(p)$,则还应该引入变换 $p = (-\beta s + \delta)/(\gamma s + \alpha)$,将得出的控制器中 p 变量再变回到 s 变量,从而获得新的控制器 $\boldsymbol{G}_{\mathrm{c}}(s)$。

    鲁棒控制工具箱中提供了一个 MATLAB 函数 bilin() 来完成给定传递函数模型的正向和反向的双线性变换,$S_1 = \mathrm{bilin}(G, \mathrm{vers}, \mathrm{method}, \mathrm{aug})$,其中 G 为原模型,而 S_1 为变换后的模型。变量 vers 用来指定双线性变换的方向,当 vers $= 1$ 时表示 s 到 p 的变换(默认变换),而 -1 则表示 p 到 s 的变换。变量 method 用来指定所采用的变换算法,选项 'Tustin' 是经常选用的,表示采用 Tustin 变换来移动虚轴上的极点。另一种常用的移位算法采用特殊的双线性变换方法,令 $p = s + \lambda, \lambda < 0$,这样的变换将会把原对象模型 $(\boldsymbol{A}, \boldsymbol{B}, \boldsymbol{C}, \boldsymbol{D})$ 移位成 $(\boldsymbol{A} - \lambda \boldsymbol{I}, \boldsymbol{B}, \boldsymbol{C}, \boldsymbol{D})$。控制器设计之后,再采用反向双线性变换将得出的控制器 $(\boldsymbol{A}_{\mathrm{F}}, \boldsymbol{B}_{\mathrm{F}}, \boldsymbol{C}_{\mathrm{F}}, \boldsymbol{D}_{\mathrm{F}})$ 变换成 $(\boldsymbol{A}_{\mathrm{F}} + \lambda \boldsymbol{I}, \boldsymbol{B}_{\mathrm{F}}, \boldsymbol{C}_{\mathrm{F}}, \boldsymbol{D}_{\mathrm{F}})$。

例 9-11 假设带有双积分器的非最小相位受控对象 $G(s) = \dfrac{5(-s+3)}{s^2(s+6)(s+10)}$,选择加权函数 $w_1(s) = \dfrac{300}{s+1}$,$w_3(s) = 100s^2$,$w_2(s) = 10^{-5}$,并选择极点漂移为 $p_1 = 0.2$,这样可以输入漂移后的增广系统,根据该系统设计最优 $\mathcal{H}_\infty$ 控制器,可以绘制出校正后系统的闭环阶跃响应曲线,如图 9-16(a)所示。

```
>> p1=0.2; s=tf('s'); G=5*(-s+3)/s^2/(s+6)/(s+10);
   [a b c d]=ssdata(ss(G)); a1=a+p1*eye(size(a)); G0=ss(a1,b,c,d);
   w1=300/(s+1); w2=1e-5; w3=100*s^2; G1=augtf(G0,w1,w2,w3);
   [Gc,a,g]=hinfsyn(G1); [a b c d]=ssdata(Gc);
   a1=a-p1*eye(size(a)); Gc1=zpk(ss(a1,b,c,d)),
   step(feedback(G*Gc1,1),30); figure; step(feedback(Gc1,G),30)
```

这样设计出的控制器为

$$G_{\mathrm{c}_1}(s) = \frac{92367281430851.58(s+0.1852)(s+1.033)(s+5.987)(s+10.01)}{(s+5\times10^7)(s+2.324\times10^6)(s+1.2)(s^2+6.165s+16.57)}$$

该控制器作用下的控制信号 $u(t)$ 也可以由前面的语句绘制出来,如图 9-16(b)所

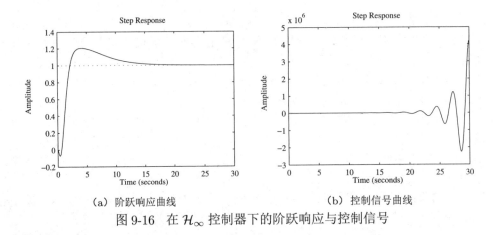

（a）阶跃响应曲线   （b）控制信号曲线

图 9-16   在 $\mathcal{H}_\infty$ 控制器下的阶跃响应与控制信号

示。从得出的结果可见，虽然在 $\mathcal{H}_\infty$ 控制器的控制下闭环系统输出曲线较理想，但控制信号过大，在实际中不可能实现，所以设计出来的控制器是没有用的。观察给出的加权函数就可以发现出现这种现象的原因，由于控制信号的加权 w_2 设置成了小数 10^{-5}，就相当于对控制信号没有约束，所以会导致控制量增大到不可接受的程度。现在修改该加权值，使得该信号和 $e(t)$、$y(t)$ 信号同等加权，例如可以设置 $w_2 = 100$，这样可以设计出新的控制器，在其作用下的系统阶跃响应曲线和控制信号曲线就可以重新绘制出来，如图 9-17 所示，且得出 $\gamma = 608.2531$。

```
>> w2=100; G1=augtf(G0,w1,w2,w3); [Gc2,a,g]=hinfsyn(G1);
   [a b c d]=ssdata(Gc2); a1=a-p1*eye(size(a)); Gc2=zpk(ss(a1,b,c,d))
   step(feedback(G*Gc2,1),30); figure; step(feedback(Gc2,G),30)
```

新设计出的 $\mathcal{H}_\infty$ 最优控制器为

$$G_{c_2}(s) = \frac{210694.4853(s+10)(s+6)(s+1.113)(s+0.1653)}{(s+3.464\times10^4)(s+12.04)(s+1.2)(s^2+6.748s+14.15)}$$

可见，虽然控制性能略有降低，但大幅度地减少了控制量，使其达到了可以接受的幅度，故控制器的效果有明显改观。

从这个例子可以看出，可以通过修正加权的方式，用试凑的方法修改控制器设计的条件，达到所期望的目的。

离散系统的 $\mathcal{H}_\infty$ 控制器设计可以用 dhinf() 函数直接设计，该函数调用格式与连续系统的 hinfsyn() 函数类似，具体调用方法可以用 help 命令查询。

9.3.2   其他鲁棒控制器设计函数

MATLAB 的鲁棒控制工具箱还提供了众多的鲁棒控制器设计函数，包括类似于 hinfsyn() 函数功能的混合灵敏度最优 $\mathcal{H}_\infty$ 控制器设计函数、回路成型控制器设计函数和基于 μ 分析与综合的设计函数。

1. 混合灵敏度设计函数

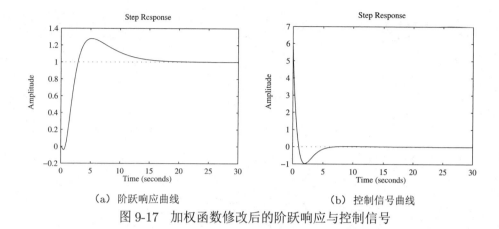

（a）阶跃响应曲线　　　　　　　　　　（b）控制信号曲线

图 9-17　加权函数修改后的阶跃响应与控制信号

对正则加权函数来说，`mixsyn()` 函数也可以用于最优 $\mathcal{H}_\infty$ 控制器的设计，该函数的调用格式为 $[G_\mathrm{c},G_\mathrm{cl},\gamma]=\mathtt{mixsyn}(G,W_1,W_2,W_3)$。这里 W_i 加权应该直接填写相关的传递函数或传递函数矩阵，而不能采用前面介绍的形式。另外，应该注意，$W_3(s)$ 不再支持非正则形式的传递函数，如果确实需要这样的传递函数，则应该由带有位于很远极点的正则模型去逼近。在该函数的调用时还需要保证 D_{12} 矩阵非奇异。

例 9-12　考虑例 9-6 中给出的受控对象模型，选择

$$W_1(s)=\frac{10000}{s+1},\ W_{30}(s)=\frac{s}{10},\ W_2(s)=0.01$$

由于 $W_{30}(s)$ 为非正则的传递函数，所以应该用 $W_3(s)=\dfrac{s}{0.001s+10}$ 去逼近，这样由下面的语句可以分别设计出最优 $\mathcal{H}_\infty$ 控制器

```
>> A=[0,1,0,0; -5000,-100/3,500,100/3; 0,-1,0,1; 0,100/3,-4,-60];
   B=[0; 25/3; 0; -1]; C=[0,0,1,0]; D=0; G=ss(A,B,C,D);
   s=tf('s'); W1=10000/(s+1); W2=1e-2; W30=s/10; W3=s/(0.001*s+10);
   Gc=mixsyn(G,W1,W2,W3); Gc=zpk(Gc)
   G1=augtf(G,W1,W2,W30); Gc1=hinfsyn(G1); Gc1=zpk(minreal(Gc1))
   bode(G*Gc,G*Gc1,'--'), figure
   step(feedback(G*Gc,1),'-',feedback(G*Gc,1),'--',0.1)
```

控制器的模型为

$$G_\mathrm{c}(s)=\frac{-7639033578.46(s+999.96)(s+67.4)(s+0.06391)(s^2+25.87s+4643)}{(s+1.191\times10^6)(s+1000)(s+386.3)(s+1)(s^2+23.3s+536.1)}$$

$$G_\mathrm{c1}(s)=\frac{-20253599367.1624(s+67.4)(s+0.06391)(s^2+25.87s+4643)}{(s+3.157\times10^6)(s+386.3)(s+1)(s^2+23.3s+536.1)}$$

这时可以容易地绘制出控制器和回路的 Bode 图如图 9-18（a）所示，闭环系统的阶跃响应曲线，如图 9-18（b）所示。可见对给定的受控对象模型来说，控制效果是很令人满意的。另外，用 $W_3(s)$ 去逼近非正则的 $W_{30}(s)$ 模型对控制器设计没有影响。

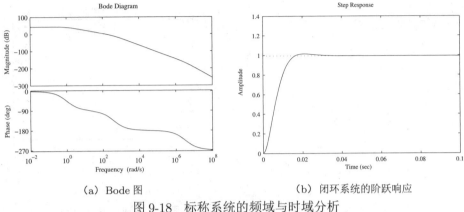

(a) Bode 图　　　　　　　　(b) 闭环系统的阶跃响应

图 9-18　标称系统的频域与时域分析

　　假设系统的不确定部分为乘积型的,且已知 $\Delta_{\mathrm{m}}(s) = p_1/(s + p_2)$,并已知不确定参数的变化范围为 $p_1 \in (-0.1, 2), p_2 \in (-2, 8)$,从给出的范围看,不确定模型部分从不稳定变换到稳定的,且增益也有大幅度的变化,下面的语句给出在不确定参数下,设计出的固定 $\mathcal{H}_\infty$ 控制器的控制回路的 Bode 图,如图 9-19(a)所示。从得出的 Bode 图可见,它们之间的区别是相当大的。下面的语句还可以绘制出闭环系统的阶跃响应曲线,如图 9-19(b)所示。虽然受控对象有很大的改变,但控制效果几乎一致。

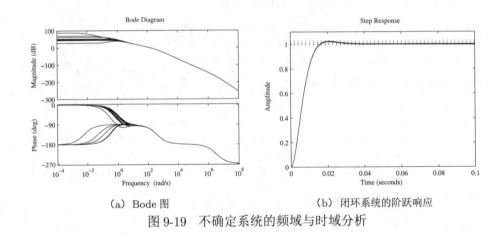

(a) Bode 图　　　　　　　　(b) 闭环系统的阶跃响应

图 9-19　不确定系统的频域与时域分析

```
>> p1=ureal('p1',1,'PlusMinus',[-0.1,2]);
   p2=ureal('p2',1,'PlusMinus',[-2,8]);
   Gm=tf(p1,[1 p2]); G1=G*(1+Gm); % 构造不确定受控对象模型
   bode(G1*Gc); figure; step(feedback(G1*Gc,1),0.1)
```

2. 基于回路成型的设计函数

灵敏度问题由鲁棒控制工具箱中的 `loopsyn()` 就可以直接求解,该函数采用 $\mathcal{H}_\infty$ 回路成型算法设计控制器,其调用格式为 $[F, C, \gamma] = \mathtt{loopsyn}(G, G_{\mathrm{d}})$,其中,

G 为受控对象模型，G_d 为期望的回路传递函数，返回的 F 为回路成型控制器模型，C 为在该控制器下的闭环系统模型，而 γ 为成型精度，若 $\gamma = 1$ 则表示设计出精确的成型控制器。一般情况下，即受控对象 G 的 D 矩阵为非满秩矩阵时，不能得出精确的成型控制器，这时回路奇异值的上下限满足下式

$$\begin{cases} \gamma\underline{\sigma}[G(j\omega)F(j\omega)] \leqslant \bar{\sigma}[G_d(j\omega)], & \omega \leqslant \omega_c \\ \gamma\bar{\sigma}[G(j\omega)F(j\omega)] \leqslant \underline{\sigma}[G_d(j\omega)], & \omega \geqslant \omega_c \end{cases} \tag{9-3-5}$$

当 $\omega \leqslant \omega_c$ 时，系统实际回路奇异值介于 $\left(\dfrac{\underline{\sigma}[G_d(j\omega)]}{\gamma}, \bar{\sigma}[G_d(j\omega)]\gamma \right)$ 之间。

例 9-13 仍考虑例 5-36 中给出的多变量系统模型，选择两个回路的模型均为 $G_d(s) = 500/(s+1)$，则由下面的语句就可以直接设计出回路成型控制器

```
>> g11=tf([0.806 0.264],[1 1.15 0.202]);
   g12=tf([-15 -1.42],[1 12.8 13.6 2.36]);
   g21=tf([1.95 2.12 0.49],[1 9.15 9.39 1.62]);
   g22=tf([7.15 25.8 9.35],[1 20.8 116.4 111.6 18.8]);
   G=[g11, g12; g21, g22]; s=tf('s'); Gd=500/(s+1);
   [F,a,g]=loopsyn(G,Gd); zpk(F), g
```

并得出设计精度 $\gamma = 1.62$。在此控制器下的回路奇异值及闭环系统的阶跃响应曲线在图 9-20 中给出，可以看出设计的效果还是很理想的。

```
>> sigma(G*F,'-',Gd/g,':',Gd*g,':')        % 绘制奇异值和回路上下界
   figure; step(feedback(G*F,eye(2)),0.1)  % 闭环系统阶跃响应曲线
```

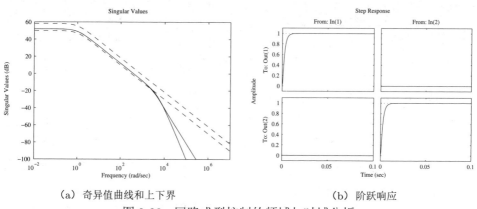

(a) 奇异值曲线和上下界   (b) 阶跃响应

图 9-20　回路成型控制的频域与时域分析

另外，从如图 9-20 (a) 所示的频域响应曲线可见，当频率较高时，得出的实际 Bode 幅值在预期的上、下界之外。事实上，这时的实际幅值很低（$-20\,\mathrm{dB}$ 相当于 0.1 倍左右，远远低于低频时的幅值），不会影响大局。另外，这样设计出的控制器阶次很高，达到 18 阶，实际应用中有很大困难和问题。

3. 基于 μ 分析与综合的鲁棒控制器设计

鲁棒控制工具箱还提供了基于 μ 分析与综合的设计函数 hinfsyn()[14]，该函数的另一种调用格式为 $K = \text{hinfsyn}(P, p, q, \gamma_{\text{m}}, \gamma_{\text{M}}, \epsilon)$，其中 P 为增广系统的系统矩阵，p, q 为系统输出和输入信号的路数。该函数采用二分法来求解最优的 γ 值，故需要事先给出 γ 的范围 $(\gamma_{\text{m}}, \gamma_{\text{M}})$，且应该给出二分法判定收敛的误差限 ϵ，它们不能省略。调用该函数将返回控制器的系统矩阵 K。

例 9-14 这里仍采用例 9-6 中增广的系统模型，用 μ 分析与综合工具箱的相关函数即可直接设计出最优 $\mathcal{H}_\infty$ 控制器

```
>> A=[0,1,0,0; -5000,-100/3,500,100/3; 0,-1,0,1; 0,100/3,-4,-60];
   B=[0; 25/3; 0; -1]; C=[0,0,1,0]; D=0; G=ss(A,B,C,D); s=tf('s');
   W1=100/(s+1); W2=1e-5; W3=s/1000; G1=augtf(G,W1,W2,W3);
   P=sys2smat(G1); [G3,a,g1]=hinfsyn(G1,1,1,0.1,10,1e-3)
   [Gc1,a,g2]=hinfsyn(G1); bode(G*Gc1,'-',G*G3,'--');
   figure; step(feedback(G*Gc1,1),'-',feedback(G*G3,1),'--')
```

得出的控制器为

$$G_{c3}(s) = \frac{-6127048154.952(s + 67.4)(s + 0.06391)(s^2 + 25.87s + 4643)}{(s + 1.658 \times 10^5)(s + 1279)(s + 1)(s^2 + 23.79s + 535.7)}$$

在这两个控制器控制下，系统的开环传递函数 Bode 图及闭环系统阶跃响应曲线分别如图 9-21（a）、（b）所示。从得出的结果看，由系统矩阵和增广系统模型设计出的控制器效果稍有不同，但相差不大，对本例来说前者效果稍好。

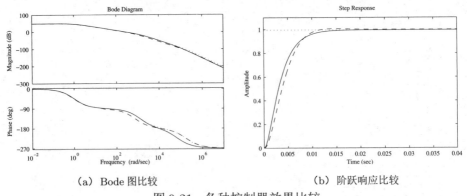

（a）Bode 图比较   （b）阶跃响应比较

图 9-21   各种控制器效果比较

从设计的结果可以看出，控制效果完全取决于加权函数的选择，而加权函数并没有一般的通用选择方法，在应用中经常需要按照实际需要试凑地选择加权函数，达到理想的控制效果。

9.4　线性矩阵不等式理论与求解

线性矩阵不等式 (linear matrix inequalities, LMI) 的理论与应用是近 20 年来在控制界受到较广泛关注的领域[15]。线性矩阵不等式的概念及其在控制系统研究中的应用是由 Willems 提出的[16]，该方法的提出可以将很多控制中的问题变换成线性规划问题的求解，而线性规划问题的求解是很成熟的，所以由线性矩阵不等式的来求解控制问题是很有意义的。

本节将首先给出线性矩阵不等式的基本概念和常见形式，介绍必要的变换方法，然后介绍基于 MATLAB 中鲁棒控制工具箱的线性矩阵不等式求解方法，最后介绍线性矩阵不等式在控制系统设计中的应用。

9.4.1　线性矩阵不等式的一般描述

线性矩阵不等式的一般描述为

$$\boldsymbol{F}(\boldsymbol{x}) = \boldsymbol{F}_0 + x_1\boldsymbol{F}_1 + \cdots + x_m\boldsymbol{F}_m < 0 \qquad (9\text{-}4\text{-}1)$$

式中，$\boldsymbol{x} = [x_1, x_2, \cdots, x_m]^{\mathrm{T}}$ 为系数向量，又称为决策向量。$\boldsymbol{F}_i$ 为复 Hermit 矩阵或实对称矩阵。整个矩阵不等式表示 $\boldsymbol{F}(\boldsymbol{x})$ 为负定矩阵，该不等式的解 $\boldsymbol{x}$ 是凸集，亦即

$$\boldsymbol{F}[\alpha\boldsymbol{x}_1 + (1-\alpha)\boldsymbol{x}_2] = \alpha\boldsymbol{F}(\boldsymbol{x}_1) + (1-\alpha)\boldsymbol{F}(\boldsymbol{x}_2) < 0 \qquad (9\text{-}4\text{-}2)$$

其中 $\alpha > 0, 1 - \alpha > 0$。该解又称为可行解。这样的线性矩阵不等式还可以作为最优化问题的约束条件。假设有两个线性矩阵不等式 $\boldsymbol{F}_1(\boldsymbol{x}) < 0$ 和 $\boldsymbol{F}_2(\boldsymbol{x}) < 0$，则可以如下构造出一个线性矩阵不等式

$$\begin{bmatrix} \boldsymbol{F}_1(\boldsymbol{x}) & \boldsymbol{0} \\ \boldsymbol{0} & \boldsymbol{F}_2(\boldsymbol{x}) \end{bmatrix} < 0 \qquad (9\text{-}4\text{-}3)$$

更一般地，多个线性矩阵不等式 $\boldsymbol{F}_i(\boldsymbol{x}) < 0, (i = 1, 2, \cdots, k)$ 也可以合并成一个单一的线性矩阵不等式 $\boldsymbol{F}(\boldsymbol{x}) < 0$，其中

$$\boldsymbol{F}(\boldsymbol{x}) = \begin{bmatrix} \boldsymbol{F}_1(\boldsymbol{x}) & & & \\ & \boldsymbol{F}_2(\boldsymbol{x}) & & \\ & & \ddots & \\ & & & \boldsymbol{F}_k(\boldsymbol{x}) \end{bmatrix} < 0 \qquad (9\text{-}4\text{-}4)$$

线性矩阵不等式问题通常可以分为三类问题：可行解问题、线性目标函数最优化问题与广义特征值最优化问题，下面分别讲述。

1. 可行解问题

所谓可行解问题 (feasible solution problem)，就是最优化问题中的约束条件求解问题，即单纯求解不等式

$$\boldsymbol{F}(\boldsymbol{x}) < 0 \qquad (9\text{-}4\text{-}5)$$

得出满足该不等式解的问题。求解线性矩阵不等式可行解就是求解 $\boldsymbol{F}(\boldsymbol{x}) < t_{\min}\boldsymbol{I}$，其中 $t_{\min}$ 是能够用数值方法找到的最小值。如果找到的 $t_{\min} < 0$，则得出的解是原问题的可行解，否则会提示无法找到可行解。

为演示一般控制问题和线性矩阵不等式之间的关系，首先考虑 Lyapunov 稳定性判定问题。对线性系统来说，若对给定的正定矩阵 $\boldsymbol{Q}$，方程

$$\boldsymbol{A}^{\mathrm{T}}\boldsymbol{X} + \boldsymbol{X}\boldsymbol{A} = -\boldsymbol{Q} \tag{9-4-6}$$

存在正定的解 $\boldsymbol{X}$，则该系统是稳定的。上述问题很自然地可以表示成对下面的 Lyapunov 不等式的求解问题。

$$\boldsymbol{A}^{\mathrm{T}}\boldsymbol{X} + \boldsymbol{X}\boldsymbol{A} < 0 \tag{9-4-7}$$

由于 $\boldsymbol{X}$ 是对称矩阵，所以用 $n(n+1)/2$ 个元素构成的向量 $\boldsymbol{x}$ 即可以描述该矩阵

$$x_i = X_{i,1}, i = 1, 2, \cdots, n, x_{n+i} = X_{i,2}, i = 2, 3, \cdots, n, \cdots \tag{9-4-8}$$

该规律可以写成

$$x_{(2n-j+2)(j-1)/2+i} = X_{i,j}, \ j = 1, 2, \cdots, n, i = j, j+1, \cdots, n \tag{9-4-9}$$

则给出 $\boldsymbol{x}$ 的下标即可以求出 i, j 的值。根据这样的思路可以编写出 MATLAB 函数 lyap2lmi()，该函数可以将 Lyapunov 方程转换为线性矩阵不等式

```
function F=lyap2lmi(A0)
if prod(size(A0))==1, n=A0;
   for i=1:n, for j=1:n,
      i1=int2str(i);j1=int2str(j); eval(['syms a' i1 j1]),
      eval(['A(' i1 ',' j1 ')=a' i1 j1,';'])
   end, end
else, n=size(A0,1); A=A0; end
vec=0;   for i=1:n, vec(i+1)=vec(i)+n-i+1; end
for k=1:n*(n+1)/2,  X=zeros(n);
    i=find(vec>=k); i=i(1)-1; j=i+k-vec(i)-1;
    X(i,j)=1; X(j,i)=1; F(:,:,k)=A.'*X+X*A;
end
```

该函数允许两种调用格式。若已知 $\boldsymbol{A}$ 矩阵，由 $\boldsymbol{F} = \mathtt{lyap2lmi}(\boldsymbol{A})$ 返回的 $\boldsymbol{F}$ 是三维数组，$\boldsymbol{F}(:,:,i)$ 为所需的 $\boldsymbol{F}_i$ 矩阵。若只想得出 $n \times n$ 的 $\boldsymbol{A}$ 矩阵转换出的线性矩阵不等式，则 $\boldsymbol{F} = \mathtt{lyap2lmi}(n)$，这时得出的 $\boldsymbol{F}$ 仍为上述定义的三维数组。在程序中，若使 $x_i = 1$，而其他的 x_i 的值都为 0，则可以求出 $\boldsymbol{F}_i$ 矩阵。

例 9-15 若 $\boldsymbol{A} = \begin{bmatrix} 1 & 2 & 3 \\ 4 & 5 & 6 \\ 7 & 8 & 0 \end{bmatrix}$，由下面的 MATLAB 语句

```
>> A=[1,2,3; 4,5,6; 7,8,0]; F=lyap2lmi(A)
```

则可以得出 F_i 矩阵分别为

$$\begin{bmatrix} 2 & 2 & 3 \\ 2 & 0 & 0 \\ 3 & 0 & 0 \end{bmatrix}, \begin{bmatrix} 8 & 6 & 6 \\ 6 & 4 & 3 \\ 6 & 3 & 0 \end{bmatrix}, \begin{bmatrix} 14 & 8 & 1 \\ 8 & 0 & 2 \\ 1 & 2 & 6 \end{bmatrix}, \begin{bmatrix} 0 & 4 & 0 \\ 4 & 10 & 6 \\ 0 & 6 & 0 \end{bmatrix}, \begin{bmatrix} 0 & 7 & 4 \\ 7 & 16 & 5 \\ 4 & 5 & 12 \end{bmatrix}, \begin{bmatrix} 0 & 0 & 7 \\ 0 & 0 & 8 \\ 7 & 8 & 0 \end{bmatrix}$$

若研究一般 3×3 矩阵,则可以给出如下命令

```
>> F=lyap2lmi(3)
```

这时得出的线性矩阵不等式为

$$x_1 \begin{bmatrix} 2a_{11} & a_{12} & a_{13} \\ a_{12} & 0 & 0 \\ a_{13} & 0 & 0 \end{bmatrix} + x_2 \begin{bmatrix} 2a_{21} & a_{22}+a_{11} & a_{23} \\ a_{22}+a_{11} & 2a_{12} & a_{13} \\ a_{23} & a_{13} & 0 \end{bmatrix} + x_3 \begin{bmatrix} 2a_{31} & a_{32} & a_{33}+a_{11} \\ a_{32} & 0 & a_{12} \\ a_{33}+a_{11} & a_{12} & 2a_{13} \end{bmatrix}$$

$$+ x_4 \begin{bmatrix} 0 & a_{21} & 0 \\ a_{21} & 2a_{22} & a_{23} \\ 0 & a_{23} & 0 \end{bmatrix} + x_5 \begin{bmatrix} 0 & a_{31} & a_{21} \\ a_{31} & 2a_{32} & a_{33}+a_{22} \\ a_{21} & a_{33}+a_{22} & 2a_{23} \end{bmatrix} + x_6 \begin{bmatrix} 0 & 0 & a_{31} \\ 0 & 0 & a_{32} \\ a_{31} & a_{32} & 2a_{33} \end{bmatrix} < 0$$

某些非线性的不等式也可以通过变换转换成线性矩阵不等式。其中,分块矩阵不等式的 Schur 补性质[17]是进行这样变换的常用方法。该性质的内容是: 若某个仿射函数矩阵 $F(x)$ 可以分块表示成 $F(x) = \begin{bmatrix} F_{11}(x) & F_{12}(x) \\ \hline F_{21}(x) & F_{22}(x) \end{bmatrix}$,其中 $F_{11}(x)$ 是方阵,则下面三个矩阵不等式是等价的:

$$F(x) < 0 \tag{9-4-10}$$

$$F_{11}(x) < 0, \quad F_{22}(x) - F_{21}(x)F_{11}^{-1}(x)F_{12}(x) < 0 \tag{9-4-11}$$

$$F_{22}(x) < 0, \quad F_{11}(x) - F_{12}(x)F_{22}^{-1}(x)F_{21}(x) < 0 \tag{9-4-12}$$

例如,对一般代数 Riccati 方程稍加变换,则可以得出 Riccati 不等式

$$A^{\mathrm{T}}X + XA + (XB-C)R^{-1}(XB-C^{\mathrm{T}})^{\mathrm{T}} < 0 \tag{9-4-13}$$

显然,该不等式因为含有二次项,所以它本身不是线性矩阵不等式。由 Schur 补性质可以看出,原非线性不等式可以等价地变换成

$$X > 0, \quad \begin{bmatrix} A^{\mathrm{T}}X + XA & XB - C^{\mathrm{T}} \\ \hline B^{\mathrm{T}}X - C & -R \end{bmatrix} < 0 \tag{9-4-14}$$

由二次型控制的要求已知,$R = R^{\mathrm{T}} > 0$。显然,该矩阵含有未知矩阵 X 的二次型项,是非线性问题,不能直接表示成线性矩阵不等式的形式。

2. 线性目标函数最优化问题

考虑下面的最优化问题

$$\min_{x \text{ s.t. } F(x)<0} c^{\mathrm{T}}x \tag{9-4-15}$$

由于约束条件是由线性矩阵不等式表示的,这样的问题实质上就是普通的线性规划问题。

控制系统状态方程模型（$\boldsymbol{A}, \boldsymbol{B}, \boldsymbol{C}, \boldsymbol{D}$）的 $\mathcal{H}_\infty$ 范数可以通过 MATLAB 控制系统工具箱的 norm() 函数直接求解，该算法中采用了基于二分法的数值方程求解算法来计算系统的 $\mathcal{H}_\infty$ 范数。采用线性矩阵不等式方法也可以求出该系统的 $\mathcal{H}_\infty$ 范数。该范数即下面问题的解 γ[18]

$$
\min_{\gamma, \boldsymbol{P}} \; \gamma \tag{9-4-16}
$$
$$
\text{s.t.} \begin{cases} \begin{bmatrix} \boldsymbol{A}^\mathrm{T}\boldsymbol{P}+\boldsymbol{P}\boldsymbol{A} & \boldsymbol{P}\boldsymbol{B} & \boldsymbol{C}^\mathrm{T} \\ \boldsymbol{B}^\mathrm{T}\boldsymbol{P} & -\gamma\boldsymbol{I} & \boldsymbol{D}^\mathrm{T} \\ \boldsymbol{C} & \boldsymbol{D} & -\gamma\boldsymbol{I} \end{bmatrix} < 0 \\ \boldsymbol{P} > 0 \end{cases}
$$

3. 广义特征值最优化问题

广义特征值问题是线性矩阵不等式理论的一类最一般的问题。可将 λ 看作矩阵的广义特征值，从而归纳出下面的最优化问题

$$
\min_{\lambda, \boldsymbol{x}} \; \lambda \tag{9-4-17}
$$
$$
\text{s.t.} \begin{cases} \boldsymbol{A}(\boldsymbol{x}) < \lambda \boldsymbol{B}(\boldsymbol{x}) \\ \boldsymbol{B}(\boldsymbol{x}) > 0 \\ \boldsymbol{C}(\boldsymbol{x}) < 0 \end{cases}
$$

另外还可以有其他约束，归类成 $\boldsymbol{C}(\boldsymbol{x}) < 0$。在这样约束条件下求取最小的广义特征值的问题可以由一类特殊的线性矩阵不等式来表示。事实上，若将这几个约束归并成单一的线性矩阵不等式，则这样的最优化问题和线性目标函数最优化问题是同样的问题。

9.4.2　线性矩阵不等式问题的 MATLAB 求解

早期的 MATLAB 中提供了线性矩阵不等式工具箱，可以直接求解相应的问题。新版本的 MATLAB 中将该工具箱并入了鲁棒控制工具箱，调用该工具箱中的函数可以求解线性矩阵不等式的各种问题。

描述线性矩阵不等式的方法是较烦琐的，用鲁棒控制工具箱中相应的函数描述这样的问题也是比较烦琐的。这里将介绍相关 MATLAB 语句的调用方法，并将给出例子演示相关函数的使用方法。

描述线性矩阵不等式应该有几个步骤：

① 创建 LMI 模型。若想描述一个含有若干个 LMI 的整体线性矩阵不等式问题，需要首先调用 setlmis([]) 函数来建立 LMI 框架，这样将在 MATLAB 工作空间中建立一个 LMI 模型框架。

② 定义需要求解的变量。未知矩阵变量可以由 lmivar() 函数来申明，该函数的调用格式为 $\boldsymbol{P} = \text{lmivar}(\text{key}, [n_1, n_2])$，其中 key 是未知矩阵类型的标记，若 key 的值为 2，则变量 $\boldsymbol{P}$ 表示为 $n_1 \times n_2$ 的一般矩阵。若 key 为 1，则 $\boldsymbol{P}$ 矩阵为 $n_1 \times n_1$ 的对称矩阵。若 key 为 1，且 n_1 和 n_2 为向量，则 $\boldsymbol{P}$ 为块对角对称矩阵。key 值取 3 则表示 $\boldsymbol{P}$ 为特殊类型的矩阵。

③ **描述分块形式给出线性矩阵不等式**。申明了需求解的变量名后,可以由 lmiterm() 函数来描述各个 LMI 式子,该函数的调用格式比较复杂

$$\text{lmiterm}([k,i,j,P],A,B,\text{flag})$$

其中 k 为 LMI 编号,一个线性矩阵不等式问题可以由若干个 LMI 构成,用这样的方法可以分别描述各个 LMI。k 取负值时表示不等号 < 右侧的项。一个 LMI 子项可以由多个 lmiterm() 函数来描述。若第 k 个 LMI 是以分块形式给出的,则 i,j 表示该分块所在的行和列号。P 为已经由 lmivar() 函数申明过的变量名。A,B 矩阵表示该项中变量 P 左乘和右乘的矩阵,即该项含有 APB。A 和 B 设置成 1 和 -1 则分别表示单位矩阵 I 或负单位阵 $-I$。若 flag 选择为 's',则该项表示对称项 $APB + (APB)^{\mathrm{T}}$。如果该项为常数矩阵,则可以将相应的 P 设置为 0,同时略去 B 矩阵。

④ **完成 LMI 模型描述**。由 lmiterm() 函数定义了所有的 LMI 后,就可以用 getlmis() 函数来确定 LMI 问题的描述,该函数的调用格式为 $G = \text{getlmis}$。

⑤ **求解 LMI 问题**。定义了 G 模型后,就可以根据问题的类型调用相应函数直接求解,具体的格式为

$$[t_{\min}, x] = \text{feasp}(G, \text{options}, \text{target}) \qquad \text{\% 可行解问题}$$
$$[c_{\text{opt}}, x] = \text{mincx}(G, c, \text{options}, x_0, \text{target}) \qquad \text{\% 线性目标函数问题}$$
$$[\lambda, x] = \text{gevp}(G, \text{nlfc}, \text{options}, \lambda_0, x_0, \text{target}) \qquad \text{\% 广义特征值问题}$$

⑥ **解的提取**。前面语句获得的解 x 是一个向量,可以调用 dec2mat() 函数将所需的解矩阵提取出来。控制选项 options 是由 5 个值构成的向量,其第一个量表示要求的求解精度,通常可以取为 10^{-5}。

例 9-16 考虑 Riccati 不等式 $A^{\mathrm{T}}X + XA + XBR^{-1}B^{\mathrm{T}}X + Q < 0$,其中

$$A = \begin{bmatrix} -2 & -2 & -1 \\ -3 & -1 & -1 \\ 1 & 0 & -4 \end{bmatrix}, \; B = \begin{bmatrix} -1 & 0 \\ 0 & -1 \\ -1 & -1 \end{bmatrix}, \; Q = \begin{bmatrix} -2 & 1 & -2 \\ 1 & -2 & -4 \\ -2 & -4 & -2 \end{bmatrix}, \; R = I_2$$

现在想求出该不等式的一个正定可行解 X。该不等式显然不是线性矩阵不等式,类似前面介绍的 Riccati 不等式,可以引用 Schur 补性质对其进行变换,得出分块的线性矩阵不等式组表示为

$$\begin{cases} \left[\begin{array}{c:c} A^{\mathrm{T}}X + XA + Q & XB \\ \hdashline B^{\mathrm{T}}X & -R \end{array}\right] < 0 \\ X > 0, \text{即 } X \text{ 为正定矩阵} \end{cases}$$

这样使用 lmiterm() 函数时,只需将 k 设置成 1 和 2 即可。另外,根据 A 和 B 矩阵的维数,可以假定 X 为 3×3 对称矩阵。这样就可以用下面几个语句建立并求解可行解问题。因为第 2 不等式为 $X > 0$,所以序号采用 -2。

```
>> A=[-2,-2,-1; -3,-1,-1; 1,0,-4]; B=[-1,0; 0,-1; -1,-1];
   Q=[-2,1,-2; 1,-2,-4; -2,-4,-2]; R=eye(2);
```

```
setlmis([]);              % 建立空白的 LTI 框架
X=lmivar(1,[3 1]);        % 申明需要求解的矩阵 X 为 3×3 对称矩阵
lmiterm([1 1 1 X],A',1,'s') % (1,1) 分块,对称表示为 A^T X + XA
lmiterm([1 1 1 0],Q)      % (1,1) 分块后面补一个 Q 常数矩阵
lmiterm([1 1 2 X],1,B)    % (1,2) 分块,填写 XB
lmiterm([1 2 2 0],-1)     % (2,2) 分块,填写 -R
lmiterm([-2,1,1,X],1,1)   % 设置第 2 不等式,即不等式 X > 0
G=getlmis;                % 完成 LTI 框架的设置
[tmin b]=feasp(G);        % 求解可行解问题
X=dec2mat(G,b,X)          % 提取解矩阵
```

这样可以得出 $t_{\min} = -0.2427$,原问题的可行解为

$$X = \begin{bmatrix} 1.0329 & 0.4647 & -0.23583 \\ 0.4647 & 0.77896 & -0.050684 \\ -0.23583 & -0.050684 & 1.4336 \end{bmatrix}$$

值得指出的是,可能是由于该工具箱本身的问题,如果在描述 LMI 时给出了对称项,如 lmiterm([1 2 1 X],B',1),则该函数将得出错误的结果。所以在求解线性矩阵不等式问题时一定不能给出对称项。

例 9-17 若线性连续系统的状态方程模型为

$$A = \begin{bmatrix} -4 & -3 & 0 & -1 \\ -3 & -7 & 0 & -3 \\ 0 & 0 & -13 & -1 \\ -1 & -3 & -1 & -10 \end{bmatrix}, \quad B = \begin{bmatrix} 0 \\ -4 \\ 2 \\ 5 \end{bmatrix}, \quad C = [\, 0, \, 0, \, 4, \, 0 \,], \quad D = 0$$

输入该线性系统的状态方程模型,由 norm() 函数可以立即求出系统的 $\mathcal{H}_\infty$ 范数为 0.4639。线性矩阵不等式方法也可以用来求解系统的 $\mathcal{H}_\infty$ 范数,即通过式 (9-4-16) 求解线性矩阵不等式,这里有两个决策变量,γ 和 P,有两个不等式,其中第一个不等式为 3×3 的分块矩阵不等式,这样由下面的语句可以得出所需的解为 0.4651。在求解语句中,c 向量是由 mat2dec() 函数指定的。

```
>> A=[-4,-3,0,-1; -3,-7,0,-3; 0,0,-13,-1; -1,-3,-1,-10];
   B=[0; -4; 2; 5]; C=[0,0,4,0]; D=0; G=ss(A,B,C,D); norm(G,inf)
   setlmis([]); P=lmivar(1,[4,1]); gam=lmivar(1,[1,1]);
   lmiterm([1 1 1 P],1,A,'s'), lmiterm([1 1 2 P],1,B),
   lmiterm([1 1 3 0],C'); lmiterm([1 2 2 gam],-1,1),
   lmiterm([1 2 3 0],D'); lmiterm([1 3 3 gam],-1,1);
   lmiterm([-2 1 1 P],1,1); H=getlmis; c=mat2dec(H,0,1);
   [a,b]=mincx(H,c); gam_opt=dec2mat(H,b,gam)
```

由于得出的结果和由 norm() 函数得出的稍有区别,所以很自然地引出问题:哪个是准确的?严格地说,哪个也不准确。用 norm() 函数中的二分法得出的是近似解,而用 mincx() 函数得出的解由于默认精度较低,所以应该将求解精度设置为 10^{-5},这样可以得出更精确的范数值为 0.4640。

```
>> options=[1e-5,0,0,0,0];
   [a,b]=mincx(H,c,options); gam_opt=dec2mat(H,b,gam)
```

9.4.3　基于 YALMIP 工具箱的最优化求解方法

Johan Jöfberg 博士开发了一个基于符号运算工具箱编写的模型优化工具箱 YALMIP（yet another LMI package）[19]，该工具箱提供的线性矩阵不等式求解方法和鲁棒控制工具箱中的 LMI 函数相比要直观得多。该工具箱的演示程序中还介绍了其他相关的最优化问题求解方法❶。

YALMIP 工具箱提供了简单的决策变量表示方法，可以调用 sdpvar() 函数来表示，该函数的调用方法为

$$
\begin{aligned}
&X = \text{sdpvar}(n) && \% \text{ 对称方阵的表示方法}\\
&X = \text{sdpvar}(n,m) && \% \text{ 长方型一般矩阵的表示方法}\\
&X = \text{sdpvar}(n,n,\text{'full'}) && \% \text{ 一般方阵的表示方法}
\end{aligned}
$$

这样定义的矩阵还可以进一步利用，例如，这样定义的向量还可以和 hankel() 函数联合使用，构造出 Hankel 矩阵。类似地，由 intvar() 和 binvar() 函数还可以定义整型变量和二进制变量，从而求解整数规划和 0-1 规划问题。

由该工具箱针对 sdpvar 型变量定义的 set() 函数还可以描述矩阵不等式。如果有若干个这样的矩阵不等式，可以用 + 号将联立的若干个不等式"加"起来。

当然使用类似的方法还可以定义目标函数，描述了矩阵不等式约束后就可以分别如下调用

$$
\begin{aligned}
&s = \text{solvesdp}(F) && \% \text{ 求解可行解问题}\\
&s = \text{solvesdp}(F,f) && \% \text{ 求解一般最优化问题，其中 } f \text{ 为目标函数}\\
&s = \text{solvesdp}(F,f,\text{options}) && \% \text{ 允许设定选项，如算法选择}
\end{aligned}
$$

求解结束后，可以由 $X = \text{double}(X)$ 语句提取得出的解矩阵。

例 9-18 利用 YALMIP 工具箱，例 9-16 中的问题可以由下面语句更简洁地求解相应的矩阵不等式问题

```
>> A=[-2,-2,-1; -3,-1,-1; 1,0,-4]; B=[-1,0; 0,-1; -1,-1];
   Q=[-2,1,-2; 1,-2,-4; -2,-4,-2]; R=eye(2); X=sdpvar(3);
   F=set([A'*X+X*A+Q, X*B; B'*X, -R]<0)+set(X>0);
   sol=solvesdp(F); X=double(X)
```

该函数得出的解和前面得出的完全一致。

例 9-19 用 YALMIP 工具箱重新求解例 9-17 中系统的 $\mathcal{H}_\infty$ 范数问题，则可以由下面的更简洁的语句直接求出系统的 $\mathcal{H}_\infty$ 范数为 0.4640

---

❶ 免费工具箱，下载地址：http://control.ee.ethz.ch/~joloef/yalmip.php。

```
>> A=[-4,-3,0,-1; -3,-7,0,-3; 0,0,-13,-1; -1,-3,-1,-10];
   B=[0; -4; 2; 5]; C=[0,0,4,0]; D=0; gam=sdpvar(1); P=sdpvar(4);
   F=set([A*P+P*A',P*B,C'; B'*P,-gam,D'; C,D,-gam]<0)+set(P>0);
   sol=solvesdp(F,gam); double(gam)
```

9.4.4   多线性模型的同时镇定问题

假设线性系统为 $\dot{\boldsymbol{x}} = \boldsymbol{A}_i \boldsymbol{x} + \boldsymbol{B}_i \boldsymbol{u}, i = 1, 2, \cdots, m$ 给出，如果存在状态反馈矩阵 $\boldsymbol{K}$，使得 $\boldsymbol{u}(t) = -\boldsymbol{K}\boldsymbol{x}(t)$，且所有的闭环系统 $\boldsymbol{A}_i + \boldsymbol{B}_i\boldsymbol{K}$ 均稳定，这样的镇定问题称为同时镇定问题（simultaneous stabilization problem）。

求解每个 Lyapunov 不等式

$$\boldsymbol{X}_i > 0, \quad (\boldsymbol{A}_i + \boldsymbol{B}_i\boldsymbol{K})^{\mathrm{T}}\boldsymbol{X}_i + \boldsymbol{X}_i(\boldsymbol{A}_i + \boldsymbol{B}_i\boldsymbol{K}) < 0 \qquad (9\text{-}4\text{-}18)$$

都可以得出 $\boldsymbol{X}_i$ 使得该闭环系统稳定，但如何寻找一个统一的 $\boldsymbol{X}$，使得各个子系统都稳定呢? 含有统一的 $\boldsymbol{X}$ 矩阵的 Lyapunov 不等式如下给出

$$\boldsymbol{X} > 0, \quad (\boldsymbol{A}_i + \boldsymbol{B}_i\boldsymbol{K})^{\mathrm{T}}\boldsymbol{X} + \boldsymbol{X}(\boldsymbol{A}_i + \boldsymbol{B}_i\boldsymbol{K}) < 0 \qquad (9\text{-}4\text{-}19)$$

在该不等式中，需要求解的变量为 $\boldsymbol{X}$ 和 $\boldsymbol{K}$ 矩阵，其余矩阵均为已知矩阵。由上面得出的不等式可见，因为其中含有 $\boldsymbol{X}$ 和 $\boldsymbol{K}$ 的乘积项。所以应该采用某种变换将其改写成线性矩阵不等式，然后可以对其求解，设计出能够同时镇定若干个受控对象的状态反馈控制器。

展开式(9-4-19)可见

$$\boldsymbol{A}_i^{\mathrm{T}}\boldsymbol{X} + \boldsymbol{X}\boldsymbol{A}_i + \boldsymbol{K}^{\mathrm{T}}\boldsymbol{B}_i^{\mathrm{T}}\boldsymbol{X} + \boldsymbol{X}\boldsymbol{B}_i\boldsymbol{K} < 0 \qquad (9\text{-}4\text{-}20)$$

利用矩阵线性变换的性质，即 $\boldsymbol{P}\boldsymbol{Q}\boldsymbol{P}^{\mathrm{T}}$ 不改变 $\boldsymbol{Q}$ 矩阵正定性的性质，对上述矩阵左乘 $\boldsymbol{X}^{-1}$，右乘 $(\boldsymbol{X}^{-1})^{\mathrm{T}}$，且 $(\boldsymbol{X}^{-1})^{\mathrm{T}} = \boldsymbol{X}^{-1}$，则上述矩阵不等式可以变换成

$$\boldsymbol{X}^{-1}\boldsymbol{A}_i^{\mathrm{T}} + \boldsymbol{A}_i\boldsymbol{X}^{-1} + \boldsymbol{X}^{-1}\boldsymbol{K}^{\mathrm{T}}\boldsymbol{B}_i^{\mathrm{T}} + \boldsymbol{B}_i\boldsymbol{K}\boldsymbol{X}^{-1} < 0 \qquad (9\text{-}4\text{-}21)$$

记 $\boldsymbol{P} = \boldsymbol{X}^{-1}, \boldsymbol{Y} = \boldsymbol{K}\boldsymbol{X}^{-1}$，则矩阵不等式可以变换成如下的线性矩阵不等式

$$\boldsymbol{A}_i\boldsymbol{P} + \boldsymbol{P}\boldsymbol{A}_i^{\mathrm{T}} + \boldsymbol{B}_i\boldsymbol{Y} + \boldsymbol{Y}^{\mathrm{T}}\boldsymbol{B}_i^{\mathrm{T}} < 0 \qquad (9\text{-}4\text{-}22)$$

加上 $\boldsymbol{X} > 0$，即 $\boldsymbol{P}^{-1} > 0$ 这个线性矩阵不等式，整个问题总共可以转换成 $m - 1$ 个 LMI 来描述，再对整个 LMI 问题求可行解，则可以得出 $\boldsymbol{P}$ 和 $\boldsymbol{Y}$，最终可以得出同时镇定的 $\boldsymbol{K}$ 矩阵。

例 9-20 假设已知两个系统模型为

$$\boldsymbol{A}_1 = \begin{bmatrix} -1 & 2 & -2 \\ -1 & -2 & 1 \\ -1 & -1 & 0 \end{bmatrix}, \boldsymbol{B}_1 = \begin{bmatrix} -2 \\ 1 \\ -1 \end{bmatrix}, \boldsymbol{A}_2 = \begin{bmatrix} 0 & 2 & 2 \\ 2 & 0 & 2 \\ 2 & 0 & 1 \end{bmatrix}, \boldsymbol{B}_2 = \begin{bmatrix} -1 \\ -2 \\ -1 \end{bmatrix}$$

设计出状态反馈矩阵 $\boldsymbol{K}$ 的问题对应三个线性矩阵不等式,有两个变量 $\boldsymbol{P}$ 和 $\boldsymbol{Y}$,其中 $\boldsymbol{P}$ 为 3×3 对称矩阵,$\boldsymbol{Y}$ 为 1×3 行向量。这样,三个不等式可以分别写成

$$\begin{cases} \boldsymbol{P}^{-1} > 0, \text{ 或等价地 } \boldsymbol{P} > 0 \\ \boldsymbol{A}_1 \boldsymbol{P} + \boldsymbol{P} \boldsymbol{A}_1^{\mathrm{T}} + \boldsymbol{B}_1 \boldsymbol{Y} + \boldsymbol{Y}^{\mathrm{T}} \boldsymbol{B}_1^{\mathrm{T}} < 0 \\ \boldsymbol{A}_2 \boldsymbol{P} + \boldsymbol{P} \boldsymbol{A}_2^{\mathrm{T}} + \boldsymbol{B}_2 \boldsymbol{Y} + \boldsymbol{Y}^{\mathrm{T}} \boldsymbol{B}_2^{\mathrm{T}} < 0 \end{cases}$$

由下面的语句可以求解这三个联立线性矩阵不等式

```
>> A1=[-1,2,-2; -1,-2,1; -1,-1,0]; B1=[-2; 1; -1];
   A2=[0,2,2; 2,0,2; 2,0,1]; B2=[-1; -2; -1];
   setlmis([]); P=lmivar(1,[3,1]); Y=lmivar(2,[1,3]);
   lmiterm([1,1,1,P],-1,1);
   lmiterm([2,1,1,P],A1,1,'s'), lmiterm([2,1,1,Y],B1,1,'s')
   lmiterm([3,1,1,P],A2,1,'s'), lmiterm([3,1,1,Y],B2,1,'s')
   G=getlmis; [a,b]=feasp(G); P=dec2mat(G,b,P),
   Y=dec2mat(G,b,Y), X=inv(P); K=Y*X
```

求解此问题可以得出如下的解

$$\boldsymbol{X} = \begin{bmatrix} 0.13987 & 0.024173 & 0.10595 \\ 0.024173 & 0.084939 & -0.050311 \\ 0.10595 & -0.050311 & 0.21682 \end{bmatrix}$$

这时,可以得出状态反馈向量 $\boldsymbol{K} = [2.0739, 0.5616, 2.4615]^{\mathrm{T}}$。

如果采用 YALMIP 工具箱,则用下面语句可以求解同时镇定问题

```
>> P=sdpvar(3); Y=sdpvar(1,3);
   F=set(A1*P+P*A1'+B1*Y+Y'*B1'<0)+set(A2*P+P*A2'+B2*Y+Y'*B2'<0);
   F=F+set(P>0); sol=solvesdp(F);
   P=double(P); X=inv(P), Y=double(Y), K=Y*X
```

该解与前面的解完全一致,得出的状态反馈向量也完全一致。

9.4.5　基于 LMI 的鲁棒最优控制器设计

前面介绍的很多基于范数的鲁棒控制问题均可以表示成线性矩阵不等式问题,下面只列出其中几个典型问题,请详见文献 [18]。

① $\mathcal{H}_2$ 控制器设计。对状态方程模型 $(\boldsymbol{A}, \boldsymbol{B}, \boldsymbol{C}, \boldsymbol{D})$,其 $\mathcal{H}_2$ 控制可以等效地表示为下面的线性矩阵不等式问题

$$\min_{\rho, \boldsymbol{X}, \boldsymbol{W}, \boldsymbol{Z}} \quad \rho \qquad (9\text{-}4\text{-}23)$$

$$\text{s.t.} \begin{cases} \boldsymbol{A}\boldsymbol{X} + \boldsymbol{B}_2 \boldsymbol{W} + (\boldsymbol{A}\boldsymbol{X} + \boldsymbol{B}_2 \boldsymbol{W})^{\mathrm{T}} + \boldsymbol{B}_1 \boldsymbol{B}_1^{\mathrm{T}} < 0 \\ \begin{bmatrix} -\boldsymbol{Z} & \boldsymbol{C}\boldsymbol{X} + \boldsymbol{D}\boldsymbol{W} \\ (\boldsymbol{C}\boldsymbol{X} + \boldsymbol{D}\boldsymbol{W})^{\mathrm{T}} & -\boldsymbol{X} \end{bmatrix} < 0 \\ \text{trace}(\boldsymbol{Z}) < \rho \end{cases}$$

② $\mathcal{H}_\infty$ **控制器设计**。基于状态反馈的 $\mathcal{H}_\infty$ 最优控制器可以转换成下面的线性矩阵不等式形式

$$\min_{\rho,\boldsymbol{X},\boldsymbol{W} \text{ s.t.}} \rho \tag{9-4-24}$$

$$\begin{cases} \begin{bmatrix} \boldsymbol{AX}+\boldsymbol{B}_2\boldsymbol{W}+(\boldsymbol{AX}+\boldsymbol{B}_2\boldsymbol{W})^{\mathrm{T}} & \boldsymbol{B}_1 & (\boldsymbol{C}_1\boldsymbol{X}+\boldsymbol{D}_{12}\boldsymbol{W})^{\mathrm{T}} \\ \boldsymbol{B}_1^{\mathrm{T}} & -\boldsymbol{I} & \boldsymbol{D}_{11}^{\mathrm{T}} \\ \boldsymbol{C}_1\boldsymbol{X}+\boldsymbol{D}_{12}\boldsymbol{W} & \boldsymbol{D}_{11} & -\rho\boldsymbol{I} \end{bmatrix} < 0 \\ \boldsymbol{X} > 0 \end{cases}$$

这时的状态反馈矩阵 $\boldsymbol{K}=\boldsymbol{W}\boldsymbol{X}^{-1}$。

基于输出反馈的 $\mathcal{H}_\infty$ 问题也可以转换成线性矩阵不等式的最优化问题[15]

$$\min_{\gamma,\boldsymbol{S},\boldsymbol{R} \text{ s.t.}} \gamma \tag{9-4-25}$$

$$\begin{cases} \begin{bmatrix} \boldsymbol{N}_{12} & 0 \\ 0 & \boldsymbol{I} \end{bmatrix}^{\mathrm{T}} \begin{bmatrix} \boldsymbol{AR}+\boldsymbol{RA}^{\mathrm{T}} & \boldsymbol{RC}_1^{\mathrm{T}} & \boldsymbol{B}_1 \\ \boldsymbol{C}_1\boldsymbol{R} & -\gamma\boldsymbol{I} & \boldsymbol{D}_{11} \\ \boldsymbol{B}_1^{\mathrm{T}} & \boldsymbol{D}_{11}^{\mathrm{T}} & -\gamma\boldsymbol{I} \end{bmatrix} \begin{bmatrix} \boldsymbol{N}_{12} & 0 \\ 0 & \boldsymbol{I} \end{bmatrix} < 0 \\ \begin{bmatrix} \boldsymbol{N}_{21} & 0 \\ 0 & \boldsymbol{I} \end{bmatrix}^{\mathrm{T}} \begin{bmatrix} \boldsymbol{AS}+\boldsymbol{SA}^{\mathrm{T}} & \boldsymbol{SB}_1 & \boldsymbol{C}_1^{\mathrm{T}} \\ \boldsymbol{B}_1^{\mathrm{T}}\boldsymbol{S} & -\gamma\boldsymbol{I} & \boldsymbol{D}_{11}^{\mathrm{T}} \\ \boldsymbol{C}_1 & \boldsymbol{D}_{11} & -\gamma\boldsymbol{I} \end{bmatrix} \begin{bmatrix} \boldsymbol{N}_{21} & 0 \\ 0 & \boldsymbol{I} \end{bmatrix} < 0 \\ \begin{bmatrix} \boldsymbol{R} & \boldsymbol{I} \\ \boldsymbol{I} & \boldsymbol{S} \end{bmatrix} \geqslant 0 \end{cases}$$

在 MATLAB 的鲁棒控制工具箱中专门提供了基于线性矩阵不等式的控制器设计函数。如果鲁棒控制问题的增广系统可以由系统矩阵 $\boldsymbol{P}$ 表示,则可以由鲁棒控制工具箱的 hinflmi() 函数直接设计该问题。可以用 LMI 工具箱中的函数直接设计出最优 $\mathcal{H}_\infty$ 控制器: $[\gamma_{\mathrm{opt}},\boldsymbol{K}]=\text{hinflmi}(\boldsymbol{P},[p,q])$,其中,$p$、$q$ 为输出、输入路数,$\boldsymbol{K}$ 为控制器的系统矩阵,可以由 unpck() 函数提取其状态方程模型,而 γ_{opt} 为最优的 γ 值。

例 9-21 这里仍采用例 9-6 中增广的系统模型,可以首先用前面的方法得到加权的系统增广模型,然后用 sys2smat() 函数获得系统矩阵,再用 LMI 工具箱的现成函数即可直接设计出最优 $\mathcal{H}_\infty$ 控制器

```
>> A=[0,1,0,0; -5000,-100/3,500,100/3; 0,-1,0,1; 0,100/3,-4,-60];
   B=[0; 25/3; 0; -1]; C=[0,0,1,0]; G=ss(A,B,C,0); s=tf('s');
   W1=100/(s+1); W2=1e-5; W3=s/1000; G1=augtf(G,W1,W2,W3);
   [Gc1,a,g]=hinfsyn(G1); Gc1=zpk(Gc1),  % 设计最优 H∞ 控制器
   P=sys2smat(G1); [g,K]=hinflmi(P,[1,1]);
   [a,b,c,d]=unpck(K); Gc2=zpk(ss(a,b,c,d))
   step(feedback(G*Gc1,1),'-',feedback(G*Gc2,1),'--')
   figure; bode(G*Gc1,'-',G*Gc2,'--')
```

得出的控制器为

$$G_{c1}(s) = \frac{-587116783.7885(s+67.4)(s+0.06391)(s^2+25.87s+4643)}{(s+1.573\times10^4)(s+1303)(s+1)(s^2+23.79s+535.7)}$$

$$G_{c2}(s) = \frac{-3191219221.354(s+67.4)(s+0.06391)(s^2+25.87s+4643)}{(s+1.715\times10^5)(s+719.2)(s+0.9545)(s^2+22.34s+522.8)}$$

　　在这些控制器的作用下,闭环系统的阶跃响应曲线和开环系统的 Bode 图分别如图 9-22(a)、(b) 所示。可见,在这两个控制器的作用下,控制效果是很接近的。

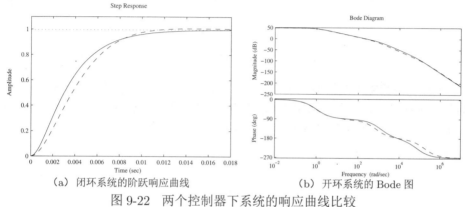

（a）闭环系统的阶跃响应曲线　　　　　　　（b）开环系统的 Bode 图

图 9-22　两个控制器下系统的响应曲线比较

9.5　定量反馈理论与设计方法

9.5.1　定量反馈理论概述

　　美国加州大学 Davis 分校的 Issac Horowitz 教授和他的合作者们系统地提出了一种名为定量反馈理论(quantitative feedback theory, QFT)的设计方法[20,21]。这些方法是基于频率响应的设计方法,可以用于带有很大对象不确定性的单变量系统、多变量系统以及各种高度非线性系统和时变系统的鲁棒设计,这种设计方法既可以用于最小相位系统的设计,也可以用于非最小相位系统的设计,QFT 方法提出得比较早,但过去并未引起很高的重视,近年来,在控制界重新又对 QFT 方法发生了兴趣,并出现了 MATLAB 的 QFT 设计工具箱[22]。本节将通过例子演示 QFT 方法在单变量不确定系统下的控制器设计方法。

9.5.2　单变量系统的 QFT 设计方法

　　由于单变量最小相位系统是 QFT 设计问题的核心,所以在这里将详细叙述单变量系统的 QFT 设计方法和思想。单变量系统的 QFT 设计步骤如下。

　　(1) 设定控制系统结构。QFT 设计下的二自由度控制系统结构如图 9-23 所示,在控制系统中 $\mathscr{P}(s)$ 为不确定的受控对象模型。$C(s)$ 为系统的控制器,QFT 控制的特点是该控制器是定常的,它可以控制含有大不确定性的对象,并可以对噪声干扰有满意的抑制作用。由于 $C(s)$ 的主要作用是保证系统能满足鲁棒稳定性的要求,其品质性能不一定很理想,这样常常需要引入前置滤波器 $F(s)$,其作用是动态补偿系统的性能。

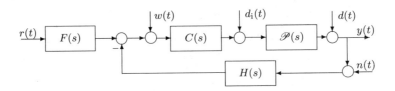

图 9-23   QFT 设计的控制系统结构图

（2）**构造频率响应模板**。选定一个频率点 ω_1,对此频率下的具有不确定性模型的各个选样模型进行频率响应分析,构造出 $\mathscr{P}(s)$ 的对象模板（plant template）,如图 9-24（a）所示,不同的频率对应不同的模板。

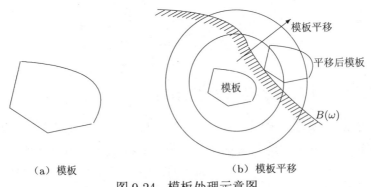

（a）模板   （b）模板平移

图 9-24   模板处理示意图

申明了频率向量 $\boldsymbol{w}$,则可以由 plottmp() 函数绘制出各个频率下的模板。该函数的调用格式为 plottmp($\boldsymbol{w}$, k_{nom}, $\mathscr{P}$),其中三维数组 $\mathscr{P}(i,j,k)$ 为不确定对象的样本集合,i 和 j 表示输入、输出的路数,k 表示样本编号,每一个成员都是一个确定性的传递函数（或状态方程）模型。对单变量系统来说,$i = j = 1$。变量 k_{nom} 为标称样本序号,不同的样本序号将得出不同的频域响应边界曲线。

在控制器 $C(s)$ 的作用下,系统的模板将发生平移现象,其中水平平移的幅度为 $C(s)$ 的相位角度 $\angle C(\mathrm{j}\omega_1)$,而垂直方向的平移量为控制器 $C(s)$ 的幅值 $|C(\mathrm{j}\omega_1)|$,如图 9-24（b）所示,使得模板完全位于边界线 $B(\omega)$ 的外侧,即确保任何一个 $\mathscr{P}$ 的成员均满足相应的不等式约束。可以进行类似的处理,使得每一个选定的频率都能这样处理相应的模板。

（3）**给定设计要求**。在 QFT 设计中,为保证控制的效果,经常需要引入一些不

等式来刻画研究的问题,如

① **鲁棒跟踪性能**。在参数变化的情况下,最终闭环系统频率响应满足

$$T_{\mathrm{m}}(\omega) \leqslant \left| F(\mathrm{j}\omega)\frac{\mathscr{P}(\mathrm{j}\omega)C(\mathrm{j}\omega)}{1+H(\mathrm{j}\omega)\mathscr{P}(\mathrm{j}\omega)C(\mathrm{j}\omega)} \right| \leqslant T_{\mathrm{M}}(\omega) \tag{9-5-1}$$

② **鲁棒稳定性**。系统模型满足

$$\left| \frac{\mathscr{P}(\mathrm{j}\omega)C(\mathrm{j}\omega)}{1+H(\mathrm{j}\omega)\mathscr{P}(\mathrm{j}\omega)C(\mathrm{j}\omega)} \right| \leqslant M_0 \tag{9-5-2}$$

除此之外,还可以有其他的不等式指标。所有可能的不等式指标在表 9-1 中列出。QFT 工具箱中提供了一个 `sisobnds()` 函数来描述各种不等式,该函数的调用格式为 `bnd = sisobnds(type,ω,W,𝒫,C)`,其中 `type` 为表 9-1 中的不等式序号[22],ω 为频率点向量,W 为表中相应的 W_i 对象,$\mathscr{P}$ 为不确定系统对象模型。

表 9-1　各种传递函数的边界约束

type	不等式约束	不等式约束的物理意义
1	$\left\| \dfrac{\mathscr{P}CH}{1+\mathscr{P}CH} \right\| < W_1(s)$	幅值与相位裕度约束
2	$\left\| \dfrac{1}{1+\mathscr{P}CH} \right\| < W_2(s)$	灵敏度函数约束
3	$\left\| \dfrac{\mathscr{P}}{1+\mathscr{P}CH} \right\| < W_3(s)$	输入端扰动抑制
4	$\left\| \dfrac{G}{1+\mathscr{P}CH} \right\| < W_4(s)$	控制信号幅度约束
5	$\left\| \dfrac{CH}{1+\mathscr{P}CH} \right\| < W_5(s)$	考虑输出端检测特性的控制信号约束
6	$\left\| \dfrac{\mathscr{P}C}{1+\mathscr{P}CH} \right\| < W_6(s)$	考虑输出端检测特性的跟踪带宽约束
7	$W_{7a}(s) < \left\| \dfrac{F\mathscr{P}C}{1+\mathscr{P}CH} \right\| < W_{7b}(s)$	二自由度经典 QFT 跟踪问题限制
8	$\left\| \dfrac{H}{1+\mathscr{P}CH} \right\| < W_8(s)$	输出端扰动抑制
9	$\left\| \dfrac{\mathscr{P}H}{1+\mathscr{P}CH} \right\| < W_9(s)$	输入端扰动抑制

构造了多个 $\mathrm{bnd}_1, \cdots, \mathrm{bnd}_k$,则可以使用 `grpbnds()` 函数来构造整体的不等式边界变量 `bnd = grpbnds(bnd₁,⋯,bnd_k)`。由整体的 `bnd` 变量可以进一步用 `sectbnds()` 函数获得边界的交界: `ubnd = sectbnds(bnd)`。绘制各种边界的 MATLAB 函数为 `plotbnds(bnd)`。

(4)**构造各个频率下的稳定下界**。对各个频率 $(\omega_2,\omega_3,\cdots,\omega_{\mathrm{m}})$ 也做相应的处理,可以得出在各个频率下的下界曲线 $B(\omega_2),B(\omega_3),\cdots,B(\omega_{\mathrm{m}})$,这样若想得出最优的控制器,则可以由各个 $B(\omega_i)$ 曲线上选择一个点来构成 $L(\mathrm{j}\omega)$ 曲线,其中 $L(s)=\mathscr{P}(s)C(s)$。这样得出的控制器将极其复杂,所以要在 $B(\omega_i)$ 曲线允许的

范围内得出"最优的" $L(s)$ 曲线,而不一定非得在边界线 $B(\omega_i)$ 上取点,由此可以设计出相应的 QFT 控制器 $C(s)$。该工作可以由用户界面 lpshape() 进行回路成型设计,该函数的调用格式比较特殊 lpshape(ω,ubnd,P_0,C_0),其中 P_0 为标称受控对象模型,C_0 为控制器初始模型。该界面允许用户用交互的方式设计回路 $L(s)$ 的形状。确认 $L(s)$ 的形状后,单击 Apply 按钮来确认。单击 File → Export 菜单,则可以得出一个模型输出对话框,用户可以在输出栏目填写 C,则 QFT 控制器模型返回到 MATLAB 变量 C 中。

(5)设计 $F(s)$ 控制器。按照前面的方法设计出来的控制器 $C(s)$ 往往不能满足式(9-5-1)中的频率要求,这样就需要一个前置滤波器 $F(s)$ 来满足系统要求。

前置滤波器设计可以采用另外一个界面 pfshape() 来实现,该函数的调用格式为 pfshape(type,ω,W,$\mathscr{P}$,R,G,H,F_0)。用 File → Export 菜单可以将前置滤波器的模型返回到 MATLAB 工作空间,如选择变量名 F。

下面用一个例子来演示 QFT 控制器设计的全过程。

例 9-22 考虑下面的不确定系统模型[22]

$$\mathscr{P} = \left\{ \frac{ka}{s(s+a)},\, k \in [1, 2.5, 6, 10],\, a \in [1.5, 3, 6] \right\}$$

假设想设计出满足鲁棒边界要求

$$\left| \frac{\mathscr{P}(j\omega)C(j\omega)}{1 + H(j\omega)\mathscr{P}(j\omega)C(j\omega)} \right| \leqslant 1.2$$

和低频 ($\omega < 10$) 时鲁棒性能要求

$$\frac{120}{s^3 + 17s^2 + 82s + 120} \leqslant \left| F(j\omega) \frac{\mathscr{P}(j\omega)C(j\omega)}{1 + H(j\omega)\mathscr{P}(j\omega)C(j\omega)} \right| \leqslant \frac{0.6584(s+30)}{s^2 + 4s + 19.752}$$

的 QFT 控制器,则由下面的语句可以给出不确定系统模型,选择一组频率向量,则可以绘制出该不确定系统的模板图形,如图 9-25(a)所示。

```
>> c=1; a=1;
   for k=[1,2.5,6,10], P(1,1,c)=tf(k*a,[1,a,0]); c=c+1; end
   a=10; for k=[1,2.5,6,10], P(1,1,c)=tf(k*a,[1,a,0]); c=c+1; end
   k=1; for a=[1.5,3,6], P(1,1,c)=tf(k*a,[1,a,0]); c=c+1; end
   k=10; for a=[1.5,3,6], P(1,1,c)=tf(k*a,[1,a,0]); c=c+1; end
   w=[.1,.5,1,2,10,15,100]; k_nom=1; plottmpl(w,P,k_nom)
```

现在建立鲁棒稳定性边界模型并绘制其图形,如图 9-25(b)所示。可见,每个频率下的鲁棒边界均为封闭曲线,所以要求生成的模板位于封闭曲线外面,不能进入,否则不能满足鲁棒稳定的条件。

```
>> b1=sisobnds(1,w,1.2,P); plotbnds(b1)
```

下面的语句还可以绘制出鲁棒性能不等式的边界,如图 9-26(a)所示。注意,其中的 w(w<=10) 语句表示提取 $\omega \leqslant 10$ 的频率向量,这要求所有的模板均位于相应曲线的上部。

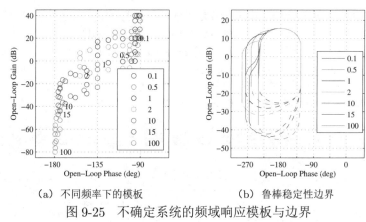

(a) 不同频率下的模板   (b) 鲁棒稳定性边界

图 9-25   不确定系统的频域响应模板与边界

```
>> Tm=tf(120,[1 17 82 120]); TM=tf(0.6584*[1 30],[1 4 19.752]);
   b2=sisobnds(7,w(w<=10),[TM;Tm],P); plotbnds(b2);
```

    综合考虑两种鲁棒性要求,则可以由 grpbnds() 函数建立起共同的边界,并由函数 sectbnds() 提取边界的交界,如图 9-26(b) 所示。

```
>> bnd=grpbnds(b1,b2); ubnd=sectbnds(bnd); plotbnds(ubnd);
```

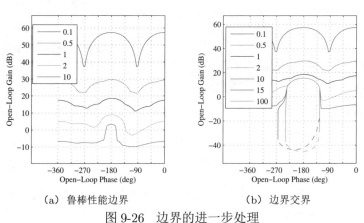

(a) 鲁棒性能边界   (b) 边界交界

图 9-26   边界的进一步处理

    假设已知初始控制器 $C_0(s) = \dfrac{100000(s+100)(s+1)}{(s+50)(s^2+1500s+10^6)}$,则可以由下面语句打开控制器设计界面,如图 9-27 所示。用户可以用鼠标拖动的方式修改 $B(\omega)$ 曲线,修改原则是在不与交界边界冲突的前提下尽量偏向左侧,以得出尽可能快的响应速度。例如这里在初始控制器的前提下,将 Nichols 曲线尽量向上提,和交界相切。修正完该曲线后,可以单击 Apply 按钮,接受修改后的曲线。还可以给控制器添加、删除零极点改变系统 Nichols 曲线的形状,最后由 File→ Export 菜单将设计出来的控制器 $C(s)$ 返回到

MATLAB 的工作空间, 例如, 给其命名为变量 C, 这时

$$C(s) = \frac{4708700.2369(s+100)(s+1)}{(s+50)(s^2+1500s+10^6)}$$

```
>> w=logspace(-2,4,200); s=zpk('s');
   C0=tf(1); %C0=100000*(s+100)*(s+1)/(s+50)/(s^2+1500*s+1e006);
   lpshape(w(w<=10),ubnd,P(1,1,1),C0);
```

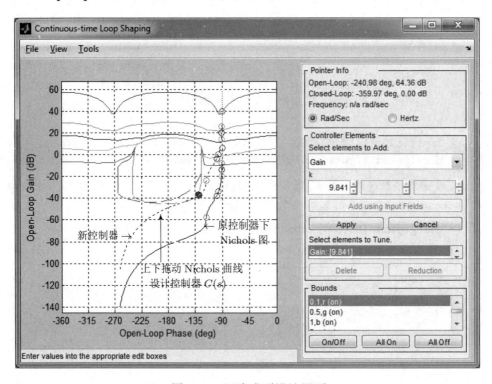

图 9-27   回路成型设计界面

可以将前置补偿器 $F(s)$ 的初值选择为 $F_0(s) = \dfrac{10\omega_n^2}{s^2+2\zeta\omega_n s+\omega_n^2}$ 的典型二阶系统模型, 这样就可以用下面的语句来设计前置补偿器模型, 得出如图 9-28 所示的界面。调节好了曲线后成 c8qft1.fsh 文件。注意, 如果选择 $\omega_n=5$, 则无论如何调整, 系统传递函数都将超出 $[T_m(\omega), T_M(\omega)]$ 边界, 所以应该选择 $\omega_n=4.5$。

```
>> wn=4.5; zet=0.707; F0=10*tf(wn^2,[1,2*zet*wn,wn^2]);
   pfshape(7,w(w<=10),[TM;Tm],P,[],C,[],F0);
```

仍采用界面中的 File → Export 菜单, 则可以将得出的前置补偿器存入 MATLAB 工作空间, 这时的控制器为 $F(s) = \dfrac{20.1994}{s^2+6.363s+20.25}$, 并将其写入 F 变量。

由于前面得出的 P 变量为不确定系统对象, 可以由下面语句直接得出在 $C(s)$ 控制器单独作用下闭环系统的阶跃响应曲线, 如图 9-29(a) 所示, 虽然系统达到了鲁棒稳

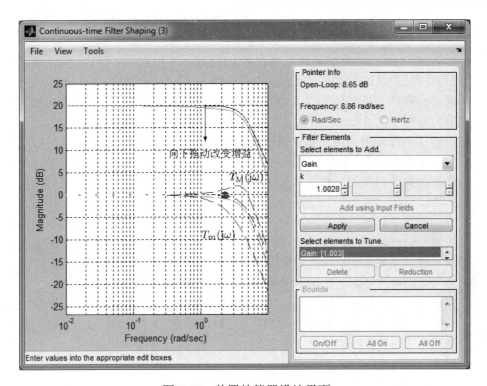

图 9-28   前置补偿器设计界面

定,但性能不是很理想。闭环系统在前置滤波器 $F(s)$ 作用下的阶跃响应曲线如图 9-29 (b) 所示。可见,二自由度 QFT 控制器能很好地控制不确定系统模型。

```
>> FF=feedback(P*C,1); step(FF), figure, step(FF*F)
```

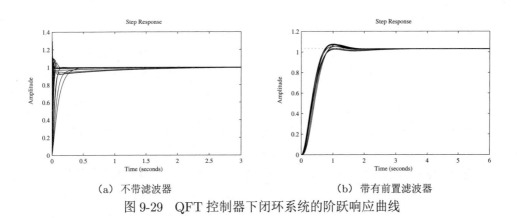

(a) 不带滤波器   (b) 带有前置滤波器

图 9-29   QFT 控制器下闭环系统的阶跃响应曲线

9.6 本章要点简介

- 本章先介绍了二次型最优控制的扩展问题——线性二次型 Gauss 问题,即 LQG 问题,介绍了带有 Kalman 滤波器的 LQG 控制器结构,并指出了该控制器结构存在的问题,引出了 LQG/LTR 控制器结构,探讨了 q 值选择对控制效果的影响。

- 介绍了小增益定理以及基于范数的鲁棒控制三种形式: $\mathcal{H}_2$ 控制、$\mathcal{H}_\infty$ 控制及最优 $\mathcal{H}_\infty$ 控制器。并介绍了三种鲁棒控制问题,即灵敏度问题、稳定性与品质的混合鲁棒问题及一般混合灵敏度问题,介绍了在加权函数下受控对象模型的增广方法。

- 介绍了基于范数的鲁棒控制问题的 MATLAB 描述方法和鲁棒控制器的计算机辅助设计理论与求解方法,初步探讨了加权函数的选取问题,并介绍了受控对象虚轴上零点的双线性变换方法。

- 新版本的鲁棒控制工具箱将三种著名的方法,即基于 Riccati 方程的 $\mathcal{H}_\infty$ 问题求解方法、μ-分析与综合求解方法及线性矩阵不等式(LMI)求解方法统一到一个框架下,给出了统一的模型描述与设计函数。本书介绍了这种新的方法,也指出了这种方法的局限性。

9.7 习 题

(1) 给下面的对象模型设计出一个 Kalman 滤波器

$$\dot{\boldsymbol{x}}(t) = \begin{bmatrix} 0 & 0 & 1 & 0 \\ 0 & 0 & 0 & 1 \\ -1.25 & 1.25 & 0 & 0 \\ 1.25 & -1.25 & 0 & 0 \end{bmatrix} \boldsymbol{x}(t) + \begin{bmatrix} 0 \\ 0 \\ 1 \\ 0 \end{bmatrix} [u(t) + \xi(t)], \ y(t) = [2, 1, 3, 4]\boldsymbol{x}(t) + \theta(t)$$

其中分别假设扰动信号 $\xi(t)$ 和 $\sigma(t)$ 的方差为 $\mathrm{E}[\xi^2] = 1.25 \times 10^{-3}$ 与 $\mathrm{E}[\theta^2] = 2.25 \times 10^{-5}$,且信号 $\xi(t)$ 和 $\theta(t)$ 相互独立。

(2) 请选择一个加权矩阵 $\boldsymbol{Q}$ 并假设 $R = 1$,给前面问题中的系统设计出一个 LQG 控制器,并设计出基于观测器的调节器。研究校正后系统的幅值与相位裕度,并用 MATLAB 来绘制出系统的时域和频域分析图形。

(3) 判定上面设计出的 LQG 控制器的回差传递函数是否能较好地逼近直接状态反馈时的传递函数,如果不能较好地逼近,请设计一个 LQG/LTR 控制器(即找出一个合适的 q 值),然后再比较一下系统的响应。

(4) 请为下面的系统在 MATLAB 工作空间中建立起状态方程模型的系统矩阵

$$\dot{\boldsymbol{x}} = \begin{bmatrix} 1 & 0 & -1 \\ 0 & -2 & 0 \\ -1 & 0 & 2 \end{bmatrix} \boldsymbol{x} + \begin{bmatrix} 3 \\ 2 \\ 1 \end{bmatrix} u, \ y = [1, 2, 3]\boldsymbol{x} + 4u$$

(5) 假设对象模型为 $G(s) = \dfrac{1}{(0.01s+1)^2}$，并假定加权函数为 $W_1(s) = \dfrac{10}{s^3+2s^2+2s+1}$，

且 $W_3(s) = \dfrac{10s+1}{20(0.01s+1)}$，请完成下面的任务：

① 写出加权系统的双端子状态方程表示；

② 设计出一个最优的 $\mathcal{H}_\infty$ 控制器；

③ 绘制出在此控制器下闭环系统的阶跃响应与开环系统的 Nichols 图，并评价系统动态品质；

④ 设计一个最优 $\mathcal{H}_2$ 控制器，并比较控制效果。

(6) 已知对象模型 ① $G(s) = \dfrac{10}{(s+1)(s+2)(s+3)(s+4)}$，② $G(s) = \dfrac{10(-s+3)}{s(s+1)(s+2)}$，

请设计出最小化灵敏度问题的最优 $\mathcal{H}_\infty$ 控制器，在设计中可以使用标准函数的概念。对设计出来的系统进行时域与频域分析，并绘制出灵敏度函数、补灵敏度函数与加权灵敏度函数的幅频特性图。

(7) 在习题(6)的②中，如果设计了最优 $\mathcal{H}_\infty$ 控制器，但对象模型的分母多项式变化为 $10(s+3)$，请在控制器不变的条件下分析系统的稳定性，并用时域和频域分析工具检验结果。

(8) 比较习题(6)中系统灵敏度问题的鲁棒控制器设计，请定性地分析标准传递函数的自然频率选择对系统响应的影响。

(9) 给习题(6)中的系统分别设计出灵敏度问题的最优 $\mathcal{H}_\infty$ 和 $\mathcal{H}_2$ 控制器，并对得出的系统进行时域与频域分析。

(10) 考虑文献[23]中给出的例子 $G(s) = \dfrac{-6.4750s^2+4.0302s+175.7700}{s(5s^3+3.5682s^2+139.5021s+0.0929)}$，若选

择灵敏度加权函数 $W_1(s) = \dfrac{0.9(s^2+1.2s+1)}{1.0210(s+0.001)(s+1.2)(0.001s+1)}$，试为系统设

计一个 $\mathcal{H}_\infty$ 控制器，并仿真出闭环系统的阶跃响应曲线。

参考文献

1 Sofanov M G. Stability and robustness of multivariable feedback systems. Boston: MIT Press, 1980（郑应平译，多变量反馈系统的稳定性与鲁棒性，北京：科学出版社，1987）

2 Stein G, Athens M. The LQG/LTR procedure for multivariable feedback control design. IEEE Transaction on Automatic Control, 1987, AC-32(2):105~114

3 Zames G. Feedback and optimal sensitivity: model reference transformations, multiplicative seminorms, and approximate inverses. Proceedings 17th Allerton Conference, 1979, 744~752. Also, Transaction on Automatic Control, AC-26(2):585-601, 1981

4 Doyle J C, Glover K, Khargonekar P, Francis B. State-space solutions to standard $\mathcal{H}_2$ and $\mathcal{H}_\infty$ control problems. IEEE Transaction on Automatic Control, 1989, AC-34:831∼847

5 Skogestad S, Postlethwaite I. Multivariable feedback control: analysis and design. New York: John Wiley & Sons, 1996

6 De Cuyper J, Swevers J, Verhaegen M, Sas P. $\mathcal{H}_\infty$ feedback control for signal tracking on a 4 poster test rig in the automotive industry. Proceedings of International Conference on Noise and Vibration Engineering, 2000, 61∼67

7 Grimble M J. LQG optimal control design for uncertain systems. Proceedings IEE, Part D, 1990, 139:21∼30

8 The MathWorks Inc. Robust control toolbox user's manual, 2005

9 The MathWorks Inc. μ-analysis and synthesis toolbox user's manual, 2005

10 The MathWorks Inc. LMI control toolbox user's manual, 2004

11 Balas G, Chiang R, Packard A, Safonov M. Robust control toolbox user's guide, Version 3. MathWorks, 2004

12 Anderson B D O. Controller design: moving from theory to practice. IEEE Control Systems Magazine, 1993, 13(4):16∼25. Also, Bode prize lecture, CDC, 1992

13 Anderson B D O, Liu Y. Controller reduction: concepts and approaches. IEEE Transaction on Automatic Control, 1989, AC-34(8):802∼812

14 Glover K, Doyle J C. State-space formulae for all stabilizing controllers that satisfy an $\mathcal{H}_\infty$ norm bound and relations to risk sensitivity. Systems and Control Letters, 1988, 11:167∼172

15 Boyd S, El Ghaoui L, Feron E, Balakrishnan V. Linear matrix inequalities in systems and control theory. Philadelphia: SIAM Books, 1994

16 Willems J C. Least squares stationary optimal control and the algebraic Riccati equation. IEEE Transactions on Automatic Control, 1971, 16(6):621∼634

17 Scherer C, Weiland S. Linear matrix inequalities in control. Delft University of Technology: Lecture Notes of DISC Course, 2005

18 俞立. 鲁棒控制——线性矩阵不等式处理方法. 北京: 清华大学出版社, 2002

19 Löfberg J. YALMIP: a toolbox for modeling and optimization in MATLAB. Proceedings of IEEE International Symposium on Computer Aided Control Systems Design. Taipei, 2004 284∼289

20 Horowitz I. Quantitative feedback theory (QFT). Proceedings IEE, Part D, 1982, 129:215∼226

21 Horowitz I. Survey of quantitative feedback theory (QFT). International Journal of Control, 1991, 53(2):255∼291

22 Borghesani C, Chait Y, Yaniv O. The QFT frequency domain control design toolbox for use with MATLAB. Terasoft Inc, 2003

23 Doyle J C, Francis B A, Tannerbaum A R. Feedback control theory. New York: MacMillan Publishing Company, 1991

第 *10* 章
自适应与智能控制系统设计

  前面两章介绍了各种各样控制器的设计算法,但这些算法大多数只能用于已知数学模型的受控对象的控制,如果受控对象的模型未知,则不易构造出传统的控制器并确定控制器参数,新一代智能控制器,如模糊逻辑控制器、神经网络控制器等的优势就显露出来了。

  智能控制的概念是由美国 Purdue 大学著名学者傅京孙(King-Sun Fu)教授于 1971 年首先提出的[1],认为智能控制是人工智能与自动控制的交集,主要强调人工智能中仿人的概念与自动控制的结合[2]。"智能控制"至今无统一的定义,文献 [3] 中给出了一种合理的定义: 智能控制是一类无须人的干预就能够独立地驱动智能机器实现其目标的自动控制。与传统的控制理论相比,智能控制对于环境和任务的复杂性有更大的适应度。

  目前几种被广泛认可的智能控制形式包括专家系统、模糊控制、人工神经网络控制、自学习控制、预测控制等。此外,很多智能控制问题的求解往往依赖于最优化技术,而前面已经提及,传统的最优化技术求解最优解时可能会陷入局部最优解,不一定能得到全局最优解,所以应该考虑引入并行的全局最优解搜索方法。目前比较成型的并行方法包括遗传算法、粒子群算法、模拟退火方法和模式搜索方法等,掌握先进的搜索方法更利于实现智能控制。

  本书将在 10.1 节中介绍自适应控制系统的设计与仿真方法,包括模型参考自适应系统、自校正系统及广义预测控制系统的建模与仿真问题。10.2 节引入模糊集合与模糊推理的概念,介绍如何用 MATLAB 语言及 Simulink 环境求解模糊逻辑问题,并介绍几种常用的模糊控制器形式及其 MATLAB 仿真方法,10.3 节将首先介绍人工神经网络的结构与求解方法,然后介绍各种神经网络控制器设计及仿真。10.4 节将介绍遗传算法、粒子群算法等全局最优化方法在最优化问题求解中的应用,并将介绍这些方法在最优控制器设计中的应用。

10.1　自适应控制系统设计

　　自校正调节器（self tuning regulator，STR，或自校正控制器 STC）与模型参考自适应控制系统（model reference adaptive system，MRAS）是两大类常用的自适应控制结构，其控制原理分别如图 10-1（a）、（b）所示。

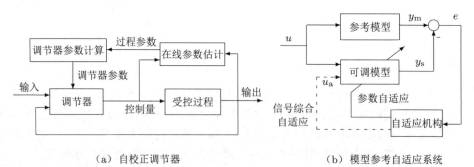

（a）自校正调节器　　　　　　　　　　（b）模型参考自适应系统

图 10-1　自适应系统的两种常见类型

　　在自校正控制策略下，通常用一个辨识环节来实时辨识受控对象的参数，这样的工作一般由递推辨识环节实现。有了受控对象参数，则可以通过自适应控制律计算控制量，来控制整个控制系统的行为；模型参考自适应控制方案中，通过引入一个有较好性能的预期参考模型，将实际系统的输出或状态与参考模型的信号进行比较，通过得出的误差信号去驱动自适应机构，调节控制器的参数，达到控制的目的。这两种控制器结构均能根据对象或外部条件的变化来调整控制器本身，带有一定的智能。文献 [4] 证明了这两种自适应策略是统一的。

　　本节将先介绍模型参考自适应系统的一个简单实用的仿真模型与应用，然后介绍自校正调节器和控制器，并将介绍广义预测控制策略、仿真模型及应用。

10.1.1　模型参考自适应系统的设计与仿真

　　文献 [5] 中全面论述了模型参考自适应系统的概念、设计方法与应用。这里由于篇幅所限，只能介绍其中简单的一种模型参考自适应策略及设计方法。假设二阶连续线性系统的数学模型为

$$G(s) = \frac{b_0}{a_2 s^2 + a_1 s + 1}$$

　　由超稳定性设计理论[5] 可以构造出如图 10-2 所示的控制结构[6]，在该框图中运用了两个乘法器及相关运算来改变自适应控制的增益 $\hat{b}_0(t)$，使得系统的输出可以跟踪参考模型的输出。由框图可见该系统为非线性系统，所以采用 Simulink 这类软件对之进行仿真分析是比较合适的。

　　根据给出的系统框图可以建立起系统的 Simulink 模型，如图 10-3 所示。

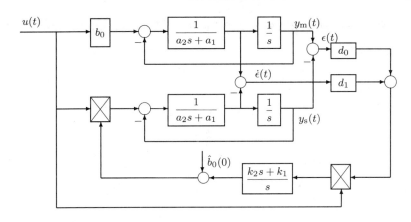

图 10-2　模型参考自适应系统的框图

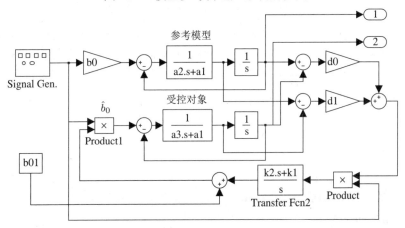

图 10-3　模型参考自适应系统的 Simulink 表示（文件名: c10mmras.mdl）

例 10-1 假设参考对象模型参数为 $b_0 = 0.5$, $a_1 = 0.447$, $a_2 = 0.1$, 且将对象模型的一阶环节模型由原来的 $1/(a_2 s + a_1)$ 改写成 $1/(a_3 s + a_1)$, 且选择控制器参数 $d_0 = 1$, $d_1 = 0.5$, $k_1 = 0.03$, $k_2 = 1$, 若取 $\hat{b}_0(0) = 0.2$, 输入信号为方波信号且其幅值为 10, 频率为 1, 并将仿真范围设置为 0~15 s, 这样就可以进一步再调整系统模型的 a_3 参数, 使之在 0.02, 0.1 $(= a_2)$, 1, 2, 5, 10 的范围内变化, 分别对这些情况进行仿真

```
>> b0=0.5; a1=0.447; a2=0.1; d0=1; d1=0.5; k1=0.03;
   k2=1; b01=0.2; a3v=[0.02,0.1,1,2,5,10];
   for a3=a3v,
       [t,a,y]=sim('c10mmras',[0,15]); line(t,y(:,2));
   end
```

则可以得出如图 10-4 所示的仿真结果, 其中幅值趋于最小的为参考模型的输出曲线, 随着 a_3 值的增大, 自适应控制的效果变坏, 但始终保持在可以接受的范围内。由此可

见,尽管有时系统的数学模型和参考模型有较大的差异,利用这样的控制策略仍可以获得较满意的结果。

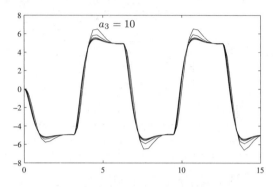

图 10-4   模型参考自适应系统的仿真结果

还可以通过仿真的方法对这样的自适应策略进行进一步分析,假设这时系统的模型不再是 $b_0/(a_2s^2+a_1s+1)$,而是具有相对阶为 2(等于参考模型的相对阶)的高阶模型,例如 $G(s)=(7s^2+24s+24)/(s^4+10s^3+35s^2+50s+24)$,则可以由图 10-5 中的方式用 Simulink 构造出如图 10-3 所示的仿真框图,其中信号 $\hat{y}_s(t)$ 采用了近似微分的方法获得。对该系统进行仿真,则可以得出如图 10-6 所示的仿真结果,可以看出,这样得出的仿真结果仍然是令人满意的。

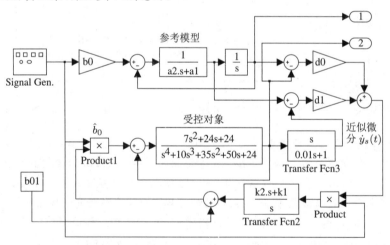

图 10-5   受控对象变化后仿真模型(文件名: c10mmras1.mdl)

10.1.2   自校正控制器设计与仿真

自校正调节是自适应控制的另外一种形式,其思想及最小方差自校正控制方法是由 Karl Åström 和 Bjöm Wittenmark 于 1973 年提出的[7]。自校正控

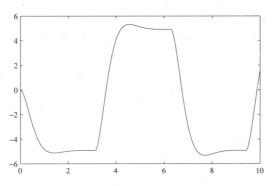

图 10-6 系统模型变化时的仿真结果

制的基本思想是,在对象和扰动的数学模型不完全确定的条件下,设计控制律 $u_0, u_1, \cdots, u_M$,使预定的性能指标达到或接近最优[8,9]。

1. Diophantine 方程及其求解

Diophantine 方程是自校正控制中很重要的方程,该方程是多项式方程

$$A(z^{-1})X(z^{-1}) + B(z^{-1})Y(z^{-1}) = C(z^{-1}) \qquad (10\text{-}1\text{-}1)$$

其中 $A(z^{-1}) = a_0 + a_1 z^{-1} + a_2 z^{-2} + \cdots + a_n z^{-n}, B(z^{-1}) = b_0 + b_1 z^{-1} + b_2 z^{-2} + \cdots + b_m z^{-m}, C(z^{-1}) = c_0 + c_1 z^{-1} + c_2 z^{-2} + \cdots + c_n z^{-n}$,其中 $m \leqslant n$。

该方程的解中,多项式 $X(z^{-1})$ 和 $Y(z^{-1})$ 的阶次应分别等于多项式 $B(z^{-1})$ 和 $A(z^{-1})$ 的阶次。下面将写出该方程的矩阵形式

$$\begin{bmatrix} a_0 & 0 & \cdots & 0 & b_0 & 0 & \cdots & 0 \\ a_1 & a_0 & \ddots & 0 & b_1 & b_0 & \ddots & 0 \\ a_2 & a_1 & \ddots & 0 & b_2 & b_1 & \ddots & 0 \\ \vdots & \vdots & \ddots & a_0 & \vdots & \vdots & \ddots & b_0 \\ a_n & a_{n-1} & \ddots & a_1 & b_n & b_{n-1} & \ddots & b_1 \\ 0 & a_n & \ddots & a_2 & 0 & b_n & \ddots & b_2 \\ \vdots & \vdots & \ddots & \vdots & \vdots & \vdots & \ddots & \vdots \\ 0 & 0 & \cdots & a_n & 0 & 0 & \cdots & b_n \end{bmatrix} \begin{bmatrix} x_0 \\ x_1 \\ \vdots \\ x_m \\ y_0 \\ y_1 \\ \vdots \\ y_n \end{bmatrix} = \begin{bmatrix} c_1 \\ c_2 \\ \vdots \\ c_n \\ 0 \\ \vdots \\ 0 \end{bmatrix} \qquad (10\text{-}1\text{-}2)$$

该方程左侧的系数矩阵称为 Sylvester 矩阵,其有唯一解的条件是 $A(z^{-1})$ 和 $B(z^{-1})$ 两个多项式互质。该方程的求解看起来较难,其实用 MATLAB 语言的几条语句就可以编写出求解的通用函数。

```
function [X,Y]=diopha_eq(A,B,C)
AAA=[]; A1=A(:); B1=B(:); n=length(B)-1; m=length(A)-1; k=1;
for i=1:n, AAA(i:i+length(A1)-1,k)=A1; k=k+1; end
```

```
for i=1:m, AAA(i:i+length(B1)-1,k)=B1; k=k+1; end
C1=zeros(n+m,1); C1(1:length(C))=C(:); x=AAA\C1;
X=x(1:n)'; Y=x(n+1:end)';
```

例 10-2 已知某 Diophantine 方程中 $A(z^{-1}) = 0.212 - 1.249z^{-1} + 2.75z^{-2} - 2.7z^{-3} + z^{-4}$, $B(z^{-1}) = 2.04 - 1.2z^{-1} + 3z^{-2}$, $C(z^{-1}) = -0.36 + 0.6z^{-1} + 2z^{-2}$, 试求解该方程。

由下面的语句可以直接求出方程的解

```
>> A=[0.212,-1.249,2.75,-2.7,1]; B=[2.04,-1.2,3];
   C=[-0.36,0.6,2]; [X,Y]=diopha_eq(A,B,C)
```

调用该函数可以立即得出方程的解为 $X(z^{-1}) = 2.1289 + 0.9611z^{-1}$, $Y(z^{-1}) = -0.3977 + 1.2637z^{-1} + 0.0272z^{-2} - 0.3204z^{-3}$。由 $\mathrm{conv}(A, X) - \mathrm{conv}(B, Y)$ 语句则可见该结果与 C 向量完全一致。

2. 提前 d 步预测

假设在第 t 时刻所有可以测出的输入输出数据为 $y(t), u(t), y(t-1), u(t-1), \cdots$, 则由这些数据对 $t + d$ 时刻的输出进行预测, 称为提前 d 步预测, 记作 $\hat{y}(t + d \,|\, t)$。

使得预测误差的方差 $\mathrm{E}\left\{[y(t+d) - \hat{y}(t + d \,|\, t)]^2\right\}$ 为最小的提前 d 步预测信号满足下面的方程[9]

$$C(z^{-1})\hat{y}(t + d \,|\, t) = G(z^{-1})y(t) + F(z^{-1})u(t) \qquad (10\text{-}1\text{-}3)$$

其中

$$F(z^{-1}) = E(z^{-1})B(z^{-1}), \quad C(z^{-1}) = A(z^{-1})E(z^{-1}) + z^{-d}G(z^{-1}) \qquad (10\text{-}1\text{-}4)$$

从上面的结论可见, 可以先从后面简化的 Diophantine 方程求出 $E(z^{-1})$ 和 $G(z^{-1})$, 然后由前面的方程直接求出 $F(z^{-1})$。

例 10-3 已知某系统的离散模型为

$$y(t) - 0.6y(t-1) + 0.4y(t-2) = 2u(t) + 0.8\xi(t) + 0.6\xi(t-1) + 0.4\xi(t-2)$$

试求出提前两步的预测模型。

由已知的方程可见, $A(z^{-1}) = 1 - 0.6z^{-1} + 0.4z^{-2}$、$B(z^{-1}) = 2$, $C(z^{-1}) = 0.8 + 0.6z^{-1} + 0.4z^{-2}$, 且 $d = 2$, 这样可以由下面的语句输入这些多项式, 并求出 $E(z^{-1})$、$F(z^{-1})$ 和 $G(z^{-1})$ 多项式。

```
>> A=[1 -0.6 0.6]; B=2; B1=[0 0 B]; C=[0.8 0.6 0.4];
   [E,G]=diopha_eq(A,B1,C), F=conv(E,B)
```

即 $E(z^{-1}) = 0.8 + 1.08z^{-1}$, $G(z^{-1}) = 0.284 - 0.324z^{-1}$, $F(z^{-1}) = 1.6 + 2.16z^{-1}$。这样可以将提前 2 步预报方程写成

$$\hat{y}(t + 2 \,|\, t) = \frac{0.284 - 0.324z^{-1}}{0.8 + 0.6z^{-1} + 0.4z^{-2}}y(t) + \frac{1.6 + 2.16z^{-1}}{0.8 + 0.6z^{-1} + 0.4z^{-2}}u(t)$$

得出了预报方程,就可以建立起如图 10-7 所示的仿真模型,其中各个滤波模块在图中给出。假设信号发生器给出的是幅值为 4 的方波信号,采样周期 $T = 0.01\,\mathrm{s}$,随机白噪声均值为 0,方差为 1,则可以得出预报信号与实际信号,如图 10-8 所示。

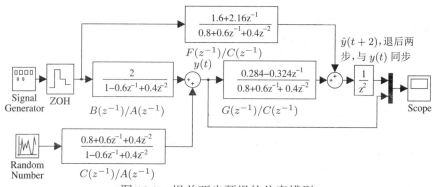

图 10-7　提前两步预报的仿真模型

3. 最小方差控制器设计

受控对象的离散时间模型一般可以写为
$$A(z^{-1})y(t) = z^{-d}B(z^{-1})u(t) + C(z^{-1})\xi(t)$$
其中,纯延迟时间为 dT,$\xi(t)$ 为零均值的白噪声信号。

最小方差自校正控制器设计的目标是得出控制序列 $u(t)$,使得实际输出 $y(t+d)$ 与期望输出 $y_r(t+d)$ 之间的方差为最小,即引入如下的目标函数
$$J = \min_{u} \mathrm{E}\left\{\left[y(t+d) - y_r(t+d)\right]^2\right\}$$

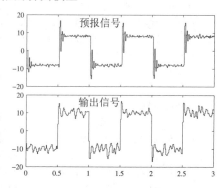

图 10-8: 提前两步预报的预报信号曲线

可以证明,最小方差控制律为

$$F(z^{-1})u(t) = y_r(t+d) + \left[C(z^{-1}) - 1\right]y^*(t+d\,|\,t) - G(z^{-1})y(t) \qquad (10\text{-}1\text{-}5)$$

其中,多项式 $F(z^{-1})$ 和 $G(z^{-1})$ 仍可以由式(10-1-4)得出。

若 $y_r(t+d) = 0$,则最小方差控制问题退化成最小方差的调节问题,调节器的自适应律可以简化成

$$u(t) = -\frac{G(z^{-1})}{F(z^{-1})}y(t) = -\frac{G(z^{-1})}{E(z^{-1})B(z^{-1})}y(t) \qquad (10\text{-}1\text{-}6)$$

由上面的控制律可见,该控制律有意义的前提是 $B(z^{-1})$ 是稳定的多项式,换句话说,该控制律适用于最小相位系统的自校正调节。

如果和递推参数辨识算法相结合,则可以得出如下的自适应控制律

$$u(t) = -\frac{1}{\hat{b}_0}\boldsymbol{\phi}^{\mathrm{T}}(t)\hat{\boldsymbol{\theta}}(t) \qquad (10\text{-}1\text{-}7)$$

其中

$$\boldsymbol{\phi}^{\mathrm{T}}(t) = [u(t-1), \cdots, u(t-m), y(t), \cdots, y(t-n+1)] \tag{10-1-8}$$

$$\hat{\boldsymbol{\theta}}(t) = \hat{\boldsymbol{\theta}}(t-1) + \boldsymbol{K}(t)\left[y(t) - b_0 u(t-d) - \boldsymbol{\phi}^{\mathrm{T}}(t-d)\hat{\boldsymbol{\theta}}(t-1)\right]$$

$$\boldsymbol{K}(t) = \frac{\boldsymbol{P}(t-1)\boldsymbol{\phi}(t-d)}{\lambda + \boldsymbol{\phi}^{\mathrm{T}}(t-d)\boldsymbol{P}(t-1)\boldsymbol{\phi}(t-d)} \tag{10-1-9}$$

$$\boldsymbol{P}(t) = \frac{1}{\lambda}\left[\boldsymbol{I} - \boldsymbol{K}(t)\boldsymbol{\phi}^{\mathrm{T}}(t-d)\right]\boldsymbol{P}(t-1)$$

对于非最小相位的受控对象模型,应该先对其 $B(z^{-1})$ 多项式进行谱分解,将不稳定零点赋给 $B^-(z^{-1})$,这样 $B(z^{-1}) = B^+(z^{-1})B^-(z^{-1})$[8]。

文献 [10] 中给出了最小方差自校正控制器仿真程序,对给出的程序进行适当的修改即可以得出如下的仿真函数

```
function [out,in,Rd,Sd]=adapt_sim(A,B,kd,lam,sd,p0,Tend,y_ref)
out=[]; in=[]; std_y=[]; A=A(2:end); B=[zeros(1,kd-1), B];
nA=length(A); f=dimpulse(1,[1,A],kd+nA); Rd=[]; Sd=[];
if f(1)==0, f=f(nA+1:kd+nA); else f=f(1:kd); end;
st_opt=sqrt(ones(1,kd)*(f.*f*sd*sd));
S=[1,zeros(1,length(A)-1)]; R=[1, zeros(1,length(B)-1)];
nS=length(S); nR=length(R); u=zeros(1, nR+kd);
y=zeros(1, nS+kd); P=p0*eye(nR+nS);
for t = 1:Tend
    y_m=-A*y(1:length(A))'+B*u(1:length(B))'+sd*randn(1,1);
    Phi=[u(kd:kd+nR-1), y(kd:kd+nS-1)];
    P=(1/lam)*(P-(P*Phi'*Phi*P)/(lam+Phi*P*Phi'));
    Theta=[R,S]+Phi*P*(y_m-Phi*[R,S]');
    R=Theta(1:nR); S=Theta(nR+1:nR+nS); Rd=[Rd, R]; Sd=[Sd, S];
    s1=R(2:nR); s2=u(1:nR-1);
    if isempty(s1), s1=0; s2=0; end;
    u_new=(-s1*s2'-S*[y_m,y(1:nS-1)]'+y_ref)/R(1);
    u=[u_new, u(1:nR+kd-1)]; y=[y_m, y(1:nS+kd-1)];
    out=[out, y_m]; in=[in, u_new];
end
```

其中,A、B 为 $A(z^{-1})$ 与 $B(z^{-1})$ 多项式的系数向量,kd 为式中的延迟 d,lam 为遗忘因子 λ,sd 为扰动信号的方差,p0 为 $\boldsymbol{P}(t)$ 矩阵的初值,即 $\boldsymbol{P}(0) = p_0\boldsymbol{I}$。Tend 为最大仿真步数,而 y_ref 为预期的输出值。利用该函数可以直接得出系统的输出量 out、控制量 in,并可以求出分子、分母系数的辨识结果 $\boldsymbol{R}_{\mathrm{d}}$ 和 $\boldsymbol{S}_{\mathrm{d}}$。

例 10-4 假设系统模型中 $A(z^{-1}) = 1 - 0.7555z^{-2} + 0.0498z^{-2}$,$B(z^{-1}) = 0.2134 + 0.081z^{-1}$,若系统 $k_{\mathrm{d}} = 1$,遗忘因子选择为 $\lambda = 1$,设定值选择为 $y_{\mathrm{ref}} = 10$,则可以由下面语句对该自校正系统进行仿真,并得出如图 10-9 (a)、(b) 所示的结果曲线

```
>> A=[1 -0.7555 0.0498]; B=[0.2134,0.081]; kd=1;
   lam=1; sd=1; p0=100000; Tend=200; y_ref=10;
   [y,u,num,den]=adapt_sim(A,B,kd,lam,sd,p0,Tend,y_ref);
   subplot(121), stairs(num); hold on; stairs(den)
   subplot(222), stairs(y); subplot(224), stairs(u)
```

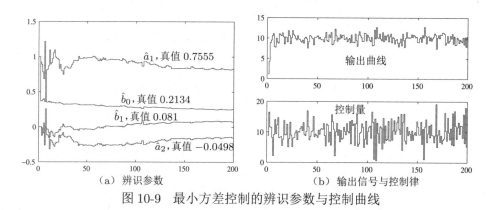

（a）辨识参数 （b）输出信号与控制律

图 10-9 最小方差控制的辨识参数与控制曲线

10.1.3 广义预测控制系统与仿真

广义预测控制（general predictive control，GPC）是由英国学者 David Clarke 教授及其合作者提出的一种新型控制策略[11,12]，文献 [13]对广义预测控制理论及应用有较好的介绍。广义预测控制研究的受控对象模型可以表示为

$$A(z^{-1})y(t) = z^{-d}B(z^{-1})u(t) + C(z^{-1})\xi(t) + \eta \qquad (10\text{-}1\text{-}10)$$

该模型的大部分内容和前面描述的完全一致，它的特点是可以处理在模型的输入中添加常数偏差扰动 η 的问题。

广义预测控制的性能指标为

$$J = \min_u \mathrm{E}\left\{\sum_{j=N_1}^{N_2}\Big[y(t+j) - y_r(t+j)\Big]^2 + \sum_{j=1}^{N_u}\lambda\Big[\Delta u(t+j-1)\Big]^2\right\} \qquad (10\text{-}1\text{-}11)$$

这里，性能指标选择的是一个时间窗口 (N_1, N_2) 内的方差值，属于滚动型性能指标。文献 [10]给出了较好的基于早期 MATLAB 版本的仿真模型和描述广义预测控制的 S-函数，根据本书的风格修改如下

```
function [sys, x0,str,ts]=gpc_1a(t,x,u,flag,N1,N2,Nu,r,rho,...
            k_d,B_pocz,A_pocz,P_pocz,alfa,ts)
nA=length(A_pocz); nB=length(B_pocz)-1; k=nA+nB+1;
kp=k*k; kt=kp+1; ktend=kp+k; kf=ktend+1;
kfend=ktend+k; ky=kfend+1; ku=ky+1; kend=ky+k_d;
P=zeros(k,k); x=x(:)';
```

```
switch flag
  case 0
      sizes = simsizes; % 读入系统变量的默认值
      sizes.NumContStates=0; sizes.NumDiscStates=kend;
      sizes.NumOutputs=1; sizes.NumInputs=2;
      sizes.DirFeedthrough=0; sizes.NumSampleTimes=1;
      sys=simsizes(sizes); str=[]; ts=[ts 0];
      x0=zeros(1,kend); x0(1:k+1:kp)=P_pocz*ones(k,1);
      x0(kt:kt+nA-1)=A_pocz; x0(kt+nA:ktend)=B_pocz;
  case 2
      Phi=[x(ky),x(kf:kf+nA-2),x(kend),x(kf+nA:kfend-1)];
      P(:)=x(1:kp); P=(1/alfa)*(P-(P*Phi'*Phi*P)/(alfa+Phi*P*Phi'));
      Theta=x(kt:ktend)+Phi*P*(u(2)-Phi*x(kt:ktend)');
      k_M=max([nA+1,nB+k_d]);
      num=[zeros(1,k_d-1),Theta(nA+1:k),zeros(1,k_M-nB-k_d)];
      den=[1,Theta(1:nA),zeros(1,k_M-nA-1)]; h=dstep(num,den,N2);
      for i=1:Nu, Qt(1:N2,i)=[zeros(i-1,1); h(1:N2-i+1)]; end;
      Q=Qt(N1:N2,:); q=[1,zeros(1,Nu-1)]*inv(Q'*Q + r*eye(Nu))*Q';
      [w,xw]=dlsim(rho,1-rho,1,0,u(1)*ones(N2+1,1),u(2));
      A=[1,Theta(1:nA)]; B=Theta(nA+1:k); Bm=[B,0]; Bm=Bm-[0,B];
      Am=[A,0]; Am=Am-[0,A]; Ared=Am(2:nA+2);
      Bred=[zeros(1,k_d-1),Bm]; Y=[u(2),-x(ky),-x(kf:kf+nA-2)];
      U=[x(ku),x(ku:kend),x(kf+nA:kf+nA+nB-1)];
      for i=1:N2
          yp(i)=-Ared*Y'+Bred*U'; Y=[yp(i),Y(1:nA)];
          U=[U(1),U(1:nB+k_d)];
      end
      nu=x(ku)+q*(w(N1+1:N2+1)-yp(N1:N2)');
      sys=[P(:)',Theta,x(ky),x(kf:kf+nA-2), x(kend),...
          x(kf+nA:kfend-1),-u(2), nu, x(ku:kend-1)];
  case 3, sys=x(ku);
  otherwise, sys=[];
end
```

例 10-5 假设受控对象模型为 $G(s) = 1/(2s^2 + 8s + 1)$，且该模型的输出端可能受到 $d = 0.5$ 的扰动，试用广义预测控制的方式对该模型进行控制。

为对该系统进行仿真研究，可以建立起如图 10-10 所示的仿真框图。先假设 $d = 0$，选择 $N_1 = 1, N_u = 2$，对不同的 N_2 取值，如 $N_2 = 3, 4, 5, 6, 7$ 进行仿真研究，则可以得出如图 10-11 (a) 所示的输出曲线，从仿真结果可见，$N_2 = 3$ 时仿真曲线效果不是很好，说明预测 3 步的控制对此例子不适用，故应该增大 N_2 的值，例如选择 $N_2 = 7$。

图 10-11 (b) 中给出了 $N_2 = 3$ 和 $N_2 = 7$ 时的控制信号曲线，可见，只有给定信号突变时，控制信号的要求较大，其他时间控制信号接近 0。

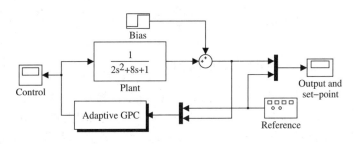

图 10-10　广义预测控制系统的仿真框图（文件名：c10mgpc1.mdl）

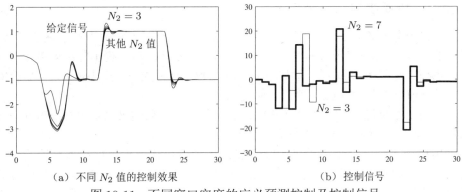

（a）不同 N_2 值的控制效果　　　　　　　　　　（b）控制信号

图 10-11　不同窗口宽度的广义预测控制及控制信号

　　现在假设偏差信号 $\eta = 0.5$，则通过仿真可以得出如图 10-12（a）所示的控制效果，其中，为了方便比较，同时绘制出 $\eta = 0$ 时的控制曲线，可见，虽然模型受到了偏差扰动，控制效果仍然是很理想的。

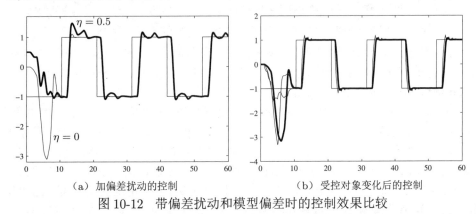

（a）加偏差扰动的控制　　　　　　　　　　（b）受控对象变化后的控制

图 10-12　带偏差扰动和模型偏差时的控制效果比较

　　将受控对象模型修改成 $G_1(s) = 3/(3s^2 + 8s + 1)$、$G_2(s) = (2s + 1)/(3s^2 + 8s + 1)$，则得出的控制效果如图 10-12（b）所示。可见，虽然受控对象模型有较大的变化，控制效果仍然是较理想的。在得出的曲线中，粗线表示标称模型的响应曲线，其他两条线分别

表示 $G_1(s)$ 和 $G_2(s)$ 的响应曲线。

10.2　模糊控制及模糊控制器设计

模糊集合的概念是控制论专家 Lotfi A. Zadeh 教授于 1965 年引入的[14]。目前模糊逻辑已经广泛地应用于理、工、农、医各种各样的领域。在自动控制领域中模糊控制也是很有吸引力的研究方向。本节将先介绍模糊逻辑与模糊推理，然后介绍模糊控制器设计与模糊控制系统仿真的方法。

10.2.1　模糊逻辑与模糊推理

由经典集合论可见，一个事物 a 要么就属于集合 A，要么就不属于集合 A，没有其他的属于关系。在现代科学与工程应用中，由 Zadeh 教授提出的模糊集合理论越来越被广泛接受，亦即某一事物 a 以一定程度属于集合 A，该思想是模糊集合的基础。而这样的属于程度又称为"隶属度"。

隶属函数可以由 MATLAB 模糊逻辑工具箱中提供的隶属函数的编辑界面来输入，也可以由 MATLAB 命令组来描述。

用模糊逻辑工具箱中提供的 `newfis()` 函数可以构建出模糊推理系统的数据结构。其中，FIS 为模糊推理系统（fuzzy inference system，FIS）的缩写。该函数的调用格式为 `fis = newfis(name)`，其中，`name` 为字符串，表示模糊推理系统的名称，通过该函数可以建立起结构体 `fis`，其内容包括模糊的与、或运算，解模糊算法等，这些属性可以由 `newfis()` 函数直接定义，也可以事后定义。定义了模糊推理系统 `fis` 后，可以调用 `addvar()` 函数来添加系统的输入和输出变量，其调用格式为

> $\text{fis} = \text{addvar}(\text{fis},'\text{input}',\text{iname},\boldsymbol{v}_\text{i})$ 　　% 定义一个输入变量 iname
> $\text{fis} = \text{addvar}(\text{fis},'\text{output}',\text{oname},\boldsymbol{v}_\text{o})$ 　% 定义一个输入变量 oname

其中，$\boldsymbol{v}_\text{i}$ 及 $\boldsymbol{v}_\text{o}$ 为输入或输出变量的取值范围，亦即最小值与最大值构成的行向量。通过这样的方法可以进一步定义 `fis` 的输入输出情况，每个变量的隶属函数可以用 `addmf()` 函数定义，也可以用 `mfedit()` 定义。

若将某信号用三个隶属函数表示，则一般对应的物理意义是"很小"、"中等"与"较大"。5 段式的模糊论域一般可以写成 $E = \{\text{NB, NS, ZE, PS, PB}\}$，分别表示"负大"、"负小"、"零"、"正小"和"正大"这 5 个模糊子集。更精确点，还可以用 7 段式模糊论域，一般记作 $E = \{\text{NB, NM, NS, ZE, PS, PM, PB}\}$。和 5 段式论域相比，分别增加了"负中"和"正中"两个模糊子集。一个精确的信号可以通过这样一组隶属函数模糊化，变成模糊信号。

如果将多路信号均模糊化，则可以用 `if`, `else` 型语句表示出模糊推理关系。例如，若输入信号 ip_1 "很小"，且输入信号 ip_2 "较大"，则设置"较大"的输出信号 op，这样的推理关系可以表示成

if ip$_1$=="很小" and ip$_2$=="很大", then op = "很大"

　　模糊规则可以简单地用数据向量表示,多行向量可以构成多条模糊规则矩阵。每行向量有 $m+n+2$ 个元素,m、n 分别为输入变量和输出变量的个数,其中前 m 个元素表示输入信号的隶属函数序号,次 n 个元素对应输出信号的隶属函数序号,第 $m+n+1$ 表示输出的加权系数,最后一个元素表示输入信号的逻辑关系,1 表示逻辑"与",2 表示逻辑"或"。

　　若前面的规则生成一个规则矩阵 R,则可以用命令 fis = addrule(fis,R) 直接补加到模糊推理系统 fis 原有的规则后面。模糊推理问题还可以用 MATLAB 函数 evalfis() 求解,y = evalfis(X,fis),其中,X 为矩阵,其各列为各个输入信号的精确值,evalfis() 函数利用用户定义的模糊推理系统 fis 对这些输入信号进行模糊化,用该系统进行模糊推理,得出模糊输出量。

　　通过模糊推理可以得出模糊输出量 op,此模糊量可以通过指定的算法精确化,亦称解模糊化(defuzzification)。解模糊化过程实际上是模糊化过程的逆运算,可以由 defuzz() 函数求取,常用的解模糊化算法包括最大隶属度平均算法('mom')、中位数法('centriod')等。

　　编辑了模糊推理系统模型,还可以用 writefis() 函数将该系统存入 *.fis 文件。相应地,用 readfis() 函数可以将 *.fis 文件读入 MATLAB 工作空间。

　　上面所有的语句可以更简单地由界面实现,下面将通过例子详细演示基于界面的模糊推理系统的建立方法。

10.2.2　模糊 PD 控制器设计

　　利用反馈系统中的误差信号 $e(t)$ 及其变化率 $\mathrm{d}e(t)/\mathrm{d}t$ 来计算控制量的方法称为 PD 控制。典型的模糊 PD 控制器结构框图如图 10-13 所示,其中需要事先引入增益 K_p 和 K_d 分别对误差信号及其变化率信号进行规范处理,使得其值域范围与模糊变量的论域吻合,然后对这两个信号模糊化后得出的信号(E, E_d)进行模糊推理,并将得出的模糊量解模糊化,得出精确变量 U,通过规范化增益 K_u 后就可以得出控制信号 $u(t)$。

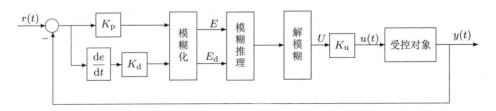

图 10-13　模糊 PD 控制器控制框图

　　文献 [15] 采用了更合理的 8 段模糊子集的定义,其示意图如图 10-14 所示。和 7 段式模糊子集方式相比,这样的定义将 ZE 集合进一步细化为 NZ(负零)和 PZ

（正零）两个子集，能更好地刻画在 0 附近误差及其变化率的情况。

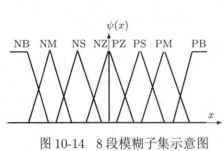

图 10-14　8 段模糊子集示意图

表 10-1　PD 控制器模糊逻辑

		de(t)/dt							
		NB	NM	NS	NZ	PZ	PS	PM	PB
e(t)	NB	NB	NB	NM	NM	NS	NS	NZ	NZ
	NM	NB	NB	NM	NM	NS	NS	NZ	NZ
	NS	NB	NB	NM	NS	NS	NZ	NZ	NZ
	NZ	NB	NM	NM	NZ	NS	NZ	PM	PM
	PZ	NM	NM	PZ	NZ	PS	PM	PM	PB
	PS	PZ	PZ	NS	NS	PS	PB	PB	PB
	PM	PZ	PZ	PS	PS	PM	PM	PB	PB
	PB	PZ	PZ	PS	PS	PM	PM	PB	PB

从系统的响应看，如果误差 $e(t) = r(t) - y(t)$ 为 PB，则需要给出正的控制量 $u(t)$。进一步地，如果 $de(t)/dt$ 为 NB 和 NM，由于误差大且误差仍有加大的趋势，所以应该加大控制量 $u(t)$，亦即将 $u(t)$ 设置为 PB；相反地，如果误差变化率为 NS 和 NZ，则说明误差有减小的趋势，故无须加大控制量，将其设置为 PM 即可；若变化率为 PZ 或 PS，则应该加更小的控制量，如选择 PS；如果误差变化率为 PM 或 PB，则说明无须加控制量即可消除误差，这时应该选择 $u(t)$ 为 NZ。对其他的 $e(t)$ 与 $de(t)/dt$ 组合当然也可以总结出类似的规则，这样可以得出表 10-1 中给出的各种规则[15]，注意，因为这里的误差定义与该文献的定义差一个符号，故将整个表取了反号。

有了模糊隶属函数与模糊推理表格，则可以用下面的步骤建立起所需的模糊推理系统模型：

① **启动界面**。输入 fuzzy 命令启动如图 10-15 所示的系统界面。

② **信号设定**。在该界面中，默认的系统是单输入单输出的，而建立本模糊推理模型需要双路输入，单路输出，所以应该添加一路输入信号，这可以由菜单项 Edit → Add Variable → Input 添加。分别在图 10-15 所示的界面上修改这三路信号的变量名为 e、ed 和 u，得出的模糊系统结构如图 10-16 所示。

③ **隶属函数设置**。双击界面上的输入段 e 图标，将在得出的界面上显示默认的三段模糊子集及隶属函数曲线。单击 Edit 菜单，其内容如图 10-17（a）所示。选择其中的 Remove All MFs 菜单删除默认的所有隶属函数。修改界面中 Range 栏目中的内容为区间 $[-2, 2]$。

选择 Edit → Add MFs 菜单，则可以得出如图 10-17（b）所示的对话框，用来输入隶属函数的模板，对本例问题可以将 Number of MFs 栏目的数值填写为 8，则可以得出默认的 8 段三角形隶属函数的默认设置，如图 10-18（a）所示。将各段隶

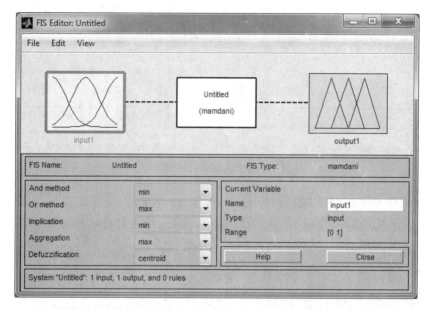

图 10-15　模糊推理系统编辑界面

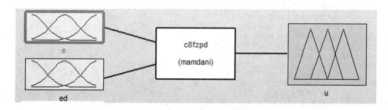

图 10-16　模糊 PD 控制系统的结构

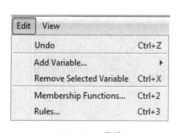

（a）Edit 菜单　　　　　　　　（b）隶属函数参数对话框

图 10-17　隶属函数的编辑

属函数的名称依次改成 NB, NM, …，并微调默认隶属函数的形状，则可以得出如图 10-18（b）所示的隶属函数曲线。用同样的方法对各路输入、输出信号均作相应的处理。

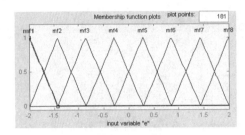
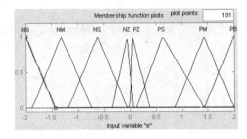

（a）默认隶属函数曲线　　　　　　　　（b）编辑后的隶属函数

图 10-18　隶属函数的编辑

④ **编辑模糊推理系统**。选择 Edit → Rules 菜单项，则可以得出如图 10-19 所示的模糊规则编辑界面，在其中逐一输入规则。可以由 Add rule 添加规则，用 Change rule 修改规则。对表 10-1 中给出的模糊规则，共需编辑 64 条规则。

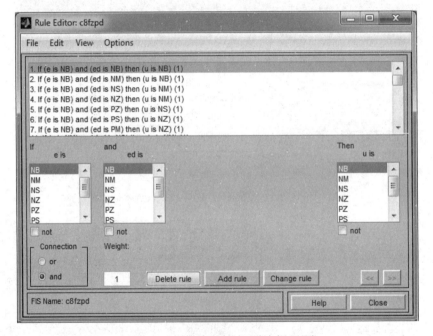

图 10-19　模糊推理规则编辑界面

建立起模糊推理规则后，由 View → Rules 和 View → Surface 菜单项将分别得出如图 10-20（a）、（b）所示规则显示图形，由这些图形可以更好地理解建立的模糊推理规则。

⑤ **模糊推理系统的存储**。选择 File → Export 菜单项就可以分别将建立起来的模糊推理系统存成 *.fis 文件或存成 MATLAB 工作空间中的变量。采用这里给出的存储方法，可以将建立起来的模型存储为 c10fzpd.fis。

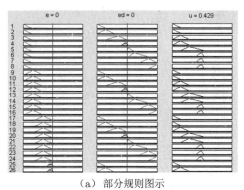 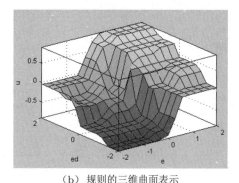

（a）部分规则图示   （b）规则的三维曲面表示

图 10-20　模糊推理规则的图形显示

例 10-6　假设受控对象模型为 $G(s) = \dfrac{30}{s^2 + as}$，其中 $a \in [5, 50]$，取 $K_p = 2, K_d = K_u = 1$，则可以建立起如图 10-21 所示的仿真模型。这里，为了显示其他信号，多设置了 3 个示波器。可以给出如下的命令来对模型进行初始化

```
>> fuz=readfis('c10fzpd.fis'); a=5; Kp=2; Kd=1; Ku=1;
```

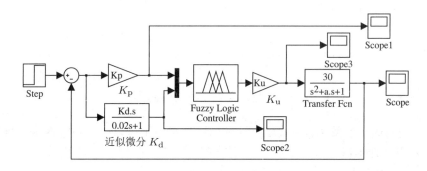

图 10-21　模糊 PD 控制系统的仿真模型（文件名：c10mfzpd.mdl）

　　对得出的模型进行仿真，则可以得出输出信号如图 10-22（a）所示。其他信号的时域响应曲线如图 10-22（b）所示。可见，采用模糊控制可以得出较好的控制效果。

　　选择不同的 a 值，如 $a = 5, 10, 30$，则可以得出如图 10-23（a）所示的响应曲线，可见，在控制器不进行调整的情况下仍然能得出满意的控制效果。

　　如果受控对象变成 $G(s) = 30/(s^2 + 5s + 1)$，亦即不再直接包含积分器作用，则仍然可以用此方法直接控制，得出的控制曲线如图 10-23（b）所示。可见，仍然能较好地控制该模型，只不过得出的曲线在稳态值附近会发生小幅值的振动，控制信号 $u(t)$ 也会在零点附近振动，这是模糊 PD 控制难以避免的弱点。

10.2.3　模糊 PID 控制器设计

　　模糊 PID 控制器结构是一类被广泛应用的 PID 控制器，该控制器一改传统

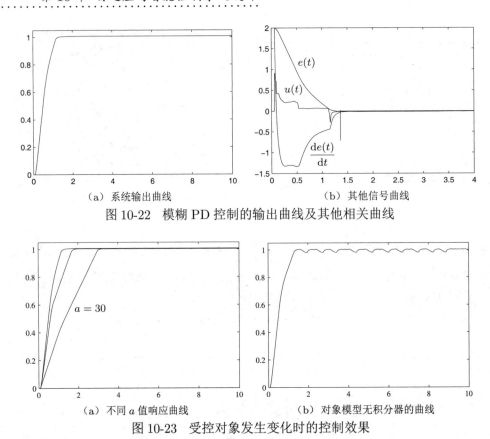

（a）系统输出曲线　　　　　（b）其他信号曲线

图 10-22　模糊 PD 控制的输出曲线及其他相关曲线

（a）不同 a 值响应曲线　　　　　（b）对象模型无积分器的曲线

图 10-23　受控对象发生变化时的控制效果

PID 控制器固定参数 K_p、K_i、K_d 的控制策略，提出了可以根据跟踪误差信号等动态改变 PID 控制器参数的方法，达到改善控制效果，扩大应用范围的目的。

由模糊逻辑整定 PID 控制器的表达式为

$$\begin{cases} K_p(k) = K_p(k-1) + \gamma_p(k)\Delta K_p \\ K_i(k) = K_i(k-1) + \gamma_i(k)\Delta K_i \\ K_d(k) = K_d(k-1) + \gamma_d(k)\Delta K_d \end{cases} \qquad (10\text{-}2\text{-}1)$$

其中，$\gamma_p(k)$、$\gamma_i(k)$、$\gamma_d(k)$ 为校正速度量，随校正次数增加，它们的值将减小。当然，为简单起见，也可以将它们均设置成常数。由整定公式可以看出，下一步的控制器参数可以由当前的控制器参数与模糊推理得出的控制器参数增量的加权和构成。

这时，可以如下计算控制量

$$u(k) = K_p(k)e(k) + K_i(k)\sum_{i=0}^{k} e(i) + K_d(k)\big[e(k) - e(k-1)\big] \qquad (10\text{-}2\text{-}2)$$

注意，这里的求和式子并不是 PID 控制器积分项的全部，正常应该乘以采样周期

T, 这里为简单起见, 将其含于变量 $K_i(k)$ 中, 上式同样对 $K_d(k)$ 进行了相应处理。由于计算 $\sum\limits_{i=0}^{k} e(i)$ 较困难, 所以应该引入状态变量 $x(k) = \sum\limits_{i=0}^{k} e(i)$。这样可以推导出状态方程为

$$x(k+1) = x(k) + e(k) \qquad (10\text{-}2\text{-}3)$$

这时, 式(10-2-2)中控制量可以改写成

$$u(k) = K_p(k)e(k) + K_i(k)x(k) + K_d(k)\Big[e(k) - e(k-1)\Big] \qquad (10\text{-}2\text{-}4)$$

模糊 PID 控制器的典型结构如图 10-24 所示。由于直接用模块搭建前面的模糊 PID 控制器算法比较复杂, 所以这里采用 S-函数的形式来构造该模块。分析前面介绍的算法, 可见状态变量个数为 1; 输出个数可以选择为 1 个, 但考虑到本例还要显示变化的 K_p, K_i, K_d 系数, 所以暂时选择输出个数为 4; 输入信号可以选择两路 $\boldsymbol{u}(k) = [e(k), e(k-1)]^{\mathrm{T}}$。这样可以容易地编写出如下的 S-函数来表示模糊 PID 控制器的核心部分。

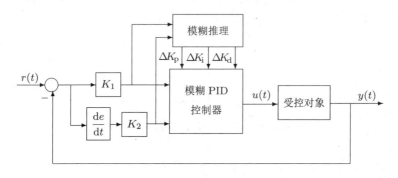

图 10-24　模糊 PID 控制器控制框图

```
function [sys,x0,str,ts]=fuz_pid(t,x,u,flag,T,aFuz,fx0,gam)
switch flag,
    case 0, [sys,x0,str,ts] = mdlInitializeSizes(T);
    case 2, sys = mdlUpdates(x,u);
    case 3, sys = mdlOutputs(x,u,T,aFuz,fx0,gam);
    case {1, 4, 9}, sys = [];
    otherwise, error(['Unhandled flag = ',num2str(flag)]);
end;
% --- 模块初始化函数  mdlInitializeSizes
function [sys,x0,str,ts] = mdlInitializeSizes(T)
sizes = simsizes; % 读入系统变量的默认值
sizes.NumContStates = 0; sizes.NumDiscStates = 3;
sizes.NumOutputs = 4; sizes.NumInputs = 2;
```

```
sizes.DirFeedthrough = 0; sizes.NumSampleTimes = 1;
sys = simsizes(sizes); x0 = zeros(3,1); str = []; ts = [T 0];
% --- 离散状态更新函数   mdlUpdate
function sys = mdlUpdates(x,u)
sys=[u(1);  x(2)+u(1); u(1)-u(2)];  %  PID 控制器
% --- 输出量计算函数   mdlOutputs
function sys = mdlOutputs(x,u,T,aFuz,fx0,gam)
Kpid=fx0+gam(:).*evalfis(x([1,3]),aFuz)'; sys=[Kpid'*x; Kpid];
```

有了核心的 S-函数,则可以构造并封装出模糊 PID 控制模块,其内部结构如图 10-25(a)所示。该图中引用了 S-函数 fuz_pid.m,其参数对话框如图 10-25(b)所示,整个 PID 控制器的参数设置对话框如图 10-25(c)所示。

在模糊 PID 控制器中,根据经验可以构造出表 10-2 中给出的参数变化表[16],根据该模糊表可以在 MATLAB 环境下输入该模糊推理系统,该系统仍有两个输入,但和前面不同的是,该系统将有三路输出,分别对应于 ΔK_p、ΔK_i 和 ΔK_d。

根据模糊规则表,可以用 **fuzzy()** 函数可视地建立起整个模糊推理系统 c8fuzpid.fis,该系统有两路输入和三路输出,如图 10-26 所示。该模型中选择输入和输出变量的范围均为 $(-3,3)$,为方便起见,应该保持该模糊推理系统的输入、输出变量范围,而推理结果可以由系数(K_1, K_2, γ_p, γ_i, γ_d, K_u)来修正。

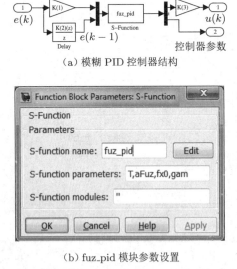

(a)模糊 PID 控制器结构

(b) fuz_pid 模块参数设置

(c)模糊 PID 控制器参数对话框

图 10-25   模糊 PID 控制器模块设计

在模糊系统中,得出的 3 个规则曲面在图 10-27 中给出。读者若想了解该模糊推理系统的具体内容和参数,可以用 **fuzzy()** 界面打开 c8fuzpid.fis 文件。

表 10-2　PID 控制器模糊逻辑

		de(t)/dt																			
		ΔK_{p}							ΔK_{i}							ΔK_{d}						
		NB	NM	NS	ZE	PS	PM	PB	NB	NM	NS	ZE	PS	PM	PB	NB	NM	NS	ZE	PS	PM	PB
$e(t)$	NB	PB	PB	PM	PM	PS	ZE	ZE	NB	NB	NM	NM	NS	ZE	ZE	PS	NS	NB	NB	NB	NM	PS
	NM	PB	PB	PM	PS	PS	ZE	ZE	NB	NB	NM	NS	NS	ZE	ZE	PS	NS	NB	NB	NB	NM	PS
	NS	PM	PM	PM	PM	ZE	NS	NS	NB	NM	NS	ZE	PS	PS		ZE	NS	NM	NM	NS	NS	ZE
	ZE	PM	PM	PS	ZE	NS	NM	NM	NM	NM	NS	ZE	PS	PM	PM	ZE	NS	NS	NS	NS	NS	ZE
	PS	PS	PS	ZE	NS	NS	NM	NM	NM	NS	ZE	PS	PS	PM	PB	ZE	ZE	ZE	ZE	ZE	ZE	ZE
	PM	PS	ZE	NS	NM	NM	NM	NB	ZE	ZE	PS	PS	PM	PB	PB	PB	NS	PS	PS	PS	PS	PB
	PB	ZE	ZE	NM	NM	NM	NB	NB	ZE	ZE	PS	PM	PM	PB	PB	PB	PM	PM	PM	PS	PS	PB

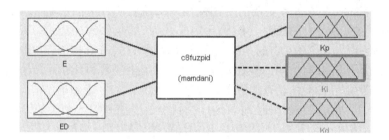

图 10-26　模糊推理系统结构图

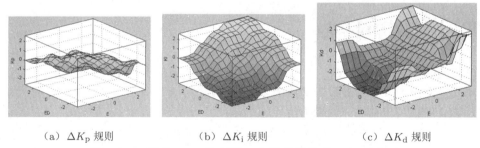

（a）ΔK_{p} 规则　　　　（b）ΔK_{i} 规则　　　　（c）ΔK_{d} 规则

图 10-27　模糊 PID 控制器三参数的模糊推理规则曲面

例 10-7　假设受控对象为 $G(s) = \dfrac{523500}{s^3 + 87.35s^2 + 10470s}$，选择 $K_1 = K_2 = K_{\mathrm{u}} = 1$，且选择 $\gamma = [0.1, 0.02, 1]^{\mathrm{T}}$，这样可以建立起如图 10-28（a）所示的仿真框图，对该系统进行仿真则可以得出如图 10-28（b）所示的仿真结果。

可见，控制效果是令人满意的，同时，由控制器参数曲线显示出随着系统输出逐渐接近稳态值，控制器参数逐渐稳定到固定值。

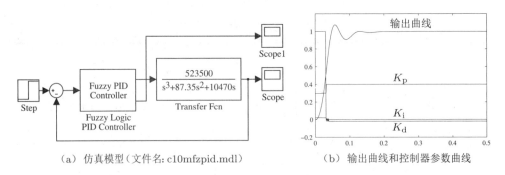

（a）仿真模型（文件名：c10mfzpid.mdl）　　　　（b）输出曲线和控制器参数曲线

图 10-28　模糊 PID 控制器三参数的模糊推理规则曲面

10.3　神经网络及神经网络控制器设计

人工神经网络是在对复杂的生物神经网络研究和理解的基础上发展起来的。人脑是由大约 10^{11} 个高度互连的单元构成，这些单元称为神经元，每个神经元约有 10^4 个连接[17]。仿照生物的神经元，可以用数学方式表示神经元，引入人工神经元的概念，并可以由神经元的互连定义出不同种类的神经网络。限于当前的计算机水平，人工神经网络不可能有人脑那么复杂。

利用人工神经网络对受控对象进行控制是智能控制的一个重要领域[18]，本节将对神经网络做一个简单介绍，然后介绍几种基于神经网络的控制器设计及仿真方法。神经网络的计算还可以通过 MATLAB 的神经网络工具箱来直接实现[19]，其中 `nntool` 程序界面可以用来简单地建立神经网络模型。

10.3.1　神经网络简介

单个人工神经元的数学表示形式如图 10-29 所示，图中，$x_1, x_2, \cdots, x_n$ 为一组输入信号，它们经过权值 w_i 加权后求和，再加上阈值 b，则得出 u_i 的值，可以认为该值为输入信号与阈值所构成的广义输入信号的线性组合。该信号经过传输函数 $f(\cdot)$ 可以得出神经元的输出信号 y。

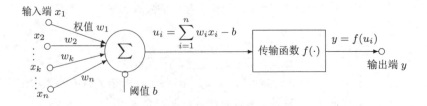

图 10-29　神经元的基本结构

在神经元中，权值和传输函数是两个关键的因素。权值的物理意义是输入信号的强度,若涉及多个神经元则可以理解成神经元之间的连接强度。神经元的权值 w_i 应该通过神经元对样本点反复的学习过程而确定,而这样的学习过程在神经网络理论中又称为训练。传输函数又称为激励函数,可以理解成对 u_i 信号的非线性映射,一般的传输函数应该为单值函数,使得神经元是可逆的。常用的传输函数有 Sigmoid 函数和对数 Sigmoid 函数,它们的数学表达式分别为

$$\text{Sigmoid 函数 } f(x) = \frac{2}{1+\mathrm{e}^{-2x}} - 1 = \frac{1-\mathrm{e}^{-2x}}{1+\mathrm{e}^{-2x}}$$

$$\text{对数 Sigmoid 函数 } f(x) = \frac{1}{1+\mathrm{e}^{-x}} \tag{10-3-1}$$

由若干个神经元相互连接,则可以构成一种网络,称为神经网络。由于连接方式的不同,神经网络的类型也将不同。这里仅介绍前馈神经网络,因为其权值训练中采用误差逆向传播的方式,所以这类神经网络更多地称为反向传播(back propagation)神经网络,简称 BP 网。BP 网的基本网络结构如图 10-30 所示。在 MATLAB 神经网络工具箱中认为这样网络的层数为 $k+1$,其中前 k 层为隐层,第 $k+1$ 层为输出层,其节点个数为 m。

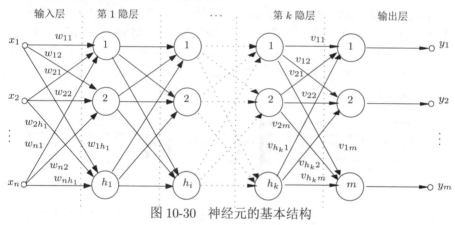

图 10-30　神经元的基本结构

10.3.2　基于单个神经元的 PID 控制器设计

基于单个神经元的 PID 控制器框图如图 10-31 所示。其中微积分模块计算三个量: $x_1(k) = e(k)$, $x_2(k) = \Delta e(k) = e(k) - e(k-1)$, $x_3(k) = \Delta^2 e(k) = e(k) - 2e(k-1) + e(k-2)$,使用改进的 Hebb 学习算法,三个权值的更新规则可以写成[16]

$$\begin{cases} w_1(k) = w_1(k-1) + \eta_\mathrm{p} e(k) u(k) \Big[e(k) - \Delta e(k) \Big] \\[2mm] w_2(k) = w_2(k-1) + \eta_\mathrm{i} e(k) u(k) \Big[e(k) - \Delta e(k) \Big] \\[2mm] w_3(k) = w_3(k-1) + \eta_\mathrm{d} e(k) u(k) \Big[e(k) - \Delta e(k) \Big] \end{cases} \tag{10-3-2}$$

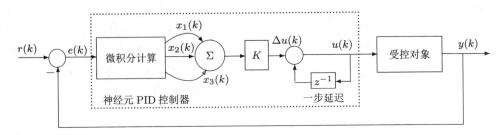

图 10-31　基于单个神经元的 PID 控制器框图

其中 η_p, η_i, η_d 分别为比例、微分、积分的学习速率。可以选择这三个权值变量为系统的状态变量,这时控制率可以写成

$$u(k) = u(k-1) + K \sum_{i=1}^{3} w_i^0(k)x_i(k), \quad 归一化权值 \ w_i^0(k) = \frac{w_i(k)}{\sum_{i=1}^{3} |w_3(k)|} \quad (10\text{-}3\text{-}3)$$

总结上述算法,可以搭建如图 10-32 所示的 Simulink 框图来实现该控制器,其中的核心部分用 S-函数形式编写,可以选择模块输入信号为 $[e(k), e(k-1), e(k-2), u(k-1)]$,输出选择为 $[u(k), w_i^0(k)]$,为使得控制器更接近实用,控制率信号 $u(k)$ 后接饱和非线性,这样就可以构造出如图 10-32 所示的控制器模块框图,其中 S-函数 c8mhebb.m 的内容为

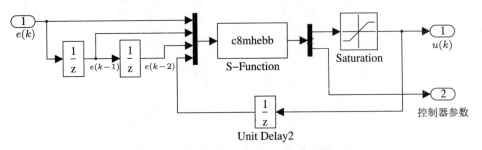

图 10-32　基于单个神经元的 PID 控制器模块框图(文件名: c10shebb.mdl)

```
function [sys,x0,str,ts]=c10mhebb(t,x,u,flag,deltaK)
switch flag,
    case 0, [sys,x0,str,ts]=mdlInitializeSizes;
    case 2, sys=mdlUpdate(t,x,u,deltaK);
    case 3, sys = mdlOutputs(t,x,u);
    case {1, 4, 9}, sys = [];
    otherwise, error(['Unhandled flag = ',num2str(flag)]);
end;
% --- 模块初始化函数  mdlInitializeSizes
```

```
function [sys,x0,str,ts] = mdlInitializeSizes
sizes = simsizes; % 读入系统变量的默认值
sizes.NumContStates = 0; sizes.NumDiscStates = 3;
sizes.NumOutputs = 4; sizes.NumInputs = 4;
sizes.DirFeedthrough = 1; sizes.NumSampleTimes = 1;
sys = simsizes(sizes); x0 = [0.3*rand(3,1)];
str = []; ts = [-1 0]; % 继承输入信号的采样周期
% --- 离散状态更新函数  mdlUpdate
function sys = mdlUpdate(t,x,u,deltaK)
sys=x+deltaK*u(1)*u(4)*(2*u(1)-u(2));
% --- 输出量计算函数  mdlOutputs
function sys = mdlOutputs(t,x,u)
xx= [u(1)-u(2) u(1) u(1)+u(3)-2*u(2)];
sys=[u(4)+0.12*xx*x/sum(abs(x)); x/sum(abs(x))];
```

例 10-8 假设有离散受控对象模型 $H(z) = \dfrac{0.1z + 0.632}{z^2 - 0.368z - 0.26}$，利用前面给出的单神经元 PID 控制器模块，可以搭建出如图 10-33 所示的 Simulink 模型，其中的输入模块 Multi-step Signal Generator 信号源为例 6-20 中编写的阶梯信号发生器模块。

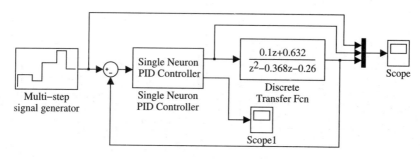

图 10-33　单神经元 PID 控制系统的仿真框图（文件名：c10shebb.mdl）

对该系统进行仿真，则系统的给定信号、输出信号和控制率 $u(k)$ 如图 10-34 （a）所示，可见，这时的控制效果还是很理想的。图 10-34（b）中给出了三个权值 $w_i^0(k)$ 的曲线，从中可以看出，应用基于神经元的 PID 控制器后，PID 控制器的参数不再是固定的了，而是随时间变化的，从而表现出较好的控制效果。

10.3.3　基于反向传播神经网络的 PID 控制器

这里仍考虑采用增量式 PID 控制器

$$u(k) = u(k-1) + K_{\mathrm{p}}\Big[e(k) - e(k-1)\Big] + K_i e(k) + K_{\mathrm{d}}\Big[e(k) + e(k-2) - 2e(k-1)\Big]$$

$$\tag{10-3-4}$$

现在考虑用 BP 神经网络的输出端来计算 PID 控制器的参数，则可以采用文献 [16] 中给出的现成程序来实现。该文献中的很多程序是基于 MATLAB 语言编

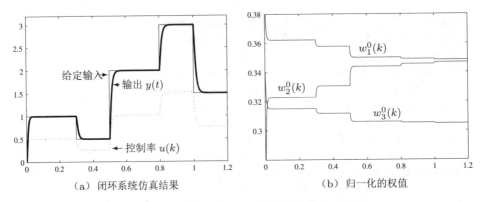

（a）闭环系统仿真结果   （b）归一化的权值

图 10-34 神经元 PID 控制系统的仿真结果

写的，受控对象较固定，不适合一般化仿真，故本书对其中内容进行了改写，构造了仿真框图，如图 10-35 所示，对该框图进行封装，就可以得出 BP 网实现的 PID 控制器模块，该模块有一个输入端，可以直接连接伺服控制中的误差信号 $e(t)$，由输出端子 1 产生控制信号 $u(t)$。模块的第 2 输出端子将给出 PID 控制器参数。

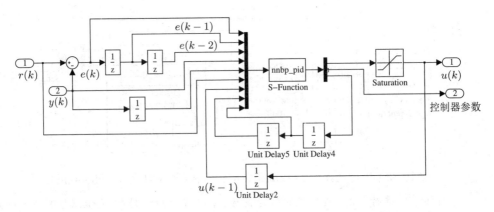

图 10-35 BP 网 PID 控制器仿真结构（文件名：c10bp_pid.mdl）

在仿真框图中采用了 S-函数来实现基于 BP 网的 PID 控制器

```
function [sys,x0,str,ts]=nnbp_pid(t,x,u,flag,T,nh,th,alfa,kF1,kF2)
switch flag,
    case 0, [sys,x0,str,ts] = mdlInitializeSizes(T,nh);
    case 3, sys = mdlOutputs(t,x,u,T,nh,th,alfa,kF1,kF2);
    case {1, 2, 4, 9}, sys = [];
    otherwise, error(['Unhandled flag = ',num2str(flag)]);
end;
%   初始化函数
function [sys,x0,str,ts] = mdlInitializeSizes(T,nh)
```

```
sizes = simsizes; % 读入模板,得出默认的控制量
sizes.NumContStates = 0; sizes.NumDiscStates = 0;
sizes.NumOutputs = 4+7*nh; sizes.NumInputs = 7+14*nh;
sizes.DirFeedthrough = 1; sizes.NumSampleTimes = 1;
sys = simsizes(sizes); x0 = []; str = []; ts = [T 0];
% 系统输出计算函数
function sys = mdlOutputs(t,x,u,T,nh,th,alfa,kF1,kF2)
wi_2=reshape(u(8:7+4*nh),nh,4); wo_2=reshape(u(8+4*nh:7+7*nh),3,nh);
wi_1=reshape(u(8+7*nh: 7+11*nh),nh,4);
wo_1=reshape(u(8+11*nh: 7+14*nh),3,nh);
xi=[u([6,4,1])', 1]; xx=[u(1)-u(2); u(1); u(1)+u(3)-2*u(2)];
I=xi*wi_1'; Oh=non_transfun(I,kF1); K=non_transfun(wo_1*Oh',kF2);
uu=u(7)+K'*xx; dyu=sign((u(4)-u(5))/(uu-u(7)+0.0000001));
dK=non_transfun(K,3); delta3=u(1)*dyu*xx.*dK;
wo=wo_1+th*delta3*Oh+alfa*(wo_1-wo_2)+alfa*(wo_1-wo_2);
dO=2*non_transfun(I,3);
wi=wi_1+th*(dO.*(delta3'*wo))'*xi+alfa*(wi_1-wi_2);
sys=[uu; K; wi(:); wo(:)];
function W1=non_transfun(W,key)   % 激活函数近似
switch key
    case 1, W1=(exp(W)-exp(-W))./(exp(W)+exp(-W));
    case 2, W1=exp(W)./(exp(W)+exp(-W));
    case 3, W1=2./(exp(W)+exp(-W)).^2;
end
```

例 10-9 假设受控对象由非线性模型描述 $y(t) = \dfrac{a\left(1-be^{-ct/T}\right)y(t-1)}{1+y(t-1)^2} + u(t)$,采样周期 $T = 0.001\,\text{s}$,可以由如图 10-36(a)所示的 Simulink 框图表示该受控对象,这样利用前面建立的 BP 网 PID 控制器模块,则可以容易地建立起如图 10-36(b)所示的系统仿真模型。

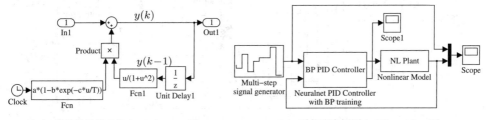

（a）非线性受控对象（c10plant.mdl）　　　（b）系统仿真框图（c10bp_pid.mdl）

图 10-36　神经网络 PID 控制器的仿真框图

神经网络 PID 控制器的参数可以双击该图标获得,在得出的如图 10-37(a)所示的对话框中,可以填入实际的控制器参数。这样启动仿真过程将得出如图 10-37(b)所示的仿真结果。

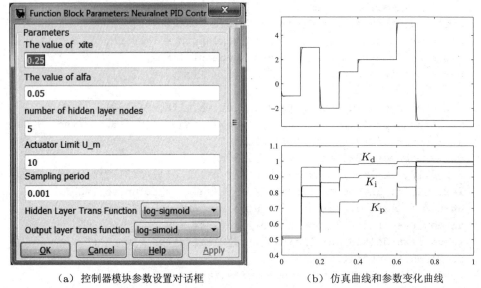

（a）控制器模块参数设置对话框   （b）仿真曲线和参数变化曲线

图 10-37 反向传播 PID 控制系统的仿真结果

10.3.4 基于径向基函数的神经网络的 PID 控制器

径向基函数（radial basis function，RBF）神经网络是一种采用局部接受域来进行函数映射的人工神经网络，是由一个隐含层和一个线性输出层构成的前向网络结构。基于径向基函数理论，可以构造出一种神经网络 PID 控制器设计方法[16]，该控制器的仿真模型如图 10-38 所示，其中核心部分由 S-函数实现，其清单为

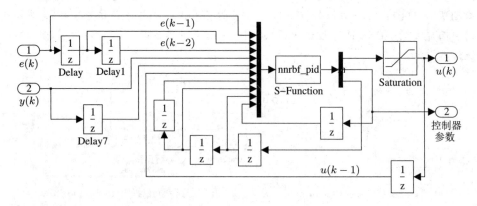

图 10-38 径向基函数 PID 控制器仿真结构（文件名：c10mrbf.mdl）

```
function [sys,x0,str,ts]=nnrbf_pid(t,x,u,flag,T,nn,K_pid,...
    eta_pid,theta,alfa,beta0,w0)
switch flag,
```

```
    case 0, [sys,x0,str,ts] = mdlInitializeSizes(T,nn);
    case 2, sys = mdlUpdates(u);
    case 3,   sys = mdlOutputs(t,x,u,T,nn,K_pid,eta_pid,...
                        theta,alfa,beta0,w0);
    case {1, 4, 9}, sys = [];
    otherwise, error(['Unhandled flag = ',num2str(flag)]);
end
%  初始化函数
function [sys,x0,str,ts] = mdlInitializeSizes(T,nn)
sizes = simsizes; %  读入模板,得出默认的控制量
sizes.NumContStates = 0; sizes.NumDiscStates = 3;
sizes.NumOutputs = 4+5*nn; sizes.NumInputs = 9+15*nn;
sizes.DirFeedthrough = 1; sizes.NumSampleTimes = 1;
sys=simsizes(sizes); x0=zeros(3,1); str=[]; ts=[T 0];
%  离散状态变量更新函数
function sys = mdlUpdates(u)
sys=[u(1)-u(2); u(1); u(1)+u(3)-2*u(2)];
%  输出量计算函数
function sys = mdlOutputs(t,x,u,T,nn,K_pid,eta_pid,...
                        theta,alfa,beta0,w0)
ci3=reshape(u(7:6+3*nn),3,nn); ci2=reshape(u(7+5*nn:6+8*nn),3,nn);
ci1=reshape(u(7+10*nn: 6+13*nn),3,nn);
bi3=u(7+3*nn: 6+4*nn); bi2=u(7+8*nn: 6+9*nn);
bi1=u(7+13*nn: 6+14*nn); w3= u(7+4*nn: 6+5*nn);
w2= u(7+9*nn: 6+10*nn); w1= u(7+14*nn: 6+15*nn); xx=u([6;4;5]);
if t==0
    ci1=w0(1)*ones(3,nn);  bi1=w0(2)*ones(nn,1);
    w1=w0(3)*ones(nn,1);  K_pid0=K_pid;
else, K_pid0=u(end-2:end); end
for j=1: nn
    h(j,1)=exp(-norm(xx-ci1(:,j))^2/(2*bi1(j)*bi1(j)));
end
dym=u(4)-w1'*h; w=w1+theta*dym*h+alfa*(w1-w2)+beta0*(w2-w3);
for j=1:nn
    dbi(j,1)=theta*dym*w1(j)*h(j)*(bi1(j)^(-3))*norm(xx-ci1(:,j))^2;
    dci(:,j)=theta*dym*w1(j)*h(j)*(xx-ci1(:,j))*(bi1(j)^(-2));
end
bi=bi1+dbi+alfa*(bi1-bi2)+beta0*(bi2-bi3);
ci=ci1+dci+alfa*(ci1-ci2)+beta0*(ci2-ci3);
dJac=sum(w.*h.*(-xx(1)+ci(1,:)')./bi.^2); % Jacobian
KK=K_pid0+u(1)*dJac*eta_pid.*x;
sys=[u(6)+KK'*x; KK; ci(:); bi(:); w(:)];
```

例 10-10 假设非线性模型 $y(k) = \dfrac{u(k) - 0.1y(k-1)}{1 + y^2(k-1)}$，其仿真模型如图 10-39（a）所示。由径向基函数 PID 控制器模块就可以搭建起如图 10-39（b）所示的仿真模型。双击径向基控制器网络，则可以按如图 10-40（a）所示的形式填写参数，对系统进行仿真则可以得出如图 10-40（b）所示的仿真结果，图中还给出了控制器参数随时间变化的曲线。由得出的结果看，这种控制策略有时可以得出满意的控制效果。

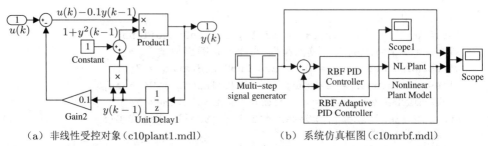

（a）非线性受控对象（c10plant1.mdl）   （b）系统仿真框图（c10mrbf.mdl）

图 10-39   神经元 PID 控制系统的仿真框图

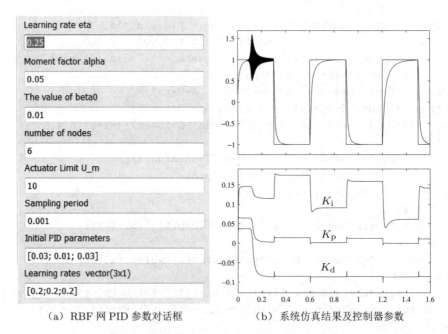

（a）RBF 网 PID 参数对话框   （b）系统仿真结果及控制器参数

图 10-40   神经元 PID 控制系统的仿真结果

10.4   全局最优控制器设计

第 3 章较详尽地介绍了各种各样的最优化问题求解方法。传统的最优化方法均从某个选定的初始点开始搜索最优解，所以难免出现局部最优值的情况。这里主要介绍两种基于进化的最优化方法——遗传算法和粒子群算法,并给出基于 MATLAB 的最优化计算程序。从某种意义上讲,这样的算法更利于得出全局最优解。最后给出这样的优化算法在最优控制器设计中的应用。

10.4.1　遗传算法简介

遗传算法是基于进化论、在计算机上模拟生命进化机制而发展起来的一门新学科,它根据适者生存、优胜劣汰等自然进化规则来搜索和计算问题的解[20,21]。该问题最早是由美国 Michigan 大学的 John Holland 于 1975 年提出的。遗传算法的基本思想是,从一个代表最优化问题解的一组初值开始进行搜索,这组解称为一个种群,种群由一定数量、通过基因编码的个体组成,其中每一个个体称为染色体,不同个体通过染色体的复制、交叉或变异又生成新的个体,依照适者生存的规则,个体也在一代一代进化,通过若干代的进化最终得出条件最优的个体。

早期 MATLAB 版本提供了遗传算法与直接搜索工具箱,后改名为全局优化工具箱,除了遗传算法函数 ga() 之外,还提供了模拟退火函数 simulannealbnd() 和直接搜索函数 patternsearch()。此外在网络上还有众多遗传算法工具箱,有代表性的一个遗传算法工具箱是英国 Sheffield 大学自动控制与系统工程系 Peter Fleming 教授与 Andrew Chipperfield 开发的,实现了各种基本运算,规范,说明书齐全,调用格式更类似于最优化工具箱中的函数;另一个是由美国北 Carolina 州立大学 Christopher Houck, Jeffery Joines 和 Michael Kay 开发的遗传算法最优化工具箱,其函数 gaopt() 可以直接解决最优化问题❶。对最优化问题来说,由于 GAOT 工具箱流传较广,已经能比较容易地解决最优化问题,所以这里还是建议采用该免费工具箱来解决基于遗传算法的最优化问题。

简单遗传算法的一般步骤为:

① 选择 N 个个体构成初始种群 P_0,并求出种群内各个个体的函数值。染色体可以用二进制数组表示,也可以用实数数组来表示,种群可以由随机数生成函数建立。其实使用遗传算法求解函数 gaopt(),则会自动生成所需的初始种群 P_0。

② 设置代数为 $i = 1$,即设置其为第 1 代。

③ 计算选择函数的值,所谓选择即通过概率的形式从种群中选择若干个体的方式。遗传算法最优化工具箱提供了 3 个选择函数,其中 roulette() 实现了轮盘选择算法,normGeomSelect() 函数实现了归一化几何选择方法,tournSelect() 实现了锦标赛形式的选择方式,normGeomSelect() 函数为默认选择函数。

④ 通过染色体个体基因的复制、交叉、变异等创造新的个体,构成新的种群 P_{i+1},其中复制、交叉和变异都有相应的 MATLAB 函数,gaopt() 函数选择其中默认的方法进行这样的处理,构成新的种群。

---

❶ 该工具箱的主函数名为 ga(),但该函数名与遗传算法和直接搜索工具箱中的函数同名,故这里将其改名为 gaopt(),原工具箱中其他函数也应该适当修改。

⑤ $i = i + 1$,若终止条件不满足,则转移到步骤③继续进化处理。

和传统最优化算法比较,遗传算法主要有以下几点不同[22]:

① 不同于从一个点开始搜索最优解的传统的最优化算法。遗传算法从一个种群开始对问题的最优解进行并行搜索,所以更利于全局最优化解的搜索,但遗传算法需要指定各个自变量的范围,而不像最优化工具箱中可以使用无穷区间的概念。

② 遗传算法并不依赖于导数信息或其他辅助信息来进行最优解搜索,而只由目标函数和对应于目标函数的适应度水平来确定搜索的方向。

③ 遗传算法采用的是概率性规则而不是确定性规则,所以每次得出的结果不一定完全相同,有时甚至会有较大的差异。

10.4.2　基于遗传算法的最优化问题求解

这里将主要介绍遗传算法最优化工具箱中的 gaopt() 函数在求解最优化问题中的应用,介绍使用该函数的原因是因为该函数调用简单。即使对遗传算法理解不多,甚至不知道染色体如何选择,如何进行交叉和变异,如何进行选择等关于遗传算法的最基本知识,但利用 MATLAB 语言描述出目标函数,就可以得出最优解。和最优化工具箱不同,gaopt() 函数能求解的问题是最大化问题,所以在编写目标函数时应该注意。gaopt() 函数的常用调用格式为

$$[a,\text{b},\text{c}] = \text{gaopt}(\text{bound},\text{fun}) \qquad \% \text{ 最简调用格式}$$
$$[x,\text{b},\text{c},\text{d}] = \text{gaopt}(\text{bound},\text{fun},p,v,P_0,\text{fun1},n)$$

其中,$\text{bound} = [x_\text{m}, x_\text{M}]$ 为求解区间下界 x_m 和上界 x_M 构成的矩阵,fun 为字符串,表示用户编写的目标函数,其写法与最优化工具箱的目标函数写法相近,但结构不完全相同,后面将通过例子来描述之。返回的 a 为搜索的结果向量,由搜索出的最优 x 向量与目标函数构成,b 为搜索的最终种群,c 为搜索中间过程参数表,其第一列为代数,后面各列分别为该代最好的个体与目标函数的值,可以认为是寻优的中间结果。在第 2 种调用格式中,p 可以给目标函数增加附加参数,这些参数必须和目标函数对应,v 为精度及显示控制向量,P_0 为初始种群,fun1 为终止函数的名称,默认值为 'maxGenTerm',n 为最大的允许代数。当然还有其他调用参数的用户设置格式,如选择函数及参数、变异函数及参数等,在这里不具体介绍,读者可以参见文献 [23]。

MATLAB 的全局优化工具箱中的 ga() 函数可以直接求解基于遗传算法的无约束最优化问题和带有各种约束条件的最优化问题[24],和最优化工具箱中的相应函数类似,ga() 函数求解的仍然是最小化问题,其调用格式为

$$[x,f,\text{flag},\text{out}] = \text{ga}(\text{fun},n,\text{opts})$$
$$[x,f,\text{flag},\text{out}] = \text{ga}(\text{fun},n,A,B,A_\text{eq},B_\text{eq},x_\text{m},x_\text{M},\text{nfun},\text{opts})$$

其中,fun 为描述目标函数的 MATLAB 函数,其格式与最优化工具箱一致,

但优化变量个数 n 为必须提供的变量，opts 为遗传算法控制选项，可以调用 gaoptimset() 函数设置各种选项。例如，用其 Generations 属性可以设定最大允许的代数，InitialPopulation 属性可以设置初始种群，用 PopulationSize 属性可以给定种群的规模，用 SelectionFcn 属性可以定义选择函数等。函数调用结束后，返回的 x 为搜索的结果，若返回的 flag 大于 0，则表示求解成功，否则求解出现问题。

调用 ga() 函数求解有约束最优化问题时，应采用 gaoptimset() 函数修改变异函数属性，并可以考虑使得增大初始种群的大小，如设置成 100。

```
opts = gaoptimset('MutationFcn',@mutationadaptfeasible,...
        'PopulationSize',100);  %编译函数与种群函数设置
```

例 10-11 考虑一个简单的一元函数最优化问题求解 $f(x)=x\sin(10\pi x)+2$，$x\in(-1,2)$，试求出 $f(x)$ 取最大值时 x 的值。

用下面的语句可以绘制出求解区间内目标函数的曲线，如图 10-41 所示。可以看出，该曲线为振荡曲线，存在很多极值点。

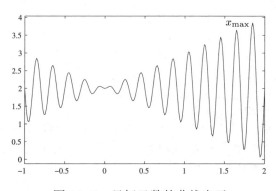

图 10-41　目标函数的曲线表示

```
>> ezplot('x*sin(10*pi*x)+2',[-1,2])
```

因为最优化工具箱的搜索函数需要给出初值，所以对不同的初值可能得出不同的搜索结果，例如可以给出如下的语句试测不同初值，得出的结果如表 10-3 所示。可见，随意选择一个初值很难得出全局最优解，故用传统寻优方式不一定能得出满意的结果。

```
>> f=@(x)-x.*sin(10*pi*x)-2; v=[];
   for x0=[-1:0.8:1.5,1.5:0.1:2]
       x1=fmincon(f,x0,[],[],[],[],-1,2); v=[v; x0,x1,f(x1)];
   end
```

利用遗传算法函数 gaopt()，完全选择默认选项，则可以编写目标函数文件如下：

```
function [sol,y]=c10mga1(sol,options)
x=sol(1); y=x.*sin(10*pi*x)+2;
```

表 10-3 不同初值 x_0 下搜索到的最优解及目标函数值

x_0	搜索解 x_1	目标函数 $f(x_1)$	x_0	搜索解 x_1	目标函数 $f(x_1)$	x_0	搜索解 x_1	目标函数 $f(x_1)$
-1	-1	-2	1.4	1.45070	-3.45035	1.7	1.25081	-3.25040
-0.2	-0.65155	-2.65078	1.5	0.25397	-2.25200	1.8	1.85055	-3.85027
0.6	0.65155	-2.65078	1.6	1.65061	-3.65031	1.9	0.452233	-2.451121

这样,完全用默认参数调用遗传算法工具箱中的 gaopt() 函数,而不对其编码等做任何指定,则可以得出如下的结果

```
>> [x0,a,fopt]=gaopt([-1,2],'c10mga1')
```

可以得出 $x = 1.85054746647533$, $f_{\text{opt}}(x_0) = 3.85027376676810$。可见,通过 100 代的搜索,可以得出全局最优解。

例 10-12 考虑下面的线性规划问题 $\min\ (x_1 + 2x_2 + 3x_3)$。

$$\boldsymbol{x} \text{ s.t.} \begin{cases} -2x_1 + x_2 + x_3 \leqslant 9 \\ -x_1 + x_2 \geqslant -4 \\ 4x_1 - 2x_2 - 3x_3 = -6 \\ x_{1,2} \leqslant 0, x_3 \geqslant 0 \end{cases}$$

由等式约束可以解出 $x_3 = (6 + 4x_1 - 2x_2)/3$。可见,原来三元最优化问题可以转换成二元最优化问题。由上面的推导,可以用下面的 MATLAB 函数描述目标函数为

```
function [sol,y]=c10mga4(sol,options)
x=sol(1:2); x=x(:); x(3)=(6+4*x(1)-2*x(2))/3;
y1=[-2 1 1]*x; y2=[-1 1 0]*x;
if (y1>9 | y2<-4 | x(3)<0), y=-100; else, y=-[1 2 3]*x; end
```

其中用 x_1, x_2 数据计算出 x_3 的值,并判定约束条件是否满足,在不满足约束条件时人为地将目标函数的值设置成 -100,有意排除这些种群,这样就能由下面语句较好地解决有约束最优化问题

```
>> [a,b,c]=gaopt([-1000 0; -1000 0],'c10mga4',[],[],[],...
     'maxGenTerm',1000);
   c=[c(1:15:end,:); c(end,:)]; a,c
```

这里只得出了 x_1, x_2,而 x_3 可以由 $x_3 = (6 + 4x_1 - 2x_2)/3$ 求得为 0.00005529863957。遗传算法的中间结果由表 10-4 给出。

该问题用线性规划函数可以立即得出更精确的结果 $x_1 = -7, x_2 = -11, x_3 = 0$。

```
>> f=[1 2 3]; A=[-2 1 1; 1 -1 0]; B=[9; 4]; Aeq=[4 -2 -3]; Beq=-6;
   x=linprog(f,A,B,Aeq,Beq,[-inf;-inf;0],[0;0;inf])
```

从最优化问题求解的方法看,最优化工具箱中的函数一次只能搜索到一个解,对非凸性问题来说往往可能找到一个局部最优值,而用遗传算法则可以同时从一组初值点出发,有可能找到更好的局部最优值甚至全局最优值,但其求取最优值算法的精度和速度均不是很理想。在实际求解问题中,可以考虑采用这样的策略,先

表 10-4　遗传算法搜索部分中间结果

代	x_1	x_2	$f(\boldsymbol{x})$	代	x_1	x_2	$f(\boldsymbol{x})$
1	−269.865097	−377.03111	−100	57	−1.45193811	0	1.2596906
90	−1.59065611	−0.66893063	1.9532806	123	−1.86036633	−0.81042981	3.30183165
186	−5.897126844	−9.4606018	23.485634	356	−6.38843298	−10.04209934	25.9421649
613	−6.889962856	−10.806835	28.449814	676	−6.90297178	−10.80664291	28.5148589
823	−6.925942985	−10.8757421	28.629715	1080	−6.96383795	−10.92786854	28.8191898
1397	−6.990366303	−10.9807717	28.951832	1768	−6.99734513	−10.99471444	28.9867257
1849	−6.997368852	−10.9949498	28.986844	1952	−6.99950347	−10.99926216	28.9975174
1994	−6.999896151	−10.9998524	28.999481	2000	−6.99991670	−10.99991635	28.9995835

用遗传算法初步定出全局最优值所在的大概位置,然后以该位置为初值,调用最优化工具箱中的函数快速、准确地求出该最优值。

例 10-13 前面的例子还可以用直接搜索函数 patternsearch() 函数直接求解

```
>> f=@(x)[1 2 3]*x(:); A=[-2 1 1; 1 -1 0]; B=[9; 4];
   Aeq=[4 -2 -3]; Beq=-6; xm=[-inf;-inf;0]; xM=[0;0;inf];
   x0=[0;0;0]; x=patternsearch(f,x0,A,B,Aeq,Beq,xm,xM)
```

遗憾的是,虽然全局优化工具箱中提供的 ga() 函数号称能直接求解有约束最优化问题,但处理等式约束的能力不佳,下面的语句并不能正常求解前面的线性规划问题

```
>> x=ga(f,3,A,B,Aeq,Beq,xm,xM)
```

10.4.3　粒子群算法与最优化问题求解

粒子群优化(particle swarm optimization,PSO)算法是文献 [25] 提出的一种进化算法,该算法是受生物界鸟群觅食的启发而提出的搜索食物,即最优解的一种方法。假设某个区域内有一个食物(全局最优点),有位于随机初始位置的若干个鸟(或粒子),每一个粒子有到目前为止自己的个体最优值 $p_{i,b}$,整个粒子群有到目前为止群体的最优值 g_b,这样每个粒子可以根据下面的式子更新其速度和位置

$$v_i(k+1) = \phi(k)v_i(k) + \alpha_1\gamma_{1i}(k)[p_{i,b} - x_i(k)] + \alpha_2\gamma_{2i}(k)[g_b - x_i(k)] \quad (10\text{-}4\text{-}1)$$

$$x_i(k+1) = x_i(k) + v_i(k+1) \quad (10\text{-}4\text{-}2)$$

其中 γ_{1i} 和 γ_{2i} 为 $[0,1]$ 区间内均匀分布的随机数,$\phi(k)$ 为惯量函数,α_1 和 α_2 为加速常数。

文献 [26] 给出了一个基于粒子群优化算法的 MATLAB 工具箱,其主函数 pso_Trelea_vectorized() 可以用来搜索最优值,其常用调用格式为

[sol,tr]=pso_Trelea_vectorized(fun,n,v_{M},[$\boldsymbol{x}_{\mathrm{m}}$,$\boldsymbol{x}_{\mathrm{M}}$],key,options)

其中,fun 为描述目标函数的 MATLAB 函数名,n 是 $\boldsymbol{x}$ 向量的维数,这两个量是求解最优化问题必须提供的,其他变量是可选的;变量 v_{M} 是最大的允许速度,其默

认值为 4; x_m、x_M 是每个变量的最小和最大值向量, 默认为 ±100; key 为极值类型选择, 默认的 0 为最小值, 1 为最大值; 选项 options 为结构体控制变量; 返回的 $(n+1)\times1$ 列向量 sol 由两个部分构成, 前 n 个元素为搜索到的 x 向量, 第 $n+1$ 个元素是目标函数的最优值; 返回的 tr 记录了寻优的中间结果。主函数基于 Trelea 算法[27] 实现了粒子群优化功能。该函数调用了神经网络工具箱, 并将寻优的中间训练过程用图形显示出来, 比较直观。该函数还支持 Clerc 算法[28]。

这里给出的函数是"向量化"版本, 允许一次性运行一组粒子向量的目标函数求值, 故其效率远远高于非向量化的版本。在目标函数的描述上与传统的最优化目标函数有不同之处。前面介绍的目标函数中 x 为向量, 每个元素对应 x_i 的当前值, 而这里的 x 为矩阵, 其第 i 列为各个粒子的 x_i 值, 所以在原来目标函数程序中用的 $x(i)$ 变量应该修改为 $x(:,i)$, 且相应地应该进行点运算。下面将用实际例子演示最优化求解方法。

例 10-14 粒子群算法也可以求解例 10-12 中给出的无约束最优化问题。编写一个 MATLAB 函数描述目标函数

```
function y=c10mpso4(x)
x1=x(:,1); x2=x(:,2); x3=(6+4*x1-2*x2)/3; x=[x x3]';
y1=[-2 1 1]*x; y2=[-1 1 0]*x; y=[1 2 3]*x;
ii=find(y1>9|y2<-4|x3'<0); y(ii)=100; y=y(:);
```

注意这里的向量化描述格式。有了目标函数, 则可以通过下面的语句直接求解原始问题, 得出精确的最优解 $x^T = [-7, -11, 0]$。

```
>> x=pso_Trelea_vectorized('c10mpso4',2);
   [x(1:2); (6+4*x(1)-2*x(2))/3]
```

10.4.4   基于全局优化算法的最优控制问题求解

从前面介绍的遗传算法、粒子群算法和直接搜索方法的应用看, 其优势在于能求解最优化问题的全局最优解, 而最优控制问题是计算机辅助设计中需要求解的问题, 所以可以考虑在系统设计中引入这些算法作为解决问题的工具。下面将通过例子演示遗传算法在最优控制器设计中的应用, 并指出该方法不能应用的场合。

例 10-15 第 7 章中介绍了基于常规最优化方法的最优控制器设计程序 OCD, 该程序在很多系统的控制器设计中均很有用, 然而, 该程序的最大问题是不容易构造不稳定受控对象的最优控制器, 其原因是很难找出一个初始点满足闭环系统稳定的条件, 故常规最优化算法不能正常启动。所以对不稳定受控对象问题采用 OCD 程序经常失效。

遗传算法的特点是能够同时从若干个初始点出发, 搜索最优值。如果由分布广泛的多个点构成的初始种群出发, 往往可能存在一个能够使闭环系统稳定的控制器初始参数, 所以采用遗传算法有可能弥补 OCD 程序的不足。考虑不稳定受控对象 $G(s) = \dfrac{s+2}{s^4 + 8s^3 + 4s^2 - s + 0.4}$, 若想为其设计最优控制器, 可以由 Simulink 搭建出

如图 10-42（a）所示的仿真框图。其中，为了不使控制信号过大，在 PID 控制器后串一个饱和非线性环节，使得饱和区域为 $\Delta=5$，由该框图按照遗传算法优化工具箱的目标函数定义方法可以写出下面的 MATLAB 函数来描述。此最优化问题的目标函数

```
function [sol,y]=c10funun(x,options)
sol=x; assignin('base','Kp',x(1));
assignin('base','Kd',x(2)); assignin('base','Ki',x(3));
[t_time,a,y_out]=sim('c10munsta.mdl',[0,10]); y=-y_out(end,1);
```

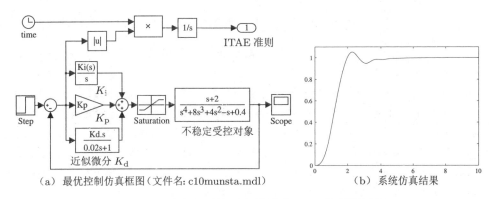

（a）最优控制仿真框图（文件名: c10munsta.mdl）　　　　（b）系统仿真结果

图 10-42　不稳定受控对象的最优 PID 控制器设计

注意，这里定义的目标函数是取极大值的，所以在 OCD 标准定义上加了负号。现在假设想在 $(0.1,100)$ 范围内搜索该问题的最优解，可以在 MATLAB 工作空间中输入下面的命令

```
>> x1=gaopt([0.1*ones(3,1), 100*ones(3,1)],'c10funun'),
   c10funun(x1(1:3))    % 显示最终控制曲线
```

可以在给出上述语句之前打开 Simulink 框图中的示波器来观察进化进程。在寻优之前在寻优过程开始时的种群中响应曲线较好的个体较少，随着进化进程的推进可以发现好的个体越来越多。得出 $x_1=[71.9125,83.2566,0.2257]^{\mathrm{T}}$，目标函数的值为 1.0678。优化过程结束后，可以设计出最优控制器为 $G_{\mathrm{c}}(s)=71.9125+\dfrac{0.2257}{s}+\dfrac{83.2566s}{0.01s+1}$，在该控制器作用下的阶跃响应如图 10-42（b）所示，可见，对不稳定受控对象仍能利用遗传算法来设计出最优控制器，从而很好地控制受控对象。注意，由于遗传算法本身的随机性，本例每次得出的结果可能相差很大，但最优目标函数的值差不多，控制效果也差不多。

改写前面给出的目标函数，则可以描述目标函数的最小值

```
function y=c10funun1(x)
assignin('base','Kp',x(1)); assignin('base','Kd',x(2));
assignin('base','Ki',x(3));
[t_time,a,y_out]=sim('c10munsta.mdl',[0,10]); y=y_out(end,1);
```

用直接搜索方法也可以得出类似的解为 $x_2 = [30.6880, 35.5298, 0.2198]^T$,目标函数值为 1.0541

```
>> x2=patternsearch(@c10funun1,rand(3,1))
```

相比之下,粒子群算法直接应用稍麻烦些,因为这里给出的粒子群算法求解函数是基于向量化目标函数的

```
function y=c10funun2(x)
for i=1:size(x,1)
    assignin('base','Kp',x(i,1)); assignin('base','Kd',x(i,2));
    assignin('base','Ki',x(i,3));
    [t_time,a,y_out]=sim('c10munsta.mdl',[0,10]); y(i)=y_out(end,1);
end
```

这样就可以通过 PSO 求解函数直接搜索全局最优解 $x = [34.0046, 39.3404, 0.1905]^T$,目标函数最优值为 1.0424。可见,粒子群算法解决本例控制器设计问题得出的目标函数值最小,但从曲线上看三个控制器的效果没有明显差异。另外,粒子群算法所需的时间远远长于其他两种算法。此外,由这三种算法得出的结果作为初值,由 fminsearch() 函数直接寻优,都将得出和粒子群算法完全一致的结果,基本可以断定粒子群算法得出的是全局最优解,而另外两种方法得到的是次最优解。

```
>> x=pso_Trelea_vectorized('c10funun2',3)
```

例 10-16 考虑例 10-6 中给出的模糊 PD 控制问题,该例中的 K_p、K_d 和 K_u 是随意选的,现在考虑用 OCD 程序求解该参数的最优选择问题。

仍选择 ITAE 指标为最优化指标,可以搭建起如图 10-43(a)所示的仿真框图,选择仿真终止时间 $t_{end} = 4$,运行 OCD 程序可以搜索出最优控制器参数为 $K_p = 1.9032$,$K_d = 0.5352$,$K_u = 2.2$。该性能指标下的最优控制可以使得例 10-6 中的 ITAE 指标从 0.228482 降至 0.0759,得出如图 10-43(b)所示的仿真结果。可见,通过最优化搜索可以使 K_p, K_d, K_u 的选择更加合理,控制效果有显著改善。

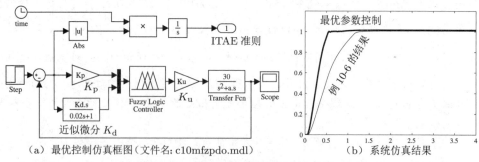

(a) 最优控制仿真框图(文件名: c10mfzpdo.mdl)   (b) 系统仿真结果

图 10-43 模糊 PD 控制的寻优结果

在这个例子中,每步仿真需要的时间大约为 25 s,不适合采用遗传算法进行求解,因为采用遗传算法将有巨大的运算量,可以说,遗传算法在控制器设计中不是万能的。

同样的问题再考虑常规 PD 控制器的设计,OCD 可用的 PD 控制框图如图 10-44 (a)所示。为了不使控制信号过大,在 PD 控制器后串一个饱和非线性环节,使饱和区域为 $\Delta = 2$,这样通过寻优可以设计出最优 PD 控制器为 $G_c(s) = 1595.9+69.9s/(0.02s+1)$,由该控制器分别去控制 $a = 5, 10, 30$ 的受控对象,可以得出如图 10-44 (b)所示的控制效果。可见,对本例来说,使用常规 PD 控制在保证控制信号不过大的情况下可以得出更好的控制效果。

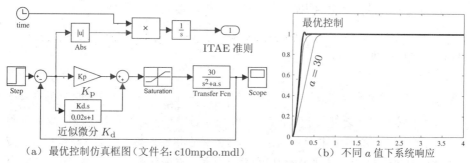

(a) 最优控制仿真框图(文件名: c10mpdo.mdl)   (b) 不同 a 值下系统响应

图 10-44   常规 PD 控制的寻优结果

遗传算法、粒子群算法和直接搜索方法等已经嵌入了 OCD、OptimPID 等图形用户界面,在这些界面下只需选择相应的列表项就可以使用这些现成工具直接搜索全局最优解。和常规的最优化搜索方法相比,这些算法更可能得到全局最优解,但计算速度一般远慢于传统寻优方法。

10.5   本章要点简介

- 本章概略地介绍了两种常用的自适应控制系统,即模型参考自适应控制系统与自校正调节器系统,介绍了一种常用的模型参考自适应控制系统的仿真方法,介绍了最小方差自校正调节器的设计与仿真、广义预测自适应控制器的设计与仿真等方面的内容,并给出了仿真程序。

- 模糊逻辑与基于模糊逻辑的控制器设计是智能控制中的主要内容和热门研究方向,模糊逻辑控制器在实际控制中也被广泛应用。本章介绍了模糊逻辑的基本概念,并详细介绍了模糊逻辑控制器的建模方法及仿真分析,还介绍了一种基于模糊逻辑的 PID 控制器的仿真方法。

- 提供了一些基于神经网络的控制器模型,其中大部分算法取自文献 [16],本书对这些代码进行了改写,封装成控制器模型,可以在仿真中直接使用。客观地说,由于其中的一些算法选择得不是很理想,故它们只适用于所提供例子的控制,若采用其他受控对象则可能效果不佳,所以在实际系统设计中可以考虑采用更好的基于神经网络的控制器算法,得到更好的控制效果。

- 最优化方法是控制系统设计中的一种重要方法,经典的最优化问题求解方法有时会陷入局部最小值的困扰,所以可能不能求出真正的最优值,有时甚至没有办法找到一个可行解。基于遗传算法的最优化计算方法往往可以容易地避免这样的问题,因此,本章介绍了基于遗传算法的最优化问题求解方法,并基于此方法介绍了最优控制器的设计问题。

- 粒子群算法是另一类全局最优化的重要算法,利用现成的粒子群算法函数和直接搜索算法函数也可以求解全局最优控制器的设计问题。

10.6 习 题

(1) 已知受控对象模型 $G(s) = \dfrac{\alpha_1 s^2 + \alpha_2 s + \alpha_3}{s^4 + 10s^3 + 35s^2 + 50s + 24}$,试研究模型参考自适应控制策略对该模型进行控制的效果,找出用该模型参考自适应系统不能较好控制的 α_i 值。还可以考虑其他的相对阶为 2 的最小相位稳定受控对象模型的自适应控制问题的研究,并引入非线性环节,观察该算法是否适用。

(2) 求 Diophantine 方程的解并验证解的正确性。
① $A(z^{-1}) = 1 - 0.7z^{-1}$, $B(z^{-1}) = 0.9 - 0.6z^{-1}$, $C(z^{-1}) = 2z^{-2} + 1.5z^{-3}$
② $A(z^{-1}) = 1 + 0.6z^{-1} - 0.08z^{-2} + 0.152z^{-3} + 0.0591z^{-4} - 0.0365z^{-5}$, $B(z^{-1}) = 5 - 4z^{-1} - 0.25z^{-2} + 0.42z^{-3}$, $C(z^{-1}) = 1$

(3) 请为受控对象 $(1 - 1.28z^{-1} + 0.49z^{-2})y(t) = (0.5 + 0.7z^{-1})u(t-1)$ 设计最小方差控制器,并对其进行仿真,观察输出信号是否满意。

(4) 已知系统模型为 $y(t) + 2.1y(t-1) + 1.61y(t-2) + 0.531y(t-3) + 0.063y(t-4) = 2u(t-2) + 1.3u(t-3) + 0.5\xi(t) + 0.5\xi(t-1) + 0.2\xi(t-2)$,试构造出该系统的提前 2 步预报模型,并对方波输入的系统仿真输出信号和预报信号,比较得出的结果。

(5) 假设受控对象模型为 [13] $y(t) = 0.503y(t-1) - 0.053y(t-2) + 0.017u(t-3) + 0.186u(t-4) + 0.011u(t-5) + \omega(t)/\Delta$,其中 $\omega(t)$ 为均值为 0,方差为 0.01 的白噪声,试用广义预测控制对其仿真,得出较好的 N_2 及 N_u 值。

(6) 对前面介绍的模糊 PD 控制器及仿真系统进行研究,若选择很小的 K_p、K_d 值将得出什么样的控制效果,为什么? 若想获得较好的控制效果,应该如何调整 K_p、K_d 甚至 K_u 的值。

(7) 已知表 10-5 中给出的样本点 (x_i, y_i) 数据,试利用神经网络理论在 $x \in (1, 10)$ 求解绘制出样本对应的函数曲线。还可以尝试不同的神经网络结构和训练算法,得出较好的拟合效果。

(8) 假设已知实测数据由表 10-6 给出,试利用神经网络对 (x, y) 在 $(0.1, 0.1) \sim (1.1, 1.1)$ 区域内的点进行插值,并用三维曲面的方式绘制出基于神经网络的插值结果。

表 10-5　习题 (7) 数据

x_i	1	2	3	4	5	6	7	8	9	10
y_i	244.0	221.0	208.0	208.0	211.5	216.0	219.0	221.0	221.5	220.0

表 10-6　习题 (8) 数据

y_i	x_1	x_2	x_3	x_4	x_5	x_6	x_7	x_8	x_9	x_{10}	x_{11}
0	0.1	0.2	0.3	0.4	0.5	0.6	0.7	0.8	0.9	1	1.1
0.1	0.83041	0.82727	0.82406	0.82098	0.81824	0.8161	0.81481	0.81463	0.81579	0.81853	0.82304
0.2	0.83172	0.83249	0.83584	0.84201	0.85125	0.86376	0.87975	0.89935	0.92263	0.94959	0.9801
0.3	0.83587	0.84345	0.85631	0.87466	0.89867	0.9284	0.96377	1.0045	1.0502	1.1	1.1529
0.4	0.84286	0.86013	0.88537	0.91865	0.95985	1.0086	1.0642	1.1253	1.1904	1.257	1.3222
0.5	0.85268	0.88251	0.92286	0.97346	1.0336	1.1019	1.1764	1.254	1.3308	1.4017	1.4605
0.6	0.86532	0.91049	0.96847	1.0383	1.118	1.2046	1.2937	1.3793	1.4539	1.5086	1.5335
0.7	0.88078	0.94396	1.0217	1.1118	1.2102	1.311	1.4063	1.4859	1.5377	1.5484	1.5052
0.8	0.89904	0.98276	1.082	1.1922	1.3061	1.4138	1.5021	1.5555	1.5573	1.4915	1.346
0.9	0.92006	1.0266	1.1482	1.2768	1.4005	1.5034	1.5661	1.5678	1.4889	1.3156	1.0454
1	0.94381	1.0752	1.2191	1.3624	1.4866	1.5684	1.5821	1.5032	1.315	1.0155	0.62477
1.1	0.97023	1.1279	1.2929	1.4448	1.5564	1.5964	1.5341	1.3473	1.0321	0.61268	0.14763

(9) 选择初始参数，使得例 10-9 中的受控对象模型能被径向基函数网络 PID 控制器直接控制。

(10) 试求解非线性最优化问题 $\min\limits_{(x,y)\ \text{s.t.}\ \begin{cases}-1\leqslant x\leqslant 3\\-3\leqslant y\leqslant 3\end{cases}} \sin(3xy)+xy+x+y$。

(11) 考虑 Rosenbrock 教授提出的最优化问题 [29]

$$J = \min_{\boldsymbol{x}\ \text{s.t.}\ -2.048\leqslant x_{1,2}\leqslant 2.048} 100(x_1^2 - x_2) + (1 - x_1)^2$$

试用遗传算法求解该问题，并与传统最优化方法得出的结果进行比较。

(12) De Jong 最优化问题 [22] 是一个富有挑战性的最优化基准测试问题，其目标函数为

$$J = \min_{\boldsymbol{x}} \boldsymbol{x}^{\mathrm{T}}\boldsymbol{x} = \min_{\boldsymbol{x}}(x_1^2 + x_2^2 + \cdots + x_{20}^2)$$

若 $-512 \leqslant x_i \leqslant 512, i = 1, 2, \cdots, 20$，试用遗传算法得出其最优化问题的解，并用普通的无约束最优化算法函数 `fminunc()` 求解同样的问题，比较两种方法所需的时间和精度。显然，该问题的全局最优解为 $x_1 = x_2 = \cdots = x_{20} = 0$。

(13) 试利用遗传算法求解下面的有约束最优化问题，并和传统数值方法进行比较。

$$\boldsymbol{x}\ \text{s.t.}\begin{cases}\max \qquad\qquad\qquad \dfrac{1}{2\cos x_6}\left[x_1 x_2(1+x_5)+x_3 x_4\left(1+\dfrac{31.5}{x_5}\right)\right]\\[4pt]0.003079 x_1^3 x_2^3 x_5-\cos^3 x_6\geqslant 0\\0.1017 x_3^3 x_4^3-x_5^2\cos^3 x_6\geqslant 0\\0.09939(1+x_5)x_1^3 x_2^2-\cos^2 x_6\geqslant 0\\0.1076(31.5+x_5)x_3^3 x_4^2-x_5^2\cos^2 x_6\geqslant 0\\x_3 x_4(x_5+31.5)-x_5[2(x_1+5)\cos x_6+x_1 x_2 x_5]\geqslant 0\\0.2\leqslant x_1\leqslant 0.5, 14\leqslant x_2\leqslant 22, 0.35\leqslant x_3\leqslant 0.6,\\16\leqslant x_4\leqslant 22, 5.8\leqslant x_5\leqslant 6.5, 0.14\leqslant x_6\leqslant 0.2618\end{cases}$$

(14) 试采用遗传算法为下面的受控对象设计最优 PID 控制器。

① 非最小相位系统: $G(s)=\dfrac{-s+5}{s^3+4s^2+5s+6}$;

② 不稳定非最小相位系统: $G(s)=\dfrac{-0.2s+5}{s^4+3s^3+5s^2-6s+9}$;

③ 不稳定采样系统: $H(z)=\dfrac{4z-2}{z^4+2.9z^3+2.4z^2+1.4z+0.4}$。

参考文献

1　Fu K S. Learning control systems and intelligent control systems: an intersection of artificial intelligence and automatic control. IEEE Transaction on Automatic Control, 1971, AC-16(1):70~72

2　李人厚. 智能控制理论和方法. 西安: 西安电子科技大学出版社, 1999

3　蔡自兴. 智能控制 —— 基础与应用. 北京: 国防工业出版社, 1998

4　Egardt B. Stability of adaptive controllers. Berlin: Springer-Verlag, 1979

5　Landau I D. Adaptive control —— the model reference approach. New York: Marcel Dekker, 1979 (吴百凡译. 自适应控制——模型参考方法, 北京: 国防工业出版社, 1985)

6　徐心和. 模型参考自适应系统. 沈阳: 东北工学院讲义, 1982

7　Åström K J, Wittenmark B. On self-tuning regulators. Automatica, 1973, 9:185~199

8　Åström K J, Wittenmark B. Adaptive control. Reading: Addison-Wesley Inc, 1989

9　韩曾晋. 自适应控制. 信息、控制与系统系列教材. 北京: 清华大学出版社, 1995

10　Mościński J, Ogonowski Z. Advanced control with MATLAB and Simulink. London: Ellis Horwood, 1995

11　Clarke D W, Mohtadi C, Tuffs P S. Generalized predictive control —— Part I. The basic algorithm. Automatica, 1987, 23:137~148

12　Clarke D W, Mohtadi C, Tuffs P S. Generalized predictive control —— Part II. Extensions and interpretations. Automatica, 1987, 23:149~160

13　王伟. 广义预测控制理论及其应用. 北京: 科学出版社, 1998

14　Zadeh L A. Fuzzy sets. Information and Control, 1965, 8:338~353

15 诸静. 模糊控制原理与应用. 北京: 机械工业出版社, 1995

16 刘金琨. 先进 PID 控制及其 MATLAB 仿真. 北京: 电子工业出版社, 2003

17 Hagan M T, Demuth H B, Beale M H. Neural network design. PWS Publishing Company, 1995 (戴葵等译. 神经网络设计. 北京: 机械工业出版社, 2002)

18 Hunt K J, Sbarbaro D, Zbikowski R, Gawthrop P J. Neural networks for control systems — a survey. Automatica, 1992, 28(6):1083~1112

19 Nørgaard N, Ravn O, Poulsen N K, Hansen L K. Neural networks for modelling and control of dynamic systems. London: Springer-Verlag, 2000

20 Goldberg D E. Genetic algorithms in search, optimzation and machine learning. Addison-Wesley, 1989

21 邵军力, 张景, 魏长华. 人工智能基础. 北京: 电子工业出版社, 2000

22 Chipperfield A, Fleming P. Genetic algorithm toolbox user's guide. Department of Automatic Control and Systems Engineering, University of Sheffield, 1994

23 Houck C R, Joines J A, Kay M G. A genetic algorithm for function optimization: a MATLAB implementation. GAOT 工具箱手册电子版, 1995

24 The MathWorks Inc. Genetic algorithm and direct search toolbox — User's guide 2.0, 2005

25 Kennedy J, Eberhart R. Particle swarm optimization. Proceedings of IEEE International Conference on Neural Networks. Perth, Australia, 1995 1942~1948

26 Birge B. PSOt, a particle swarm optimization toolbox for MATLAB. Proceedings of the 2003 IEEE Swarm Intelligence Symposium. Indianapolis, 2003 182~186

27 Trelea I C. The particle swarm optimization algorithm: convergence analysis and parameter selection. Information Processing Letters, 2003, 85(6):317~325

28 Clerc M, Kennedy J. The particle swarm: explosion, stability, and convergence in a multidimensional complex space. IEEE Transactions on Evolutionary Computation, 2002, 6(1):58~73

29 Rosenbrock H H. An automatic method for finding the greatest or least value of a function. Computer Journal, 1960, 3:175~184

第 *11* 章

分数阶系统的分析与设计

分数阶系统理论是近十年来在国际控制界较为活跃的研究方向，尤其是近年来在分数阶系统领域出现了很多新的成果，有较好的理论意义和应用前景。

所谓分数阶系统就是指系统的阶次不再是整数的系统，这和前面叙述的系统不一样。一般地，$\mathrm{d}^n y/\mathrm{d}t^n$ 表示 y 对 t 的 n 阶导数，但若 $n = 1/2$ 时是什么含义呢？这是 300 多年以前法国著名数学家 Guillaume François Antoine L'Hôpital 问过微积分学创造者之一 Gottfried Wilhelm Leibniz 的一个问题[1~3]。从那时起，就开始有学者研究分数阶微积分问题了，所以说分数阶微积分理论建立至今已经有 300 多年的历史了，早期主要侧重于纯数学理论研究，19 世纪开始出现了各种分数阶微积分的定义，但直到 20 年前才开始在科学与工程中见到分数阶微积分学理论的应用，在自动控制领域也出现了分数阶控制理论等新的分支[4~6]。

本书使用 $\mathscr{D}^\alpha$ 算子来表示分数阶微积分运算，其中 $\alpha > 0$ 表示函数的 α 阶微分运算，而 $\alpha < 0$ 表示 $-\alpha$ 阶积分运算，$\alpha = 0$ 表示原函数，很显然，这样的统一记号更便于分数阶微积分的描述。

严格说来，"分数阶"一词是误用的词汇，因为阶次还可能是无理数，如 $\mathrm{d}^{\sqrt{2}} y/\mathrm{d}t^{\sqrt{2}}$，所以更准确的词应该是"非整数阶"（non-integer order），但由于该领域发展已久，研究者绝大多数都已习惯于"分数阶"一词，所以本书仍将沿用该词来叙述相关的研究内容。

以往的控制理论和其他数学建模方法侧重于集中参数系统的建模，例如电阻可以用一个比例系数来表示。在电阻不能用集中参数表示时，则需要用描述分布参数系统的偏微分方程来精确描述，例如远距离传输线的模型和电热炉模型等。这类模型在控制系统仿真软件中很难描述。引入分数阶微分算子，则可以将其用分数阶微分方程描述，在仿真回路中可以容易地表示这样的问题。另外，由于分数阶微积分本身的特性，分数阶控制器具有很多整数阶系统无法实现的优越性，所以研究分数阶系统的建模、分析与设计也是很有实际意义的。

本章 11.1 节将介绍分数阶微积分的各种定义及计算方法,介绍分数阶微积分的性质,并给出 Mittag-Leffler 函数及常用的 Laplace 变换公式。11.2 节介绍分数阶线性微分方程的闭式数值求解公式及其 MATLAB 求解方法,并介绍解析求解的方法。11.3 节将给出分数阶传递函数的概念,并介绍 MATLAB 下类与对象的编程方法及重载函数的设计方法,还将给出分数阶线性系统的一般分析方法,包括稳定性分析、范数计算、时域与频域分析方法等。11.4 节首先介绍分数阶算子与分数阶传递函数模型的整数阶近似,因为由整数阶近似得出的分数阶模型一般阶次很高,所以该节进一步介绍了分数阶模型的低阶整数阶最优降阶方法。11.5 节介绍基于 Simulink 框图的分数阶非线性系统的仿真方法。11.6 节介绍分数阶受控对象的最优分数阶 PID 控制器设计方法。

11.1   分数阶微积分定义与数值计算

在分数阶微积分理论发展过程中,出现了函数分数阶微积分的许多种定义,包括 Cauchy 积分公式、Grünwald-Letnikov 分数阶微积分定义、Riemann-Liouville 分数阶微积分定义以及 Caputo 定义等,这些定义都是由整数阶微积分直接扩展得出的。本节将先介绍这些定义及其等效关系,然后介绍 Grünwald-Letnikov 分数阶微积分定义的数值计算方法及分数阶微积分的各种性质。

11.1.1   分数阶微积分的定义

本节将给出各种分数阶微积分的定义,并介绍分数阶微分的计算方法。

① **分数阶 Cauchy 积分公式**。该公式从简单整数阶积分直接扩展而来。

$$\mathscr{D}_t^\gamma f(t) = \frac{\Gamma(\gamma+1)}{2\pi\mathrm{j}} \int_C \frac{f(\tau)}{(\tau-t)^{\gamma+1}} \mathrm{d}\tau \tag{11-1-1}$$

其中,C 为包围 $f(t)$ 单值与解析开区域的光滑曲线,$\mathscr{D}_t$ 为分数阶算子。

② **Grünwald-Letnikov 分数阶微积分定义**。该定义为

$$_a\mathscr{D}_t^\alpha f(t) = \lim_{h\to 0} \frac{1}{h^\alpha} \sum_{j=0}^{[(t-a)/h]} (-1)^j \binom{\alpha}{j} f(t-jh) \tag{11-1-2}$$

其中,$w_j^{(\alpha)} = (-1)^j \binom{\alpha}{j}$ 为函数 $(1-z)^\alpha$ 的二项式系数,该系数还可以更简单地由下面的递推公式直接求出

$$w_0^{(\alpha)} = 1, \ w_j^{(\alpha)} = \left(1 - \frac{\alpha+1}{j}\right) w_{j-1}^{(\alpha)}, \ j = 1, 2, \cdots \tag{11-1-3}$$

根据该定义可以推导出分数阶微分计算的算法为

$$_a\mathscr{D}_t^\alpha f(t) \approx \frac{1}{h^\alpha} \sum_{j=0}^{[(t-a)/h]} w_j^{(\alpha)} f(t-jh) \tag{11-1-4}$$

假设步长 h 足够小,则可以用式(11-1-4)直接求出函数数值微分的近似值,并可以证明[2],该公式的精度为 $o(h)$。

③ Riemann-Liouville **分数阶微积分公式**,其分数阶积分的定义为

$$_a\mathscr{D}_t^{-\alpha}f(t) = \frac{1}{\Gamma(\alpha)}\int_a^t (t-\tau)^{\alpha-1}f(\tau)\mathrm{d}\tau \tag{11-1-5}$$

其中,$0 < \alpha < 1$,且 a 为初值,一般可以假设零初始条件,即令 $a = 0$,这时微分记号可以简写成 $\mathscr{D}_t^{-\alpha}f(t)$。Riemann-Liouville 定义为目前最常用的分数阶微积分定义。特别地,$\mathscr{D}$ 左右侧的下标分别表示积分式的下界和上界[7]。

由这样的积分还可以定义出分数阶微分。假设分数阶 $n-1 < \beta \leqslant n$,则定义其分数阶微分为

$$_a\mathscr{D}_t^{\beta}f(t) = \frac{\mathrm{d}^n}{\mathrm{d}t^n}\left[_a\mathscr{D}_t^{-(n-\beta)}f(t)\right] = \frac{1}{\Gamma(n-\beta)}\frac{\mathrm{d}^n}{\mathrm{d}t^n}\left[\int_a^t \frac{f(\tau)}{(t-\tau)^{\beta-n+1}}\mathrm{d}\tau\right] \tag{11-1-6}$$

④ Caputo **分数阶微分定义**。Caputo 分数阶微分定义为

$$_0\mathscr{D}_t^{\alpha}y(t) = \frac{1}{\Gamma(1-\gamma)}\int_0^t \frac{y^{(m+1)}(\tau)}{(t-\tau)^{\gamma}}\mathrm{d}\tau \tag{11-1-7}$$

其中,$\alpha = m+\gamma$, m 为整数,$0 < \gamma \leqslant 1$。类似地,Caputo 分数阶积分定义为

$$_0\mathscr{D}_t^{\gamma} = \frac{1}{\Gamma(-\gamma)}\int_0^t \frac{y(\tau)}{(t-\tau)^{1+\gamma}}\mathrm{d}\tau, \ \ \gamma < 0 \tag{11-1-8}$$

可以证明[2],对很广的一类实际函数来说,前面给出的 Grünwald-Letnikov 分数阶微积分定义及 Riemann-Liouville 分数阶微积分定义是完全等效的。Caputo 定义和 Riemann-Liouville 定义的区别主要表现在对常数求导的定义上,前者对常数的求导是有界的(为 0),而后者求导是无界的,Caputo 定义更适用于分数微分方程初值问题的描述。本节主要研究 Grünwald-Letnikov 分数阶微积分及其在控制中的应用问题。

11.1.2　函数分数阶微积分的数值计算

利用 Grünwald-Letnikov 定义可以立即编写出下面的函数来求取给定函数的分数阶微分函数[8]。

```
function dy=glfdiff(y,t,gam)
h=t(2)-t(1); dy(1)=0; y=y(:); t=t(:);
w=1; for j=2:length(t), w(j)=w(j-1)*(1-(gam+1)/(j-1)); end
for i=2:length(t), dy(i)=w(1:i)*[y(i:-1:1)]/h^gam; end
```

该函数的调用格式为 $y_1 = \text{glfdiff}(y,t,\gamma)$,其中,$y$、$t$ 分别为给定函数的采样值与时刻值构成的向量。要求 t 为等间距向量,且 γ 为分数阶的阶次,这样得出的 y_1 向量为函数的分数阶导数。

例 11-1 在整数阶微积分定义下,阶跃信号的微分为脉冲信号,一阶积分为斜线。下面语句可以直接绘制出阶跃的分数阶微积分曲线,如图 11-1 所示。

```
>> t=0:0.01:5; u=ones(size(t));
   y1=glfdiff(u,t,0.5); y2=glfdiff(u,t,-0.5);
   plot(t,y1,'-',t,y2,'--')
```

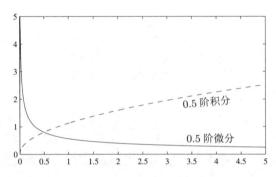

图 11-1　单位阶跃信号的分数阶微积分曲线

可见,单位阶跃信号的积分不再是斜线,而微分也不再是纯脉冲信号了。由于分数阶微分开始时刻的值趋于无穷大,后面有一个较缓慢渐变的过程,所以通常认为分数阶微积分是有一定记忆性能的。

例 11-2 考虑正弦函数 $f(t) = \sin(3t+1)$,其 0.3 阶导数如图 11-2 (a) 所示,且各阶导数的三维图表示如图 11-2 (b) 所示。

```
>> t=0:0.01:5; u=sin(3*t+1); ww=0:0.1:1; Y=[];
   y1=glfdiff(u,t,0.3); y2=3^0.3*sin(3*t+1+0.3*pi/2);
   plot(t,y1,'-',t,y2,'--'), figure
   for w=ww, Y=[Y; glfdiff(u,t,w)]; end, surf(t,ww,Y)
```

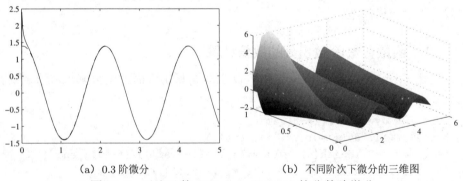

(a) 0.3 阶微分　　　　　　　　(b) 不同阶次下微分的三维图

图 11-2　正弦函数 $f(t) = \sin(3t+1)$ 的分数阶微分

该函数在 Caputo 定义下的 α 阶导数为 $3^{\alpha}\sin(3t+1+\alpha\pi/2)$,在图 11-2 (a) 中同时绘制出了该定义下的微分。可见,二者的主要区别是 $t \leqslant 0$ 时刻函数的定义。在

Grünwald-Letnikov 定义下,假设 $f(t) = 0$,这样在 $t = 0_+$ 时刻 $y(t)$ 信号从 0 跳变到 $\sin 1$,而 Caputo 定义下假设 $f(t)$ 仍满足原函数,在 $t = 0_+$ 时刻没有跳变。所以在初始时刻二者是不一样的。

由图 11-2(b) 给出的三维图可以看出,原函数的分数阶导数是在正弦和余弦信号之间渐变的,不像整数阶微分那样只能得出正弦和余弦信号,所以说,分数阶微积分所含的信息量要丰富得多。

11.1.3　分数阶微积分的性质

分数阶微积分有各种各样的性质,这里不加证明地给出如下性质[9]:

① 解析函数 $f(t)$ 的分数阶导数 ${}_0\mathscr{D}_t^\alpha f(t)$ 对 t 和 α 都是解析的。

② $\alpha = n$ 为整数时,分数阶微分与整数阶微分完全一致,且 ${}_0\mathscr{D}_t^0 f(t) = f(t)$。

③ 分数阶微积分算子为线性的,即对任意常数 a, b,有

$$
{}_0\mathscr{D}_t^\alpha \left[af(t) + bg(t) \right] = a\,{}_0\mathscr{D}_t^\alpha f(t) + b\,{}_0\mathscr{D}_t^\alpha g(t) \tag{11-1-9}
$$

④ 分数阶微积分算子满足交换律,并满足叠加关系

$$
{}_0\mathscr{D}_t^\alpha \left[{}_0\mathscr{D}_t^\beta f(t) \right] = {}_0\mathscr{D}_t^\beta \left[{}_0\mathscr{D}_t^\alpha f(t) \right] = {}_0\mathscr{D}_t^{\alpha+\beta} f(t) \tag{11-1-10}
$$

⑤ 函数分数阶微分的 Laplace 变换为

$$
\mathscr{L}\left[{}_0\mathscr{D}_t^\alpha f(t) \right] = s^\alpha \mathscr{L}[f(t)] - \sum_{k=1}^{n-1} s^k \left[{}_0\mathscr{D}_t^{\alpha-k-1} f(t) \right]_{t=0} \tag{11-1-11}
$$

特别地,若函数 $f(t)$ 及其各阶导数的初值均为 0,则 $\mathscr{L}\left[{}_0\mathscr{D}_t^\alpha f(t) \right] = s^\alpha \mathscr{L}[f(t)]$。和整数阶系统一样,本性质是一条很重要的性质,依赖此性质仍能建立起分数阶系统的传递函数模型,该模型是分数阶线性系统分析与设计的基础模型。

11.1.4　Mittag-Leffler 函数及其计算

在整数阶线性系统中,e 指数函数是描述解析解的重要函数,在分数阶系统中,e 指数函数的扩展——Mittag-Leffler 函数是特别重要的。

① **单参数 Mittag-Leffler 函数**,其定义为

$$
\mathscr{E}_\alpha(z) = \sum_{k=0}^{\infty} \frac{z^k}{\Gamma(\alpha k + 1)} \tag{11-1-12}
$$

其中 $\alpha \in \mathbb{C}$,该无穷级数收敛的条件为 $\Re(\alpha) > 0$。

显然,指数函数 e^z 是 Mittag-Leffler 函数的一个特例

$$
\mathscr{E}_1(z) = \sum_{k=0}^{\infty} \frac{z^k}{\Gamma(k+1)} = \sum_{k=0}^{\infty} \frac{z^k}{k!} = \mathrm{e}^z \tag{11-1-13}
$$

另外还可以推导出

$$\mathscr{E}_2(z) = \sum_{k=0}^{\infty} \frac{z^k}{\Gamma(2k+1)} = \sum_{k=0}^{\infty} \frac{(\sqrt{z})^{2k}}{(2k)!} = \cosh\sqrt{z} \tag{11-1-14}$$

$$\mathscr{E}_{1/2}(z) = \sum_{k=0}^{\infty} \frac{z^k}{\Gamma(k/2+1)} = \mathrm{e}^{z^2}(1 + \mathrm{erf}(z)) = \mathrm{e}^{z^2}\mathrm{erfc}(-z) \tag{11-1-15}$$

② **双参数 Mittag-Leffler 函数**。将单参数 Mittag-Leffler 函数分母 Γ-函数中的 1 替换成另一个自由变量 β，则可以定义出双参数 Mittag-Leffler 函数为

$$\mathscr{E}_{\alpha,\beta}(z) = \sum_{k=0}^{\infty} \frac{z^k}{\Gamma(\alpha k + \beta)} \tag{11-1-16}$$

其中，$\alpha, \beta \in \mathbb{C}$，且使得无穷级数对任意 $z \in \mathbb{C}$ 收敛的前提条件是 $\Re(\alpha) > 0$，$\Re(\beta) > 0$。若 $\beta = 1$，则双参数 Mittag-Leffler 函数退化成单参数函数，即

$$\mathscr{E}_{\alpha,1}(z) = \mathscr{E}_\alpha(z) \tag{11-1-17}$$

所以可以认为单参数函数是双参数函数的一个特例。此外，还有三、四参数的 Mittag-Leffler 函数及其各阶导数的定义。作者编写了 `ml_func()` 函数，可以求解各种 Mittag-Leffler 函数的值，该函数的内容为[4]

```
function f=ml_func(aa,z,n,eps0)
aa=[aa,1,1,1]; a=aa(1); b=aa(2); c=aa(3); q=aa(4);
f=0; k=0; fa=1; if nargin<4, eps0=eps; end
if nargin<3, n=0; end
if n==0
   while norm(fa,1)>=eps0
      fa=gamma(k*q+c)/gamma(c)/gamma(k+1)/gamma(a*k+b) *z.^k;
      f=f+fa; k=k+1;
   end
   if ~isfinite(f(1))
      if c*q==1
         f=mlf(a,b,z,round(-log10(eps0))); f=reshape(f,size(z));
      else, error('Error: truncation method failed'); end, end
else
   aa(2)=aa(2)+n*aa(1); aa(3)=aa(3)+aa(4)*n;
   f=gamma(q*n+c)/gamma(c)*ml_func(aa,z,0,eps0);
end
```

该函数的调用方法为 $y = \mathtt{ml\_func}(\boldsymbol{v}, \boldsymbol{z}, n, \epsilon)$，其中，$\boldsymbol{z}$ 为自变量向量，输入变量 $\boldsymbol{v}$ 可以取 $\boldsymbol{v} = \alpha$ 或 $\boldsymbol{v} = [\alpha, \beta]$，表示单参数和双参数的 Mittag-Leffler 函数求解，n 为 Mittag-Leffler 函数导数的阶次，ϵ 为误差容限。更一般地，向量 $\boldsymbol{v} = [\alpha, \beta, \gamma]$ 和 $\boldsymbol{v} = [\alpha, \beta, \gamma, c]$ 表示三、四参数的 Mittag-Leffler 函数。由于该函数采用的是叠加

算法,速度极快,在某些特定情况下可能不收敛,这时可以自动调用嵌入的 `mlf()` 函数直接求解[10],得出的 $\boldsymbol{y}_1$ 即 Mittag-Leffler 函数。

例 11-3 由下面语句可以绘制出 Mittag-Leffler 函数 $\mathscr{E}_1(-t)$、$\mathscr{E}_{3/2,3/2}(-t)$ 和 $\mathscr{E}_{1,2}(-t)$ 的曲线,如图 11-3 所示,其中,$\mathscr{E}_1(-t)$ 与指数函数 e^{-t} 完全一致,另两条曲线衰减比指数函数慢。

```
>> t=0:0.1:5; y1=ml_func(1,-t); y2=ml_func([1,2],-t);
   y3=ml_func([3/2,3/2],-t); plot(t,y1,t,y2,t,y3)
```

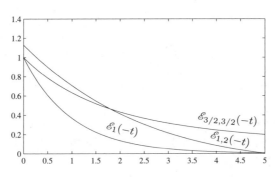

图 11-3　Mittag-Leffler函数曲线

11.2　分数阶微分方程的数值与解析解法

　　分数阶系统是传统的整数阶系统的直接拓展,在实际应用中有很多这样的例子。和传统整数阶控制系统模型不同,分数阶系统是建立在分数阶微分方程基础上的数学模型,本节主要探讨一般分数阶线性微分方程的数值解法,并介绍成比例阶系统的阶跃、脉冲响应的解析解算法,还将给出基于 Mittag-Leffler 函数的一般分数阶线性微分方程的解析解算法。

11.2.1　分数阶线性微分方程的数值解法

　　单变量分数阶线性微分方程的一般形式为

$$a_1\mathscr{D}^{\eta_1}y(t) + a_2\mathscr{D}^{\eta_2}y(t) + \cdots + a_{n-1}\mathscr{D}^{\eta_{n-1}}y(t) + a_n\mathscr{D}^{\eta_n}y(t)$$
$$= b_1\mathscr{D}^{\gamma_1}u(t) + b_2\mathscr{D}^{\gamma_2}u(t) + \cdots + b_m\mathscr{D}^{\gamma_m}u(t) \tag{11-2-1}$$

其中 b_i、a_i 为实数,而分子和分母阶次 γ_i、η_i 可以为小数或分数,所以在系统分析中是相当复杂的。

　　先考虑一种简单的微分方程表示

$$a_1\mathscr{D}_t^{\eta_1}y(t) + a_2\mathscr{D}_t^{\eta_2}y(t) + \cdots + a_{n-1}\mathscr{D}_t^{\eta_{n-1}}y(t) + a_n\mathscr{D}_t^{\eta_n}y(t) = u(t) \tag{11-2-2}$$

其中, $u(t)$ 为已知函数。应用式 (11-1-4) 中给出的 Grünwald-Letnikov 定义, 用离散方法可以将其改写成

$$_a\mathscr{D}_t^{\eta_i}y(t) \approx \frac{1}{h^{\eta_i}}\sum_{j=0}^{[(t-a)/h]}w_j^{(\eta_i)}y_{t-jh} = \frac{1}{h^{\eta_i}}\left[y_t + \sum_{j=1}^{[(t-a)/h]}w_j^{(\eta_i)}y_{t-jh}\right] \qquad (11\text{-}2\text{-}3)$$

其中, $w_0^{(\beta_i)}$ 可以由递推公式 (11-1-3) 直接得出, 代入式 (11-2-2), 则可以直接推导出微分方程闭式解为[8]

$$y_t = \frac{1}{\displaystyle\sum_{i=1}^{n}\frac{a_i}{h^{\eta_i}}}\left[u_t - \sum_{i=1}^{n}\frac{a_i}{h^{\eta_i}}\sum_{j=1}^{[(t-a)/h]}w_j^{(\eta_i)}y_{t-jh}\right] \qquad (11\text{-}2\text{-}4)$$

对式 (11-2-1) 中定义的更一般微分方程来说, 可以先由数值微分计算出等效的输入信号 $u(t)$, 再采用式 (11-2-4) 中的算法求解整个微分方程的数值解, 可以编写出下面的 MATLAB 函数

```
function y=fode_sol(a,na,b,nb,u,t)
h=t(2)-t(1); D=sum(a./[h.^na]); nT=length(t);
vec=[na nb]; W=[]; D1=b(:)./h.^nb(:); nA=length(a);
y1=zeros(nT,1); W=ones(nT,length(vec));
for j=2:nT, W(j,:)=W(j-1,:).*(1-(vec+1)/(j-1)); end
for i=2:nT,
   A=[y1(i-1:-1:1)]'*W(2:i,1:nA);
   y1(i)=(u(i)-sum(A.*a./[h.^na]))/D;
end
for i=2:nT, y(i)=(W(1:i,nA+1:end)*D1)'*[y1(i:-1:1)]; end
```

该函数的调用格式为 $y = \text{fode\_sol}(a,\eta,b,\gamma,u,t)$, 其中, 需要给出时间向量 t 和输入信号向量 u, 得出的 y 则是这些信号的时域响应值。

例 11-4 考虑零初值的分数阶微分方程

$$\mathscr{D}^{1.6}y(t)+10\mathscr{D}^{1.2}y(t)+35\mathscr{D}^{0.8}y(t)+50\mathscr{D}^{0.4}y(t)+24y(t) = \mathscr{D}^{1.2}u(t)+3\mathscr{D}^{0.4}u(t)+5u(t)$$

且输入信号 $u(t)$ 为单位阶跃信号, 这样可以通过下面的语句求解该微分方程, 得出微分方程的解如图 11-4 所示。

```
>> a=[1,10,35,50,24]; na=[1.6 1.2 0.8 0.4 0];
   b=[1 3 5]; nb=[1.2 0.4 0]; t=0:0.01:10; u=ones(size(t));
   y=fode_sol(a,na,b,nb,u,t); plot(t,y)
```

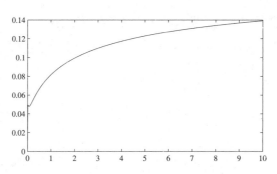

图 11-4　单位阶跃信号下微分方程的数值解

11.2.2　一些重要的 Laplace 变换公式

在后面将介绍的分数阶系统解析求解等问题中,可能会用到一些重要的 Laplace 变换公式,这些公式都是一个重要式子的变形[11,12]

$$\mathscr{L}^{-1}\left[\frac{s^{\alpha\gamma-\beta}}{(s^\alpha+a)^\gamma}\right]=t^{\beta-1}\mathscr{E}_{\alpha,\beta}^\gamma\left(-at^\alpha\right),\qquad(11\text{-}2\text{-}5)$$

对一些不同的参数取值,还可以直接推导出下面的一些派生公式

① 若 $\gamma=1$,且 $\alpha\gamma=\beta$,或 $\beta=\alpha$,上述公式可以简化成

$$\mathscr{L}^{-1}\left[\frac{1}{s^\alpha+a}\right]=t^{\alpha-1}\mathscr{E}_{\alpha,\alpha}\left(-at^\alpha\right)\qquad(11\text{-}2\text{-}6)$$

该式可以理解成分数阶传递函数模型 $1/(s^\alpha+a)$ 的脉冲响应解析解。

② 若 $\gamma=1$,且 $\alpha\gamma-\beta=-1$,即 $\beta=\alpha+1$,则前面的 Laplace 变换公式

$$\mathscr{L}^{-1}\left[\frac{1}{s(s^\alpha+a)}\right]=t^\alpha\mathscr{E}_{\alpha,\alpha+1}\left(-at^\alpha\right).\qquad(11\text{-}2\text{-}7)$$

该式可以理解成 $1/(s^\alpha+a)$ 的阶跃响应解析解,上式还可以写成

$$\mathscr{L}^{-1}\left[\frac{1}{s(s^\alpha+a)}\right]=\frac{1}{a}\left[1-\mathscr{E}_\alpha\left(-at^\alpha\right)\right].\qquad(11\text{-}2\text{-}8)$$

③ 若 $\gamma=k$ 为整数,且 $\alpha\gamma=\beta$,即 $\beta=\alpha k$,则 Laplace 变换可以写成

$$\mathscr{L}^{-1}\left[\frac{1}{(s^\alpha+a)^k}\right]=t^{\alpha k-1}\mathscr{E}_{\alpha,\alpha k}^k\left(-at^\alpha\right).\qquad(11\text{-}2\text{-}9)$$

该式可以理解成 $1/(s^\alpha+a)^k$ 模型的脉冲响应解析解。

④ 若 $\gamma=k$ 为整数,$\alpha\gamma-\beta=-1$,即 $\beta=\alpha k+1$,则可以将其写成

$$\mathscr{L}^{-1}\left[\frac{1}{s(s^\alpha+a)^k}\right]=t^{\alpha k}\mathscr{E}_{\alpha,\alpha k+1}^k\left(-at^\alpha\right).\qquad(11\text{-}2\text{-}10)$$

这可以理解成 $1/(s^\alpha+a)^k$ 模型的阶跃响应解析解。

11.2.3 成比例分数阶线性微分方程的解析解法

考虑式（11-2-1）中给出的微分方程的阶次，如果可以找到这些阶次的最大公约数 α，使得整个微分方程可以改写成

$$a_1 \mathscr{D}_t^{n\alpha} y(t) + a_2 \mathscr{D}_t^{(n-1)\alpha} y(t) + \cdots + a_n \mathscr{D}_t^{\alpha} y(t) + a_{n+1} y(t)$$
$$= b_1 \mathscr{D}_t^{m\alpha} v(t) + b_2 \mathscr{D}_t^{(m-1)\alpha} v(t) + \cdots + b_m \mathscr{D}_t^{\alpha} v(t) + b_{m+1} v(t) \tag{11-2-11}$$

则原始方程称为关于 α 的成比例阶微分方程。记 $\lambda = s^{\alpha}$，称为系统的基阶，则对应的微分方程可以写成分数阶传递函数模型（下节将详细介绍分数阶传递函数的处理方法）。如果得出的分母多项式没有重极点，则可以将整个传递函数进行部分分式展开，得出

$$G(\lambda) = \sum_{i=1}^{n} \frac{r_i}{\lambda + p_i} = \sum_{i=1}^{n} \frac{r_i}{s^{\alpha} + p_i} \tag{11-2-12}$$

由式（11-2-6）和式（11-2-7）定义的 Laplace 变换公式，可以分别写出原系统的脉冲和阶跃响应的解析解为

$$\mathscr{L}^{-1} \left[\sum_{i=1}^{n} \frac{r_i}{s^{\alpha} + p_i} \right] = \sum_{i=1}^{n} r_i t^{\alpha-1} \mathscr{E}_{\alpha,\alpha} \left(-p_i t^{\alpha} \right) \tag{11-2-13}$$

$$\mathscr{L}^{-1} \left[\sum_{i=1}^{n} \frac{r_i}{s(s^{\alpha} + p_i)} \right] = \sum_{i=1}^{n} r_i t^{\alpha} \mathscr{E}_{\alpha,\alpha+1} \left(-p_i t^{\alpha} \right) \tag{11-2-14}$$

后者还可以写成

$$\mathscr{L}^{-1} \left[\sum_{i=1}^{n} \frac{r_i}{s(s^{\alpha} + p_i)} \right] = \sum_{i=1}^{n} \frac{r_i}{p_i} \left[1 - \mathscr{E}_{\alpha} \left(-p_i t^{\alpha} \right) \right] \tag{11-2-15}$$

如果系统存在重根，则可以考虑采用式（11-2-9）和式（11-2-10）求出系统脉冲响应和阶跃响应的解析解，具体方法这里不再赘述。

例 11-5 考虑下面的零初始条件分数阶微分方程

$$\mathscr{D}^{1.2} y(t) + 5 \mathscr{D}^{0.9} y(t) + 9 \mathscr{D}^{0.6} y(t) + 7 \mathscr{D}^{0.3} y(t) + 2 y(t) = u(t)$$

其中 $u(t)$ 为单位阶跃信号。选择基阶 $\lambda = s^{0.3}$，则原传递函数可以写成

$$G(\lambda) = \frac{1}{\lambda^4 + 5\lambda^3 + 9\lambda^2 + 7\lambda + 2}$$

可以由下面的 MATLAB 语句对 λ 传递函数进行部分分式展开

```
>> num=1; den=[1 5 9 7 2]; [r,p]=residue(num,den)
```

得出的部分分式展开表达式为

$$G(\lambda) = \frac{1}{\lambda + 2} + \frac{1}{\lambda + 1} - \frac{1}{(\lambda + 1)^2} + \frac{1}{(\lambda + 1)^3}$$

利用前面介绍的解析解公式可以将阶跃响应的解析解写成

$$y_2(t) = -t^{0.3} \mathscr{E}_{0.3,1.3} \left(-2t^{0.3} \right) + t^{0.3} \mathscr{E}_{0.3,1.3} \left(-t^{0.3} \right) - t^{0.6} \mathscr{E}_{0.3,1.6}^2 \left(-t^{0.3} \right) + t^{0.9} \mathscr{E}_{0.3,1.9}^3 \left(-t^{0.3} \right)$$

11.2.4 一般分数阶微分方程的解析解法

考虑下面的 $(n+1)$ 项分数阶微分方程

$$a_n \mathscr{D}_t^{\beta_n} y(t) + a_{n-1} \mathscr{D}_t^{\beta_{n-1}} y(t) + \cdots + a_0 \mathscr{D}_t^{\beta_0} y(t) = u(t) \qquad (11\text{-}2\text{-}16)$$

其阶跃响应的解析解可以写成[2]

$$
\begin{aligned}
y(t) = {} & \frac{1}{a_n} \sum_{m=0}^{\infty} \frac{(-1)^m}{m!} \sum_{\substack{k_0+k_1+\cdots+k_{n-2}=m \\ k_0 \geqslant 0,\, \cdots,\, k_{n-2} \geqslant 0}} (m; k_0, k_1, \cdots, k_{n-2}) \\
& \prod_{i=0}^{n-2} \left(\frac{a_i}{a_n}\right)^{k_i} t^{(\beta_n - \beta_{n-1})m + \beta_n + \sum_{j=0}^{n-2}(\beta_{n-1}-\beta_j)k_j - 1} \\
& \mathscr{E}^{(m)}_{\beta_n - \beta_{n-1},\, \beta_n + \sum_{j=0}^{n-2}(\beta_{n-1}-\beta_j)k_j} \left(-\frac{a_{n-1}}{a_n} t^{\beta_n - \beta_{n-1}}\right)
\end{aligned}
\qquad (11\text{-}2\text{-}17)
$$

其中，$(m; k_0, k_1, \cdots, k_{n-2})$ 定义为

$$(m; k_0, k_1, \cdots, k_{n-2}) = \frac{m!}{k_0! k_1! \cdots k_{n-2}!} \qquad (11\text{-}2\text{-}18)$$

该方法虽然能写出一般微分方程的解析解，但因为结构过于复杂，不适合于实际应用，所以本章不过多探讨该方法。

11.3 分数阶传递函数模型与分析

考虑线性分数阶微分方程模型式（11-2-1），如果输入信号 $\boldsymbol{u}(t)$ 和输出信号 $y(t)$ 的各阶导数初值均为零，由 Laplace 变换的性质，再引入 T s 的时间延迟，则可以建立起如下的分数阶传递函数模型

$$G(s) = \frac{b_1 s^{\gamma_1} + b_2 s^{\gamma_2} + \cdots + b_m s^{\gamma_m}}{a_1 s^{\eta_1} + a_2 s^{\eta_2} + \cdots + a_{n-1} s^{\eta_{n-1}} + a_n s^{\eta_n}} e^{-Ts} \qquad (11\text{-}3\text{-}1)$$

和我们熟知的整数阶传递函数相比，这里的分数阶模型除了分子和分母多项式的系数外。还需要已知各项的阶次，这样可以用 4 个向量和一个延迟标量来唯一地描述式（11-3-1）中的分数阶传递函数模型。可以考虑在 MATLAB 下建立一个 FOTF 类（即分数阶传递函数）来专门描述这样的模型。再仿照控制系统工具箱中系统的建模与分析方法，对此 FOTF 进行重载函数的编写，使得分数阶系统的建模与分析像整数阶系统那样简单、直观。

本节将首先介绍 MATLAB 下类的创建与编程，然后根据建立的类介绍分数阶线性系统的分析方法。

11.3.1　FOTF——分数阶传递函数类的创建

若想建立一个 MATLAB 的类,则需给它起个名字,如分数阶传递函数的类名可以取作 FOTF,这样我们可以建立一个文件夹 @fotf。为使得该类能正常运行,文件夹中至少需要两个文件:fotf.m 文件用于定义这个类,而 display.m 文件用于显示该类的内容,下面具体介绍这两个必要文件。

① **FOTF 类定义文件编写**。应该编写 fotf.m 文件来定义分数阶传递函数类,其中支持各种调用方法和转换方法

```
function G=fotf(a,na,b,nb,T)
if nargin==0,
    G.a=[]; G.na=[]; G.b=[]; G.nb=[]; G.ioDelay=0; G=class(G,'fotf');
elseif isa(a,'fotf'), G=a;
elseif nargin==1 & isa(a,'double'), G=fotf(1,0,a,0,0);
elseif isa(a,'tf') | isa(a,'ss'),
    [n,d]=tfdata(tf(a),'v'); nn=length(n)-1:-1:0;
    nd=length(d)-1:-1:0; G=fotf(d,nd,n,nn,a.ioDelay);
elseif nargin==1 & a=='s', G=fotf(1,0,1,1,0);
else, ii=find(abs(a)<eps); a(ii)=[]; na(ii)=[];
    ii=find(abs(b)<eps); b(ii)=[]; nb(ii)=[];
    if nargin==5, G.ioDelay=T; else, G.ioDelay=0; end
    G.a=a; G.na=na; G.b=b; G.nb=nb; G=class(G,'fotf');
end
```

这样,在 MATLAB 命令窗口中给出命令 $G = \text{fotf}(\boldsymbol{a}, \boldsymbol{n}_a, \boldsymbol{b}, \boldsymbol{n}_b, T)$ 就可以建立一个分数阶传递函数对象了,其中,$\boldsymbol{a} = [a_1, a_2, \cdots, a_n]$,$\boldsymbol{b} = [b_1, b_2, \cdots, b_m]$,$\boldsymbol{n}_a = [\beta_1, \beta_2, \cdots, \beta_n]$,$\boldsymbol{n}_b = [\gamma_1, \gamma_2, \cdots, \gamma_m]$ 分别表示分子、分母多项式的系数与阶次向量,T 为延迟常数。如果系统不含有延迟则可以省去该变元。类似于整数阶传递函数的定义,还可以用 $s = \text{fotf}('s')$ 命令来定义一个分数阶式算子 s。依照本函数定义,还可以用 $G = \text{fotf}(k)$ 命令将常数转换成 FOTF 对象。如果 G 是控制系统工具箱中的 LTI 对象,则用 $G = \text{fotf}(G)$ 则可以将其转换成 FOTF 对象。

② **对象显示函数的编写**。在此文件夹下必须编写的另一个函数是 display.m,其清单如下,该函数在一个 FOTF 对象建立后用于自动显示该对象的内容。

```
function display(G)
strN=polydisp(G.b,G.nb); strD=polydisp(G.a,G.na);
nn=length(strN); nd=length(strD); nm=max([nn,nd]);
disp([char(' '*ones(1,floor((nm-nn)/2))) strN]), ss=[];
T=G.ioDelay; if T>0, ss=[' exp(-' num2str(T) 's)']; end
disp([char('-'*ones(1,nm)), ss]);
disp([char(' '*ones(1,floor((nm-nd)/2))) strD])
function strP=polydisp(p,np)
if length(np)==0, p=0; np=0; end
```

```
P=''; [np,ii]=sort(np,'descend'); p=p(ii);
for i=1:length(p),
    P=[P,'+',num2str(p(i)),'s^',num2str(np(i)),''];
end
P=P(2:end); P=strrep(P,'s^0',''); P=strrep(P,'+-','-');
P=strrep(P,'^1',''); P=strrep(P,'+1s','+s');
strP=strrep(P,'-1s','-s'); nP=length(strP);
if nP>=2 & strP(1:2)=='1s', strP=strP(2:end); end
```

例 11-6 已知分数阶传递函数模型 $G(s) = \dfrac{0.8s^{1.2}+2}{1.1s^{1.8}+1.9s^{0.5}+0.4}\, e^{-0.5s}$ 可以由下面的 MATLAB 语句直接输入，这样就可以在 MATLAB 下建立一个分数阶传递函数对象 G，显示从略。

```
>> G=fotf([1.1,1.9,0.4],[1.8,0.5,0],[0.8,2],[1.2,0],0.5);
```

值得指出的是，一定要将这些文件放置于指定的文件夹中，不要随便放置，更不要直接放置到工作文件夹中，否则可能影响其他的同名函数。

11.3.2　FOTF 对象的连接

整数阶模块可以通过加法、乘法和 feedback() 函数定义 LTI 模型的并联、串联和反馈系统模型。仿照这样的思想，可以编写出下面的重载函数。这些文件依旧放置到 @fotf 文件夹中。这里的大部分函数取自文献 [4]，但从内容和适用范围上做了很大完善与扩充。

① **FOTF 对象的乘法函数**，$G = G_1*G_2$，用于计算两个 FOTF 模块 $G_1(s)$、$G_2(s)$ 的串联，具体的算法为

$$G(s) = G_1(s)G_2(s) = \frac{N_1(s)N_2(s)}{D_1(s)D_2(s)} \tag{11-3-2}$$

```
function G=mtimes(G1,G2)
G1=fotf(G1); G2=fotf(G2); na=[]; nb=[];
a=kron(G1.a,G2.a); b=kron(G1.b,G2.b);
for i=1:length(G1.na), na=[na,G1.na(i)+G2.na]; end
for i=1:length(G1.nb), nb=[nb,G1.nb(i)+G2.nb]; end
G=simple(fotf(a,na,b,nb,G1.ioDelay+G2.ioDelay));
```

② **加法函数**，$G = G_1 + G_2$，计算模块的并联

$$G(s) = G_1(s) + G_2(s) = \frac{N_1(s)D_2(s)+N_2(s)D_1(s)}{D_1(s)D_2(s)} \tag{11-3-3}$$

```
function G=plus(G1,G2)
G1=fotf(G1); G2=fotf(G2); na=[]; nb=[];
if G1.ioDelay==G2.ioDelay
    a=kron(G1.a,G2.a); b=[kron(G1.a,G2.b),kron(G1.b,G2.a)];
    for i=1:length(G1.a),
```

```
          na=[na G1.na(i)+G2.na]; nb=[nb, G1.na(i)+G2.nb];
      end
      for i=1:length(G1.b), nb=[nb G1.nb(i)+G2.na]; end
      G=simple(fotf(a,na,b,nb,G1.ioDelay));
   else, error('cannot handle different delays'); end
```

③ **负反馈函数**,$G = \text{feedback}(G_1, G_2)$,得出两个 FOTF 模块的负反馈反馈连接总模型,如果为正反馈结构,则 G_2 由 $-G_2$ 取代

$$G(s) = \frac{G_1(s)}{1 + G_1(s)G_2(s)} = \frac{N_1(s)D_2(s)}{D_1(s)D_2(s) + N_1(s)N_2(s)} \qquad (11\text{-}3\text{-}4)$$

```
function G=feedback(F,H)
F=fotf(F); H=fotf(H); na=[]; nb=[];
if F.ioDelay==H.ioDelay
   b=kron(F.b,H.a); a=[kron(F.b,H.b), kron(F.a,H.a)];
   for i=1:length(F.b),
      nb=[nb F.nb(i)+H.nb]; na=[na,F.nb(i)+H.nb];
   end
   for i=1:length(F.a), na=[na F.na(i)+H.na]; end
   G=simple(fotf(a,na,b,nb,F.ioDelay));
else, error('cannot handle different delays'); end
```

④ **简单支持函数**,uminus() 函数求 $G_1(s) = -G(s)$,允许使用 $G_1 = -G$ 命令,$G = \text{inv}(G_1)$ 函数求 $G(s) = 1/G_1(s)$,minus() 函数求 $G(s) = G_1(s) - G_2(s)$,允许使用 $G = G_1 - G_2$ 命令,eq() 函数判定两个传递函数 G_1、G_2 是否相等,允许使用 $\text{key} = G_1 == G_2$,若相等则返回 key 为 1。

```
function G=uminus(G1), G=G1; G.b=-G.b;
function G=inv(G1), G=fotf(G1.b,G1.nb,G1.a,G1.na,-G1.ioDelay);
function G=minus(G1,G2), G=G1+(-G2);
function key=eq(G1,G2), key=0; G=G1-G2;
if length(G.nb)==0 | norm(G.b)<1e-10, key=1; end
```

⑤ **右除函数**,$G = G_1/G_2$ 可以求出 $G(s) = G_1(s)/G_2(s)$

```
function G=mrdivide(G1,G2)
G1=fotf(G1); G2=fotf(G2); G=G1*inv(G2);
G.ioDelay=G1.ioDelay-G2.ioDelay;
if G.ioDelay<0, warning('block with positive delay'); end
```

⑥ **幂函数**,$G = G_1{}^\wedge n$,如果 G_1 为分数阶传递函数则要求 n 为整数,否则,此函数只能处理 G_1 为 Laplace 算子的情形。

```
function G1=mpower(G,n)
if n==fix(n),
   if n>=0, G1=1; for i=1:n, G1=G1*G; end
   else, G1=inv(G^(-n)); end, G1.ioDelay=n*G.ioDelay;
```

```
elseif G==fotf(1,0,1,1), G1=fotf(1,0,1,n);
else, error('mpower: power must be an integer.'); end
```

⑦ 化简函数, $G = \text{simple}(G)$, 主要用于合并分子与分母中的同类项, 不能消除相同位置的零极点, 其子函数 polyuniq() 用于合并分数阶多项式的同类项, 是simple() 函数的底层内部函数, 不能直接调用。

```
function G=simple(G1)
[a,n]=polyuniq(G1.a,G1.na); G1.a=a; G1.na=n; na=G1.na;
[a,n]=polyuniq(G1.b,G1.nb); G1.b=a; G1.nb=n; nb=G1.nb;
if length(nb)==0, nb=0; G1.nb=0; G1.b=0; end
nn=min(na(end),nb(end)); nb=nb-nn; na=na-nn;
G=fotf(G1.a,na,G1.b,nb,G1.ioDelay);
function [a,an]=polyuniq(a,an)
[an,ii]=sort(an,'descend'); a=a(ii); ax=diff(an); key=1;
for i=1:length(ax)
   if ax(i)==0, a(key)=a(key)+a(key+1); a(key+1)=[]; an(key+1)=[];
   else, key=key+1; end
end
```

例 11-7　可以用下面的语句将分数阶 PID 控制器 $G_c(s) = 5 + 2s^{-0.2} + 3s^{0.6}$ 模型输入到 MATLAB 工作空间

```
>> s=fotf('s'); Gc=5+2*s^(-0.2)+3*s^0.6
```

例 11-8　分数阶传递函数模型 $G(s) = \dfrac{(s^{0.3}+3)^2}{(s^{0.2}+2)(s^{0.4}+4)(s^{0.4}+3)}$ 可以用下面的语句

输入到 MATLAB 工作空间, 得出 $G(s) = \dfrac{s^{0.6}+6s^{0.3}+9}{s+2s^{0.8}+7s^{0.6}+14s^{0.4}+12s^{0.2}+24}$。

```
>> s=fotf('s'); G=(s^0.3+3)^2/(s^0.2+2)/(s^0.4+4)/(s^0.4+3)
```

例 11-9　假设典型单位负反馈控制系统的模型为

$$G(s) = \frac{0.8s^{1.2}+2}{1.1s^{1.8}+0.8s^{1.3}+1.9s^{0.5}+0.4}, \quad G_c(s) = \frac{1.2s^{0.72}+1.5s^{0.33}}{3s^{0.8}}$$

则由下面的语句可以将这些模型输入 MATLAB 工作空间

```
>> G=fotf([1.1,0.8 1.9 0.4],[1.8 1.3 0.5 0],[0.8 2],[1.2 0]);
   Gc=fotf([3],[0.8],[1.2 1.5],[0.72 0.33]); GG=feedback(G*Gc,1)
```

这样可以得出系统的闭环模型为

$$G(s) = \frac{0.96s^{1.59}+1.2s^{1.2}+2.4s^{0.39}+3}{3.3s^{2.27}+2.4s^{1.77}+0.96s^{1.59}+1.2s^{1.2}+5.7s^{0.97}+1.2s^{0.47}+2.4s^{0.39}+3}$$

11.3.3　FOTF 对象的性质分析

1. 分数阶传递函数的稳定性

分数阶系统的稳定性条件和整数阶的有些区别, 目前只有成比例阶系统的稳定性可以直接分析。如果成比例阶系统的基阶为 $\lambda = s^\alpha$, 则成比例阶系统的稳定区域如图 11-5 所示。如果系统关于 λ 的极点均位于稳定区域内则系统稳定,否则系统不稳定[13]。对基阶为 α 的系统来说,稳定区域两条线的斜率分别为 ±απ/2。另外,如果基阶 α = 1,则系统为整数阶系统,稳定区域的斜线变成虚轴,和整数阶的稳定结论完全吻合。

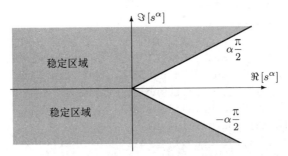

图 11-5　成比例阶系统稳定区域

根据这样的思路,可以编写程序将一般分数阶传递函数变换为成比例阶传递函数模型,尽管有时阶次极高,利用 MATLAB 的求根语句求解仍不成问题。可以用 $[\text{key}, \alpha, \epsilon, a_1] = \text{isstable}(G, a_0)$ 函数判定系统的稳定性,其中 key 表示是否稳定,α 返回基阶,ε 为求根的误差矩阵范数,a_1 为与 ±απ/2 线最近极点的斜率。a_0 是用户选定的系统的基阶,默认值为 0.01。

```
function [K,alpha,err,apol]=isstable(G,a0)
if nargin==1, a0=0.01; end
a=G.na; a1=fix(a/a0); n=gcd(a1(1),a1(2));
for i=3:length(a1), n=gcd(n,a1(i)); end
alpha=n*a0; a=fix(a1/n); b=G.a; c(a+1)=b; c=c(end:-1:1);
p=roots(c); p=p(abs(p)>eps); err=norm(polyval(c,p));
plot(real(p),imag(p),'x',0,0,'o')
apol=min(abs(angle(p))); K=apol>alpha*pi/2;
xm=xlim; xm(1)=0; line(xm,tan(alpha*pi/2)*xm)
```

例 11-10 考虑分数阶传递函数模型

$$G(s) = \frac{-2s^{0.63} - 4}{2s^{3.501} + 3.8s^{2.42} + 2.6s^{1.798} + 2.5s^{1.31} + 1.5}$$

可以将模型输入到 MATLAB 工作空间,然后用下面的语句判定系统的稳定性

```
>> b=[-2,-4]; nb=[0.63,0];
   a=[2,3.8,2.6,2.5,1.5]; na=[3.501,2.42,1.798,1.31,0];
   G=fotf(a,na,b,nb); [key,alpha,err,apol]=isstable(G,0.001)
```

显然,此系统的基阶为 α = 0.001,这时得出的成比例阶系统为

$$G(\lambda) = \frac{-2\lambda^{630} - 4}{2\lambda^{3501} + 3.8\lambda^{2420} + 2.6\lambda^{1798} + 2.5\lambda^{1310} + 1.5}$$

变量 λ 的多项式方程特征根可以直接求出,如图 11-6(a) 所示,局部放大的图形如图 11-6(b) 所示。可见,系统所有的极点都位于稳定区域,所以该系统稳定。由于需要求 3501 阶多项式的根,所以这段程序执行需要几十秒的时间。

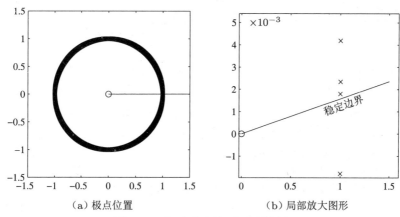

（a）极点位置　　　　　　　　　（b）局部放大图形

图 11-6　极点位置与稳定性判定

2. 分数阶系统的范数

系统范数是鲁棒控制中重要的指标,这里将介绍分数阶系统范数的定义与 MATLAB 求解。分数阶系统 $G(s)$ 的 $\mathcal{H}_2$ 和 $\mathcal{H}_\infty$ 范数分别定义为

$$||G(s)||_2 = \sqrt{\frac{1}{2\pi\mathrm{j}} \int_{-\mathrm{j}\infty}^{\mathrm{j}\infty} G(s)G(-s)\mathrm{d}s} \tag{11-3-5}$$

$$||G(s)||_\infty = \sup_\omega |G(\mathrm{j}\omega)| \tag{11-3-6}$$

可见,$||G(s)||_2$ 范数的求解涉及数值积分问题的求解,$||G(s)||_\infty$ 范数的求解涉及数值最优化问题求解。可以编写出重载函数 norm(),将其置于 @fotf 文件夹下,该函数的定义格式 norm(G) 和 norm(G,inf) 可以直接求解分数阶系统的 $\mathcal{H}_2$、$\mathcal{H}_\infty$ 范数。

```
function n=norm(G,eps0)
j=sqrt(-1); dx=1; f0=0; if nargin==1, eps0=1e-6; end
if nargin==2 & ~isfinite(eps0)  %  H∞范数:求最大值
   f=@(w)[-abs(freqresp(j*w,G))];
   w=fminsearch(f,0); n=abs(freqresp(j*w,G));
else %  H2范数:求数值积分
   f=@(s)freqresp(s,G).*freqresp(-s,G)/(2*pi*j);
   while (1)
      n=sqrt(quadgk(f,-dx*j,dx*j));
      if abs(n-f0)<eps0, break; else, f0=n; dx=dx*1.2;
end, end, end
```

其中求频域响应的底层函数为

```
function H1=freqresp(w,G)
a=G.a; na=G.na; b=G.b; nb=G.nb; j=sqrt(-1);
for i=1:length(w)
    P=b*(w(i).^nb.'); Q=a*(w(i).^na.'); H1(i)=P/Q;
end
if G.ioDelay>0,
    A=abs(H1); B=angle(H1)-w1*G.ioDelay; H1=A.*exp(j*B);
end
```

例 11-11 考虑例 11-10 中给出的分数阶传递函数模型,用下面的语句可以直接得出系统的 $\mathcal{H}_2$、$\mathcal{H}_\infty$ 范数,$n_1 = 2.7168, n_2 = 8.6115$。

```
>> b=[-2,-4]; nb=[0.63,0];
   a=[2,3.8,2.6,2.5,1.5]; na=[3.501,2.42,1.798,1.31,0];
   G=fotf(a,na,b,nb); n1=norm(G), n2=norm(G,inf)
```

11.3.4   FOTF 对象的频域分析

考虑分数阶传递函数 $G(s)$ 的定义,如果用 $j\omega$ 取代 s,由简单的复数运算不难求出频域响应的精确数据,将该数据写入控制系统工具箱的 **frd()** 框架,就可以用 MATLAB 下的 **bode()** 等函数直接绘制频域响应曲线,且继承原函数的其他功能,如幅值、相位裕度标注、**grid** 函数调用等。这里编写的 FOTF 类重载函数同样需要置于 **@fotf** 文件夹内。编写的重载函数如下

```
function H=bode(G,w)
if nargin==1, w=logspace(-4,4); end
j=sqrt(-1); H1=freqresp(j*w,G); H1=frd(H1,w);
if nargout==0, bode(H1); else, H=H1; end
```

类似地可以编写出绘制 Nyquist 图和 Nichols 图的重载函数

```
function nyquist(G,w)
if nargin==1, w=logspace(-4,4); end, H=bode(G,w); nyquist(H);
```

```
function nichols(G,w)
if nargin==1, w=logspace(-4,4); end, H=bode(G,w); nichols(H);
```

例 11-12 再考虑例 11-10 中给出的分数阶传递函数模型。可以用下面的语句绘制出系统的 Bode 图和 Nyquist 图,如图 11-7(a)、(b) 所示。

```
>> b=[-2,-4]; nb=[0.63,0]; w=logspace(-2,2);
   a=[2,3.8,2.6,2.5,1.5]; na=[3.501,2.42,1.798,1.31,0];
   G=fotf(a,na,b,nb); bode(G,w);
   figure, w=logspace(-2,4,400); nyquist(G,w); grid
```

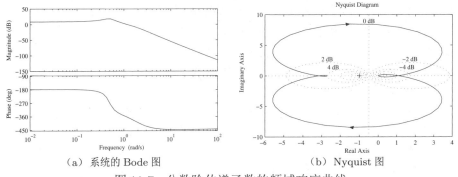

（a）系统的 Bode 图　　　　　　　　　（b）Nyquist 图

图 11-7　分数阶传递函数的频域响应曲线

11.3.5　FOTF 对象的时域分析

前面介绍过线性分数阶微分方程的闭式解法, 并给出了相应的计算函数 fode_sol(), 利用该函数不难编写出 FOTF 对象的阶跃响应和任意输入时域响应的重载函数

```
function y=step(G,t)
y1=fode_sol(G.a,G.na,G.b,G.nb,ones(size(t)),t);
ii=find(t>G.ioDelay); lz=zeros(1,ii(1)-1);
y1=[lz, y1(1:end-length(lz))];
if nargout==0,
   plot(t,y1,t,c_term(G.b,G.nb)/c_term(G.a,G.na),'--'),
else, y=y1; end
function c=c_term(a,na)
i=find(na==0); c=0; if length(i)>0, c=a(i(1)); end

function y=lsim(G,u,t)
y1=fode_sol(G.a,G.na,G.b,G.nb,u,t);
ii=find(t>G.ioDelay); lz=zeros(1,ii(1)-1);
y1=[lz, y1(1:end-length(lz))];
if nargout==0, plot(t,y1,t,u,'--'), else, y=y1; end
```

这两个函数的调用格式分别为 $y = \mathrm{step}(G, t)$ 与 $y = \mathrm{lsim}(G, u, t)$, 其中 G 为 FOTF 对象模型, t 为等间距的时间向量, u 为输入点构成的向量。这些函数的调用格式类似于控制系统工具箱中的同名函数, 但注意 t 向量不能省略。

例 11-13 考虑下面分数阶微分方程

$$\mathscr{D}_t^{3.5} y(t) + 8\mathscr{D}_t^{3.1} y(t) + 26\mathscr{D}_t^{2.3} y(t) + 73\mathscr{D}_t^{1.2} y(t) + 90\mathscr{D}_t^{0.5} y(t) = 90\sin t^2$$

由给出的问题可见, 相应的分数阶传递函数为

$$G(s) = \frac{90}{s^{3.5} + 8s^{3.1} + 26s^{2.3} + 73s^{1.2} + 90s^{0.5}}$$

且输入信号为 $u(t) = \sin t^2$。由下面的语句就可以直接绘制出该微分方程解的曲线,如图 11-8 所示,其中实线为系统的输出信号,输入由虚线表示。

```
>> a=[1,8,26,73,90]; n=[3.5,3.1,2.3,1.2,0.5];
   G=fotf(a,n,90,0); t=0:0.002:10; u=sin(t.^2); lsim(G,u,t);
```

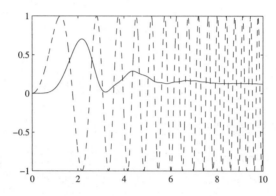

图 11-8　系统的输入和输出信号

和其他 MATLAB 计算问题一样,计算结果是需要检验的。可以尝试不同的计算步距,看看能不能得出同样的结果,如果结果一样则可以接受,如果不同则应该再进一步减小步距,得出的结果当然还需要进行检验。

11.3.6　成比例阶系统的根轨迹分析

对成比例阶系统来说,若该系统的基阶为 α,并令 $\lambda = s^\alpha$,则原系统的分数阶传递函数可以写成 λ 的整数阶传递函数 $G_1(\lambda)$,调用控制系统工具箱中的 rlocus() 函数即可绘制出 $G_1(\lambda)$ 系统的根轨迹曲线,在根轨迹曲线上叠印出 $\alpha\pi/2$ 的稳定边界,则可以利用根轨迹的交互功能找出根轨迹与稳定边界的交点,读出临界稳定增益。

例 11-14　假设受控对象模型的分数阶表示为

$$G(s) = \frac{1}{s^{3.5} + 10s^{2.8} + 35s^{2.1} + 50s^{1.4} + 24s^{0.7}}$$

可见,该系统的基阶为 $\alpha = 0.7$,令 $\lambda = s^{0.7}$,则可以将原系统表示成

$$G(\lambda) = \frac{1}{\lambda^5 + 10\lambda^4 + 35\lambda^3 + 50\lambda^2 + 24\lambda}$$

由下面的命令则可以绘制出系统 $G(\lambda)$ 的根轨迹曲线并叠印稳定边界,如图 11-9 (a) 所示。对感兴趣区域局部放大,则可以找出临界稳定增益为 $K = 371$,如图 11-9 (b) 所示。

```
>> G1=tf(1,[1 10 35 50 24 0]); rlocus(G1)
   alpha=0.7; xm=xlim; xm(1)=0; line(xm,tan(alpha*pi/2)*xm)
```

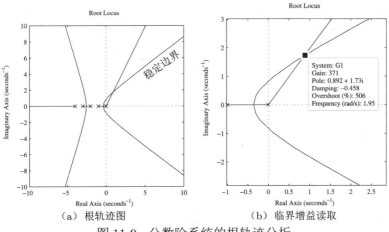

（a）根轨迹图　　　　　　　　　（b）临界增益读取

图 11-9　分数阶系统的根轨迹分析

11.3.7　成比例阶模型的分数阶状态方程表示

如果分数阶系统可以写成成比例阶传递函数模型，且基阶为 α，则可以将 $G(\lambda)$ 写成关于 λ 的状态方程模型（$\boldsymbol{A}, \boldsymbol{B}, \boldsymbol{C}, \boldsymbol{D}$），这时分数阶状态方程模型为

$$\begin{cases} \mathscr{D}^{\alpha}\boldsymbol{x}(t) = \boldsymbol{A}\boldsymbol{x}(t) + \boldsymbol{B}\boldsymbol{u}(t) \\ \boldsymbol{y}(t) = \boldsymbol{C}\boldsymbol{x}(t) + \boldsymbol{D}\boldsymbol{u}(t) \end{cases} \tag{11-3-7}$$

本书不过多叙述分数阶状态方程模型，有兴趣的读者可以通过习题自己建立相应分数阶状态方程对象的分析与设计方法工具箱。

11.4　分数阶系统的模型近似与降阶

11.4.1　分数阶微分算子的 Oustaloup 近似与改进

前面介绍的 Grünwald-Letnikov 公式可以较精确地计算出给定信号的分数阶微分，但这类算法在控制系统研究中有很大的局限性，因为这样的算法需要预先计算出输入信号的采样值，而控制系统仿真中回路内有未知函数激励信号，所以需要采用滤波器的算法去逼近滤波器。

信号的滤波器可以有连续和离散两种形式，分别用来拟合 Laplace 变换算子 s^{γ} 和 Fourier 变换算子 $(\mathrm{j}\omega)^{\gamma}$。从效果上看，函数的分数阶数值微分相当于原来信号需要通过这样的滤波器得出的输出信号。

1. Oustaloup 滤波器近似

文献 [9] 中列出了多种滤波器近似算法，包括连分式近似、Charef 近似[14] 与 Oustaloup 近似[15] 等。这里只介绍其中的 Oustaloup 算法。因为纯微分在 Bode 幅频特性上是斜线，相频特性上是水平的直线，不存在能在整个频率段上均能表现出这样的频率特性的整数阶环节,只能在某个特定的频率段中近似这样的特性。假设选定的拟合频率段为 $(\omega_\mathrm{b}, \omega_\mathrm{h})$,则可以构造出连续滤波器的传递函数模型为

$$G_\mathrm{f}(s) = K \prod_{k=1}^{N} \frac{s + \omega_k'}{s + \omega_k} \tag{11-4-1}$$

其中,滤波器零极点和增益可以由式(11-4-2)直接求出,为

$$\omega_k' = \omega_\mathrm{b} \omega_\mathrm{u}^{(2k-1-\gamma)/N}, \quad \omega_k = \omega_\mathrm{b} \omega_\mathrm{u}^{(2k-1+\gamma)/N}, \quad K = \omega_\mathrm{h}^{\gamma} \tag{11-4-2}$$

其中 $\omega_\mathrm{u} = \sqrt{\omega_\mathrm{h}/\omega_\mathrm{b}}$。根据上述算法,可以直接编写出如下函数来设计连续滤波器。若 $y(t)$ 信号通过滤波器进行过滤,则可以认为输出的信号是 $\mathscr{D}_t^{\gamma} y(t)$ 的近似。

```
function G=ousta_fod(gam,N,wb,wh)
k=1:N; wu=sqrt(wh/wb);
wkp=wb*wu.^((2*k-1-gam)/N); wk=wb*wu.^((2*k-1+gam)/N);
G=zpk(-wkp,-wk,wh^gam); G=tf(G);
```

其中,r 为分数阶的阶次,N 为滤波器的阶次,`wb` 和 `wh` 分别为用户选定的拟合频率下限和上限,一般在该区域内能较好地拟合分数阶微分算子,而其外的区域将和微分算子相差很多。这里给出的算法避免了 $\omega_\mathrm{b}\omega_\mathrm{h} = 1$ 的局限性,可以任意选择两个频率。

2. 改进的 Oustaloup 滤波器近似

在实际应用中,由于该滤波器的分子和分母阶次相同,另外在感兴趣频率段的边界拟合效果不理想,所以可以考虑采用其他的拟合方法,如改进的 Oustaloup 滤波器方法[16]和最优滤波器设计方法[17],后者甚至可以用于复数阶系统的滤波器近似,但实现方法过于繁琐。

这里只介绍改进的 Oustaloup 滤波器方法及其 MATLAB 表示,遗憾的是,该方法只适合于阶次介于 0、1 之间的分数阶微分算子的拟合。文献 [16] 给出了改进的滤波器近似算法

$$s^{\gamma} \approx \left(\frac{d\omega_\mathrm{h}}{b}\right)^{\gamma} \left(\frac{ds^2 + b\omega_\mathrm{h}s}{d(1-\gamma)s^2 + b\omega_\mathrm{h}s + d\gamma}\right) \prod_{k=1}^{N} \frac{s + \omega_k'}{s + \omega_k} \tag{11-4-3}$$

其 ω_k、ω_k' 均与 Oustaloup 滤波器一致。该滤波器引入了两个可调参数 b、d,一般可以取 $b = 10, d = 9$。该滤波器的 MATLAB 实现为

```
function G=new_fod(r,N,wb,wh,b,d)
if nargin==4, b=10; d=9; end, k=1:N; wu=sqrt(wh/wb);
wkp=wb*wu.^((2*k-1-r)/N); wk=wb*wu.^((2*k-1+r)/N);
G=zpk(-wkp,-wk,(d*wh/b)^r)*tf([d,b*wh,0],[d*(1-r),b*wh,d*r]);
```

3. 高阶分数阶模型的滤波器近似

利用 Oustaloup 及其改进的滤波器,可以容易地建立起分数阶系统的高阶整数阶近似,即把每个小数阶次用一个滤波器取代,这样可以得出整个系统的高阶近似。基于这样的思想可以编写出如下的 MATLAB 程序,置于 `@fotf` 文件夹中

```
function Ga=high_order(G,filter,wb,wh,N)
Ga=pseudo_poly(G.b,G.nb,filter,wb,wh,N)...
            /pseudo_poly(G.a,G.na,filter,wb,wh,N);
Ga=minreal(Ga);
function G1=pseudo_poly(a,na,filter,wb,wh,N), G1=0; s=tf('s');
for i=1:length(a), na0=na(i); n1=floor(na0);
   if na0>n1, g1=eval([filter '(na0-n1,N,wb,wh)']);
   else, g1=1; end
   G1=G1+a(i)*s^n1*g1;
end
```

该函数的调用格式为 $G_1 = \text{high\_order}(G, \text{filter}, \omega_\text{b}, \omega_\text{h}, N)$，其中，$G$ 为分数阶传递函数对象，`filter` 可以选择为 'ousta_fod' 或 'new_fod'，ω_b、ω_h、N 分别为感兴趣频率段和滤波器阶次。

例 11-15　考虑高阶分数阶传递函数模型

$$G(s) = \frac{-2s^{0.63} - 4}{2s^{3.501} + 3.8s^{2.42} + 2.6s^{1.798} + 2.5s^{1.31} + 1.5}$$

选择频率拟合范围 ω_1, ω_2，并选择滤波器阶次 N。将高阶项分成整数阶和小数阶形式，如 $s^{3.501} = s^3 s^{0.501}$，这样用底层命令得出 Oustaloup 滤波器比较麻烦

```
>> N=9; w1=1e-3; w2=1e3; g1=ousta_fod(0.501,N,w1,w2); s=tf('s');
   g2=ousta_fod(0.42,N,w1,w2); g3=ousta_fod(0.798,N,w1,w2);
   g4=ousta_fod(0.31,N,w1,w2); g5=ousta_fod(0.63,N,w1,w2);
   G1=(-2*g5-4)/(2*s^3*g1+3.8*s^2*g2+2.6*s*g3+2.5*s*g4+1.5);
```

所以可以考虑用 FOTF 对象的 `high_order()` 函数直接近似

```
>> b=[-2 -4]; nb=[0.63 0]; a=[2 3.8 2.6 2.5 1.5];
   na=[3.501 2.42 1.798 1.31 0]; G=fotf(a,na,b,nb);
   G2=high_order(G,'ousta_fod',w1,w2,N); order(G2)
   bode(G1,G2); hold on; bode(G); t=0:0.004:30;
   figure; y=step(G,t); step(G1,G2,30); line(t,y)
```

通过这样的近似可以得出 45 阶的整数阶模型。可以绘制出分数阶系统的 Bode 图与近似的高阶整数系统的 Bode 图，如图 11-10 (a) 所示。可见，两种模型的 Bode 幅频特性曲线完全一致，而相频特性相差 $360°$，故仍可认为完全一致。虽然对单个微分项近似是感兴趣频率段选为 $(10^{-3}, 10^3)$，在更大的频率范围内，整个传递函数的频域响应拟合还是很理想的。分数阶模型和整数阶近似的单位阶跃响应曲线如图 11-10 (b) 所示，阶跃响应曲线的近似也是相当精确的。

11.4.2　分数阶控制器的整数阶近似

在分数阶控制系统中，有时设计出的控制器模型可能相当复杂，难以直接使用，比如控制器可能含有 $[(as+b)/(cs+d)]^\alpha$ 这样的项。这时可以考虑下面的步骤得出复杂分数阶控制器的整数阶近似模型：

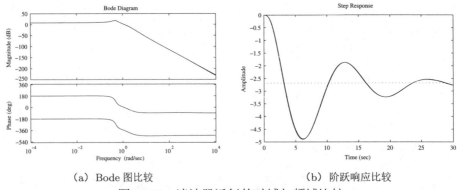

（a）Bode 图比较　　　　　　　（b）阶跃响应比较

图 11-10　滤波器近似的时域与频域比较

① 生成分数阶控制器的一些精确的频率响应样本点。

② 选择整数阶控制器的合适的分子和分母阶次。

③ 由 MATLAB 的 invfreqs() 函数进行频域拟合,得出拟合模型。

④ 可以对拟合结果进行检验,如果不理想则考虑在第②步中增加模型的阶次,或在第①步中重新选择感兴趣的频率段,直到得出合适的拟合模型。

例 11-16　考虑下面给出的分数阶 QFT 控制器模型[4]

$$G_c(s) = 1.8393 \left(\frac{s+0.011}{s}\right)^{0.96} \left(\frac{8.8 \times 10^{-5} s + 1}{8.096 \times 10^{-5} s + 1}\right)^{1.76} \frac{1}{(1+s/0.29)^2}$$

该控制器比较复杂,应该考虑用整数阶模型去近似该控制器。这里考虑频域响应的近似方法。MATLAB 提供的 frd() 函数只能用于整数阶模型的频域响应计算,无法处理含有非整数的指数环节,但可以对该对象的 RespnseData 成员变量进行点运算得出原系统的频域响应数据。这样可以使用下面的 MATLAB 命令提取出控制器 $G(s)$ 的频域响应数据,然后采用 invfreqs() 函数得出该频域响应数据的近似连续模型。对此问题选择感兴趣的频率段 $\omega \in (10^{-4}, 10^0) \, \mathrm{rad/s}$,则可以给出

```
>> w=logspace(-4,0); G1=tf([1 0.011],[1 0]); F1=frd(G1,w);
   G2=tf([8.8e-5 1],[8.096e-5 1]); F2=frd(G2,w);
   s=tf('s'); G3=1/(1+s/0.29)^2; F3=frd(G3,w); F=F1;
   h1=F1.ResponseData; h2=F2.ResponseData; h3=F3.ResponseData;
   h=1.8393*h1.^0.96.*h2.^1.76.*h3; F.ResponseData=h; % 精确计算
   [n,d]=invfreqs(h(:),w,4,4); G=tf(n,d)
```

这样可以得出整数阶的近似控制器模型为

$$G(s) = \frac{2.213 \times 10^{-7} s^4 + 1.732 \times 10^{-6} s^3 + 0.1547 s^2 + 0.001903 s + 2.548 \times 10^{-6}}{s^4 + 0.5817 s^3 + 0.08511 s^2 + 0.000147 s + 1.075 \times 10^{-9}}$$

可以选择一个更大的频率段 $(10^{-6}, 10^2) \, \mathrm{rad/s}$ 来检验整数阶拟合的效果。可以采用下面的语句来比较两个控制器,得出的 Bode 图比较如图 11-11 所示。可以看出,除了频率很低的一个频率段外,其余频率段的拟合效果是相当理想的。如果想增强这段频率

的拟合，则可以在第①步中增加一些频域响应的样本点。

```
>> w=logspace(-6,2,200); F1=frd(G1,w); F2=frd(G2,w); F=F1;
   F3=frd(G3,w); h1=F1.ResponseData; h2=F2.ResponseData;
   h3=F3.ResponseData; h=1.8393*h1.^0.96.*h2.^1.76.*h3;
   F.ResponseData=h; bode(F,'-',G,'--',w)
```

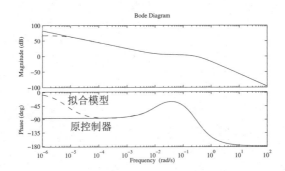

图 11-11　分数阶 QFT 控制器与整数阶近似模型的 Bode 图比较

11.4.3　分数阶模型的最优整数阶降阶

为得到良好的降阶效果，可以将原始有理近似的高阶模型与降阶模型之间的误差最小化，故可以定义出最优降阶的最优化问题为

$$J = \min_{\boldsymbol{\theta}} \; ||\widehat{G}(s) - G_{r/m,\tau}(s)||_2 \tag{11-4-4}$$

其中 θ 为需要优化的降阶模型参数构成的向量，即

$$\boldsymbol{\theta} = [\beta_1, \beta_2, \cdots, \beta_r, \alpha_1, \alpha_2, \cdots, \alpha_m, \tau]^{\mathrm{T}} \tag{11-4-5}$$

由于式（11-4-4）中目标函数的计算中含有延迟环节，所以可以采用 Padé 近似的方法去逼近纯延迟项，这样就能将目标函数中的模型误差变换为易于求解的线性系统模型范数求解问题，这样最优化问题可以修改成

$$J = \min_{\boldsymbol{\theta}} \; ||\widehat{G}(s) - \widehat{G}_{r/m}(s)||_2 \tag{11-4-6}$$

这样的最优化问题是不存在解析解的，可以采用最优化问题的数值解法来求解降阶模型的参数。利用第 4 章介绍的最优降阶算法，可以直接求解这样的问题。

例 11-17　仍考虑例 11-15 中给出的高阶分数阶传递函数模型，前面已经由下面语句得出了其 45 阶近似模型

```
>> b=[-2 -4]; nb=[0.63 0]; a=[2 3.8 2.6 2.5 1.5];
   na=[3.501 2.42 1.798 1.31 0]; G=fotf(a,na,b,nb);
   G1=high_order(G,'ousta_fod',1e-3,1e3,9); order(G1)
```

由于采用整数阶近似的阶次过高,不易于分析与设计。所以利用最优降阶函数 opt_app(),可以对其进行降阶处理,并绘制出高阶近似与最优降阶近似模型的阶跃响应曲线,如图 11-12(a)所示。从得出的结果可见,高阶整数阶可以很好地逼近原始分数阶模型,用虚线表示的降阶逼近效果也是较理想的,另外从图 11-12(b)给出的 Bode 图近似效果可见,频率较低时降阶模型的近似效果很理想,频率比较高时近似效果不甚理想。得出分数阶系统的三阶整数阶降阶模型为

$$G_{\mathrm{r}}(s) = \frac{0.6122s^2 + 0.6244s + 0.02588}{s^3 + 0.2014s^2 + 0.1972s + 0.01494}$$

```
>> Gr=opt_app(G1,2,3,0); step(G1,Gr,'--',30);
   hold on, step(G,0:0.01:30);
   figure; bode(G1,Gr,'--'); hold on; bode(G);
```

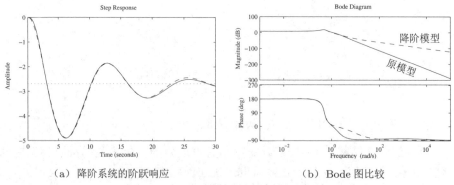

(a) 降阶系统的阶跃响应   (b) Bode 图比较

图 11-12   降阶模型时域与频域比较

11.5   分数阶非线性系统的框图仿真方法

由前面的内容可见,对未知信号进行分数阶微分数值运算的一种有效途径是采用 Oustaloup 算法设计连续滤波器对信号进行滤波处理。另外,考虑到该滤波器分子和分母阶次一致,可能导致在仿真过程中出现代数环,所以应该在其后面再接一个低通滤波器,将其截止频率设置为 ω_{h},这样可以建立起如图 11-13(a)所示的分数阶微分器模块,通过适当选择频段和阶次可以较好近似分数阶微分的效果。注意,虽然 Oustaloup 算法设计的滤波器理论上可以求取任意阶次的分数阶微积分,但从数值微积分精度看,该滤波器更适合求取一阶以内的分数阶微积分,所以应该将高阶微积分先进行整数阶微积分运算,再对结果进行滤波处理。

利用 Simulink 的模块封装技术,可以将该模型进行封装,得出如图 11-13(b)所示的分数阶微分器模块。双击该模块则可以得出如图 11-13(c)所示的对话框,允许用户填写设计 Oustaloup 滤波器所需的参数。在模块封装初始化栏目应该填写下面的语句,以便在使用模块前先自动设计出滤波器,并根据阶次正确显示图标。

```
wb=ww(1); wh=ww(2);
if key==1, G=ousta_fod(gam,n,wb,wh);
```

```
else, G=new_fod(gam,n,wb,wh); end
num=G.num1; den=G.den1; T=1/wh; str='Fractional\n';
if isnumeric(gam)
    if gam>0, str=[str, 'Der  s^' num2str(gam) ];
    else, str=[str, 'Int  s^{' num2str(gam) '}']; end
else, str=[str, 'Der  s^gam']; end
```

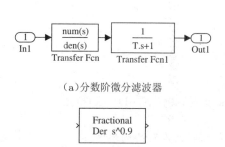

（a）分数阶微分滤波器

Fractional
Der s^0.9

（b）封装模块（文件名：fodblk.mdl）

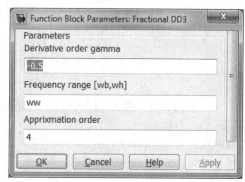

（c）分数阶微分器参数对话框

图 11-13　分数阶数值微分设计模块

在实际仿真过程中，由于搭建起来的系统一般为刚性系统，所以在选择求解算法时应该选择 **ode15s** 或 **ode23tb** 等，因为这些算法可以保证较高的计算效率和精度。下面将通过例子演示该模块在分数阶微分方程近似求解中的应用。

例 11-18　考虑例 11-13 中求解的分数阶线性微分方程模型，引入 $z(t) = \mathscr{D}_t^{0.5} y(t)$，该模型可以改写为

$$z(t) = \sin t^2 - \frac{1}{90} \left[\mathscr{D}_t^3 z(t) + 8\mathscr{D}_t^{2.6} z(t) + 26\mathscr{D}_t^{1.8} z(t) + 73\mathscr{D}_t^{0.7} z(t) \right]$$

根据该方程可以搭建起如图 11-14 所示的 Simulink 仿真框图。对该框图进行仿真，则可以得出该微分方程的数值解，得出的解和例 11-13 中得出的完全一致。

例 11-19　试用近似方法求解下面的分数阶非线性微分方程。

$$\frac{3\mathscr{D}^{0.9} y(t)}{3 + 0.2\mathscr{D}^{0.8} y(t) + 0.9\mathscr{D}^{0.2} y(t)} + \left| 2\mathscr{D}^{0.7} y(t) \right|^{1.5} + \frac{4}{3} y(t) = 5\sin 10t$$

根据方程本身，可以容易地写出 $y(t)$ 函数的显式表达式为

$$y(t) = \frac{3}{4} \left[5\sin 10t - \frac{3\mathscr{D}^{0.9} y(t)}{3 + 0.2\mathscr{D}^{0.8} y(t) + 0.9\mathscr{D}^{0.2} y(t)} - \left| 2\mathscr{D}^{0.7} y(t) \right|^{1.5} \right]$$

根据得出的 $y(t)$ 可以绘制出如图 11-15(a) 所示的仿真模型。从得出的仿真模型可见，信号的各个分数阶微分信号可以由前面设计的模块获得，因此仿真的精度取决于滤波器对微分的拟合效果，选择不同的拟合频段和滤波器阶次对求解精度将有一定的影响。图 11-15(b) 对不同的滤波器频段、阶次组合进行了比较，得出的结果基本一致，误差稍

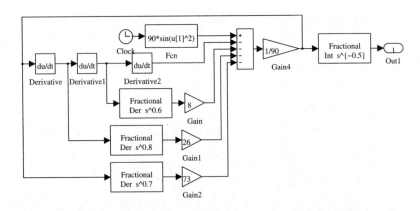

图 11-14   微分方程求解的 Simulink 框图 (文件名: c11fode1.mdl)

大的曲线是由 $\omega_{\mathrm{b}} = 0.001, \omega_{\mathrm{h}} = 1000, n = 5$ 得出的。所以对此例来说,选择 $n = 9$ 并选择适当的频段则得出的结果几乎完全一致。

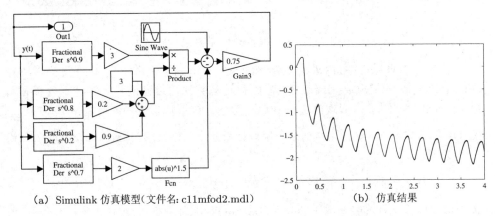

(a) Simulink 仿真模型(文件名: c11mfod2.mdl)   (b) 仿真结果

图 11-15   非线性分数阶微分方程的 Simulink 描述及仿真结果

11.6   最优分数阶 PID 控制器设计

11.6.1 $\mathrm{PI}^{\lambda}\mathrm{D}^{\mu}$ 控制器的最优设计方法

和前面介绍的整数阶控制器不同,分数阶控制器有自己独特的性能。以 PID 控制器为例,分数阶 $\mathrm{PI}^{\lambda}\mathrm{D}^{\mu}$ 控制器的数学模型为

$$G_{\mathrm{c}}(s) = K_{\mathrm{p}} + \frac{K_{\mathrm{i}}}{s^{\lambda}} + K_{\mathrm{d}}s^{\mu} \tag{11-6-1}$$

在图 11-16 中给出的分数阶 PID 控制器示意图中,横轴为积分阶次,纵轴为微分阶次,普通 PI、PD 和 PID 控制器均为该平面上的点,若 λ 和 μ 可以任选,则可

以覆盖图中的整个平面（当然从稳定性角度要求 $0 < \lambda, \mu < 2$），所以分数阶 PID 控制器有比整数阶控制器更灵活的控制结构[18]。

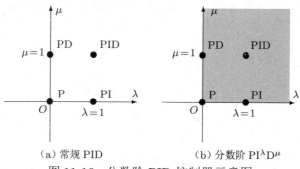

　　　　（a）常规 PID　　　　　　　　（b）分数阶 $PI^\lambda D^\mu$

图 11-16　分数阶 PID 控制器示意图

　　从回路成型控制器设计角度考虑，因为整数阶控制器下系统的 Bode 幅频特性只允许斜率为 20 dB/dec 的整数倍，而选择分数阶控制器，则可以相对任意地规划 Bode 图的形状。例如，若选择剪切频率处的幅频特性很平，则可以增加闭环系统的鲁棒稳定性。

例 11-20 已知分数阶受控对象为

$$G(s) = \frac{1}{s^{2.6} + 2.2s^{1.5} + 2.9s^{1.3} + 3.32s^{0.9} + 1}$$

若想直接给该模型设计一个 PID 控制器是很困难的，因为大部分 PID 控制器设计的算法都是针对整数阶的受控对象的，所以一个很自然的想法是用带有延迟的最优降阶模型 $G_p(s) = ke^{-Ls}/(Ts + 1)$ 去逼近原始分数阶模型。这样就可以根据 Wang-Juang-Chan 算法[19]设计出最优 ITAE 准则的 PID 控制器

$$K_p = \frac{(0.7303 + 0.5307T/L)(T + 0.5L)}{K(T + L)}, \quad T_i = T + 0.5L, \quad T_d = \frac{0.5LT}{T + 0.5L} \quad (11\text{-}6\text{-}2)$$

　　故而应该用下面的语句先求取一阶延迟模型

```
>> N=5; w1=1e-3; w2=1e3; s=fotf('s');
   G=1/(s^2.6+3.3*s^1.5+2.9*s^1.3+3.32*s^0.9+1);
   G0=high_order(G,'ousta_fod',w1,w2,N); Gr=opt_app(G0,0,1,1)
```

可得降阶模型为 $G_r(s) = 0.1836e^{-0.827s}/(s + 0.1836)$，这样根据控制器设计算法可以得出 PID 控制器为

```
>> L=Gr.ioDelay; [n,d]=tfdata(Gr,'v'); K=n(2)/d(2); T=d(1)/d(2);
   Ti=T+0.5*L; Kp=(0.7303+0.5307*T/L)*Ti/(K*(T+L));
   Td=(0.5*L*T)/(T+0.5*L); s=tf('s'); Gc=Kp*(1+1/Ti/s+Td*s),
   w=logspace(-4,4,200); C=fotf(Gc);
   H=bode(G*C,w); bode(G0*Gc,'-',H,'--'); figure;
   t=0:0.01:20; step(feedback(G0*Gc,1),20),
   y=step(feedback(G*C,1),t); hold on; plot(t,y,'--')
```

这样得出的控制器为 $G_c(s) = 3.9474(1 + 1/(5.8232s) + 0.3843s)$。在该控制器控制下,整数阶近似模型与原分数阶系统的开环 Bode 图与闭环阶跃响应曲线如图 11-17 (a)、(b) 所示,可见二者很接近。采用这样的控制器设计算法可以得出很好的常规 PID 控制器,对给定阶跃信号的跟踪效果是很令人满意的。

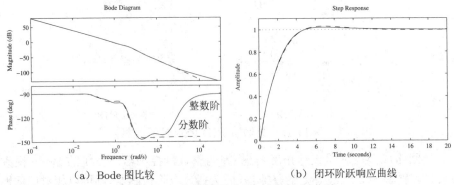

(a) Bode 图比较　　　　　　(b) 闭环阶跃响应曲线

图 11-17　分数阶系统的 PID 控制曲线

例 11-21 考虑前面的受控对象模型,现在考虑用搜索方法寻找最优 $PI^\lambda D^\mu$ 控制器参数。可以写出如下的目标函数

```
function fy=fpidfun(x,G,t,key)
s=fotf('s'); C=x(1)+x(2)*s^(-x(4))+x(3)*s^(x(5));
dt=t(2)-t(1); y=step(feedback(G*C,1),t); e=1-y;
if key==1, fy=dt*sum(t.*abs(e)); else, fy=dt*sum(e.^2); end
disp([x(:); fy].')
```

其中最后给出了显示语句,显示搜索到的控制器参数和目标函数的值。该函数带有 3 个附加参数,G 为受控对象的 FOTF 模型,t 为时间向量,而 key 为 1 表示 ITAE 误差准则,否则表示 ISE 误差准则。

选择终止仿真时间为 10 s,并假定 $PI^\lambda D^\mu$ 控制参数为正且小于 10,阶次均居于 $(0, 2)$ 区间,则可以采用 fminsearchbnd() 函数搜索最优的 $PI^\lambda D^\mu$ 控制器参数

```
>> xm=zeros(5,1); xM=[10; 10; 10; 2; 2];
   x0=[Kp,Kp/Ti,Kp*Td,1,1].'; t=0:0.01:20;
   x=fminsearchbnd(@foptpid,x0,xm,xM,[],G,t,1)
   s=fotf('s'); Gc1=x(1)+x(2)*s^(-x(4))+x(3)*s^(x(5));
   step(feedback(G*Gc1,1),t);
   y=step(feedback(G*C,1),t); hold on; plot(t,y,'--')
```

设计出的控制器为 $G_c(s) = 10 + 2.3088s^{-0.9877} + 8.9811s^{0.4286}$,在该控制器与前面得出的整数阶 PID 控制器下的闭环系统阶跃响应曲线如图 11-18 所示,可见,这里设计的分数阶控制器效果有明显优势。

基于上述思想,不难为线性分数阶受控对象设计出最优分数阶 PID 类控制器,可以编写下面的 MATLAB 函数

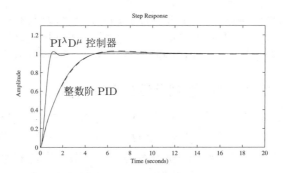

图 11-18　分数阶系统的阶跃响应比较

```
function [Gc,x,y]=fpidtune(G,type,t,key,x0,xm,xM,ff)
if nargin==7, ff=optimset; ff.MaxIter=50; end
x=fminsearchbnd([type,'fun'],x0,xm,xM,ff,G,t,key);
eval(['[y,Gc]=',type,'fun(x,G,t,key)'])
```

该函数的调用格式为 $[G_{\mathrm{c}}, \boldsymbol{x}, y] = \mathrm{fpidtune}(G, \mathrm{type}, \boldsymbol{t}, \mathrm{key}, \boldsymbol{x}_0, \boldsymbol{x}_{\mathrm{m}}, \boldsymbol{x}_{\mathrm{M}}, \mathrm{ff})$，其中 G 为分数阶传递函数模型，type 表明预期的控制器类型，可以取 'fpid'、'fpi' 和 'fpd'，$\boldsymbol{t}$ 为等间距的时间向量，key 为目标函数中的准则类型，0 表示 ITAE 准则，其余表示 ISE 准则（建议采用 ITAE 准则）。变量 $\boldsymbol{x}_0$、$\boldsymbol{x}_{\mathrm{m}}$，$\boldsymbol{x}_{\mathrm{M}}$ 的定义和前面的是一致的，ff 为最优化控制模板，可以不给出。

对这三类分数阶控制器类型，可以编写出下面三个 MATLAB 函数：

① **分数阶 PID 控制器**

```
function [fy,C]=fpidfun(x,G,t,key)
s=fotf('s'); C=x(1)+x(2)*s^(-x(4))+x(3)*s^(x(5));
fy=fpidcom(G,C,t,key);
```

② **分数阶 PI 控制器**

```
function [fy,C]=fpifun(x,G,t,key)
s=fotf('s'); C=x(1)+x(2)*s^(-x(3)); fy=fpidcom(G,C,t,key);
```

③ **分数阶 PD 控制器**

```
function fy=fpdfun(x,G,t,key)
s=fotf('s'); C=x(1)+x(2)*s^x(3); fy=fpidcom(G,C,t,key);
```

其中，fpidcom() 函数为公共支持函数，其内容为

```
function fy=fpidcom(G,C,t,key)
dt=t(2)-t(1); y=step(feedback(G*C,1),t); e=1-y;
if key==1, fy=dt*sum(t.*abs(e)); else, fy=dt*sum(e.^2); end
```

例 11-22　重新考虑例 11-21 中的问题，分数阶控制器的参数整定任务可以由下面简单命令直接实现，得出的结果和前面的完全一致。

```
>> s=fotf('s'); G=1/(s^2.6+3.3*s^1.5+2.9*s^1.3+3.32*s^0.9+1);
   xm=zeros(5,1); xM=[19; 10; 10; 2; 2]; x0=[1;1;1;1;1].';
   t=0:0.01:20; [Gc,x]=fpidtune(G,'fpid',t,1,x0,xm,xM)
```

11.6.2　最优分数阶 PID 控制器设计用户界面

　　基于前面给出的算法,参考 OptimPID 图形用户界面的设计思想。作者编写了 OptimFOPID 程序界面,用来设计分数阶最优 PID 控制器[20]。

　　在 MATLAB 命令窗口给出 `optimfopid` 命令即可启动最优分数阶 PID 控制器设计界面,如图 11-19 所示。用户可以先在 MATLAB 工作空间中输入受控对象的 FOTF 模型 G,然后单击 Plant model 按钮将该模型调入该界面。这时用户选择不同的终止时间、控制器类型与目标函数等,再单击 Optimize 按钮即可以开始控制器参数寻优,最终得出所需的最优控制器模型 G_c。单击 Closed-loop response 按钮则可以得出闭环系统的阶跃响应曲线,在窗口的坐标系下直接显示出来。

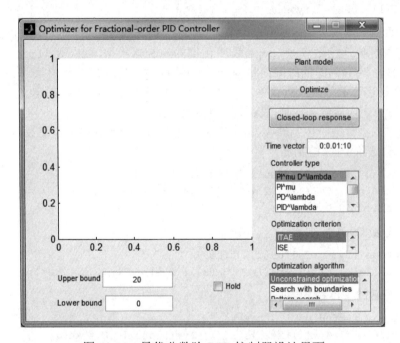

图 11-19　最优分数阶 PID 控制器设计界面

例 11-23 考虑分数阶受控对象模型 $G(s) = \dfrac{1}{0.8s^{2.2} + 0.5s^{0.9} + 1}$,可以按下面的步骤设计出最优的分数阶控制器

　　① 先将分数阶受控对象模型 G 按 FOTF 对象的格式输入到 MATLAB 的工作空间,并单击 Plant model 按钮将该模型读入界面。

```
>> G=fotf([0.8 0.5 1],[2.2 0.9 0],1,0)
```

② 将控制器参数的上界设置为 15,并将终止时间设置为 8。

③ 单击 Optimize 按钮,则可以开始寻优过程,得出最优控制器参数向量为

$$\boldsymbol{x} = \begin{bmatrix} 6.5954 & 15.7495 & 11.4703 & 0.9860 & 1.1932 \end{bmatrix}$$

即得出的最优分数阶 PID 控制器为

$$G_c(s) = 6.5954 + \frac{15.7495}{s^{0.986}} + 11.4703s^{1.1932}$$

④ 单击 Closed-loop response 按钮则可以在界面的坐标系下直接绘制出在此控制器下闭环系统的阶跃响应曲线。当然用下面语句也可以绘制出系统的阶跃响应曲线,如图 11-20(a) 所示。因为这里得出的积分阶次很接近 1,若将控制器类型列表框设置为 PID^mu,则可以设计出最优 PID$^\mu$ 控制器,控制效果与 PI$^\lambda$D$^\mu$ 极其接近[20]。

```
>> t=0:0.01:8; y=step(feedback(G*Gc,1),t); plot(t,y)
```

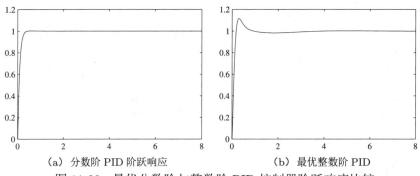

(a) 分数阶 PID 阶跃响应   (b) 最优整数阶 PID

图 11-20   最优分数阶与整数阶 PID 控制器阶跃响应比较

若从 Controller Type 列表框中选择 PID 选项,再单击 Optimize 按钮则可以设计出最优的整数阶 PID 控制器,在该控制器下的闭环系统阶跃响应曲线如图 11-20 (b) 所示。可见,对这里给出的分数阶受控对象模型来说,最优分数阶 PID 控制器的效果比最优整数阶 PID 控制器的效果好很多。

对线性分数阶受控对象来说,OptimFOPID 程序界面可以直接、方便地设计出最优分数阶 PID 类控制器,然而,该界面也有很多局限性:其一,该程序界面不能处理含有时间延迟的受控对象模型;其二,控制器是线性的,不能在后面跟饱和非线性来限制控制信号的大小;此外,用户需要人为地给出控制器参数的范围和终止仿真时间,如果这些参数选择不当,则该程序界面不能设计出理想的控制器。

11.7   本章要点简介

- 分数阶控制是控制科学领域一个较新的研究方向。本章给出了分数阶微积分的定义与数值求解方法,介绍了分数阶微积分的性质,

- 类似于指数函数在整数阶系统中的作用,给出了分数阶系统中同等重要的 Mittag-Leffler 函数的定义与计算方法。
- 给出了一般线性分数阶微分方程的闭式数值解法、成比例阶线性系统的解析解法和一般线性分数阶微分方程的解析解公式。由于一般分数阶微分方程过于复杂,所以不建议直接利用公式求解,尽量采用数值解方法。
- 利用 MATLAB 的类编程与面向对象的编程技术,编写了分数阶传递函数模型的类 FOTF,并在此基础上仿照控制系统工具箱定义了若干重载函数,可以用于 FOTF 对象的稳定性分析与范数计算,还可以用于分数阶系统的时域分析与频域分析,这些函数的调用格式与整数阶 LTI 对象完全一致,使用方便。
- 介绍了两种分数阶微分算子的滤波器近似方法,还给出了基于频域响应拟合的复杂分数阶模型的整数阶近似方法,并给出了分数阶模型的最优降阶方法和应用程序。
- 对一般的非线性分数阶系统给出了基于框图的仿真方法。从理论上说,一般的零初值分数阶系统均可以由这样的方法进行仿真,并给出了 Simulink 仿真结果的验证方法。
- 介绍了分数阶受控对象模型的整数阶 PID 控制器及分数阶 PID 控制器的控制方法,开发了分数阶 PID 控制器的最优整定函数,可用于一般分数阶传递函数受控对象的最优控制,并介绍了最优分数阶 PID 控制器的设计界面。

11.8 习 题

(1) 假设已知分数阶线性微分方程为[2] $0.8\mathscr{D}_t^{2.2}y(t) + 0.5\mathscr{D}_t^{0.9}y(t) + y(t) = 1, y(0) = y'(0) = y''(0) = 0$,试求该微分方程的数值解。若将微分阶次 2.2 近似成二阶,0.9 阶近似成一阶,则可以将该微分方程近似为整数阶微分方程,试比较整数阶近似的计算精度。

(2) 利用本章给出的 Mittag-Leffler 函数代码,用数值方法验证下面几个等式。
① $\mathscr{E}_{\alpha,\beta}(x) + \mathscr{E}_{\alpha,\beta}(-x) = 2\mathscr{E}_{\alpha,\beta}(x^2)$, ② $\mathscr{E}_{\alpha,\beta}(x) - \mathscr{E}_{\alpha,\beta}(-x) = 2x\mathscr{E}_{\alpha,\alpha+\beta}(x^2)$
③ $\mathscr{E}_{\alpha,\beta}(x) = \dfrac{1}{\Gamma(\beta)} + \mathscr{E}_{\alpha,\alpha+\beta}(x)$, ④ $\mathscr{E}_{\alpha,\beta}(x) = \beta\mathscr{E}_{\alpha,\beta+1}(x) + \alpha x\dfrac{\mathrm{d}}{\mathrm{d}x}\mathscr{E}_{\alpha,\beta+1}(x)$

(3) 本章给出了两种分数阶微分算子的滤波器近似函数,试从频域响应拟合的角度比较这两种方法在下面传递函数模型拟合上的优缺点
$$G(s) = \frac{s+1}{10s^{3.2} + 185s^{2.5} + 288s^{0.7} + 1}$$

(4) 试分析闭环系统的稳定性,并绘制开环 Bode 图与闭环阶跃响应曲线
$$G(s) = \frac{s^{1.2} + 4s^{0.8} + 7}{8s^{3.2} + 9s^{2.8} + 9s^2 + 6s^{1.6} + 5s^{0.4} + 9}, \quad G_c(s) = 10 + \frac{9}{c^{0.97}} + 10s^{0.98}$$

(5) 试用根轨迹法获得下面分数阶受控对象的临界增益

$$① G_1(s) = \frac{s^{1.5} + 9s + 24s^{0.5} + 20}{3s^2 + 16s^{1.5} + 9s + 20s^{0.5}}, \quad ② G(s) = \frac{s+1}{10s^{3.2} + 185s^{2.5} + 288s^{0.7} + 1}$$

(6) 试编写一个通用函数将成比例阶传递函数模型转换成分数阶状态方程模型,建立
分数阶状态方程模型对象 FOSS。扩展该对象并重载相关的系统分析函数,再用习
题 (5) 中的几个传递函数检验编写的函数。

(7) 试求解下面的零初值分数阶非线性微分方程,其中 $f(t) = 2t + 2t^{1.545}/\Gamma(2.545)$。

$$\mathscr{D}^2 x(t) + \mathscr{D}^{1.455} x(t) + \left[\mathscr{D}^{0.555} x(t)\right]^2 + x^3(t) = f(t)$$

(8) 已知分数阶模型

$$G_1(s) = \frac{5}{s^{2.3} + 1.3s^{0.9} + 1.25}, \quad G_2(s) = \frac{5s^{0.6} + 2}{s^{3.3} + 3.1s^{2.6} + 2.89s^{1.9} + 2.5s^{1.4} + 1.2}$$

试求出能够较好拟合原始模型的整数阶模型,讨论采用何种阶次组合能得出较好
的效果。试从频域响应和阶跃响应角度比较系统降阶模型。

(9) 选择合适的整数阶传递函数近似下面的分数阶模型并比较频域响应拟合的效果

$$① G(s) = \frac{25}{(s^2 + 8.5s + 25)^{0.2}}, \quad ② G(s) = \frac{562920(s + 1.0118)^{0.6774}}{(s^2 + 54.7160s + 590570)^{0.8387}}$$

(10) 请为分数阶受控对象模型 $G(s) = \dfrac{5s^{0.6} + 2}{s^{3.3} + 3.1s^{2.6} + 2.89s^{1.9} + 2.5s^{1.4} + 1.2}$ 设计出
整数阶 PID 控制器和最优 $\mathrm{PI}^\lambda\mathrm{D}^\mu$ 控制器,并观察控制效果。

(11) 试根据本章给出的分数阶 PID 控制器设计核心程序和图形用户界面设计技术编
写出一个通用的线性分数阶受控对象的最优 $\mathrm{PI}^\lambda\mathrm{D}^\mu$ 控制器设计程序。

(12) 考虑下面的分数阶不确定模型 $G = \dfrac{b}{as^{0.7} + 1}$,取标称值 $a = b = 1$,则可以用整数
阶高阶传递函数近似其模型,并在此基础上设计 $\mathcal{H}_\infty$ 控制器。试通过仿真方法探
讨,若不确定参数为 $a \in (0.2, 5), b \in (0.2, 1.5)$,该 $\mathcal{H}_\infty$ 控制器是否还能较好地控制
原系统。

(13) 由于作者最早开发的 OptimFOPID 源程序丢失,目前除了最主要的设计功能外,
很多按钮的回调函数均未恢复,有兴趣的读者可以在原有的框架下完成此界面。

参考文献

1 Miller K S, Ross B. An introuction to fractinal calculus and fractional differential
equations. New York: John Wiley & Sons, 1993

2 Podlubny I. Fractional differential equations. San Diago: Academic Press, 1999

3 Vinagre B M, Chen Y Q. Fractional calculus applications in automatic control
and robotics. Las Vegas: 41st IEEE CDC, Tutorial workshop 2, 2002

4 Monje C A, Chen Y Q, Vinagre B M, Xue D, Feliu V. Fractional-order systems and controls — fundamentals and applications. London: Springer, 2010

5 Lakshmikantham V, Leela S. Theory of fractional dynamic systems. Cornwall, UK: Cambridge Scientific Publishers, 2010

6 Caponetto R, Dongola G, Fortuna L, Petráš I. Fractional order systems — modeling and control applications. Singapore: World Scientific Publishing, 2009

7 Hilfer R. Applications of fractional calculus in physics. Singapore: World Scientific Publishing, 2000

8 薛定宇, 陈阳泉. 高等应用数学问题的MATLAB求解. 北京: 清华大学出版社, 2004

9 Petráš I, Podlubny I, O'Leary P, Dorčák L, Vinagre B M. Analogue realization of fractional order controllers. Fakulta BERG, Technical University of Košice, 2002

10 Podlubny I. Mittag-Leffler function, 2005. `http://www.mathworks.cn/matlab central/fileexchange/8738-mittag-leffler-function`

11 Shukla A K, Prajapati J C. On a generalization of Mittag-Leffler function and its properties. Journal of Mathematical Analysis and Applications, 2007, 336(1):797~811

12 Kilbas A A, Saigob M, Saxena R K. Generalized Mittag-Leffler function and generalized fractional calculus operators. Integral Transforms and Special Functions, 2004, 15(1):31–49

13 Matignon D. Stability properties for generalized fractional differential systems. Matignon D, Montseny D, eds., Proceedings of the Colloquium Fractional Differential Systems: Models, Methods and Applications, 5. Paris, 1998 145~158

14 Charef A, Sun H H, Tsao Y Y, Onaral B. Fractal system as represented by singularity function. IEEE Transactions on Automatic Control, 1992, 37(9):1465~1470

15 Oustaloup A, Levron F, Mathieu B, Nanot F M. Frequency-band complex noninteger differentiator: characterization and synthesis. IEEE Transaction on Circuit and Systems-I: Fundamental Theory and Applications, 2000, TCS-47(1):25~39

16 Xue D, Zhao C N, Chen Y Q. A modified approximation method of fractional order system. Proceedings of IEEE Conference on Mechatronics and Automation. Luoyang, China, 2006 1043~1048

17 Meng L, Xue D. An approximation algorithm of fractional order pole models based on an optimization process. Proceedings of Mechatronics and Embedded Systems and Applications. Qingdao, China, 2010 486~491

18 I. Podlubny. Fractional-order systems and $PI^{\lambda}D^{\mu}$ controllers. IEEE Transactions on Automatic Control, 1999, 44(1):208~214

19 Wang F S, Juang W S, Chan C T. Optimal tuning of PID controllers for single and cascade control loops. Chemical Engineering Communications, 1995, 132:15~34

20 Xue D, Chen Y Q. OptimFOPID: a MATLAB interface for optimum fractional-order PID controller design for linear fractional-order plants. Proceedings of Fractional Derivatives and Its Applications. Nanjing, China, 2012 #307

第 *12* 章

半实物仿真与实时控制

在前面几章中,介绍了如何用 Simulink 进行复杂系统仿真的方法,从单变量系统到多变量系统,从连续系统到离散系统,从线性系统到非线性系统,从时不变系统到时变系统都可以用 Simulink 进行描述与仿真。引入的 S-函数可以描述更复杂的过程,而 Stateflow 技术允许利用有限状态机理论对时间驱动的系统进行仿真。

然而直到现在所讨论的都是纯数字的仿真方法,并未考虑和外部真实世界之间的关系。在很多实际过程中,不可能准确获得系统的数学模型,所以也就无从建立起 Simulink 所描述的精确框图,有时还因为实际模型的复杂性,建立起来的模型也不准确,所以需要将实际系统模型放置在仿真系统中进行仿真研究。这样的仿真经常称为"硬件在回路"(hardware-in-the-loop, HIL)的仿真,又常称为半实物仿真。因为这样的半实物仿真是针对实际过程的仿真,又是实时进行的,所以有时还称为实时(real time, RT)仿真。

在实际控制中,半实物仿真通常有两种情况: 其一是控制器用实物,而受控对象使用数学模型。这种情况多用于航空航天领域,例如导弹发射过程中,因为各种因素的考虑不可能每次发射实弹,而需要用其数学模型来模拟导弹本身的过程,这时为了测试发射台的可靠性,通常需要使用真正的发射台,从而构成半实物仿真回路。另一种半实物仿真的情况更常见于一般工业控制,可以用计算机实现其控制器,而将受控对象作为实物直接放置在仿真回路中,构造起半实物仿真的系统。在本书中所涉及的半实物仿真局限于后一种情况。

在实际应用中,通过纯数值仿真方法设计出的控制器在系统实时控制中可能不能得出期望的控制效果,甚至控制器完全不能用,这是因为在纯数值仿真中忽略了实际系统的某些特性或参数。要解决这样的问题,引入半实物仿真的概念是十分必要的。本章将通过实际例子介绍基于 Quanser 及 dSPACE 软硬件环境的半实物仿真系统的构造与应用,搭建起理论仿真研究与实时控制之间的桥梁。在 12.1 节中将简介能够与 MATLAB/Simulink 无缝连接的 dSPACE 软硬件环境,12.2 节将介绍 Quanser 产品及相关的受控对象模型,12.3 将通过一个实时控制实验系统介绍仿真分析及基于 Quanser 和 dSPACE 的实时控制实验方法。

12.1　dSPACE 简介与常用模块

dSPACE(digital signal processing and control engineering)实时仿真系统是由德国 dSPACE 公司开发的一套和 MATLAB/Simulink 可以"无缝连接"的控制系统开发及测试的工作平台[1]。dSPACE 实时系统拥有高速计算能力的硬件系统,包括处理器、I/O 等,还拥有方便易用的实现代码生成/下载和试验/调试的软件环境。

dSPACE 实时系统具有很多其他仿真系统所不能比拟的特点,例如其组合性与灵活性强、快速性与实时性好、可靠性高,可与 MATLAB/Simulink 无缝连接,更方便地从非实时分析设计过渡到实时分析设计。由于 dSPACE 巨大的优越性,现已广泛应用于航空航天、汽车、发动机、电力机车、机器人、电力拖动及工业控制等领域。越来越多的工厂、学校及研究部门开始用 dSPACE 解决实际问题。

dSPACE 实时仿真系统是半实物仿真研究良好的应用平台,它提供了真正实时控制方式,允许用户真正实时地调整控制器参数和运行环境,并提供了各种各样的参数显示方式,适合于不同的需要。

下面分别介绍一下 dSPACE 实时仿真系统的软硬件环境,目前在教学和一般科学实验方面比较流行的 dSPACE 部件是 ACE1103 和 ACE1104,它们是典型的智能化单板系统,包括 DSP 硬件控制板 DS1103 和 DS1104、实时控制软件 Control Desk、实时接口 RTI 和实时数据采集接口 MTRACE/MLIB,使用较为方便。其中,DS1104 采用 PCI 总线接口,PowerPC 处理器,具有很高的处理性能及性能价格比,是理想的控制系统设计入门级产品。这里将以 DS1104 为例介绍其在半实物仿真中的应用。

安装了 dSPACE 软硬件系统,则可以在 Simulink 库中出现 dSPACE 模块组,双击该模块组图标,可以得出如图 12-1 所示的内容。

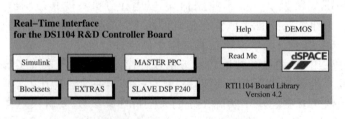

图 12-1　dSPACE 1104 模块组

双击其中的 Master PPC 图标将打开如图 12-2 所示的模块库。可以看出,在该模块库中包含大量卡上元件的图标,如 A/D 转换器等。另外,双击其中的 Slave DSP F240 图标则将打开如图 12-3 所示的模块库。该模块库中包含了许多伺服控制中的应用模块,如 PWM

信号发生器、测频模块等。上述这些图标均可以拖到 Simulink 框图中,将计算机中产生的信号直接和卡上的实际信号打交道,完成实时仿真的全过程。

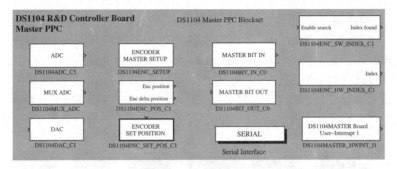

图 12-2　Master PPC 子模块组

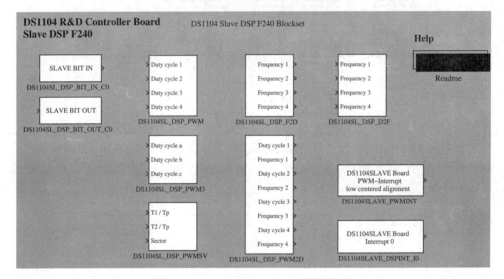

图 12-3　Slave DSP F240 子模块组

12.2　Quanser 简介与常用模块

12.2.1　Quanser 常用模块简介

　　Quanser 产品包括加拿大 Quanser 公司研发的控制实验用的各种受控对象装置、与 MATLAB/Simulink 或 NI 公司的 LabView 等的接口板卡和实时控制软件 WinCon 等,可以用类似于 dSPACE 的方式进行半实物仿真与实时控制研究。Quanser 产品主要用于高校教学及实验室研究,提供了各种各样具有挑战性的控制实验,也允许用户使用及测试各种各样的控制方法。

　　Quanser 受控对象装置包括直线运动控制系列实验、旋转运动控制系列实验及各种专门实验装置。Quanser 可以通过 WinCon 用 Simulink 模型直接控制受控对象。Quanser 系列产品还提供了 MultiQ 板卡或其他形式的接口板卡,带有数模转换器输入(DAC)、模数转换器输出(ADC)、电机编码输入(ENC)等输入输出接口,可以直接将计算机与受控对象连接起来,形成闭环控制结构。

　　WinCon 是在 Windows 环境下实现实时控制的应用程序,该程序可以启动由 Simulink 模型生成的代码,向 MultiQ 板卡发送命令或从板卡采集数据,达到实时控制的目的。安装了 WinCon 之后,就可以在 Simulink 模型库中出现一个 WinCon Control Box 组,其内容如图 12-4 所示,其中包括 MultiQ 板卡各种型号的模块组。

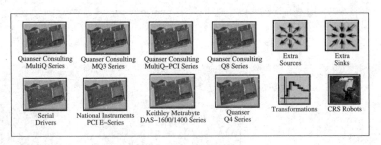

图 12-4　WinCon 模块组主窗口

　　这里,以 MultiQ4 为例来进一步演示。双击图 12-4 中的 Quanser Q4 Series 图标,可以得出 MultiQ4 板卡对应的 Simulink 模块组,如图 12-5 所示,该模块组包括这类实验所需的 Analog Input 和 Analog Output 模块,可以实现信号的 A/D 或 D/A 转换。

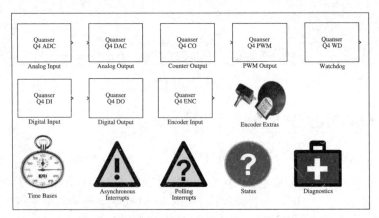

图 12-5　MultiQ4 模块组的全部模块

　　双击 Analog Input 和 Analog Output 模块,则将分别得出如图 12-6(a)、(b)所示的对话框,在对话框中最关键的参数是通路 Channel 栏目的设置,设置的通路号一定要和硬件连接完全一致,否则无法正常工作。

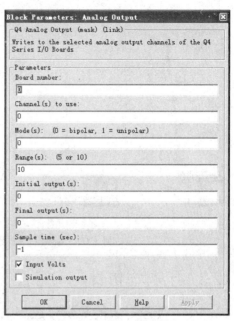

（a）Analog Input 模块对话框　　　　　（b）Analog Output 模块对话框

图 12-6　WinCon 模块组主窗口

12.2.2　Quanser 旋转运动控制系列实验受控对象简介

Quanser 的直线运动控制系列可以组装出位置伺服系统、直线倒立摆控制系统、柔性关节控制系统、直线高精度小车系统等 14 个实验，旋转运动控制系列包括位置伺服控制、转速伺服控制、球杆系统控制、旋转倒立摆控制、平面倒立摆控制、二自由度机器人控制等 13 个受控对象装置。Quanser 专门实验装置包括 3 自由度直升机位姿控制、震动台控制、5/6 自由度机器人控制、磁悬浮控制、3 自由度起重机控制等诸多实验装置。

旋转运动控制系列可以组成的部分受控对象如图 12-7 所示，下面给出倒立摆系统的简要描述：

① 旋转倒立摆实验中，在水平面上用一个直流电机来驱动一个刚性臂的一端，臂的另一端装有一个自由度的转轴由电机控制。在这个转轴上安装一个摆杆。通过控制旋转臂的运动来保持摆杆处于垂直倒立状态。

② 平面倒立摆则将一根长摆杆安装在一含有两个自由度的接头上，这样摆杆就可以沿两个方向自由摆动，摆杆的摆角通过传感器测量。将这个机构装于二自由度机器人的末端就构成了平面倒立摆系统。本实验通过控制两个伺服电机来使摆杆保持垂直倒立。

（a）旋转倒立摆　　　（b）平面倒立摆　　　　（c）回转仪　　　　（d）平面连杆机器人　　（e）柔性臂

图 12-7　旋转控制系列的部分受控对象装置

12.3　半实物仿真与实时控制实例

12.3.1　受控对象的数学描述与仿真研究

Quanser 公司提供的球杆系统是其旋转实验系列中的一个实验系统,该系统的实物如图 12-8(a) 所示,其原理结构如图 12-8(b) 所示。球杆系统的控制原理是,通过电机带动连杆 CD,调整夹角 θ,从而调整横杆 BC 的水平夹角 α,使得小球能快速稳定地静止在指定的位置。连杆 AB 为固定的支撑臂。

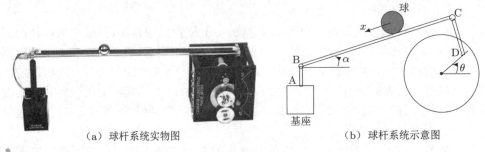

（a）球杆系统实物图　　　　　　　　　（b）球杆系统示意图

图 12-8　球杆系统

在球杆系统中,杆的位置 $x(t)$ 是输出信号,电机的电压 $V_{\mathrm{m}}(t)$ 为控制信号,需要设计一个控制器,由预期位置 $c(t)$ 和检测到的实际位置 $x(t)$ 之间的误差信号 $e(t) = c(t) - x(t)$ 来计算控制信号 $u(t)$。钢球在连杆 BC 上起滑动变阻器的作用,其位置 $x(t)$ 可以通过电阻的值直接检测出来。

①**电机拖动系统的数学模型**。电机原理图如图 12-9(a) 所示,按照原理图可以构造出如图 12-9(b) 所示的仿真框图。在本套 Quanser 实验系统中,电机效率 $\eta_{\mathrm{m}} = 0.69$,电机系统中的电阻 $R_{\mathrm{m}} = 2.6\Omega$,传动比 $K_{\mathrm{g}} = 70$,黏滞阻尼系数为

$B_{eq} = 4 \times 10^{-3} \mathrm{N \cdot m/(rad/s)}$，反电势常数 $K_m = 0.00767 \mathrm{V/(rad/s)}$，转矩常数 $K_t = 0.00767 \mathrm{N \cdot m}$，电机等效负载转动惯量 $J_{eq} = 2 \times 10^{-3} \mathrm{kg \cdot m^2}$，电机转动惯量 $J_m = 3.87 \times 10^{-7} \mathrm{kg \cdot m^2}$，齿轮箱效率 $\eta_g = 0.9$。

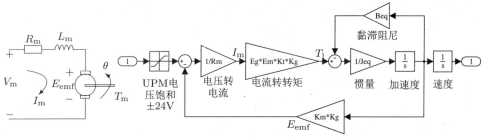

（a）电机模型　　　　（b）电机仿真模型（文件名: c12mmot.mdl）

图 12-9　电机模型及其仿真模型

可以推导出电机电压信号 $V_m(t)$ 与夹角 θ 之间的传递函数描述[2]

$$G_1(s) = \frac{\theta(s)}{V_m(s)} = \frac{\eta_g \eta_m K_t K_g}{J_{eq} R_m s^2 + (B_{eq} R_m + \eta_g \eta_m K_m K_t K_g^2)s} = \frac{61.54}{s^2 + 35.1s} \quad (12\text{-}3\text{-}1)$$

对电机进行 PID 控制，并设 D 在反馈回路，则可以构造出如图 12-10（a）所示的仿真框图，这样就可以简单地设计 PID 控制器，控制电机的角位移 θ 了。

② **球杆系统的数学模型**。已知杆长 $l = 42.5 \mathrm{cm}$，球的半径为 R，沿 x 方向的重力分量为 $F_x = mg \sin \alpha$，$m = 0.064 \mathrm{g}$，小球转动惯量 $J = 2mR^2/5$，可以推导出球的动态模型为 $\ddot{x} = 5g \sin \alpha/7$。

由于一般角度 α 较小，可以认为 $\sin \alpha \approx \alpha$，故非线性模型可以近似为线性模型。另外，已知圆盘偏心 $r = 2.54 \mathrm{cm}$，由杆 BC 移动弧度相同的关系还可以得出 $l\alpha = r\theta$，即 $\theta = l\alpha/r$，由此可以建立起如图 12-10（b）所示的仿真模型[3]。

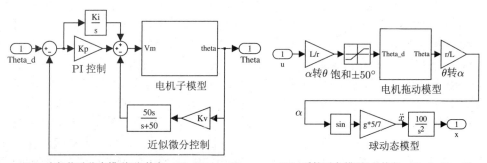

（a）电机拖动仿真模型（文件名: c12mdcm.mdl）　　（b）受控对象模型（文件名: c12mball.mdl）

图 12-10　电机拖动控制与球杆系统仿真模型

这样可以对整个球杆系统构建出控制与仿真模型，如图 12-11（a）所示。其中整个系统采用 PD 控制，参数输入与控制器设计可以由下面语句完成

```
clear all;  % 文件名：c12dat_set.m
Beq=4e-3; Km=0.00767; Kt=0.00767; Jm=3.87e-7; Jeq=2e-3; Kg=70;
Eg=0.9; Em=0.69; Rm=2.6; zeta=0.707; Tp=0.200; num=Eg*Em*Kt*Kg;
den=[Jeq*Rm, Beq*Rm+Eg*Em*Km*Kt*Kg^2 0]; Wn=pi/(Tp*sqrt(1-zeta^2));
Kp=Wn^2*den(1)/num(1); Kv=(2*zeta*Wn*den(1)-den(2))/num(1); Ki=2;
L=42.5; r=2.54; g=9.8; zeta_bb=0.707; Tp_bb=1.5;
Wn_bb=pi/(Tp_bb*sqrt(1-zeta_bb^2)); Kp_bb=Wn_bb^2/7;
Kv_bb=2*zeta_bb*Wn_bb/7; Kp_bb=Kp_bb/100; Kv_bb=Kv_bb/100;
```

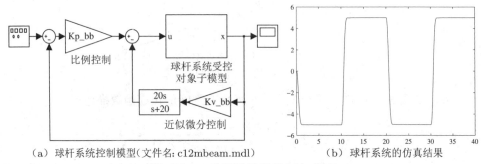

（a）球杆系统控制模型（文件名：c12mbeam.mdl）　　　　（b）球杆系统的仿真结果

图 12-11　球杆系统的控制与仿真

　　对球杆系统进行仿真，将得出如图 12-11（b）所示的仿真结果。这样的结果是通过纯软件仿真得出的，和实际系统是否一致还需要实时控制的验证。下面将通过半实物仿真与实时控制的方法对这里的结果加以验证。

12.3.2　Quanser 实时控制实验

　　分析原系统及控制模型，可见该模型产生的内环 PID 控制器需要给实验系统的电机施加实际控制信号 V_m，另外该系统需要实时检测小球的位置 x 和电机的角位移 θ。控制信号可以通过 Analog Output 模块来实现，可以由 Analog Input 模块检测小球的位置，而电机转角 θ 的检测可以通过编码输入模块 Encoder Input 来实现。为控制效果起见，应该对检测模型增加滤波模块，这样可以构造出如图 12-12 所示的实时控制系统模型。注意，为使得模型能实时运行，必须将仿真算法设置成定步长算法，且将步长设置为确定的值，比如 0.001 s。这样的设置可以选择 Simulation → Parameters 中的 Solver 栏目实现。同时，仿真算法可以设置成 ode4。

　　选择 Tools → Real-Time Workshop → Build Model 菜单，将自动编译建立的仿真模型，形成 dll 文件，这样将自动打开如图 12-13 所示的 WinCon 控制界面，可以在这个界面下直接控制受控对象模型。单击其中的 Start 按钮就可以启动实时控制的功能，由 Analog Output 模块给拖动子模型施加控制信号去驱动电机，而电机的转角及小球的位置检测信号实时检测，传回到计算机中，从而实现整个系统的闭环控制。

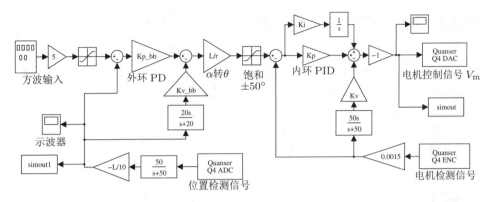

图 12-12   实时控制 Simulink 框图(文件名: c12mbbr.mdl)

用户还可以单击界面的示波器按钮来用示波器显示小球位置与控制信号的波形,分别如图 12-14(a)、(b)所示。值得指出的是,实际受控对象的实时控制效果和基于软件的纯仿真方法还是有一些差异的,产生误差的主要原因应该是仿真模型的建模误差,另外实时控制中小球位置检测、控制信号添加等的延迟在仿真模型中均被忽略。启动 WinCon 实时控制界面后,Simulink 模型处于 External 的运行状态,若在 MATLAB 工作空间中修改变量则会对实时控制产生影响,改变实时控制的效果。

图 12-13   WinCon 控制界面

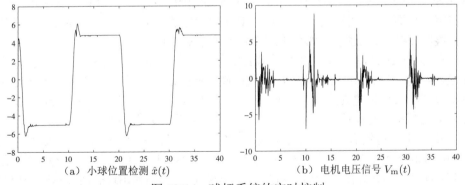

(a) 小球位置检测 $\hat{x}(t)$ (b) 电机电压信号 $V_m(t)$

图 12-14   球杆系统的实时控制

在实时控制系统中,示波器显示的数据可以选择 File → Save → Workspace 菜单项存储到 MATLAB 的工作空间,其存储的数据量主要由其存储缓冲区大小设置确定,更改缓冲区的大小可以由 Buffer 菜单确定,本例中将其设置为 50 s。

12.3.3   dSPACE 实时控制实验

将图 12-12 中由 Quanser MultiQ4 搭建的仿真模型中相应的模块用 dSPACE 模块替换,并适当根据 dSPACE 的要求修改参数,可以得出如图 12-15 所示的仿真模型。在 dSPACE 模块集中,由于 A/D 转换器和 D/A 转换器的设定方法和 Quanser 不同,所以采用将 A/D 乘以 10,将 D/A 除以 10 的方法将其与 Quanser 模型一致化。另外,由于电机编码输入的模块和 Quanser 也不一致,所以应该将其变成 0.006。

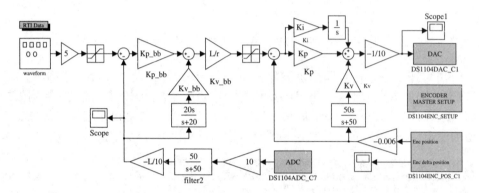

图 12-15   dSPACE 使用的 Simulink 框图(文件名: c12mdsp.mdl)

有了该模型,可以在 Simulink 模型窗口中选择 Tools → Real-Time Workshop → Build Model 菜单项对其进行编译,生成 Power PC 上可以使用的系统描述文件 c9mdsp.ppc。这时,打开 Control Desk[4]软件环境窗口,则由 File → Layout 菜单打开一个新的虚拟仪器编辑界面,用 Virtual Instruments 工具栏中提供的控件搭建控制界面,比如可以用滚动杆描述 PD 控制器的参数,用示波器显示转速和位置曲线等。这样可以建立起如图 12-16 所示的控制界面。

单击 Platform 标签,可以由显示的文件对话框打开前面存的 c9mdsp.ppc 文件,这样可以和 Simulink 生成的控制代码建立起关联关系。还应该将控件和 Simulink 模型中的变量建立起关联关系。例如,将 Control Desk 中显示的 Simulink 变量名拖动到相应的控件上,即可建立控件和 Simulink 变量关联关系。

建立起控制界面后,可以直接进行实时控制。对球杆系统施加控制则可以得出如图 12-16 所示的实际响应曲线和控制信号曲线。注意,这里产生的控制信号是 dSPACE 写入 DAC 模块的信号,它与实际的物理信号相差 10 倍。所以这时的控制信号实际上在 $(-10,10)$ 区间内变化,与前面 Quanser 下得出的一致。

可见,用这样的方法可以用 Simulink 建立的控制器直接实时控制实际受控对象,另外,该控制器的参数可以在线调节,比如拖动滚动杆就可以改变 PD 控制器的参数,控制效果马上就能获得。

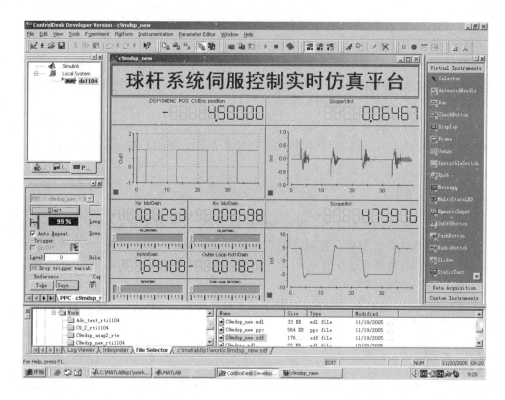

图 12-16　由 Control Desk 构造的控制界面

　　采用 dSPACE 这样的软硬件环境后还可以将控制器及其参数直接下装到实际控制器上,脱离 dSPACE 环境也能控制受控对象,这样可以认为 dSPACE 是一套原型控制器的开发环境,应用该环境可以大大加速控制器设计与开发的效率,故可以采用 dSPACE 这一能搭建起数字仿真与实时控制桥梁的软硬件环境来更好地应用控制理论中的知识,在工业控制中发挥其效能,更好地解决控制问题。

12.4　本章要点简介

- 本章是搭起系统控制、仿真纯软件研究和系统实时控制之间桥梁的一章。

- 本章给出了半实物仿真的概念,综述了目前与 MATLAB/Simulink 可以无缝连接的两大主流半实物仿真软硬件系统,即 dSPACE 与 Quanser 产品,并介绍了和实时控制相关的模块,还简述了可以搭建实时控制实验的 Quanser 受控对象旋转运动控制实验系列装置。

- 以旋转运动控制系列中的球杆系统为例,介绍了其建模方法与 Simulink 模型搭建方法,进行了系统的仿真研究,并分别介绍了由 Quanser 控制器及 dSPACE 控制器对其实时控制的方法及控制效果。用这两种软硬件控制系统的最大区别是，Quanser 控制器在本机 CPU 上运行实时控制程序，而 dSPACE 将实时控制程序下装到板卡的 PC104 处理器上运行。后者无疑可以保证实时性，而前者虽然在 Windows 操作系统下运行，由于添加了较好的实时处理功能，实时性也能很好保证。

● 本章介绍的方法及受控对象都是基于第三方产品 Quanser、dSPACE 实现的，需要相关产品的支持，在这些软硬件环境的基础上才可以完成各种实验研究。

12.5 习 题

(1) 如有条件的话，选择相应的软硬件系统重复本章的实时控制实验，并研究其他控制策略，如线性二次型最优控制、ITAE 最优控制或模糊逻辑控制等，对本实验受控对象的控制，研究比较控制效果。若不具备软硬件条件也可以通过纯仿真的方法尝试不同控制器的控制效果。

(2) 试对 Quanser 旋转运动控制系列其他模型进行仿真与实时控制研究。

参考文献

1 dSPACE Inc. DS1104 R&D controller board installation and configuration guide, 2001

2 Quanser Inc. SRV02－Series rotary experiment # 1: Position control, 2002

3 Quanser Inc. SRV02－Series rotary experiment # 3: Ball & beam, 2002

4 dSPACE Inc. Control Desk — experiment guide, Release 3.4, 2002

常用受控对象的实际系统模型

>>>>>

在控制系统的仿真软件发展初期,就出现了很多著名的基准测试问题,如 F-14 战斗机模型[1,2]、复杂连续离散系统 CACSD 测试模型[3] 和 ACC 小车模型[4,5]等,早期的基准测试模型侧重于对模型输入和简单分析的方便性与准确性,随着专用控制系统设计用计算机语言的发展,输入模型和简单的开环、闭环分析不再是这个领域的难点,这样的问题可以轻而易举地直接解决,所以出现的基准测试问题就开始转入复杂系统的设计了。使用者可以使用各种各样的算法对该模型进行控制,比较不同算法的控制效果。

本附录列出一些著名的基准测试问题的数学模型,为了便于学习本书的内容,开发并评估自己的控制系统设计算法,还给出了一些有实际意义的受控对象模型。

A.1 著名的基准测试问题

A.1.1 F-14 战斗机中的控制问题

在 Simulink 等软件环境出现之前,为衡量仿真工具的优劣曾出现了各种各样的基准测试模型,F-14 战斗机模型就是其中之一[1],该系统框图如图 A-1 所示,该系共有两路输入信号,其向量表示为 $\boldsymbol{u} = [n(t), \alpha_{\mathrm{c}}(t)]^{\mathrm{T}}$,其中 $n(t)$ 为单位方差的白噪声信号,而 $\alpha_{\mathrm{c}}(t) = K\beta(\mathrm{e}^{-\gamma t} - \mathrm{e}^{-\beta t})/(\beta - \gamma)$ 为攻击角度命令输入信号,这里 $K = \alpha_{\mathrm{c_{max}}}\mathrm{e}^{\gamma t_{\mathrm{m}}}$,且 $\alpha_{\mathrm{c_{max}}} = 0.0349$, $t_{\mathrm{m}} = 0.025$, $\beta = 426.4352$, $\gamma = 0.01$,整个系统的输出有三路信号,$\boldsymbol{y}(t) = [N_{\mathrm{Z_p}}(t), \alpha(t), q(t)]^{\mathrm{T}}$,这里 $N_{\mathrm{Z_p}}(t)$ 信号定义为 $N_{\mathrm{Z_p}}(t) = \dfrac{1}{32.2}[-\dot{w}(t) + U_0 q(t) + 22.8\dot{q}(t)]$,已知系统中各个模块的参数为

$$\tau_{\mathrm{a}} = 0.05,\ \sigma_{\mathrm{wG}} = 3.0,\ a = 2.5348,\ b = 64.13$$
$$V_{\tau_0} = 690.4, \sigma_\alpha = 5.236\times 10^{-3}, Z_{\mathrm{b}} = -63.9979, M_{\mathrm{b}} = -6.8847$$
$$U_0 = 689.4, Z_{\mathrm{w}} = -0.6385, M_{\mathrm{q}} = -0.6571, M_{\mathrm{w}} = -5.92\times 10^{-3}$$

$$\omega_1 = 2.971, \ \omega_2 = 4.144, \ \tau_s = 0.10, \ \tau_\alpha = 0.3959$$
$$K_Q = 0.8156, \ K_\alpha = 0.6770, \ K_f = -3.864, \ K_F = -1.745$$

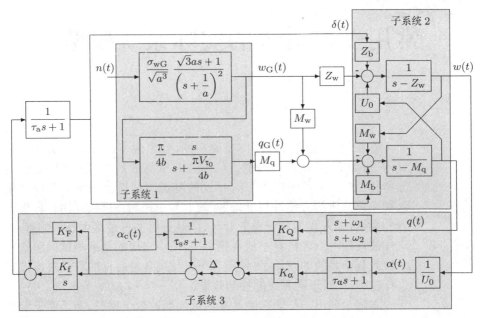

图 A-1　F-14 战斗机模型的系统方框图

原始的问题是,用计算机表示该系统模型,并求出系统的闭环极点位置。另外系统闭环回路在 Δ 点断开后,系统开环极点位置如何。

原问题现在看来可以很容易地精确求解了,所以应该对该问题进行再认识,例如如何选择并调整控制器、滤波器参数,使得系统的攻击角度 $\alpha(t)$ 能尽快地跟踪给定命令信号 $\alpha_c(t)$。另外,如何设计相应的控制器能使系统的响应受噪声信号 $n(t)$ 的影响最小。

A.1.2　ACC 基准测试模型

ACC 基准问题是由文献 [4,5] 提出的,由于论文发表在美国控制会议 (American Control Conference,ACC) 上,所以被广泛称为 ACC 基准问题。前一篇论文提出了三个问题,后一篇文章又补充了一个新问题。

其中第 1 个基准问题的模型描述如图 A-2 所示。该模型中,m_1 和 m_2 为两个小车的质量,而在描述时亦用它们表示小车本身。x_1 和 x_2 表示两个小车的位置,u 为小车 1 的加速度信号,为本系统的输入信号,w 为小车 2 加速度的扰动输入信号。k 为连接两个小车弹簧的弹性系数。

按照图 A-2 中的位置量选择状态变量 x_1, x_2,则可以引入两个新的状态变量 $x_3 = \dot{x}_1$ 和 $x_4 = \dot{x}_2$,分别表示两个小车的速度,这样就可以建立起系统的状态方

程模型为 $y(t) = x_2(t)$，且

$$\dot{\boldsymbol{x}}(t) = \begin{bmatrix} 0 & 0 & 1 & 0 \\ 0 & 0 & 0 & 1 \\ -k/m_1 & k/m_1 & 0 & 0 \\ k/m_2 & -k/m_2 & 0 & 0 \end{bmatrix} \boldsymbol{x}(t) + \begin{bmatrix} 0 \\ 0 \\ 1/m_1 \\ 0 \end{bmatrix} u(t) + \begin{bmatrix} 0 \\ 0 \\ 0 \\ 1/m_2 \end{bmatrix} w(t) \quad （A\text{-}1\text{-}1）$$

系统控制的目标是在有意识给出的输入信号 $u(t)$ 和不可避免的噪声信号 $w(t)$ 的作用下，小车 2 的位置 x_2 迅速达到指定的位置。

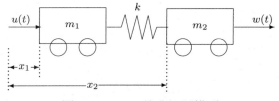

图 A-2　ACC 基准问题模型

A.2　其他工程控制问题的数学模型

A.2.1　伺服控制系统模型

预测控制工具箱手册[6]中演示例子给出了一个较好的伺服控制数学模型，可以用于控制器的设计及控制算法比较。

假设某系统的结构体如图 A-3 所示，其中通过调节电压 V 的方式来对电机进行调速，使得输出的角位移信号 θ_L 尽快地达到并保持恒定值。系统中的参考参数在表 A-1 中给出。

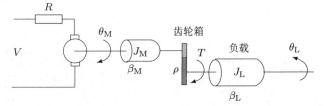

图 A-3　电机伺服控制系统结构

表 A-1　伺服系统的参数表

符号	定义	参数	符号	定义	参数	符号	定义	参数
k_θ	转矩系数	1280.2	k_T	电机常数	10	J_M	电机转动惯量	0.5
J_L	负载转动惯量	可变，可选 $50J_M$	ρ	齿数比	20	β_M	电机粘滞摩擦系数	0.1
β_L	负载粘滞摩擦系数	25	R	电枢电阻	20			

可以推导出微分方程组

$$\begin{cases} \dot{\omega}_L = -\left(\theta_L - \dfrac{\theta_M}{\rho}\right) - \dfrac{\beta_L}{J_L}\omega_L \\[2mm] \dot{\omega}_M = \dfrac{k_T}{J_M}\left(\dfrac{V - k_T\omega_M}{R}\right) - \dfrac{J_M}{\beta_M}\omega_M + \dfrac{k_\theta}{\rho J_M}\left(\theta_L - \dfrac{\theta_M}{\rho}\right) \end{cases} \quad （A\text{-}2\text{-}1）$$

另外,由角速度和角位移之间的关系可知,$\omega_{\mathrm{M}} = \dot{\theta}_{\mathrm{M}}, \omega_{\mathrm{L}} = \dot{\theta}_{\mathrm{L}}$。选择状态向量为 $\boldsymbol{x} = [\theta_{\mathrm{L}}, \omega_{\mathrm{L}}, \theta_{\mathrm{M}}, \omega_{\mathrm{M}}]^{\mathrm{T}}$,则可以写出如下的状态方程模型

$$\dot{\boldsymbol{x}} = \begin{bmatrix} 0 & 1 & 0 & 0 \\ -\dfrac{k_\theta}{J_{\mathrm{L}}} & -\dfrac{\beta_{\mathrm{L}}}{J_{\mathrm{L}}} & \dfrac{k_\theta}{\rho J_{\mathrm{L}}} & 0 \\ 0 & 0 & 0 & 1 \\ \dfrac{k_\theta}{\rho J_{\mathrm{M}}} & 0 & -\dfrac{k_\theta}{\rho^2 J_{\mathrm{M}}} & -\dfrac{\beta_{\mathrm{M}} + k_{\mathrm{T}}^2/R}{J_{\mathrm{M}}} \end{bmatrix} \boldsymbol{x} + \begin{bmatrix} 0 \\ 0 \\ 0 \\ \dfrac{k_{\mathrm{T}}}{R J_{\mathrm{M}}} \end{bmatrix} V \qquad (\text{A-2-2})$$

如果选择输出信号 $\boldsymbol{y} = [\theta_{\mathrm{L}},\ T]^{\mathrm{T}}$,其中 T 为输出的转矩,则输出方程可以写成

$$\boldsymbol{y} = \begin{bmatrix} 1 & 0 & 0 & 0 \\ k_\theta & 0 & k_\theta/\rho & 0 \end{bmatrix} \boldsymbol{x} \qquad (\text{A-2-3})$$

在控制中要求控制电压 V 不超出 ± 220 这样的容许区域,即 $|V| \leqslant 220$,且要求控制转矩 T 不超过 $78.5\ \mathrm{N \cdot m}$,即 $|T| \leqslant 78.5$,需要如何设计控制器,使得负载端位移 θ_{L} 能尽快达到稳定值。

A.2.2　倒立摆问题的数学模型

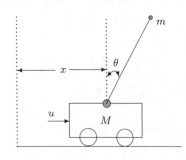

图 A-4　倒立摆系统结构

倒立摆系统是控制系统实验中经常使用的系统[7],一级倒立摆系统的示意图在图 A-4 中给出。

倒立摆系统的控制目标是通过实时给出控制量 u 来控制小车位置与速度,使得摆处于倒立的平衡状态。假设小车的质量为 M,摆的质量为 m,摆长为 l,可以推导出系统的数学模型为[7]

$$\ddot{x} = \frac{u + ml\sin\theta\dot{\theta}^2 - mg\cos\theta\sin\theta}{M + m - m\cos^2\theta} \qquad (\text{A-2-4})$$

$$\ddot{\theta} = \frac{u\cos\theta - (M+m)\mathrm{g}\sin\theta + ml\sin\theta\cos\theta\dot{\theta}}{ml\cos^2\theta - (M+m)l} \qquad (\text{A-2-5})$$

选择状态变量 $x_1 = \theta,\ x_2 = \dot{\theta},\ x_3 = x,\ x_4 = \dot{x}$,则可以得出倒立摆系统对应的状态方程模型为

$$\frac{\mathrm{d}}{\mathrm{d}t} \begin{bmatrix} x_1 \\ x_2 \\ x_3 \\ x_4 \end{bmatrix} = \begin{bmatrix} x_2 \\ \dfrac{u\cos x_1 - (M+m)\mathrm{g}\sin x_1 + ml\sin x_1\cos x_1 x_2}{ml\cos^2 x_1 - (M+m)l} \\ x_4 \\ \dfrac{u + ml\sin x_1 x_2^2 - mg\cos x_1\sin x_1}{M + m - m\cos^2 x_1} \end{bmatrix} \qquad (\text{A-2-6})$$

且 $\boldsymbol{y} = [x_1, x_3]^{\mathrm{T}}$。

选择工作点 $\boldsymbol{x}_0 = \boldsymbol{0}$, $u_0 = 0$,对该系统进行线性化,则可以得出线性化模型

$$\Delta\dot{\boldsymbol{x}} = \boldsymbol{A}\Delta\boldsymbol{x} + \boldsymbol{B}u, \; \boldsymbol{y} = \boldsymbol{C}\Delta\boldsymbol{x} \qquad (\text{A-2-7})$$

其中

$$\boldsymbol{A} = \begin{bmatrix} 0 & 1 & 0 & 0 \\ \dfrac{(M+m)\text{g}}{Ml} & 0 & 0 & 0 \\ 0 & 0 & 0 & 1 \\ -\dfrac{m\text{g}}{M} & 0 & 0 & 0 \end{bmatrix}, \; \boldsymbol{B} = \begin{bmatrix} 0 \\ -\dfrac{1}{Ml} \\ 0 \\ \dfrac{1}{M} \end{bmatrix}, \; \boldsymbol{C} = \begin{bmatrix} 1 & 0 & 0 & 0 \\ 0 & 0 & 1 & 0 \end{bmatrix} \qquad (\text{A-2-8})$$

可以建立起系统模型的 MATLAB/Simulink 表示,并比较非线性模型与线性化模型之间的误差,给线性化模型设计出控制器,研究该控制器对原非线性系统的有效性。这里给出的是一级倒立摆数学模型,在实际实验与仿真研究中还有人研究二级、三级甚至四级倒立摆的模型与控制问题,由于模型较复杂,这里将不给出这些模型。

A.2.3　AIRC 模型

文献 [8] 给出了一个飞行器在垂直平面内的动力学线性化模型,称为 AIRC 模型,该模型是由状态方程形式给出的

$$\boldsymbol{A} = \begin{bmatrix} 0 & 0 & 1.1320 & 0 & -1 \\ 0 & -0.0538 & -0.1712 & 0 & 0.0705 \\ 0 & 0 & 0 & 1 & 0 \\ 0 & 0.0485 & 0 & -0.8556 & -1.013 \\ 0 & -0.2909 & 0 & 1.0532 & -0.6859 \end{bmatrix}, \; \boldsymbol{B} = \begin{bmatrix} 0 & 0 & 0 \\ -0.120 & 1 & 0 \\ 0 & 0 & 0 \\ 4.419 & 0 & -1.665 \\ 1.575 & 0 & -0.0732 \end{bmatrix}$$

且 $\boldsymbol{C} = \boldsymbol{I}_{5\times5}$, $\boldsymbol{D} = \boldsymbol{0}_{5\times3}$。该模型中,3 路输入信号分别为 u_1(扰流角)、u_2(发动机推力产生的前进加速度)和 u_3(升降舵偏转角),5 个状态变量分别为 x_1(高度误差)、x_2(前进速度)、x_3(俯仰角)、x_4(俯仰角改变率)和 x_5(垂直速度),而系统的 5 路输出即为这 5 个状态变量。

由于各路输入、输出之间存在耦合,所以彻底解耦可以单独为每个回路单独设计控制器,这样就可以使得控制器设计得到简化。

A.3　思考与练习

(1) 试由 MATLAB/Simulink 分别表示 F-14 中的开环模型与闭环模型,求出这些模型的零极点,并用最优控制的方法给出最优的 PI 控制器参数。若采用 PID 控制器,控制器参数应该如何选择,效果能显著改善吗?

(2) 试用 MATLAB 表示 ACC 基准测试模型,并为该模型设计控制器,使得该控制器有足够的鲁棒性。如果不考虑扰动信号,能设计出的最好控制器将是什么样的?

(3) 阅读 MATLAB 的模型预测控制工具箱手册[6]中有关伺服系统的相关内容,并按照手册中给出的 MPC 控制器设计方法,比较结果。对同样的系统,能将原问题转换成有约束的最优化问题,进而设计出最优 PID 控制器吗? 试比较得出的 PID 控制器与模型预测控制器的优缺点。

(4) 请比较一级倒立摆系统的线性模型与非线性模型之间的差异,给出能够较好控制一级倒立摆系统的控制方法,并给出仿真结果。查阅二级或三级倒立摆系统的数学模型,试用 MATLAB/Simulink 表示这些模型,并探讨这些复杂系统的控制问题。

(5) 试将一级倒立摆受控对象模型封装成一个 Simulink 模块,允许其表示原始非线性模型和线性化模型。假设倒立摆系统参数为 $m = 0.3\text{kg}, M = 0.5\text{kg}, l = 0.3\text{m}$,试为线性化受控对象模型设计出 PID 控制器并观察控制效果,再用 OptimPID 程序对原始非线性模型设计最优的 PID 控制器,比较控制效果。

(6) AIRC 问题的一个子问题在例 7-17 中由基于参数最优化的解耦算法得到了较好地控制,试采用其他控制方法,例如 OCD 程序给该系统设计出切实可行的控制器,并比较控制效果。

参考文献

1 Frederick D K, Rimer M. Benchmark problem for CACSD packages. Abstracts of the Second IEEE Symposium on Computer-aided Dontrol System Design, 1985. Santa Barbara, USA

2 Rimvall C M. Computer-aided control system design. IEEE Control Systems Magazine, 1993, 13:14~16

3 Hawley P A, Steven T R. Two sets of benchmark problems for CACSD packages. Proceedings of the Third IEEE Symposium on Computer Aided Control System Design, 1986. Arlington

4 Wie B, Bernstein D S. A benchmark problem for robust controller design. Proceedings of American Control Conference, 1990. San Diego, USA

5 Wie B, Bernstein D S. Benchmark problems for robust control design. Proceedings of American Control Conference, 1992. Chicago, USA

6 The MathWorks Inc. Model predictive control toolbox user's manual, 2005

7 Ogata K. Modern control engineering. Englewood Cliffs: Prentice Hall, 4th edition, 2001

8 Hung Y S, MacFarlane A G J. Multivariable feedback: a quasi-classical approach. Lecture Notes in Control and Information Sciences, **40**. New York: Springer-Verlag, 1982 (吴麒译,多变量反馈的准传统方法,北京: 科学出版社,1987)

函数名索引

FUNCTION INDEX ▶▶▶▶

　　本书涉及大量的 MATLAB 函数与作者编写的 MATLAB 程序,为方便查阅与参考,这里给出重要的 MATLAB 函数调用语句的索引,其中黑体字页码表示函数定义和调用格式页。标注*的为作者编写的函数,标注为†的为作者编写的重载函数,mdl 文件为作者建立的 Simulink 模型。

专业术语索引

《全国高等学校自动化专业系列教材》丛书书目

教材类型	编　号	教材名称	主编/主审	主编单位	备注
本科生教材					
控制理论与工程	Auto-2-(1+2)-V01	自动控制原理(研究型)	吴麒、王诗宓	清华大学	
	Auto-2-1-V01	自动控制原理(研究型)	王建辉、顾树生/杨自厚	东北大学	
	Auto-2-1-V02	自动控制原理(应用型)	张爱民/黄永宣	西安交通大学	
	Auto-2-2-V01	现代控制理论(研究型)	张嗣瀛、高立群	东北大学	
	Auto-2-2-V02	现代控制理论(应用型)	谢克明、李国勇/郑大钟	太原理工大学	
	Auto-2-3-V01	控制理论 CAI 教程	吴晓蓓、徐志良/施颂椒	南京理工大学	
	Auto-2-4-V01	控制系统计算机辅助设计	薛定宇/张晓华	东北大学	
	Auto-2-5-V01	工程控制基础	田作华、陈学中/施颂椒	上海交通大学	
	Auto-2-6-V01	控制系统设计	王广雄、何朕/陈新海	哈尔滨工业大学	
	Auto-2-8-V01	控制系统分析与设计	廖晓钟、刘向东/胡佑德	北京理工大学	
	Auto-2-9-V01	控制论导引	万百五、韩崇昭、蔡远利	西安交通大学	
	Auto-2-10-V01	控制数学问题的 MATLAB 求解	薛定宇、陈阳泉/张庆灵	东北大学	
控制系统与技术	Auto-3-1-V01	计算机控制系统(面向过程控制)	王锦标/徐用懋	清华大学	
	Auto-3-1-V02	计算机控制系统(面向自动控制)	高金源、夏洁/张宇河	北京航空航天大学	
	Auto-3-2-V01	电力电子技术基础	洪乃刚/陈坚	安徽工业大学	
	Auto-3-3-V01	电机与运动控制系统	杨耕、罗应立/陈伯时	清华大学、华北电力大学	
	Auto-3-4-V01	电机与拖动	刘锦波、张承慧/陈伯时	山东大学	
	Auto-3-5-V01	运动控制系统	阮毅、陈维钧/陈伯时	上海大学	
	Auto-3-6-V01	运动体控制系统	史震、姚绪梁/谈振藩	哈尔滨工程大学	
	Auto-3-7-V01	过程控制系统(研究型)	金以慧、王京春、黄德先	清华大学	
	Auto-3-7-V02	过程控制系统(应用型)	郑辑光、韩九强/韩崇昭	西安交通大学	
	Auto-3-8-V01	系统建模与仿真	吴重光、夏涛/吕崇德	北京化工大学	
	Auto-3-8-V01	系统建模与仿真	张晓华/薛定宇	哈尔滨工业大学	
	Auto-3-9-V01	传感器与检测技术	王俊杰/王家祯	清华大学	
	Auto-3-9-V02	传感器与检测技术	周杏鹏、孙永荣/韩九强	东南大学	
	Auto-3-10-V01	嵌入式控制系统	孙鹤旭、林涛/袁著祉	河北工业大学	
	Auto-3-13-V01	现代测控技术与系统	韩九强、张新曼/田作华	西安交通大学	
	Auto-3-14-V01	建筑智能化系统	章云、许锦标/胥布工	广东工业大学	
	Auto-3-15-V01	智能交通系统概论	张毅、姚丹亚/史其信	清华大学	
	Auto-3-16-V01	智能现代物流技术	柴跃廷、申金升/吴耀华	清华大学	

教材 类型	编　　号	教 材 名 称	主编/主审	主 编 单 位	备注
本科生教材					
信号 处理 与 分析	Auto-5-1-V01	信号与系统	王文渊/阎平凡	清华大学	
	Auto-5-2-V01	信号分析与处理	徐科军/胡广书	合肥工业大学	
	Auto-5-3-V01	数字信号处理	郑南宁/马远良	西安交通大学	
计算机 与 网络	Auto-6-1-V01	单片机原理与接口技术	杨天怡、黄勤	重庆大学	
	Auto-6-2-V01	计算机网络	张曾科、阳宪惠、吴秋峰	清华大学	
	Auto-6-4-V01	嵌入式系统设计	慕春棣/汤志忠	清华大学	
	Auto-6-5-V01	数字多媒体基础与应用	戴琼海、丁贵广/林闯	清华大学	
软件 基础 与 工程	Auto-7-1-V01	软件工程基础	金尊和/肖创柏	杭州电子科技大学	
	Auto-7-2-V01	应用软件系统分析与设计	周纯杰、何顶新/卢炎生	华中科技大学	
实验 课程	Auto-8-1-V01	自动控制原理实验教程	程鹏、孙丹/王诗宓	北京航空航天大学	
	Auto-8-3-V01	运动控制实验教程	綦慧、杨玉珍/杨耕	北京工业大学	
	Auto-8-4-V01	过程控制实验教程	李国勇、何小刚/谢克明	太原理工大学	
	Auto-8-5-V01	检测技术实验教程	周杏鹏、仇国富/韩九强	东南大学	
研究生教材					
	Auto(∗)-1-1-V01	系统与控制中的近代数学基础	程代展/冯德兴	中科院系统所	
	Auto(∗)-2-1-V01	最优控制	钟宜生/秦化淑	清华大学	
	Auto(∗)-2-2-V01	智能控制基础	韦巍、何衍/王耀南	浙江大学	
	Auto(∗)-2-3-V01	线性系统理论	郑大钟	清华大学	
	Auto(∗)-2-4-V01	非线性系统理论	方勇纯/袁著祉	南开大学	
	Auto(∗)-2-6-V01	模式识别	张长水/边肇祺	清华大学	
	Auto(∗)-2-7-V01	系统辨识理论及应用	萧德云/方崇智	清华大学	
	Auto(∗)-2-8-V01	自适应控制理论及应用	柴天佑、岳恒/吴宏鑫	东北大学	
	Auto(∗)-3-1-V01	多源信息融合理论与应用	潘泉、程咏梅/韩崇昭	西北工业大学	
	Auto(∗)-4-1-V01	供应链协调及动态分析	李平、杨春节/桂卫华	浙江大学	